Uni-Taschenbücher 1431

UTB FÜR WISSEN SCHAFT

Eine Arbeitsgemeinschaft der Verlage

Wilhelm Fink Verlag München
Gustav Fischer Verlag Jena und Stuttgart
Francke Verlag Tübingen und Basel
Paul Haupt Verlag Bern · Stuttgart · Wien
Hüthig Verlagsgemeinschaft
Decker & Müller GmbH Heidelberg
Leske Verlag + Budrich GmbH Opladen
J. C. B. Mohr (Paul Siebeck) Tübingen
Quelle & Meyer Heidelberg · Wiesbaden
Ernst Reinhardt Verlag München und Basel
Schäffer-Poeschel Verlag · Stuttgart
Ferdinand Schöningh Verlag Paderborn · München · Wien · Zürich
Eugen Ulmer Verlag Stuttgart
Vandenhoeck & Ruprecht in Göttingen und Zürich

Botanik

Friedrich Jacob
Eckehart Johannes Jäger
Erich Ohmann

4., neu bearbeitete Auflage

Mit 203 Abbildungen und 30 Tabellen

Gustav Fischer Verlag Jena

Die Autoren

Professor Dr. rer. nat. habil. Friedrich Jacob
Institut für Pflanzen- und Zellphysiologie der
Martin-Luther-Universität Halle-Wittenberg

Professor Dr. rer. nat. habil. Eckehart Johannes Jäger
Institut für Geobotanik und Botanischer Garten der
Martin-Luther-Universität Halle-Wittenberg

Professor Dr. rer. nat. habil. Erich Ohmann
Institut für Pflanzen- und Zellphysiologie der
Martin-Luther-Universität Halle-Wittenberg

1. Auflage 1980 als „Kompendium der Botanik"
2. Auflage 1983
3. Auflage 1987 als „Botanik"

Die Deutsche Bibliothek – CIP-Einheitsaufnahme

Jacob, Friedrich:
Botanik / von F. Jacob ; E. J. Jäger ; E. Ohmann. – 4., neu bearb. Aufl. – Jena : G. Fischer, 1994
(UTB für Wissenschaft : Uni-Taschenbücher ; 1431)
ISBN 3-334-60812-3 (Fischer)
ISBN 3-8252-1431-1 (UTB)
NE: Jäger, Eckehart Johannes:; Ohmann, Erich:; UTB für Wissenschaft / Uni-Taschenbücher

 ISBN 3-334-60812-3
Villengang 2, 07745 Jena

Zeichnungen: Ernst Halwaß, Nossen
Gesamtherstellung: Druckhaus Köthen GmbH
Printed in Germany
ISBN 3-8252-1431-1 (UTB-Bestellnummer)

Vorwort zur 4. Auflage

Der Zuspruch der Leser zu unserem kurzgefaßten Lehrbuch der Botanik gab uns die Möglichkeit, eine gründlich überarbeitete, neue Auflage vorlegen zu können. Wir waren bemüht, in allen Teilen des Buches den aktuellen Stand der Erforschung unseres Fachgebietes darzustellen, ohne das Prinzip der wertenden Auswahl zu verlassen. Anregungen aus dem Leserkreis waren dabei eine wertvolle Hilfe. Stets war es aber auch unser Bestreben, durch Erneuerung von Abschnitten und Verwendung von Kleindruck den Umfang des Bandes trotz steigender Informationsdichte nicht wesentlich anwachsen zu lassen. Besondere Beachtung fanden bei der Neubearbeitung der Feinbau der Zelle, molekulare Methoden der Taxonomie, Hinweise auf Kulturpflanzen und ihre Herkunft, der Elektronentransport bei der Photosynthese, der Strahlungseinfluß auf Pflanzen und die hormonelle Regulation.

Frau Johanna Schlüter und dem Gustav Fischer Verlag danken wir für die erneut gute Zusammenarbeit, Frau Dr. habil. St. Neumann, Herrn Dr. B. Ihl, Herrn Dr. habil. U. Braun und Frau Dr. R. Stordeur für ihre kritische Durchsicht. Die Überarbeitung der Abbildungen erfolgte wiederum durch Herrn E. Halwaß.

F. Jacob E. J. Jäger E. Ohmann

Aus dem Vorwort zur 1. Auflage

Die Spezialisierung setzt im Biologiestudium heute schon sehr früh ein. Daher ist für die Botanik als Grundlagen- und Nebenfach ein kurzgefaßtes Lehrbuch erforderlich. Diesem Bedürfnis soll das vorliegende Kompendium entsprechen, das für Studenten der Biologie und Biochemie, Biologie-Lehrerstudenten und als Nebenfach-Lehrbuch auch für Studenten der Pharmazie und Landwirtschaft gedacht ist. Von ähnlich kurzen deutschsprachigen Botanik-Lehrbüchern unterscheidet es sich durch die Einbeziehung der speziellen Botanik, für die bisher eine knappe Zusammenfassung des grundlegenden Lernstoffes fehlte.

In die Behandlung des Stoffes haben sich die Autoren dieses Bandes folgendermaßen geteilt: Einleitung (Kap. 1) – Jacob und Ohmann; Morphologie (Kap. 3–5 außer 5.6.), Entwicklungsphysiologie (Kap. 8) und Bewegungsphysiologie (Kap. 9) – Jacob; Systematik und Evolution (Kap. 6) und Fortpflanzung und Vermehrung (Kap. 5.6.) – Jäger; Chemischer Aufbau der Pflanzen (Kap. 2) und Stoffwechselphysiologie (Kap. 7) – Ohmann.

Weitgehend unberücksichtigt blieben wegen der vorgesehenen Kürze des Buches einige Teilgebiete der Botanik, die sich zu eigenen Wissenschaftsdisziplinen entwickelt haben: Genetik, Pflanzengeographie, Paläobotanik und Ökologie. Hierfür sind z. T. weitere Bände der Kompendienreihe vorgesehen.

Die Autoren hoffen, durch gegenseitige Abstimmung die Geschlossenheit dieses einführenden Lehrbuches gewahrt und einen vertretbaren Kompromiß zwischen moderner Erkenntnis, traditionellem Wissen und Klarheit der Zusammenhänge gefunden zu haben. Für helfende Kritik sind sie allen Kollegen dankbar.

Inhaltsverzeichnis

1. Die Wissenschaft von der Pflanze

1.1. Prinzipien der Entfaltung pflanzlichen Lebens

Die Pflanze ist nicht nur ein Ergebnis der Lebensentfaltung auf der Erde, sondern als Primärproduzent organischer Substanz eine wichtige Voraussetzung des heutigen Lebens auf der Erde und der Mannigfaltigkeit an Lebensformen. Am Anfang pflanzlicher Entwicklung standen vermutlich einfach organisierte Einzeller, bei deren heterotrophem, auf Gärung beruhendem Stoffwechsel photodynamische Farbstoffverbindungen entstanden, die sichtbares Licht absorbieren konnten und so die Grundlage für dessen energetische Nutzung lieferten. An Membranumgrenzungen zellulärer Kompartimente orientiert, erzeugten sie einen für die Lebensprozesse nutzbaren Protonengradienten. Unter den im Stoffwechsel entstandenen Verbindungen erwies sich der Molekültyp des Chlorophylls schließlich als am geeignetsten für die Transformation von Lichtenergie in chemisch gebundene Energie, deren Träger reduzierte Kohlenstoffverbindungen waren. Dieser Gewinn an chemischer Energie mittels Photosynthese war entscheidend für die quantitative Entfaltung des Lebens, wobei der Syntheseprozeß trotz gewisser Unterschiede in den verschiedenen Abteilungen des Pflanzenreiches eine prinzipielle Einheitlichkeit zeigt. Nur die Pilze blieben frei von Lichtreaktionssystemen zum Energiegewinn, ihre Zuordnung zum Pflanzenreich ist daher strittig.

Die in eukaryotischen Pflanzenzellen der Photosynthese dienenden Organellen, die Chloroplasten, besitzen eine Reihe von Merkmalen, die an photosynthetisch aktive Prokaryoten erinnern. Nach der **Endosymbiontenhypothese** soll bei der Bildung der eukaryotischen Zelle ein Zusammenschluß einfacher Vorstufen dieses Zelltyps mit Prokaryotenzellen erfolgt sein. Die Chloroplasten und Mitochondrien werden als ursprünglich freilebende Prokaryoten (Cyanobakterien bzw. Bakterien) angesehen, die nach Aufnahme in einen Zellkörper in diesem zunächst symbiontisch lebten, im Laufe der Zeit aber integrierte Bestandteile der Zelle wurden. Dabei übernahmen sie als Chloroplasten grundlegende anabolische (= aufbauende) Stoffwechselleistungen bei der Bildung von Kohlenhydraten, als Mitochondrien entwickelten sie eine hohe katabolische (= abbauende) Aktivität im Dienste der Energiebereitstellung aus zelleigener Substanz. Zugunsten dieser Theorie sprechen die heute bekannten Endosymbiosen von Blaualgen (aber auch eukaryotischen Algenzellen) in heterotrophen Pflanzenzellen, z. B. besteht die „Alge“ *Glaucocystis* aus einer farblosen, heterotrophen Algenzelle mit endosymbiontischen Cyanobakterien (Cyanellen). Weitere Hinweise sind die Enstehung von Plastiden und Mitochondrien nur aus ihresgleichen sowie deren Besitz eigener DNA und spezifischer Mechanismen der genetischen Informationsübertragung und der Proteinsynthese, die denen von Prokaryoten sehr ähnlich sind. Die Ribosomen der Chloroplasten und Mitochondrien unterscheiden sich von denen des umgebenden Cytoplasmas und entsprechen den Ribosomen von Prokaryoten. Mit der Endosymbiontenhypothese erscheint durchaus vereinbar, daß ein Teil der ursprünglich eigenständigen genetischen Information an den Kern der Wirtszelle delegiert wurde. Als eine Zwischenstufe können die Cyanellen von *Cyanophora paradoxa* angesehen werden, bei denen die Murein-Wand noch vorhanden ist und beide Untereinheiten der Ribulosebisphosphat-Carboxylase im Endosymbionten kodiert werden. – Als eine Alternative zur Endosymbiontenhypothese wird die Entstehung der Eucyte als Folge einer in der Stammesgeschichte zunehmenden Kompartimentierung primitiver Ausgangsformen angenommen.

Die Nutzung der Lichtenergie der Sonne für Lebensprozesse hat die Entwicklung der Organismen und ihrer Mannigfaltigkeit sicherlich sehr wesentlich gefördert, wobei das hohe Angebot an Nährstoffen als Produkt autotropher Lebewesen auch die Möglichkeit zur heterotrophen Lebensweise erweiterte. Hinzu kam, daß durch die pflanzliche Photosynthese im Laufe der Erdgeschichte eine grundlegende **Veränderung der Gaszusammensetzung in der Atmosphäre** erfolgte, die zu einem für die heutige Ausbreitung des Lebens wichtigen und spezifischen Gehalt an Sauerstoff und Kohlendioxid führte. Allerdings war das ein langer Prozeß, der mit der Entwicklung der Blaualgen vor etwa 3,5 Milliarden Jahren eingeleitet wurde. Vor 1,5 Milliarden Jahren betrug der O_2-Gehalt der Atmosphäre erst 0,2%; im Perm, d. h. vor 240 Millionen Jahren, war er auf 16% angestiegen. Auto- und heterotrophe Organismen waren schließlich an der **Bildung des Bodens** beteiligt, in seinen festen Bestandteilen ein Vermischungsprodukt aus mineralischen und organischen Substanzen, mit einer von Klimaeinflüssen, Verwitterungs- und Lebensprozessen getragenen Dynamik abbauender, aber auch aufbauender Vorgänge.

Unter den in den Lebewesen enthaltenen Elemente nimmt der **Stickstoff** in seinem Mengenanteil nach den Elementen H, O und C die vierte Stelle ein. Eine Reihe von Prokaryoten können atmosphärischen Stickstoff durch Reduktion für sich selbst, nachfolgend aber auch für andere Lebewesen nutzbar machen. Dieser Prozeß übertrifft mengenmäßig noch immer die durch den Menschen betriebene technische Bindung von Luftstickstoff. Zur Nutzung anorganischer Stickstoffverbindungen, hauptsächlich als NO_3- und NH_4-Ionen, sind aber außer einigen Mikroorganismen nur die grünen Pflanzen befähigt. Sie sind nicht nur C-, sondern auch N-autotroph und liefern die erforderlichen organischen N-Verbindungen (hauptsächlich Aminosäuren) für das tierische Leben.

In dem zunächst besiedelten Lebensraum Wasser war die weitere Entfaltung der Pflanzen und die Steigerung ihrer Produktivität insbesondere durch die Lichtverhältnisse begrenzt. Ein entscheidender Anstoß zur Weiterentwicklung steht mit der Befähigung zum **Wachstum auf Landflächen** im Zusammenhang. Dazu waren auch einige Vertreter der im Wasser lebenden Sippen verschiedener Thallophyten (= Lagerpflanzen) in der Lage, doch sind diese in ihrem Wasserzustand, dem am Dampfdruck erkennbaren **Gesamt-Wasserpotential** der Organismen, von der Feuchtigkeit in ihrer Umgebung direkt abhängig. Solche **wechselfeuchten oder poikilohydren Pflanzen**, wie z. B. Flechten, stellen ihr aktives Leben in trockener Luft ein. Das ist auch bei den Moosen der Fall, deren Vorkommen sich meist auf feuchte Standorte beschränkt. Den entscheidenden Durchbruch brachte die Entwicklung der Cormophyten mit der Ausbildung von Sproß und Wurzel, letztere als Anschlußorgan an den Boden mit seiner gegenüber dem Luftraum hohen Wasserpotentialdifferenz. Zahlreiche Einrichtungen bildeten sich aus, die für eine Konstanz des Wassergehaltes in der Pflanze sorgten. So entstanden **eigenfeuchte oder homoiohydre Pflanzen**. Die Sicherung des vom Wasser abhängigen aktiven Lebenszustandes auf dem Landstandort und die Nutzung des lichterfüllten Raumes über der Erdoberfläche für die Entfaltung der Assimilationsorgane waren die Voraussetzungen, unter denen sich die pflanzlichen Lebensformen so stark differenzierten. Die Vielfalt ökologischer Gegebenheiten auf dem Lande führte zur Ausbildung mannigfaltiger Merkmale, die als Anpassungen der Pflanzen an ihren natürlichen Standort in Erscheinung treten.

So ergaben sich Ähnlichkeiten von Pflanzen auch unterschiedlicher Verwandtschaftskreise an Orten mit gleichen klimatischen und edaphischen Bedingungen, eine Erscheinung, die als **Konvergenz** bezeichnet wird (z. B. Stammsukkulente bei Cactaceen, Euphorbiaceen und Compositen). An der gestaltlichen Vielfalt von cormophytischen Pflanzen sind alle drei Grundorgane: Wurzel, Sproßachse und Blatt beteiligt. Sind verschieden gestaltete Organe auf Grund ihrer Entstehung von gleichen Grundorganen bzw. gleicher Grundform abzuleiten, liegt **Homologie** (= Ursprungsgleichheit) vor. So sind Laubblatt, Blattranke und Blattdorn homologe Organe. Bei Übernahme gleichartiger Aufgaben durch Organe, welche auf unterschiedliche Grundorgane zurückzuführen sind, liegt **Analogie** (= Funktionsgleichheit) vor. Analoge Organe sind z. B. Blattranken und Wurzelranken.

Die Gestalt der Cormophyten und vieler Thallophyten läßt einen deutlichen Unterschied zwischen Spitze (= Apex) und Basis erkennen, sie zeigt eine **Polarität**. Darüber hinaus tragen bestimmte Formen der **Symmetrie** zu artspezifischem Aussehen bei. Eine **longitudinale Symmetrie** gliedert die Achse in gleichartige Abschnitte, z. B. in die Internodien bei Samenpflanzen und *Characaee*. Unter den Formen der **lateralen Symmetrie** tritt die **radiäre Symmetrie** (= strahlige S.) mit mehr als zwei Symmetrieebenen häufig im Blütenbereich auf. **Bilaterale Symmetrie** liegt vor, wenn der Pflanzenteil durch zwei senkrecht zueinander stehende Ebenen symmetrisch teilbar ist, wie z. B. die Blüten von *Dicentra* (Tränendes Herz). Nur in einer Symmetrieebene läßt sich ein Organ oder Sproßabschnitt bei **dorsiventraler** oder **zygomorpher Symmetrie** teilen, so z. B. die Blüten von *Antirrhinum* (Löwenmaul).

Ein **Vergleich der Organisation der Pflanzen mit der von Tieren** läßt feststellen, daß der von Pflanzen erreichte Grad der Spezialisierung in der Organfunktion deutlich geringer ist als bei Höheren Tieren, bei denen ein Zentralnervensystem und ein Blutkreislauf für enge Organkoordination sorgen. Dem geschlossenen tierischen System steht das offene pflanzliche gegenüber mit großen äußeren Flächen zur Aufnahme von Licht, CO_2 und Bodenlösung. Weiterhin zeigt sich im Stoffwechsel der heterotroph lebenden Tiere, gegründet auf die Aufnahme vorgefertigter Nähr- und Wirkstoffe, eine wesentlich größere Einheitlichkeit als bei den Pflanzen, deren Spektrum an sekundären Stoffen das der Tiere weit übertrifft. Während die Fortpflanzung der Tiere durch ausgeprägte Sexualität und aktive Errichtung von Isolationsmechanismen gekennzeichnet ist, müssen sich die ortsgebundenen Pflanzen bei der generativen Fortpflanzung passiv verhalten. Häufig zeigen sie eine Degeneration der Sexualität. Diese Tatsachen und das auch zeitlich offene System der Pflanzen (potentielle Unsterblichkeit bei vegetativer Vermehrung) sind die Ursachen für grundsätzliche Unterschiede bei der Artbildung von Pflanzen und Tieren.

1.2. Die Pflanze im Energiehaushalt der Natur

In der Biosphäre vollzieht sich ein ständiger Auf- und Abbau von Stoffen, bei dem die Pflanzen mit ihrer Fähigkeit zur Photosynthese die treibende Kraft sind. Durch Photosynthese wird die Strahlungsenergie der Sonne in chemische Energie umgewandelt, indem Wasser in Sauerstoff und Wasserstoff gespalten wird. Die Bindung des Wasserstoffs an Kohlenstoff legt die aus der Lichtenergie stammende Potentialdifferenz zwischen Wasserstoff und Sauerstoff in der freien Enthalpie der Photosyntheseprodukte vorübergehend fest. Bei der stufenweisen Nutzung der freien Enthalpie werden die organischen Moleküle durch Reaktion mit Sauerstoff wieder zu CO_2 und H_2O mineralisiert.

Photosynthese und Atmung sind gegenläufige Fundamentalprozesse, welche in die komplementären **Kreisläufe** des **Kohlenstoffs** und des **Sauerstoffs** eingeschaltet sind (Abb. 1.1.).

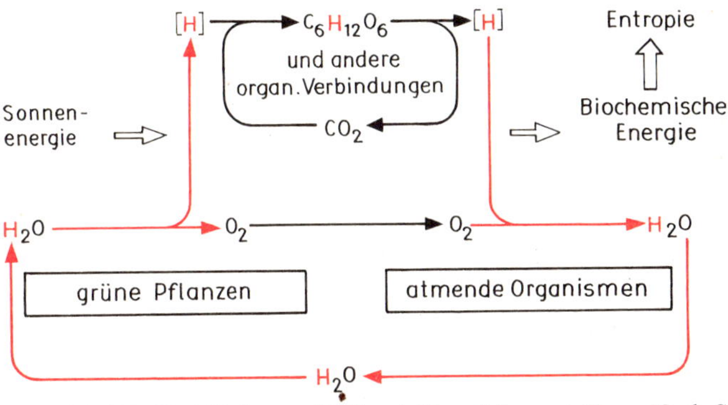

Abb. 1.1. Die Kreisläufe von Kohlenstoff und Sauerstoff. – Nach Schlegel.

Diese Materiekreisläufe sind untrennbar verbunden mit einem gerichteten Strom der Energie, der mit der Lichtabsorption beginnt. Die Arbeitsfähigkeit, der thermodynamische Wert der von den Photosynthesepigmenten absorbierten Energie, nimmt beim Durchgang durch die lebenden Systeme beständig ab. Schließlich wird alle Energie, die von den biologischen Systemen aufgenommen wurde, als Wärme, als nicht mehr arbeitsfähige, entwertete Energie, in die unbelebte Umwelt abgegeben. Man kann sagen: Die irreversible Umwandlung von freier Enthalpie in Entropie ist der Motor des Lebens. Quantitativ übersteigen die biologischen Energie- und Stoffumsetzungen die Gesamtheit aller technologischen Vorgänge auf der Erde.

Von der Sonnenstrahlung erreicht ein Betrag von $1{,}73 \times 10^{14}$ kW die äußere Erdatmosphäre, das sind 1,395 kW pro m^2 (**Globalstrahlung**), was einer Energiemenge von $1{,}5 \times 10^{18}$ kWh/Jahr oder $5{,}4 \times 10^{24}$ J/Jahr entspricht.

Etwa 40% davon, 2×10^{24} J/Jahr, erreichen die Erdoberfläche, der Rest wird in den Weltraum zurückgestrahlt oder von der Atmosphäre absorbiert. Die die Erdoberfläche erreichende Energiemenge ist 7000mal größer als der gegenwärtige Weltenergieverbrauch.

Die jährliche **photosynthetische Nettoproduktion** (Ertrag = Bruttoproduktion − Atmung) beträgt etwa 2×10^{11} t Trockensubstanz und hat einen energetischen Wert von 3×10^{21} J (Tab. 1.1.). Obwohl der globale Ausnutzungsgrad der die Erdoberfläche erreichenden Sonnenenergie nur sehr gering ist (0,15%), erzeugt die Photosynthese eine Menge an chemischer Energie, die 10mal größer ist als der gegenwärtige Weltenergieverbrauch.

Tabelle 1.1. Globale photosynthetische Energieumwandlung und pflanzliche Nettoproduktion
(Angaben pro Jahr)

	Strahlungsenergie Erdoberfläche	Nettoprod. in t Trockengewicht	Energiegehalt in J	Ausnutzungsgrad
Land	$0{,}6 \times 10^{24}$ J	$10-14 \times 10^{10}$	$1{,}6-2{,}2 \times 10^{21}$	0,3%
Ozeane	$1{,}4 \times 10^{24}$ J	$7-8 \times 10^{10}$	$1{,}1-1{,}3 \times 10^{21}$	0,08%
Erde gesamt	2×10^{24} J	$17-22 \times 10^{10}$	$2{,}7-3{,}5 \times 10^{21}$	0,15%

Dabei ist zu berücksichtigen, daß die primären Umsetzungen in Wirklichkeit noch größer sind, denn ein erheblicher Teil des assimilierten Kohlenstoffs wird von der Pflanzenwelt selbst wieder veratmet (insbesondere durch die **Photorespiration**, vgl. 7.6.7.1.) und erscheint nicht in der Nettoproduktion. Man schätzt, daß im Zuge der Photosynthese jährlich $2{,}75 \times 10^{11}$ t CO_2 fixiert, $2{,}25 \times 10^{11}$ t H_2O gespalten und 2×10^{11} t Sauerstoff entwickelt werden.

5% des CO_2 der Atmosphäre werden jährlich im Photosyntheseprozeß verbraucht. Ohne die beständige **Dissimilation** organischer Moleküle durch die heterotrophen Organismen wäre der CO_2-Vorrat der Atmosphäre in etwa 20 Jahren aufgebraucht. Der Wasservorrat der Erde von etwa $1{,}5 \times 10^{18}$ t würde dagegen ohne Rückbildung 6,5 Millionen Jahre reichen. In den etwa 350 Millionen Jahren, die seit der Massenentwicklung der Landpflanzen vergangen sind, ist jedes H_2O-Molekül statistisch bereits 60mal gespalten und regeneriert worden.

Die schnell gewachsene industrielle Nutzung (Verbrennung) fossiler Photosyntheseprodukte (Kohle, Erdöl) bewirkt, daß die globalen Kreisläufe von CO_2 und O_2 nicht mehr ausgeglichen sind. Der CO_2-Gehalt der Atmosphäre erhöht sich ständig, der O_2-Gehalt nimmt ab.

CO_2 gehört zu den sog. Treibhausgasen. Man muß damit rechnen, daß die weitere Erhöhung des CO_2-Gehaltes der Atmosphäre zu bedrohlichen Klimaveränderungen führen kann.

1.3. Teilgebiete der Botanik

Die wissenschaftliche Beschäftigung mit der Pflanze ging von der **Taxonomie** aus, der Beschreibung einzelner Taxa zur Wiedererkennung zunächst vorrangig als Heilpflanzen oder andersartige Nutzpflanzen. Die erkannte Vielfalt wird in der **Systematik** der Pflanzen ordnenden Prinzipien unterworfen, gleichzeitig mit dem Ziel, natürliche Verwandtschaftsverhältnisse erkennbar zu machen und die Mechanismen der Sippendifferenzierung aufzuklären. Taxonomie und Systematik bedürfen einer genauen Beschreibung der Pflanzengestalt, der **Morphologie**, welche die der Vielfalt zugrunde liegenden Gestaltungsprinzipien aufzudecken sucht. Betrifft das den Bau pflanzlicher Organe, so spricht man auch von **Organographie**. Die taxonomisch-morphologische Untersuchung von Pflanzenresten früherer erdgeschichtlicher Zeiten ist Aufgabe der **Paläobotanik**. Die Morphologie im engeren Sinne beschränkt sich auf das äußere Erscheinungsbild der Pflanze und dessen Entstehung (= Morphogenese). Die Beschreibung des inneren Aufbaues von Pflanzen ist Aufgabe der **Anatomie**. Bezieht sich das anatomische Studium auf Gewebe, so spricht man von **Histologie**, werden Zellen untersucht, von **Cytologie**. Das durch äußere und innere (genetische) Faktoren bedingte Zusammenleben verschiedenartiger Pflanzen in Gesellschaften wird in der **Pflanzensoziologie** untersucht, die Gesetzmäßigkeit der Verbreitung von Pflanzen und Pflanzengesellschaften auf der Erde in der **Pflanzengeographie**. Die **Chorologie** der Pflanzen erfaßt und interpretiert die Verbreitungsgebiete (Areale) einzelner Taxa oder Verwandtschaftskreise (= Arealkunde).

Funktionen und Leistungen von Pflanzen sucht die **Pflanzenphysiologie** aufzuklären, wobei die Probleme von denen pflanzlicher **Biochemie** und **Biophysik** oft nicht zu trennen sind. Die **Zellphysiologie** pflanzlicher Zellen konzentriert sich auf zelluläre Leistungen, oft in engem Zusammenhang mit der Aufklärung der Feinstruktur der Zellen. Ziel der Ökologie von Pflanzen ist es, die Wechselbeziehungen zwischen Pflanze und Standort aufzuklären. Dabei sind sowohl strukturelle als auch funktionelle pflanzliche Merkmale zu untersuchen. Spezielle Bereiche der Ökologie sind Bestandteile der **Meeresbiologie** und **Limnologie**. In ähnlicher Weise ist die Botanik bzw. sind einzelne ihrer Teilgebiete in Anwendungsdisziplinen wie **Phytopathologie**, **Pflanzenzüchtung**, **Acker- und Pflanzenbau** u. a. enthalten.

Steht eine Pflanzengruppe im Mittelpunkt des morphologischen, taxonomischen oder biologischen Interesses, so erfolgt die Benennung botanischer Teildisziplinen nach dieser, so bei der **Algologie**, **Mykologie**, **Lichenologie**, **Bryologie**, **Dendrologie** u. a. m.

2. Chemischer Aufbau der Pflanzen

2.1. Elementare Zusammensetzung der Pflanzen

Die Pflanzen enthalten die durch die Photosynthese gebildeten und aus der Umgebung aufgenommenen Substanzen und deren Umwandlungsprodukte.

Die Substanzanalyse allein kann aber keinen schlüssigen Beweis dafür liefern, ob ein nachgewiesenes Element für die Pflanze überhaupt oder in der vorhandenen Menge lebensnotwendig ist oder nur einen von ihr zufällig aufgenommenen Bestandteil darstellt. Die Analytik muß durch Ernährungsversuche mit Medien bekannter Zusammensetzung ergänzt werden. Wie alle biologischen Systeme kann auch die Pflanze aus der Umwelt bestimmte Elemente selektiv anreichern. Dadurch kann es zu erheblichen Akkumulationen kommen.

Heute wissen wir, daß 26 der 96 auf der Erde vorkommenden Elemente biologisch notwendig sind. Dazu gehören in erster Linie die leichteren Elemente (Tab. 2.1.). Von den 26 notwendigen Elementen werden allerdings nur etwa 10 in größeren Mengen von der Pflanze benötigt. Es sind dies allen anderen voran C, O, H, N, S, P, aus denen sich die wichtigsten Bau- und Speicherstoffe der belebten Natur zusammensetzen: **Proteine, Nucleinsäuren, Kohlenhydrate, Fette.** Dazu kommen dann noch K, Mg, Ca, Fe, gelegentlich auch Na, die unter anderem für den **Ladungs-** und **Hydratationszustand** des Plasmas von eminenter Bedeutung sind.

Verglichen mit diesen **Makroelementen** werden die ebenfalls essentiellen **Mikroelemente (Spurenelemente)** B, Si, Cl, V, Cr, Mn, Co, Ni, Cu, Zn, Se, Mo nur in wesentlich geringeren Mengen gebraucht. Nicht in allen Fällen ist ihre Funktion zweifelsfrei geklärt. Fehlen sie im Substrat, oder ist ihre Konzentration zu gering, kommt es zu charakteristischen Mangelerscheinungen.

Gut bekannt ist die funktionelle Bedeutung der 6 Metalle Eisen, Kupfer, Zink, Mangan, Molybdän und Cobalt, die zur Gruppe der sog. **Übergangsmetalle** gehören. Sie sind Bestandteile einer ganzen

Tabelle 2.1. Die für das Leben essentiellen (unentbehrlichen) Elemente

Element		Ord-nungs-zahl	Atom-gewicht	Bemerkungen
Wasserstoff	H	1	1,01	Bestandteil von Wasser und von org. Verbindungen
Bor	B	5	10,8	notwendig für höhere Pflanzen; bei Mangel „Herzfäule" der Zucker- und Futterrüben; muß im Narbensekret einiger Pflanzen vorhanden sein, damit Pollen keimt
Kohlenstoff	C	6	12,01	Bestandteil organischer Verbindungen
Stickstoff	N	7	14,01	Bestandteil organischer Verbindungen
Sauerstoff	O	8	16,0	Bestandteil von Wasser und von org. Verbindungen
Fluor	F	9	19,0	erforderlich für tierische Organismen
Natrium	Na	11	23,0	nur für wenige Pflanzen notwendig
Magnesium	Mg	12	24,3	Bestandteil des Chlorophylls, Cofaktor vieler Enzyme
Silicium	Si	14	28,09	Strukturbestandteil der Diatomeenschalen, der Epidermis von Schachtelhalmen und vieler Gräser, der Silicoflagellales
Phosphor	P	15	31	essentieller Bestandteil vieler org. Verbindungen, zentrales Element des Energiestoffwechsels
Schwefel	S	16	32	Bestandteil von Proteinen und anderen org. Verbindungen
Chlor	Cl	17	35,4	notwendig für die Photosynthese
Kalium	K	19	39,1	für alle Pflanzen essentiell, wichtiges Kation, bedeutsam für Quellungzustand des Plasmas u. Osmoregulation, Cofaktor von Enzymen
Calcium	Ca	20	40,08	bedeutsam als Bestandteil von Zellwänden und für Quellungszustand des Plasmas, Cofaktor einiger Enzyme
Vanadium	V	23	50,9	notwendig für Algen
Chrom	Cr	24	52,0	für Pflanzen entbehrlich, für höhere Tiere erforderlich
Mangan	Mn	25	54,9	beteiligt an O_2-Entwicklung bei der Photosynthese, Cofaktor von Enzymen, Manganmangel ruft Dörrfleckenkrankheit des Hafers hervor
Eisen	Fe	26	55,8	Bestandteil vieler Enzyme (Tab. 2.2). Mangel führt auch zu Störungen der Chlorophyllbiosynthese (Fe-Mangel-Chlorose)

Tabelle 2.1. (Fortsetzung)

Element		Ord-nungs-zahl	Atom-gewicht	Bemerkungen
Cobalt	Co	27	58,9	Bestandteil des Vit. B_{12}
Nickel	Ni	28	57,8	Beteiligung am bakteriellen Methanstoffwechsel, Bestandteil der pflanzlichen Urease
Kupfer	Cu	29	63,5	Bestandteil wichtiger Enzyme (Tab. 2.2)
Zink	Zn	30	65,3	Bestandteil wichtiger Enzyme (Tab. 2.2)
Selen	Se	34	78,9	soll für einige Pflanzen erforderlich sein; unentbehrlich für Leberfunktion höherer Tiere
Molybdän	Mo	42	95,9	Bestandteil wichtiger Enzyme der N-Assimilation
Zinn	Sn	50	118,7	notwendig für tierische Organismen (Ratten), Funktion unbekannt
Iod	I	53	126,9	Bestandteil der Schilddrüsenhormone, wird in einigen Meeresalgen in großer Menge akkumuliert

Reihe von **Metallproteiden**, zumeist **Enzymen** und **Redoxüberträgern**, und häufig durch Valenzwechsel am Funktionsmechanismus dieser Proteine wesentlich beteiligt.

2.2. Metallenzyme

Nahezu 30% aller Enzyme enthalten ein Metallion als Bestandteil. Die **eigentlichen Metallenzyme** enthalten das Metallion fest gebunden, und es kommt unter physiologischen Bedingungen nicht zur Dissoziation. Bei bestimmten Reaktionstypen sind spezifische Metalle wirksam, so Cu bei Oxidasen, Zn bei mehreren Dehydrogenasen und Hydrolasen, Fe bei einer Reihe von elektronenübertragenden Reaktionen und Oxygenasen. In der Tabelle 2.2. sind ausgewählte Beispiele zusammengestellt.

Die zweite Kategorie von Enzymen, die Metallionen benötigen, wird von den **durch Metallionen aktivierten** Enzymen gebildet. Bei ihnen ist das Metallion zwar wichtig für die enzymatische Aktivität, verbindet sich jedoch nur lose mit dem Protein und ist auch am

Tabelle 2.2. Beispiele für Metallenzyme und Metallproteine

Metallion	Enzym, Protein	Biologische Funktion
Eisen	Cytochrome	respiratorischer und photosynthetischer Elektronentransport
	Cytochromoxidase	terminale Oxidase im respiratorischen Elektronentransport
	Katalase	Spaltung von H_2O_2
	Peroxidase	Oxidationen mittels H_2O_2
	Ferredoxine	Elektronenüberträger
	Leghämoglobin	symbiontische N_2-Fixierung
	Nitrogenase	N_2-Fixierung
	Nitratreduktase	Nitratreduktion
	Oxygenasen	O_2-Einführung in Substrate
Kupfer	Cytochromoxidase	terminale Oxidase im respiratorischen Elektronentransport
	Phenoloxidasen	Oxidation von Phenolen
	Plastocyanin	photosynthetischer Elektronentransport
Zink	Carboanhydrase	CO_2-Stoffwechsel
	Alkohol-Dehydrogenase	Alkoholabbau und -synthese
Mangan	Pyruvat-Carboxylase	Kohlenhydrat- und Säurestoffwechsel
Molybdän	Nitratreduktase	Nitratreduktion
	Nitrogenase	N_2-Fixierung
Cobalt	Ribonucleotid-Reduktase	DNA-Biosynthese
Nickel	Urease	Harnstoffspaltung
	einige Hydrogenasen	biol. H_2-Entwicklung

eigentlichen Katalyseprozeß nicht unmittelbar beteiligt. Die Metallionen (Mg, Ca, Zn, K) gehören zu den Faktoren, welche die Bildung des **Enzym-Substrat-Komplexes** und damit den Start der Reaktion ermöglichen.

So sind z. B. Magnesiumionen unerläßlich für die Wirksamkeit enzymatischer Reaktionen, an denen Phosphat oder phosphathaltige Substanzen beteiligt sind.

2.3. Wasser

Stoffwechselaktive pflanzliche Zellen und Gewebe bestehen zu 80–95% aus Wasser. Für das Leben besitzt Wasser einzigartige physikalisch-chemische Eigenschaften, die von der Pflanze in vielfältiger

Weise genutzt werden. Viele dieser Eigenschaften hängen mit seiner **Dipolnatur** zusammen (Abb. 2.1.). Dieser polare Aufbau des H_2O-Moleküls ermöglicht die **Hydratisierung** von Kationen und Anionen sowie von zelleigenen Makromolekülen. Wasser ist ein hervorragendes Lösungsmittel für ein breites Spektrum stark bis mäßig polarer Teilchen. Im physiologischen Temperaturbereich hat es eine **hohe Dielektrizitätskonstante** und eine **geringe Viskosität**. Da es sich auch chemisch relativ inert verhält, ist es ein nahezu ideales Medium für die Diffusion. Unterhalb von 850 nm hat es nur eine minimale Lichtabsorption. Für die Thermoregulation biologischer System sind die extrem **hohe Verdampfungswärme** des Wassers von 44 kJ pro mol bei 25 °C, seine **hohe Wärmekapazität** und **Wärmeleitfähigkeit** wichtig. Bei osmotischen Vorgängen wird schließlich die geringe Kompressibilität des Wassers ausgenutzt.

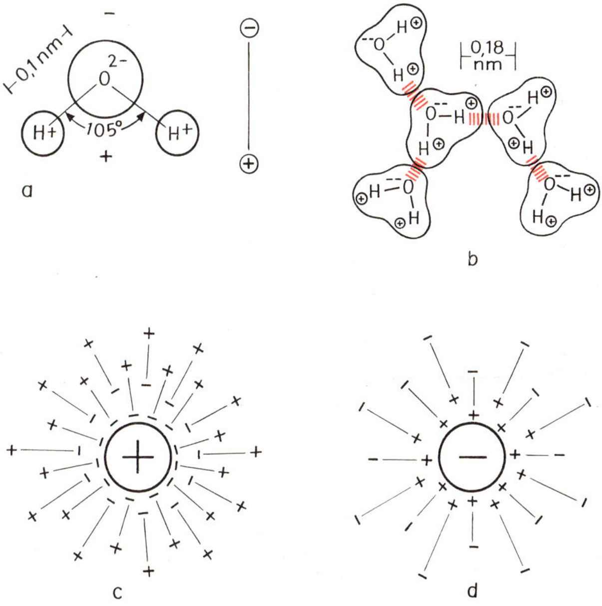

Abb. 2.1. Das Wassermolekül und einige seiner Eigenschaften. a Modell des Wassermoleküls als Dipol, **b** Aggregate von Wassermolekülen durch Ausbildung von H-Brücken, **c** und **d** positive und negative Ladungsträger mit Hydratationshüllen.

Mit der Dipolnatur der Wassermoleküle hängt die Fähigkeit zur Ausbildung von **Wasserstoffbrückenbindungen** zusammen. Dadurch treten Wassermoleküle nicht einzeln auf, sondern in temperaturabhängigen Aggregaten unterschiedlicher Größe. Im Eis ist die Ausbildung der H-Brücken maximal. Beim Schmelzen des Eises werden unter Aufnahme von 6 kJ pro Mol etwa 15% der H-Brücken gelöst. Bei 25 °C sind noch etwa 80% intakt. Eine andere Konsequenz der H-Brücken ist die hohe **Zerreißfestigkeit (Kohäsion)**, die eine Voraussetzung des **Transpirationsstromes** in den kapillaren Gefäßen des Xylems ist (s. S. 427). Bei der Verdampfung des Wassers werden die H-Brücken gelöst. Dazu ist ein Energiebetrag von 32 kJ pro Mol erforderlich, das sind über 70% der Verdampfungswärme.

Von entscheidender Bedeutung ist das Wasser schließlich für die Einstellung der jeweiligen Protonenkonzentration und damit des ***p*H-Wertes** in den Zellkompartimenten.

Wasser ist über die Bedeutung als Milieufaktor hinaus auch als direkter Reaktionspartner an vielen biochemischen Umsetzungen beteiligt. Es ist Ausgangspunkt des photosynthetischen und Produkt des respiratorischen Elektronentransportes. Beim Abbau wichtiger Speicherstoffe und Metabolite (z. B. Proteine, Nucleinsäuren und Stärke) spielen hydrolytische Spaltungen unter Mitwirkung spezifischer Hydrolasen eine bedeutende Rolle.

Schließlich ist auch die Phosphorylierung des ADP im Grunde eine Dehydratisierung des ADP:

$$ADP^{-3} + HPO_4^{2-} + H^+ \rightarrow ATP + H_2O$$

2.4. Biologische Makromoleküle

Von besonderer Bedeutung für das Leben allgemein, so auch für das pflanzliche, sind **Makromoleküle**. Wir verstehen darunter solche Moleküle, die aus vielen Grundbausteinen, **Monomeren**, bestehen und ein höheres Molekulargewicht als 5000 bis 10000 besitzen. Eine klare Abgrenzung zu niedermolekularen Verbindungen ist nicht zu ziehen. Sind ihre Monomere gleichartig, bezeichnen wir die Makromoleküle als **Homopolymere**, sind sie unterschiedlich, sprechen wir von **Heteropolymeren**. Zu den wichtigsten Biopolymeren gehören: **Nucleinsäuren, Proteine, Stärke, Cellulose, Lignin, Kautschuk**. Daneben sind eine ganze Reihe anderer pflanzlicher Inhaltsstoffe zur Polymerisation befähigt.

In den biologischen Makromolekülen herrschen drei Bindungstypen vor. Die Polysaccharide sind über **Halbacetalbindungen**, die Proteine über **Säureamidbindungen** verknüpft. **Esterbindungen** finden sich in den Fetten und Lipiden sowie in den Nucleinsäuren, die Phosphorsäureester sind.

2.5. Nucleinsäuren

Nucleinsäuren sind von einzigartiger Bedeutung als Träger der genetischen Information und als Elemente der Realisierung dieser Information durch Vermittlung der Biosynthese spezifischer Proteine. Es sind polymere Makromoleküle mit Molekulargewichten von 20000 bis zu vielen Millionen.

2.5.1. Bausteine

Die monomeren Bausteine der Nucleinsäuren sind **Mononucleotide**, die aus drei Komponenten bestehen: einer **organischen Base**, einer **Pentose** und **Phosphorsäure**.

Base und Zucker sind N-glykosidisch zu **Nucleosiden** miteinander verbunden. Die **Nucleotide** sind Phosphatester der Nucleoside (Nucleosidphosphate).

Die Pentosen sind entweder D-Ribose oder 2-Desoxy-D-Ribose (Desoxyribose).

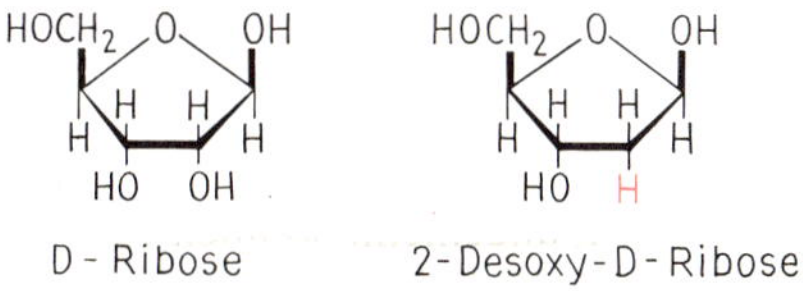

Abb. 2.2. Ribose und Desoxyribose.

Danach unterscheiden wir die **Desoxyribonucleinsäure** (**DNS** oder **DNA**) von den **Ribonucleinsäuren** (**RNS** oder **RNA**).

Bei den Basen handelt es sich um zwei Abkömmlinge des **Purins**: **Adenin** und **Guanin**, und um drei Abkömmlinge des **Pyrimidins**: **Cytosin**, **Thymin** und **Uracil** (Abb. 2.3.).

Die DNA enthält die Purinbasen Adenin und Guanin und die Pyrimidinbasen Cytosin und Thymin. In der RNA steht an Stelle des Thymins Uracil (Tab. 2.3.). Zu den erwähnten sog. kanonischen Basen

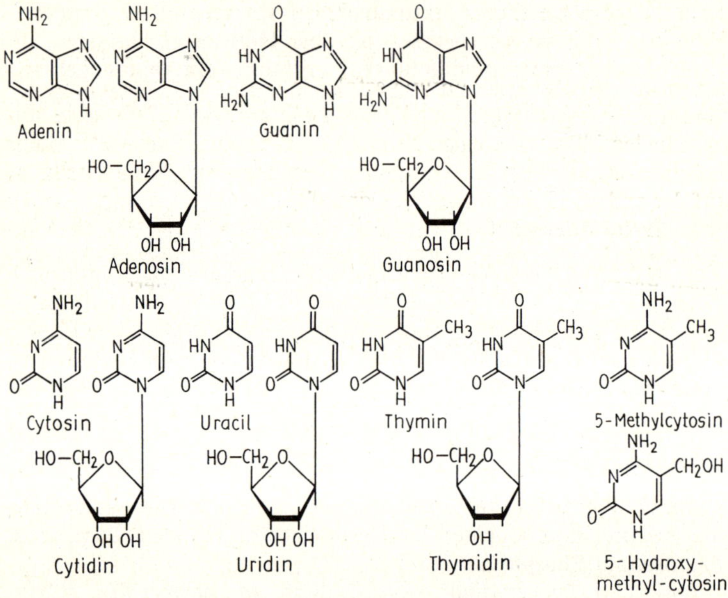

Abb. 2.3. Struktur der wichtigsten Nucleinsäurebasen und ihrer Nucleoside.

Tabelle 2.3. Die wichtigsten Basen in DNA und RNA

	Purine	Pyrimidine
DNA	Adenin (A) Guanin (G)	Cytosin (C) Thymin (T)
RNA	Adenin (A) Guanin (G)	Cytosin (C) Uracil (U)

kommt noch eine Reihe seltener Basen. So tritt das **5-Methyl-cytosin** relativ häufig in der DNA höherer Pflanzen auf, und das **5-Hydroxy-methyl-cytosin** ersetzt in der DNA bestimmter Bakteriophagen das Thymin. Besonders häufig sind seltene Basen in der **tRNA** (vgl. S. 35). Neben ihrer Rolle als Bausteine der Nucleinsäuren kommt den Nucleotiden, insbesondere denen des Adenosins, noch eine hervorragende Rolle im Energiestoffwechsel der Zelle zu.

2.5.2. Allgemeine Primärstruktur der Nucleinsäuren

Die Nucleotide sind in den Nucleinsäuren zu langen **Polynucleotidketten** verknüpft. Die Verknüpfung erfolgt durch **3′→5′-Phosphodiesterbindung** in unverzweigter, linearer Anordnung (Abb. 2.4.). Eine solche Nucleotidkette hat einen bestimmten Richtungssinn, sie ist **polar** gebaut. Auf der einen Seite steht eine Phosphatgruppe in 5′-Stellung, auf der anderen Seite eine freie Hydroxylgruppe in 3′-Stellung. Dieser prinzipielle Aufbau gilt sowohl für die DNA wie für die RNA. Die Variationsmöglichkeiten liegen in der Sequenz der Basen. In spezifischen Basensequenzen ist der **Informationsgehalt** codiert.

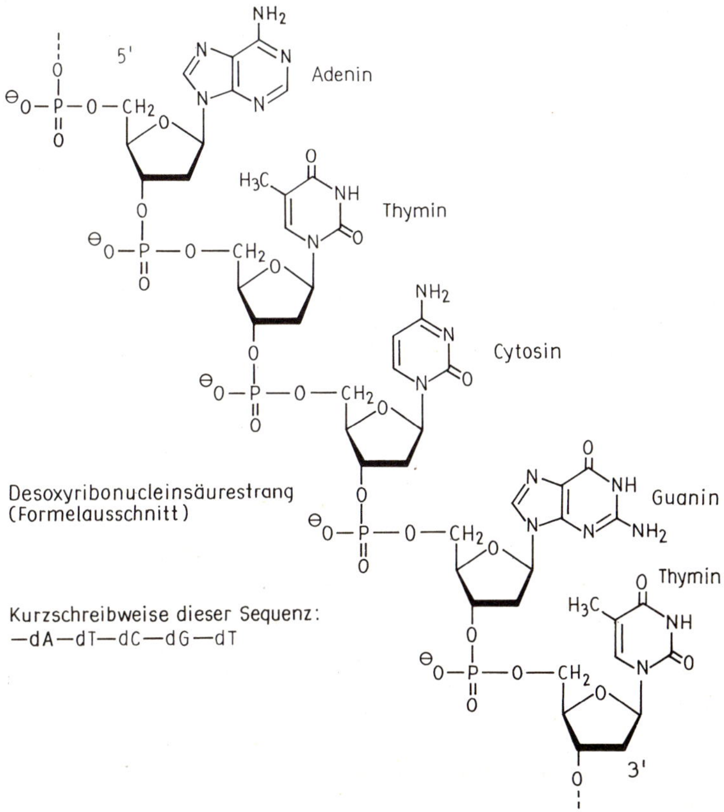

Abb. 2.4. Ausschnitt aus einem DNA-Strang.

Als **primärer** Informationsträger kommt in den allermeisten Fällen die DNA in Frage. Nur bei einigen Viren ist die genetische Information in RNA (vgl. S. 210) codiert. Wenn die DNA primärer Informationsträger ist, wird in den Prozeß der Merkmalsausbildung mRNA als Informationsvermittler, als **sekundärer** Informationsträger, eingeschaltet.

Ein Gen ist ein DNA-Abschnitt, in dessen **Basensequenz** die Information für eine bestimmte Polypeptidkette, bzw. für bestimmte RNA-Arten, verschlüsselt ist.

2.5.3. Aufbau der DNA

Bei der Aufklärung der Basensequenzen der DNA sind in den letzten Jahren bedeutende Fortschritte gemacht worden. Als sehr wesentliches Hilfsmittel erwiesen sich dabei die Restriktionsenzyme (**Restriktionsendonucleasen**). Diese Enzyme spalten die DNA sehr spezifisch. Mit ihrer Hilfe gelingt es auch, DNA-Abschnitte mit spezifischem Informationsgehalt zu isolieren. Restriktionsendonucleasen sind daher zu besonders wichtigen Hilfsmitteln für die Gentechnologie geworden (siehe Lehrbücher der Genetik).

Die ersten DNA-Sequenzen biologischer Strukturen, deren vollständige Aufklärung gelang, waren die zweier Viren, des Bakteriophagen ΦX 174 und des Affentumor-Virus SV 40. Die DNA von ΦX 174 hat 5 375 Basen, die des SV 40 5 226.

Für eukaryotische Zellen ist es typisch, daß die Information für Proteine nicht lückenlos und kontinuierlich in der DNA enthalten ist, sondern daß der DNA-Strang in informationstragende Teilabschnitte, die **Exonen**, zerfällt, die durch eingeschobene „stumme" Sequenzen oder **Intronen** unterbrochen sind („gespaltene" Gene).

Von wenigen Ausnahmen abgesehen, sind im DNA-Molekül zwei gegenläufig (antiparallel) orientierte Polynucleotidstränge zur sog. **Doppelhelix (Watson-Crick-Modell)** vereint (Abb. 2.5.). Die beiden Ketten umwinden in regelmäßigen Schraubengängen eine gemeinsame Achse, wobei die Polyesterketten des Zucker-Phosphat-Gerüstes von der gemeinsamen Schraubenachse am weitesten entfernt und die Basen der beiden Ketten im Innern dieser Doppelschraube gegeneinander gerichtet sind. Zwischen ihnen bilden sich in spezieller Weise **H-Brücken** aus, die den Zusammenhalt der Ketten bewirken. Zusätzlich wird die Raumstruktur der Doppelhelix durch **hydrophobe Wechselwirkungen** der Basen stabilisiert.

Adenin ist immer mit Thymin, Guanin immer mit Cytosin gekoppelt (Abb. 2.5.). Die Basenpaarung ist hochspezifisch, und die beiden

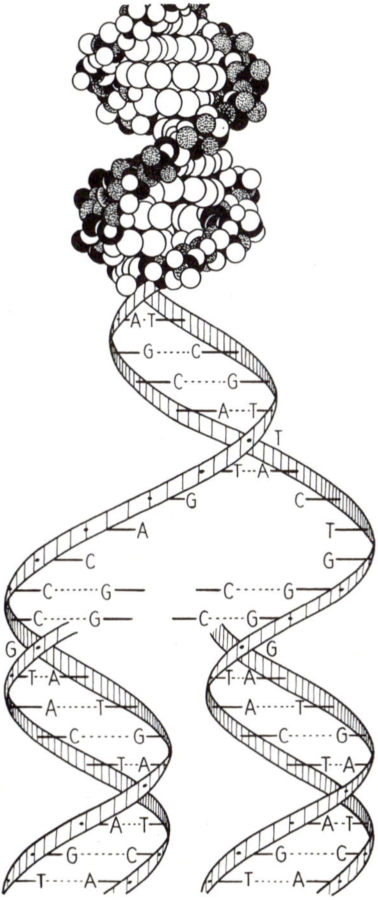

Abb. 2.5. Watson-Crick-Modell der doppelsträngigen DNA; im unteren Bereich ist der Replikationsprozeß dargestellt. Dieses Strukturmodell erklärt die analytischen Befunde Chargaffs, wonach in doppelsträngiger DNA immer Adenin und Thymin einerseits sowie Guanin und Cytosin andererseits in gleichen Mengen vorkommen. Das Modell ist gleichzeitig die Basis zum formalen Verständnis der Vermehrung der DNA, ihrer identischen Replikation. Die beiden DNA-Stränge weichen auseinander, und nach dem Prinzip der komplementären Basenpaarung lagern sich die jeweils passenden Nucleotide an die freiliegenden Basen der beiden Stränge, um dadurch die Bildung von neuen Partnersträngen einzuleiten.

Stränge der Doppelhelix sind sterisch komplementär. Der Durchmesser der Helix beträgt 2 nm.

2.5.4. Ribonucleinsäure

Wie die DNA ist auch RNA ein langes, unverzweigtes Makromolekül, das aus Nucleotiden aufgebaut ist, die durch 3′→5′-Phosphodiesterbindungen verbunden werden. Die Anzahl der Basen in RNA beträgt 75 bis viele Tausend. In der Regel sind RNA-Moleküle **einsträngig**. Eine Ausnahme bilden einige Viren mit doppelsträngiger RNA als primärem genetischem Informationsträger.

Infolge Schleifenbildung durch Faltung derselben Polynucleotidkette kommt es auch in RNA zur Ausbildung helikaler Bereiche mit konstanten Basenpaarungen von A und U sowie G und C.

Alle Zellen enthalten 3 Arten von RNA-Molekülen: **Transfer-RNA (tRNA), ribosomale RNA (rRNA)** und **Messenger-RNA (mRNA)** vgl. Tab. 2.4.).

Tabelle 2.4. Übersicht über verschiedene RNA-Arten

RNA-Art	Sedimentations-konstante in Svedberg-einheiten (S)	Anzahl der Nucleotide	Mol.-Gewicht
tRNA	4 S	75 – 85	$2{,}5-2{,}8\times10^4$
tRNA der 70S-Klasse-Ribosomen	16 S	1700	$0{,}55\times10^6$
	23 S	3700	$1{,}1\times10^6$
	5 S	120	4×10^4
rRNA der 80S-Klasse-Ribosomen	18 S	2200	$0{,}7\times10^6$
	25 S	5200	$1{,}3\times10^6$
	5 S	120	4×10^4
	5,8 S	150	5×10^4
mRNA	heterogen	heterogen	heterogen

2.5.4.1. Transfer-RNA (tRNA)

Von allen RNA-Arten ist die tRNA am besten bekannt. Sie ist besonders reich an seltenen Nucleosiden: **Inosin, Pseudouridin, Dihydrouridin, Ribothymidin** sowie an **methylierten** Basen. Die tRNA sind das Ergebnis sekundärer Veränderungen einer **prä-tRNA**. Alle tRNA haben trotz unterschiedlicher Basensequenzen eine gemeinsame Grundstruktur, die sich näherungsweise in der Sekundärstruktur des **Kleeblatt-Modells** darstellen läßt (Abb. 2.6.). Funktionell wichtig sind insbesondere das **Aminosäure-Acceptorende** (CCA), an das im Prozeß der Proteinbiosynthese die Aminosäure gebunden wird, und die **Anticodonschleife**, die sich an das spezifische **Triplett-Codon** der mRNA anlagert.

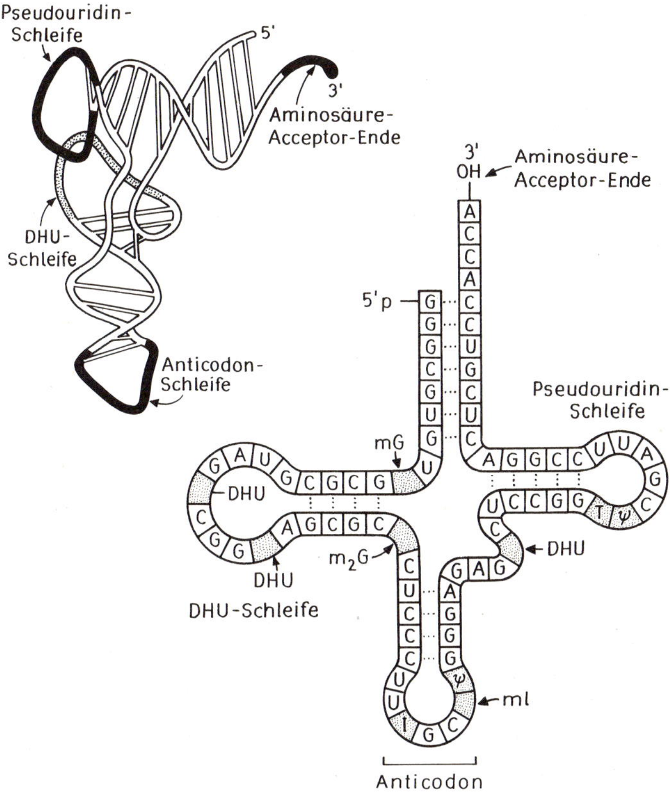

Abb. 2.6. tRNA in zweidimensionaler „Kleeblattstruktur" und dreidimensionaler Raumstruktur. *DHU* Dihydrouridin, *mG* Methylguanosin, m_2G Dimethylguanosin, *I* Inosin, *ml* Methylinosin, *T* Ribothymidin, ψ Pseudouridin.

Es gibt für jede **proteinogene** Aminosäure mindestens eine spezifische tRNA; für einige Aminosäuren existieren mehrere **Isoacceptor-tRNA**. In eukaryotischen Pflanzenzellen rechnet man mit 100–120 verschiedenen tRNA.

Die tRNA-Moleküle haben eine Raumstruktur (L-Form), wobei sekundäre H-Brücken ausgebildet werden (Abb. 2.6.). Die Basensequenz der meisten tRNA ist bekannt.

2.5.4.2. Ribosomale RNA (rRNA)

Die ribosomalen RNA machen rund 70–80% der Gesamt-RNA einer Zelle aus. rRNA sind mit den ribosomalen Proteinen assoziiert und haben eine für Aufbau und Funktion der Ribosomen entscheidende Raumstruktur mit zahlreichen helikalen Bereichen und Schleifen.

16S-rRNA kommt in kleinen Untereinheiten der **Ribosomen** der 70S-Klasse vor (**Prokaryoten**, **Mitochondrien** und **Plastiden**), 18S-rRNA in den kleinen Untereinheiten der Ribosomen der 80S-Klasse (aus dem Cytoplasma eukaryotischer Zellen). Die großen Untereinheiten der Ribosomen enthalten 23S-rRNA bzw. 25S-rRNA. Neben dieser hochmolekularen rRNA enthalten die großen Untereinheiten beider Ribosomenklassen noch niedermolekulare 5S-rRNA, die der 80S-Ribosomen zusätzlich noch 5,8S-RNA. Die rRNA-Species gehen im Zuge von Reifungsprozessen aus **prä-rRNA** hervor.

Für eine Reihe von pro- und eukaryotischen Organismen ist die Basensequenz der ribosomalen RNA-Formen vollständig aufgeklärt. Vergleichende Sequenzanalysen ribosomaler RNA haben bereits wichtige Aufschlüsse über die Evolution der Organismen sowie der Plastiden und Mitochondrien erbracht.

2.5.4.3. Messenger-RNA (mRNA)

Die mRNA übernimmt die wichtige Rolle eines **Zwischenträgers**, einer Arbeitskopie, bei der Realisierung der genetischen Information. In ihrer Basensequenz ist die Information über die Aminosäuresequenz des zu synthetisierenden Proteins codiert. Dem heterogenen Charakter der Proteine entsprechend ist die Population von mRNA-Molekülen in der Zelle ebenfalls sehr heterogen. Ausnahmen sind Zellen, die in bestimmten Entwicklungsabschnitten nur wenige Proteine, im Extremfall nur eines, synthetisieren.

Funktionsfähige mRNA ist – wie die anderen RNA-Typen auch – das Ergebnis von Reifungsvorgängen der jeweiligen **prä-mRNA**, die große informationslose Abschnitte enthält. Das 3′-Ende der mRNA ist durch **Poly-Adenin-Sequenzen** gekennzeichnet, die bis zu mehreren hundert Basen lang sein können und nachträglich angeknüpft werden.

2.6. Proteine und Aminosäuren

Proteine sind der wichtigste Bestandteil des Cytoplasmas. Sie sind heteropolymere Makromoleküle, deren Masse zwischen 5000 und einigen Millionen Dalton liegt. Als monomere Bausteine dienen **Amino-**

säuren, die kettenartig aneinandergereiht sind. Von den insgesamt über 200 bekannten Aminosäuren sind am Aufbau der Proteine nur 20 **proteinogene Aminosäuren** beteiligt. Viele Eiweiße enthalten außerdem noch andere Bestandteile, sog. **prosthetische Gruppen**, die für die Funktion des betreffenden Proteins unerläßlich sind. Man spricht dann von **Proteiden** und unterscheidet **Metallproteide**, **Phosphoproteide**, **Nucleoproteide**, **Lipoproteide**, **Glykoproteide** und **Chromoproteide.**

2.6.1. Einteilung der Proteine

Eine befriedigende systematische Klassifizierung der Eiweiße existiert nicht. Gebräuchlich ist eine Einteilung der Proteine nach ihrer Funktion. Danach gibt es **Reserve- oder Speicherproteine** (z. B. Legumin in Samen der Leguminosen, Gliadin in Weizen; in den Aleuronschichten bilden diese Proteine sogar relativ große Kristalle), **Strukturproteine**, die insbesondere am Aufbau des zellulären Membransystems und des Cytoskeletts beteiligt sind, **kontraktile Proteine**, **Transportproteine** und **Enzymproteine**.

Ebenfalls gebräuchlich ist die Einteilung in **fibrilläre** und **globuläre** Proteine. Die Löslichkeit der Eiweiße wird durch das Milieu, insbesondere durch die Anwesenheit von Ionen und durch den *p*H-Wert, wesentlich bestimmt.

2.6.2. Aminosäuren

Die wichtigsten funktionellen Gruppen der Aminosäuren sind die basische **Amino-**(—NH_2) und die saure **Carboxylgruppe** (—COOH). Sie sind **ionisierbar**. Im sauren Bereich ist die Aminogruppe protonisiert (liegt als —NH_3^+ vor), die Carboxylgruppe ist nicht ionisiert; das Gesamtmolekül trägt positive Ladung. Im basischen Bereich dagegen ist die Carboxylgruppe dissoziert, und die Aminogruppe ist nicht ionisiert; das Gesamtmolekül trägt negative Ladung. Am sog. **Isoelektrischen Punkt (IEP)** schließlich liegt die Aminosäure als **Zwitterion** vor, denn beide Gruppen sind ionisiert; das Gesamtmolekül ist neutral.

Da die Aminosäuren in ihren **Seitenketten** häufig zusätzlich dissoziationsfähige saure oder basische Gruppen tragen, wird der jeweilige IEP von der Anzahl dieser Gruppen und von ihren Dissoziationskonstanten wesentlich mitbestimmt.

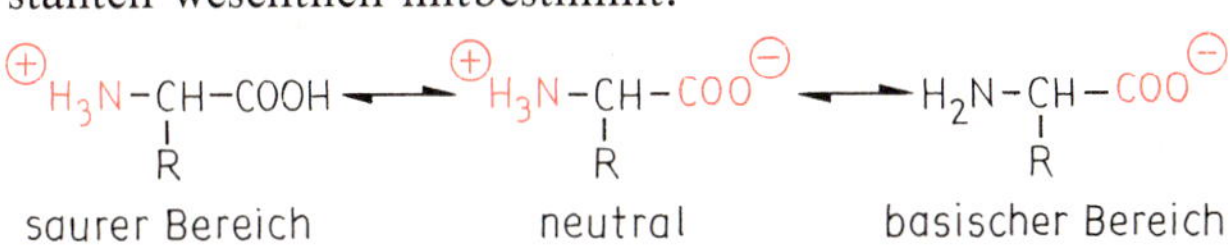

Abb. 2.7. Die Dissoziation von Aminosäuren.

Die proteinogenen Aminosäuren sind α-Aminosäuren, d.h. die Aminogruppe ist an das der Carboxylgruppe benachbarte C-Atom ge-

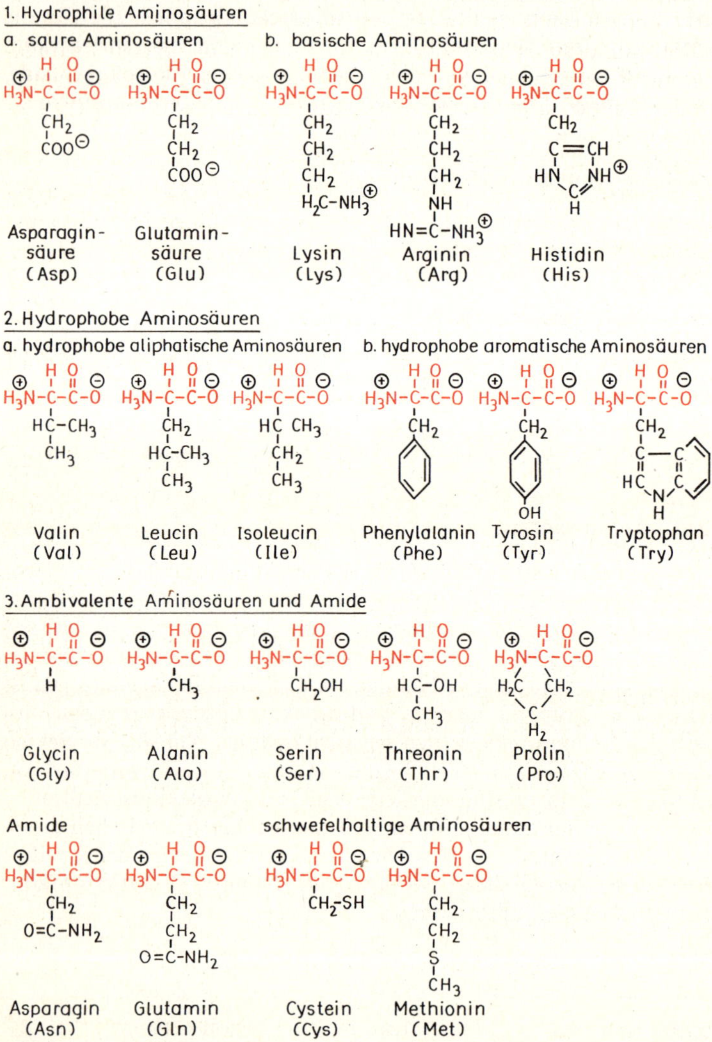

Abb. 2.8. Die proteinogenen Aminosäuren.

bunden. Außer Glycin sind alle Aminosäuren optisch aktiv. Die in den Proteinen vorkommenden Aminosäuren gehören sterisch zur L-Reihe. D-Aminosäuren kommen z. B. in den peptidischen Komponenten der Bakterienzellwände und in einigen Pilzgiften und Antibiotika vor.

Die Aminosäuren unterscheiden sich in den in der allgemeinen Formel mit R bezeichneten Seitenketten. Ein geläufiges Einteilungsprinzip der Aminosäuren beruht auf der chemischen Natur und dem Löslichkeitsverhalten ihrer Gruppen (Abb. 2.8.).

Andere Einteilungen gehen von ihrer unterschiedlichen biosynthetischen Herkunft aus. Asparagin, Glutamin und Prolin sind strenggenommen keine Aminosäuren: Asparagin und Glutamin sind Säureamide, Prolin ist eine Iminosäure.

2.6.3. Peptidbindung und Polypeptide

Unter Wasseraustritt können die Carboxylgruppe der einen und die Aminogruppe der anderen Aminosäure zum **Peptid** reagieren:

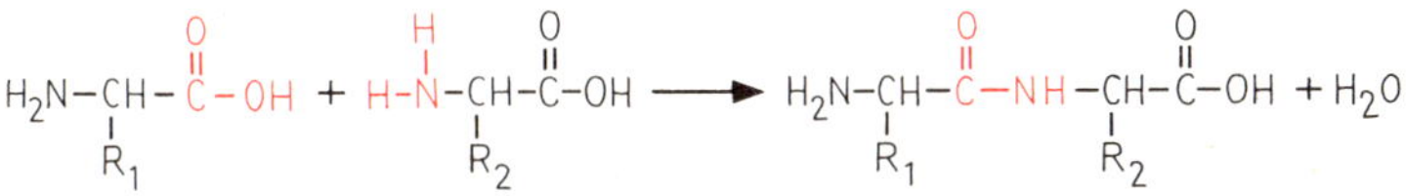

Abb. 2.9. Peptidbildung.

Eine mehrfache Knüpfung dieser charakteristischen **Peptidbindung** unter Beteiligung vieler Aminosäuren führt formal zum **Polypeptid,** zum Protein. Der biologische Weg der Proteinsynthese ist allerdings wesentlich komplizierter.

Die Polypeptidkette ist linear, unverzweigt und gerichtet, d.h. sie hat ein **Aminoende** und ein **Carboxylende**. Man „liest“ ein Polypeptid vom Aminoende her. Die Hauptvalenzkette als **„Rückgrat“** des Proteins läuft periodisch durch folgende Atome:
—N—C—C—N—C—C—N—

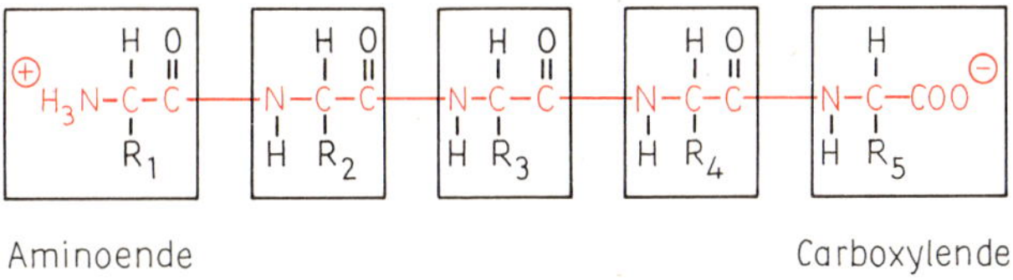

Abb. 2.10. Peptidkette.

2.6.4. Die Mannigfaltigkeit von Proteinen

Die meisten Proteine bestehen aus 100 bis 200 Aminosäuren, doch sind auch Eiweiße mit mehr als 1 00 Aminosäuren bekannt. Geht man von einem kleinen Protein mit 100 Aminosäureresten aus und berücksichtigt, daß dabei in Form der proteinogenen Aminosäuren 20 unterschiedliche Bauelemente zur Verfügung stehen, ergeben sich 20^{100} oder $1{,}26 \times 10^{130}$ mögliche Kombinationen und damit unterschiedliche Proteine. Zum Vergleich: die Gesamtmasse unserer Erde entspricht der Masse von 10^{51}, die des Weltalls der von etwa 10^{78} H-Atomen.

2.6.5. Die Hierarchie der Proteinstrukturen

Wir unterscheiden **Primärstruktur, Sekundärstruktur, Tertiärstruktur** und **Quartärstruktur.**

2.6.5.1. Primärstruktur

Die Reihenfolge der Aminosäuren innerhalb der Polypeptidkette wird als **Aminosäuresequenz** oder **Primärstruktur** des Proteins bezeichnet. Sie ist für jedes Protein genetisch festgelegt und bestimmt alle seine weiteren Eigenschaften und Funktionen. Eine bestimmte Funktion ist nicht notwendigerweise an eine einzige Aminosäuresequenz gebunden. Doch gibt es bestimmte **essentielle Aminosäurepositionen**, während in weniger wichtigen Positionen ein Aminosäureaustausch ohne merkliche Konsequenzen für die Funktion möglich ist.

2.6.5.2. Raumstrukturen der Proteine

Die Proteine besitzen eine definierte Raumstruktur oder **Konformation**. Sie ergibt sich zwangsläufig aus der Aminosäuresequenz und wird durch zusätzliche Bindungen stabilisiert. Die Art dieser Bindungen ist in Abb. 2.11. dargestellt.

Bis auf die **Disulfidbindung** zwischen zwei Cysteinresten benachbarter oder gefalteter Polypeptidketten handelt es sich um **nichtkovalente (Nebenvalenz)-Bindungen**. Ihre Festigkeit (Energiegehalt) ist wesentlich geringer als die **kovalenter** Bindungen. Ihre Bedeutung folgt daraus, daß sie stets in großer Zahl aufreten; ihre Bindungsstärke beruht also (wie beim Reißverschluß) auf der Summe vieler Einzelbindungen.

2.6.5.2.1. Sekundärstruktur. Wenn keine sterische Behinderung durch die Art und Größe der Aminosäurereste vorliegt, bilden sich

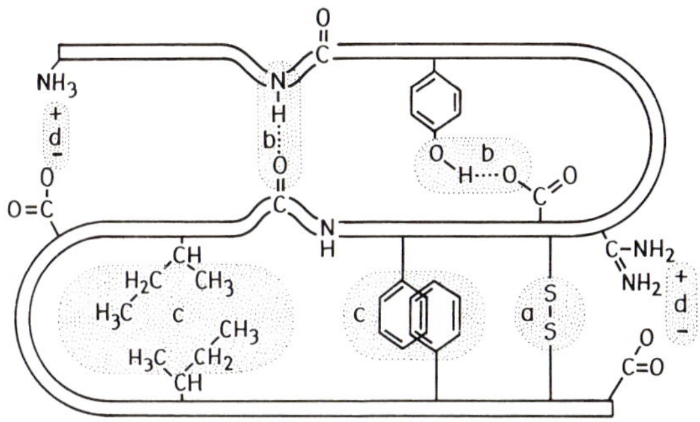

Abb. 2.11. Bindungstypen bei der Entstehung der Sekundär- und Tertiärstruktur von Proteinen. a kovalente Disulfidbindung, **b** Wasserstoffbrückenbildung, **c** hydrophobe (apolare) Bindung, **d** Ionenbindung. – Nach Lynen.

H-Brückenbindungen zwischen den Carbonyl-O-Atomen und den Amid-N-Atomen der Polypeptidhauptkette heraus, die dadurch eine schraubenförmige Anordnung erhält (**α-Helix**). Bilden sich H-Brücken zwischen gestreckt nebeneinander liegenden benachbarten Polypeptidketten, ordnen sich diese in einer zickzackförmig gefalteten Ebene zur **Faltblattstruktur**.

2.6.5.2.2. Tertiärstruktur. Bei **globulären** Proteinen wird auf Grund der Wechselwirkung zwischen den verschiedenen Seitengruppen der Polypeptidkette eine übergeordnete sphärisch-räumliche Anordnung stabilisiert, an der sich sowohl helikale wie nichthelikale Bereiche beteiligen und in der auch die prosthetischen Gruppen ihren Platz finden.

Am Zustandekommen dieser **Tertiärstruktur** sind sowohl die relativ festen Disulfidbindungen wie die nichtkovalenten Bindungen beteiligt. Die Faltungen der Peptidkette erfolgen vor allem derart, daß die **hydrophilen polaren** Gruppen nach außen orientiert sind, wo sie sich auf Grund ihrer Ladung mit einem **Hydratationsmantel** versehen und den Kontakt zum Milieu herstellen.

Ein globulärer Aufbau dieser Art ist insbesondere typisch für Enzymproteine.

2.6.5.2.3. Quartärstruktur. Durch Betätigung von nichtkovalenten Bindungskräften zwischen mehreren Tertiärstrukturen mit räumlich kompliziert angeordneten Polypeptidketten kommt es zu oligomeren Proteinmolekülen. Die **Untereinheiten (Protomeren)**, die sich zu ein-

solchen übergeordneten Quartärstruktur formieren, können – je nachdem, ob sie aus gleichartigen oder verschiedenartigen Polypeptiden aufgebaut sind – **identisch** oder **nichtidentisch** sein.

Beispiele für in Quartärstruktur organisierte Proteine sind viele Enzyme. So besteht z. B. die **Ribulosebisphosphat-Carboxylase** aus einer Assoziation von 8 kleinen und 8 großen Untereinheiten. Beim **Tabakmosaikvirus** treten 2130 identische Untereinheiten zu einer riesigen Quartärstruktur zusammen, in die auch RNA integriert ist. Der geordnete Aufbau größerer Elemente durch Zusammenlagerung von Protomeren verläuft unter geeigneten Bedingungen spontan durch **„self assembly"** (selbsttätige Aggregation) und ist eines der wichtigsten Prinzipien zellulärer Strukturbildung. Bestimmte Struktur- und Ladungsmuster an der Oberfläche der Protomeren führen dazu, daß die jeweils „richtigen" Partner erkannt werden und die Zusammenlagerung von unterschiedlichen Komponenten zu sehr komplexen Strukturen auch in der richtigen Reihenfolge vollzogen wird. Besonders eindrucksvolle Beispiele sind die Aggregation der Protomeren zu **Multienzymkomplexen** und **Mikrotubuli** (Abb. 3.12.). oder der Aufbau von **Ribosomen** und **Viruspartikeln**, wobei in den zuletzt genannten Fällen auch die Nucleinsäuren einbezogen werden.

Mikrotubuli sind ein Beispiel **nichtlimitierter** Quartärstrukturen. Ihre Länge ist unterschiedlich und wird durch die Anzahl der aggregierten Tubulin-Moleküle bedingt.

Es hat sich allerdings in letzter Zeit gezeigt, daß die spontane Bildung hochorganisierter Proteinstrukturen nach dem Prinzip des „self assembly" ergänzungsbedürftig ist. In der Zelle wird die beschleunigte Herausbildung der „richtigen", fehlerfreien, Proteinstruktur aus der frisch synthetisierten Polypeptidkette durch zusätzliche Proteine unterstützt, die man Chaperone (Aufpasser, Beschützer) nennt. Chaperone kommen in Protocyten und Eucyten vor. Sie sind auch beteiligt an der Durchschleusung von Proteinen durch Biomembranen, z. B. aus dem Cytoplasma in das Innere von Mitochondrien oder Chloroplasten.

2.6.5.3. Die Flexibilität von Proteinstrukturen

Die dreidimensionalen Raumstrukturen sind nicht starr, sondern unter physiologischen Bedingungen innerhalb bestimmter Grenzen **flexibel**. Die Dynamik der Proteinstruktur äußert sich in **Konformationsänderungen**, die auf z. T. sehr subtile relative Positionsverschiebungen einzelner Teile der Polypeptidkette zueinander im Tertiär- oder Quartärverband zurückzuführen sind. Induziert werden derartige Konformationsänderungen durch Änderung der Milieubedingungen wie Temperatur, *p*H-Wert, Ionenkonzentration. Von besonderer Bedeutung für das Verständnis der **katalytischen** Wirkung von Enzymproteinen und der **Regulation ihrer Aktivität** sind Konformationsänderungen, die durch Bindung von **Substrat-** oder **Effektormolekülen** an das Protein zustande kommen.

2.6.6. Physikalisch-chemische Eigenschaften von Proteinen

Unter physiologischen Bedingungen liegen die Proteine in einer wäßrigen Phase vor. Von größerer Bedeutung sind daher die Wechselwirkungen zwischen den Proteinen und den **Wasserdipolen**. Polare Gruppen sind **hydratisiert**. Alle Faktoren, die den Ladungszustand der Proteine verändern, wie *p*H-Wert und Ionenkonzentration, wirken sich auf den Hydratationsgrad und damit auf den **Quellungszustand** der Proteine aus. Wie bei den Aminosäuren ist es insbesondere der *p*H-Wert, der den Ladungszustand auf dem Wege über die Dissoziation der sauren oder basischen Gruppen in den Aminosäureseitenketten bestimmt. Der IEP eines Proteins hängt vom relativen Verhältnis der sauren und basischen Gruppen ab. Bei *p*H-Werten oberhalb des IEP überwiegt negative, unterhalb des IEP positive Ladung. Am IEP selbst besteht ein Ladungsminimum, demnach auch ein Minimum an Hydratation. Im allgemeinen ist in der Zelle das Plasma negativ geladen; es reagiert leicht basisch.

2.7. Kohlenhydrate

Kohlenhydrate erfüllen in der Zelle zwei Hauptfunktionen. In niedermolekularer Form – als **Monosaccharide** – sind sie für die meisten Zellen die wichtigste leicht erschließbare **Energiequelle**, in **polymerer Form** bilden sie **Reservestoffe (Speicherpolysaccharide)** und dienen als **Gerüstsubstanzen (Gerüst-Polysaccharide)**.

2.7.1. Allgemeine Merkmale der Kohlenhydrate

Bei den Kohlenhydraten unterscheidet man nach dem Vorkommmen von **Aldehyd-** oder **Ketogruppen** im Molekül **Aldosen** und **Ketosen**. Glucose ist eine Aldose, Fructose eine Ketose. Als aliphatische, offene Strukturen kommen Kohlenhydrate kaum vor. In wäßriger Lösung erfolgt vielmehr durch intramolekulare **Halbacetalbildung** ein Ringschluß zwischen der Carbonylgruppe und einer Hydroxylgruppe. Dadurch entstehen Fünfringe **(Furanosen)** oder Sechsringe **(Pyranosen)**. In freier Form liegen die wichtigsten Kohlenhydrate meist als Pyranosen vor. Die Furanoseform tritt in manchen zusammengesetzten Kohlenhydraten, z. B. im Fructoserest des Saccharosemoleküls, auf.

Durch die Ringstruktur sind zwei stereoisomere Formen möglich, die man als α-Form und β-Form bezeichnet. Sie werden durch die Position der OH-Gruppe am C-Atom 1 zur Ringebene ausgedrückt.

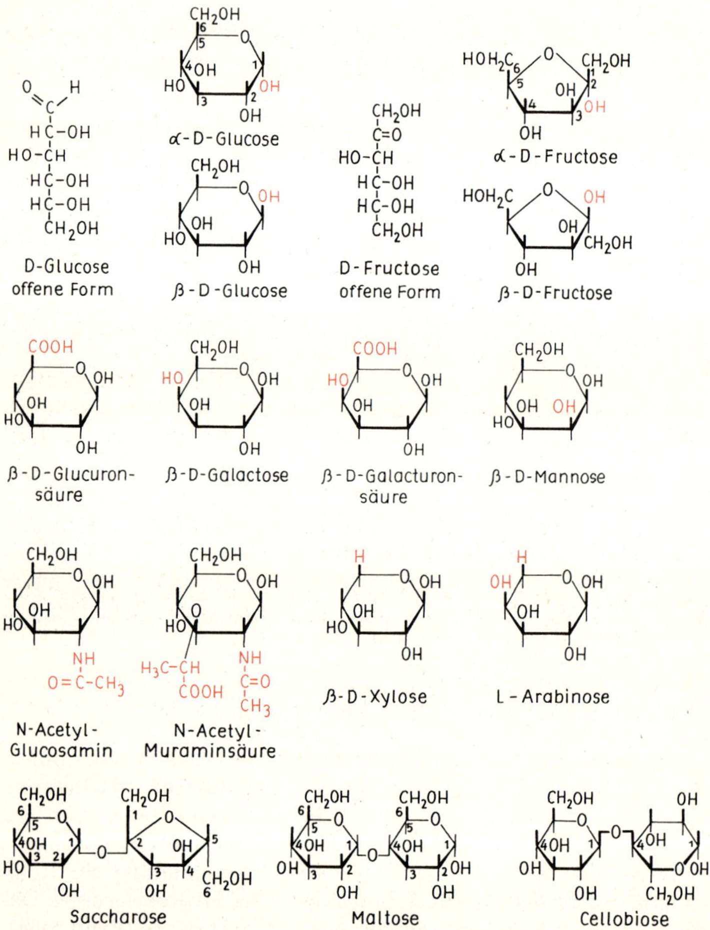

Abb. 2.12. Wichtige Mono- und Disaccharide.

Nach der Anzahl der C-Atome werden Zucker als **Triosen** (3), **Tetrosen** (4), **Pentosen** (5), **Hexosen** (6) und **Heptosen** (7) bezeichnet.

Zu den wichtigsten Reaktionen der Zucker gehören die Bildung von **Phosphatestern** und von **Glykosiden**.

Im Stoffwechsel treten vor allem Monosaccharidphosphate auf, wobei das erste C-Atom, das letzte oder beide eine Phosphatgruppe tragen können. Ein Beispiel ist das Fructose-1,6-bisphosphat.

Die Hydroxylgruppe am C-Atom 1 ist die reaktionsfähigste; sie ist deshalb stets an der Bildung von glykosidischen Bindungen beteiligt. Dabei reagiert eine halbacetalische OH-Gruppe des Zuckers mit der Hydroxylgruppe eines Partnermoleküls unter Wasseraustritt. Eine Glykosidbildung ist mit anderen **Zuckern**, mit **Alkoholen** und **phenolischen Hydroxylgruppen** möglich. Je nach der Art der beteiligten Zuckerkomponente unterscheidet man **Glucoside**, **Galactoside**, **Fructoside** usw. Da bei der Ausbildung der Glykosidbindung zwei sterische Anordnungen möglich sind, unterscheidet man **α-glykosidische** und **β-glykosidische** Bindungen.

Neben den O-Glykosiden gibt es die **N-Glykoside**, die durch Reaktion einer halbacetalischen OH-Gruppe und einer NH-Gruppe entstehen. Hierzu gehören vor allem die Nucleotide.

Zusätzlich zur Bildung von Glykosiden und Phosphatestern führt die Reaktionsfähigkeit der Hydroxylgruppen zu einer Reihe von Derivaten, die insbesondere als Bausteine von Gerüstsubstanzen bedeutsam sind (Abb. 2.12.).

2.7.2. Zusammengesetzte Kohlenhydrate

Disaccharide enthalten zwei Monosaccharid-Reste, **Oligosaccharide** bis zu 10. Sind mehr als 10 Monomere am Aufbau beteiligt, sprechen wir von **Polysacchariden**.

In die Glykosidbindungen können die Monosaccharide mit verschiedenen C-Atomen eintreten. Bevorzugt werden 1,4- und 1,6-Bindungen ausgebildet, in geringerem Ausmaß treten aber auch 1,3-, 1,5-, 1,2- und 1,1-Bindungen auf.

2.7.2.1. Disaccharide und Oligosaccharide

Das bekannteste Disaccharid ist die **Saccharose**, auch Rohrzucker genannt (β-D-Fructofuranosyl-α-D-glucogyranosid). Glucose und Fructose sind so miteinander verbunden, daß keine reduzierenden Gruppen vorhanden sind. In einigen Pflanzen ist Saccharose Speichersubstanz (Zuckerrübe, Zuckerrohr). Sie ist die häufigste **Transportform** der Kohlenhydrate in der Höheren Pflanze.

In α-1,1-glykosidischer Bindung sind im **Trehalosemolekül** zwei Glucosereste vereint. **Trehalose** ist ein typisches Disaccharid der Pilze, Cyanobakterien und *Rhodophyta*. Ebenfalls aus zwei Glucoseresten bestehen **Maltose** und **Cellobiose**. In beiden Disacchariden liegen 1,4-Bindungen vor, im Falle der Maltose ist die Verknüpfung α-ständig, bei der Cellobiose β-ständig. Maltose ist ein Produkt des Stärkeabbaus, während Cellobiose der Disaccharidgrundbaustein der Cellulose ist.

Zu den häufig vorkommenden Oligosacchariden gehört das Trisaccharid **Raffinose**. Ebenfalls ein Trisaccharid ist die für *Gentiana*- und *Swertia*-Arten typische **Gentianose**. In der Raffinose ist Galactose β-1,6-glykosidisch, in der Gentianose ist Glucose α-1,6-glykosidisch mit dem Glucoseanteil der Saccharose verknüpft. Erwähnenswerte Oligosaccharide sind ferner **Stachyose** (Tetrasaccharid) und **Verbascose** (Pentasaccharid).

2.7.2.2. Polysaccharide

In den Polysacchariden sind bis zu mehreren hunderttausend Monomere zu verzweigten oder unverzweigten Ketten miteinander verknüpft. Als Bausteine treten in den **Hexosanen** Hexosen und in den **Pentosanen** Pentosen sowie deren Abkömmlinge auf. Polysaccharide mit nur einem Monosaccharid als Baustein werden allgemein als **Homoglykane**, im speziellen Fall als **Glucane, Fructosane, Mannane, Xylane** usw. bezeichnet. **Heteroglykane** bestehen dagegen aus verschiedenen Monosaccharidresten.

Innerhalb der linearen Kettenanordnung herrschen 1,4-Bindungen vor, z.T. treten auch 1,3-Bindungen, ausnahmsweise auch 1,2-Bindungen auf. Die Kettenverzweigungen kommen bei den Hexosanen durch 1,6-, bei den Pentosanen durch 1,5-Bindungen zustande.

2.7.2.2.1. Speicherpolysaccharide. **Stärke** ist die vorherrschende Speichersubstanz der Pflanzen. Sie setzt sich aus den beiden Glucanen **Amylose** und **Amylopectin** zusammen. Amylose besteht aus unverzweigten Ketten von etwa 200 bis 500 α-1,4-glykosidisch verbundenen Glucoseresten. Grundbaustein ist somit das Disaccharid Maltose. Das Amylosemolekül ist schraubig angeordnet mit etwa 5 Glucoseresten pro Windung. Jodmoleküle können sich in diesen Hohlraum einlagern (Einschlußverbindung) und geben eine intensive Blaufärbung. Im Amylopectin ist die Hauptkette durch zusätzliche 1,6-Bindungen verzweigt. Durchschnittlich kommt auf 25 Glucosereste eine

Verzweigung. Der Polymerisationsgrad des Amylopectins beträgt 1000 bis 10000 (Abb. 2.13.).

Glykogen ist der typische Reservestoff der Bakterien, Cyanobakterien und Pilze. Es ist ähnlich dem Amylopectin aufgebaut, jedoch

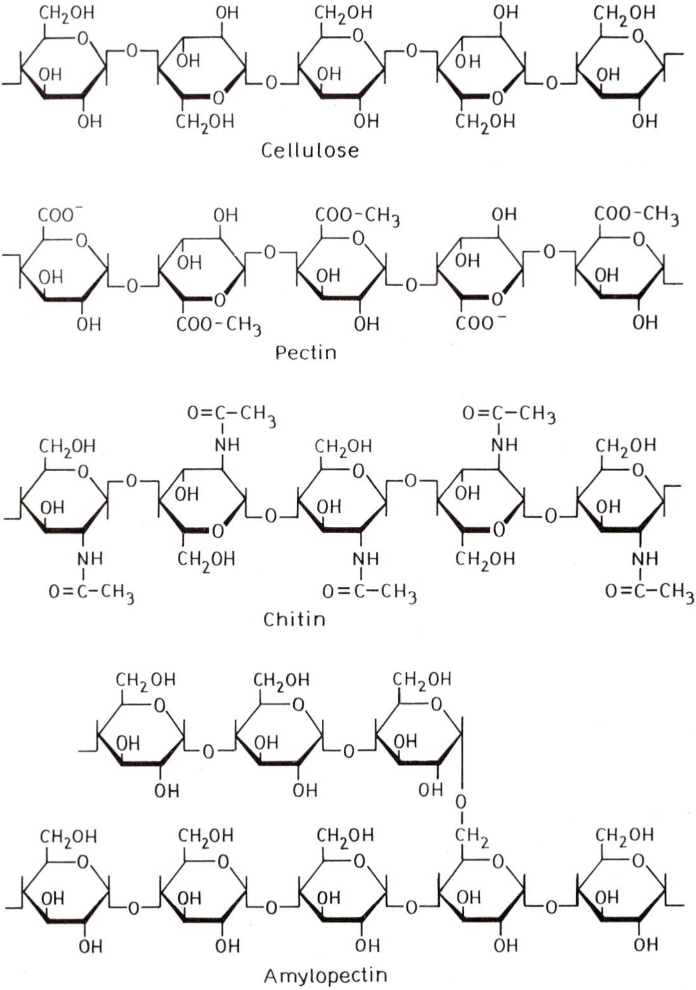

Abb. 2.13. Wichtige zelluläre Polysaccharide.

noch stärker verzweigt. An die α-1,4-glykosidisch verbundene Hauptkette sind durch α-1,6-Bindungen Seitenketten von etwa 10–14 Glucoseresten geknüpft. Durchschnittlich kommt auf jeden 10. Glucoserest eine Verzweigung. Das Molekulargewicht des Glykogens kann bis zu 15 Millionen betragen.

Dextran besteht aus Glucoseresten, die in der Hauptsache α-1,6-glykosidisch miteinander verbunden sind. Durch zusätzliche Ausbildung von α-1,2-, α-1,3- oder α-1,4-Bindungen kommt es zu Verzweigungen. Dextrane sind sehr hochmolekular, ihr Molekulargewicht kann bis zu 4 Millionen betragen. Es sind Speicherpolysaccharide bei Bakterien und Pilzen.

Inulin ist ein Polyfructosan mit β-2,1-Bindungen der weniger als 100 Fructoseeinheiten, die in der furanoiden Form vorliegen. Es ist Speicherpolysaccharid bei Kompositen (*Asteraceae*). **Paramylon** (Reservepolysaccharid bei *Euglenophyta*) und **Laminarin** (Reservepolysaccharid bei Braunalgen) besitzen eine lineare Molekülstruktur aus Glucoseeinheiten in β-1,3-glykosidischer Bindung.

2.7.2.2.2. Strukturpolysaccharide. Das wichtigste Strukturpolysaccharid der Pflanze ist **Cellulose**. Mengenmäßig ist sie die bedeutendste biologische Verbindung. Mehr als die Hälfte des organisch gebundenen Kohlenstoffs der Biosphäre liegt als Cellulose vor. Es sind unverzweigte Ketten, in denen bis zu 15000 Glucosereste β-1,4-glykosidisch verbunden sind (Abb. 2.13.). In der Zellwand lagern sich die gestreckten Celluloseketten zu übergeordneten **fibrillären** Strukturen zusammen, die durch H-Brücken stabilisiert werden.

Arabinane und **Galactosane** sowie **Arabino-galactosane** und **Xyloglucane** sind weitere wichtige Gerüstpolysaccharide der pflanzlichen Zellwand.

Pectinstoffe sind wesentliche Bestandteile der Mittellamellen und Primärwände. Zu den Pectinstoffen gehören **Pectinsäure**, **Pectin** und **Protopectin**. Pectinsäure besteht aus unverzweigten Ketten von α-1,4-glykosidisch verknüpften D-Galacturonsäuren (Polygalacturonsäure). Im Pectinmolekül sind die Carboxylgruppen der Galacturonsäurereste teilweise mit Methanol verestert. Das Protopectin enthält in den Galacturonsäureketten auch Rhamnose eingebaut, und es treten Verzweigungen auf, an denen verschiedene andere Zucker und Zuckersäuren beteiligt sind. Die COOH-Gruppen sind teilweise methyliert. An der Verzweigung der Protopectine sind auch Doppelsalzbildungen mit Ca^{2+} und Mg^{2+} beteiligt. Pectinstoffe kommen in großen Mengen in Früchten vor und werden daraus technisch gewonnen.

Xylane sind Pentosane. Sie bilden den Hauptteil der sog. **Hemicellu-**

losen. In der heterogenen Gruppe der Hemicellulosen werden alle jene Gerüstsubstanzen vereinigt, die weder Cellulose- noch Pectinverbindungen sind. Die Xylankette besteht aus etwa 50 bis 100 β-1,4-glykosidisch verknüpften Xyloseresten. Einige Xylane enthalten zusätzlich Arabinose, Galactose und Glucuronsäure. Nach der Cellulose ist Xylan das mengenmäßig am weitesten verbreitete Kohlenhydrat. Stroh enthält 15–20%, Koniferenholz 7–12% und Laubholz 20–25% Xylane.

Chitin ist ein Homopolymer, in dem etwa 2000 N-Acetyl-D-Glucosaminreste β-1,4-glykosidisch miteinander verknüpft sind. Die unverzweigten Ketten lagern sich zu **Mikrofibrillen** aneinander, die denen der Cellulose sehr ähnlich sind. Chitin ist der wesentliche Bestandteil der Zellwand aller Echten Pilze. Außerdem bildet es das Exoskelett vieler wirbelloser Tiere (Abb. 2.13.).

In **Kallose** sind etwa 100 Glucosereste β-1,3-glykosidisch miteinander verbunden. **Agar** ist ein Strukturpolysaccharid aus den Zellwänden von Meeresrotalgen. Es ist ein Gemisch aus **Agarose** und **Agaropectin**. In Agarose sind Galactose und Anhydrogalactose alternierend durch β-1,4- und β-1,3-Bindungen linear verknüpft. Agaropectin enthält zusätzlich noch Galacturonsäure und Schwefelsäure. Die Zellwände der Braunalgen enthalten **Alginsäure**, ein Polymer, das aus β-1,4-verknüpften D-Mannuronsäure- und L-Guluronsäure-Einheiten besteht.

Murein ist die wichtigste Komponente der bakteriellen Zellwand. Es ist ein Heteropolymer und besteht aus Ketten, in denen N-Acetylglucosamin und N-Acetylmuraminsäure in alternierender Folge β-1,4-glykosidisch verbunden sind. Benachbarte lineare Polysaccharidketten werden durch Peptidbindungen zwischen den an die Carboxylgruppe der Muraminsäure gebundenen Tetrapeptiden zu einem riesigen Peptidoglykanmolekül **(Mureinsacculus)** vernetzt. An dieser Vernetzung können auch zusätzliche Aminosäuren bzw. kurze Peptide (z. B. Pentaglycin bei *Staphylococcus*) beteiligt sein. In den einzelnen Bakteriengruppen gibt es viele Varianten dieses Grundtyps.

2.8. Lipide

Unter dem Sammelbegriff **Lipide** werden verschiedenartige Substanzgruppen zusammengefaßt, deren gemeinsames Merkmal es ist, in Wasser fast unlöslich, in organischen Lösungsmitteln (Chloroform, Benzol, Benzin) dagegen gut löslich zu sein. Dieses Löslichkeitsverhalten wird durch die relative Häufung stark **hydrophober** Gruppen in den Lipidmolekülen bedingt (Tab. 2.5). Zu den Lipiden rechnet man: **Fette, Phospholipide, Glykolipide, Wachse, Steroide, Carotinoide, Terpene.**

Tabelle 2.5. Hydrophile und hydrophobe Gruppen

	hydrophile Gruppen			hydrophobe Gruppen	
↓ Abnehmende Hydrophilie, Zunehmende Lipophilie	—COOH	Carboxyl	↓ Zunehmende Hydrophobie	$-CH_3$	Methyl
	—OH	Hydroxyl		$-CH_2-$	Methylen
	—C=O	Carbonyl		$-C_2H_5$	Ethyl
	$-NH_2$	Amino		$-C_5H_8$	Isopren
	$-C-NH_2$	Amid		$-C_6H_5$	Phenyl
	—S	Sulfhydryl			

2.8.1. Fette

Fette sind sehr energiereiche Speicherstoffe. Sie werden in den Cotyledonen oder im Endosperm sehr vieler Samen deponiert. Auch Algen (Grünalgen, Diatomeen) können Fett speichern, und zwar unter bestimmten Bedingungen bis zu 60% ihrer Trockenmasse.

Der chemischen Natur nach sind Fette Triester des Glycerins mit Fettsäuren. Diese können **gesättigt** oder **ungesättigt** sein und haben meist 16 oder 18 C-Atome. Häufig vorkommende Fettsäuren zeigt Abb. 2.14. **Linolsäure** und **Linolensäure** finden sich besonders reichlich im Leinöl. Fette sind um so flüssiger, je mehr ungesättigte Fettsäuren sie enthalten.

2.8.2. Phospholipide und Glykolipide

Phospholipide und Glykolipide sind die wichtigsten **Strukturlipide** biologischer Membranen. Ihr alkoholischer Grundbaustein ist entweder **Glycerin** oder **Sphingosin**, ein Aminodialkohol.

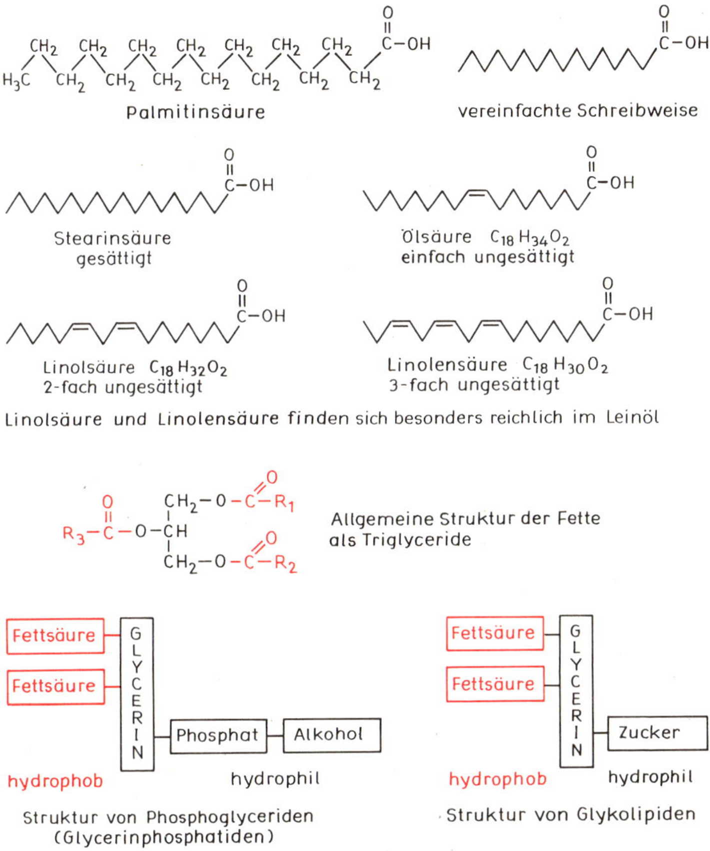

Abb. 2.14. Fettsäuren und prinzipieller Aufbau von Membranlipiden.

In den **Glycerinphosphatiden** ist eine Hydroxylgruppe des Glycerins nicht mit einer Fettsäure, sondern mit **Phosphorsäure** verestert. Die Phosphorsäure ist ihrerseits mit einem weiteren Alkohol verbunden, meist mit **Cholin**, **Ethanolamin**, **Inosit** oder mit der OH-Gruppe des **Serins**.

In den **Glykolipiden** ist eine Hydroxylgruppe des zentralen Alkohols (Glycerin oder Sphingosin) nicht mit Phosphorsäure, sondern mit einem **Zucker** glykosidisch verbunden. Die Zuckerkomponente ist meist Galactose oder Glucose.

Besonders reich an Glykolipiden, insbesondere Galactolipiden, sind die Membransysteme der Chloroplasten.

Die gleichzeitige Anwesenheit hydrophiler (Phosphat, Cholin, Serin, Inosit, Zucker) und hydrophober Komponenten im Molekül führt zu einer starken **Polarisierung** der Phospho- und Glykolipide. Sie sind **„oberflächenaktiv"** und deshalb hervorragend geeignet, an Grenzschichten geordnete Strukturen (Lipidlamellen) zu bilden. Wegen dieser Eigenschaften sind sie generelle Bestandteile von Membranen (Abb. 3.9.).

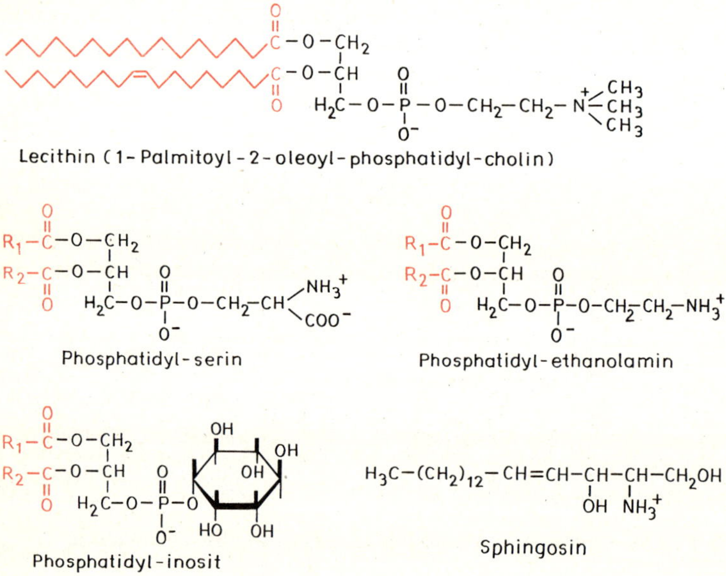

Abb. 2.15. Beispiele von Membranlipiden.

2.8.3. Polymere Lipide

Wachse, **Cutine** und **Suberine** stellen hochmolekulare, wasserabstoßende Verbindungen von bisher noch nicht vollständig aufgeklärter Struktur dar.

Wachse sind Gemische verschiedener Stoffe, Hauptkomponenten sind Ester langkettiger, unverzweigter Fettsäuren (26–36 C-Atome) mit langen, einwertigen Alkoholen. Wachsauflagen findet man häufig auf der Oberfläche von Früchten und Blättern.

Cutine sind Gemische von hochpolymeren Estern, an denen Fettsäuren und Fettsäurederivate mit bevorzugt 16 und 18 C-Atomen beteiligt sind. Cutine sind Hauptbestandteil der Cuticula.

In den **Suberinen** bilden Phenylpropan-Bausteine einen hochmolekularen, ligninähnlichen Grundkörper, der zusätzlich große Mengen an veresterten Fettsäuren, Carbonsäuren und langkettigen Alkoholen enthält. Suberine werden bei Verkorkungsprozessen in die pflanzlichen Zellwände eingelagert.

Steroide, **Carotinoide** und **Terpene** werden im Zusammenhang mit ihren Funktionen oder ihrer Biosynthese behandelt (s. 7.6. und 7.13.).

3. Die pflanzliche Zelle

Zellen sind die kleinsten zum selbständigen Leben befähigten Einheiten. Sie können als wenig spezialisierte Einzelzellen ein individuelles Leben führen **(Einzeller, Protisten)**, aber auch Bausteine vielzelliger Pflanzen sein und dabei ihre Selbständigkeit zugunsten einer arbeitsteiligen Spezialisierung aufgeben. Viele Zellen mit gleichartiger Aufgabe bilden ein **Gewebe**, aus mehreren Geweben sind die **Organe** und aus verschiedenen Organen der **Organismus** aufgebaut. Hier sei zunächst von solchen Zellen abgesehen, die als **Protocyten (Prokaryotenzellen)** nicht die strukturelle Differenziertheit der **Eucyten (Eukaryotenzellen)** erreichen. Bei den Prokaryoten (den Cyanobakterien, Eu- und Archaebakterien) sind die wesentlichen Kernbestandteile nicht zu einem morphologischen Kern formiert wie bei den Eukaryoten. Auf die Besonderheiten der prokaryotischen Zelle wird im Abschn. 3.9. eingegangen.

Die Mehrzahl eukaryotischer Pflanzenzellen (Pilzzelle s. S. 90) unterscheidet sich von den eukaryotischen Tierzellen in folgenden drei Merkmalen:

- durch den Besitz von **Plastiden**, im typischen Fall von Chloroplasten zur Photosynthese,
- durch das Auftreten von **Zellsaftvakuolen** als Orten der Speicherung gelöster Stoffe, darunter Exkretstoffe,
- durch die Umhüllung des Protoplasten mit einer vorwiegend aus Cellulose bestehenden **Zellwand**, die dem osmotischen Innendruck der Zelle (= Turgor) widersteht und ihr dadurch eine hohe Festigkeit verleiht.

Der zellige Aufbau von Pflanzen wurde von Robert Hooke an Flächenschnitten von Kork, Holundermark und Holz mit Hilfe eines Auflichtmikroskops entdeckt und 1665 erstmals beschrieben. Erst im 19. Jahrhundert entstand, besonders durch die Arbeiten von M. J. Schleiden (1838) und C. W. Nägeli (1844) an pflanzlichen Geweben sowie von Theodor Schwann (1839) an tierischen, die Einsicht, daß alle Lebewesen aus Zellen aufgebaut sind. Zu etwa gleicher Zeit kam es zur Entdeckung des Zellkerns durch R. Brown (1831), und bald darauf wurden das Vorkommen und die Bedeutung des Protoplasmas in der Zelle durch die Arbeiten von J. E. Purkinje (1839), H. v. Mohl (1846) und W. Hofmeister (1857) bekannt. Während der schnellen Fortschritte der Zellenlehre in der zweiten Hälfte des 19. Jahrhunderts entdeckte der Chemiker J. F. Miescher (1869) die Nucleinsäure als wesentlichen Bestandteil der Zellkerne und legte damit die Grundlage für die 100 Jahre später sich entwickelnde Molekularbiologie. Nachdem R. Virchow (1855) den Grundsatz „Omnis cellula ex cellula" (Jede Zelle aus einer Zelle) formulieren konnte, wurde im letzten Drittel des 19. Jahrh. unter Mitwirkung des Botanikers E. Strasburger die Kernteilung als Voraussetzung für die Zellvermehrung bei Pflanze und Tier bekannt.

3.1. Aufbau der Pflanzenzelle

Die Gestalt pflanzlicher Zellen ist auf Grund der festen Zellwand als Außenskelett weitgehend formkonstant und in ihrer Mannigfaltigkeit in vielen Fällen ein taxonomisches Merkmal. Der Formenvielfalt steht die prinzipielle Einheitlichkeit im Aufbau des lebenden Inhalts aller Pflanzenzellen gegenüber. In der Zellgröße treten Unterschiede von mehreren Zehnerpotenzen auf. Die Durchmesser polyedrischer Zellen betragen etwa 5 µm bis 100 µm, womit sie unvergrößert unterhalb der Sichtbarkeitsgrenze des Auges liegen. Es sind jedoch auch Zellen mit einem Durchmesser unter 0,2 µm (Bakterien) bekannt. Solche kleinen Zellen wie auch kleinere Inhaltspartikel sind mit dem Lichtmikroskop gerade noch erkennbar (sein Auflösungsvermögen erreicht 0,2 bis 0,3 µm). Die Erforschung des Feinbaus der Zellen bzw. des Zellinhaltes wurde erst durch die Entwicklung der Elektronenmikroskopie möglich, mit deren Hilfe (seit etwa 1950) die Grenze der Auflösung bis in den Nanometer-Bereich ausgedehnt werden konnte. Faserzellen erreichen Längen über 50 cm, die vielkernigen Zellen ungegliederter Milchröhren können mehrere Meter lang werden. Begrenzend für die Größenentwicklung der Zellen dürfte das jeweilige Verhältnis zwischen dem Volumen des Protoplasten und der für den Stoffaustausch erforderlichen Oberfläche sein. Diese wird bei zunehmender Größe der Zellen (bei gleicher Gestalt) relativ geringer.

Kurze Übersicht

Die **Zellwand** (der Ausdruck „Membran" sei für Plasmamembranen reserviert) umgibt den Innenraum (das Lumen) der Zelle, in welchem sich lebende und unbelebte Bestandteile befinden. Als Ausnahme

Tabelle 3.1. Die Pflanzenzelle, Elemente ihrer Feinstruktur

Große Zellorganellen	Zellkern Plastiden Mitochondrien
Membransysteme	Endoplasmatisches Reticulum (ER) mit Kernmembran, Desmotubuli und Ribosomen (rauhes und glattes ER, Polysomen) Dictyosomen mit Golgi-Vesikeln Plasmalemma (=Plasmamembran) Tonoplast mit Vakuole
Microbodies (Cytosomen)	Lysosomen Glyoxysomen Peroxisomen
Cytoplasma	Cytosol Plasmafilamente Microtubuli mit Geißeln und Cilien
Ergastische Einschlüsse	Zellsaft Stärkekörner Aleuronkörner Lipidtropfen (Oleosomen) Kristalle
Zellwandschichten	Mittellamelle Primärwand sekundäre Wandschichten Tertiärwand Inkrusten (u. a. Lignin) Akkrusten (u. a. Cutin, Suberin, Wachs)

fehlt eine Zellwand bei vielen pflanzlichen Einzellern und Keimzellen (*Euglena* besitzt eine **Pellicula** aus Protein) sowie bei den Plasmodien der Myxomyceten. Das **Protoplasma** (der **Protoplast**) ist die Gesamtheit der lebenden Strukturen einer Zelle. Von ihm werden unbelebte Bestandteile wie die **Zellwand** und **ergastische Einschlüsse** abgegeben. Im Protoplasma ist der **Zellkern (Nucleus)** mit den **Kernkörperchen (Nucleoli**, Einzahl: Nucleolus) die größte der als Zellorganellen bezeichneten Funktionseinheiten (Abb. 3.1.), zu denen auch die **Plasti-**

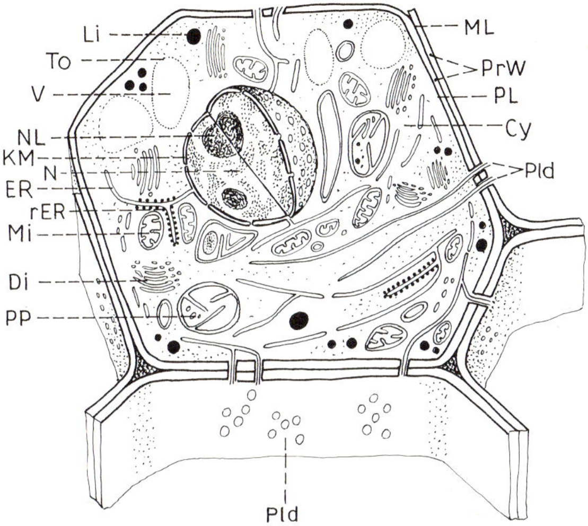

Abb. 3.1. Junge Pflanzenzelle, schematisch. *Cy* Cytoplasma, *Di* Dictyosom, *ER* Endoplasmatisches Reticulum, *KM* Kernmembran, *Li* Lipidtropfen, *Mi* Mitochondrium, *ML* Mittelamelle, *N* Nucleus, *NL* Nucleolus, *PL* Plasmalemma, *Pld* Plasmodesmen, *PP* Proplastid, *PrW* Primärwand, *rER* rauhes Endoplasmatisches Reticulum, *To* Tonoplast, *V* Vakuole. – Nach Sitte, verändert.

den und die **Mitochondrien** gehören. Alle sind vom **Cytoplasma** umgeben, das sich formal in ein gallertartig klares **Grundplasma (Cytosol)** und eine Reihe weiterer, kleinerer Einschlüsse gliedern läßt. Grundlegend für das Funktionieren der lebenden Zellen sind die **Plasmamembranen** als flächige, randlos in sich geschlossene Zellstrukturen. Sie dienen der Abgrenzung, dem Austausch und der metabolischen Transformation. Das **Plasmalemma** (= **Plasmamembran**) umgibt den ganzen Zellinhalt, liegt der Innenfläche der Zellwand an, kommuniziert aber auch mit der Plasmamembran der lebenden Nachbarzelle über feine Kanäle, die **Plasmodesmen**, die vom Plasmalemma ausgekleidet werden. Der **Tonoplast** grenzt das Cytoplasma vom Zellsaft der **Vakuole** ab. Im Gegensatz zu diesen einfachen Membranen sind die großen Zellorganellen – Kern, Plastiden und Mitochondrien – von **doppelten Membranen** mit jeweils spezifischen Membraneigenschaften umgeben. Aus **Doppelmembranen** besteht auch das **Endoplasmatische Reticulum (ER)**. Damit bezeichnet man einen Komplex flächiger und z. T. röhrig verbundener Hohlräume, die untereinander und mit der **Kernmembran** kommunizieren, das Cytoplasma in Räume (Kompartimente) auftrennen und auf Dünnschnitten ein netzartiges Bild ergeben (lat. reticulum = Netzchen). An der Oberfläche des **„rauhen"** Endoplasmatischen Reticulums (im Gegensatz zum **glatten** ER) ist ein großer Teil der **Ribosomen** angeheftet, der Partikel der Proteinsynthese. Sie befinden sich auch frei im Grundplasma, dort oft in perlschnurartig aufgereihten Verbänden, den **Polyribosomen** (= **Polysomen**). Weitere typisch gestaltete Strukturen des Cytoplasmas sind die **Dictyosomen**, Stapel scheibenförmiger Membranzisternen, welche an ihren Rändern bläschenförmige Vesikel mit Sekretinhalten abschnüren. Die Gesamtheit der Dictyosomen einer Zelle bildet deren **Golgi-Apparat**. Von den kleineren Einschlüssen des Cytoplasmas konnten die **Microbodies** als Träger der Aktivität bestimmter Enzyme erkannt werden.

3.2. Zellkern (Nucleus)

Aufbau: Der Zellkern ist meist kugel- bis linsenförmig, selten gestreckt bis fädig. Eine Doppelmembran bildet die **Kernhülle**, die im elektronenoptischen Bild deutlich erkennbare **Kernporen** ausbildet. Jede Pore besitzt einen zentralen Kanal mit 9 nm Durchmesser und ist in der Regel von 8 Proteingrana auf einem **Begrenzungsring (Anulus)** umgeben. Bei diesen **Kernporenkomplexen** handelt es sich um Orte eines selektiven und auch aktiven Stoffaustausches zwischen Kerninnerem und Cytoplasma, bei dem Signalproteine und RNA-Moleküle eine besondere Bedeutung besitzen. Die Doppelmembran der Kernhülle besitzt Übergänge zu der Doppelmembran des Endoplasmatischen Reticulums (siehe „Membranfluß", Abschn. 3.5.2.).

Im Kerninnern lassen sich drei Anteile unterscheiden: **Chromatin** und **Karyolymphe** – beide werden auch als **Karyoplasma** zusammengefaßt – sowie die **Kernkörperchen** oder **Nucleoli**. Im Chromatin ist die **Kern-DNA** konzentriert, deren fädige Moleküle gemeinsam mit Protein, vorrangig **Histon**, zu **Chromosomen** verbunden sind. Chromatin ist die Gesamtheit der Chromosomen eines Kerns. Der Wortstamm chroma (griech. Farbe) bezieht sich auf die gute Färbbarkeit der fixierten Strukturen mit basischen Farbstoffen. Im Interphasekern (d. h. zwischen den Kernteilungen, s. u.) sind die Chromosomen lang ausgezogen (= „entspiralisiert") und heben sich kaum oder nur als feines Netzwerk von der Karyolymphe ab. Erst beim Teilungsgeschehen ziehen sie sich zu stabförmigen, oft etwas abgeknickten Gebilden unterschiedlicher Länge zusammen (Abb. 3.2.). Die Knickstelle ist in der Regel an einer Einschnürung (= **Zentromer**), an der das Bewegungszentrum, das **Kinetochor**, seinen Sitz hat. Dieses ist der Ausgangs- und Anheftungsort der von Kinetochor-Mikrotubuli gebildeten Spindelfasern und für das Bewegungs- und Verteilungsgeschehen bei der Kernteilung verantwortlich, vermutlich aber auch der Bildungsort für die Spindelfasern (s. S. 62). Der während der Interphase entspiralisierte Teil des Chromosoms wird als **Euchromatin** einem meist mittleren Chromosomenabschnitt, dem **Heterochromatin**, ge-

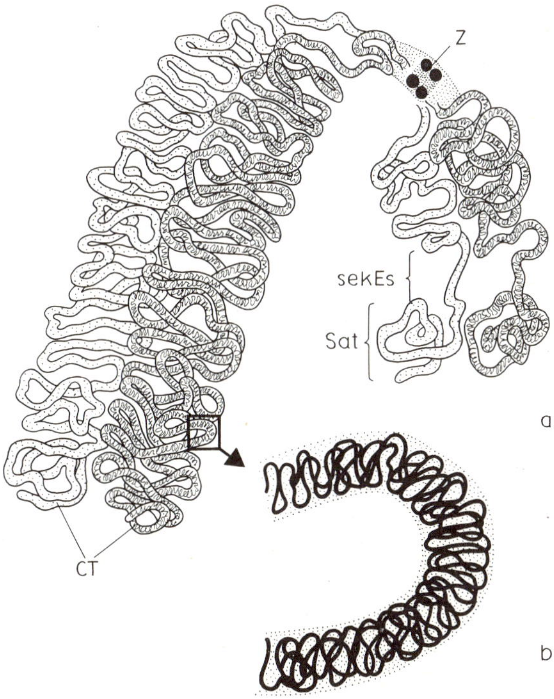

Abb. 3.2. Chromosomenbau. a Metaphasechromosom bei optimaler Auflösung im Lichtmikroskop, **b** elektronenmikroskopische Vergrößerung eines Chromatidabschnitts zeigt einen Strang aus DNA und Nucleoproteiden. *CT* Chromatiden, *Sat* Satellit, *sekEs* sekundäre Einschnürung, *Z* Zentromer (primäre Einschnürung). – Nach Kuhn und Probst.

genübergestellt, der auch im Interphasekern ungestreckt (= spiralisiert) bleibt und genetisch inaktiv ist. In beiden Bereichen enthält das Chromosom mehrere, bei Riesenchromosomen sehr viele aus **Nucleoproteidfibrillen** zusammengesetzte **Chromonemen** (Einz.: Chromonema).

Auf diesen schraubig gedrehten Fibrillen sind Orte hoher DNA-Konzentration als körnchenförmige **Chromomeren** aufgereiht. Durch Unterschiede in Größe und Abstand der Körnchen läßt sich das Vorliegen eines für das jeweilige Chromosom typischen Chromomerenmusters erkennen. So entstehen bei Riesenchromosomen mit vielen parallel gelagerten Chromonemen Banden von Chromomeren (charakteristisch angefärbte Bandenmuster = Banding).

Die für das Leben eines Organismus erforderliche Grundausstattung ist ein **Chromosomensatz.** Er enthält eine artkonstante Anzahl von Chromosomen – von $n = 2$ bis zu mehreren 100 bei Farngewächsen und Algen –, von denen jedes eine bestimmte Gestalt („Chromosomenindividualität") besitzt. Bei der Vereinigung zweier verschiedengeschlechtiger Keimzellen oder Gameten mit jeweils einfachem (= **haploidem**) Chromosomensatz (n) entsteht der **diploide** Zygotenkern ($2n$) mit zwei Sätzen **homologer Chromosomen**, die sich paarweise entsprechen.

Das **Kernplasma (Karyolymphe)** ist in seiner Struktur wie auch in den Stoffwechselleistungen (z. B. durch den Besitz von Ribosomen) dem umgebenden Cytoplasma ähnlich, jedoch als **Kernmatrix** des „Arbeitskernes" mit den DNA-Strukturen fest verbunden. Die **Nucleoli** enthalten im wesentlichen Ribonucleoproteide, daneben auch DNA als Voraussetzung für die in den Nucleoli erfolgende Synthese von **ribosomaler RNA (rRNA)**.

Der Kerndurchmesser beträgt meist 5 bis 20 µm, extrem kleine Kerne finden sich bei Pilzen mit 0,5 bis 1 µm, sehr große Kerne besitzen die Eizellen von Cycadeen mit 500 bis 600 µm. Der Einzelkern der Grünalge *Acetabularia* erreicht einen Durchmesser bis 100 µm. Die Kerngröße kann in den verschiedenen Geweben einer Pflanze unterschiedlich sein, eine Vergrößerung erfolgt häufig durch endomitotische Vervielfachung des Chromosomensatzes, durch **Endopolyploidie.**

Funktion: Der Zellkern speichert genetische Informationen in der DNA der Chromosomen und ist außerhalb des Teilungsgeschehens als Arbeitskern der Bildungsort verschiedener Formen der RNA (S. 33 f.) zur Steuerung von Lebensprozessen. Die in einem Chromosomensatz verankerte Gesamtheit der genetischen Informationen wird als ein **Ge-**

nom bezeichnet. Die Fähigkeit der Kern-DNA zur **Replikation**, d.h. zur Selbstverdopplung der Makromoleküle, und der Mechanismus der Kernteilung sichern die Informationsweitergabe an die Tochterzellen. Für diese Leistungen verfügt der Kern über die erforderliche enzymatische Ausstattung. Auch zur Proteinsynthese ist er fähig. Wie das umgebende Cytoplasma vermag er Hexose abzubauen (wenn auch nicht vollständig) und aus den glykolytischen Reaktionen einen Teil seines Energiebedarfs für Syntheseleistungen zu decken.

Entstehung: Zellkerne entstehen stets aus ihresgleichen durch Teilung. Der typische Kernteilungsprozeß vegetativer (= somatischer) Zellen wird als **Mitose** bezeichnet. Diese setzt voraus, daß sich im Interphasekern jedes der entspiralisierten Chromosomen verdoppelte. In vier Teilungsphasen werden die zwei Chromosomen jedes Paares auf zwei Kerne gleichartig verteilt (Abb. 3.3.).

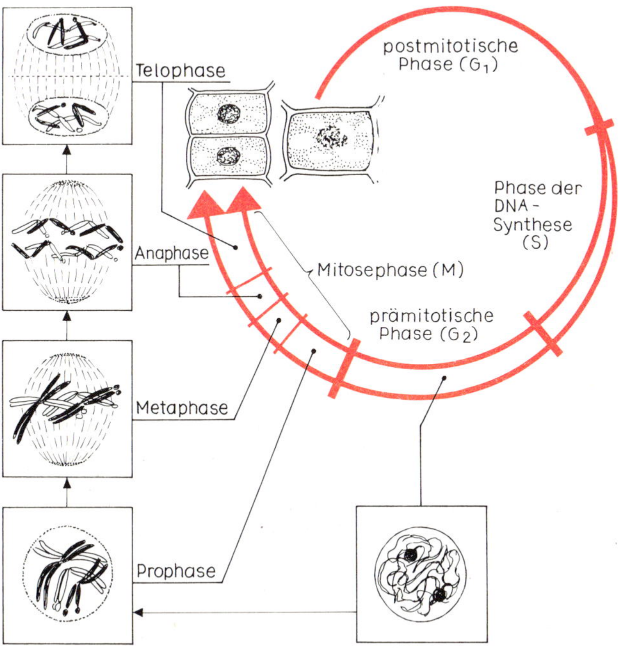

Abb. 3.3. Zellzyklus. Erläuterung im Text.

- **Prophase:** Durch Spiralisation kontrahieren sich die fädig aufgelockerten **Interphasechromosomen** und bilden die lichtmikroskopisch erkennbaren **Transportchromosomen** aus, welche zunächst ein lockeres Fadenknäuel darstellen. Jedes Chromosom zeigt sich längs gespalten. Die Kernmembran löst sich in bläschenförmige Vesikel auf, und die Nucleoli verschwinden. Senkrecht zur späteren Zellteilungsebene beginnt von den **Polkappen** ausgehend (bei einigen niederen Pflanzen von **Zentriolen**, s. 3.5.7.) die Ausbildung eines **Spindelapparates**, bestehend aus Strängen von **Mikrotubuli** (S. 70), den **Spindelfasern** (Die Prophase einleitend zogen sich die während der Interphase im Ectoplasma verteilt lagernden Mikrotubuli (s. 3.5.7.) in der Höhe der künftigen Äquatorialebene zum **Präprophaseband** zusammen).
- **Metaphase:** Der Prozeß der Chromosomenkontraktion läßt jetzt deren Aufbau aus zwei getrennten Spalthälften, den **Chromatiden**, klar erkennen. Die Chromatidenpaare ordnen sich in der **Äquatorebene** des Spindelapparates an, dessen **Pol-Mikrotubuli** von Polkappe zu Polkappe reichen, dessen **Kinetochor-Mikrotubuli** aber am Zentromer der Chromosomen angeheftet sind, bzw. von diesem ausgehen.
- **Anaphase:** Die bis zur Ausbildung ihrer spezifischen Gestalt kontrahierten Chromatidenpaare trennen sich und bewegen sich – das **Kinetochor** voran – auf die ihnen jeweils zugewandte Polkappe zu. Sie werden nun **Tochterchromosomen** genannt und lassen häufig schon eine neue Spaltung in je zwei Chromatiden erkennen. Die Mechanik des Bewegungsvorganges ist nicht bekannt.
- **Telophase:** Die zwei identischen Gruppen von Tochterchromosomen bilden nach Ankunft im Bereich der Polkappen durch Entspiralisierung je einen Interphasekern ohne erkennbare Chromosomenstruktur, Polkappen und Kernspindel verschwinden, die Kernmembran formiert sich als Fortsetzung des endoplasmatischen Reticulums neu, und die Nucleoli entstehen aus den Nucleolus-Organisatoren, die sich an den Orten der sekundären Einschnürung von Satelliten-Chromosomen befinden (Abb. 3.2.). Bei den Embryophyta und Charophyceae beginnt in der betreffenden Zelle die Zellteilung durch Bildung einer Zellplatte, der späteren Mittellamelle, dadurch, daß in der Äquatorebene der tonnenförmigen Kernspindel beim Abbau der Spindelfasern ein Feld kurzer Mikrotubuli, ein **Phragmoplast**, entsteht. Eine Vielzahl von Dictyosomen lassen dort ihre Golgi-Vesikel einwandern und deren Inhalte aus Wandmatrix verschmelzen (s. 3.7.1.).

Der **Zellzyklus** (Abb. 3.3.) läßt einzelne Phasen der Entwicklung und deren zeitlichen Verlauf von einer Kernteilung zur anderen erkennen. Die **Phase** der DNA-**Synthese** (S = Synthese) beansprucht einen wesentlichen Teil der Zeit, in ihr erfolgen weiterhin die Histonsynthese und die Chromosomenverdoppelung. Auch in den Stadien G_1 und G_2 des Interphasekerns (G von engl. gap = Zwischenraum) werden Nucleinsäuren synthetisiert, in G_2 verstärkt RNA. Bei prinzipieller Einheitlichkeit des Zellzyklus (= **Mitose-Zyklus**) gibt es deutliche Artunterschiede.

Die Bildung von haploiden Zellen der Fortpflanzung (Meiosporen und Gameten) erfolgt durch die **Reduktionsteilung** oder **Meiose**. Sie besteht aus zwei unmittelbar aufeinanderfolgenden **Reifeteilungen**. Bei der ersten werden die zwei homologen Chromosomensätze der diploiden Zelle nach ihrer Anordnung in der Äquatorebene als ganze Chromosomen und nicht als Spalthälften (Chromatiden) auf die Tochterkerne verteilt. Hierbei trennen sich jeweils die homologen Chromosomen voneinander, aber nicht in gleicher Weise wie sie ehemals als mütterliches und väterliches Genom zusammenkamen. Es kommt zur **Neukombination (interchromosomale Rekombination)** des genetischen Materials. Die unmittelbar nachfolgende zweite Reifungsteilung entspricht einer Mitose der haploid gewordenen Kerne. So entstehen aus einer diploiden Zelle vier haploide als Voraussetzung für die geschlechtliche Fortpflanzung.

Zur Rekombination von Erbanlagen führen bei der Meiose außer der Chromosomenverteilung aber auch Prozesse des Austausches, die während der **Paarung jeweils zweier homologer Chromosomen** in der Prophase der ersten meiotischen Teilung stattfinden können. Die bei der Paarung vereinigten 4 Chromatiden, 2 vom väterlichen und 2 vom mütterlichen Genom stammend, trennen sich wieder zu 2 Chromosomen. Soweit deren jeweils 2 Chromatiden aus Abschnitten des gleichen Ursprungselters bestehen, trennt dort bereits die erste Reifungsteilung ursprünglich väterliches und mütterliches Genom **(Präreduktion)**. Sind Abschnitte des anderen Elters durch Segmentaustausch mit in das Chromosom gelangt (interchromosomale Rekombination), so führt erst die zweite Reifungsteilung, abgesehen von den neukombinierten Chromosomen, zur Trennung der Anteile beider Eltern in den haploiden Kernen **(Postreduktion)**.

3.3. Plastiden

Aufbau: Plastiden sind typisch pflanzliche Organellen. Sie treten in allen eukaryotischen Pflanzenzellen auf, nicht jedoch in Pilzen. Als **Chloroplasten** sind sie die Orte der Photosynthese (s. 7.6.2.), als **Chromoplasten** tragen sie nur zur Färbung von Pflanzenorganen bei und als **Leukoplasten** können sie Reservestärke (s. 3.6.4.) bilden. Farbstoffe enthaltende Plastiden werden auch als **Chromatophoren** bezeichnet. Alle Plastiden sind von einer Doppelmembran umgeben (Ausnahme bei Algen, S. 239). Altersstadien der Chloroplasten sind **Gerontoplasten.**

Die **Chloroplasten** sind meist linsen- bis kugelförmig, bei Algen besitzen sie häufig eine abweichende Gestalt (Abb. 3.4.). Den vom farblosen **Stroma** (hier synonym mit **Matrix** = **plasmatische Grundsub-**

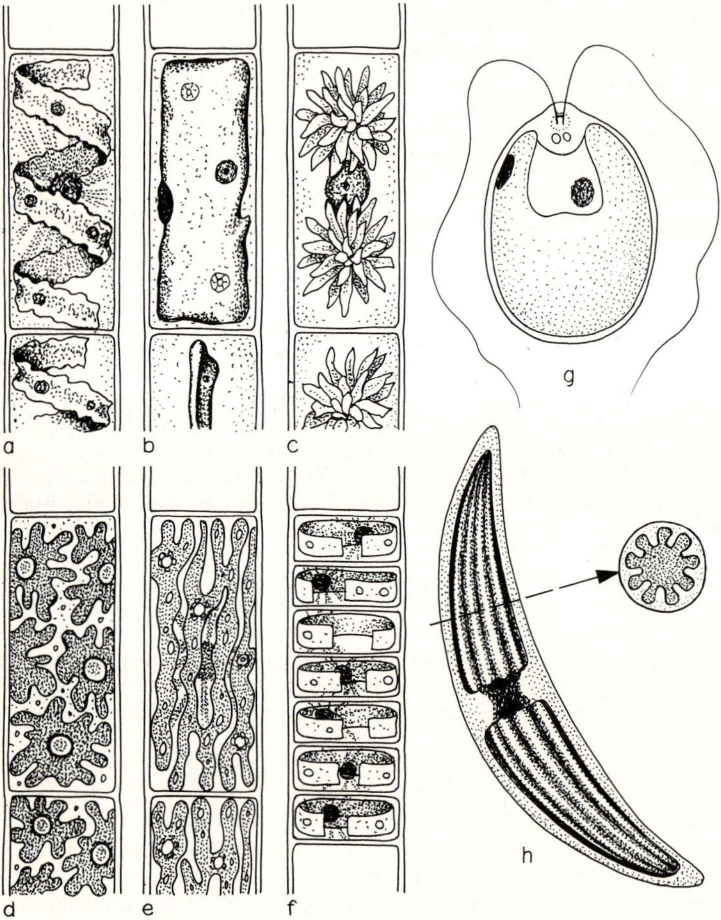

Abb. 3.4. Plastidenformen bei Algen. **a** Spiralband (*Spirogyra*), **b** plattenförmig (*Mougeotia*), **c** sternförmig (*Zygnema*), **d** gelappte Flächen (*Rhodochorton*), **e** netzförmig (*Oedogonium*), **f** ringförmig (*Ulothrix*), **g** becherförmig (*Chlamydomonas*), **h** Riffelwalze (*Closterium*). – Nach Füller; Kolkwitz und Krieger; Fritsch.

stanz) erfüllten Innenraum durchziehen lamellar angeordnete, von Einfaltungen der Innenmembran ausgehende, aber dann von dieser unabhängig werdenden Doppelmembranen, die **Thylakoide** (griech. thylakos = Sack). Einige durchziehen unverändert den ganzen Plastidenraum **(Stromathylakoide)**, bei anderen führen lokale Membranausfaltungen zu Orten sehr enger Stapelung von Thylakoidmembranen, die wegen ihres Erscheinungsbildes im Lichtmikroskop **Grana** („Körner") genannt werden (Abb. 3.5., 3.6.). Die Chloroplasten einiger Algengruppen wie auch die der Leitbündelscheidenzellen von C_4-Pflanzen (s. 7.6.7.2.) besitzen nur Stromathylakoide, häufiger ist bei Höheren Pflanzen aber das Auftreten von **Granathylakoiden** neben **Stromathylakoiden** im gleichen Chloroplasten.

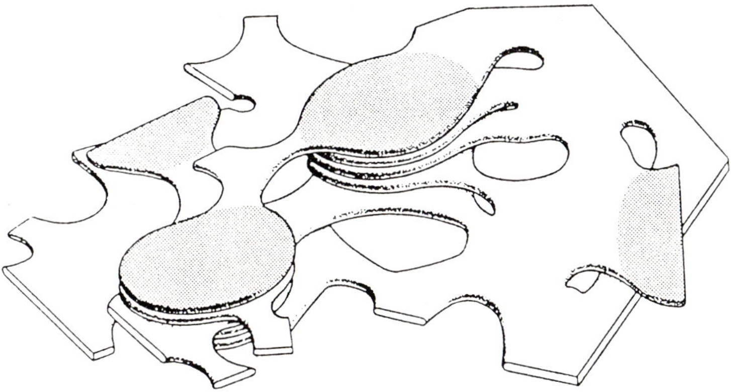

Abb. 3.5. Thylakoid-Anordnung im Chloroplasten. Grana- und Stromathylakoide als überlappende Doppelmembranflächen, schematisch. – Nach Wehrmeyer aus Strasburger.

Die Thylakoidmembranen sind die Orte der Lichtreaktionen der Photosynthese (s. 7.6.2., 7.6.7.). Auf ihnen bzw. in sie eingebaut befinden sich an Proteine gebundene **Chlorophylle, Carotinoide** und/oder **Phycobiline** als Pigmente, Elektronenüberträger wie **Plastochinon, Ferredoxin** und **Cytochrome** (s. 7.6.4.) sowie die erforderlichen Enzymproteine. Der Gesamtanteil von Proteinen an den Thylakoidmembranen beträgt etwa 50%. Die **Primärstärke (Transitorische Stärke)** wird im Stroma synthetisiert, bei vielen Algen speziell an den als **Pyrenoide** (= Stärkeherde) bezeichneten Matrixbereichen. Im Stroma befinden sich ferner alle Voraussetzungen zur Synthese von DNA, RNA und Protein (Enzyme, Ribosomen u. a.). – **Rhodoplasten** sind durch den Besitz von **Phycoerythrin** (neben blaugrünem **Phycocyanin**) rot gefärbte, chlorophyllhaltige Plastiden von Rotalgen. Bei den **Phaeoplasten** der Braunalgen wird die gelbbraune Färbung der ebenfalls durch Chlorophylle photosynthetisch aktiven Plastiden durch das Carotinoid **Fucoxanthin** und andere Carotinoide hervorgerufen (S. 251).

Chloroplasten enthalten, besonders mit zunehmendem Alter, im Stroma häufig lipidreiche Tröpfchen, sogenannte **Plastoglobuli**, welche durch Carotinoide gelb gefärbt sein können. Sie treten in reichem Maße in den **Chromoplasten** auf, denen Chlorophylle und Thylakoide fehlen. Außer in diesen kugligen, globulösen Lipidstrukturen können die lipophilen **Carotinoide** und **Xanthophylle** auch als Kristalle oder in Lipidmembranen eingelagert im Chromoplasten auftreten. Viele Früchte, Blütenblätter und auch Wurzeln (*Daucus carota*) verdanken ihnen ihre gelbe bis rote Färbung. In den Zellen des Herbstlaubes treten die aus Chloroplasten entstehenden **Gerontoplasten** auf. Sie

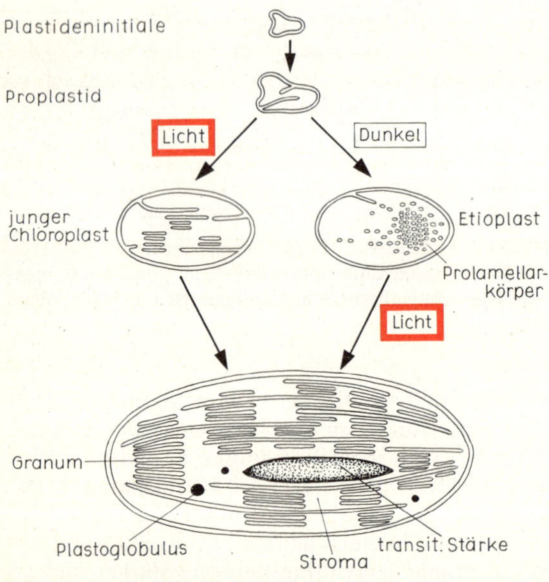

Abb. 3.6. Chloroplastenentwicklung. – Nach Mühlethaler und Frey-Wyssling, verändert.

ähneln den Chromoplasten, sind aber auf das **Seneszenzstadium** (s. 8.4.7.) beschränkt.

Die farblosen Plastiden, die **Leukoplasten**, bilden in ihrem Inneren sehr häufig Reservestärke und sind in den Zellen farbloser Gewebe, insbesondere der Speicherorgane anzutreffen. Sie können aber auch Eiweißspeicher sein oder fette Öle enthalten. Bei Belichtung können Leukoplasten ergrünen (z. B. in Kartoffelknollen). Die ebenfalls im Dunkeln entstehenden Vorstufen der Chloroplasten, die **Etioplasten** (Etiolement = Vergeilung), unterscheiden sich von den Leukoplasten durch den Besitz eines **Plastidenzentrums**, den **Prolamellarkörper** (Abb. 3.6.). Dessen Struktur als Parakristall besteht aus Membranelementen. Gehen Etioplasten durch Belichtung in Chloroplasten über, so entstehen aus dem Prolamellarkörper Thylakoide. Der Durchmesser der linsenförmigen Chloroplasten Höherer Pflanzen beträgt 3 – 8 µm, die Anzahl je Zelle variiert stark. Die in Algenzellen einzeln oder zu wenigen auftretenden Chloroplasten haben größere Abmessungen.

Funktion:

- **Chloroplasten** sind Orte der Photosynthese, bei der Lichtenergie in chemische Energie transformiert und zur Reduktion von CO_2 zu Kohlenhydraten eingesetzt wird (s. 7.6.). Durch den Besitz von DNA sind Plastiden Träger genetischer Informationen (extrachromosomale Erbfaktoren). Zu den Leistungen der Chloroplasten gehört auch die Synthese der Photosynthesepigmente, der Chloroplasten-DNA und -RNA sowie einiger der chloroplastenspezifischen Proteine.
- **Chromoplasten** sind für die Zellen offenbar ohne Bedeutung. Die durch sie hervorgerufene Organfärbung kann bei Blüten der zoogamen Bestäubung, bei Früchten der zoochoren Samenverbreitung förderlich sein.
- **Leukoplasten** können als **Amyloplasten** der Stärke-Bildung und -Speicherung dienen, als **Proteinoplasten** der Eiweißspeicherung und als **Elaioplasten** der Fettspeicherung. Fehlt ihnen eine solche Fähigkeit, so sind sie ohne erkennbare Funktion.

Entstehung: Plastiden entstehen durch Zweiteilung aus ihresgleichen, sie sind wie der Kern sich selbst reproduzierende Organellen. Die Teilung erfolgt bei höheren Pflanzen bereits bei der Jugendform, den **Proplastiden** (Abb. 3.6.), die sich bei einer Zellteilung auf die Tochterzellen verteilen. Bei Algen und Moosen teilen sich in der Regel auch ausgewachsene Chloroplasten durch eine Querdurchschnürung des sich streckenden Plastidenkörpers. Allen Teilungen geht eine Synthese und Verteilung von Plastiden-DNA voraus, wodurch die Weitergabe der genetischen Informationen an die nächste Plastidengeneration gesichert wird. Am Aufbau des Gesamtproteins der Chloroplasten einer Zelle (etwa 50% des Proteins grüner Zellen) ist der kernabhängige Proteinsynthese-Apparat des Cytoplasmas mit beteiligt. – Die verschiedenen Plastidentypen sind durch ihre Genese untereinander verbunden (Abb. 3.7.).

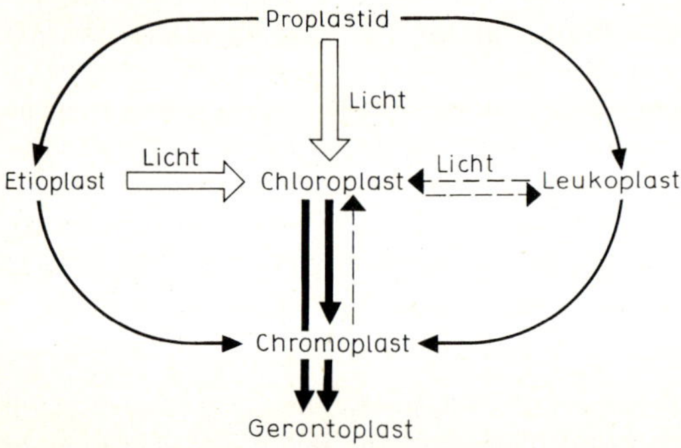

Abb. 3.7. Plastidenumwandlung.

3.4. Mitochondrien

Aufbau: Ihre Gestalt ist kugelig und walzenförmig bis stab- oder fadenförmig. Der Durchmesser beträgt häufig 0,5 bis 1 µm, die Länge 1 bis 5 µm. Die Anzahl der Mitochondrien ist besonders in stoffwechselaktiven Zellen sehr hoch. Doppelte Membranen umgeben sie, der Innenraum wird von einer Matrix erfüllt. In diesen Raum ragen kammförmige **(cristate)** oder auch mehr röhrige **(tubuläre)** Aussackungen der inneren Mitochondrienmembran (Abb. 3.8.). In den perimitochondrialen **Intermembranraum** – er ist extraplasmatisch – werden durch die Tätigkeit der Atmungskette an der inneren Membran Protonen abgegeben. Der Protonengradient und das entstandene Membranpotential führen an den ATP-Synthase-Komplexen zur **ATP-Bildung**. So sind die Leistungen der Mitochondrien eng an die Permeabilitätseigenschaften ihrer Membranen sowie an Prozesse des aktiven Transportes gebunden (s. 7.7.2.1.). Während die Permeabilität

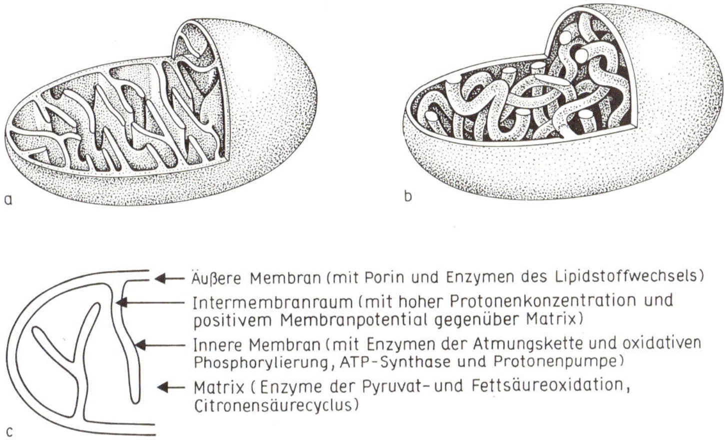

Abb. 3.8. Bau von Mitochondrien, schematisch. **a** Crista-Typ, **b** Tubulus-Typ, **c** Funktionen der Strukturelemente. – Verändert nach Bogen (a, b), vereinfacht nach Sitte (c).

der Außenmembran durch ihren Besatz mit den porenbildenden Proteinkomplexen der **Porine** ungewöhnlich hoch ist, zeigt sich die Innenmembran nur wenig und selektiv permeabel.

Funktion: Ihre wichtigste Aufgabe ist die Transformation der chemischen Energie energiereicher Substrate in die leicht nutzbare Form energiereicher Phosphatverbindungen, insbesondere des ATP. Etwa 90% des in verdunkelten, aeroben Zellen gebildeten ATP entsteht in ihnen. Während die Glykolyse im Cytoplasma erfolgt, sind die Mitochondrien auf Grund ihrer Enzymausstattung Zellkompartimente, in denen der **Citrat-Cyclus** (s. 7.5.2.2.), die **Atmungskette** (s. 7.5.2.3.) und die **oxidative Phosphorylierung** (s. 7.6.5.) ablaufen. In ihnen können Fettsäuren zur Energiegewinnung abgebaut werden, sie sind aber auch an der Fettsäuresynthese und der Fettumwandlung in Kohlenhydrate beteiligt (s. 7.5.6.). Die Mitochondrien-Matrix besitzt doppelsträngige, ringförmige DNA (Nucleoide) sowie die weiteren Elemente zur Realisierung der enthaltenen genetischen Information (u. a. Ribosomen, s. 3.5.6.), der größte Teil der mitochondrialen Proteine wird jedoch von Zellkern-DNA codiert.

Entstehung: Wie Zellkern und Plastiden entstehen auch Mitochondrien offenbar nur aus ihresgleichen durch Querteilung oder Sprossung (Abschnürung entstandener Fortsätze). Für eine „de novo"-Bildung oder für eine Entstehung aus anderen Organellen gibt es keine Beweise. Die Kontinuität eines eigenen mitochondrialen genetischen Systems wäre sonst auch schwer erklärbar.

3.5. Cytoplasma

3.5.1. Grundplasma

Aufbau: Zur **protoplasmatischen Matrix**, dem Cytoplasma, gehören keine Membranstrukturen und andere definierbaren Einschlüsse. Hauptbestandteile sind vorwiegend gebundenes Wasser, globuläre Proteine und Lipoide. Der schleimige, kolloidale Zustand des Grundplasmas wird im wesentlichen durch Enzymproteine verursacht, deren Hydratationszustand zwischen Sol und Gel wechseln kann. Elektronenoptische Untersuchungen des Grundplasmas lassen jedoch röhrenförmige Plasmastrukturen, **Mikrotubuli**, erkennen, die aus meist 13fädigen Reihen von globulären Proteinen (**α- und β-Tubulin**) aufgebaut sind (Abb. 3.12.a.). Vernetzt im Cytoplasma, meist im Ectoplasma liegend, sind sie an der Bildung eines **Cytoskeletts** beteiligt. Weiterhin erfüllen sie Funktionen bei gerichteten Transportprozessen im Spindelapparat der Kernteilung und im Bewegungsgeschehen von Geißeln (s. 3.5.7., 4.9.1.6.). Die schraubig aufgebauten Röhren können sich in ihrer Länge durch Anbau (Assoziation) oder Abbau (Dissoziation) von Dimeren des α- und β-Tubulin schnell ändern, gesteuert vermutlich durch Ca^{2+}-Ionen (**Calmodulin**, s. S. 533). Sie besitzen einen Durchmesser von 18–30 nm. – **Mikrofilamente** sind fädige Eiweißstrukturen mit einem Durchmesser von etwa 6 nm aus dem globulären **Actin** und können als kontraktile Elemente u. a. die Plasmaströmung (s. 9.1.6.) hervorrufen. – Solide wie röhrige Fäden stellen das **Phloem-Protein** (= **P-Protein**) des Siebröhren-Cytoplasmas dar. Als knäuelige Masse führt es zur Verstopfung verletzter Siebröhren. – **Oleosomen** sind die im Grundplasma auftretenden Tröpfchen von Speicherlipiden.

Funktion: Das Grundplasma **verbindet die Kompartimente und vermittelt** zwischen diesen **den notwendigen Transport** von Metaboliten, ist aber auch selbst **Ort zahlreicher Enzymreaktionen** (z. B. der Glykolyse, s. 7.5.2.). Anorganische Ionen sind im Grundplasma gelöst oder sorptiv gebunden. Derartige Bindungen sind für die Aktivierung von Stoffwechselreaktionen wie für die Erhaltung des Hydratationszustandes von großer Bedeutung.

Entstehung: Die Bildung von Grundplasma ist in erster Linie an die Proteinsynthese (Ribosomen) und Lipidsynthese gebunden (Plasmawachstum, s. 8.1.1.).

3.5.2. Membranen

Aufbau: Die Abgrenzung des Protoplasten nach außen und seine Aufteilung in **Reaktionsräume (Kompartimente)** erfolgt durch Membranen. Lichtoptisch als feine Linien erkennbar, bestehen sie aus zwei als Grenzschicht geordneten, monomolekularen Filmen von **Phospholipiden** (wie z. B. Lecithin), die mit ihren apolaren, hydrophoben Flächen durch nichtkovalente Bindungen zusammenhalten. An ihren hydrophilen Außenflächen sind sie mit globulären Proteinen verbunden, welche als **periphere Proteine** diesen Flächen aufsitzen oder lokal in sie eindringen. Als **integrale Proteine** oder **Tunnelproteine** können sie die doppelte Lipidschicht der Membran aber auch durchdringen (Abb. 3.9.), häufig sogar in Form mehrerer Durchgänge der Polypeptidkette, und Kanäle zum passiven Durchtritt hydrophiler Stoffe bilden. Solche **Ionenkanäle** können ständig geöffnet sein, aber auch regulierbar in ihrem Öffnungszustand durch ein verändertes elektrisches Membranpotential. Sie ähneln damit den **Porinen**, den dem Stofftransfer dienenden Proteinkomplexen der Bakterien-, Chloroplasten- und Mitochondrienmembranen.

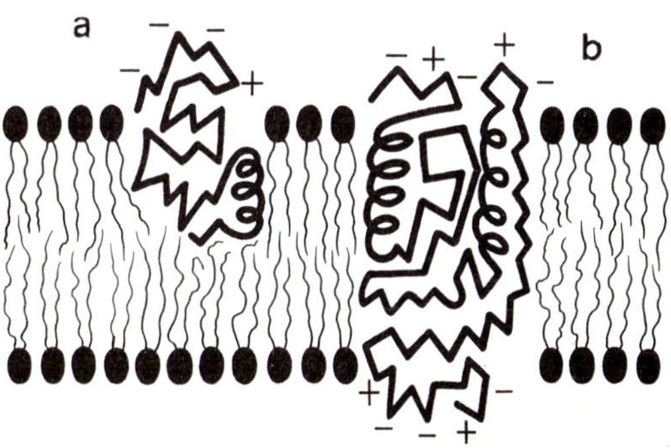

Abb. 3.9. Membranmodell nach Singer und Nicolson (Fluid mosaic-Modell). In die strukturgebende Lipid-Doppelschicht sind **a** Proteine nahe der Membranoberfläche eingelagert und **b** durchdringen sie die ganze Membran. In beiden Fällen ragen die gefalteten Polypeptidketten über die Lipidoberflächen hinaus und tragen dort Ladungen. – Nach Lenard und Singer.

Der strukturellen Ähnlichkeit der Membranen im erkennbaren Aufbau („**Elementarmembran**") steht eine Vielfalt ihrer spezifischen Eigenschaften gegenüber, die besonders in Art und Anteil in den verschiedenartigen Proteinkomponenten begründet ist. Das betrifft nicht zuletzt die Unterschiede (Asymmetrie) der gegenüberliegenden Membranoberflächen. Nach dem **Fluid-mosaic-Modell** von Singer und Nicolson sollen die Membranlipide und -proteine ein hohes Maß an freier Beweglichkeit auch im Membranverband besitzen, ähnlich der in einer viscosen Lösung, aber auch mit der Ordnung eines flüssig-kristallinen Zustandes. Zweifellos ist aber mit größeren Unterschieden in der Stabilität der Membranen zu rechnen. Als **Membranfluß** wird die Fähigkeit von Membranen bezeichnet, von einem Kompartiment stammend, zu der Membran eines anderen Kompartimentes zu werden (z. B. ER → Vesikel → Dictyosom → Vesikel → Plasmalemma). Plastiden- und Mitochondrien-Membranen sind in diesen Membranfluß nicht einbezogen (s. Endosymbiontenhypothese). – Die Dicke der Membranen beträgt 5 – 10 nm; im elektronenoptischen Bild ist die hellere Innenschicht etwas dicker als jede der beiden Außenschichten.

Funktion: Membranen trennen plasmatische von extraplasmatischen Bereichen (Kompartmentierungsregel), zu letzteren zählen die Lumina von Vakuolen und Vesikeln sowie alle Innenräume von Doppelmembranen. Die verschiedenen Membranen der Zelle unterscheiden sich in ihren Permeationseigenschaften (Abb. 3.10.). Sie kontrol-

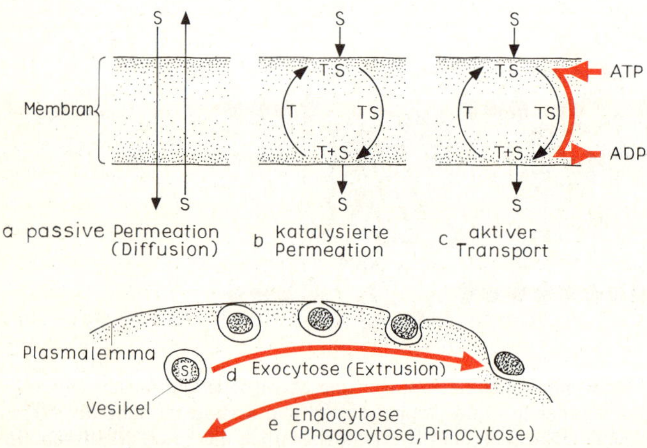

Abb. 3.10. Transportprozesse an Membranen. Erklärung im Text. *S* Substrat, *T* Translokator (= Carrier).

lieren bzw. katalysieren den Ein- und Austritt (**Influx und Efflux**) von Substanzen in Organell-spezifischer Weise, bei Doppelmembranen unterschiedlich zwischen beiden Membranen. Für viele kleinmolekulare Substanzen (z. B. viele Pflanzenschutzmittel) ist das Plasmalemma durchlässig (permeabel). Die den **passiven Membrandurchtritt** (= **Permeation**) veranlassenden Kräfte sind die der Diffusion. Eine geringe oder fehlende Durchlässigkeit der Membran für gelöste Stoffe gegenüber der kaum behinderten Passage von Wasser ist Kennzeichen ihrer **selektiven Permeabilität** (häufig **„Semipermeabilität"** genannt, lat. semi = halb). Die Sicherung der Aufnahme lebensnotwendiger Stoffe in Qualität und Quantität in die Zelle wird durch die Funktion von **Translokatoren** (**Carrier, Trägersubstanzen**) gewährleistet. Sie ermöglichen dem betreffenden Ion oder Molekül die Membranpassage durch vorübergehende Bindung (s. 7.7.). Bei der durch Translokatoren **katalysierten Permeation** erfolgt der Transport ebenfalls nur bis zum Konzentrationsausgleich auf beiden Seiten der Membran. Erst durch Verknüpfung von **energieliefernden Reaktionen** ($ATP \rightarrow ADP + P_i$) mit dem **Translokator-Transportsystem** kommt es zu Stoffbewegungen entgegen einem Konzentrationsgefälle, zum **aktiven Transport** (Abb. 3.10). Insbesondere diese Membranfunktion führt in den Zellen zu der für den Lebensprozeß notwendigen **Akkumulation** bestimmter Substanzen. – Membranen sind weiterhin **Bindungsorte zahlreicher Enzyme**, sowie Orte der **Reizperzeption** und **Informationsübertragung**. Am Plasmalemma erfolgt die Einschleusung oder **Endocytose** fester (= **Phagocytose**) oder flüssiger (= **Pinocytose**) Substanzen von außen sowie die Ausschleusung oder **Exocytose** von Bauelementen der Zellwand und von Exkreten (Abb. 3.10.d, e). Der **Tonoplast** grenzt das Plasma zum Vakuolenraum hin ab. Eine unvollständige, oft lamellenförmige Kammerung erfährt das Cytoplasma durch das **Endoplasmatische Reticulum** (ER). Die Doppelmembran-Flächen des ER besitzen Durchbrechungen, flächige Verzweigungen und röhrige Verbindungen, wodurch ihre Innenräume kommunizieren. Direkte Verbindungen bestehen zwischen dem ER und der doppelten Kernmembran sowie dem Plasmalemma. Die Anheftung vieler **Ribosomen** führt zum sogenannten **rauhen ER** (rER, engl. rough = rauh), im Gegensatz zum **glatten ER** (sER, engl. smooth = glatt) ohne Ribosomen. Abschnitte des ER können den Innenraum bläschenförmig erweitern und als **Vesikel** abgeschnürt werden. Diese dienen dem intrazellulären Transport und auch der Speicherung von Stoffen, zu denen vermutlich auch die durch Ribosomen des rauhen ER gebildeten und in den ER-Innenraum abgegebenen Proteine gehören.

Entstehung: Membranen entstehen nicht grundsätzlich neu, sie können sich durch Einbau neuer Lipid- und Proteinmoleküle vergrößern oder durch deren Einschmelzung verkleinern, schließlich können sie im Membranfluß weitergegeben werden. Der Prozeß der Vergrößerung erfolgt sehr schnell, so daß z. B. auch ein schnell aus einem Plasmodium herausgezogener Plasmafaden stets vom Plasmalemma bedeckt bleibt. Auch ein „nackter" Protoplast (ohne Zellwand) ist stets membranumgeben. Bei der Teilung des Kernes zerfällt die Kernmembran wie auch Teile des ER zu kleinen kugligen Vesikeln, aus denen sich nach der Zellteilung das Membransystem wieder aufbaut.

3.5.3. Dictyosomen (Golgi-Apparat)

Aufbau: Ein Dictyosom ist ein Stapel scheibenförmiger, membranumgrenzter Hohlräume (Zisternen). Die Membranflächen einer einzelnen Scheibe liegen im Mittelbereich ähnlich dicht zusammen wie die Doppelmembranen der großen Organellen. Besonders die Scheiben an der von dem nächstliegenden ER abgewandten, **distalen** Seite (**Trans- oder Sekretionsseite**) sind oft konkav gebogen und bilden an den Rändern netzartige Auflösungen und blasenförmige Enden. Letztere schnüren sich schließlich völlig ab und bilden kleine Sekretvakuolen, die **Golgi-Vesikel** (Abb. 3.11.). Die dem ER genäherte, **proximale** Seite (**Cis- oder Bildungsseite**) empfängt Transitvesikel des ER. Die Membranen der Dictyosomen sind denen des glatten ER ähnlich, jeder Stapel besteht aus etwa 3 bis 12 (meist 3 – 7) Zisternen mit einem Durchmesser von 0,5 bis 2 μm. Als **Golgi-Apparat** wird die Gesamtheit der Dictyosomen einer Zelle bezeichnet.

Funktion: Dictyosomen sind Orte der Konzentrierung, aber auch der Bildung von Sekreten, und entsprechend unterschiedlich ist ihre Enzymausstattung. Sie stellen aber auch Glieder eines Transportsystems dar, indem sie Vesikelinhalte aufnehmen (vermutlich aus dem ER stammend), durch Weitergabe an Nachbarzisternen die Substanzen stufenweise verändern und schließlich in Golgi-Vesikeln abgeben. Durch Verschmelzen der Vesikelmembran mit dem Plasmalemma werden Vesikelinhalte ausgeschleust (**Extrusion**, **Exocytose**, Abb. 3.10.), wie Strukturpolysaccharide zur Zellwandbildung, Proteine als Bestandteile der Zellwand (sie werden zuvor in den Dictyosomen glykosiliert), der Schleim von Wurzelhaubenzellen oder der Fangschleim von *Drosera* (s. 4.6.). Vesikel mit Protopectinen wandern nach vollzogener Kernteilung in die Äquatorialebene des Phragmoplasten, verschmel-

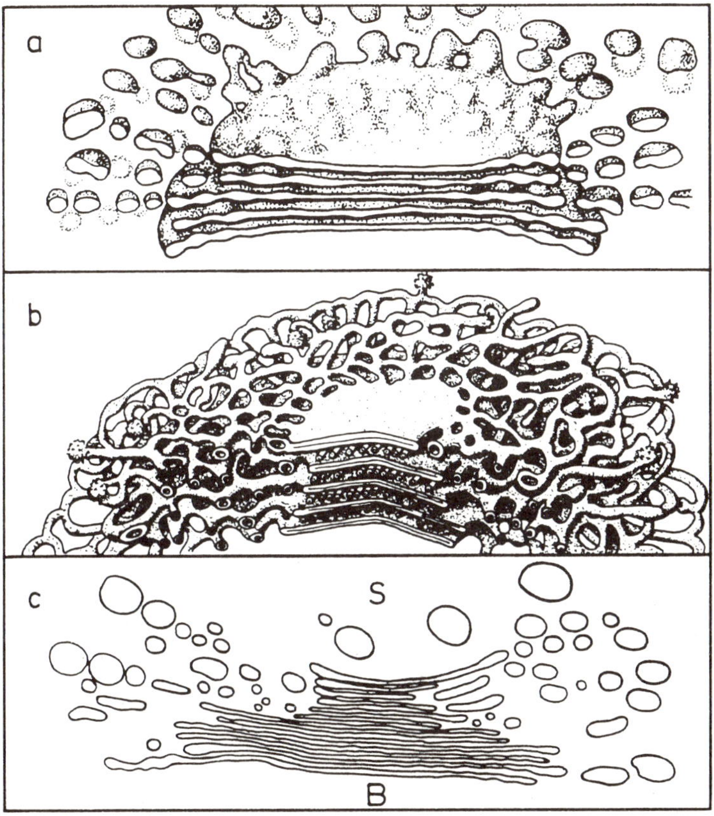

Abb. 3.11. Dictyosomen aus Pflanzenzellen. **a** Zisternen mit abgeschnürten Vesikeln, **b** netzartig durchlöchert, **c** Querschnitt mit Bildungs- (*B*) und Sekretionsseite (*S*). – Nach Drawert und Mix (a), Lüttge (b) und Hirsch (c) aus Libbert.

zen dort und bilden mit ihrem Inhalt die Primordialwand (S. 85). Der Golgi-Apparat ist besonders in stoffwechselaktiven Zellen wie Drüsen- und Meristemzellen stark entwickelt.

Entstehung: Eine Neubildung von Dictyosomen ist aus dem ER wie aus der Kernmembran, aber auch aus abgespaltenen Zisternen möglich und erfolgt nach Bedarf.

3.5.4. Lysosomen

Aufbau: Es handelt sich um kugelige, membranumgrenzte Vesikel unterschiedlicher Größe, welche lytische Enzyme enthalten. In ihrem Innern sind keine Strukturen erkennbar. Der Durchmesser übersteigt selten 2 µm.

Funktion: Die Lysosomen sind **Orte des hydrolytischen Abbaues** biologisch wichtiger Makromoleküle (Nucleinsäuren, Proteine, Polysaccharide, Lipide). Die zu verdauenden Substanzen müssen die Lysosomen-Membran passieren, die ihrerseits die umgebenden Plasmastrukturen vor dem Angriff der eingeschlossenen Hydrolasen schützt. Die Substanzen entstammen dem äußeren Nahrungsangebot oder dem Bestand an zelleigenen Makromolekülen. Ein Austritt der Hydrolasen aus den Lysosomen erfolgt nach dem Zelltod und bewirkt die Autolyse der Zelle. Bei den Verdauungsdrüsen von karnivoren Pflanzen kommt es zur Exkretion hydrolytischer Enzyme als Folge einer Verschmelzung der Lysosomenmembran mit dem Plasmalemma (Extrusion).

Entstehung: Lysosomen entstehen als ER- oder Golgi-Vesikel, deren Inhalt reich an Hydrolasen ist. Die Dictyosomen, welche derartige Vesikel abschnüren, erhalten die an Ribosomen gebildeten Enzyme vermutlich durch Vesikel des ER. Während **primäre Lysosomen** nur als Überträger der hydrolytischen Enzyme gelten, werden diejenigen Vesikel, in denen die intrazelluläre Verdauung erfolgt, als **sekundäre Lysosomen** bezeichnet. Eine über die hydrolytische Spaltung hinausgehende Metabolisierung der Substanzen erfolgt in den Lysosomen offenbar nicht. Bei Höheren Pflanzen dienen Vakuolen als lytische Kompartimente.

3.5.5. Weitere vesikuläre Membranstrukturen

Es gibt keine einheitliche Benennung und Klassifizierung der Bestandteile des Cytoplasmas. Einige Begriffe gehen auf frühe Beobachtungen zurück. So erhielt man bei der fraktionierten Ultrazentrifugation von Zellhomogenaten eine Fraktion von Partikeln, die als **Mikrosomen** bezeichnet wurden. Man weiß heute, daß es sich dabei um eine strukturell, chemisch und funktionell heterogene Fraktion handelt, die Teile des Endoplasmatischen Reticulums mit Ribosomen enthält, aber auch Bruchstücke der Kernmembran, der Mitochondrien oder Dictyosomen sowie anderer z. T. schwer definierbarer Partikel mit Membranumhüllung (**Microbodies**) oder ohne diese (**z. B. Oleosomen**).

Microbodies: Von Membran umgebene Vesikel mit einem Durchmesser von 0,2 bis 1,5 µm. Sie sind nicht auf den hydrolytischen Abbau spezialisiert wie die Lysosomen. Als **Glyoxysomen** besitzen sie die Enzyme des Glyoxylatcyclus sowie des Fettsäureabbaues (s. 7.5.6.) und kommen im Fettspeichergewebe der Samen vor. Die **Peroxisomen** sind bei Pflanzen häufig den Plastiden zugeordnete Organellen der Lichtatmung (s. 7.6.7.1.), wozu ihnen außer der Peroxidase auch die Enzyme des Glykolatstoffwechsels zur Verfügung stehen. Vermutlich entstehen Microbodies durch Abschnürung von Zisternen des ER.

3.5.6. Ribosomen

Aufbau: Kleine, rundliche Partikel aus Ribonucleinsäure (rRNA) und Protein, welche hauptsächlich im Cytoplasma und an den Membranen des ER zu finden sind, daneben aber auch im Kern, in den Plastiden und den Mitochondrien. Als **Polysomen** bezeichnet man Komplexe von vielen Ribosomen, die an einem mRNA-Faden schraubig aufgereiht sind. Jedes Ribosom besteht aus zwei ungleich großen **Untereinheiten**; die Anheftung an der mRNA erfolgt an der kleineren Einheit. Nach der Größe der Sedimentationskonstanten S werden **70S-Ribosomen** – sie kommen in Bakterien, Cyanobakterien, Plastiden und Mitochondrien vor – von den **80S-Ribosomen** des Cytoplasmas eukaryotischer Zellen unterschieden. Ribosomen haben Durchmesser von 20 bis 30 nm.

Funktion: Sie bilden in Form der Polysomen die **Orte der Proteinsynthese** der Zelle. Die in der mRNA enthaltene genetische Information wird durch sie in Proteinstrukturen umgesetzt (s. 7.15.2.). Die Zahl der Ribosomen korreliert mit der Proteinsyntheseaktivität der Zelle, sie ist in wachsenden Zellen sehr hoch.

Entstehung: Die Biosynthese der rRNA erfolgt an der DNA des Kernes (80S-Ribosomen) bzw. an der DNA der Plastiden oder Mitochondrien (70S-Ribosomen). Ribosomen werden folglich durch Neubildung vermehrt. Der nach begrenzter Lebensdauer erfolgende Abbau macht eine ständige Ergänzung von Ribosomen erforderlich.

3.5.7. Geißeln

Aufbau: Geißeln (= **Flagellen**) treten als Organellen zur Fortbewegung bei Bakterien, Algen und Pilzen sowie bei vielen Fortpflanzungszellen auf. Sie besitzen bei eukaryotischen Zellen einen bemerkenswert einheitlichen Feinbau. Ihr fadenförmiger Körper wird von der **Geißelmembran** (= Plasmalemma) umgeben, den Innenraum durchziehen **zwei zentrale Mikrotubuli** (= **Fibrillen** oder **Singuletts**) und **neun periphere, doppelte Mikrotubuli** (**Doppelfibrillen** oder **Dupletts**) (Abb. 3.12.). Jedes Duplett besteht aus einem **A-Tubulus** mit 13 Protofilamenten und einem **B-Tubulus** mit 9 Protofilamenten. Außer dem **Tubulin** (s. 3.5.1.) enthalten letztere das ATP-spaltende Protein **Dynein** als seitliche Arme an den Tubulinröhren (in der ATPase-Aktivität ähnlich dem Muskel-Myosin). Der Komplex beider Proteine läßt bei Energiefreisetzung aus ATP eine Doppelfibrille an der benachbarten entlanggleiten, was zur Verkürzung der entsprechenden Geißelflanke führt. Die beiden zentralen Fibrillen sind von einer schraubigen **Scheide** umgeben, von der elastische Protein-**Radialspeichen** zu den peripheren Doppelfibrillen führen. Diese sind untereinander durch Brücken aus dem Protein **Nexin** verbunden, welche die Längsverschiebung in eine Krümmung verwandeln. So bilden die Zentralfibrillen das nichtkontraktile Widerlager der Krümmung, die bei umlaufenden Kontraktionen zur Schraubenbewegung wird. Für die Steuerung der Bewegung, aber auch für das Geißelwachstum ist wahrscheinlich der **Basalkörper** an der Geißelbasis verantwortlich. Er enthält, wie das Zentriol tierischer Zellen und mancher Niederer Pflanzen, ebenfalls Mikrotubuli. Eine grobe Einteilung unterscheidet **Peitschen-**, **Flimmer-**, **Band-** und **Fadengeißeln** (s. S. 241). – Der Durchmesser von Eukaryoten-Geißeln beträgt meist 0,15 bis 0,3 µm. Die Länge kann von wenigen µm bis zu mehreren 100 µm betragen (Geißellänge von *Euglena viridis* 50 – 60 µm). Kurze Geißeln, die in Vielzahl – wie z. B. bei *Vaucheria*-Zoosporen – auftreten, werden **Wimpern (Cilien)** genannt. – Die wesentlich anders aufgebaute, kleinere **Bakteriengeißel** besteht aus miteinander verdrehten Subfilamenten, welche Ketten von globulären Proteinen (**Flagellin**) darstellen. Ihr Bau läßt rudernde und drehende Bewegungen an ihrer Anheftungsstelle zu. Der Durchmesser von Bakteriengeißeln beträgt 0,01 – 0,02 µm (= 10 – 20 nm), ihre Länge bis zu 25 µm.

Funktion: Pflanzliche Geißeln und Wimpern **dienen der Fortbewegung** im wäßrigen Medium. Wimpern führen ruderartige Bewegungen mit synchroner Abfolge durch. Ein **Ruderschlag** ist aber auch bei Geißeln (z. B. von *Chlamydomonas*) möglich. Häufig sind schwingende Bewegungen in einer Ebene (**Wellenschlag**) oder kreisende im Raum (**Schraubenbewegung**). Dabei kann die Geißel am Bewegungsvorderende (**akrokont**) als Zuggeißel inseriert sein, am hinteren Ende (**opisthokont**) als Schubgeißel oder auch seitlich (**pleurokont**). Durch Richtungsänderung des Geißelschlages wird eine Steuerwirkung erreicht.

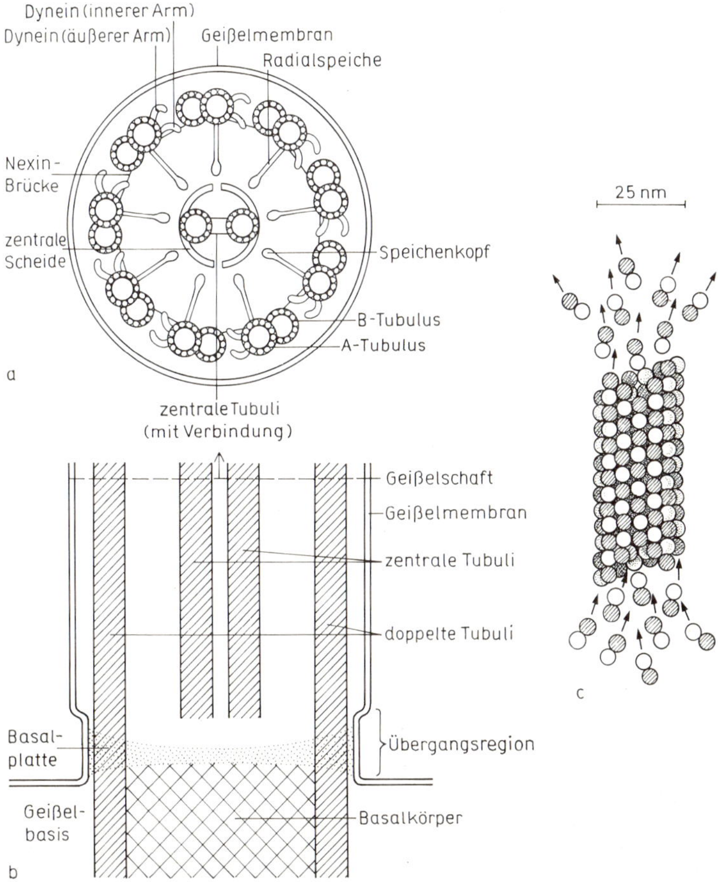

Abb. 3.12. Feinbau der Eukaryoten-Geißel und Mikrotubulus. a Querschnitt durch eine Geißel, **b** Längsschnitt durch eine Geißelbasis, **c** Mikrotubulus-Abschnitt mit Aggregations- und Disaggregationsende, Aufbau aus Heteromeren aus α- und β-Tubulin. – Nach Mohri, verändert (a), nach Mohr und Schopfer 1992 (c).

Entstehung: Die Neubildung einer Geißel erfolgt vom Basalkörper aus, der sich seinerseits neu bildet. Bei störenden Eingriffen können Geißeln abgeworfen werden, später aber neu entstehen.

3.6. Ergastische Einschlüsse (Paraplasmatische Strukturen)

3.6.1. Zellsaft-Vakuolen (Vakuom)

Aufbau: Eine Membran, der **Tonoplast**, trennt jede Vakuole vom umgebenden Cytoplasma. Der wäßrige Zellsaft enthält viele unterschiedliche gelöste Substanzen wie anorganische und organische Ionen, Proteine, Kohlenhydrate sowie Anthocyane, Gerbstoffe, Alkaloide und andere sekundäre Pflanzenstoffe (oft als wasserlösliche Glykoside). Organische Säuren verleihen dem Zellsaft eine saure Reaktion (um *p*H 5,5). Die semipermeablen Eigenschaften des Tonoplasten sind von denen des Plasmalemmas verschieden. In ausgewachsenen Pflanzenzellen nimmt die zentrale Vakuole meist über 90% des Zellvolumens ein.

Funktion: Zellsaftvakuolen **speichern für die Pflanze nutzlose oder schädliche Exkretstoffe** des Protoplasten, **aber auch Reservestoffe**, die dem Stoffwechsel wieder zugeführt werden können, wobei Vakuolen als „lytische Kompartimente" zu deren hydrolytischem Abbau beitragen (wie Lysosomen bei Niederen Pflanzen).

Als **Wasserreservoir** dienen sie der Konstanthaltung des Plasma-Quellungszustandes bei Landpflanzen (homoiohydre Lebensweise, S. 17). Vakuolen können auf Grund ihres gegenüber der Außenlösung stark erhöhten osmotischen Potentials Wasser aufnehmen und ihr Volumen dabei vergrößern. Die festen Zellwände, die die gesamte Pflanze als Exoskelett umgeben, begrenzen diesen Prozeß und verhindern ein Zerreißen der Zellen. Der entstehende Turgordruck verhilft lebenden Zellen und damit Geweben und Organen zu ihrer Festigkeit (s. S. 424).

Entstehung: Zellsaft-Vakuolen entstehen aus abgeschnürten Vesikeln des ER. Im Prozeß der Zellstreckung vergrößert sich ihr Volumen, sie verschmelzen miteinander und bilden zuletzt einen einzigen, vom Cytoplasma umgebenen Vakuolenraum (Abb. 3.13.). Die Möglichkeit einer Neubildung von Vakuolen durch Entmischung im Cytoplasma ist umstritten. Die Gesamtheit aller Vakuolen einer Zelle wird als **Vakuom** bezeichnet.

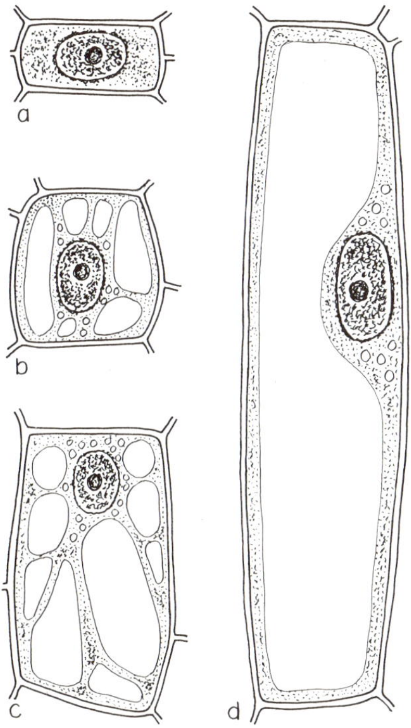

Abb. 3.13. Bildung von Zellsaft-Vakuolen. Nach Troll.

3.6.2. Aleuronkörner

Aufbau: Es sind feste, meist kugelige Proteineinschlüsse in den Zellen wasserarmer Speichergewebe. Sie werden von einer Membran umgeben. Die Globuline und andere Speicherproteine können als regelmäßig geformte Protein-**Kristalloide** vorliegen, als Nichteiweiß-Bestandteile des Aleuronkornes treten **Globoide** auf, welche vorwiegend **Phytin** (Ca-Mg-Inosithexaphosphorsäure) enthalten (Abb. 3.14.). Der Durchmesser von Aleuronkörnern beträgt im Gramineen-Endosperm 3 – 5 µm, im *Ricinus*-Samen bis zu 20 µm.

Funktion: Als **Speicher von Reserveproteinen** gehören sie zum Nährstoffvorrat der Samen. Bei der Keimung erfolgt nach Wasseraufnahme in die Aleuronkörner die Mobilisierung der Aminosäuren durch **Proteinasen**, wie auch der Phosphorsäure des Phytins durch **Phytase**.

Entstehung: Aus ER-Vesikeln und proteinreichen Zellsaftvakuolen bilden sich unter Wasserentzug während der Samenreifung feste Aleuronkörner.

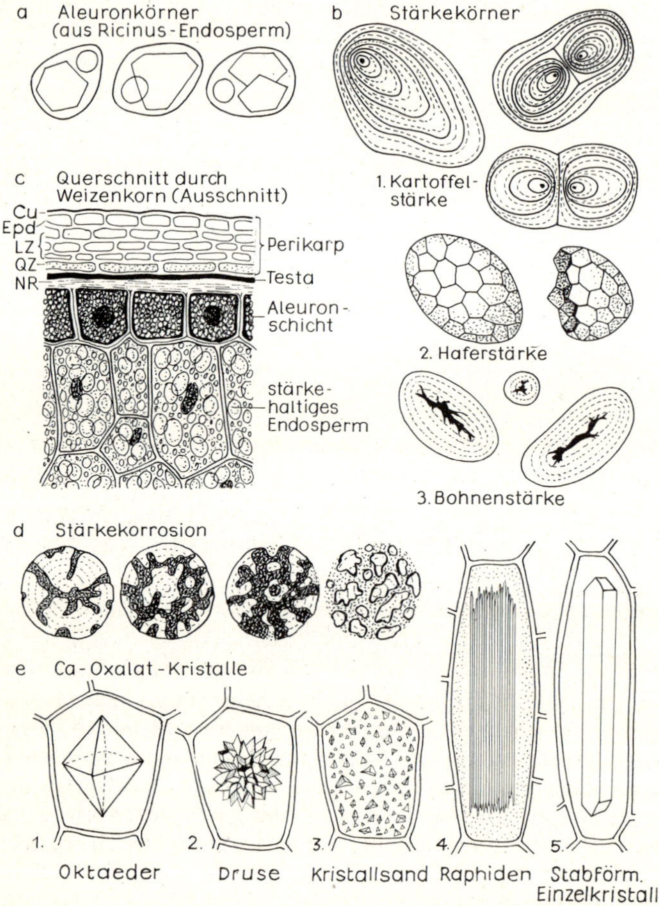

Abb. 3.14. Feste Einschlüsse der Zelle. *Cu* Cuticula, *Epd* Epidermis, *LZ* Längszellen, *NR* Nucellarrest, *QZ* Querzellen. c nach Strasburger, d nach Noll, e nach Troll.

3.6.3. Oleosomen

Aufbau: Im wasserarmen Gewebe (z. B. Endosperm) liegen Fette oder Öle (Triacylglyceride mit hohem Anteil ungesättigter Fettsäuren) fein verteilt in kleinen Tröpfchen, den Oleosomen, vor. Sie sind von einer Protein-Lipid-Halbmembran umgeben, einer Grenzschicht zwischen dem hydrophilen Cytosol und dem lipophilen Tröpfchen.

Funktion: Fette stellen energiereiche Speichersubstanzen dar (s. 2.8.1.), die wegen ihrer Unlöslichkeit in Wasser für die Zellen keine osmotische Belastung herbeiführen. Die unpolaren Moleküle treten wegen ihrer Hydrophobie zu kugeligen Tröpfchen zusammen, die vorrangig in Samen, seltener im Fruchtfleisch anzutreffen sind. Die **Mobilisierung** (= hydrolytische Spaltung) der Fette erfolgt durch **Lipasen** in Lysosomen (s. 3.5.4.); der Abbau der Fettsäuren findet in Mitochondrien (s. 3.4.) und Glyoxysomen (s. 7.5.6.) statt.

Entstehung: Lipidtröpfchen entstehen durch Entmischung der lipophilen Fette im Grundplasma bzw. in der Matrix von Organellen (Plastoglobuli).

3.6.4. Stärkekörner

Aufbau: Die Gestalt der Stärkekörner ist arttypisch, in der Größe variabel, mit regelmäßig oder unregelmäßig rundlichen Formen, selten stab- oder hantelförmig. Eine dichte Packung, z. B. im hornigen Endosperm von *Zea mays*, bringt abgeflachte, polyedrische Stärkekörner hervor. Häufig ist eine **zentrische** (vom Plastiden-Mittelpunkt ausgehend) oder **exzentrische Schichtung** in Körnern als Folge unterschiedlicher Hydratisierung der Stärke festzustellen (Abb. 3.14.). Unter konstanten Außenbedingungen unterbleibt die Schichtung bei Gramineen (folglich exogene Rhythmik); bei vielen dikotyledonen Pflanzen tritt sie weiter auf (endogene Rhythmik, s. 8.5.). Durch mehrere Bildungszentren in einem Leukoplasten entstehen **zusammengesetzte Stärkekörner**. Die Anteile der beiden Fraktionen der Stärke **(Amylon)**, der **Amylose** mit unverzweigten Glucoseketten (etwa 10–30%, mit Iod Blaufärbung) und dem **Amylopectin**, mit verzweigten Ketten (etwa 70–90%, mit Iod Braunrotfärbung), sind je nach Pflanzenart unterschiedlich. Der Durchmesser von Stärkekörnern kann bei der Kartoffel 100 μm erreichen, bei Getreide aber nur etwa 50 μm. Stets sind auch wesentlich kleinere Stärkekörner in der Zelle enthalten.

Funktion: Stärke ist das **häufigste Speicher-Kohlenhydrat** (s. 2.7.2.2.) in den Pflanzen. Ihr Abbau durch **Amylasen** und **Malta-**

sen führt zur D-Glucose, dem Substrat der Glykolyse (s. 7.5.2.1.). Die Unlöslichkeit der Stärke in nichterhitztem Wasser schützt die Zelle vor Störung des osmotischen Normalzustandes, für den Transport ist aber der Ab- bzw. Umbau zu löslichen Zuckern, insbesonder zu Saccharose, notwendig.

Entstehung: Stärkekörner entstehen in Plastiden mit Hilfe der **Stärkesynthase**, in Chloroplasten die **Primärstärke** (= **transitorische Stärke**), in **Leukoplasten** (nach Stärkespeicherung **Amyloplasten** genannt) die **Sekundärstärke** (= **Reservestärke**). – Die Bildungsorte der Stärke in den Chloroplasten vieler Algen werden **Pyrenoide** (Stärkeherde) genannt. Die **Florideenstärke** der Rotalgen und das Paramylum der Euglenophyten entstehen an der Oberfläche von Plastiden, ihr chemischer Aufbau weicht von dem der Stärke ab (vgl. S. 242).

3.6.5. Kristalle

Aufbau: Die weitaus meisten Kristalle der Pflanzen bestehen aus **Calciumoxalat**, das als Monohydrat ($Ca(C_2O_4) \times 1\ H_2O$) oder als Dihydrat ($Ca(C_2O_4) \times 2\ H_2O$) sehr verschiedene Kristallformen bilden kann (Abb. 3.14.). Häufig anzutreffen sind: Einzelkristalle wie **Oktaeder** und **prismatische Säulen**, Kristallaggregate wie **Drusen**, **Raphiden** als Bündel nadelförmiger Kristalle und aus vielen kleinen Kristallen bestehender **Kristallsand**. Oxalatkristalle entstehen zwar im Plasma, gelangen von dort auch in Vakuolen und in die Zellwand.

Nur selten ist **Calciumcarbonat** in lebenden Pflanzenzellen kristallisiert zu finden, wie z. B. bei den Cystolithen von *Ficus*-Arten; häufiger ist es jedoch in den Zellwänden eingelagert. Ebenfalls selten im Zellumen, häufiger aber an Wänden treten **Kieselsäure-Partikel** $(SiO_2)_n$ auf. **Calciumsulfatkristalle** sind in einigen *Desmidiales* anzutreffen, **Bariumsulfatkristalle** in den wachsenden Rhizoidspitzen von Characeen (sog. Glanzkörper, S. 548).

3.7. Zellwand

3.7.1. Mittellamelle

Aufbau: Als Zwischen- und Verbindungsschicht zwischen benachbarten Zellen im Gewebe besteht sie aus Pectinstoffen (β-1,4-Polygalacturonsäure und ihre Derivate) und nur wenig Protein, die zusammen eine unstrukturierte Gallerte bilden. Zu den Pectinstoffen gehören die **Pectinsäure, Pectine** und **Protopectine** (s. 2.7.2.2.2.). Die Mittellamelle ist nur wenige Nanometer dick.

Funktion: Sie **bewirkt den festen Zusammenhang der Wände** zweier durch Teilung entstandener Zellen und ermöglicht damit den Aufbau von Geweben. Ein enzymatischer Abbau durch pflanzeneigene Pectase (= Pectin-Esterase) und Pectinase (= Pectin-Depolymerase) kann, wie z. B. bei reifen Früchten, zur Trennung der Zellen führen. Durch bakteriellen oder auch chemischen Pectinabbau können bei der Mazeration Gewebezellen voneinander getrennt werden.

Entstehung: Ausgangspunkt ist eine zentrale **Zellplatte,** die als Verschmelzungsprodukt des Inhaltes von Golgi-Vesikeln in der Mitte der Äquatorebene der Kernteilungsspindel (Phragmoplast) entsteht. Durch Anlagerung weiterer Vesikel mit Pectinstoffen bildet sich durch randliche Ausdehnung dieser Zellplatte die **Primordialwand** als vollständige Trennung der beiden jungen Zellen. Diese ist durch zwei neue Plasmalemma-Schichten begrenzt, welche durch Verschmelzung der Vesikel-Membranen entstanden. Gleichzeitig beginnt bereits die Anlagerung von Primärwandschichten von beiden Seiten, wodurch die dazwischenliegende **Primordialwand zur Mittellamelle** wird.

3.7.2. Primärwand

Aufbau: Sie ist die erste zelleigene Wandschicht. In ihrer gallertig gequollenen **Grundsubstanz** (= Matrix der Zellwand) aus Pectinstoffen, Hemicellulose (oft Mischtypen von Glucanen, Xylanen oder Galactanen, als Cellulosane bezeichnet) und Proteine (Hydroxyprolin-reiche Glycoproteine, **Extensin**) sind Gerüstsubstanzen aus **Cellulose** eingelagert. Die Celluloseketten entstehen an **Cellulosesynthase-Komplexen,** die als rosettenförmige Protein-Komplexe in der Matrix verteilt liegen. Viele parallel geordnete Cellulose-Ketten verbinden sich über Wasserstoffbrücken zu parakristallin aufgebauten **Elementarfibrillen (Micellen)** und etwa jeweils 20 von ihnen zu den dickeren **Mikrofibrillen** (aus mehreren 1 000 Cellulosemolekülen). Die Anordnung der Mikrofibrillen zeigt **in der Primärwand** vorwiegend eine **Streuungstextur** (Abb. 3.15. b), sie bilden ein Netz aus Fibrillen unterschiedlicher Richtung, ohne daß diese an den Berührungspunkten eine feste Verbindung aufweisen. So sind Primärwände in der Lage, durch Erweitern ihrer Netzmaschen sich den vergrößernden und verändernden Zellformen plastisch anzupassen. Bei sich streckenden Zellen werden die Fibrillen dadurch bevorzugt in die Streckungsrichtung angeordnet. In den Primärwänden sind **primäre Tüpfelfelder** als Orte besonders geringer Mikrofibrillen-Dichte erkennbar. Auf diesen Tüpfelfeldern (den späteren Schließhäuten) erfolgt der Durchtritt vieler **Plasmodesmen** zu den Nachbarzellen. – Vom Gesamtvolumen der Primärwand nimmt die Gerüstsubstanz nur etwa 10% oder weniger ein. Die Dicke der Primärwand liegt in der Größenordnung von 0,5 µm, der Durchmesser von Cellulose-Mikrofibrillen bei 25 nm.

Funktion: Die Primärwand **bietet jungen Zellen Schutz und dem Turgordruck des Zellinhaltes einen elastischen Widerstand**, ohne den für aktive Lebensprozesse notwendigen Stoffaustausch mit der Umgebung wesentlich zu behindern. Sie ist permeabel und kann bei der Zellstreckung im Zusammenhang mit ihrem Flächenwachstum eine plastische (irreversible) Dehnung erfahren.

Entstehung: Durch Golgi-Vesikel werden die Substanzen der Primärwand-Grundsubstanz über das Plasmalemma ausgeschleust (Exocytose, Abb. 3.10.). Der Aufbau der Aggregate aus Gerüstsubstanz erfolgt in den Wandlamellen der Grundsubstanz. Durch Zellstreckung erfolgt eine Ausdehnung des Fibrillennetzes, aber kaum eine Verdünnung der Wand. Diesem Prozeß wirkt die **Einlagerung (Intussuszeption)** neuer Grundsubstanz und die **Anlagerung (Apposition)** neuer Lagen von Mikrofibrillen entgegen. Der Aufbau von Primärwänden aus mehreren Lamellen von Gerüstsubstanz-Netzen wird mit der **Theorie des Multi-Netz-Wachstums**, einer diskontinuierlich erfolgenden Anlagerung neuer Innenschichten, erklärt. In ihnen steigt der Gehalt an Cellulose zum Zellinneren hin an.

3.7.3. Plasmodesmen

Aufbau: Plasmodesmen (Abb. 3.15.a) stellen feine Kanäle dar, welche die lebenden Protoplasten benachbarter Zellen durch die Mittellamelle und die beiden Primärwände hindurch verbinden. Das Plasmalemma beider Zellen verbindet sich in der Wandauskleidung der Kanäle, und durch das Lumen führt eine schlauchförmige feine Verbindung der ER-Zisternen beider Zellen, der **Desmotubulus**. Die bisher recht unterschiedlichen Befunde der Feinstruktur-Aufklärung und Funktionsbeschreibung sind außer durch methodische Schwierigkeiten wohl auch durch art- und gewebespezifische Unterschiede bedingt. Gemeinsam ist den anatomischen Befunden, daß die äußeren **Halsregionen** wesentlich enger sind als der Mittelteil des Plasmodesmos, der auch **Anulus** genannt wird. Mehrfach wurden in der Halsregion Partikel beschrieben, die – eventuell im Zusammenhang mit

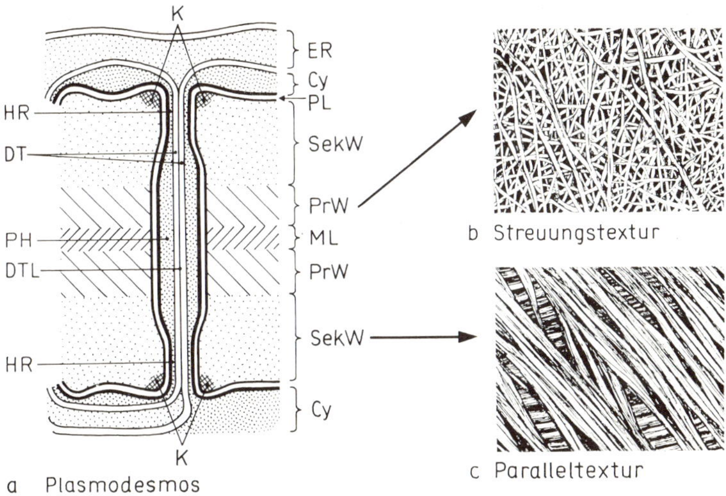

Abb. 3.15. Plasmodesmos und Zellwand-Texturen. **a** Bau eines Plasmodesmos zwischen den Wandstrukturen zweier Zellen, **b** Aufsicht auf die Streuungstextur einer Primärwand und **c** auf die Paralleltextur einer Sekundärwand, alle Darstellungen stark schematisiert. *Cy* Cytoplasma, *DT* Desmotubulus, *DTL* Desmotubulus-Lumen, *ER* Endoplasmatisches Reticulum, *HR* Halsregion, *K* Kragen, *ML* Mittellamelle, *PH* Plasmodesmos-Höhle, *PL* Plasmalemma, *PrW* Primärwand, *SekW* Sekundärwand. – Nach Oleson und Robarts 1990, verändert (a), nach Steward und Mühlethaler (b, c).

Ca^{2+}-Ionen – einen Öffnungs- und Schließmechanismus (Sphincter?) darstellen können. Unklar ist noch, ob der Desmotubulus eine offene Röhre und damit einen Transportweg darstellt oder ob nur der Cytoplasmaschlauch des Anulus den Durchtritt ermöglicht.

Funktion: Unstrittig ist, daß Plasmodesmen dem Stofftransport dienen können, was insbesondere an der Ausbreitung von membranimpermeablen Fluoreszenzfarbstoffen in Gewebezellen festgestellt wurde. Die maximale Größe solcher Substanzen liegt bei etwa 1 000 Dalton, wobei die ermittelten Grenzwerte in Übereinstimmung mit der aus elektronenmikroskopischen Daten errechneten Wegigkeit der Plasmodesmen gefunden wurden. Für die Passage der wesentlich größeren Virus-Partikel durch Plasmodesmen wurde der fördernde Einfluß eines spezielllen „Bewegungs-Proteins“ (durch Viren codiert) erkannt.

Entstehung: Primäre Plasmodesmen entstehen als feine Plasmabrücken, die im Zellteilungsgeschehen bei der Bildung der Zellplatte zwischen den jungen Tochterzellen ausgespart bleiben. Dieser offene Kontakt beider Protoplasten bleibt auch durch die beiden Primärwände hindurch erhalten. **Sekundäre Plasmodesmen** sind neu sich bildende Kanäle dieser Art, welche korrespondierend von zwei benachbarten Protoplasten aus angelegt werden. Von lebenden zu toten Zellen gibt es keine solche Verbindungen, doch können in diesen Fällen **Halb-Plasmodesmen**, vom lebenden Protoplasten bis zur Mittellamelle reichend, auftreten. Sekundäre Plasmodesmen verbinden auch die Zellen verschiedener Pflanzenarten, wenn diese an der Verwachsungsstelle von Pfropfpartnern benachbart vorkommen. Es gibt **verzweigte** und **unverzweigte Plasmodesmen**. Bei absterbenden Zellen werden die Plasmodesmen durch Kallose verstopft.

3.7.4. Sekundärwandschichten und Cuticula

Aufbau: Die gegenüber der Primärwand sehr viel dickeren Schichten der Sekundärwand – beide sind durch **Übergangslamellen** verbunden – legen sich dieser von innen an und enthalten neben der Grundsubstanz bis zu 90% Cellulose. Die **Mikrofibrillen** sind oft zu größeren Einheiten, den **Makrofibrillen**, verbunden und verlaufen in jeder Schicht bevorzugt in einer Richtung: es liegt **Paralleltextur** (Abb. 3.15.c) vor. In den verschiedenen Schichten der Sekundärwand kann die Verlaufsrichtung jedoch unterschiedlich sein, wodurch die Wandfestigkeit erhöht wird. Langgestreckte Zellen mit dicker Sekundärwand zeigen entweder einen Verlauf der Fibrillen entsprechend der Längsachse der Zellen (**Fasertextur**, z. B. bei Flachsfasern) oder durch schräge Anordnung zur Zell-Längsachse einen schraubigen Fibrillenverlauf (**Schraubentextur**, z. B. beim Baumwollhaar). – Auf den primären Tüpfelfeldern der Primärwand unterbleibt die Sekundärwandbildung, es entstehen **Tüpfel**, d. h. korrespondierend angelegte, unverdickte Zellwandbereiche benachbarter Zellen, durch die in erhöhtem Maße Plasmodesmen hindurchtreten. Von diesem als **Schließhaut** bezeichneten primären Tüpfelfeld führen **Tüpfelkanäle** durch die Sekundärwände hindurch zu den zentralen Lumina der beiden Zellen.

Als **Tertiärwand** wird die als letzte gebildete Wandschicht mit veränderter Textur bezeichnet, oft von einer **warzigen Lamelle** abgeschlossen.

Ein Cellulosemolekül aus etwa 15 000 Glucoseresten besitzt die Länge von 5 µm. In einer Elementarfibrille (Micelle) sind etwa 100 Cellulosemoleküle vereinigt, etwa 10 bis 20 Elementarfibrillen bilden eine Mikrofibrille, deren Durchmesser bei etwa 0,02 µm liegt. Die in den Sekundärwänden auftretenden Makrofibrillen sind eine Vereinigung von zahlreichen Mikrofibrillen; sie erreichen einen Durchmesser von etwa 0,4 µm, womit sie an der Grenze des Auflösungsvermögens von Lichtmikroskopen liegen. Die Dicke der Zellwand kann bei Sklerenchymzellen 10 µm übersteigen.

In dem Cellulosegerüst der Zellwand können die sehr kleinen Hohlräume zwischen den Elementarfibrillen (**Intermicellarräume**) Quellungswasser aufnehmen. In den größeren **interfibrillären Räumen** der Primär- und Sekundärwände wie auch in der Mittellamelle kann die Grundsubstanz durch eingelagerte **Inkrusten** wie **Lignin** (Holzstoff, zur Biochemie s. S. 451 f.) verdrängt werden. Dieser Prozeß der **Verholzung** bewirkt eine höhere Festigkeit der Zellwände bei gleichzeitiger Verringerung ihrer Elastizität, so bei Festigungszellen und Wasserleitungselementen (Tracheen und Tracheiden). Verholzung führt weiterhin zum Absterben der betreffenden Zellen, obwohl die Permeabilität der Wand für Wasser und kleinmolekulare Substanzen nicht völlig unterbunden wird. – Während Lignin stets in das Cellulose-Wandgerüst eingelagert wird (**Inkrustierung**), werden **Cutin** und **Suberin** (Korkstoff) auf Grund ihrer Lipophilie meist als Schichten oder Zwischenschichten aufgelagert (**Adkrustierung**). Die Hauptbestandteile der beiden letztgenannten Substanzen sind polymere Fett- und Oxyfettsäuren, die mit ebenfalls lipophilen Wachsen gemeinsam auftreten. Cutin wird als flüssiges Procutin von Epidermiszellen sezerniert, wandert durch die Außenwand und bildet auf deren Außenfläche einen geschlossenen Überzug, der durch Polymerisation verhärtet. Die so entstandene **Cuticula** enthält in ihrer äußeren Schicht **Wachseinschlüsse** und kann an ihrer Oberfläche Wachs kristallin ausscheiden, (**epicuticulares Wachs**). In den zellwandnahen Schichten der Cuticula sind **Pectinfelder** enthalten, in den angrenzenden äußeren Schichten der Zellwand **Cutinlamellen (cutinisierte Wand)**. – Das **Suberin** wird ebenfalls in Form seiner Vorstufen von den Zellen sezerniert (nicht vesiculär) und polymerisiert als dünne Lamellen an der Innenseite der Primärwände von Abschlußgeweben (oft anstelle der Sekundärwand). Zwischen den Suberinschichten befinden sich **dünne Wachsschichten**, die eigentlichen Träger der Impermeabilität. Wenn alle Wände der Zelle Korklamellen ausbilden, kommt es zu deren völligen Abschluß und zum Zelltod.

Außer Lignin werden auch **Gerbstoffe**, **Farbstoffe** und **andere**

sekundäre Pflanzenstoffe, schließlich auch $CaCO_3$ und SiO_2 in Zellwände eingelagert.

Funktion: Sekundärwände **erhöhen die Festigkeit der Zellwand** oft über das Maß einer für die Turgeszenz erforderlichen Widerstandsschicht hinaus. So entsteht ein in sich stabilisiertes Wandgerüst, vorrangig im Dienst der Organfestigkeit und der Wasserleitung. Die wichtigste Funktion der Cuticula wie der Korkschichten (s. 4.3.) ist der **Transpirationsschutz** an der Sproßoberfläche.

Entstehung: Die Wand-Grundsubstanz (+ Enzyme) wird wie bei der Primärwandbildung in Golgi-Vesikeln transportiert und am Plasmalemma ausgeschleust.

3.8. Die Zelle der Pilze

Als saprophytisch oder parasitisch C-heterotroph lebende Eukaryotenzellen sind Pilzzellen von den eigentlichen Pflanzenzellen deutlich verschieden. Sie bilden meist fädig verzweigte **Hyphen** mit apikalem Wachstum. Die Gesamtheit der Hyphen eines Pilzthallus ist das **Mycel**, welches als lockerer Verband das Nährsubstrat durchzieht, sich bei der Fruktifikation aber meist zu einem Flechtthallus oder auch **Plektenchym** (S. 93) verdichtet.

Die Querwände (= **Septen**) der Hyphen entstehen durch zentripetales Wachstum, wobei ein zentraler **Porus** (Abb. 6.17. a, 6.20. a) offenbleibt und die Protoplasten benachbarter Zellen verbindet. Bei Zygomyceten und Oomyceten fehlen Querwände oder es treten sekundäre, porenlose **Pseudosepten** auf. Bei Hefen und hefeartigen Stadien leben die Zellen in der Regel isoliert. Das Wachstum erfolgt dort als **Sprossung (= Knospung)**, wobei ein Teil des Protoplasten durch eine Wandpore nach außen tritt und – von einer zunächst dünnen Zellwand umgeben – bis zur Größe der Mutterzelle heranwächst. Es kommt dann zur Abtrennung der gesproßten Zelle; bleibt jedoch ein Zusammenhang der Zellen, so spricht man von einem **Pseudomycel** (= **Sproßmycel**). In der **Zellwand** der Eumycota (S. 218) bilden **Chitin**-Mikrofibrillen Texturen, die denen der Cellulose-Mikrofibrillen ähneln. In Pilz-Zellwänden treten aber auch andere Polymere wie Glukane (s. 2.7.2.2.), Glukanpeptide, Mannane und Cellulose auf. Letztere ist Hauptbestandteil der Oomyceten-Zellwände.

Im Protoplasten zeigt das Cytoplasma häufig eine starke Strömung, die Zellkerne sind unterschiedlich geformt und meist klein (Durchmesser 1 – 10 µm), stets sind stab- bis fadenförmige Mitochondrien vorhanden, aber keine Plastiden. Sonst sind alle Organellen anzutreffen, aber Dictyosomen nur bei den algenähnlichen Oomycoten. Das ER ist mit der Kernmembran und der **Porenkappe des Doliporus** von Basidiomyceten-Septen (Abb. 6.20.a) verbunden. Plasmalemma und Zellwand sind relativ fest verhaftet mit Invaginationen in den Cytoplasmaraum. In der wachsenden Hyphenspitze vieler Pilze befindet sich ein **Spitzenkörper** aus Mikrovesikeln in einer filamentösen Matrix, dessen Lage mit der Wachstumsrichtung in Beziehung steht. Vakuolen können Zellsaft enthalten oder **Neutralfette**. Als weiterer Reservestoff wird **Glykogen** deponiert, aber auch **Mannitol** und **Trehalose**. Den verschiedenen, bei Pilzen in den Zellwänden auftretenden Farbstoffen kann keine biologische Funktion zugeordnet werden.

3.9. Die Zelle der Prokaryoten

Von dem bisher geschilderten Aufbau der eukaryotischen Pflanzenzelle und der Pilzzelle unterscheiden sich Zellen der **Bakterien** (*Eubacteria*, Abb. 6.4.) und **Cyanobacteria** (*Cyanophyta*, Abb. 6.5.) durch ihre einfachere Struktur. (Auf **Archaebacteria** wird in Abschnitt 6.3.2. eingegangen.) So haben sie keinen Kern (mit Kernmembran und Nucleoli), bei dessen Teilung ein Spindelapparat tätig ist. Sie enthalten aber DNA in Form eines ringförmig geschlossenen, aber knäuelartig verschlungenen Doppelstranges, der mit der dazugehörigen RNA und Protein (aber ohne Histone) das **Kernäquivalent (Nucleoid)** bildet. Außer in diesem DNA-Knäuel können Bakterien auch wesentlich kleinere, ringförmige DNA-Doppelstränge, die **Plasmide**, als Träger genetischer Information enthalten. Vor einer Zellteilung verdoppeln sich die DNA-Strukturen umlaufend von einem Startpunkt des Ringes aus, und jede Tochterzelle erhält ein vollständiges Nucleoid. Prokaryoten-Zellen enthalten kein Endoplasmatisches Reticulum und keine membranumgebenen Plastiden oder Mitochondrien, wohl aber **intracytoplasmatische Membranen**. Sie zeigen eine Dreischichtigkeit mit etwa gleichen Schichtdicken wie in eukaryotischen Zellen. An die Bakterienmembran gebunden sind das Elektronentransportsystem der Atmungskette und die Enzyme der oxidativen Phosphorylierung. Bei photosynthetisch aktiven Prokaryoten sind Membranen auch die Träger der Assimilationsfarbstoffe, und diese **Thylakoide** können auch in mehr oder weniger ausgeprägt stapelförmiger Anordnung vorkommen. Bei einigen Rhodobakterien sind es netzartig durch Stränge zusammenhängende Bläschen („**Chromatophoren**"). Aus tubulären Einstülpungen entstandene, oft knäulige Membrankörper werden **Mesosomen** genannt. Ihre Natur und Funktion sind noch strittig. Zellsaftvakuolen fehlen bei Prokaryoten, es können aber **Gasvakuolen** auftreten. Im Cytoplasma erfolgt die Proteinsynthese an **Ribosomen vom 70S-Typ**, (im Unterschied zu den 80S-Ribosomen der Eukaryoten). Auch die 70S-Ribosomen bilden zur Proteinsynthese Aggregate. Häufig auftretende Speicherstoffe sind bei Prokaryoten **Glykogen**, **Poly-β-hydroxybuttersäure** und **Polyphosphat**.

Am Aufbau der Zellwand von Prokaryoten sind verschiedenartige Substanzen beteiligt. Für Erhalt der Form sorgt bei den Bakterien besonders die innere Schicht aus **Murein**, einem nichtfibrillären Heteropolymer aus **N-Acetyl-glucosamin** und **N-Acetyl-muraminsäure** in 1,4-glycosidischer Verknüpfung. Verschiedene Peptide mit nichtproteinogenen Aminosäuren, insbesondere Diaminosäuren, führen durch Peptidbindung mit den unverzweigten Mureinmolekülen zu deren Vernetzung. Die **äußere Membran** enthält u. a. **Lipoproteide** und **Lipopolysaccharide**, Gruppierungen, welche die spezifischen Bakterien-Antigene bedingen. Bei den **Cyanobakterien** gehören auch **Pectine**, **Hemicellulose** und **Cellulose** dazu. Bei gramnegativen Bakterien sorgen **Porine**, porenbildende Proteine der Außenmembran, für einen wenig behinderten Durchtritt gelöster Substanzen, deren Aufnahme ist bei der inneren Membran nur mit Hilfe von Translokatoren möglich. Eubakterien können in Ein- oder Mehrzahl **Geißeln** bzw. Geißelschöpfe, aus dem Protein **Flagellin** bestehend, tragen. Diese sind mit je einem **Basalkörper** aus Proteinen derart in den Membranen und Wandschichten verankert, daß das abgewinkelte untere Geißelende mit einem äußeren Kranz des Basalkörpers in einem in der Cytoplasmamembran eingelassenen Ring rotieren kann (s. a. S. 78 u. 555). Die Zellteilung erfolgt bei Prokaryoten meist durch irisblendenartige Durchschnürung („**Spaltung**"). Es tritt keine generative Vermehrung auf (bei Bakterien aber parasexuelle Vorgänge, s. S. 203). Außerhalb der meist dünnen Zellwand sind Prokaryoten häufig von einer **Gallert- oder Schleimschicht** umgeben, bei Überdauerungsformen auch von festen **Kapseln** oder **Sporenhüllen**. Diese Umhüllungen sind vorwiegend aus Polysacchariden aufgebaut, im Falle der Endosporen von Bakterien auch aus Protein.

4. Gewebe

Bei „**echten**“ **Geweben** sind die benachbarten Zellen durch ihre Entstehung aus gemeinsamen Ursprungszellen verbunden und besitzen Tüpfelverbindungen. **Plectenchyme** („Flechtgewebe“) der Pilze und mancher Algen (Abb. 6.14.) entstehen durch einen nachträglichen festen Verbund von oft verzweigten Zellfäden, deren Einzelzellen nur in der jeweiligen Fadenreihe durch Poren (Pilze) oder durch Tüpfel verbunden sind. Verquellende Zellwände können die Verbindung der Zellfäden aber sehr eng gestalten und echte Gewebe vortäuschen, sogen. Scheingewebe (Pseudoparenchym).

Gewebe entstehen als Folge der Bildung vieler junger Zellen durch Teilungswachstum, einer Funktion, die das **Bildungsgewebe** oder **Meristem** erfüllt. Diesem stehen die verschiedenartig differenzierten **Dauergewebe** gegenüber. Sind deren Zellen isodiametrisch, d. h. ohne eine bevorzugte Längsrichtung, so nennt man sie **parenchymatisch**, **prosenchymatische** Zellen sind langgestreckt. Einzelne, verteilt in einem Gewebe entstehende Zellen besonderer Gestalt und Funktion bezeichnet man als **Idioblasten**.

4.1. Bildungsgewebe (Meristeme)

Ausgehend von der ersten Teilung der befruchteten Eizelle (Zygote) und dem damit festgelegten Sproß- und Wurzelpol des entstehenden Embryo behalten bestimmte Zellen und Zellzonen einer Pflanze ihre Teilungsfähigkeit. Neben diesen vom **Urmeristem** abstammenden **primären Meristemen** treten aber auch **sekundäre** auf, die aus erneut teilungsfähig werdenden Dauergewebszellen entstehen (**Folgemeristeme**).

Primäre Bildungsgewebe: Mit je einem Apikalmeristem erfolgt das Wachstum aller Sproß- und Wurzelspitzen, neue Zellen bilden sich an den dort befindlichen **Vegetationspunkten**. Ein mikroskopischer Medianschnitt zeigt die Sproßspitze von Blütenpflanzen als einen Kegel (Vegetationskegel), dessen meristematische Zellen, die **Initialzellen**, in einer (bei *Lycopodium* und den meisten Gymnospermen) oder mehreren Schichten (bei Angiospermen) angeordnet sind (Abb. 4.1. d, e). Bei mehrschichtigen Vegetationskegeln bilden die äußeren Initialzellschichten (1–5) die **Tunica**, in der nur **antiklin**, d. h. senkrecht zur Organoberfläche, Zellteilungen erfolgen. Die Zellen der innersten Schicht, des **Corpus** (Nominativ: das C.), teilen sich sowohl **anti- wie periklin** (senkrecht und parallel) zur Organoberfläche. An die Kegelspitze mit ihren Initialzellen und den angrenzenden Bereich intensiverer Teilung von deren Deszendenten schließt sich die Zone der **Blatthöcker** an. In dichter Folge an der jungen Achse angelegt, wölben sie sich mit zunehmenden Alter weiter heraus. Oberhalb von jedem Blatthöcker (**Blattprimordium**) bleibt bei der nun folgenden Achsen- und Blattentwicklung bei den Samenpflanzen jeweils eine Gruppe em-

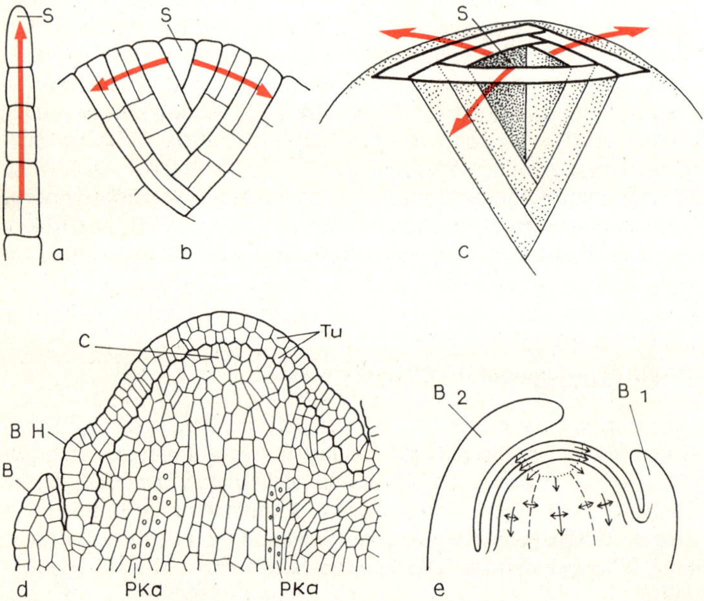

Abb. 4.1. Spitzenmeristeme. a einschneidige, **b** zweischneidige, **c** dreischneidige Scheitelzelle. **d** Vegetationskegel von *Asparagus falcatus*, zwei Tunicaschichten über dem Corpus; **e** schematische Darstellung der Wachstumsrichtungen in den Teilungszonen. *B* Blatt, *BH* Blatthöcker, *C* Corpus, *PKa* Prokambium, *S* Scheitelzelle, *Tu* Tunica. – d, e nach Kaussmann.

bryonaler Zellen an der Achsenoberfläche zurück, aus der ein neuer Vegetationskegel entsteht. Hier bilden sich **Knospen**, wie man die von Blattorganen eingehüllten Vegetationskegel des Sprosses nennt (s. 5.2.2.), Ausgangspunkte der seitlichen Verzweigung.

Am Vegetationspunkt der stets blattlosen Wurzel geht das apikale Wachstum bei den Samenpflanzen meist von einer Gruppe von Initialzellen der Wurzelspitze aus, die von einer **Wurzelhaube** oder **Kalyptra** bedeckt ist. Die Initialzellen bilden sowohl in basaler Richtung neue Zellen für die sich verlängernde Wurzel, als auch in apikaler Richtung neue Wurzelhaubenzellen, soweit diese nicht durch ein **Kalyptrogen** entstehen. Im einzelnen sind die Verhältnisse in den Wurzeln recht unterschiedlich (s. 5.4.1.), eine Gliederung in Tunica und Corpus gibt es nicht.

Bei Thallophyten und den meisten Farnpflanzen tritt bei apikalem Wachstum an die Stelle mehrerer Initialen eine einzelne, sogenannte **Scheitelzelle**. Im Gegensatz zu Initialzellen, von denen einzelne immer wieder seitlich aus dem Initialfeld verdrängt werden, deren Anzahl aber erhalten bleibt, nimmt die Scheitelzelle dauerhaft ihre Position als Hauptteilungszelle ein. Nach der Zahl der Richtungen, in denen nacheinander Tochterzellen abgetrennt werden, unterscheidet man ein- bis vierschneidige Scheitelzellen (Abb. 4.1. a – c). Einschneidig sind sie bei einigen Algengruppen (z. B. *Sphacelariales*, *Dictyotales*, S. 128). **Zweischneidige** Scheitelzellen lassen z. B. Blättchen bei Laubmoosen entstehen, eine **dreischneidige** führt zur Bildung der Achse bei Moosen, Farnen und Schachtelhalmen. Die **vierschneidige** Scheitelzelle ist auf Wurzelspitzen von Farnen beschränkt, wo sie in drei Ebenen Zellen für den Wurzelkörper bildet, in der vierten Ebene apikalwärts aber Wurzelhaubenzellen.

Ebenfalls primäres Meristem sind die Zonen von Bildungszellen, welche das **interkalare Wachstum** bei der **Internodienstreckung** bewirken (bei der Gramineenachse oberhalb der Knoten lange funktionstüchtig) sowie die interkalare Bildung von Blattstielen. Die **Blattflächen** verdanken ihre Entstehung einem komplexen und in den systematischen Gruppen sehr unterschiedlichen Prozeß von **Spitzen-, Rand-, Flächen- und Dickenwachstum**. Die Blattmeristeme beenden ihre Tätigkeit nach Fertigstellung des Blattes (Ausnahme z. B. *Welwitschia mirabilis*). Wie das Apikalmeristem kann auch das Kambium der Leitbündel seine Teilungsaktivität unbegrenzt erhalten (s. sek. Dickenwachstum, S. 137 f.). Bildungsgewebe, die als Abkömmling des Urmeristems auch zeitweise ohne Teilungsaktivität erhalten bleiben, werden als **Restmeristeme** bezeichnet. **Meristemoide** sind Einzelzellen oder kleine Zellgruppen, die als Rest- oder Folgemeristeme teilungsfähig sind, nach der Teilung aber zu Dauerzellen werden (z. B. Trichoblasten der Epidermis).

Sekundäre Bildungsgewebe (= **Folgemeristeme**) sind: das **Phellogen** (= Korkkambium) als Bildungsort von Korkzellen (s. Abschlußgewebe), das **interfasciculare Kambium** beim sekundären Dickenwachstum nach dem *Aristolochia*-Typ (s. 5.2.4.), das Kambium des Monokotyledonen-Dickenwachstums und des anomalen Dickenwachstums z. B. der *Beta*-Rübe (s. 5.4.2.) u. a.

Die Tätigkeit eines Kambiums wird durch eine strenge Reihung der abgeschiedenen Zellen, die nicht „auf Lücke" liegen, im histologischen Querschnitt sichtbar.

4.2. Grundgewebe (Parenchyme)

Diesem Typ von Dauergewebe gehören die weitaus meisten Zellen der Pflanze an. Die weiteren fünf Dauergewebstypen dienen im Grunde nur dem Schutz und der Versorgung der im Pflanzeninnern liegenden Parenchyme.

Die ehemals embryonalen Zellen haben den Endzustand ihrer Differenzierung erreicht, besitzen ein Vakuom und – für ihre Funktion als lebende Zellen – dünne Wände. In dem Gewebe entstanden an den Zellkanten durch lokale Auflösung der Mittellamelle **Interzellularräume**, welche – zu einem Netz feiner Luftkanälchen verbunden – dem Atmungs- und Assimilations-Gasaustausch dienen (Abb. 4.2.). Diese Art der Entstehung von Hohlräumen (s. S. 114) wird als **schizogen** bezeichnet. Der feste Verband der Zellen wird durch die Interzellularen nicht gelockert. Organfestigkeit krautiger Achsen und Blätter beruht aber nicht so sehr auf der festen Haftung turgeszenter Zellen, als auf der **Gewebespannung**. Dabei läßt ein äußerer Mantel fester Zellen bzw. Gewebe nur eine begrenzte Ausdehnungsmöglichkeit für die dünnwandigen Zellen des umschlossenen Parenchyms mit niedrigem vakuolären Wasserpotential zu. Es entsteht eine der Turgeszenz von Zellen analoge Situation. Turgorverlust führt zum Verlust der Gewebespannung und zum Welken krautiger Pflanzen.

Wichtige **Ausbildungsformen des Grundgewebes** sind:

– das **Assimilationsparenchym (Chlorenchym)**, das reich an Chloroplasten und Interzellularen ist und vorrangig im Mesophyll auftritt,

- das **Speicherparenchym** mit Fett (fettes Öl), Eiweiß oder Kohlenhydraten als Reservestoffen; es findet sich in Wurzeln, Achsen, Niederblättern, Samen und Früchten,
- das **Wasserspeichergewebe (Hydrenchym)** mit großen, weitgehend farblosen Zellen in Blättern und Achsen, vorwiegend bei Sukkulenten,
- das **Durchlüftungsgewebe (Aërenchym)**, das durch extrem große Interzellularräume **(Lakunen)** gekennzeichnet ist; es dient besonders in Sumpf- und Wasserpflanzen dem Gasaustausch (Abb. 4.2.).

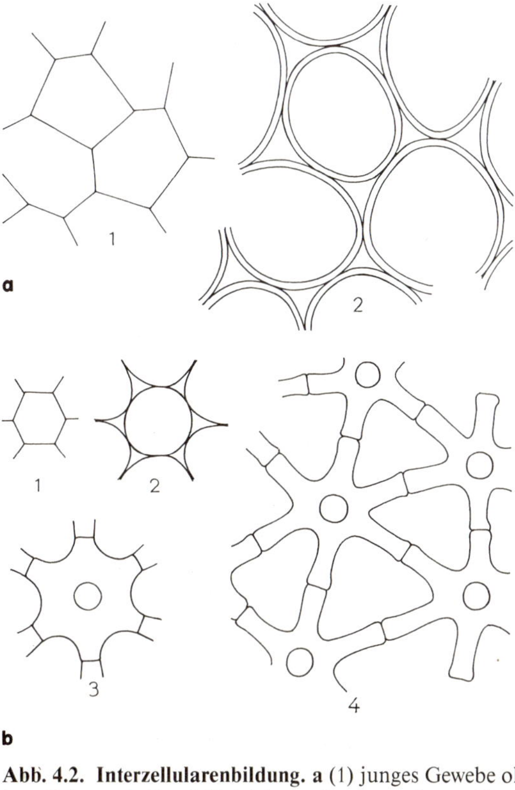

Abb. 4.2. Interzellularenbildung. a (1) junges Gewebe ohne, (2) älteres mit Interzellularen. **b** (1–4) Entstehung des Aerenchyms (Sternparenchym) bei *Juncus* (die Kreise in den Sternzellen bei (3) und (4) sind nach oben gerichtete Fortsätze).

Bei vielzelligen Pflanzen wird die Gesamtheit der durch Plasmodesmen verbundenen Protoplasten als **Symplast** bezeichnet, alle dazwischenliegenden Zellwände, Interzellularen und Räume toter Zellen bilden den **Apoplasten**.

4.3. Abschlußgewebe

Die **Epidermis** stellt eine äußere, einzellige Schicht dar und bedeckt den ganzen Pflanzenkörper ohne interzellulare Lücken. Sie gewährleistet Abschluß und Schutz, aber auch die notwendige Verbindung zur Außenwelt. Im Sproßbereich wird der Schutz durch Wandverdickungen, Auflagerungen und Trichome erreicht, der notwendige Gasaustausch durch Ausbildung von Spaltöffnungen. Die Epidermis der Wurzel gewährleistet durch eine dünne Außenwand und das Fehlen einer Cuticula die Wasser- und Nährstoffaufnahme. Wegen ihrer von der Sproßepidermis abweichenden Struktur und Funktion wie auch wegen ihrer andersartigen Entstehung wird die **Wurzelepidermis** richtiger **Rhizodermis** genannt. Ihre Behandlung erfolgt bei den Absorptionsgeweben (s. 4.4.).

Die **Sproßepidermis** hat zu schützen gegen den Verlust von Gewebswasser, die Einwirkung von UV-Licht, eine mechanische Beschädigung z. B. durch Flugsand oder Eis, gegen Wasserbenetzung und das Eindringen von Krankheitserregern oder auch gegen Haftung von Parasitensporen und Insektenbeinen.

Damit in Zusammenhang sind folgende Merkmale zu sehen:

- das Fehlen von Interzellularen zwischen den Epidermiszellen
- die erhöhte Dicke der meisten Epidermis-Außenwände
- die wellige Wandverzahnung der Zellen untereinander
- die Ausbildung von Cuticula und cutinisierter Außenwandschicht
- das Auftreten von Wachsüberzügen auf der Cuticula und von Wachseinlagerungen in den äußeren Cuticularschichten
- der Besatz mit toten Haaren verschiedener Ausbildung
- eventuell auch der gelegentliche Anthocyangehalt (Filter gegen UV-Strahlung?)

Spaltöffnungen oder **Stomata** entstehen aus jungen Epidermiszellen (Meristemoide) durch Teilung zu **Schließzellen** und eventuell auch **Nebenzellen**. Mit dem Begriff „**Spaltöffnungsapparat**" wird der funktionelle Zusammenhang beider Zelltypen gekennzeichnet. Spaltöffnungen dienen in erster Linie der CO_2-Aufnahme aus der

Außenluft, ferner der Wasserdampfabgabe aus dem apoplastischen Pflanzeninnenraum, der **Transpiration** (s. 7.7.2.). Da diese zu einem großen Anteil unerwünschte Begleiterscheinung der notwendigen CO_2-Aufnahme ist, ist eine Regulierung der Spaltenweite zur Vermeidung zu großer Wasserverluste erforderlich. Die zwei Schließzellen öffnen bei Turgoranstieg zwischen sich einen schizogen entstandenen, interzellulären Spalt, indem sich deren Rückenwände stärker „bohnenförmig" in die Nebenzellen hinein krümmen (**Helleborus-Typ**, Abb. 4.3. a, b). Das ist die Folge einer geringeren Dehnbarkeit der dicken Bauchwände der Schließzellen (der Spalte zugekehrt) gegenüber den dünnen Rückenwänden. Der offene **Porus** verbindet den Luftraum außen mit dem besonders großen Interzellularraum unter der Spalte, der „**Atemhöhle**". Bei Spaltöffnungen der Gräser rücken die starren, dickwandigen Mittelteile der Schließzellen auseinander, wenn sich die dünnwandigen Enden bei Turgoranstieg keulig verdicken (**Gramineen-Typ**, Abb. 4.3. c, d). Bekannt sind weiterhin (mit gleichem Prinzip der Turgorbewegung) der einfachere **Mnium-Typ** bei Moosen und Farnen, sowie der kompliziertere **Coniferen-Typ**. Die Verteilungsdichte, Größe und Gestalt der Spaltöffnungen sind unterschiedlich und lassen artspezifische Anpassungen an die jeweiligen Umweltbedingungen erkennen. Während Schließzellen in der Regel Chloroplasten enthalten, sind sie in anderen Epidermiszellen nur bei Hygrophyten, Unterwasserblättern und Farnen anzutreffen.

Haare oder **Trichome** sind auf Pflanzenepidermen häufig zu finden. Ob ein- oder mehrzellig, stets entstehen sie aus einer Epidermiszelle (Abb. 4.4.). Als tote Haare dienen sie dem Verdunstungs- und Bestrahlungsschutz, zur Haftung beim Klimmen und Winden, auf Samenschalen auch der Samenverbreitung (Flughaare), wobei z. B. Baumwoll-Samenhaare wirtschaftlich bedeutsam sind. – Beispiele für lebende Haare sind:

- **Brennhaare**; sie sind von Urticaceen (Brennesselgewächsen), aber auch von anderen Familien bekannt (Abb. 4.5. c). Bei Berührung bricht das Köpfchen der Haarspitze an einer durch Dünnwandigkeit und Kieselsäureeinlagerung leicht brüchigen Stelle ab. Das Haar öffnet sich kanülenartig, und das Nesselgift – ein Gemisch aus Histamin und Acetylcholin – wird in die Stichwunde gedrückt.
- **Futterhaare** aus nährstoffreichen Zellen; sie können in Insektengallen entstehen und dort den Larven als Nahrung dienen.
- **Drüsenhaare** (s. Sekretionsgewebe, 4.6.)
- **Absorptionshaare** (s. Absorptionsgewebe, 4.4.)

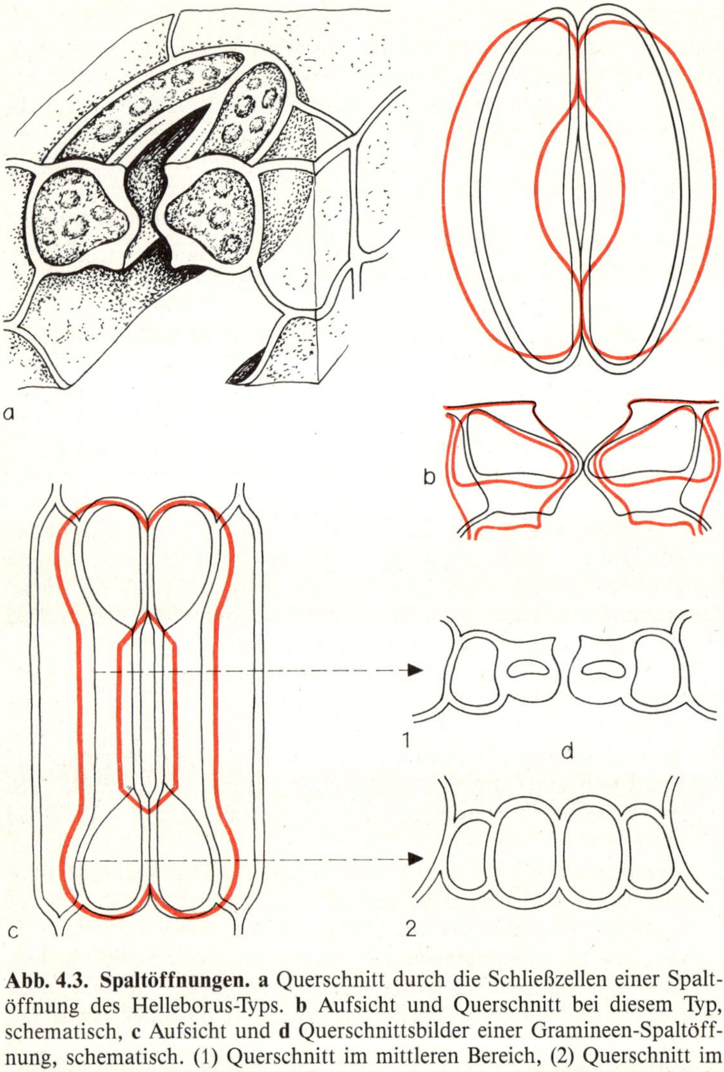

Abb. 4.3. Spaltöffnungen. a Querschnitt durch die Schließzellen einer Spaltöffnung des Helleborus-Typs. **b** Aufsicht und Querschnitt bei diesem Typ, schematisch, **c** Aufsicht und **d** Querschnittsbilder einer Gramineen-Spaltöffnung, schematisch. (1) Querschnitt im mittleren Bereich, (2) Querschnitt im Endbereich. Rote Linien im geöffneten Zustand. – a nach Holman und Robbins, b–d nach Haberlandt.

Als **Emergenzen** werden Bildungen bezeichnet, an denen außer der Epidermis auch subepidermale Schichten beteiligt sind. Das ist z. B. beim Stachel der Rose, bei den Tentakeln der Blätter von *Drosera*-Arten sowie bei vielzelligen Drüsenzotten (s. Exkretionsgewebe, 4.6) der Fall.

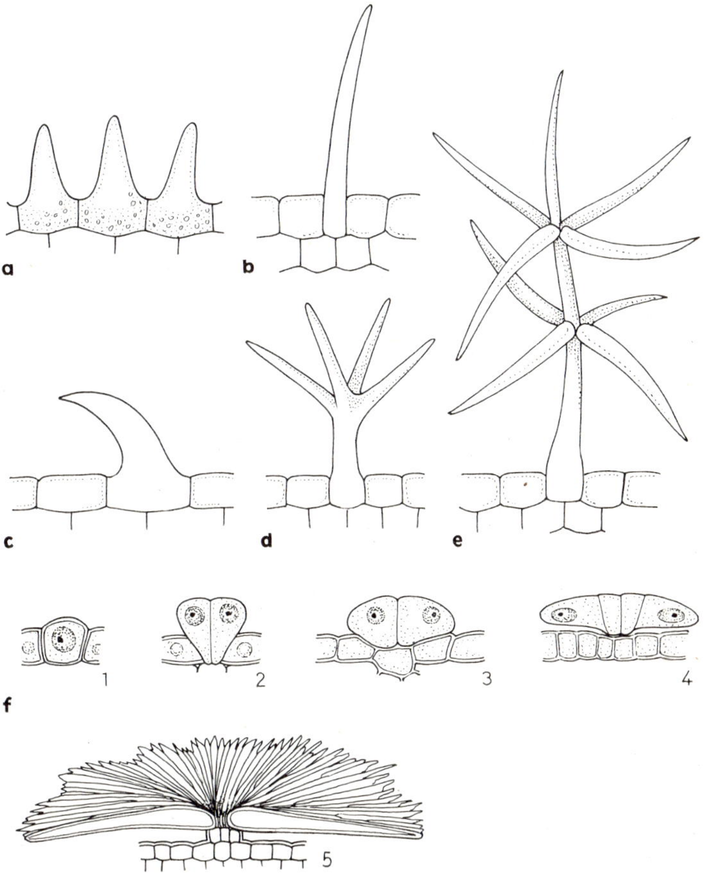

Abb. 4.4. Trichome I. a Papillen (Blütenblatt von Stiefmütterchen), **b** einzellig-unverzweigtes Haar (*Delphinium*), **c** Klimmhaar (*Galium*), **d** einzellig-verzweigtes Haar (*Arabis*), **e** mehrzellig-verzweigtes Haar (*Verbascum*), **f** (1–5) Entstehung eines vielzelligen Schildhaares (*Hippophae rhamnoides*). – b nach Renner, c–e nach Troll, verändert, f nach Servettaz.

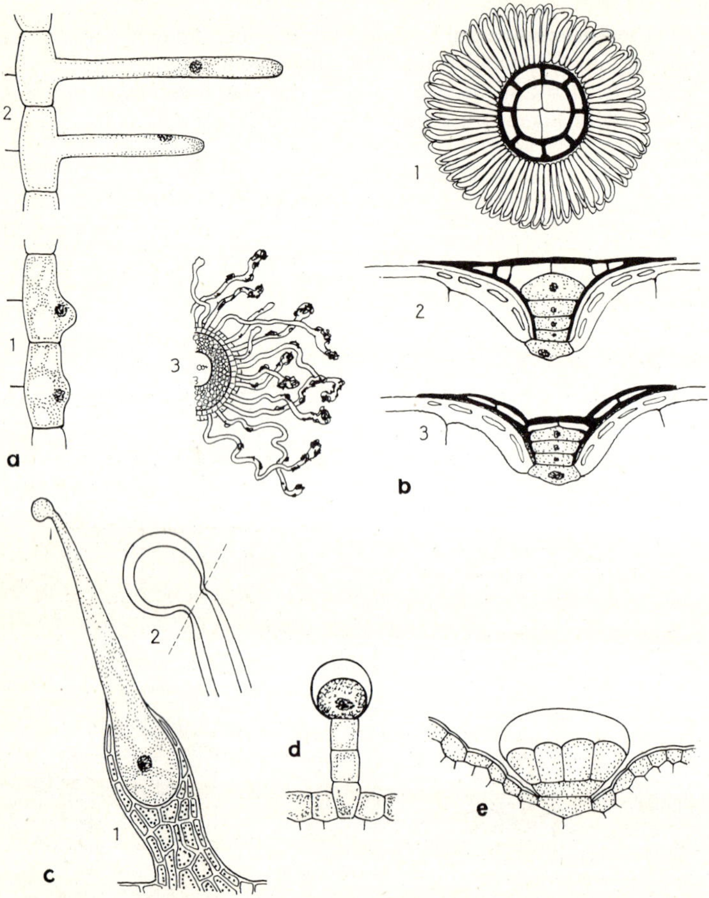

Abb. 4.5. Trichome II. **a** Wurzelhaare, (1) u. (2) Bildung aus Rhizodermiszellen, (3) Wurzelquerschnitt in der Haarzone. **b** Schildförmiges Schuppenhaar zur Wasseraufnahme an der Blattbasis von *Vriesea splendens* (Bromeliaceen) (1) in Aufsicht, (2) bei Wasseraufnahme, (3) bei Wassermangel. **c** Brennhaar im Längsschnitt (*Urtica dioica*), der Bulbus (blasiger Teil) des Haares in einer mehrzellig becherförmigen Emergenz sitzend, (2) Querschnitt durch das Köpfchen mit der Abbruchlinie. **d** Drüsenhaar (*Pelargonium*) mit einer Kalotte von etherischem Öl zwischen der abgehobenen Cuticula und der Zellwand der apikalen Drüsenzelle. **e** Drüsenhaar (*Mentha piperita*) mit mehreren Drüsenzellen. – a 1,2 nach Rothert, 3 nach Frank, b nach Fitting, c nach Haberlandt, e nach Tschirch aus Troll.

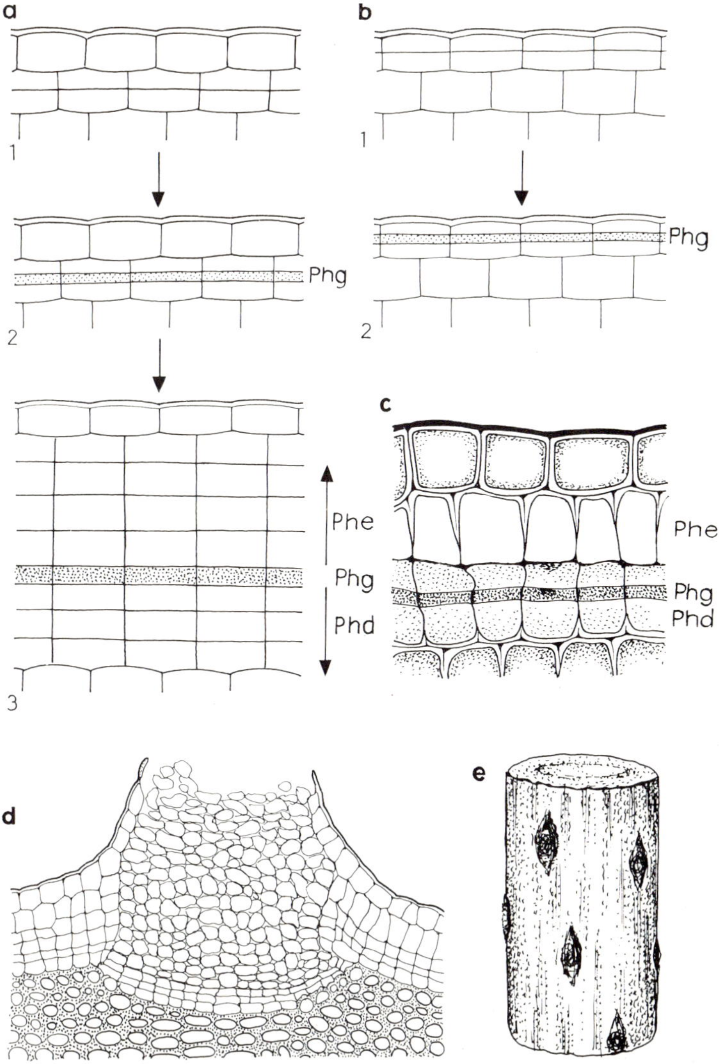

Abb. 4.6. Periderm. a (1–3) Peridermbildung aus subepidermaler Rindenschicht. **b** (1–2) Phellogenentstehung aus der Epidermis, schematisch. **c** Periderm von *Sambucus nigra* in jungem Zustand. **d** Lentizelle von *Sambucus nigra* im Querschnitt. **e** Lentizellen an der Achse von *Sambucus.* Weitere Erklärungen im Text. *Phe* Phellem, *Phg* Phellogen, *Phd* Phelloderm. – c nach Braune, Leman und Taubert, d nach Troll.

Das **Periderm** ist **ein sekundäres Abschlußgewebe**. Es tritt auf, wenn sich bei dem Dickenwachstum von Organen deren Oberfläche stark vergrößert und die Epidermis dem nicht durch erneute Zellteilungen folgen kann, was – als **Dilatation** bezeichnet – in manchen Fällen möglich ist (s. 5.2.6.), z. B. auch beim Wachstum vieler Früchte wie Apfel und Kirsche. Das Periderm gliedert sich in **Phellem** (= Schichten verkorkter Zellen), **Phellogen** (= Korkkambium) und **Phelloderm** (den benachbarten Rindenzellen gleichende Abkömmlinge des Phellogen). Das Phellogen entsteht als sekundäres Meristem in der Epidermis (z. B. der Kartoffelknolle, Abb. 4.6. b), in subepidermalen Schichten der Rinde (z. B. Holunder-Sproßachse, Abb. 4.6. a–c) oder auch aus dem Perikambium der Wurzel. Auf die inneren Zellwandflächen der nach außen abgeschiedenen Phellemzellen werden Suberinlamellen wie auch dünne Wachslamellen abgelagert. Die in der Folge absterbenden Zellen bilden den **Kork**, ein Gewebe aus lückenlos aneinander anschließenden, lufterfüllten Zellen. Phellodermzellen bleiben hingegen lebend und unverkorkt, sowie mit Interzellularen versehen. Als sekundärer Abschluß tritt Korkbildung auch an Wunden auf (**Wundkork** z. B. auf Anschnitten der Kartoffelknolle). Schließlich wird das Abfallen von Blättern oder Früchten (Abscission, S. 490 f.) durch Bildung von **Trennungsphelloiden** so vorbereitet, daß die zurückbleibenden Blattnarben einen dünnen Korkabschluß besitzen. Auf die im Verband des Periderms der Sproßachse bei einigen Arten auftretenden **Korkporen** oder **Lenticellen** Abb. 4.6. d, e) wird im Abschnitt 5.2.6. eingegangen.

Die **Endodermis** wird auch als „**inneres Abschlußgewebe**" bezeichnet. Sie ist die innerste Rindenschicht und tritt selten bei Achsen, aber stets bei Wurzeln auf (s. 5.4.1.).

4.4. Absorptionsgewebe

Während die Sproßepidermis überwiegend Schutzfunktion besitzt, dient die **Rhizodermis**, die Epidermis der jungen Wurzel, vorrangig der Aufnahme von Wasser und darin gelöster Substanz. Dieser Funktion entsprechen folgende anatomische Voraussetzungen:

- die Dünnwandigkeit der Zellwände und das Fehlen einer Cuticula erleichtern die Permeation (s. 3.5.2.)
- die feine Verzweigung der Wurzeln und das Auftreten von Wurzelhaaren vergrößern die Rhizodermisoberfläche (bei einer einzeln stehenden Roggenpflanze auf etwa 500 m^2).

Wurzelhaare sind schlauchförmige Auswüchse von Rhizodermiszellen (Abb. 4.5.a). Sie bleiben einzellig, ihre Wand ist plastisch formbar, und auch auf Grund ihres apikalen Wachstums können sie leicht in kleinste Lücken zwischen die Bodenpartikel eindringen. Pectinschleim auf der Oberfläche erleichtert das Gleiten. Die Länge von Wurzelhaaren liegt zwischen 0,1 und 8 mm. Ihre Anzahl ist sehr unterschiedlich, häufig sind es aber mehrere hundert pro mm^2. Bei vielen Verwandtschaftskreisen bildet sich aus jeder Rhizodermiszelle ein Wurzelhaar, bei anderen (z. B. Pteridophyten, Monokotyledonen, Brassicaceen) teilen sich die Rhizodermiszellen regelmäßig in eine kleinere, plasmareiche **Trichoblastenzelle** (Haarbildner) und eine größere **Atrichoblastenzelle**. Eine erneute Teilung der Trichoblastenzelle kann zu Wurzelhaar-Gruppen führen. Die Lebensdauer von Wurzelhaaren ist meist auf wenige Tage begrenzt. Sie fehlen häufig bei Wasser- und Zwiebelpflanzen sowie Orchideen.

Das Erfordernis für epiphytische Orchideen und Araceen, mit ihren Luftwurzeln anhaftende Wassertropfen aufzunehmen, führte zur Entwicklung eines **Velamen**. Es sind vielschichtige Rhizodermen, deren Zellen absterben und die dann die Wurzel wie mit einer Schicht von Fließpapier umgeben. Die Räume der abgestorbenen Zellen sind häufig durch Poren miteinander verbunden und können angesaugtes Wasser leicht an die lebenden Zellen der Wurzelrinde abgeben (Abb. 5.27. b). Bei Pflanzen von Nebelwäldern dienen auch Haare der Sproßepidermis zur Wasserhaftung und -aufnahme. Einrichtungen zur Wasseraufnahme sind auch die **Schuppenhaare** epiphytisch lebender Bromeliaceen (Ananasgewächse). Sie befinden sich auf der gesamten Blattoberfläche (Tillandsien) oder aber an der Basis rosettig angeordneter Blattspreiten, wo sich Niederschlagswasser ansammelt (**Zisternenpflanzen**). Jedes der vielzelligen Haare bildet einen „Stöpselverschluß", der sich bei Anwesenheit von Wasser mittels lebender Zellen durch Heben öffnet, bei Wasserverlust dieser Zellen aber nach unten gezogen wird. Die oberen toten Zellen bilden dann einen dichten Abschluß (Abb. 4.5. b).

Als **Hydropoten** werden drüsenartige, besonders zur Ionenaufnahme befähigte Blatt-Epidermiszellen submerser Wasserpflanzen (bei Nymphaeaceen u. a.) bezeichnet. Grundsätzlich vermag aber jedes Laubblatt Wasser und auch Ionen mit seinen Epidermiszellen aufzunehmen.

4.5. Leitgewebe

Der Stofftransport ist bei Größendimensionen von Parenchymzellen durch Diffusion und aktive Membrantransportvorgänge ausreichend, über längere Strecken muß er nach anderen Prinzipien erfolgen. Es sind zwei Leitungssysteme zu unterscheiden: Das **Xylem** zur Leitung von Wasser mit mineralischen Nährstoffen vom Aufnahmeort in der Wurzel zu den Orten der Wasserabgabe in den Blättern (**Transpirationsstrom**), d. h. zu den Organen mit geringem Wasserpotential. Das **Phloem** dient der Assimilatleitung von den Orten der Bildung (Blätter) oder Mobilisierung (Speicherorgane) von Assimilaten zu den Verbrauchsorten des Wachstums oder der Speicherung. Mit wenigen Ausnahmen verlaufen Xylem und Phloem in gemeinsamen **Leitbündeln** (Abb. 4.7. a).

Im **Xylem** (= **Holz-** oder **Gefäßteil**) wird Wasser mit darin gelösten Salzen und auch organischen Verbindungen geleitet. Das erfolgt in den **Tracheiden** (Abb. 4.7. b, c), langgestreckten, oft spindelförmigen Einzelzellen mit tüpfelreichen Wänden, und in den **Tracheen**, durch Auflösung vieler der Zellquerwände (Fusion) entstandene Röhren (Abb. 4.7. e). Neben diesen beiden Zelltypen, die ihre Wasserleitungs- und Festigungsfunktion mit verholzten Wänden in totem Zustand erfüllen, dienen die **Holzfasern** als dickwandig-spindelförmige, tote Zellen nur der Festigung. Als Übergang zwischen Tracheiden und Holzfasern können die ebenfalls toten **Fasertracheiden** auftreten. Prosenchymatische Zellen mit wenig verdickten Wänden und lebendem Inhalt werden **Ersatzfasern** genannt. Dünnwandige, lebende Zellen umgeben als **Holzparenchymzellen** die Gefäße (Tracheen) und Tracheiden. In ihnen wird Stärke und/oder Fett/Öl gespeichert. Nur aus Tracheiden besteht das Xylem nahezu aller Pteridophyten und Gymnospermen; bei Angiospermen sind fast immer Tracheen und Tracheiden gemeinsam anzutreffen. Die Verholzung verringert die Wasserdurchlässigkeit der Wände und erhöht deren Festigkeit, sie läßt die Zellen absterben und verbessert durch den Verlust des Protoplasten ihre Wegsamkeit für Wasser. **Ring-**, **schrauben-** oder **netzförmige Verdickungsleisten**, die auf einer meist schmalen Basis der Innenwand von Tracheiden und Tracheen aufsitzen, oder eine bis auf die Tüpfel generell verstärkte Wand (**Tüpfelgefäß**) schützen die Tracheiden und Tracheen vor der Gefahr des Kollabierens (Abb. 4.7. b–e). Diese besteht, weil der Transpirationssog in den Wasserleitungselementen einen Unterdruck verursacht. – **Hoftüpfel** ermöglichen eine hohe Wandfestigkeit auch an den Stellen, welche für den notwendigen Wasserdurchtritt unverdickt bleiben müssen: Die Behöfung mit der freien Öffnung des **Porus** wölbt sich über die **Schließhaut** mit **Torus** (Abb. 5.13. g.) – **Ring-** und **Schraubentracheiden** sind wegen ihrer

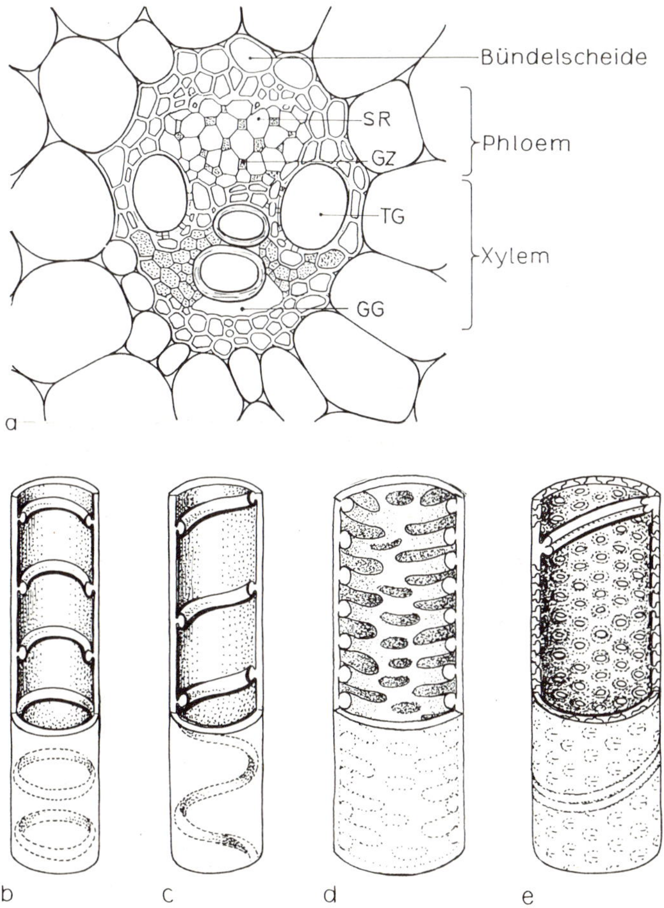

Abb. 4.7. Leitgewebe I. a Querschnitt des kollateral geschlossenen Leitbündels von *Zea mays.* **b – e** Wasserleitungselemente: **b** Ring- und **c** Schraubentracheide, **d** Netzgefäß, **e** Tüpfelgefäß mit Ringwulst an der Fusionsstelle zweier Gefäßglieder. *SR* Siebröhre, *GZ* Geleitzelle, *TG* Tüpfelgefäß, *GG* Gefäßgang (rhexigener Hohlraum). – a nach Denffer.

länger andauernden Streckungsfähigkeit meist als erste in jungen Leitbündeln anzutreffen.

Die als Ausnahme schon bei wenigen Farnen (*Pteridium aquilinum*) auftretenden Tracheen zeigen auf den Schrägwänden häufig leiterförmige Durchbrechungen. Sie sind durch Auflösung der Schließhäute von mehreren ovalen Tüpfeln entstanden. – Die Länge der aus fusionierten Zellgliedern bestehenden tracheidalen Röhren beträgt meist einige cm, sie kann bei Lianen mehrere Meter erreichen, mit einem Durchmesser von etwa 0,7 mm. In den meisten Fällen beträgt der Tracheendurchmesser aber nur wenige hundertstel Millimeter. – Eine irreversible Verstopfung alter Tracheen kann durch **Thyllen** erfolgen. Es sind lokale, blasige Auswüchse der umgebenden Parenchymzellen, die durch die Tüpfel hindurchwachsen und den Tracheenraum erfüllen (Abb. 5.16. f).

Im **Phloem** (= **Bast-** oder **Siebteil**), und zwar in den **Siebröhren**, erfolgt der Transport der Assimilationsprodukte und einiger anorganischer Nährstoffe wie Kalium- und Phospationen. Aus gemeinsamen Ursprungszellen mit den Siebröhrengliedern (aus Siebröhrenmutterzellen) entstehen bei Angiospermen die plasmareichen **Geleitzellen** (Abb.4.8.), welche zur Leitfunktion der Siebröhren beitragen. Weiter gehören zum Phloem die **Bastparenchymzellen** und die verholzten oder unverholzten **Bastfasern** als Festigungselemente. Die Siebröhren sind durch Zellfusion aus oft weitlumigen Siebröhrengliedern entstanden, mit **Siebplatten** (Abb. 4.8. f) bzw. **zusammengesetzten Siebplatten** – sie bestehen aus mehreren porendurchsetzten Feldern – als Querwänden. Die **Poren** der Siebplatten haben einen Durchmesser bis zu 15 µm und stellen sekundär vergrößerte Plasmodesmen dar. Sie werden von Plasmasträngen durchzogen und ermöglichen offenbar den wirksamen Transport von Assimilaten. Der Protoplast der Siebröhrenzelle erfährt bei der Differenzierung folgende Veränderungen:

- Auflösung des Zellkernes (im Regelfall)
- Verschwinden der Tonoplastenmembran und Ausbildung einer **protoplasmatischen Mischphase (Mictoplasma)** im Lumen
- Verlagerung von Mitochondrien und Endoplasmatischem Reticulum in den wandnahen Cytoplasma-Raum.

Die Lebensdauer der Siebröhren ist meist auf ein oder wenige Jahre begrenzt, in Palmen bleiben sie aber über viele Jahrzehnte funktionstüchtig. Um die Plasmastränge in den Siebporen bildet sich eine **Kallosescheide** (1,3-Glucan). Bei Alterung kann weitere Kallose die Siebplatte verstopfen; in manchen Pflanzen erfolgt dieses nur vorübergehend während der Vegetationsruhe.

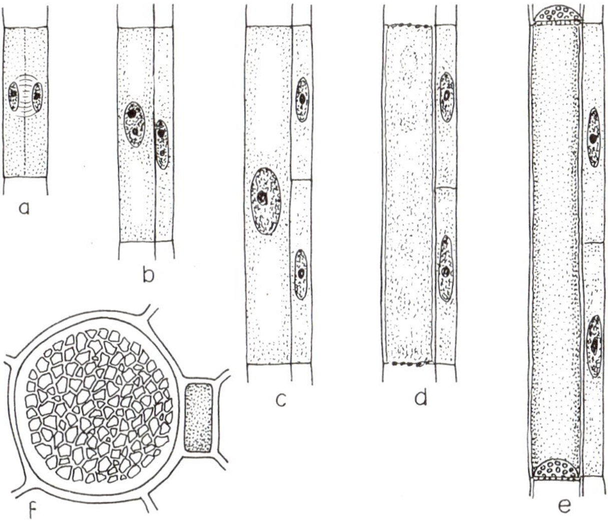

Abb. 4.8. Leitgewebe II. Differenzierung von Siebröhre und Geleitzelle, schematisch. **a** Mutterzelle in der Teilung. **b** Größendifferenzierung von Siebröhrenzelle und Geleitzelle, **c** nach Teilung der Geleitzelle und Bildung von Schleimkörpern in der Siebröhrenzelle. **d** Auflösung des Zellkernes in der Siebröhre, Beginn der Bildung von Siebplatten. **e** Reifes Siebröhrenglied mit Geleitzellen. **f** Siebplatte im Querschnitt von Siebröhre und Geleitzelle. – a–e vereinfacht nach Esau, f nach Fitting aus Strasburger.

Die Siebröhren der Angiospermen haben ihre Vorläufer in den **Siebzellen** der Pteridophyten und Gymnospermen. Es sind langgestreckte Zellen, die untereinander wie auch mit seitlich ansitzenden Parenchymzellen durch **Siebtüpfel** oder **Siebfelder** verbunden sind. Gegenüber einfachen Tüpfeln werden diese von wesentlich dickeren Plasma-Verbindungsfäden (Plasmodesmen) durchzogen.

Die **Leitbündel** setzen sich aus Xylem und Phloem zusammen. Auf Querschnittsbildern sind sie als unterschiedliche Typen erkennbar (Abb. 4.9). Für die Sprosse der Blütenpflanzen sind **kollaterale Leitbündel** charakteristisch. Gymnospermen- und Dikotyledonen-Achsen besitzen **offene** kollaterale Bündel mit einem Kambium zwischen Xylem und Phloem. Sie sind mit außen liegendem Phloem auf dem Achsenquerschnitt **ringförmig** angeordnet. Bei dem **bikollateralen** Leitbündel grenzt an den Xylemteil nach innen ein zweiter Phloemteil

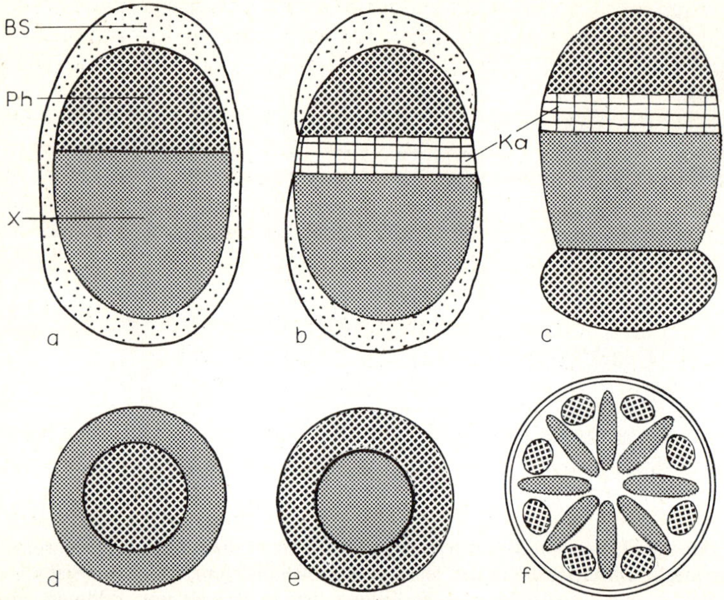

Abb. 4.9. Leitbündeltypen. **a** kollateral geschlossen, **b** kollateral offen, **c** bikollateral, **d** konzentrisch mit Außenxylem, **e** konzentrisch mit Innenxylem, **f** radial. *BS* Bündelscheide, *Ka* Kambium, *Ph* Phloem, *X* Xylem.

ohne die erneute Zwischenschaltung eines Kambiums (z. B. bei Solanaceen und Cucurbitaceen). Typisches Leitbündel der Sprosse von Monokotyledonen sowie Schachtelhalmen ist das **geschlossene** kollaterale Leitbündel. Bündel dieses Typs besitzen kein Kambium und sind in Monokotyledonenachsen **zerstreut** angeordnet. Der verschiedenartige Gesamtaufbau der Leitbündel einer Achse wird als **Stele** bezeichnet (Abb. 5.10). Häufig bilden die Festigungselemente der Leitbündel **Bündelscheiden**, jedoch können derartige Scheiden – sie besitzen keine Interzellularräume zwischen den Zellen – auch aus stärkereichen Parenchymzellen bestehen (**Stärkescheiden**). Bei C_4-Pflanzen (s. S. 400 f.) besitzen die Blattleitbündel Scheiden aus großen Zellen mit häufig größeren Chloroplasten als die umgebenden Mesophyllzellen („Kranztyp"), welche auch meist keine Grana enthalten. – Bei vielen Farnen sind die Xylem-Elemente von denen des Phloem umgeben, es bilden sich **konzentrische Leitbündel mit Innenxylem**. Der umgekehrte Fall des konzentrischen Leitbündels **mit Innenphloem** (oder Außenxylem) tritt bei Rhizomen von Monokotyledonen und im Mark einiger Dikotyledonen auf. – Bemerkenswert einheitlich findet sich in den Wurzeln aller Cormophyten das **radiale Leitbündel**. Bei diesem Typ wird die Gesamtheit der Achsenleitbündel in der Wurzel zu einem zentralen Strang vereinigt. Der Übergang vom Sproß erfolgt im Wurzelhals. Entsprechend der Zahl der Xylemstrahlen wird das Bündel als **diarch** (2), **triarch** (3), **tetrarch** (4) usw. bis **polyarch** (viele) bezeichnet.

4.6. Ausscheidungs- oder Sekretionsgewebe

Durch Ausscheidung von Stoffen sichert sich die Pflanze vor Schadeinwirkungen durch eigene Stoffwechselprodukte oder akkumulierte Salzionen. Mit der Sekretion können aber auch Funktionen verbunden sein wie Tierfang und -verdauung (s. 7.14.5.), die Anlockung bestäubender Insekten u.a.m. Für die Ausscheidung wie auch die eventuelle Ablagerung des Ausgeschiedenen gibt es sehr unterschiedliche anatomische Vorausetzungen, die sich nur im weiteren Sinne als Gewebe zusammenfassen lassen. Der Nachweis einer Ausscheidung als ein **Sekret** mit bestimmten Funktionen oder ein **Exkret** ohne solche ist im Einzelfall meist schwer zu führen.

Die Art der Ausscheidung aus den Zellen ist verschieden. Beim Durchtritt der Substanzen durch das Plasmalemma liegt eine **ekkrine** Ausscheidung vor (Hydathoden, Salzdrüsen, Nektarien, viele Verdauungsdrüsen u.a.), wobei Transfer-Zellen (Übergangszellen) mit ihren durch Wandprotuberanzen vergrößerten inneren Oberflächen den Prozeß erleichtern können. Eine **granulokrine** Ausscheidung liegt vor, wenn die Substanzen in Vesikel eingeschlossen das Plasmalemma erreichen und durch Verschmelzung mit diesem (Exocytose) nach außen gelangen (z.B. Fangschleim von Insektivoren). **Holokrine** Ausscheidung ist das Freisetzen von Substanzen aus sich auflösenden Zellen in entstehende lysigene Räume (z.B. etherische Öle in *Citrus*-Fruchtschalen). Exkrete bzw. Sekrete können auch innerhalb von Zellen abgelagert werden, wie z.B. in Milchröhren oder Ölzellen.

Die Abgabe flüssigen Wassers, die **Guttation**, erfolgt an **Hydathoden**. Durch sie kann auch bei wasserdampfgesättigter Atmosphäre ein bestimmter Wasserstrom und Nährsalztransport aufrechterhalten bleiben. Hydathoden können epidermale Drüsen sein, die als einzellige Trichome (**Trichomhydathoden**) oder mehrzellige Epithelien ausgebildet sind, sie können aber auch in Form von **Wasserspalten** komplizierter gebaut sein. Bei letzteren befindet sich unterhalb der runden, nicht verschließbaren Öffnung in der Regel ein als **Epithem** bezeichnetes Gewebe mit einem tracheidalen Anschluß (**Epithemhydathoden**) (Abb. 4.10. b). Bei solchen passiven Hydathoden wird dem Druck des austretenden Xylemwassers (s. Wurzeldruck) durch das

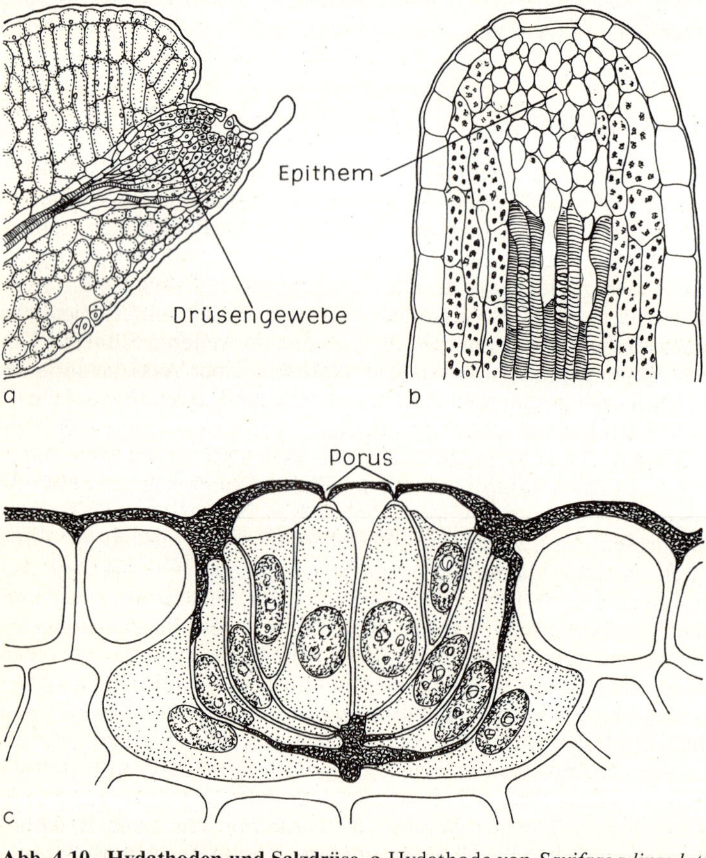

Abb. 4.10. Hydathoden und Salzdrüse. a Hydathode von *Saxifraga lingulata.* **b** Hydathode von *Primula sinensis.* **c** Salzdrüse von *Limonium vulgare* (Plumbaginaceen). – a nach Troll, b nach Haberlandt, c nach Ruhland.

interzellularenreiche Epithem kaum ein Widerstand entgegengesetzt. Die aktiven Hydathoden besitzen oft kein Epithem, stets jedoch ein drüsenartiges Gewebe ohne Interzellularräume. Zu diesen zählen die im Guttationswasser Kalk abscheidenden **Kalkdrüsen** der Saxifragaceen (Abb. 4.10. a). Nach Eintrocknen des kalkreichen Wassers bleiben kleine Kalkschuppen auf der Blattoberfläche zurück. Der noch unbekannte Wasser-Exkretionsmechanismus aktiver Hydathoden ist vermutlich die Folge eines durch aktive Ionenaufnahme auftretenden Turgoranstiegs und einer Druckfiltration. Eine Lösung mit hohem Gehalt an NaCl scheiden die epidermalen, mehrzelligen **Salzdrüsen** von absalzenden **Halophyten** (z. B. Plumbaginaceen, Abb. 4.10. c) aus. Die Konzentration der abgeschiedenen Salzlösung wurde als etwa gleichhoch wie die Salzkonzentration in der Drüsenzelle gefunden, beide hatten aber einen höheren Salzgehalt als das umgebende Blattgewebe. Danach ist mit einer aktiven Salzaufnahme durch die Drüsenzelle aus dem Blattinnern und einer passiven Ausscheidung zu rechnen. Hydathoden sind bevorzugt an Spitzen von Blättern oder Blattzähnchen zu finden.

Nektarien scheiden zuckerhaltige Sekrete aus und kommen im Blütenbereich als **„florale Nektarien"**, an vegetativen Organen als **„extraflorale Nektarien"** vor. Sie können aus einem ein- bis mehrschichtigen Epithel bestehen oder aus Gruppen von ein- bis mehrzelligen Drüsenhaaren. Neben diesen „gestalteten" Nektarien gibt es „gestaltlose", deren Zuckerausscheidung nicht an besondere anatomische Zellstrukturen geknüpft ist. Hier vermag ein kleinzelliges Gewebe im Innern Drüsenfunktionen zu erfüllen, oder es erfolgt ein passiver Austritt auf Grund des Turgors der Siebröhren. Nektarien können als Austrittsöffnung eine **Nektarspalte** aufweisen, die der bereits erwähnten Wasserspalte ähnlich ist. Bei den mit Hilfe von Drüsenzellen sezernierenden Nektarien ist noch ungeklärt, an welcher Stelle des Weges vom Phloem bis zum Sekrettropfen aktive Transportprozesse ablaufen. Ein Phloemanschluß ist stets in der Nähe von Nektarien zu finden. Der Nektar ist vom Phloemsaft durch einen höheren Zuckergehalt (etwa 1 mol Lösung) und durch qualitativ veränderte Zusammensetzung verschieden (evtl. durch Rückresorption).

Als **Verdauungsdrüsen** werden allgemein die mit dem Fang und der Auflösung tierischer Beute im Zusammenhang stehenden Sekretionsorte bei Pflanzen bezeichnet. Es sind Drüsenzellen oder -zellschichten (Epithele), die bei den Kleb-, Klapp- und Kannenfallenmechanismen unterschiedlichen Bau aufweisen. In die Kannen von *Nepenthes* (Abb. 5.28. g) wird ein proteolytisches Enzym von mehrzelligen **Köpf-**

chendrüsen in die ebenfalls sezernierte Fangflüssigkeit abgeschieden. Eine Sekretion von Verdauungsenzymen erst nach Beutefang wurde bei Karnivoren mit Kleb- und Klappfallenmechanismus (*Drosera*, *Dionaea*, Abb. 5.28. a–d) festgestellt. Wie bei der oft gleichzeitigen Absonderung von Fangschleimen dürfte es sich um eine Exocytose (s. S. 73) handeln.

Die Ausscheidung von etherischen Ölen, Harzen und anderen lipophilen Substanzen erfolgt an der Pflanzenoberfläche oder in innere Hohlräume hinein. Auf der Epidermis sind es **Drüsenhaare** (z. B. bei *Pelargonium*, Abb. 4.5. d), **Drüsenschuppen** (z. B. bei *Mentha*, Abb. 4.5. e) oder **Drüsenzotten** (z. B. bei *Aesculus*-Knospenschuppen), welche das im Protoplasma der Drüsenzellen gebildete Sekret sehr schnell durch die Außenmembran ausscheiden, wo es sich meist zwischen Zellwand und Cuticula anhäuft. Erst nach Zerreißen der Cuticula kann das Sekret verdampfen, oder es bleibt als klebriger Überzug zurück. Eine biologische Bedeutung von flüchtigen Sekreten – ihr Hauptanteil sind **Terpenoide** – ist bei flächig angeordneten Duftdrüsen, oder auch ohne spezielle Drüsen aus Blütenblättern, im Dienste der Bestäubung erkennbar. In Einzelfällen waren bei massivem Auftreten allelopathische, d. h. Nachbarpflanzen schädigende, Wirkungen nachweisbar.

Im Innern von Pflanzengeweben werden **Harze**, **Balsame** oder auch **Schleime** in **schizogen**, d. h. durch partiellen Abbau der Mittellamelle entstandenen Interzellularräumen abgelagert (s. S. 97). Das „Harz" der Harzkanäle (Abb. 5.14.) vieler Koniferen (eigentlich ein Balsam, da es neben nichtflüchtigen auch flüchtige Terpenoide enthält) und die etherischen Öle in den Sekretgängen der Apiaceen seien als Beispiele genannt. Schizogen entstandene, mehr kugelige Sekretbehälter, mit einem sezernierenden Epithel ausgekleidet, finden sich bei *Hypericum* (Abb. 4.11. a). **Lysigen**, d. h. durch Auflösung von Zellen, entstehen die Behälter für etherische Öle in den Schalen von *Citrus*-Früchten (Abb. 4.11. b). Zellen, welche in ihrem Innern das gebildete Öl getrennt vom Plasma aufbewahren, sogenannte „**Ölzellen**", sind z. B. bei Baldrian (Abb. 4.12.), Lorbeer-, Ingwer- und Pfeffergewächsen zu finden. – **Rhexigen** durch Zellzerreißung entstandene Hohlräume, wie z. B. in hohlen Stengeln, enthalten keine Sekrete.

Milchsaft ist in Pflanzen entweder in **Milchzellen** (= **ungegliederte Milchröhren**) oder in **Milchgefäßen** (= **gegliederte Milchröhren**) enthalten. Zum Unterschied von den in bestimmter Zahl embryonal angelegten und unter Verzweigung in Sproß und Wurzel mitwachsenden Milchzellen (Abb. 4.11. d) entstehen Milchgefäße (Abb. 4.11. c) durch

Fusion vieler Zellen und bilden ein Netz kommunizierender Röhren. Die Cellulosewände können besonders bei Milchzellen sehr dick sein. Der auffälligste Inhaltsstoff ist **Kautschuk**, ein Polyterpen, das in Tröpfchen verteilt die Milch (= **Latex**) bildet; in einzelnen Fällen rufen aber auch Wachs- oder Eiweißpartikel die milchige Beschaffen-

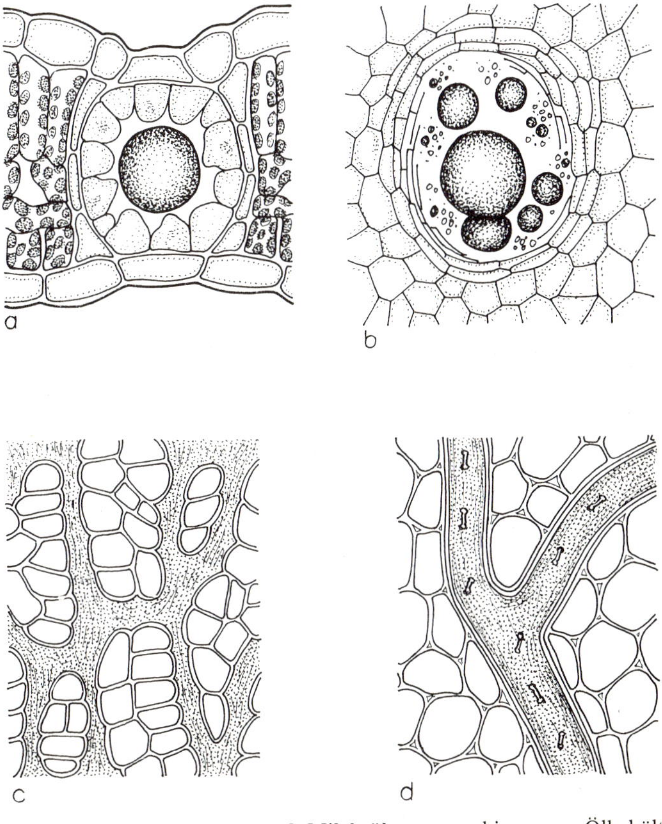

Abb. 4.11. Sekretbehälter und Milchröhren. a schizogener Ölbehälter aus dem Laubblatt von *Hypericum perforatum,* **b** lysigener Ölbehälter aus der Fruchtwand von *Citrus*, **c** gegliederte Milchröhren (Ausschnitt) aus der Wurzelrinde der Schwarzwurzel (*Scorzonera hispanica*), durch Zellfusion kommunizierende Röhren, **d** ungegliederte Milchröhren (Ausschnitt) aus dem Sproß von *Euphorbia splendens*, ästig verzweigte Zellen, nicht kommunizierend. – a, b nach Haberlandt, c, d, nach Giesenhagen.

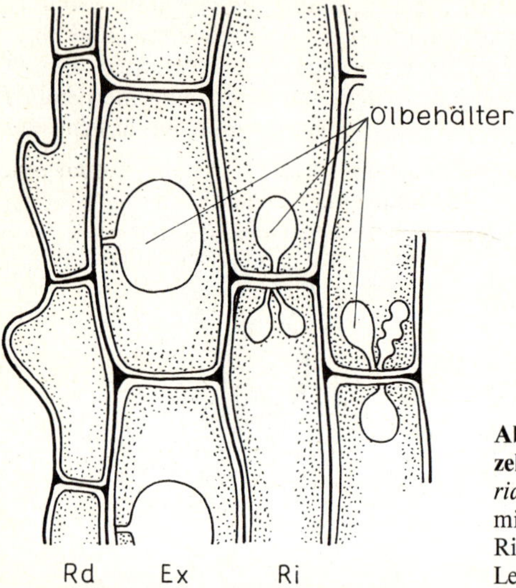

Abb. 4.12. Ölzellen der Wurzelrinde von Baldrian (*Valeriana officinalis*). *Ex* Exodermis, *Rd* Rhizodermis, *Ri* Rinde. – Nach Holzner-Lendbradel.

heit hervor. Als weitere Inhaltsstoffe sind Stärke (oft in Stab- oder Hantelform), Enzyme, Alkaloide, Sterine und andere Terpenoide zu nennen. Milchsaftführende Zellen sind lebend, sie besitzen einen Plasmaschlauch und darin viele Kerne und Leukoplasten. Die Kautschukpartikel können sowohl im Grundplasma als auch im Vakuolenraum auftreten. Ob dem Latex eine Funktion für die Pflanze zukommt, ist unklar, ein Entzug von Milchsaft führt aber zu dessen Neubildung. Ungegliederte Milchröhren treten z. B. bei Euphorbiaceen, Asclepiadaceen und Apocynaceen auf, gegliederte Milchröhren bei dem Haupt-Kautschuklieferanten *Hevea brasiliensis* (Euphorbiaceen), bei ligulifloren Asteraceen, Papaveraceen und Campanulaceen.

4.7. Festigungsgewebe

Für die Ausnutzung des lichterfüllten Raumes benötigen die Höheren Pflanzen feste Stützen und Träger. Die **Turgeszenz** der Zellen und die **Gewebespannung** sind zur Sicherung der Festigkeit meist nicht ausreichend. So bildeten sich Zellen bzw. Gewebe, die diesem Anliegen durch die Festigkeit der Zellwände besser gerecht werden: **Kollenchym** und **Sklerenchym** (Abb. 4.13.).

4.7.1. Kollenchym

Als wichtiges Unterscheidungsmerkmal zwischen Kollenchymen und Sklerenchymen sei vorangestellt, daß erstere lebend bleiben und sogar wachstums- und teilungsfähig sein können, letztere aber nicht. Bei

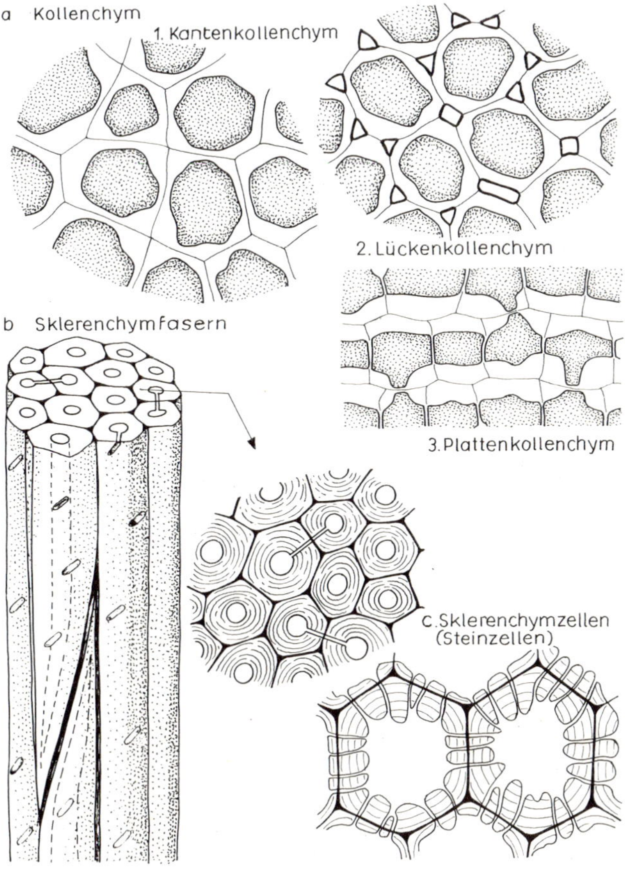

Abb. 4.13. Festigungsgewebe. – a nach Haberlandt, b nach Troll.

den meist gestreckten Kollenchymzellen sind nicht alle Wandflächen verdickt, wodurch die Möglichkeit für den lebensnotwendigen zwischenzelligen Stoffaustausch erhalten bleibt. Die verdickten Wandteile sind das Ergebnis einer gesteigerten primären Wandbildung, sie verholzen nicht. Damit im Zusammenhang steht eine bedeutende Elastizität und auch plastische Dehnbarkeit von Kollenchymen, weshalb sie oft in wachsenden Teilen der Pflanze angelegt werden. Häufig ist ihr Vorkommen in subepidermalen, peripheren Schichten der Achsen und auch Blätter. Querschnittsbilder lassen verschiedene Kollenchymtypen unterscheiden. Lokale, auf die Kanten der Wände beschränkte Wandverdickung zeigt das **Kantenkollenchym** (Abb. 4.13. a). Diese Wandkanten sind aus Lagen mit abwechselnd stärkerem Cellulose- oder Pectingehalt aufgebaut. Deutliche Interzellularräume kennzeichnen das **Lückenkollenchym**. Beim **Plattenkollenchym** sind nur die Tangentialwände stark verdickt, die radialen Wände nicht. Kollenchyme besitzen eine Zugfestigkeit von etwa 10 bis 12 kp/mm^2. Bei weitaus geringerer Zugbelastung kommt es aber schon zu plastischer (irreversibler) Verlängerung des Gewebes. Der lebende Inhalt der Zellen entspricht dem von Parenchymzellen, häufig treten Chloroplasten auf.

4.7.2. Sklerenchym

Die Zellen des Sklerenchyms sind mit ihrer verdickten, oft verholzten Zellwand wesentlich festere mechanische Elemente als Kollenchymzellen. Sie sind nicht plastisch dehnbar und in Funktion meist tot. In langgestreckter Gestalt sind es **Sklerenchymfasern** (Abb. 4.13. b), welche im Xylem als **Holzfasern**, außerhalb des Xylems als **Bastfasern** bezeichnet werden. Die Faserzellen erreichen ihre bedeutende Länge durch Spitzenwachstum. Holzfasern haben stets verholzte Wände, aber auch Bastfasern können verholzt sein, was bei Monokotyledonen sogar häufig der Fall ist. Die Wände der technisch genutzten Fasern von *Linum usitatissimum* (Flachs), *Cannabis sativa* (Hanf) und *Boehmeria nivea* (Ramie-Faser) sind wenig oder nicht verholzt, im Gegensatz zu den Fasern von *Agave*-Arten, von *Musa textilis* und *Phormium tenax* (Neuseeländischer Hanf). Alle Fasern haben schmale **Tüpfelspalten** in ihren meist dicken Wänden, welche wesentlich wasserärmer als die der Kollenchymzellen sind. Während Holzfasern nur im Holz von Dikotyledonen auftreten, sind Bastfasern bei allen Gefäßpflanzen und sogar schon bei Laubmoosen zu finden.

Die Zugfestigkeit der Bastfasern von *Phormium tenax* erreicht 25 kp/mm^2. Dabei wird die Elastizitätsgrenze nur wenig überschritten. Bei einem Eisendraht gleicher Stärke ist die Zugfestigkeit geringer, zum Zerreißen kommt es aber wegen großer plastischer Dehnbarkeit erst bei wesentlich höheren Belastungen.

Kürzere und meist stumpf endende Festigungszellen werden **Sklereide** genannt. Sie bilden als isodiametrische **Sklerenchym-** oder **Steinzellen** (Abb. 4.13. c) (**Brachysklereide**) die festen Gewölbe von Steinfrüchten und Nüssen oder treten in Rinden und Borken, im Mark von Achsen und im Fruchtfleisch von Birnen und Quitten auf. Die sehr dicken, geschichteten Wände lassen nur ein kleines Lumen im Innern frei, in das **verzweigte Tüpfelkanäle** als Verbindung zu den Nachbarzellen münden. **Makrosklereide** sind längere, oft säulenförmige Sklerenchymzellen, wie sie in den Wänden von Kapselfrüchten oder als dickwandige, gestreckte Epidermiszellen von Samen der Papaveraceen zu finden sind. Oft kommen sie vereinzelt und z. T. verzweigt als Festigungszellen in Blättern von immergrünen Pflanzen vor.

5. Grundorgane

Als Teil der Gesamtpflanze erfüllt jedes Organ bestimmte Aufgaben, zu denen es durch einen zweckentsprechenden Aufbau aus verschiedenartigen Geweben befähigt wird. Die **Grundorgane** der Cormophyten sind **Sproßachse**, **Blatt** und **Wurzel**, die beblätterte Achse wird **Sproß** genannt. Die **Blüte** ist ein gestauchter Sproßabschnitt (s.a. S. 126) im Dienste der generativen Fortpflanzung. In Entstehung und Bau besitzt jedes der Grundorgane organspezifische Merkmale, doch zeigen sie eine große Formenmannigfaltigkeit in den verschiedenen taxonomischen Gruppen. In abgewandelter Form auftretende Grundorgane, meist mit erkennbarer Anpassung an bestimmte neue Funktionen, sind Ausdruck einer **Metamorphose** (Gestaltwandlung). Im Gegensatz zur Zoologie kennzeichnet dieser Begriff in der Botanik nicht vorrangig einen im individuellen Leben, sondern bei der Artentstehung erfolgenden Gestaltwechsel von Organen und Organismen. In verschiedener Gestalt auftretende Grundorgane werden als **homolog** bezeichnet, wie z.B. Blatt und Blattdorn. **Analoge Organe**, wie z.B. Sproßknolle der Kartoffel und Wurzelknolle der Dahlie, lassen trotz Ähnlichkeit in Gestalt und Funktion sowohl in ihrem Bau als auch in der Entwicklung die Herkunft von unterschiedlichen Grundorganen erkennen.

Nach der Art ihrer Sproßausbildung unterscheidet man bei den Cormophyten folgende **Wuchs- und Lebensformen:**

- Zu den **Phanerophyten** zählen **Bäume und Sträucher** mit ausdauernden, verholzten Achsen und Erneuerungsknospen weit oberhalb des Erdbodens.
- **Chamaephyten** sind die ebenfalls ausdauernden und verholzten **Zwergsträucher** (z.B. Ericaceen) sowie **Halbsträucher** mit verholzten unteren Teilen und oberen krautigen (z.B. Lavendel). Bei beiden Strauchtypen sind die Erneuerungsknospen nahe dem Erdboden.
- Als **Hemikryptophyten** bezeichnet man **Staudengewächse**, deren Überdauerung durch Knospen an der Erdoberfläche erfolgt, wie bei Gräsern, krautigen Rosettenpflanzen und Ausläuferpflanzen. Als **Kräuter** besitzen sie saftige, unverholzte Sproßteile.

- **Kryptophyten** erneuern sich aus Knospen unterirdischer Achsenorgane wie Rhizome, Zwiebeln, Knollen. Es sind zweijährige Kräuter und ausdauernde Stauden.
- **Therophyten** überdauern als Einjährige (= Annuelle) mit ihren Samen.

5.1. Same und Keimpflanze

Der Same dient der Vermehrung, Überdauerung, oft auch der Verbreitung Höherer Pflanzen und entsteht als Ergebnis der geschlechtlichen Fortpflanzung (s. 5.6.). Von einer festen oder häutigen **Samenschale (Testa)** umgeben, findet sich in ihm der **Embryo** (Abb. 5.2. b) als unentwickelte, junge Pflanze. Diese zeigt bereits eine Gliederung in **Keimsproß (Plumula), Keimwurzel (Radicula)** und **Keimblätter (Kotyledonen)**. Die Samen enthalten in der Regel ein Nährgewebe (Abb. 5.1.), dessen Speicherstoffe (Fette, Kohlenhydrate, Eiweiße) den Keimling während der ersten Zeit seiner Entwicklung versorgen. Das Nährgewebe heißt **Endosperm**, wenn es innerhalb des Embryosackes (S. 298 f.) gebildet wird, **Perisperm**, wenn es aus Nucellus-Gewebe der Samenanlage hervorgeht. Werden die Nährstoffe bereits bei der Samenbildung von den Keimblättern des Embryos aufgenommen, bilden sich dickfleischige **Speicherkotyledonen** (Abb. 5.2. b). Samen ohne Nährstoffreserven findet man z. B. bei allen Orchideen. Sie sind bei der Keimung auf eine Symbiose mit Mykorrhiza-Pilzen (s. 7.14.4.) an-

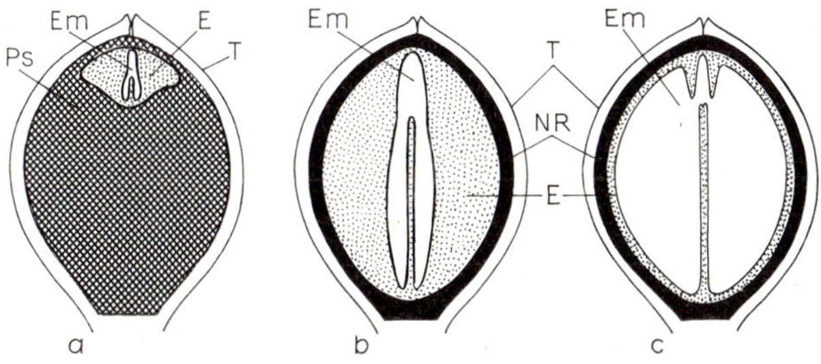

Abb. 5.1. Typen der Nährstoffspeicherung bei Samen. a Samen mit Perisperm (*Piper nigrum*), **b** mit Endosperm (*Ricinus communis*), **c** mit Speicherkotyledonen (*Vicia faba*). *E* Endosperm, *Em* Embryo, *NR* Nucellarrest, *Ps* Perisperm, *T* Testa. – Nach Rauh.

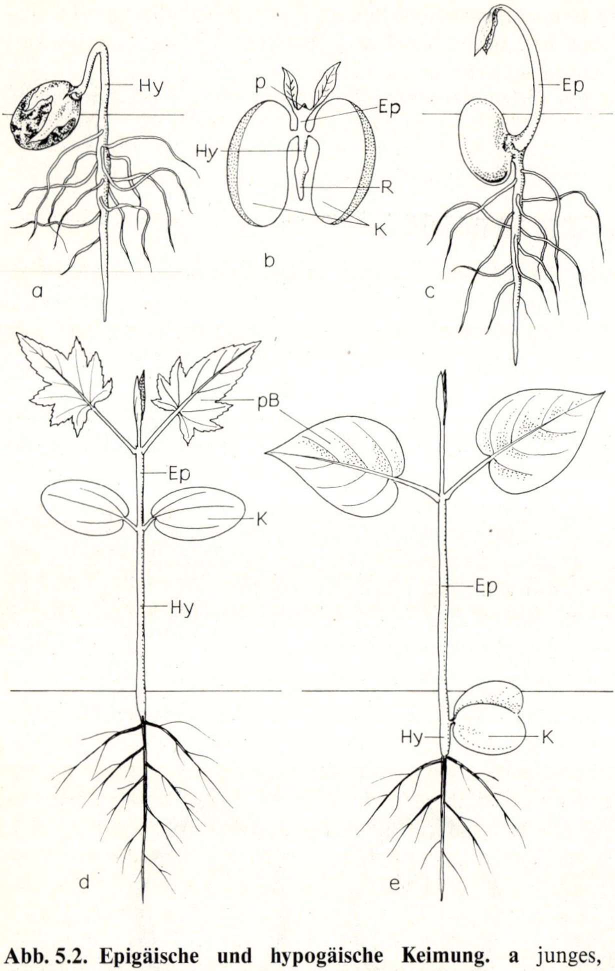

Abb. 5.2. Epigäische und hypogäische Keimung. a junges, **d** späteres Keimlingsstadium bei epigäischer Keimung (*Ricinus communis*); **c** junges, **e** späteres Keimlingsstadium bei hypogäischer Keimung (*Phaseolus coccineus*). **b** Embryo mit Speicherkotyledonen. *Ep* Epikotyl, *Hy* Hypokotyl, *K* Kotyledonen, *P* Plumula, *pB* Primärblätter, *R* Radicula. – d u. e nach Rauh.

gewiesen. Die **Samenkeimung** läßt aus dem Embryo die Keimpflanze entstehen, wobei folgende Prozesse ablaufen:

- Aufnahme von Wasser und Quellung des lufttrockenen Samens, eventuell nach Abbau keimungshemmender oder Ausbildung keimungsfördernder Mechanismen (s. 8.4.3.); hierbei Beteiligung von Cytokininen (s. 8.3.3.). RNA-Synthese beginnt.
- Aktivierung und Neusynthese von Enzymen, insbesondere von Hydrolasen (z. B. α-Amylase), ausgelöst durch die im Embryo gebildeten Gibberelline, (s. 8.3.2.).
- Mobilisierung von Reservestoffen und Nährstofftransport in die wachsenden Teile des Embryos; weitere Protein- und Nucleinsäuresynthese. Beginn von Zellteilungen unter Mitwirkung von Auxin (s. 8.3.1.).
- Austritt der Keimwurzel, die durch positiv gravitropes Wachstum (s. 9.2.2.2.) in den Boden gelangt, die Keimpflanze verankert und mit Wasser und Mineralstoffen aus dem Boden versorgt.
- Austritt des Keimsprosses aus dem Samen, seine negativ gravitrope Aufrichtung sowie Entfaltung und Ergrünen der ersten photosynthetisch aktiven Blätter.

Die **epigäische Keimung** (Abb. 5.2. a, d) erfolgt durch Strecken des Achsenabschnittes unterhalb der Ansatzstelle der Kotyledonen, des **Hypokotyls**. Der Keimsproß wird dadurch mit den Kotyledonen nach oben gehoben. Dabei entfalten sich, z. B. bei *Ricinus communis*, die zwei ergrünenden Keimblätter über der Erde. Die Monokotyledone *Allium cepa* keimt epigäisch durch Streckung der Kotyledone zu einem ergrünenden, sich schließlich aufrichtenden Haken (Abb. 5.3. II). Die Kotyledonenspitze bleibt im Nährgewebe des Samens als Haustorialorgan (= Saugorgan), die Sproßknospe hat ihren Sitz in einer Kotyledonarscheide.

Die **hypogäische Keimung** (Abb. 5.2. c, e) erfolgt unter Streckung des Epikotyls. Die Kotyledonen verbleiben im bzw. am Boden, da sich das Hypokotyl nicht verlängert. Nach Abgabe der Nährstoffe sterben die Kotyledonen meist ab. Die ersten der Photosynthese dienenden Blattorgane werden **Primärblätter** genannt, wenn ihre Gestalt von der anschließender **Folgeblätter** abweicht. Hypogäisch keimende Samen mit Speicherkotyledonen besitzen z. B. *Vicia faba* (Ackerbohne), *Phaseolus coccineus* (Feuerbohne) und *Aesculus hippocastanum* (Roßkastanie), hypogäisch keimende Nährgewebs-Samen u. a. die Gräser und die Dattelpalme.

Die Gräser mit ihren einsamigen Früchten, den **Karyopsen**, haben einige Besonderheiten im Samen- und Keimlingsaufbau (Abb. 5.3. I). Die **Testa** ist mit der umgebenden **Fruchtwand (Perikarp)** fest verwachsen. An das Endosperm,

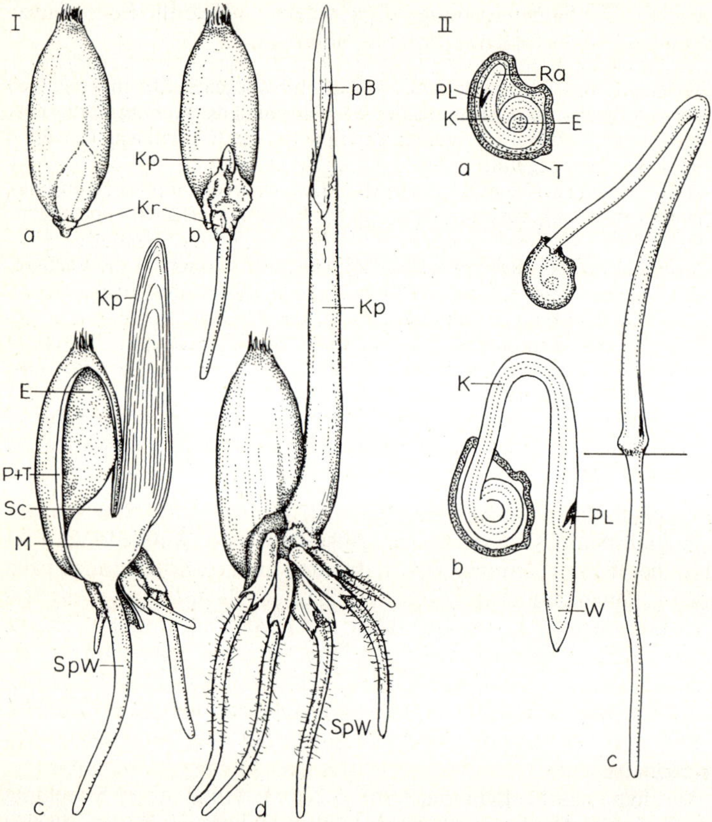

Abb. 5.3. Keimung bei Weizen und Küchenzwiebel. I a–d Keimungsstadien des Weizens (*Triticum aestivum*), **II a–c** Keimungsstadien der Küchenzwiebel (*Allium cepa*). *E* Endosperm, *K* Kotyledone, *Kp* Koleoptile, *Kr* Koleorrhiza, *M* Mesokotyl, *P* Perikarp, *pB* Primärblatt, *Pl* Plumula, *Ra* Radicula, *Sc* Scutellum, *SpW* sproßbürtige Wurzel, *T* Testa, *W* Wurzel. – I nach Holman und Robbins, II nach Troll.

bestehend aus dem Mehlkörper und einer außen liegenden Aleuronschicht (Abb. 3.14. c), legt sich der Embryo mit dem **Scutellum** („Schildchen") genannten einzigen Keimblatt seitlich an. Die Radicula bildet als **Koleorrhiza** eine Scheide um die erste, stets sproßbürtige Wurzel. Diese wird sehr bald durch weitere sproßbürtige Wurzeln unterstützt. Der Sproßvegetationspunkt

(s. 4.1.) mit den Blattanlagen ist von der Keimblattscheide, der **Koleoptile**, umhüllt.

Zwischen der Koleoptilbasis und dem Scutellumansatz befindet sich das **Mesokotyl**, ein Achsenabschnitt, der durch sein Wachstum die Koleoptile an die Erdoberfläche hebt. Das gleichzeitig erfolgende Längenwachstum der Koleoptile beruht auf Zellstreckung und nicht auf Zellteilungen. Die positiv phototrope Reaktion der Koleoptile führte zur Entdeckung des Auxins (s. 8.3.1.). Nach der Streckung wird die Koleoptilspitze von dem wachsenden Primärblatt durchstoßen.

Der Dattelsame (*Phoenix dactylifera*) besitzt wie die Kokusnuß (*Cocos nucifera*) einen sehr kleinen, wenig differenzierten Embryo (Abb. 5.4.). In beiden Fällen bildet die Kotyledone erst während des Keimungsvorganges ein Saugorgan (= **Haustorialkörper**), um die Nährstoffe aufzunehmen. Diese liegen bei der Dattel als „Reservecellulose" (wasserunlösliche Nichtcellulose-Polysaccharide) gespeichert vor, bei der Kokosnuß als fettreiches Nährgewebe und

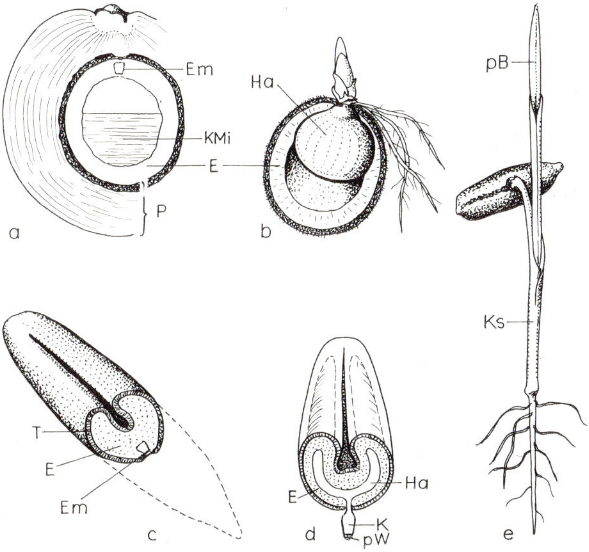

Abb. 5.4. Keimung bei Kokosnuß und Dattel. **a** Querschnitt der ungekeimten Steinfrucht von *Cocos nucifera.* **b** keimende Frucht im Querschnitt (nach Entfernung der Faserhülle). **c** Querschnitt durch Dattelsamen (*Phoenix dactylifera*) ungekeimt, **d** gekeimt, **e** späteres Keimlingsstadium. *E* Endosperm, *Em* Embryo, *K* Kotyledone, *KMi* Kokosmilch, *Ks* Kotyledonarscheide, *Ha* Haustorialorgan, *P* Perikarp, *pB* Primärblatt, *pW* Primärwurzel, *T* Testa. – Nach Troll, verändert.

wirk- und nährstoffreiche Kokosmilch. Die Streckung und die positiv gravitrope Reaktion der Kotyledone führt bei Dattelsamen – ähnlich wie bei *Allium cepa* – die Wurzelanlage des Embryos in den Boden. Die Keimung ist wie bei *Cocos* hypogäisch, die Kotyledone ergrünt nicht.

5.2. Sproßachse

Die unverzweigte Sproßachse bzw. das durch Verzweigung entstandene Achsensystem trägt die Blätter und ermöglicht ihnen eine zur Lichtnutzung günstige Stellung im Raum. Achsen stellen aber als Organe der Stoffleitung auch die Verbindung zwischen Blättern und Wurzeln her und können in ihren älteren Teilen Reservestoffe speichern.

5.2.1. Entstehung der Achse

Als erster Achsenabschnitt bildet sich zwischen dem Ansatz der Keimblätter und der Keimwurzel das **Hypokotyl** (Abb. 5.2. b). Ihm folgt das **Epikotyl**, der Abschnitt von den Keimblättern bis zum nächsten Blattansatz. An der Achse wird jeder einer Blattanheftung dienende Abschnitt als **Knoten** oder **Nodus** bezeichnet, jedes zwischen benachbarten Knoten befindliche Achsenstück als **Internodium**. Die zunächst dicht aufeinandersitzenden Nodi entfernen sich durch das interkalare Streckungswachstum (S. 95) der Internodien voneinander, es entsteht eine „gestreckte" Achse, die man **Langtrieb** nennt (Abb. 5.5. a, b). Die Tätigkeit der interkalaren Wachstumszone (Interkalarmeristem) erlischt in der Regel nach erfolgter Streckung. Bei Gräsern kann jedoch an der Internodienbasis die Teilungsfähigkeit der Zellen erhalten bleiben (Restmeristem), wodurch eine Aufrichtung niederliegender Halme möglich wird.

Entwickeln sich die Blätter an der Hauptachse zu voller Größe, ohne stärkere Streckung der Internodien (die Achse bleibt „gestaucht"), so entsteht eine **Rosettenpflanze**. Eine Stauchung bei Seitenachsen führt zu einem **Kurztrieb**, wie er am Fruchtholz vieler Obstbäume (z. B. Kirsche, Apfel), bei den zweinadligen Blatttrieben der Waldkiefer und den vielnadligen Blatttrieben der Lärche (Abb. 5.5. a, b) zu finden ist. Bei Rosettenpflanzen erfolgt in der Regel eine Achsenstreckung bei der Ausbildung des Blütenstandes. **Halbrosettenpflanzen** bilden an der gestreckten Achse außer Blüten auch Laubblätter.

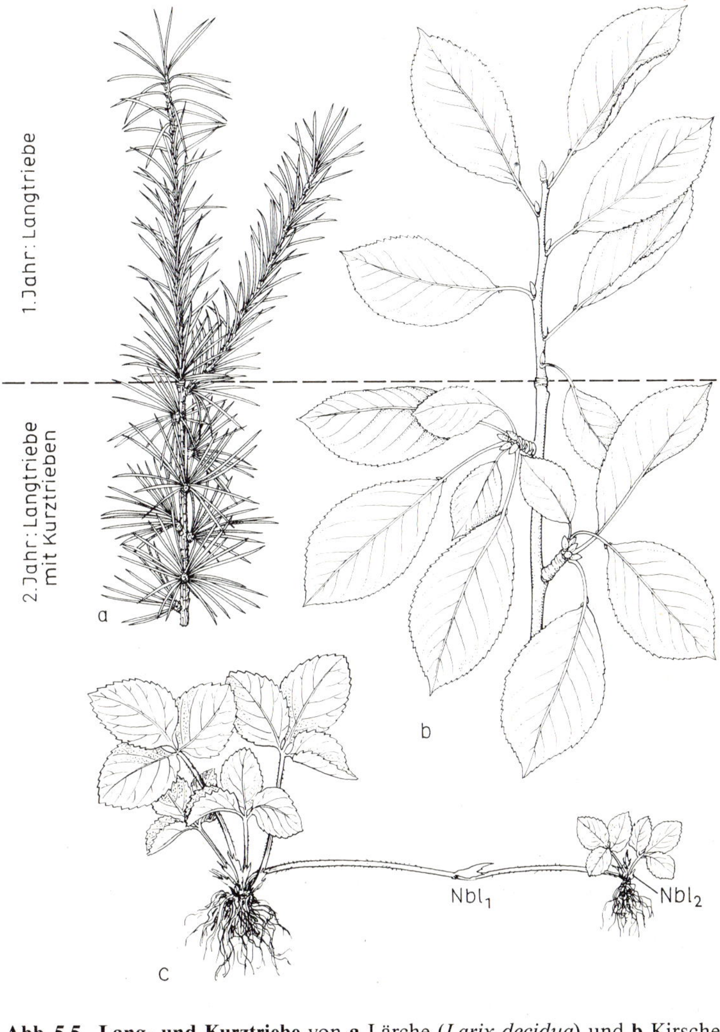

Abb. 5.5. Lang- und Kurztriebe von **a** Lärche (*Larix decidua*) und **b** Kirsche (*Cerasus avium*). **c** Ausläuferbildung bei der Gartenerdbeere (*Fragaria ananassa*). *Nbl* Niederblatt.

Waagerecht (= **plagiotrop**) auf dem Boden wachsende Sprosse werden als **Kriechtriebe** (Kriechsprosse) bezeichnet, wenn sie normal beblättert sind und sich sproßbürtig bewurzeln (z. B. *Lysimachia nummularia*). **Ausläufer** (= **Stolonen**) sind demgegenüber stärker gestreckt und mit Niederblättern besetzt. Sie wachsen entweder über der Erde (**photophile Ausläufer**, z. B. Erdbeere, Abb. 5.5. c) oder in ihr (**geophile Ausläufer**, z. B. Quecke) und bilden an ihren Enden jeweils neue Pflanzen (vegetative Vermehrung). Die Kartoffel ist ein zur Sproßknolle verdicktes Ende eines geophilen Ausläufers. Ortho-, plagio- oder transversalgravitrop (s. 9.2.2.2.) in der Erde wachsende, verdickte Speichersprosse bezeichnet man als **Rhizome** (z. B. *Iris*-Arten (Abb. 5.23. g) und *Polygonatum*).

5.2.2. Verzweigung

Bei den Thallophyten, Moosen und vielen Farnen erfolgt das apikale Wachstum meist durch eine **Scheitelzelle** (s. 4.1.). Von ihr werden neue Faden- oder Gewebszellen abgetrennt, sie vermag sich in gewissen Abständen aber durch äquale Längsteilung in zwei Scheitelzellen zu teilen, als Ausgangspunkt einer **gabeligen** oder **dichotomen Verzweigung** (Abb. 5.6. b). Die Dichotomie kann **isotom**, mit gleichstarken Gabelästen oder **anisotom**, mit einem stärkeren und einem schwächeren Gabelast, erfolgen. Außer dichotomer tritt bei Thallophyten auch **seitliche Verzweigung** auf. Dabei trennt die Scheitelzelle eine neue Zelle als Ausgangspunkt eines Seitenzweiges ab (Abb. 5.6. a), oder solche Zweige entstehen durch Teilung nichtapikaler Thalluszellen. Eine dichotome Verzweigung aus mehrzellig apikalem Meristem erfolgt nur selten, so bei den aus Initialzellen bestehenden Scheitelkanten einiger Braunalgenthalli (z. B. *Dictyopteris*, Abb. 5.6. c) und den aus mehreren Initialen bestehenden Vegetationskegeln von Bärlappgewächsen (Abb. 5.6. d).

Bei den Samenpflanzen erfolgt die Sproßverzweigung fast immer (Ausnahme z. B. Cycadeen) seitlich durch Austreiben von Knospen, die in Blattachseln von **Tragblättern** oder **Deckblättern** entstehen **(axilläre Verzweigung)**. Die ersten Blätter des Seitensprosses heißen **Vorblätter**, bei Dikotyledonen sind es zwei, die transversal stehen, bei Monokotyledonen steht das eine adossiert (Blattrücken zur Mutterachse, Abb. 6.34. b). Angiospermen tragen in der Achsel jedes Laubblattes zumindest eine Knospe, verschiedentlich auch mehrere **Beiknospen** (Abb. 5.7.). Diese sind bei Dikotyledonen

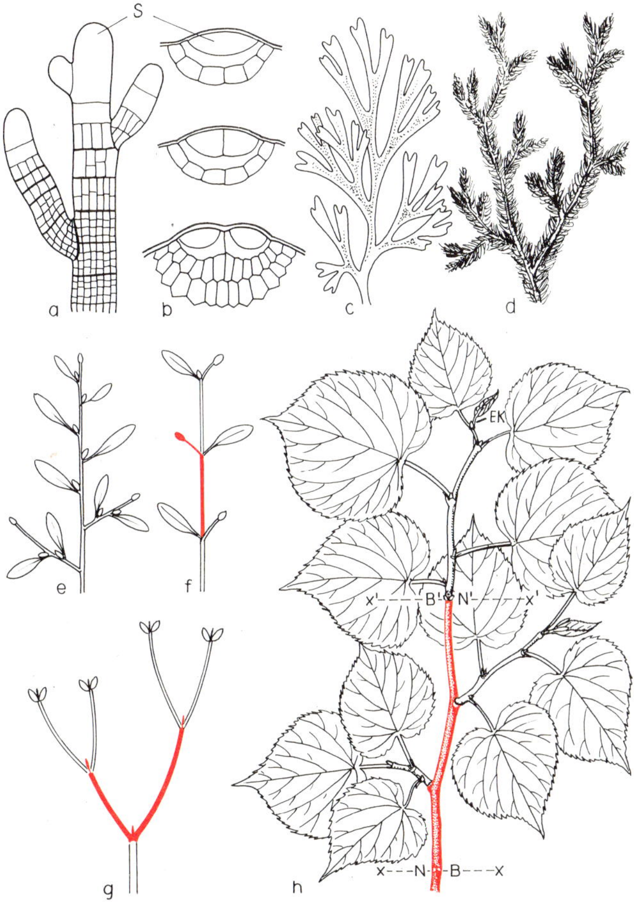

Abb. 5.6. Verzweigungen. a seitliche Thallusverzweigung der Braunalge *Sphacelaria*, *S* Scheitelzelle. **b** Beginn der dichotomen Verzweigung der Braunalge *Dictyota*, **c** Thallusverzweigung der Braunalge *Dictyopteris* durch mehrzellig apikale Meristeme, **d** anisotom verzweigter Cormus von Bärlapp (*Lycopodium*), **e** Monopodium, schematisch, **f** Monochasium, schematisch, **g** Dichasium, schematisch (bei f und g ist der Zuwachs eines Jahres rot markiert). **h** zweijähriges Monochasium eines Lindenzweiges (*Tilia cordata*). Die Ebenen *X* und *X′* sind Grenzen eines rot markierten Jahreszuwachses, *B* und *B′* die Narben abgefallener Blätter, deren Achselknospen das Wachstum der Achse übernahmen, *N* und *N′* die Narben der abgefallenen Oberenden des jeweiligen Achsenzuwachses. *EK* Endknospe. – a nach Haberlandt, b nach Denffer, c–h nach Troll.

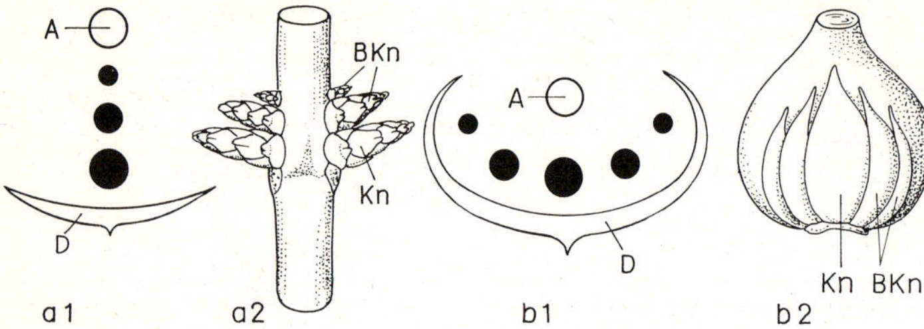

Abb. 5.7. Beiknospen, a Seriale Beiknospen, a (1) als Diagramm, a (2) an der Achse der Heckenkirsche (*Lonicera xylosteum*). **b Kollaterale** Beiknospen, b (1) als Diagramm, b(2) an der Zwiebel vom Knoblauch (*Allium sativum*). *A* Achse, *BKn* Beiknospen, *D* Deckblatt, *Kn* Knospe. – a nach Troll, b nach Irmisch.

meist in senkrechter Reihe, **serial**, angeordnet (z. B. bei Heckenkirsche, *Lonicera xylosteum*), bei Monokotyledonen zu beiden Seiten der Hauptknospe, **kollateral** (z. B. bei Knoblauch, *Allium sativum*). Bei den Nadelgehölzen sind nur bei einzelnen Nadelblättern in den Achseln Knospen vorhanden.

Grundtypen der seitlichen Verzweigung sind die **monopodiale** und die **sympodiale Verzweigung**. Erstere ist durch den stets dominierenden Austrieb der **Endknospe (= Terminalknospe)** und die Unterordnung der aus **Seitenknospen** entstehenden Seitenachsen gekennzeichnet (Abb. 5.6. e). Beispiele sind Fichte (*Picea*) und Tanne (*Abies*) unter den Nadelhölzern, Eiche (*Quercus*), Esche (*Fraxinus excelsior*), und Buche (*Fagus*) unter den Laubhölzern. Sympodiale Verzweigung liegt vor, wenn nicht der Austrieb der Endknospe, sondern der einer oder mehrerer Seitenknospen gefördert wird und den Längenzuwachs ergibt. Setzt stets eine Nebenachse die Hauptachse fort, indem sie das bisherige Sproßende übergipfelt, so entsteht ein **Monochasium** (Abb. 5.6. f). Die Zweige der Linde (*Tilia*, Abb. 5.6. h) und Ulme (*Ulmus*) sind eine derartige Folge von Seitenachsen, von denen jede die Richtung der vorher gebildeten fortsetzt. Monochasial ist auch der Aufbau mancher der plagiotrop (= waagerecht) wachsenden Rhizome, wie das des Salomonssiegels (*Polygonatum*). Ein **Dichasium** liegt bei der Verzweigung des Flieders (*Syringa*, Abb. 5.6. g) und der Mistel (*Viscum*) vor. Bei ihnen treiben zwei gegenüberstehende Seitenknospen stets gleichzeitig aus, während die Terminalknospe verkümmert oder nur ein kurzes Achsenstück bildet. Dichasiale Verzweigung kann der gabligen (= dichotomen) Verzweigung ähnlich sein, hat aber eine grundlegend andere Entstehung!

Als Beispiel für ein **Pleiochasium**, eine Fortsetzung der Hauptachse durch mehr als zwei Seitenachsen, sei die Verzweigung bei der zur Blüte gelangenden Zypressenwolfsmilch (*Euphorbia cyparissias*) genannt.

Die Gestalt einer Pflanze wird durch den Ort ihrer Verzweigung an den Haupt- und Nebenachsen geprägt. Treiben bevorzugt Knospen der Spitzenregion zu neuen Seitenzweigen aus, so spricht man von **Akrotonie** (Abb. 5.8. a). Wir finden akrotone **Wuchsformen** häufig bei baumförmigen Sprossen, während Sträucher und Stauden meist eine **Basitonie** (Abb. 5.8. b) oder auch **Mesotonie** aufweisen, d. h. diese legen die neuen Seitenzweige vorrangig am unteren oder mittleren Abschnitt der Haupt- oder Nebenachse an. In allen Fällen bleiben die meisten Knospen als **„ruhende Knospen"** in ihrer Entwicklung gehemmt. Durch Verlust von Achsenteilen können ruhende Knospen zum Austreiben veranlaßt werden (s. Apikaldominanz, S. 482). Erfolgt das wegen Parasitenbefalls bei sehr vielen Knospen, so entsteht ein sogenannter „Hexenbesen". Seitenzweige aus vorjährig angelegten Knospen bilden die **Erneuerungssprosse** (= Jahrestrieb), solche aus diesjährig angelegten Knospen die **Bereicherungssprosse.**

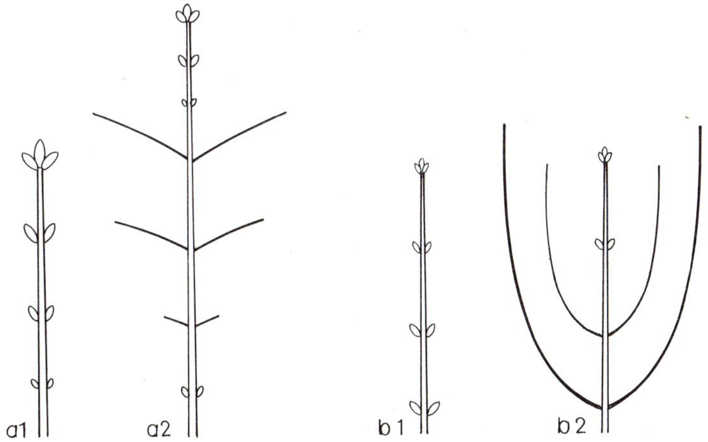

Abb. 5.8. Akro- und Basitonie. Schema der **a** akrotonen und **b** basitonen Wuchsformen.

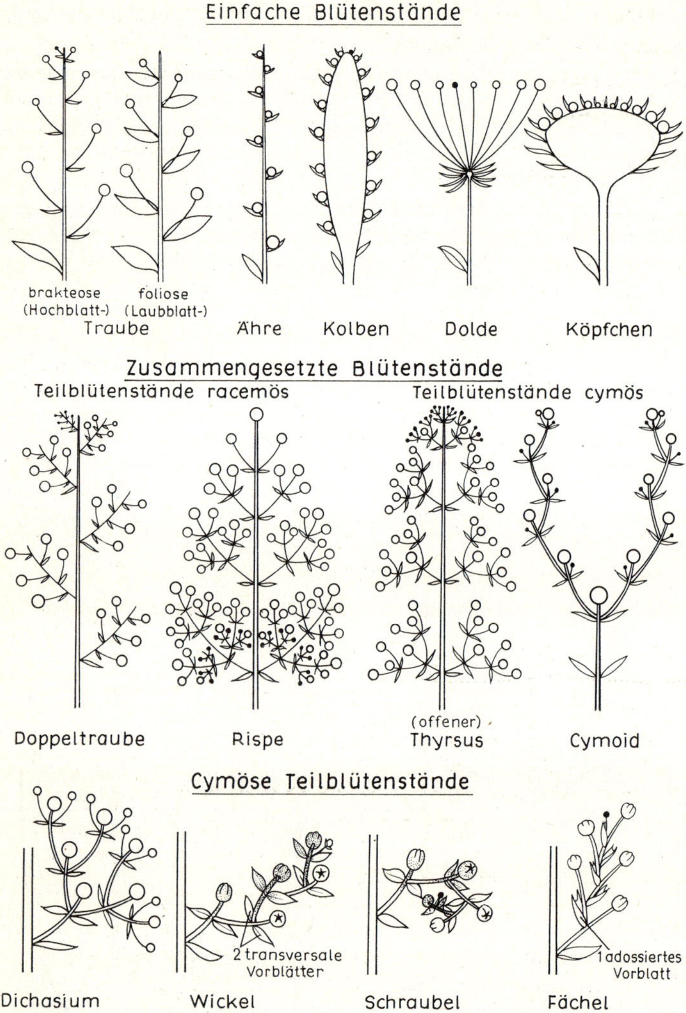

Abb. 5.9. Blütenstände.

Blütenstände. Die verzweigten generativen Achsensysteme der Samenpflanzen heißen Blütenstände (Infloreszenzen). Rein beschreibend kann man folgende wichtige Typen unterscheiden (Abb. 5.9):

a) **Einfache Blütenstände** (nur bis zum ersten Grad verzweigt):

- Traube: Achse gestreckt, Blüten gestielt, Endblüte fehlt (Kreuzblütler, Johannisbeere)
- Ähre: Achse gestreckt, Blüten ungestielt, Endblüte fehlt (Wegerich)
- Kolben: Ähre mit verdickter Achse (Aronstab)
- Dolde: Achse gestaucht, Blüten gestielt (Efeu, Primel)
- Köpfchen: Achse gestaucht, oft verbreitert, Blüten ungestielt (Klee, Löwenzahn)

b) **Zusammengesetzte Blütenstände** (zwei- oder mehrachsig verzweigt):

- Doppeltraube: Traube, die statt Einzelblüten wieder Trauben trägt (Steinklee); entsprechend Doppeldolde (Doldengewächse, S. 322), Doppelähre („Ähren"gräser, S. 339)
- Rispe: Verzweigungsgrad der racemösen (monopodialen), gestreckten Seitensprosse von oben nach unten zunehmend, Endblüte vorhanden (Flieder, Wein„traube"), evtl. abgeflacht als Schirmrispe (Eberesche)
- Thyrsus: rispenähnlicher Blütenstand mit cymös, d.h. nur aus den Achseln der Vorblätter verzweigten Blütenständen, mit oder ohne Endblüte (Lippenblütler).

Die cymösen Teilblütenstände der Thyrsen können bei den Dikotylen von Seitensprossen aus beiden Vorblattachseln gebildet werden (dichasiale Verzweigung, häufig bei den Nelkengewächsen). Oft ist dabei aber jeweils einer der beiden Seitensprosse gefördert (anisoton dichasiale Verzweigung). Das leitet über zu den monochasialen Teilblütenständen. Bei diesen können sich die Seitensprosse entweder stets aus der Achsel des gleichen (linken oder rechten) Vorblattes entwickeln, dann entsteht die Schraubel (Johanniskraut), oder jeweils abwechselnd aus der rechten und linken Vorblattachsel, dann entsteht die für viele Lippenblütler, Nachtschatten- und Borretschgewächse charakteristische Wickel. Bei den Monokotyledonen ist nur 1 adossiertes Vorblatt vorhanden (S. 128, Abb. 6.34); durch Verzweigung aus seiner Achsel entsteht die Fächel (Iris). Beim Cymoid stehen die cymösen Teilblütenstände nur unmittelbar unter der Endblüte (Hornkraut).

Für die Verwandtschaftsforschung ist diese rein deskriptive Gliederung der Blütenstände unbefriedigend. Bei einer Gliederung, die die Homologie stärker berücksichtigt, unterscheidet man vor allem die geschlossenen Blütenstände, bei denen Haupt- und Nebenachsen mit Terminalblüten abschließen (Flieder, Wein), und die stärker abgeleiteten offenen Blütenstände ohne Terminalblüten (Lippenblütler, Kreuzblütler). Als phylogenetische Ausgangsform wird die Rispe angesehen, von der durch die Grundvorgänge **Homogenisation** (einheitliche Ausbildung der Seitentriebe als cymöse Teilblütenstände oder Einzelblüten), **Razemisation** (Umkehr der Aufblühfolge von basipetal in akropetal) und **Trunkation** (Verlust der Endblüte) die übrigen Infloreszenzen und durch extreme Reduktion Einzelblüten abzuleiten sind. Die Dolde der Doldenblütler ist als stark abgewandelter Thyrsus, die der Primel-Arten aber als gestauchte Traube aufzufassen. Die Einzelblüte der Gartentulpe ist von einem offenen Thyrsus, die des Mohnes von einer geschlossenen Rispe durch Reduktion abzuleiten. Durch Umstimmung des Vegetationskegels können Blütenstände an der Spitze wieder vegetativ werden (**Proliferation**), so kann aus sympodialer monopodiale Sproßfortsetzung entstehen (Manna-Esche → Gemeine Esche).

5.2.3. Primärer Bau der Sproßachse

Am inneren Aufbau der Achse sind Bildungs-, Leit-, Festigungs-, Grund- und Abschlußgewebe beteiligt (s. Kap. 4). Vom Sproßvegetationspunkt der Terminalknospe ausgehend, sind folgende Zonen als Stadien der Achsenentwicklung zu unterscheiden: Die 10 bis 50 µm lange **Initialzone** bildet neue embryonale Zellen, welche in der anschließenden 20 bis 80 µm langen **Determinationszone** in ihrer künftigen Differenzierung festgelegt werden. Mit histologischen Methoden (z. B. Färbung) lassen sich eine äußere **Urrinde** mit ersten Blattprimordien, ein zentrales **Urmark** und dazwischen ein Zylinder von embryonal bleibendem **Restmeristem** unterscheiden. Im Bereich von etwa 40 µm bis zu 25 mm von der Spitze erfolgen in der **Differenzierungszone** weitere Zellteilungen, die Zellstreckung und die Ausbildung der Gewebe. Mit der Zellstreckung vollzieht sich das **primäre Dickenwachstum**. Es werden aber auch die Blattanlagen sehr deutlich erkennbar, und im Restmeristem-Zylinder differenzieren sich **Prokambiumstränge**, die Vorstufen der Leitbündel (s. 4.5.). Die Prokambiumstränge lassen schließlich einen mehr oder weniger geschlossenen Leitgewebe-Zylinder zwischen Mark und Rinde entstehen, bei dem zunächst die außenliegenden Zellen erste Phloemelemente (**Protophloem**) bilden. In kurzem Abstand davon differenzieren sich im Prokambium erste Xylemzellen (**Protoxylem**) aus. Diese Leitelemente die-

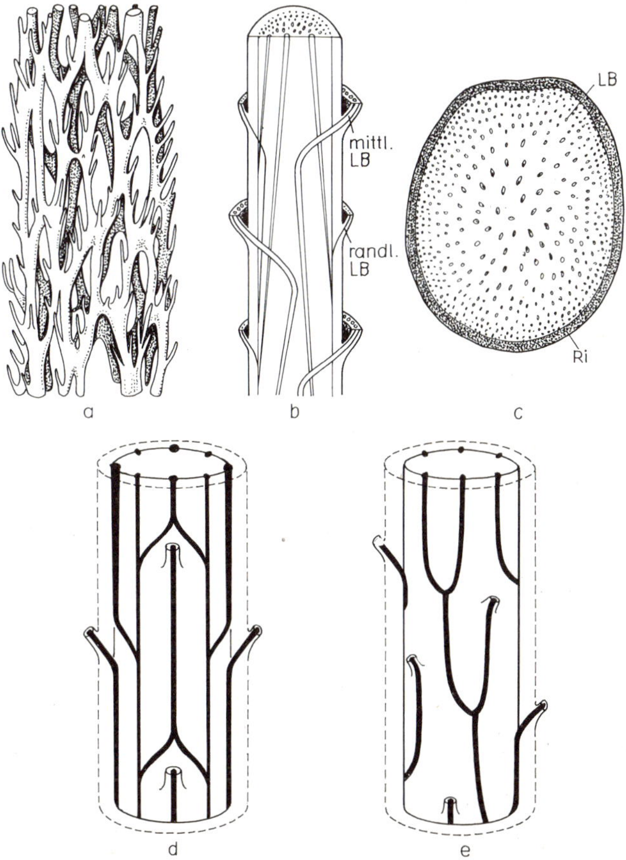

Abb. 5.10. Leitbündelverlauf in Sproßachsen. a Leitbündelrohr des Farns *Dryopteris filix-mas* (Dictyostele). **b** Leitbündelverlauf im Monokotyledonensproß im medianen Längsschnitt. **c** Sproßquerschnitt von *Zea mays.* **d** Leitbündelverlauf in der Sproßachse bei wirteliger und **e** bei zerstreuter Blattstellung (S. 154). *Lb* Leitbündel, *Ri* Rinde. – a nach Reinke aus Guttenberg, b–e nach Troll.

nen bereits der Versorgung der wachsenden Achse, wobei sie aber selbst noch am Streckungsprozeß teilnehmen müssen (Ring- oder Schraubengefäße im Protoxylem!). Mit nachlassender Streckung übernehmen die neugebildeten, leistungsfähigeren **Metaxylem-** und **Metaphloemteile** deren Funktion. Schließlich verfestigen Sklerenchymfasern, meist als äußere Schicht des Zentralzylinders, die Sproßachse. Das außerhalb des Zentralzylinders liegende Gewebe der **primären Rinde** und das zentrale **Markgewebe** können der Nährstoffspeicherung dienen, im Parenchym des Markes kann schizogen oder rhexigen (S. 114) eine **Markhöhle** entstehen. Die Leitgewebe der primären Sproßachse bilden bei den meisten Holzgewächsen einen nahezu **geschlossenen Leitzylinder**. Bei den nichtholzigen Dikotyledonen und den Pteridophyten herrschen netzartig **durchbrochene Bündelrohre** (Abb. 5.10. a, d, e) mit regelmäßigem, z. T. kompliziertem Aufbau vor (Stele = Gesamtheit der Leitbündel in einem Achsenorgan, Stelärtheorie s. S. 274). Aus dem Blattstiel treten die Blattleitbündel, auch **Blattspurstränge** genannt (ein bis mehrere je Blatt), als **„blatteigene"** Bündel in die Sproßachse ein und münden – in der Regel unterhalb des Eintrittsknotens – in die **„stammeigenen"** Bündel des Bündelrohres.

Bei Monokotyledonen vermag das Meristem bereits am Sproßscheitel die künftige Dicke des primären Sprosses in einem derartigen Umfang anzulegen, daß dieser den späteren Erfordernissen auch ohne ein sekundäres Dickenwachstum genügt. Extrem dick ist dieser primäre Sproß bei den Palmen, bei denen sich der Vegetationspunkt durch ein kragenförmig wucherndes Gewebe in einer Scheitelgrube befindet. Die weitere Differenzierung der Sproßachse führt zu der im Querschnitt erkennbaren zerstreuten Anordnung der meist kollateral-geschlossenen Leitbündel (Abb. 5.10. b, c). Diese treten nebeneinander zu vielen aus den parallelnervigen Blättern in die Sproßachse ein, wobei besonders die starken, mittleren Bündel zunächst in weitem Bogen in die Achse eindringen. Weiter unterhalb des Eintrittsknotens nähern sie sich wieder dem peripheren Bereich, wo es zur Vereinigung von Bündeln kommt. An den Knoten können die Leitbündel durch Anastomosen in Verbindung stehen.

5.2.4. Sekundärer Bau der Sproßachse

Der wachsende Umfang des Blattwerkes bei mehrjährigen Dikotyledonen und Nadelhölzern erfordert in deren Achsen eine wachsende Leitungskapazität und Festigkeit sowie die Erneuerung von zeitlich begrenzt lebensfähigem Leitgewebe. Dem werden die Achsen durch ein **sekundäres Dickenwachstum** gerecht, das besonders Bäume und Sträucher auszeichnet. Bei den heute lebenden Farnpflanzen und den meisten Monokotyledonen erfolgt kein sekundäres Dickenwachstum, der Umfang der Gesamt-Blattfläche nimmt nach Abschluß der Jugendphase nicht ständig zu. Die Leitgewebe (einschließlich Phloem!) können bei ausdauernden Formen lange funktionstüchtig bleiben. Das sekundäre Dickenwachstum der Dikotyledonen und Gymnospermen gründet sich auf die Tätigkeit eines geschlossenen **Kambiumzylinders**, der sich im Verlauf des primären Wachstums der Achse entweder aus dem ebenfalls geschlossenen Meristemzylinder der Achsenspitze ableitet (Restmeristem) oder – wenn durch Markstrahlen Lücken zwischen den fascicularen Kambien der Leitgewebsstränge auftreten – durch Umbildung von Markstrahlzellen in Kambiumzellen zur Überbrückung der Lücken (**Interfasciculares Kambium** als Folgemeristem).

Danach lassen sich beim sekundären Dickenwachstum drei Typen unterscheiden (Abb. 5.11.a–g):

1. **Tilia-Typus**, bei dem die primäre Achse bereits einen Leitgewebszylinder mit schmalen Markstrahlen besitzt. Das Kambium vermehrt durch seine Tätigkeit die Leitgewebe und Markstrahlen in gleicher Anordnung. Diesem Typ gehören sehr viele Holzgewächse, aber auch krautige Pflanzen (z. B. *Linum*) an.
2. **Ricinus-Typus**, bei dem die Leitgewebsstränge der primären Achse durch breitere Markstrahlen getrennt verlaufen. Bei Einsetzen des sekundären Dickenwachstums geht aus dem interfascicularen Kambium in gleicher Weise Leitgewebe mit schmalen Markstrahlen hervor wie aus dem fascicularen. Dieser Typ ist bei den Nadelhölzern und verholzten wie krautigen Dikotylen vertreten.
3. **Aristolochia-Typus**, bei dem die durch breite Markstrahlen getrennten Leitgewebsstränge der primären Achse auch in der sekundär verdickten Achse derart getrennt bleiben. Das interfasciculare Kambium bildet nur Markstrahlzellen. Man findet diesen Typ bevorzugt bei Lianen.

Die mit dem sekundären Dickenwachstum erforderliche Erweiterung des Kambiumrohres erfolgt bei allen drei Typen durch **Dilatation** (s. S. 104).

Das **Dickenwachstum von Speichersprossen** (Abb. 5.12. a, b) ist meist auf primäre Vermehrung von Grundgewebszellen zurückzuführen, die bei der Kartoffelknolle und dem Kohlrabi dem Mark, bei Cactaceen der Rinde angehö-

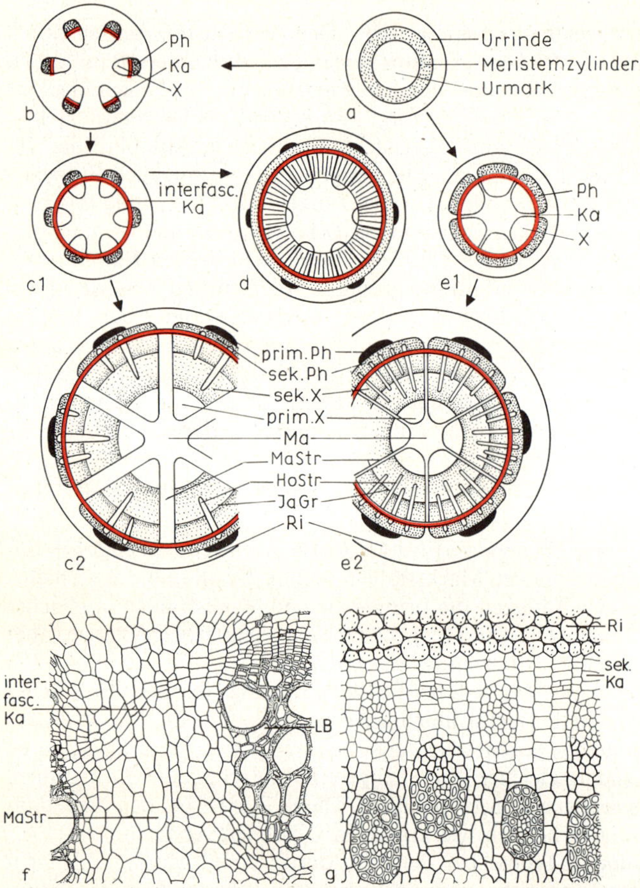

Abb. 5.11. Sekundäres Dickenwachstum der Sproßachse. a Querschnitt durch Sproßspitze (stärker vergrößert); **b** nach Abschluß des primären Wachstums mit getrennten Kambien in offenen Leitbündeln; **c** (1) Beginn des sekundären Dickenwachstums nach dem Aristolochia-Typ; **c** (2) späteres Stadium dieses Typs; **d** sekundäres Dickenwachstum nach dem Ricinus-Typ; **e** (1) Ergebnis des primären Wachstums nach dem Tilia-Typ; **e** (2) späteres Stadium dieses Typs; **f** Bildung des interfascicularen Kambiums bei *Aristolochia durior,* **g** sekundäres Dickenwachstum der Monokotyledone *Dracaena marginata*, Querschnitt der Achse. *HoStr* Holzstrahl, *JaGr* Jahresgrenze, *Ka* Kambium, *Ma* Mark, *MaStr* Markstrahl, *Ph* Phloem, *Ri* Rinde, *X* Xylem. Bei b–e sind die Kambien rot eingezeichnet. – f nach Went, g nach Haberlandt.

ren. – Bei **Monokotyledonen** kommt ein sekundäres Dickenwachstum der Sprosse nur in Ausnahmefällen vor, so bei *Dracaena. Cordyline* und *Yucca* – alle drei sind baumförmige *Liliales*. Der Kambiumring stammt hier von Meristemzellen des primären Dickenwachstums ab oder wird aus Rindenzellen neu gebildet (Abb. 5.11.g). Er liegt in den innersten Rindenschichten. Durch seine Tätigkeit werden bevorzugt nach innen Zellen abgeschieden. Sie bilden ein sekundäres Parenchym, in dem sich sekundäre Leitbündel ausdifferenzieren. Es handelt sich dabei um konzentrische Leitbündel mit Außenxylem oder geschlossene kollaterale Leitbündel.

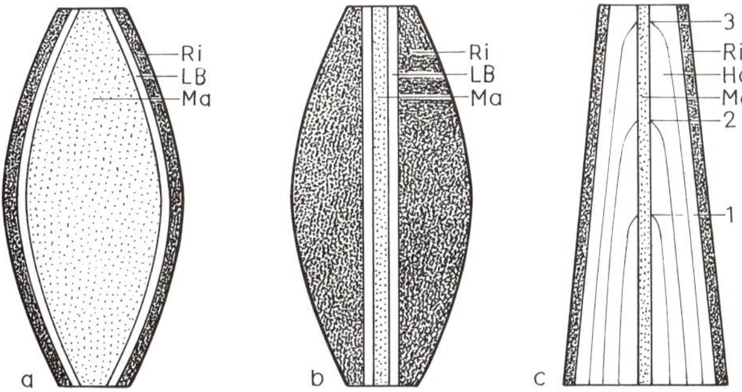

Abb. 5.12. Formen der Achsenverdickung. Erstarkungswachstum **a** durch Zellvermehrung im Mark (Kohlrabi), **b** in der Rinde (Kaktee). **c** Sekundäres Dickenwachstum durch Zellteilung im Kambium (1–3 gibt kegelförmigen Holzzuwachs dreier Jahre an). *Ho* Holz, *LB* Leitbündel, *Ma* Mark, *Ri* Rinde.

5.2.5. Holzkörper

Als Ergebnis des sekundären Dickenwachstums von Gymnospermen und Dikotyledonen entsteht innerhalb des sich erweiternden Kambiumrohres der Holzkörper. **Holz** ist die Gesamtheit der vom Kambium nach innen abgeschiedenen Zellen und umfaßt auch die Parenchymzellen mit unverholzten Zellwänden. Den Hauptteil bilden aber die der Wasserleitung dienenden Tracheiden bei den Gymnospermen sowie Tracheiden und Tracheen bei den Dikotyledonen (Abb. 5.13a–e). Diese Zellen verlaufen längs (axial) im Holzkörper. Senkrecht dazu, in radialer Richtung, verbinden die **Markstrahlen** die primäre Rinde mit dem Mark. Im Verlaufe des sekundären Dickenwachstums entstehen zwischen den Markstrahlen im Holz blind endende **Holzstrahlen,** die sich über das Kambium hinweg in die im Bast blind endenden

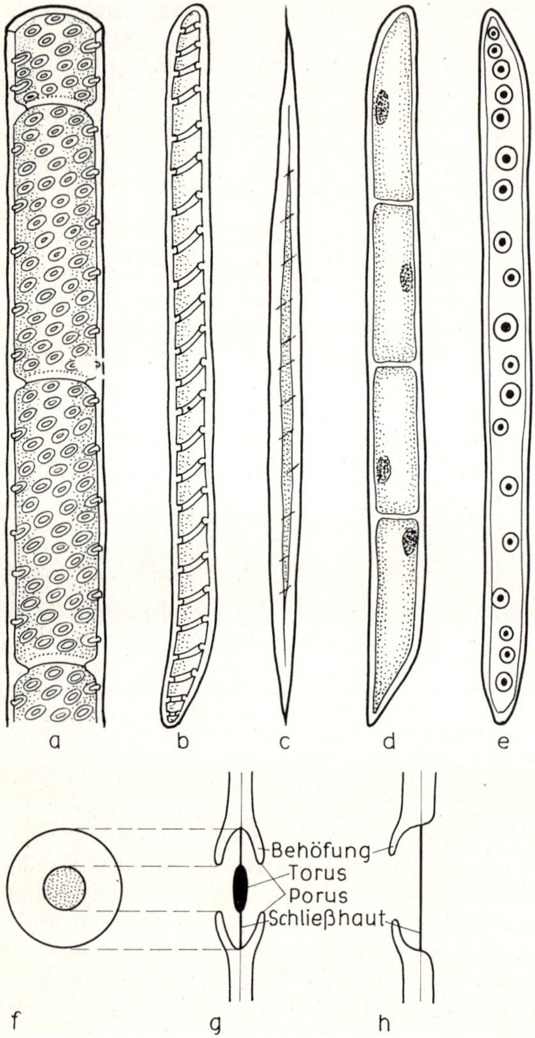

Abb. 5.13. Holzelemente und Hoftüpfel. a Mehrgliedriges Stück einer Tüpfeltrachee. **b** Ringtracheide. **c** Holzfaser. **d** Holzparenchymzellen. **e** Tracheide mit Hoftüpfeln (aus Nadelholz). **f** Hoftüpfel in Aufsicht. **g** im Querschnitt, **h** einseitig behöfter Tüpfel im Querschnitt. – a–e nach Rauh.

Baststrahlen fortsetzen. (Abb. 5.11.). Der artunterschiedliche Aufbau der Holzstrahlen ist an radialen und tangentialen Längsschnitten erkennbar. **Holzstrahltracheiden** dienen dem Quertransport des Wassers im Stamm. Die Speicherung sowie Zu- und Ableitung organischer Stoffe sind die Aufgaben des **Holzparenchyms** und des **Holzstrahlparenchyms**, aber auch der Holzfasern, solange sie lebend sind. Die toten Holzfasern der Dikotyledonen dienen ausschließlich der Festigung, einer Funktion, die bei Gymnospermen die Tracheiden neben der der Wasserleitung erfüllen. Tracheen und Tracheiden sind unter- und miteinander durch **Hoftüpfel** (Abb. 5.13. f–h) verbunden. – Der Querschnitt einer mehrjährigen Achse zeigt im Holzkörper eine dem Alter an Jahren entsprechende Anzahl konzentrischer Kreise, die sogenannten **Jahresringe**. Sie sind Ausdruck der jahreszeitlich wechselnden Aktivität des Kambiums, das bei Vegetationsbeginn die weitlumigen Gefäße des **Frühholzes** nach innen abscheidet, gegen Ende der Zuwachsperiode im Sommer aber die zunehmend englumigeren des **Spätholzes**. Der Wiederbeginn der kambialen Zellbildung im Frühjahr markiert die **Jahresgrenze** (Abb. 5.14. a), der Abstand zweier Jahresgrenzen ist der **Jahreszuwachs.**

Jeder Jahreszuwachs sitzt als Kegelmantel auf dem Zuwachs des Vorjahres (Abb. 5.12. c), was in der Maserung parallel geführter Längsschnitte („Stoßfurnier") gut sichtbar wird. Bei einem um den Stamm kontinuierlich herumlaufenden, tangentialen Längsschnitt („Schälfunier", häufig von Eiche) tritt die Maserung nicht hervor.

Das **Gymnospermenholz** (Abb. 5.14.) besitzt durch die Gleichförmigkeit der Tracheiden als einzigen Wasserleitungs- und Festigungselementen einen sehr regelmäßigen Aufbau. Die Holzstrahlen sind oft nur eine Zellschicht breit, jedoch mehrere Zellschichten hoch. Das Holzparenchym ist meist gering entwickelt, so tritt es bei *Pinus, Picea* und *Larix* nur als Auskleidung der schizogen entstandenen **Harzkanäle** auf und im mittleren Bereich von Holzstrahlen. Kleinere Harzkanäle verlaufen bei diesen Arten in einigen Markstrahlen, ohne Harzkanäle ist z. B. das Holz der Eibe (*Taxus*). Die Wasserleitung erfolgt im Gymnospermenholz auf einer großen leitenden Fläche des Zuwachses von zehn Jahren oder mehr. Die Leitungsgeschwindigkeit ist mit 1,2 bis 1,4 m/h vergleichsweise gering.

Das **Dikotyledonenholz** zeigt durch den Besitz von Tracheen, Tracheiden und Holzfasern neben den lebenden Zellen des Holzparenchyms und der Ersatzfasern (Übergangsform zwischen Holzparenchymzellen und Holzfasern) eine große Mannigfaltigkeit im Aufbau

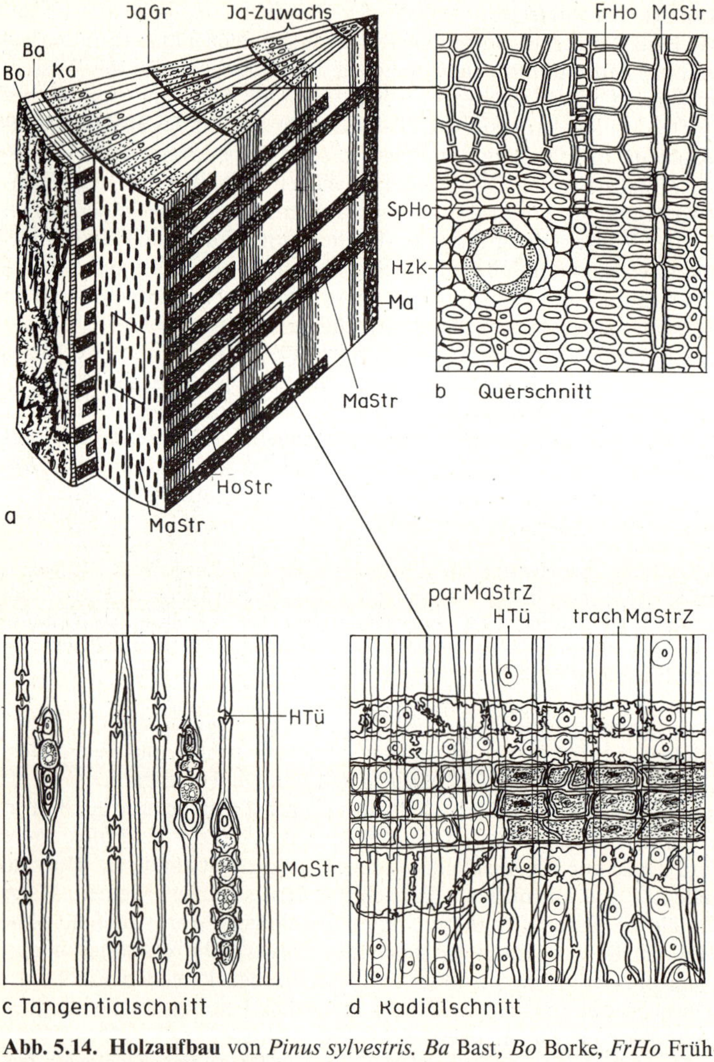

Abb. 5.14. Holzaufbau von *Pinus sylvestris. Ba* Bast, *Bo* Borke, *FrHo* Frühholz, *HTü* Hoftüpfel, *HoStr* Holzstrahl, *Hzk* Harzkanal, *JaGr* Jahresgrenze, *Ka* Kambium, *Ma* Mark, *MaStr* Markstrahl, *par MaStrZ* parenchymatische Markstrahlzelle, *SpHo* Spätholz, *trach MaStrZ* tracheidale Markstrahlzelle. – a nach Schenk, b–d nach Kny.

(Abb. 5.15.). Nach Anordnung und Weite der Tracheen lassen sich zerstreutporige von ringporigen Hölzern unterscheiden (Abb. 5.16. a, b). Die Tracheen der **zerstreutporigen** Hölzer sind bei wenig unterschiedlicher Größe über den Jahreszuwachs verteilt, wie z. B. bei Ahorn (*Acer*), Buche (*Fagus*), Pappel (*Populus*) und Linde (*Tilia*). Bei **ringporigen** Hölzern sind die wenigen, sehr weiten Gefäße nur im Frühholz zu finden, das Spätholz besteht vorwiegend aus englumigen Tracheiden und Holzfasern, wie z. B. bei Esche (*Fraxinus*), Eiche (*Quercus*), Robinie (*Robinia*) und Rüster (*Ulmus*). Weitlumige Gefäße

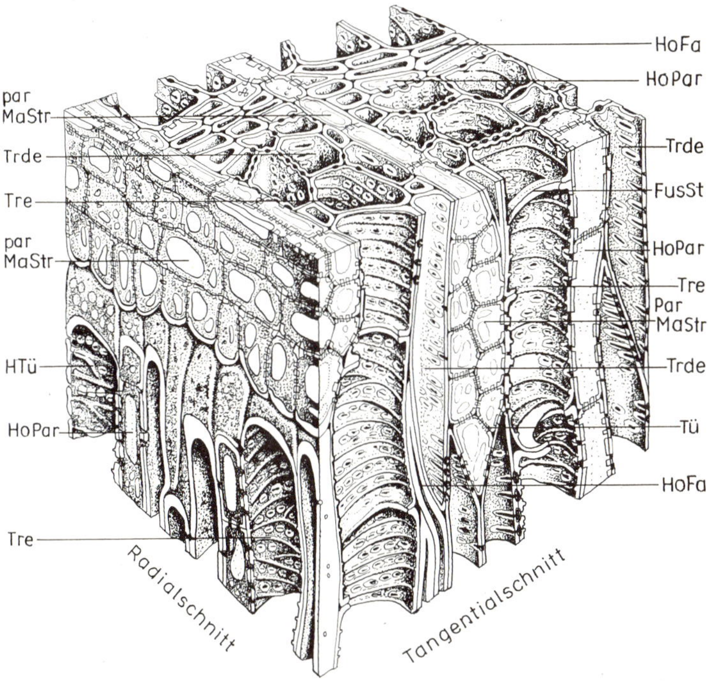

Abb. 5.15. Angiospermenholz (*Tilia*). *FusSt* Fusionsstelle von Tracheengliedern, *HoFa* Holzfaser, *HoPar* Holzparenchymzelle, *HTü* Hoftüpfel, *MaStr* Markstrahl (oder Holzstrahl), *par MaStrZ* parenchymatische Markstrahlzelle (oder Holzstrahlzelle), *Trde* Tracheide, *Tre* Trachee, *Tü* Tüpfel. Nach Braune, Leman und Taubert.

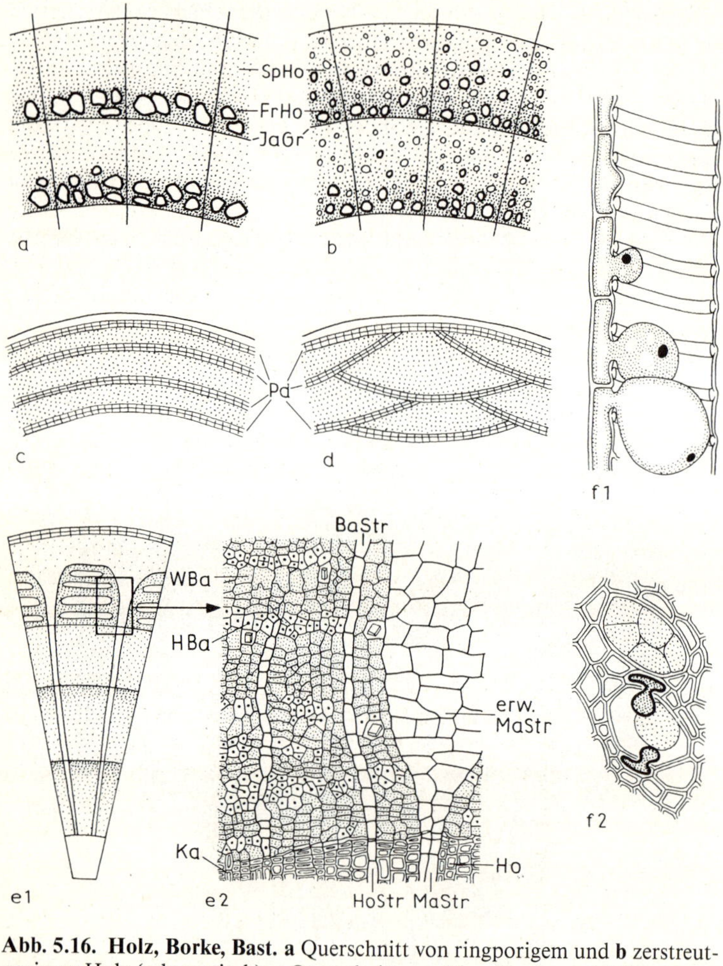

Abb. 5.16. Holz, Borke, Bast. a Querschnitt von ringporigem und **b** zerstreutporigem Holz (schematisch). **c** Querschnitt von Ringelborke und **d** Schuppenborke (schematisch). **e** (1) Sektor eines Querschnittes vom Lindenzweig, **e** (2) Ausschnitt daraus aus dem Bastteil. **f** (1) Trachee mit Thyllenbildung im Längsschnitt, **f** (2) im Querschnitt. *BaStr* Baststrahl, *erw MaStr* erweiterter Markstrahl, *FrHo* Frühholz, *HBa* Hartbast, *Ho* Holz, *HoStr* Holzstrahl, *JaGr* Jahresgrenze, *Ka* Kambium, *Pd* Periderm, *MaStr* Markstrahl, *SpHo* Spätholz, *WBa* Weichbast. – e (2) nach Kaussmann, f nach Holman und Robbins.

gestatten einen schnellen Wassertransport, sind aber in der Regel eine kürzere Zeit funktionstüchtig als englumige. So erfolgt die Wasserleitung bei zerstreutporigen Hölzern im Holzzuwachs einer Reihe von Jahren mit Geschwindigkeiten von 2 bis 6 m/h. Ringporige Hölzer leiten das Wasser nur in dem Holzzuwachs des letzten Jahres oder weniger Jahre, jedoch mit Geschwindigkeiten bis über 40 m/h. Während die Weite ihrer Tracheen über 100 µm betragen kann und die Länge mehr als 10 m erreicht, haben zerstreutporige Hölzer Gefäßweiten unter 100 µm und Längen, die 1 – 2 m nicht übersteigen. Der Funktionsverlust von Wasserleitungselementen erfolgt in der Regel durch Eindringen von Luft. Eine Verstopfung der Gefäße ist durch die Ausbildung von **Thyllen** (Abb. 5.16. f u. S. 108) möglich.

Nicht mehr der Wasserleitung dienende Teile des Holzkörpers können:

a) als Teil des **Splintholzes** dem wasserleitenden Holzteil im Aufbau gleichen und einen hohen Anteil ihres Wassers behalten, wie z. B. bei Spitzahorn (*Acer platanoides*), Birke (*Betula*) und Pappel (*Populus*),
b) als **Reifholz** einen austrocknenden, aber kaum verfärbten Kern besitzen wie z. B. Fichte (*Picea*), Feldahorn (*Acer campestre*), Buche (*Fagus*) und Linde (*Tilia*),
c) als **Kernholz** durch Einlagerung von Gerbstoffderivaten, Farbstoffen, Harzen und anderen vorrangig aromatischen Verbindungen, die als Stoffwechselprodukte absterbender Parenchymzellen entstehen, eine dunkelgefärbte **Verkernung** erfahren, wie z. B. bei Kiefer (*Pinus*), Eibe (*Taxus*), Eiche (*Quercus*) und Walnuß (*Juglans*).

Gegenüber dem äußeren, wasserleitenden Splintholz besitzt das Kernholz höhere mechanische Festigkeit und ist widerstandsfähig gegen Fäulnis. Dazu kann auch die gelegentliche Einlagerung von kohlensaurem Kalk oder Kieselsäure beitragen. Bekannte tropische Kernhölzer sind Mahagoni und Palisander.

5.2.6. Sekundäre Rinde und Borke

Die sekundäre Rinde (= **Bast**) entsteht als Ergebnis der nach außen gerichteten kambialen Zellbildung. Durch neue Siebröhren werden nicht nur funktionslos gewordene ältere ersetzt, sondern es wird auch die Gesamtkapazität der Assimilatleitung erhöht. Neben neuen Phloemelementen entstehen Bastfasern als Festigungselemente. Dabei können Komplexe von Bastfasern als „**Hartbast**“ mit Komplexen aus den übrigen Phloemelementen (Siebröhren, Geleitzellen und Bastparenchym), dem „**Weichbast**“, abwechseln (Abb. 5.16. e). Die Kambiumzellen der Markstrahlen bilden nach außen wie nach innen neue

Markstrahlzellen. – Im Verlaufe des sekundären Dickenwachstums kommt es in dem außerhalb des Bastes verbleibenden äußeren Rindenzylinder zu einer tangentialen Zugbeanspruchung. Das Rinden- und Markstrahlparenchym kann, z. B. bei der Linde, der Gefahr des Zerissenwerdens durch Teilungen einzelner Zellen, durch **Dilatation** (s. S. 104), begegnen. Die Epidermis besitzt diese Fähigkeit nur selten, ihre Funktion wird in der Regel bald von einem **Periderm** übernommen. Dessen Korkgewebe führt zu einem Luftabschluß, der aber durch die Bildung von **Korkporen (Lentizellen)** zum Teil aufgehoben werden kann (Abb. 4.6d, e). Diese entstehen meist an Spaltöffnungen, unter denen das Phellem keine geschlossenen Zellschichten bildet, sondern vermehrt isolierte Korkzellen, die als „Zellpulver" die abgestorbene Epidermis nach außen drücken und lokal öffnen. Die hierbei erreichte Gasdurchlässigkeit kann am Ende der Vegetationsperiode durch Ausbildung geschlossener Korkschichten wieder aufgehoben werden.

Der **Borkenbildung** liegt die wiederholte Anlegung eines Periderms in immer tieferen Schichten der primären, später auch der sekundären Rinde zugrunde. Durch Lagen der toten Korkzellen werden dabei außen liegende, lebende Rindenzellen von der Nährstoff- oder Wasserversorgung abgeschnitten und sterben ab. In Borken und sekundären Rinden sind sekundäre Pflanzenstoffe wie **Gerbstoffe** und andere **Rindenfarbstoffe** (= **Phlobaphene**) enthalten, die zum Schutz gegen Fäulnis und Schaderreger beitragen. Wirtschaftlich bedeutsam sind beispielsweise auch die Alkaloide der Chinarinde (*Cinchona*-Arten) und die Zimtrinde mit ihren etherischen Ölen (*Cinnamomum cassia*).

Die Art der Anlegung neuer Peridermschichten und die Ausbildung von Trennungsgeweben bestimmen die Form der Borke (Abb. 5.16. c, d):

1. **Ringelborke** entsteht durch wiederholt weiter innen angelegte, geschlossene Peridermschichten, z. B. bei Kirsche (*Cerasus*) und Birke (*Betula*). Eine Ablösung der Ringelborke kann erfolgen, wenn das Dickenwachstum des Stammes diese Schichten längs aufreißen läßt. Beim Weinstock (*Vitis vinifera*) kann sich die Borke in Längsstreifen ablösen („**Streifenborke**"). Leichter als die ganze Borke trennen sich bei der Birke papierdünne Korkschichten vom Stamm.
2. **Schuppenborke** wird durch wiederholt weiter innen angelegte schuppenförmige Peridermflächen gebildet. Bleiben die Peridermschichten miteinander und mit den Rindengeweben fest verbunden, so wird die Borke sehr dick, durch Zunahme des Stammumfanges aber tief rissig, wie bei einheimischen Eichen (*Quercus*).

Die Abtragung von diesen Borken ist gering. Bilden sich aber Trennungsschichten, bestehend aus sehr dünnwandigen Korkzellen, wie z. B. bei Kiefer (*Pinus*) und Platane (*Platanus*), so führt das durch Spannungen beim Dickenwachstum zur Ablösung der Schuppen vom Stamm.

5.3. Blatt

Das Blatt ist ein Seitenorgan der Sproßachse meist mit begrenztem Wachstum (S. 469). Seine flächige Ausbildung und der Chlorophyllgehalt kennzeichnen es als Organ zur Photosynthese, doch gibt es eine Vielzahl hinsichtlich Gestalt, Funktion und Herkunft sehr unterschiedlicher Blätter.

5.3.1. Entwicklung und Bau des Laubblattes

Die **Blattanlagen** (= **Blattprimordien**) der Blütenpflanzen entstehen als Erhebungen auf der jungen Achse unterhalb des Sproßscheitels durch lokale, perikline Zellteilungen in der Tunica (s. 4.1.). Es bilden sich die **Blatthöcker** in spitzenwärts gerichteter, **akropetaler Folge**. Das Wachstum der Blätter beschränkt sich zunächst auf ihre Spitze (**akroplastes Wachstum**), dieses wird aber bald durch ein interkalares Wachstum an der Basis (**basiplastes W.**) abgelöst. – Farnpflanzen bilden ihre Blätter mit Hilfe zweischneidiger Scheitelzellen (s. 4.1.), die dicht hinter der terminalen, dreischneidigen Scheitelzelle der Achse entstehen, und die Blattorgane behalten ein akroplastes Wachstum. – Die Blatthöcker flachen sich in der weiteren Entwicklung zur Achse hin ab und zeigen beim Dikotyledonen-Laubblatt durch seitliche Einschnitte bald eine Gliederung in **Ober-** und **Unterblatt** (Abb. 5.17. b). Das weitere Wachstum der Spreite wird entsprechend ihrer Gestalt von Wachstumszonen an der Basis und den Rändern übernommen. Durch das schnellere Wachstum der Blätter gegenüber dem Vegetationskegel überragen diese ihn und hüllen ihn ein zur **Knospe**. Dabei zeigen die von den äußeren Knospenschuppen (s. 5.2.3.) eingeschlossenen jungen Blätter eine arttypische **Knospenlage** oder **Vernation** (Abb. 5.17. d). Die Spreitenhälften können dabei nach oben gerollt sein (jede für sich: **involutive**, ineinandergerollt: **convolutive Knospenlage**) oder nach unten (**revolutive K.**). Sie können in einer Knospe aber auch gefaltet sein (jede Hälfte für sich: **plikative K.** oder beide Hälften zusammengelegt: **conduplikative K.**).

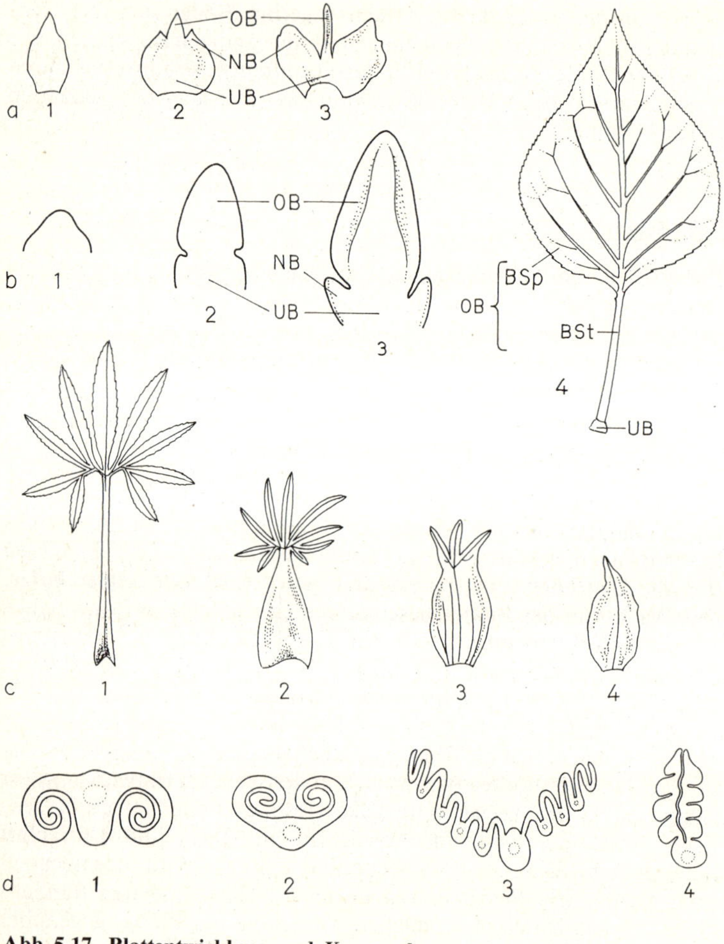

Abb. 5.17. Blattentwicklung und Knospenlage. **a** (1–3) Entwicklung eines Niederblattes (*Vicia faba*). **b** (1–4) Entwicklung eines Laubblattes (*Prunus sibirica*). **c** (1) Laubblatt, **c** (2–4) Hochblätter mit zunehmender Reduktion der Blattspreite (*Helleborus foetidus*). **d** Knospenlage (Vernation) (1) revolutiv (*Fallopia aubertii*), (2) involutiv (*Populus canadensis*), (3) plikativ (*Fagus sylvatica*), (4) konduplikativ (frühes Stadium von *Fagus sylvatica*). *BSp* Blattspreite, *BSt* Blattstiel, *NB* Nebenblatt, *OB* Oberblatt, *UB* Unterblatt. – Nach Troll.

Das **Unterblatt** besteht aus dem **Blattgrund**, der meist verdickten Basis des Blattes und den bei einigen Dikotyledonen-Gruppen (z. B. Rosaceen) daran sitzenden beiden **Nebenblättern (Stipulae)**. Das **Oberblatt** gliedert sich in **Blattspreite (Lamina)** und **Blattstiel (Petiolus)**. Die Entwicklung des Stieles setzt später ein, er schiebt sich durch interkalares Wachstum zwischen Blattgrund und Spreite. Diese ist bei **Fiederblättern** geteilt, die Blattfiedern sitzen an der **Blattspindel (Rhachis)**. Der Blattstiel endet dort am ersten Fiederpaar. Bei Gräsern und vielen anderen Monokotyledonen ist das Unterblatt meist als eine die Achse umfassende **Scheide** ausgebildet, welche ohne Blattstiel in die Spreite übergeht.

Typische Laubblätter sind **dorsiventral** (= **bifacial**) gebaut, die **Oberseite** ist von der **Unterseite** verschieden. Da Blätter zumindest in jungem Zustand ihre Blattoberseite der Achse zukehren, wird diese auch als **adaxiale Seite** bezeichnet, die abgewandte Unterseite als **abaxiale**.

Die **Nervatur** ist die Gesamtheit der Gefäßbündel im Blatt. Verlauf und Verzweigung der Blattadern sichern für alle Bereiche des Blattes einen Anschluß an das Leitungssystem der Pflanze. Die Monokotyledonen haben in der Regel **parallel-** oder **bogennervige** Blätter, die Dikotyledonen **netznervige**, wobei die Stärke der Leitbündel vom Mittelnerv zu den Verzweigungen höherer Ordnung abnimmt. Die Seitennerven sind vielfach untereinander verbunden. Bei dieser **geschlossenen Nervatur** enden nur sehr feine, meist tracheidale Blattbündel blind. Querverbindungen (**Kommissuren**) gibt es auch zwischen den parallel verlaufenden Nerven bandförmiger Blätter. Eine typische **offene Neratur** ohne Kommissuren zeigt das Blatt von *Ginkgo biloba*. In Blättern treten in der Regel geschlossene **kollaterale Leitbündel** auf. Das Phloem ist der Blattunterseite und das Xylem der Oberseite zugekehrt, als Folge des Ausbiegens aus den Stammleitbündeln (s. 5.2.3.). In den Blattstielen besitzen auch Dikotyledonenblätter einen parallelen Nervenverlauf.

Der **anatomische Aufbau eines Laubblattes** ist am Querschnitt erkennbar (Abb. 5.18. a). Er zeigt eine grundlegende Übereinstimmung bei vielen Angiospermen; davon stärker abweichend ist der Bau der nadelförmigen Blätter von Koniferen (Abb. 5.18. b).

Die **Blattepidermis** besitzt viele artspezifische Eigenheiten (s. 4.3.). Sie kann durch tangentiale Zellteilung auch mehrschichtig sein. Eine solche multiple Epidermis tritt z. B. als wasserspeicherndes Gewebe in *Ficus*-Blättern auf.

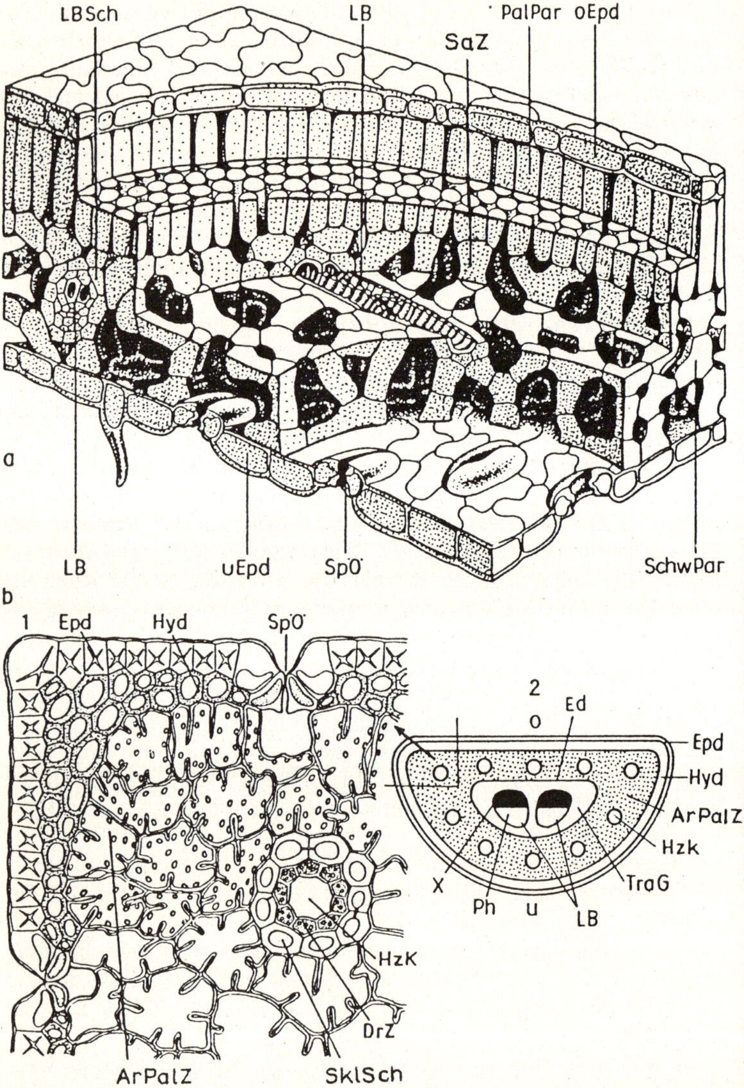

Abb. 5.18. Anatomie von Laub- und Nadelblatt. a Bifaciales Blatt, kombinierter Quer- und Flächenschnitt, schematisch. **b** Querschnitt vom Nadelblatt

Zwischen der oberen und unteren Epidermis erstreckt sich das **Mesophyll**, beim bifacialen Blatt zur Oberseite hin als chloroplastenreiches **Palisadenparenchym** und zur Unterseite als interzellularenreiches **Schwammparenchym** ausgebildet. Die stabförmigen Palisadenzellen stehen dicht nebeneinander in ein- oder mehrschichtigen Lagen senkrecht zur Blattoberfläche. Zwischen ihnen sichern Interzellularräume den erforderlichen Gasaustausch. Die nach unten angrenzenden Zellen des Schwammparenchyms vermitteln als **Sammelzellen** den Abtransport der Assimilate zu den Blattleitbündeln, die im Bereich zwischen Palisaden- und Schwammparenchym liegen. Die kleineren Bündel werden in der Regel von einer **Bündelscheide** aus Parenchymzellen (ohne Interzellularen) dicht umschlossen. Diese Zellen enthalten bei den „**C_4-Pflanzen**" (s. 7.6.7.2.) sehr große, meist granafreie Chloroplasten, welche mit den Chloroplasten der umgebenden Mesophyllzellen intensiv Metabolite der Photosynthese austauschen. Die Bündelscheide dient auch dem Stofftransport in die Leitgewebe und in einigen Fällen der Stärkespeicherung. Sie stellt die Fortsetzung der Endodermis dar, welche das Leitbündelrohr der Achse umgibt. Bei stärkeren Blattleitbündeln treten **erweiterte Bündelscheiden** auf, die – oft unterstützt von Kollenchymzellen oder Sklerenchymsträngen (besonders bei Xerophyten) – von der Unter- bis zur Oberseite reichen und als **Blattrippen** die Blattfestigkeit erhöhen.

Neben dem beschriebenen bifacialen Angiospermen-Laubblatt treten folgende, in ihrer Anatomie abweichende, Blattformen auf:

- das **äquifaciale Blatt** mit etwa spiegelbildlichem Aufbau der Ober- und Unterhälfte des Blattquerschnittes. Dabei kann je eine Palisadenschicht auf der Ober- und Unterseite ausgebildet sein (z. B. ältere *Eucalyptus*-Blätter), oder das Mesophyll besteht aus einem einheitlichen, oft einfach gebauten ein- oder wenigschichtigen Assimilationsparenchym (z. B. viele Unterwasserblätter).

(*Pinus sylvestris*), (1) Ausschnitt der Querschnittsübersicht (2). *ArPalZ* Armpalisadenzelle, *DrZ* Drüsenzelle, *Ed* Endodermis, *Epd* Epidermis, *Hyd* Hypodermis, *Hzk* Harzkanal, *LB* Leitbündel, *LBSch* Leitbündelscheide, *o* oben, *oEpd* obere Epidermis, *PalPar* Palisadenparenchym, *Ph* Phloem, *SaZ* Sammelzelle, *SchwPar* Schwammparenchym, *SklSch* Sklerenchymscheide, *SpÖ* Spaltöffnung, *TraG* Transfusionsgewebe, *u* unten, *uEpd* untere Epidermis, *X* Xylem. – a nach Braune, Leman und Taubert, b 1 nach Kny.

- das **unifaciale (= monofaciale) Blatt**, dessen Außenfläche nur von der Blattunterseite gebildet wird. Man kann es sich aus dem bifacialen Blatt durch eine Reduktion der Blattoberseite entstanden vorstellen. Es besitzt eine zylindrische (z. B. *Juncus*-Arten) oder auch eine flächige Form (z. B. der Apikalabschnitt des *Iris*-Blattes).

Das **Koniferenblatt** entspricht einem äquifacialen Blatt und sei am Beispiel der Kiefernnadel (*Pinus sylvestris*) vorgestellt (Abb. 5.18. b). Der Querschnitt hat etwa die Form eines Kreisabschnittes, bei dem die Sekante die Blattoberseite darstellt. Die langlebigen Blätter besitzen eine xeromorphe Struktur, die Epidermis besteht aus dickwandigen Zellen und ist von einer kräftigen Cuticula bedeckt. Die Spaltöffnungen sind in Höhlungen eingesenkt, die man häufig von Wachskörnchen erfüllt findet. Unter der Epidermis dient eine **Hypodermis** aus ein bis zwei Schichten von Sklerenchymfasern zur mechanischen Festigkeit des Blattes und zum Schutz vor Wasserverlust. Dann erst kommt das Assimilationsparenchym, wegen einwärts in die Zellen vorspringender Zellwandleisten als **Armpalisadenzellen** bezeichnet. In diesem Parenchym sind **Harzkanäle** eingelagert, die ihre Festigkeit durch eine **Sklerenchymscheide (Stützzellen)** erhalten und deren Innenfläche von dünnwandigen Drüsenzellen **(Sekretzellen)** ausgekleidet ist. Eingebettet in ein zentrales, chloroplastenfreies Parenchym, das **Transfusionsgewebe**, liegen zwei kollaterale Leitbündel im Zentrum des Querschnitts. Eine Endodermis umgibt das Transfusionsgewebe.

5.3.2. Blattypen

Cormophytische Pflanzen besitzen Blätter unterschiedlicher Gestalt und Funktion. Nach ihrem Auftreten im Entwicklungsablauf sind die Blattypen in der **Blattfolge** zusammengestellt:

Keimblätter oder **Kotyledonen** entstehen als Blattorgane des Embryos (Abb. 5.2. b) in Einzahl (Monokotyledonen), Zweizahl (die meisten Dikotyledonen) oder in Zwei- bis Mehrzahl (Gymnospermen). Sie sind von einfacher Gestalt, zunächst ohne Blattstiel, und haben im Samen die Aufgabe, Nährstoffe zu mobilisieren und diese den Wachstumszonen des Keimlings zuzuleiten (s. 5.1.). Bei epigäisch keimenden Samen (Abb. 5.2. d) können die Kotyledonen ergrünen.

Niederblätter sind schuppenförmig, oft bräunlich oder grün gefärbt. Sie dienen als **Knospenschuppen** dem Schutz junger Sproßanlagen oder sitzen als kleine Blattorgane an Erdsprossen. Niederblätter entstehen aus Blatthöckern wie Laubblätter, eine Ausbildung von

Spreite und Stiel unterbleibt aber, d. h. sie bestehen nahezu nur aus dem Unterblatt (Abb. 5.17. a). Es treten Übergangsformen zu den Laubblättern auf.

Primärblätter werden die ersten Laubblätter genannt, wenn deren Gestalt sich von der der folgenden Blätter deutlich unterscheidet. So haben die Primärblätter von *Vicia faba* nur zwei Fiedern gegenüber vier oder sechs der Folgeblätter.

Folgeblätter sind über den Primärblättern inserierte Laubblätter, welche die artspezifischen Laubblattmerkmale zeigen. Sie können **gestielt** oder **sitzend** (ungestielt) sein, **geteilte** oder **ungeteilte Spreiten** besitzen. Die **Blattränder** sind ganzrandig, gesägt, gezähnt oder gekerbt. Bei **Schildblättern** verläuft der Blattstiel nicht vom Rande in die Lamina, sondern von der Unterseite her. Die Bildung schildförmiger oder peltater Blätter (**Peltation**) steht mit dem unifacialen Bau der Blattstiele im Zusammenhang, die Lamina kann vollflächig (z. B. *Nymphaea*), gefiedert (z. B. *Rosa*) oder auch trichter- bis schlauchförmig (z. B. *Bergenia*) sein. Übergänge von flachen Spreiten zu peltaten zeigen solche Blätter, deren seitlicher Stielansatz trichterförmig ist, wobei die Verwachsung der beidseitigen Spreitenränder über den Stiel hinweg die Querzone bildet. – Folgeblätter können auch an einer Pflanze deutliche Unterschiede aufweisen. **Anisophyllie** liegt vor, wenn dorsivertrale Sprosse auf Ober- und Unterseite Blätter unterschiedlicher Größe tragen (z. B. bei *Selaginella*, Abb. 6.24., und – durch Schwerkraft induziert – bei Seitenzweigen des Spitzahorns). Als **Heterophyllie** bezeichnet man das Auftreten verschieden gestalteter Laublätter an einer Pflanze (z. B. Unterwassser- und Schwimmblätter von *Ranunculus aquatilis* oder von *Salvinia*).

Hochblätter treten in der Blütenregion oberhalb der Laubblätter auf, entweder als kleine, den Blütenständen als Hülle dienende Deckblätter (= **Brakteen**) oder als größere Blattorgane im Dienste der Fortpflanzung. Brakteen bestehen wie Niederblätter im wesentlichen aus dem Blattgrund. Übergänge von Laub- zu Hochblättern, wie z. B. bei *Helleborus*, weisen letztere als Hemmungsform des Laubblattes aus (Abb. 5.17. c). Beispiele für größere Hochblätter sind das als **Spatha** bezeichnete Hüll- oder Schaublatt von Araceen (Abb. 6.4.1.), das zum Flugorgan gewordene und mit der Blütenstandachse zum Teil verwachsene Tragblatt des Fruchtstandes der Linde (*Tilia*, Abb. 6.31.) und der Kranz von roten oder weißen Schaublättern unterhalb des Blütenstandes von *Euphorbia pulcherrima* („Weihnachtsstern").

Auf die **Blattorgane der Blüte** sei hier nur hingewiesen. Ihre Besprechung erfolgt bei der Behandlung der Angiospermen (S. 294 ff.).

5.3.3. Blattstellung

Die Zahl der Blätter an einem Knoten und deren Anordnung zeigt innerhalb systematischer Gruppen Regelmäßigkeiten, die unter dem Begriff „Blattstellung“ (= **Phyllotaxis**) zusammengefaßt werden und genetisch determinierte Muster darstellen. Wir unterscheiden **wirtelige, zweizeilige** und **zerstreute** Blattstellung.

Die **wirtelige Blattstellung** ist durch das Vorhandensein von mehr als einem Blatt je Knoten gekennzeichnet. Beim Schachtelhalm (*Equisetum)* oder Tannenwedel (*Hippuris*) sind es viele kleine Blätter, die als Quirl an einem Knoten sitzen, beim Wachholder (*Juniperus*) und Oleander (*Nerium oleander*) sind es jeweils drei größere. Am häufigsten sind aber zweiblättrige Wirtel, wie sie z. B. beim Flieder (*Syringa*), bei Esche (*Fraxinus*), Ahorn (*Acer*), Lippenblütlern (Lamiaceen) und Nelkengewächsen (Caryophyllaceen) auftreten. Blattstellungen lassen sich in einem **Diagramm** (Abb. 5.19. a–c) darstellen, in dem die Aufeinanderfolge der Knoten durch eine Reihe konzentrischer Kreise mit dem Sproßscheitel als Mittelpunkt dargestellt ist. Hieran lassen sich auch die zwei Grundregeln der wirteligen Blattstellung erkennen: Die **Äquidistanz**, d. h. das Auftreten gleicher Winkelabstände zwischen den Blättern eines Kreises, und die **Alternanz**, d. h. die Anlegung von Blättern eines Wirtels in den Zwischenräumen des vorhergehenden Wirtels. So kommt es bei den zweigliedrigen Wirteln zu der **kreuzgegenständigen** oder **dekussierten Blattstellung**. Die Blätter stehen in vier Reihen, den sog. **Geradzeilen (Orthostichen)**, an der Achse. – Die **zweizeilige, distiche Blattstellung** ist durch die Anlegung nur eines Blattes je Knoten und deren genau alternierende Stellung auf zwei Geradzeilen gekennzeichnet. Im Gegensatz zu den mehrzähligen Blattwirteln besitzen die einzelnen Blätter eine wesentlich breitere, die Achse mehr oder weniger umfassende Basis. Distiche Beblätterung haben z. B. die Gräser (Gramineen), die Schwertlilie (*Iris*), aber auch dikotyledone Pflanzen wie die Buche (*Fagus*). Der Winkel zwischen den Längsachsen zweier aufeinanderfolgender Blätter wird als **Divergenzwinkel** bezeichnet, als **„Divergenz“** der diesem Winkel entsprechende Bruchteil des kreisförmigen Stengelumfanges. So tritt bei Distichie ein Divergenzwinkel von 180° auf, bzw. eine Divergenz von 1/2. Ist der Divergenzwinkel jeweils um wenige Grad kleiner als 180°, kommt es zu einer schwach schraubischen Anordnung der Blätter, zur **Spirodistichie**, z. B. bei *Gasteria*-Arten, beim Schraubenbaum (*Pandanus*) und der Banane (*Musa*). – Bei der **zerstreuten** (= **dispersen**) oder schraubigen Blattstellung (Dispersion) sind die Divergenzwinkel deutlich kleiner als 180°. Häufig auftretende Divergenzen sind 1/3 z. B. bei Cyperaceen, 2/5 z. B. bei der Birke (*Betula*), 3/8 beim Wegerich (*Plantago*, Abb. 5.19. e, f). Eine alle Blattbasen verbindende Linie wird als **Grundspirale** (Abb. 5.19. d) bezeichnet. Im Falle einer Divergenz 3/8 bedeutet das, daß auf drei Umläufen der Grundspirale 8 Blattansätze berührt werden, ehe das neunte Blatt wieder auf derselben Geradzeile steht wie das erste. Bei sehr dichter Blattstellung (z. B. Zapfenschuppen bei Nadelhölzern, Blütenköpfchen von Compositen) nähert sich die Divergenz einem **Grenzwinkel von 137° 30′**.

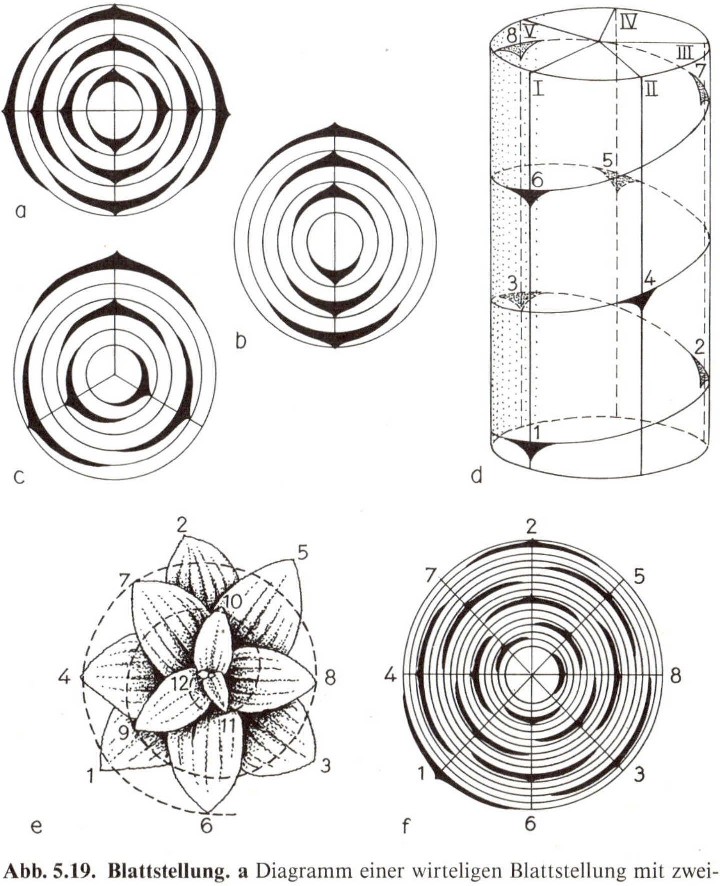

Abb. 5.19. Blattstellung. a Diagramm einer wirteligen Blattstellung mit zweiblättrigen Wirteln (= dekussierte Blattst.), **b** zweizeilige (= distiche) Blattst., **c** zerstreute (= schraubige) Blattst. mit der Divergenz 1/3, **d** Achsenabschnitt mit Grundspirale für die Divergenz 2/5, **e** Blattrosette von *Plantago media* mit der Divergenz 3/8, **f** Diagramm des Beispieles e (Geradzeilen als Radien eingezeichnet). – a – d nach Prantl aus Guttenberg, e und f nach Troll.

5.4. Wurzel

5.4.1. Aufbau der Wurzel

Die Wurzel dient der Wasser- und Mineralsalzaufnahme sowie der Verankerung im Boden, in den hinein sie in der Regel die Achse fortsetzt. Im Gegensatz zur Sproßachse bilden Wurzeln niemals Blätter aus und sind daher nicht in Nodien und Internodien gegliedert. Die Fähigkeit zur Wurzelbildung finden wir bei den meisten Farngewächsen (Pteridophyten) und Samenpflanzen (Spermatophyten), beide Gruppen werden als **Rhizophyten** zusammengefaßt. Wurzeln haben meist zylindrische Gestalt, sind verzweigt und weisen bei Gymnospermen und Dikotyledonen häufig ein sekundäres Dickenwachstum auf.

Der Vegetationspunkt ist außer bei einigen Wasserpflanzen (z. B. *Hydrocharis*, *Lemna*) von einer **Wurzelhaube** oder **Kalyptra** bedeckt (Abb. 5.20. b; S. 95). Sie stellt einen Schutz der in die Erde eindringenden Spitze dar. Während Zellen ihrer Außenschichten unter Verschleimen absterben und damit das Eindringen der Wurzel in den Boden erleichtern, erfolgt durch das Wurzelspitzenmeristem der ständige Ersatz von Wurzelhaubenzellen. Bei den Farnen geht diese Funktion von der apikalen Teilungsebene der subapikal gelegenen, vierschneidigen Scheitelzelle aus (s. S. 95). Der Wurzelkörper wird von Zellabkömmlingen der übrigen drei Teilungsebenen gebildet. Die Wurzelhaube bei Gymnospermen und Dikotyledonen entsteht meist ebenfalls aus solchen Initialzellen bzw. davon abgeleiteten Meristemen, die auch den Aufbau des Wurzelkörpers übernehmen. Bei Monokotyledonen ist aber in der Regel ein eigenes Meristem (**Kalyptrogen**) bei der Bildung der ständigen Ergänzung der Wurzelhaube tätig. Durch den Besitz von Statolithenstärke in den Zellen (s. 9.2.2.2.) und als Bildungsort von Hormonen spielen Wurzelhauben für die Steuerung des Wurzelwachstums offenbar eine bedeutende Rolle.

Im Aufbau der Wurzel-Apikalmeristeme bestehen deutliche Unterschiede. So können bestimmte Initialzellgruppen, oft schon an einer Schichtung erkennbar, für die Ausbildung bestimmter Dauergewebe wie Rhizodermis, Rinde und Zentralzylinder zuständig sein. In anderen Fällen gibt es keine gesonderten Initialen für einzelne Gewebsbereiche. Unmittelbar im Apikalbereich konnte inmitten der sich teilenden Zellen (**Zellteilungszone**) eine als **„ruhendes Zentrum"** bezeichnete Gruppe weitgehend inaktiver, meristematischer Zellen festgestellt werden. Die Rolle dieses eventuell als „Meristemreserve" dienenden Komplexes ist noch ungeklärt.

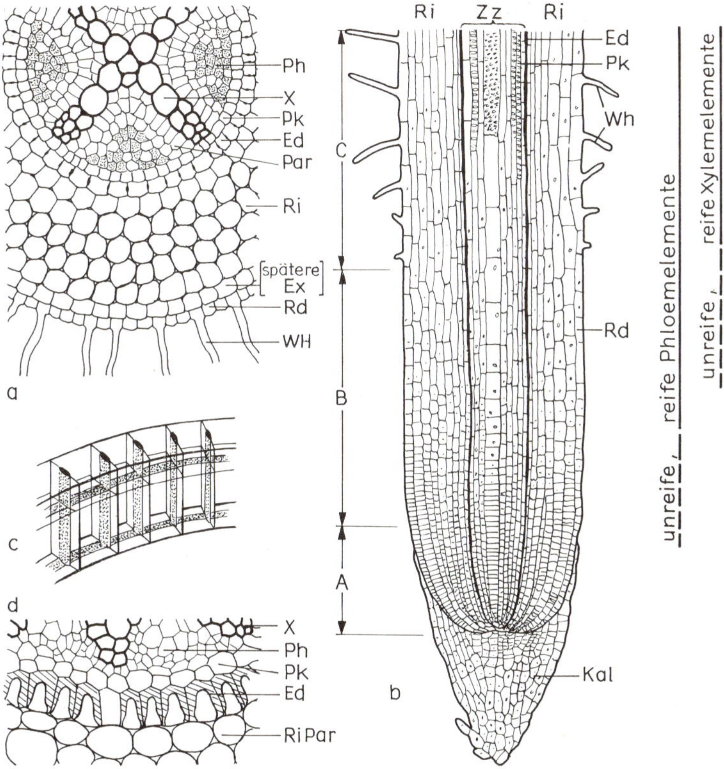

Abb. 5.20. Aufbau der Wurzel. a Schema eines Wurzelquerschnittes, **b** eines Wurzellängsschnittes mit **A** Zellteilungszone, **B** Zellstreckungszone, **C** Wurzelhaarzone. **c** Zellen der Endodermis mit Casparyschen Streifen (Primärendodermis), schematisch, **d** Tertiärendodermis bei *Iris germanica*, Ausschnitt. *Ed* Endodermis, *Ex* Exodermis, *Kal* Kalyptra (= Wurzelhaube), *Par* Parenchym, *Ph* Phloem, *Pk* Perikambium, *Rd* Rhizodermis, *Ri* Rinde, *RiPar* Rindenparenchym, *WH* Wurzelhaar, *X* Xylem, *Zz* Zentralzylinder. – a nach Stocker, b nach Holman und Robbins, verändert, d nach Braune, Leman und Taubert.

Ein Teilungswachstum gibt es auch bei den Zellen hinter dem Vegetationspunkt, bei Mais-Wurzeln bis etwa 2,5 mm von der Spitze entfernt (Abb. 5.20. b). Hier erfolgt in der Regel bereits der Zellstreckungsprozeß, der in der Rinde früher als im Zentralzylinder einsetzt. Als erste Leitelemente werden die Siebröhren gebildet. Erst am Ende der **Streckungszone** treten in den Leitbündeln reife Xylemelemente auf. Etwa in gleicher Höhe beginnt die Ausbildung von Wurzelhaaren an der Rhizodermis (Abb. 4.5. a, 8.9. b, s. 4.4.). Wurzelhaare dienen der Wasseraufnahme wie die übrigen Rhizodermiszellen, vergrößern aber die Wurzeloberfläche beträchtlich. Bei einigen systematischen Gruppen sind die Wurzelhaare nur spärlich ausgebildet oder fehlen ganz. Entsprechend der geringen Lebensdauer der Haare ist die **Wurzelhaarzone** begrenzt. Mit den Haaren sterben die Zellen der Rhizodermis ab, und die subepidermale, oft schon mit ersten Suberin-Wandlamellen ausgestattete **Exodermis** übernimmt die Funktion des Abschlußgewebes. Hier beginnt die **Zone der Wurzelverzweigung.**

Das Querschnittsbild der Wurzel in der Wurzelhaarzone (Abb. 5.20. a) läßt ihren radiär-symmetrischen Bau erkennen. Von der **Rhizodermis** bedeckt, umgibt die **Wurzelrinde** als ein breiter Ring dünnwandiger Zellen den **Zentralzylinder** mit den darin befindlichen Leitgeweben. Als innerste Rindenschicht besitzt die **Endodermis** Besonderheiten ihres Wandbaues, die eine Abgrenzung zwischen Rinde und Zentralzylinder begünstigen. So treten zwischen ihren Zellen keine Interzellularräume auf, die sonst in der Wurzelrinde regelmäßig zu finden sind. In den radialen Endodermis-Wänden sind lipophile, dem Suberin ähnliche Substanzen eingelagert, die auf den Wurzelquerschnitt als **Casparysche Streifen oder Punkte** (primäre Endodermis, Abb. 5.20. a, c) an ihrer dunkleren Färbung erkennbar sind. In den gequollenen Zellwänden wird der Diffusionsweg für Wasser und darin gelöste Substanzen von der Rinde in den Zentralzylinder und umgekehrt durch diese Einlagerungen weitgehend blockiert. Bei Monokotyledonen ist die Endodermis (**Primärendodermis**) durch innere Suberinlamellen (**Sekundärendodermis**) oder weitere Wandverdickungen auf Radial- und Innenwänden (**Tertiärendodermis**) oft zusätzlich verstärkt. Letztere ist im Querschnitt an den U-förmig verdickten Zellwänden erkennbar (Abb. 5.20. d). In einer solchen Endodermis behalten einzelne Zellen als sogenannte **Durchlaßzellen** unverdickte Wände. Man findet sie häufig auf dem Querschnittsbild dort, wo die Xylemstrahlen der Endodermis gegenüberstehen. Viele Befunde sprechen dafür, daß der besondere Bau der Endodermis die im Apoplasten der Wurzelrinde vorhandenen Stoffe nur über den Symplasten der Endodermis in den Zentralzylinder gelangen läßt. Andererseits verhindert die Endodermis das Herausdiffundieren gelöster Stoffe aus dem Zentralzylinder. Als innerste Schicht der Rinde grenzt die Endodermis an die äußerste Schicht des Zentralzylinders, den **Perizykel** oder das **Perikambium**. Durch Teilungsschritte in einzelnen Zellen des meist ein-, seltener mehrschichtigen Perizykels erfolgt die Anlegung von Seitenwurzeln (Abb. 5.21.), welche die Wurzelrinde durchwachsen und nach außen gelangen. Ihre Anordnung in Längsreihen (Rhizostichen) resultiert aus der Bildung über den Xylemstrahlen (bei den meisten Dikotyledonen) oder den dazwischen liegenden Bereichen. Die Seitenwurzeln durchstoßen die Endodermis, und an diesen Stellen wird der apoplastische Diffusionsweg zwischen Wurzelrinde und Zentralzylinder geöffnet. Zu Xylem- und Siebelementen ausdifferenzierte Zellabkömmlinge des Perizykels stellen die Anschlüsse zwischen den Leitgeweben von Haupt- und Nebenwurzeln her. Die **Verzweigung** der Wurzeln erfolgt somit **endogen** im Gegensatz zu der exogen, d.h. von äußeren Zellschichten ausgehenden Verzweigung des Sprosses. Zellen des Perikambiums sind schließlich am sekundären Dickenwachstum beteiltigt.

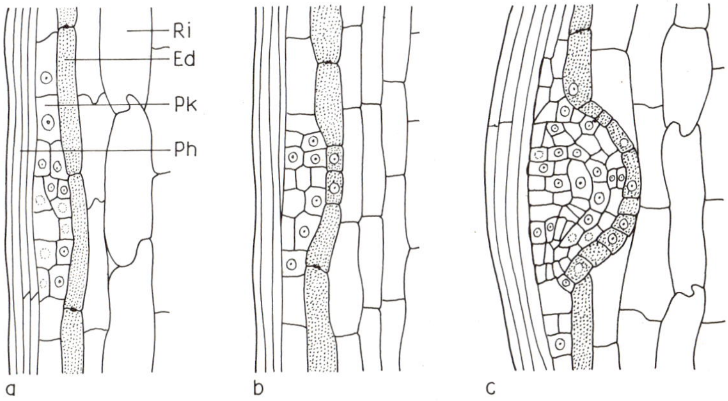

Abb. 5.21. Seitenwurzelbildung. a Beginn durch vorwiegend perikline Teilung im Perikambium. **b** Beginn antikliner Teilung in der Endodermis, **c** beginnender Durchbruch der Seitenwurzel durch die Wurzelrinde. *Ed* Endodermis, *Ph* Phloem, *Pk* Perikambium, *Ri* Rinde. – Nach Esau aus Kaussmann.

5.4.2. Sekundäres Dickenwachstum der Wurzel

Den wachsenden Anforderungen in bezug auf die Wasser- und Mineralsalzversorgung mehrjähriger Pflanzen wird die Wurzel bei Gymnospermen und den meisten Dikotyledonen durch ein sekundäres Dickenwachstum gerecht, bei Monokotyledonen durch Ausbildung neuer sproßbürtiger Wurzeln (s. 5.4.3.). Als Voraussetzung für das sekundäre Dickenwachstum werden Parenchymzellen des Zentralzylinders, die sich zwischen den Phloem- und Xylembereichen des radialen Leitbündels befinden, wieder teilungsfähig. Sie vereinigen sich zu einem geschlossenen, im Querschnittsbild sternförmigen Kambium (Abb. 5.22.) unter Einbeziehung der den Xylemstrahlen gegenüberliegenden Perikambiumzellen. Bevorzugt in den Einbuchtungen scheidet der sternförmige Kambiummantel neue Zellen ab, die auf der Innenseite das sekundäre Xylem, nach außen das sekundäre Phloem bilden. Die Sternform des Kambiums verändert sich bei diesem Wachstum bald zu einer Kreisform. Das vom Kambium nach innen abgeschie-

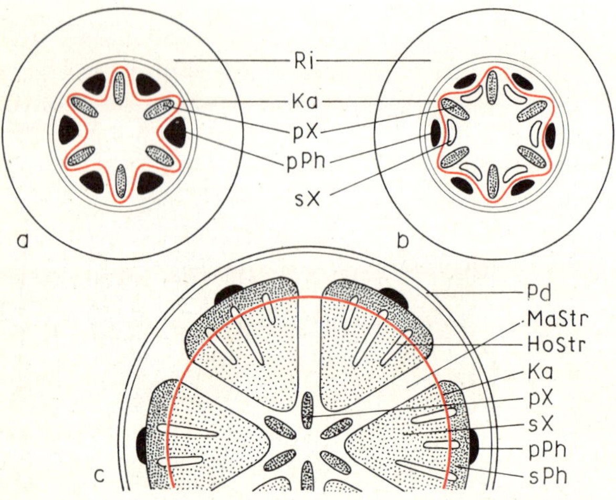

Abb. 5.22. Sekundäres Dickenwachstum der Wurzel. a Primärer Wurzelbau im Querschnitt nach Anlegung des sternförmigen Kambiums, **b** nach Beginn der Kambiumtätigkeit und **c** im späteren Stadium des Dickenwachstums. *HoStr* Holzstrahl, *Ka* Kambium (rot markiert), *Pd* Periderm, *MaStr* Markstrahl, *pPh* primäres Phloem, *pX* primäres Xylem, *Ri* Rinde, *sPh* sekundäres Phloem, *sX* sekundäres Xylem.

dene Holz unterscheidet sich in Aufbau und Funktion von dem Holz der Achse nicht (s. 5.2.5.), entsprechendes gilt für die sekundäre Rinde. Charakteristisch für das Wurzelholz ist jedoch, daß die Strahlen des primären Xylems nicht durch das sekundäre Xylem fortgesetzt werden, sondern isoliert am Beginn der Markstrahlen liegen (Abb. 5.22. c). Die sich vergrößernde Wurzeloberfläche wird durch ein Periderm (s. 4.3.) geschützt, das in der Regel im Perizykel entsteht. Ein **anomales sekundäres Dickenwachstum** zeigt die Rübenwurzel von *Beta*. Die Tätigkeit des primären Kambiums dieser diarchen Wurzel wird von der eines weiter außen im Perizykel gebildeten neuen Kambiums abgelöst. Auch dieses bildet nur solange Zellen, bis in der neuen sekundären Rinde ein drittes Kambium entstand und so weiter. Das Ergebnis sind konzentrisch umeinander angeordnete Zuwachszonen mit einem Wechsel von stark parenchymatischen Holz- und Bastteilen. Ein gleiches Verhalten zeigen auch die Sprosse anderer Chenopodiaceen.

5.4.3 Formen der Radikation

Die Ausbildung der Wurzeln, die Radikation, läßt sich in zwei Grundtypen gliedern: die heterogene oder **allorrhize** (s. Abb. 5.2.) und die homogene oder **homorrhize Bewurzelung** (s. Abb. 5.3. d). Die meisten Dikotyledonen und Gymnospermen sind allorrhiz bewurzelt. Sie bilden eine Hauptwurzel, die in Richtung der fortwachsenden Spitze, d. h. akropetal, immer neue **Seitenwurzeln** entstehen läßt. Während die Hauptwurzel positiv gravitrop (s. 9.2.2.2.) in Richtung Erdmittelpunkt wächst, wachsen die Seitenwurzeln erster Ordnung schräg in den Boden hinein, sie reagieren plagiogravitrop. Die Wachstumsrichtung von Seitenwurzeln höherer Ordnung wird meist nicht durch die Schwerkraft gesteuert, sie sind nicht gravitrop, wohl aber durch Feuchtigkeitsgefälle (hydrotrop) oder Nährstoffgehalte (chemotrop) (s. 9.2.2.3.) beeinflußbar. Das allorrhize Wurzelsystem mehrjähriger Pflanzen besitzt in der Regel Wurzeln mit sekundärem Dickenwachstum und dient außer zur Stoffaufnahme und Verankerung auch zur Speicherung von Nährstoffen. Die letzten Verzweigungen der Wurzel sind als **Nährwurzeln** aber stets dünn und oft kurzlebig.

Außer durch Seitenwurzeln kann die allorrhize Bewurzelung auch durch sproßbürtige Wurzeln verstärkt werden, die sich an Sproßachsen bilden. Ort ihrer meist endogenen Entstehung sind teilungsfähige Zellen im Bereich junger Leitgewebe, bei Stecklingen an Achsen und

Blättern aber auch Kallusgewebe. So wie die Seitenwurzeln die Wurzelrinde durchbrechen, durchbrechen sproßbürtige Wurzeln die Rinde der Sproßachse. Der Aufbau beider Wurzelformen ist vollständig gleich. Im Perizykel älterer Wurzeln, also endogen, können auch neue Sprosse, **Wurzelsprosse**, entstehen. Dieser Vorgang dient der vegetativen Vermehrung und Ausbreitung (z. B. *Cirsium arvense, Populus*).

Die **homorrhize Bewurzelung**, die für Monokotyledonen, Farne und viele Dicotyledonen typisch ist, entsteht durch sproßbürtige Wurzeln. Die bei der Keimung von Monokotyledonen gebildete Primärwurzel ist oft von begrenzter Lebensdauer. Da aber im Jugendstadium eine Primärwurzel in Erscheinung tritt, spricht man hier von **„sekundärer Homorrhizie"**. Bei Farnpflanzen und Orchideen ist bereits die erste Wurzel seitlich am embryonalen Sproß angelegt, es liegt **„primäre Homorrhizie"** vor. Die Einzelwurzeln können bei homorrhizer Bewurzelung verzweigt oder unverzweigt sein, stets fehlt ihnen bei Monokotyledonen und Pteridophyten aber ein sekundäres Dickenwachstum.

5.5. Gestalt- und Funktionswandel der Grundorgane

Der äußere und innere Bau der Grundorgane zeigt eine Vielfalt von Anpassungen an die natürliche Umwelt (Ökomorphologie). Äußere Bedingungen führten in der Stammesgeschichte zu spezifisch sich ausprägenden Gestaltwandlungen (= **Metamorphosen**). Als Folge eines auf gleiche Merkmale hin erfolgenden Selektionsvorganges entstanden ähnliche, konvergente Formen. **Konvergenz** zeigt sich sowohl in der Ähnlichkeit der Gestalt verschiedener abgewandelter Grundorgane (Analogie z. B. von Blatt- und Sproßdornen) als auch in ähnlichen Formen der Pflanzen bei verschiedenen Taxa (z. B. bei Sukkulenten, Lianen, Polsterpflanzen). Im folgenden wurde die Einteilung pflanzlicher Metamorphosen nach den Hauptfunktionen vorgenommen; die Zuordnung zu den Grundorganen läßt die Tabelle 5.1. erkennen.

5.5.1. Speicherung (Abb. 5.23.)

Die Fähigkeit zur Wasser- und Nährstoffspeicherung tritt bei allen Grundorganen auf. **Sukkulente Pflanzen** (Abb. 5.25. b, d) gehören zu

Tabelle 5.1. Metamorphosen der Grundorgane

Funktion	Wurzel	Sproßachse	Blatt
Speicherung	**Wurzelsukkulenz** wasserreiche Wurzelknollen, z. B. *Pachypodium* (Südafrika) **Wurzelrübe** (mit Hypokotyl-Beteiligung) Möhre, Zuckerrübe, Rettich **Sproßrübe** (Wurzel, Hypokotyl und Sproßbasis) Kohlrübe, Sellerie	**Stammsukkulenz** *Cactaceae*, *Euphorbiaceae*, *Asteraceae*, *Asclepiadaceae*	**Blattsukkulenz** *Sedum*, *Sempervivum* *Agave*
	Wurzelknolle Dahlie, Erdorchideen	**Sproßknolle** Kohlrabi, epiphyt. Orchideen **Hypokotylknolle** Radieschen, Rote Rübe, *Cyclamen* **Ausläuferknolle** Kartoffel **Rhizom** *Polygonatum*, *Iris*	**Zwiebel** 1. Schuppenzwiebel: Lilie 2. Schalenzwiebel: Tulpe, Küchenzwiebel
	Wurzelbulbille Scharbockskraut (*Ranunculus ficaria*)	**Achsenbulbille** Knollenknöterich (*Polygonum viviparum*)	**Brutzwiebel** Zwiebel-Zahnwurz (*Dentaria bulbifera*)
Befestigung	**Wurzelranken** *Vanilla planifolia* (Orchidee) **Haftwurzeln** Efeu, Epiphyten **Stelzwurzeln** Mais, *Rhizophora*-Arten **Stützwurzeln** *Ficus bengalensis* („Banyan“)	**Sproßranken** *Vitaceae*, *Passiflora* **Windende Achsen** Feuerbohne, Hopfen	**Blattranken** 1. aus ganzem Blatt: Ranken-Platterbse (*Lathyrus aphaca*) 2. aus Blattfiedern: *Fabaceae*, wie Erbse und Wicke 3. Blattstielranken: Kapuzinerkresse

Tabelle 5.1. (Fortsetzung)

Funktion	Wurzel	Sproßachse	Blatt
	Brettwurzeln Bäume tropischer Regenwälder **Zugwurzeln** Aronstab, Türkenbund-Lilie		
Abwehr	**Wurzeldornen** Palmen der Gattg. *Acanthorrhiza* *Myrmecodia*	**Sproßdornen** *Crataegus*, *Gleditsia*	**Blattdornen** Cactaceae, Berberitze **Nebenblattdornen** Robinie
Photo-synthese	**Assimilationswurzeln** *Taeniophyllum* (Orch.), Podostemaceen	**Flachsprosse oder Platykladien** *Opuntia*-Arten **Blattähnliche Flachsprosse oder Phyllokladien** *Asparagus*, *Ruscus*	**Blattstielblätter oder Phyllodien** Folgeblätter bei *Acacia*-Arten
Stoff-aufnahme	**Atemwurzeln** Mangrove-Pflanzen wie *Jussieua*, *Sonneratia* **Luftwurzeln mit Velamen** epiphytische Orchideen **Haustorien phanerogamer Parasiten** *Cuscuta* (?), *Orobanche*, *Viscum*		**Blattzisternen** epiphytische Bromeliaceen **Humus sammelnde Nischenblätter** *Platycerium* **Zerteilte Unterwasserblätter** *Salvinia*, *Ceratophyllum demersum* **Blattorgane zum Tierfang** *Drosera*, *Dionaea*, *Nepenthes*, *Utricularia*

den Bewohnern von Trockengebieten, den Xerophyten (s. 7.7.3.), und besitzen ein ausgeprägtes **Wasserspeichergewebe** aus farblosen, meist dünnwandigen Zellen. Soweit nicht die Blätter selbst sukkulent sind, ist deren Ausbildung reduziert, um die flächenproportional erfolgende Wasserdampfabgabe minimal zu halten. Für Sukkulenten ist eine geringe **Oberflächenentwicklung** (= Oberfläche (dm^2)/Frischgewicht (g)) und ein hoher **Sukkulenzgrad** (= Wassergehalt bei Sättigung (g)/Oberfläche (dm^2)) charakteristisch. Pflanzen mit ein- bis wenigschichtigem Wassergewebe in epidermaler oder subepidermaler Lage bilden Übergangsformen zu den Sukkulenten. Die bei Halophyten, den Pflanzen der Salzstandorte, häufig auftretende Sukkulenz ist eine Folge vermehrter Ionenaufnahme und daher nicht generell als Wasserspeicherung aufzufassen.

In den vegetativen Organen sind die gespeicherten Nährstoffe bevorzugt Kohlenhydrate, in den Samen meist Fette. Bei **Rüben** ist die Hauptwurzel als Speicher ausgebildet, gleichzeitig aber oft das Hypokotyl („**Wurzelrüben**") oder das Hypokotyl und die Sproßbasis („**Sproßrüben**"). Im Gegensatz zur zweijährigen Möhre, *Beta*-Rübe (Kulturformen), Rettich und Kohlrübe besitzen Meerrettich, Schwarzwurzel und Zaunrübe ausdauernde Rüben. Die Verdickung der Rüben kann auf dem Dickenwachstum der Rinde (Möhre), des Holzkörpers (Rettich) oder auch auf anomalem Dickenwachstum (*Beta*-Rüben, s. 5.4.2.) beruhen. **Wurzelknollen** entstehen aus sproßbürtigen Wurzeln, **Sproßknollen** aus der Sproßachse, oft nur aus dem Hypokotyl oder den Enden von Ausläufern. Manche Erdorchideen bilden jährlich eine Wurzelknolle zum Ersatz der vorjährigen, eine ähnliche Neubildung von Sproßknollen finden wir bei der Herbstzeitlose (*Colchicum autumnale*) und dem Krokus. Speicherblätter bilden die **Zwiebeln**, die einen gestauchten Sproß mit der abgeflachten „Zwiebelscheibe" als Achsenkörper besitzen. Diese Blätter gehen aus Niederblättern hervor und sind schuppenförmig (**Schuppenzwiebeln**, z. B. Lilie) oder aus Blattbasen und sind dann schalenförmig (**Schalenzwiebeln**, z. B. Tulpe). Aus einzelnen Achselknospen der Zwiebelblätter können in jedem Jahr neue Zwiebeln entstehen. Jeweils ein Grundorgan als Speicher besitzen auch die zur vegetativen Vermehrung dienenden **Brutknospen**. Es sind gestaucht bleibende Seitensprosse, an denen die jungen Blätter (**Brutzwiebel**), die Achse (**Achsenbulbille**) oder eine sproßbürtige Wurzel (**Wurzelbulbille**) zu Nährstoffspeichern werden.

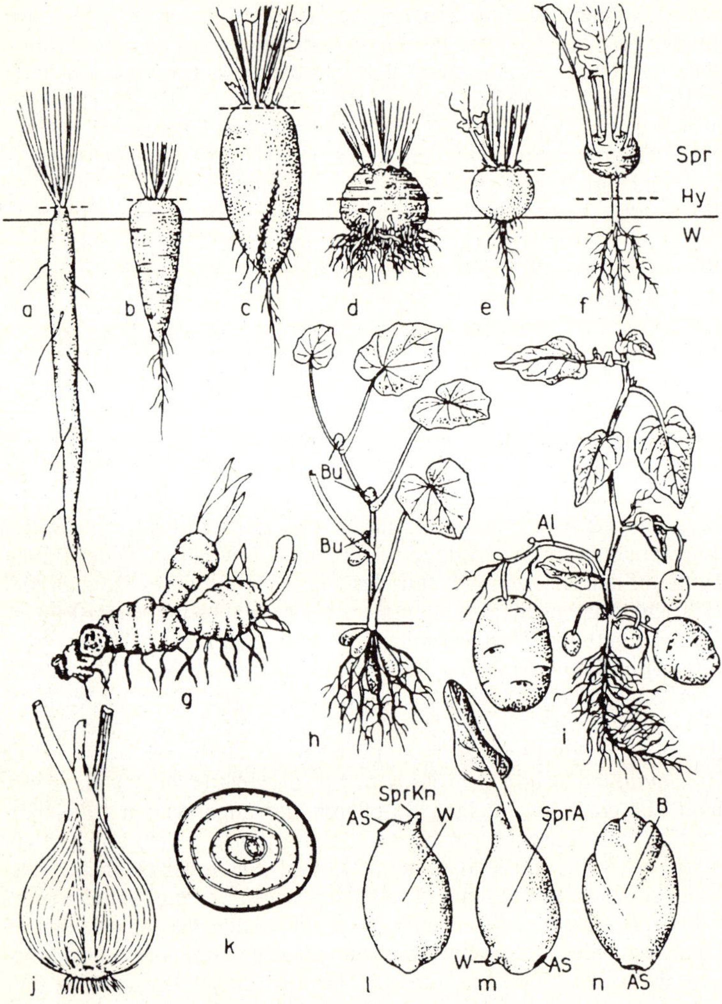

Abb. 5.23. Speicherorgane. Wurzelrübe: a Schwarzwurzel (*Scorzonera hispanica*); **b** Möhre (*Daucus carota*). **Sproßrübe**: c Futterrübe (*Beta vulgaris* var. *crassa*); **d** Sellerie (*Apium graveolens*). **Hypokotylknolle: e** Rote Rübe (*Beta vulgaris* ssp. *rapacea* var. *conditiva*). **Sproßknolle: f** Kohlrabi (*Brassica oleracea* var. *gongylodes*). **Rhizom: g** Schwertlilie (*Iris*). **Wurzelknollen: h** Schar-

5.5.2. Befestigung (Abb. 5.24.)

Kletterpflanzen sind befähigt, ihre Achsen an vorhandenen Stützen zu befestigen, um den Blättern einen hohen Lichtgenuß zu sichern. Windesprosse besitzen dünne Achsen mit stark verlängerten Internodien und suchen als Jungpflanze durch kreisende Bewegung der Sproßspitze (Circumnutation, s. 9.1.5.) eine geeignete Stütze zu erreichen. Dieses Kreisen ist die Folge eines an den Achsenflanken umlaufend geförderten Wachstums, und in gleichartiger Schraubenlinie winden sie an der gefundenen Stütze empor. Die Oberflächen der windenden Achsen besitzen häufig Einrichtungen zur guten Haftung wie Rillen oder Haare.

Nach der Drehrichtung unterscheidet man Linkswinder (Bohne, Winde), Rechtswinder (Hopfen) und Rechts- und Linkswinder (Bittersüß, Windenknöterich).

Ranken sind fadenförmige Befestigungsorgane, die aus allen drei Grundorganen hervorgegangen sein können: Es gibt **Wurzel-, Sproß-** und **Blattranken** (s. Tab. 5.1.). Ähnlich wie die Spitzen von Windesprossen können Ranken durch kreisende Suchbewegungen eine Stütze erreichen und nach deren Berührung thigmotropisch oder thigmonastisch reagieren (s. 9.3.2.1.). Die Befestigung erfolgt entweder durch Umschlingen der Stütze (z. B. Sproßranke des Weins, *Vitis vinifera*, Wurzelranke von *Vanilla planifolia*) oder durch Ausbildung von Haftscheiben an den Rankenenden (z. B. Sproßranke des Wilden Weins, *Parthenocissus*). Während Ranken entfernter stehende Stützen erreichen, bewirken **Haftwurzeln** eine Befestigung der Achse an der in unmittelbarer Nähe befindlichen Unterlage. Sie entstehen beim Efeu (*Hedera helix*) auf der lichtabgewandten Seite der Achse und reagieren negativ phototropisch (s. 9.2.2.1.), nicht thigmotropisch. Bei epiphytischen, d. h. auf anderen Pflanzen lebenden Orchideen und Araceen umschlingen Haftwurzeln die Achse der Wirtspflanze. Wurzelranken und Haftwurzeln sind sproßbürtig. Bei den **Spreizklimmern**, wie z. B.

---

bockskraut (*Ranunculus ficaria*). **Ausläuferknollen: i** Kartoffel (*Solanum tuberosum*). **Schalenzwiebel: j** Längs- und **k** Querschnitt von Küchenzwiebel (*Allium cepa*). **Bulbillen: l** Wurzelbulbille von Scharbockskraut (s. auch h); **m** Achsenbulbille vom Knollenknöterich; **n** Brutzwiebel (= Blattbulbille) von Zwiebel-Zahnwurz (l–n stark vergrößert, Größenvergleich bei h). *Al* Ausläufer, *AS* Abbruchstelle, *B* Blatt, *Bu* Bulbille, *Hy* Hypokotyl, *Spr* Sproß, *SprA* Sproßachse, *SprKn* Sproßknospe, *W* Wurzel. – h, i nach Troll.

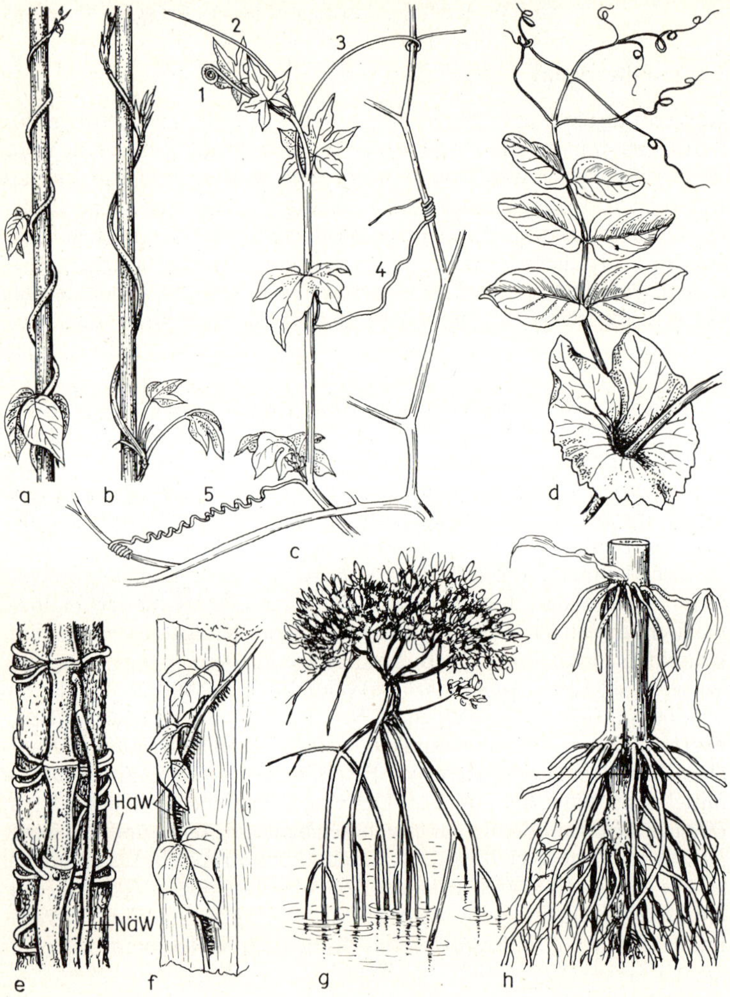

Abb. 5.24. Befestigungsorgane. Windepflanzen: a linkswindende Feuerbohne (*Phaseolus coccineus*); **b** rechtswindender Hopfen (*Humulus lupulus*). **Ranken: c** Blattranken der Zaunrübe (*Bryonia dioica*), 1 – 5 kennzeichnet Stadien der Rankenentwicklung; **d** Fiederblattranken der Erbse (*Pisum sativum*). **Haftwurzeln: e** tropische Aracee an einem Stützbaum; **f** Efeu (*Hedera helix*). **Stelzwurzeln: g** Mangrovebaum (*Rhizophora mucronata*); **h** Mais (*Zea mays*). *HaW* Haftwurzeln, *NäW* Nährwurzeln. – b, e nach Troll, c nach Sachs aus Stocker, d nach Holman und Robbins.

dem Klebkraut (*Galium aparine*), wird durch hakenförmige Klimmhaare an Achsen und Blättern (bei anderen Pflanzen auch durch Stacheln und Dornen) eine Aufhängung des Sprosses an den seitlich überwachsenen Nachbarpflanzen erreicht. Eine Abstützung des Sprosses durch sproßbürtige Wurzeln, die oberhalb der Erdoberfläche an der Achse entspringen, bilden die **Stelzwurzeln**. Sie kommen verbreitet bei den Mangrovepflanzen (z. B. *Rhizophora*) in den Mündungsgebieten tropischer Flüsse vor. Die **Stützwurzeln** von *Ficus bengalensis* wachsen von ausladenden Ästen senkrecht nach unten und stützen diese nach Verankerung im Boden und säulenförmiger Verdickung. Diese Äste können horizontal weiterwachsen, und ein „Baum" wird schließlich eine große Fläche einnehmen. Wie Stützpfeiler erhöhen **Brettwurzeln** die Standfestigkeit großer Bäume an der Stammbasis. Als schmale, massive Rippen treten sie oberhalb des Erdbodens aus dem Stamm heraus. **Zugwurzeln** besitzen die Fähigkeit, sich nach der Verankerung ihrer Spitzenzone im Boden zu verkürzen. Das erfolgt durch radiale Streckung der zunächst in Längsrichtung angelegten Wurzelrindenzellen, wobei diese eine Reihe von Ringwülsten an der Wurzel bilden. Auf diese Weise können Rhizome, Knollen oder Zwiebeln in die erforderliche Bodentiefe gebracht werden.

5.5.3. **Abwehr** (Abb. 5.25.)

Der durch **Dornen** gegebene Schutz der Pflanzen ist offensichtlich, ihr Besitz hat positiven Selektionswert. Dornen bilden sich aus allen drei Grundorganen. Verdornte Wurzeln sind allerdings selten und treten in unserer Flora nicht auf (z. B. die Palme *Acanthorrhiza*). Zu **Sproßdornen** (= Dornensprosse) werden meist unverzweigte Seitenachsen durch eine gehemmte Entwicklung, die Ausbildung einer Spitze und Sklerenchymreichtum (Schlehdorn, *Prunus spinosa*). **Blattdornen** (= Dornenblätter) können Laubblättern, Laubblatt-Teilen oder auch Nebenblättern homolog sein. Bei der Berberitze (*Berberis vulgaris*) werden Laubblätter des Langtriebes zu drei- oder fünfstrahligen Dornblättern. **Nebenblattdornen** sind stets paarig. Die ebenfalls der Abwehr dienenden **Stacheln** gehören zu den Emergenzen (s. 4.3.).

5.5.4. **Photosynthese** (Abb. 5.26.)

Zu Organen der Photosynthese sind in seltenen Fällen auch Wurzeln – sogenannte **Assimilationswurzeln** – ausgebildet, so bei

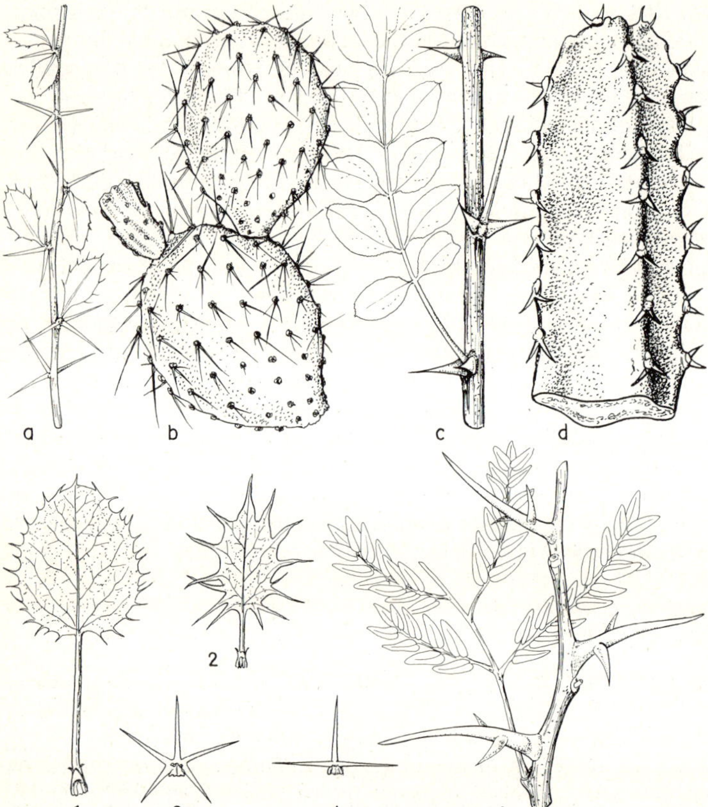

Abb. 5.25. Dornen. Blattdornen: a an der Achse der Berberitze (*Berberis vulgaris*), die Blätter entstammen Kurztrieben aus Achselknospen der Blattdornen. Übergänge vom Laubblatt zum Blattdorn bei **e** 1–4. **b** Flachsproß von *Opuntia*, dessen Seitensprosse als Kurztriebe („Areolen") mehrere Blattdornen tragen. **Nebenblattdornen: c** an der Achse der Robinie (*Robinia pseudoacacia*), **d** am Sproß einer sukkulenten Euphorbiacee (nach ihrer Entstehung besser „Subfoliarstacheln"). **Sproßdornen: f** Gleditschie (*Gleditsia triacanthos*) mit verdornten Seitensprossen 1. und 2. Ordnung. – d nach Giesenhagen, e nach Troll.

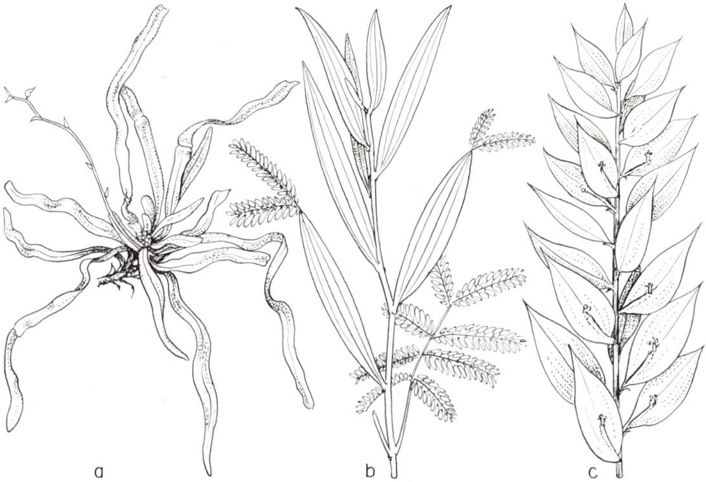

Abb. 5.26. Nichtlaubblattartige Assimilationsorgane. a Assimilationswurzeln von *Taeniophyllum* (Orchidee). **b** Phyllodien bei *Acacia heterophylla.* **c** Phyllokladien bei *Ruscus aculeatus.* – a nach Goebel, b nach Reinke.

Taeniophyllum, einer epiphytischen Orchidee, und bei den Podostemaceen, einer submers in tropischen Flüssen lebenden Blütenpflanzen-Familie. In beiden Fällen liefern die bandförmigen, grünen Wurzeln den Pflanzen die erforderlichen Assimilate. Wesentlich häufiger übernehmen Achsen die Aufgabe der Photosynthese. So besitzt der Besenginster (*Sarothamnus scoparius*) grüne, rutenförmige Achsen, an diesen aber auch kleine Blätter. Meist ohne Blätter erfolgt die Photosynthese bei Pflanzen mit **Flachsprossen** oder **Platykladien**. Es kann die Hauptachse abgeflacht sein (*Opuntia*) oder die Nebenachse (*Asparagus*, *Ruscus*). Im letzteren Falle spricht man bei hoher Blattähnlichkeit (u.a. begrenztes Wachstum) auch von **Phyllokladien**.

Die Achsennatur der Flachsprosse wird dann gut erkennbar, wenn auf ihren „Spreiten“ Blätter oder Seitenachsen mit Blüten entstehen. Diese Erscheinung kann aber auch durch ein teilweise verbundenes Wachstum von Seitenachse und Blattfläche hervorgerufen werden (kongenitales Wachstum).

Assimilierende Flächen entstehen schließlich durch Abflachung von **Blattstielen** (oder der Rhachis, der Mittelrippe gefiederter Blätter), was zur Bildung von **Blattstielblättern** oder **Phyllodien** führt (z. B. *Acacia*-Arten).

5.5.5. Stoffaufnahme (Abb. 5.27., 5.28.)

Eine Wurzelmetamorphose mit der besonderen Eignung zur Aufnahme von Luftsauerstoff stellen die **Atemwurzeln** dar, wie sie bei einigen Mangrovepflanzen, insbesondere der Gattungen *Sonneratia* (Abb. 5.27. a) und *Avicennia*, anzutreffen sind. Sie entspringen der Oberseite der im Schlammgrund horizontal verlaufenden Strangwurzeln und wachsen negativ gravitrop nach oben. Die in den Luftraum

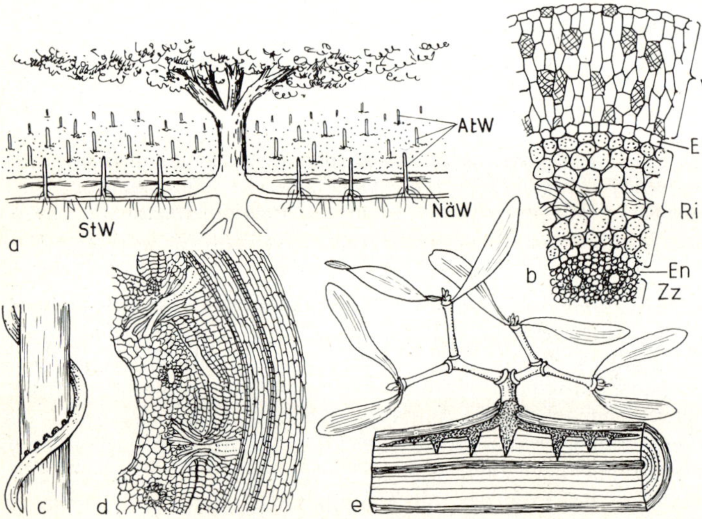

Abb. 5.27. Spezielle Organe der Stoffaufnahme. a Atemwurzeln bei *Sonneratia alba. AtW* Atemwurzeln, *NäW* Nährwurzeln, *StW* Strangwurzeln. **b** Orchideenwurzeln (*Stanhopea oculata*) mit Velamen, Teil eines Querschnittes. *En* Endodermis, *Ex* Exodermis, *Ri* Rinde, *V* Velamen, *Zz* Zentralzylinder. Einige Zellen des toten Velamens zeigen faserförmige Wandverdickungen. **c** *Cuscuta*-Achse, mit Haustorien an der Wirtspflanze befestigt; **d** Längsschnitt zeigt die in das Wirtsgewebe (links) eingedrungenen Haustorien. **e** Mistelpflanze (*Viscum album*) auf befallenem Ast im Längsschnitt: von den waagerecht verlaufenden Rindenwurzeln gehen Senker in den Holzkörper. – a nach Troll verändert, b nach Haberlandt, d nach Kny, e nach Guttenberg.

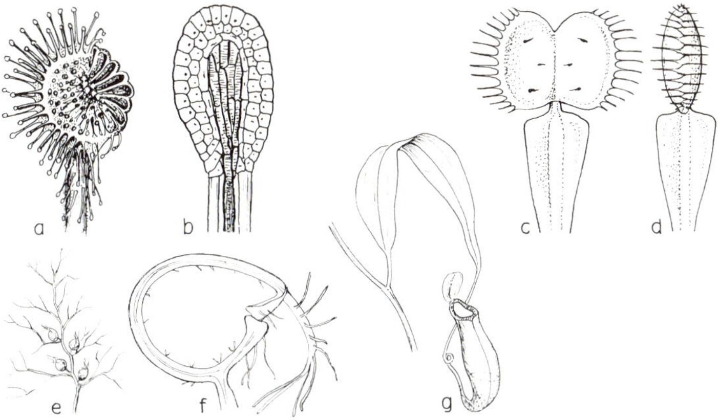

Abb. 5.28. Organe zum Tierfang. a Blatt des Sonnentaus (*Drosera rotundifolia*), Tentakel einer Blatthälfte über Beutetier gekrümmt. **b** Köpfchen eines Tentakels mit Drüsengewebe und zentralem Tracheidenstrang. **c** Blatt der Venusfliegenfalle (*Dionaea muscipula*) mit dem als Klappfalle geöffneten Endabschnitt, jede Spreitenhälfte mit drei Fühlborsten, **d** geschlossene Falle. **e** Teil eines Fiederblattes des Wasserschlauches (*Utricularia vulgaris*) mit Fangblasen, **f** einzelne Blase im Längsschnitt mit geschlossener Klappe. **g** Kannenpflanze *Nepenthes* mit der aus der Spreite eines Blattes gebildeten Gleitkesselfalle (vom glatten Rand der Kannenöffnung fallen Insekten in den von Drüsen sezernierten wäßrigen Kanneninhalt). – a nach Darwin, c und d nach Denffer, e und f nach Szweykowska und Szweykowski, g nach Troll.

gelangenden Spitzen besitzen bei *Sonneratia* abblätternde Korkschichten und bei *Avicennia* den Lenticellen ähnliche Öffnungen, wodurch ein Gasaustausch ermöglicht wird. Eine entsprechende Funktion erfüllen die „**Wurzelknie**“ bei der Sumpfzypresse (*Taxodium distichum*), sich im Schlammboden aufwärts krümmende Wurzeln, die nach Erreichen der Atmosphäre wieder abwärts in den Boden wachsen.

Die Wasser- und Nährstoffaufnahme wird bei **Epiphyten** durch unterschiedliche Einrichtungen gesichert. Hier seien erwähnt: lange, **tauartige Nährwurzeln**, die bis in den Boden reichen und sich dort verzweigen (z.B. bei Araceen), mit **Velamen** versehene **Luftwurzeln** (Abb. 5.27.b) und die zum Auffangen von Wasser dienenden **Zisternen** der Blattrosetten von Bromeliaceen mit Schuppenhaaren an der Basis der Blattoberseite (Abb. 4.5. b). Eine der Wurzel analoge Gestalt und

Funktion zeigt das Unterwasserblatt des Wasserfarns *Salvinia*. Bei parasitischen Blütenpflanzen dienen **Haustorien** der Stoffaufnahme aus dem Wirt, die **Hemiparasiten** entnehmen dem Wirt über den haustorialen Anschluß an das Xylem nur den Xylemsaft, die **Holoparasiten** mit Phloemanschluß auch den Phloemsaft (z.B. *Cuscuta*, Abb. 5.27.d). Bei der Mistel (*Viscum album*, Abb. 5.27.e) zeigen deren Rindenwurzeln und Senker bei ihrem Wachstum in der Wirtsachse eine hohe Anpassung an das Wachstumsverhalten des Wirtes und sichern so die Wasser- und Nährsalzaufnahme. Sehr unterschiedlich ist die Spezialisierung von Blattorganen bei den zoophagen Pflanzen (Abb. 5.28). Im einzelnen sind es sehr spezielle Gestalt- und Funktionsänderungen für die Aufgabe einer **Klebfalle** (*Drosera* s.4.6., *Pinguicula*), **Klappfalle** (*Dionaea* s.9.1.4.), **Saugfalle** (*Utricularia* s.9.1.2.) oder **Gleitkesselfalle** (*Nepenthes* s.4.6.).

5.6. Fortpflanzung und Vermehrung

Unter **Fortpflanzung** versteht man die Ausbildung einer neuen Generation. Sie ist in der Regel mit der **Vermehrung**, d.h. der Vervielfachung der Individuenzahl gekoppelt.

5.6.1. Vegetative Vermehrung

Die Möglichkeit der vegetativen Vermehrung wird von Niederen und Höheren Pflanzen ausgenutzt. Sie hat den Vorteil der Erhaltung von Kreuzungsprodukten und des Aufbaus großer Populationen, auch wenn eine Befruchtung unmöglich ist. Allerdings kommt es dabei nicht zur Neukombination des genetischen Materials. Die vegetativen Nachkommen eines Individuums sind – abgesehen von Knospen-Mutationen – erbgleich, sie werden in ihrer Gesamtheit als **Klon** bezeichnet.

Die einfachste Form der vegetativen Vermehrung ist die **Teilung** von **Einzellern**: die **Spaltung** quer zur Längsachse mit irisblendenartiger Zell-Durchschnürung bei Prokaryoten, die **Längsteilung (Schizotomie)** der monadalen Algen und Pilze, die **Sprossung** der Hefen (Abb. 5.29., s.S. 90) und die Exosporen-Bildung bei einigen Bakterien.

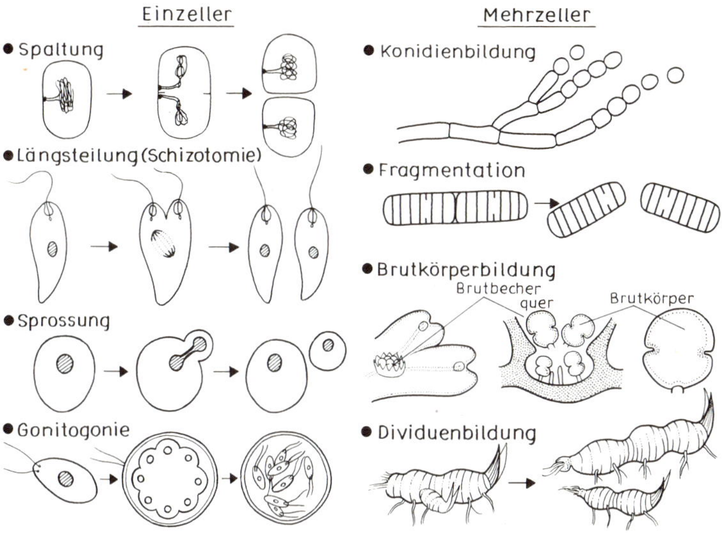

Abb. 5.29. Typen der vegetativen Vermehrung.

Für die vegetative Vermehrung von **Mehrzellern** gibt es 4 Möglichkeiten (Abb. 5.29.):

1. die **Fragmentation**, d.h. den Zerfall von Coenobien oder Thalli in Bruchstücke, die zu neuen Pflanzen werden können (z.B. Zerfall der Fäden von *Oscillatoria*, Abb. 5.29., oder der Thalli von Algen, Pilzen und Flechten),
2. die **Abschnürung einzelner Zellen** (z.B. Konidien der Pilze, Abb. 6.12.b),
3. die Ausbildung besonderer mehrzelliger **Brutkörper** und nährstoffreicher **Brutknospen**. Brutkörper gibt es bei Braunalgen, Rotalgen und Moosen (z.B. *Marchantia*, Abb. 5.29.). Brutknospen (**Bulbillen**) werden bei vielen Gefäßpflanzen gebildet, und zwar entweder in den Blattachseln (Zahnwurz, Scharbockskraut, Abb. 5.23.h) oder aus durchwachsenen Blüten (**Pseudoviviparie**, z.B. Zwiebel-Rispengras), aber auch adventiv an Blattrippen (z.B. einige Farne) oder am Blattrand (*Kalanchoë*),
4. **Dividuenbildung**. Darunter wird das Selbständigwerden der Äste von Erdsprossen durch das Absterben der verbindenden älteren Teile verstanden (z.B. Rhizomäste von *Iris*, Abb. 5.29., Ausläufer der Erdbeere, Sproßknollen der Kartoffel, Tochterzwiebeln des Knoblauchs, Wurzelsprosse der Pappel, Sprosse der Wasserlinse, Überwinterungsknospen von Wasserpflanzen). Solche Teilungsprodukte klonaler Pflanzen werden als **Rameten** von den durch Befruchtung entstehenden neuen Organismen, den **Geneten**, unterschieden.

5.6.2. Vermehrung durch Keimzellen (Gonite)

Die Ausbildung von Keimzellen hat sich in der Stammesgeschichte allmählich entwickelt. Sie erfolgt nach einer besonderen Zellteilungsart in besonderen Behältern.

Bereits bei Flagellaten (monadalen Algen) kommt es vor, daß kurz aufeinander folgende Zellteilungen innerhalb einer Zelle **(der Cyste)** ablaufen, wodurch dieser empfindliche Vorgang geschützt wird. Diese Teilungsart entspricht ganz der Bildung von **Keimzellen (Goniten)** bei höher organisierten Pflanzen, der **Gonitogonie** (Schizogonie, mehrere Teilungen innerhalb der **Gonitocyste**). Schon bei einzelligen Algen und Pilzen mit Zellwand ist dieser Teilungstyp die Regel. Die **Gonite** werden aus der Gonitocyste gleichzeitig frei. Der Begriff Gonit umfaßt sowohl die durch Meiose gebildeten Keimzellen **(Gonen)** als auch die durch Mitose gebildeten. Im ursprünglichen Fall werden die Gonite in großer Zahl gebildet. Reduktion kann bis zur Einzahl führen; dann ist der Gonitencharakter u. U. nur durch Vergleich mit verwandten Sippen oder durch das Austreten der Gonite zu erkennen.

Bei den Mehrzellern bleiben die Teilungsprodukte einer vegetativen Zelle durch eine Mittellamelle verbunden. Dieser Zellteilungstyp, die **Cytotomie** (vgl. S. 62 f., 84 f.), ist wohl von der Gonitogonie durch vorzeitigen Abschluß der Teilungen abzuleiten. Beim Eintritt der reproduktiven Phase erfolgt jedoch eine Rückkehr zu dem ursprünglicheren Zellteilungstyp, der Gonitogonie. Im einfachsten Fall können dabei alle oder beliebige Zellen eines Individuums in Gonitocysten übergehen, meist ist die Anordnung der Gonitocysten aber festgelegt (terminal, lateral, z. T. – so bei *Chara* und *Ectocarpus* – in Ketten und Gruppen). Ohne Sexualvorgang entwicklungsfähige Gonite heißen **Sporen**; die nur nach dem Sexualvorgang **(Kopulation)** entwicklungsfähigen nennt man **Gameten**. Entsprechend unterscheidet man unter den Gonitocysten **Sporocysten** und **Gametocysten**. Unbewegliche ♀ Gameten (Gynogameten, Megagameten) heißen **Eizellen**, die Gonitocyste, in der sie gebildet werden, nennt man **Oogonium**.

Bei allen Algen und Pilzen werden die Gonitocysten primär nicht von einer besonderen Hülle umgeben. (Die Oogonien der Armleuchteralgen und der Grünalge *Coleochaete* werden sekundär von Hüllfäden eingeschlossen.) Bei den Landpflanzen (*Embryophyta*) dagegen sind mehrere Gonitocysten zusammen in eine **Hülle aus sterilen Zellen** eingeschlossen, mit der sie das **Gonitangium** bilden. Allen Gonitangien gemeinsam ist die Auflösung der Gonitocystenwandungen vor der Entlassung der Gonite, so daß diese sich zur Reife nur innerhalb der mehrzelligen Gonitangienwand befinden. Die sporenbildenden Gonitangien heißen **Sporangien**, die gametenbildenden **Gametangien** (♂ **Antheridien** und ♀ **Archegonien**, vgl. Abb. 6.27.).

Im Laufe der Stammesgeschichte wurden diese Gonitangien bei den Landpflanzen zunehmend vereinfacht. Während die Sporangien noch bei den Angiospermen vorhanden sind (sie heißen hier Pollensack bzw. Nucellus, vgl. S. 286, 296, 301), werden die Gametangien hier auf wenige Zellen reduziert. Archegonien kommen noch bei den Gymnospermen vor (s. S. 290), Antheridien nur bei den Moosen und Farnpflanzen.

Gonitocysten und Gonitangien sind also nicht homolog. Deshalb sollten die Begriffe Gonitangium, Gametangium und Sporangium nicht auf die Gonitenbehälter der Algen und Pilze angewandt werden, wie das in vielen Lehrbüchern z. Z. noch geschieht.

5.6.2.1. Geschlechtliche Fortpflanzung

Die phylogenetische Bedeutung des Sexualvorganges, d. h. der Verschmelzung zweier Gameten zur **Zygote**, liegt in der Erhöhung der Mannigfaltigkeit durch Neukombination der genetischen Substanz. Mit Vermehrung hat der Sexualvorgang ursprünglich nichts zu tun. Bei vielen Einzellern kopulieren ganze Individuen miteinander (**Hologamie**). Hier wird also die Individuenzahl zunächst sogar vermindert. Bei Mehrzellern ist der Vorgang der Verschmelzung der beiden Elterngenome auf das einzellige Gonitenstadium beschränkt (**Merogamie**), bei ihnen sind daher Vermehrung und Sexualvorgang gekoppelt.

Für den Start eines neuen Individuums ist es vorteilhaft, wenn die Zygote viele Nährstoffreserven enthält. Mit höherem Nährstoffvorrat ist aber eine geringere Beweglichkeit mindestens eines Gameten verbunden. Das führte bei der Befruchtung durch begeißelte Gameten (**Planogamie**) zu folgender phylogenetischen Progression (Abb. 5.30.):

Isogamie: beide Gameten gleichgroß, begeißelt (oder frei amöboid), höchstens physiologisch als + und − Gameten zu unterscheiden →
Anisogamie: ♀ Gameten (**Gynogameten**, Megagameten) größer als die ♂ Gameten (**Androgameten**, Mikrogameten), aber noch beide begeißelt →
Oogamie: Androgameten begeißelt (**Spermatozoide**), Gynogameten wesentlich größer, unbeweglich (**Eizellen**). Bei der **Oogoniogamie** verbleibt die Eizelle im Oogonium.

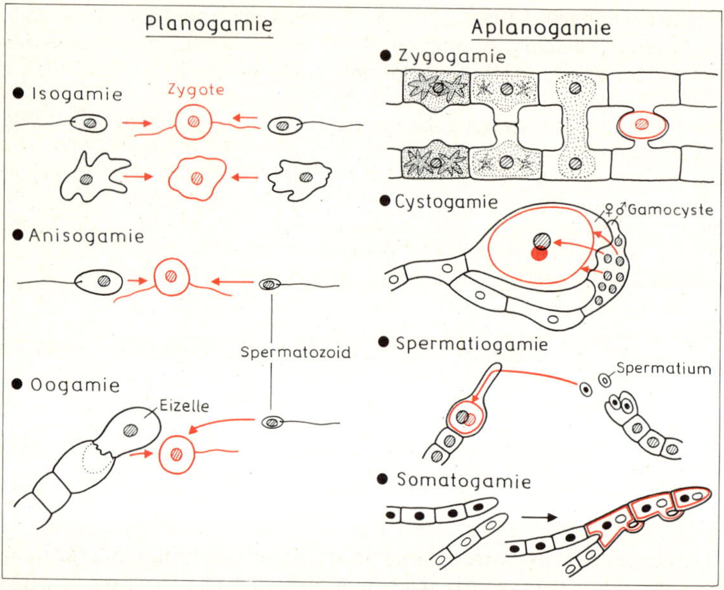

Abb. 5.30. Typen der geschlechtlichen Fortpflanzung.

Bei vielen Algen, Pilzen und fast allen Samenpflanzen werden gar keine begeißelten Gameten ausgebildet. Hierher gehören (Abb. 5.30.):

1. Die **Zygogamie** (Konjugation) der Jochalgen (S. 261 f.), bei der die amöboiden Isogameten nicht frei werden, sondern durch Kopulationsbrücken zueinander gelangen,
2. die **Cystogamie**, hier werden in einem oder in beiden Geschlechtern keine Gameten ausgebildet. Es fusionieren die Protoplasten ein- bis vielkerniger Zellen (**Gamocysten**) ohne vorhergehende Gonitogonie miteinander oder mit Gameten (Beispiele: *Oomycota*, Samenpflanzen). Eine besondere Form der Cystogamie ist die **Spermatiogamie**, bei der unbewegliche ♂ Geschlechtszellen (**Spermatien**) mit einer Gynogamocyste (Ascogon, Karpogon) oder (bei den *Uredinales*) mit einer Empfängnishyphe fusionieren. Die Spermatien entstehen bei den Rotalgen in **Spermatocysten**, bei den Pilzen durch Abschnürung von Zellen auf ähnliche Weise wie Konidien in plectenchymatischen Behältern, den **Spermogonien**.
3. die **Somatogamie** der Basidiomyceten, bei der weder Gameten noch Gamocysten ausgebildet werden, sondern gewöhnliche Körperzellen (somatische Z.) zur Kopulation mit dem anderen Geschlecht befähigt sind.

Da bei den Echten Pilzen und Rotalgen Geißeln ganz fehlen, handelt es sich bei ihnen wohl um **primäre Aplanogamie**, während sich das Verschmelzen unbeweglicher Geschlechtszellen bei anderen Algen und den Samenpflanzen von der Planogamie als **sekundäre Aplanogamie** ableitet.

Beim Befruchtungsvorgang folgt der Verschmelzung des Plasmas (**Plasmogamie**) meist unmittelbar die Verschmelzung der Kerne (**Karyogamie**). Bei den meisten Pilzen sind diese Vorgänge jedoch getrennt. Der Plasmogamie folgt die Paarkernphase (**Dikaryophase**, Abb. 5.31.); der zweite Teil der Befruchtung, die Karyogamie, ist in der Regel auf die Kerne der Meiosporocysten beschränkt und geht der Meiose voraus (s. S. 222 ff., 232).

5.6.2.2. Kernphasen- und Generationswechsel

Der durch die Befruchtung verdoppelte Chromosomensatz muß vor einem erneuten Sexualvorgang (spätestens bei der Gametenbildung) wieder reduziert werden. Durch den Zeitpunkt von Befruchtung und Meiose im ontogenetischen Zyklus ist die Dauer der **Haplophase** und **Diplophase** bestimmt.

Der Kernphasenwechsel kann sich in 3 Haupttypen vollziehen (Abb. 5.31.):

1. **Zygotischer Kernphasenwechsel:** Meiose bei der Keimung der Zygote, Mitosen nur in der Haplophase.
2. **Intermediärer Kernphasenwechsel:** Nach der Zygotenkeimung zunächst Mitosen und Ausbildung einer diploiden **Sporophyten**-Generation, die unter Meiose Sporen bildet. Aus diesen **Meiosporen** geht eine haploide **Gametophyten**-Generation hervor, die Gameten bildet (**antithetischer** oder **heterophasischer Generationswechsel**), Mitosen also in der Haplo- und Diplophase. Die beiden Generationen können einander gleichen (**isomorpher** Generationswechsel) oder verschieden sein (**heteromorpher** Generationswechsel). In der Phylogenie kommt es dabei zunehmend zum Überwiegen des Sporophyten über den Gametophyten. Vorteile dieser Entwicklung liegen wohl darin, daß der diploide Sporophyt genetisch besser ausbalanciert ist und daß in der Diplophase Rezessivität und Dominanz möglich werden. Bei Moosen und Samenpflanzen sind die beiden Generationen fest miteinander verbunden. Bei den Moosen wächst der Sporophyt auf dem assimilierenden Gametophyten, bei den Samenpflanzen der reduzierte Gametophyt auf dem assimilierenden Sporophyten (s. S. 285 ff.).
3. Beim **gametischen Kernphasenwechsel** schließlich erfolgt die Meiose bei der Gametenbildung, so daß Mitosen nur in der Diplophase

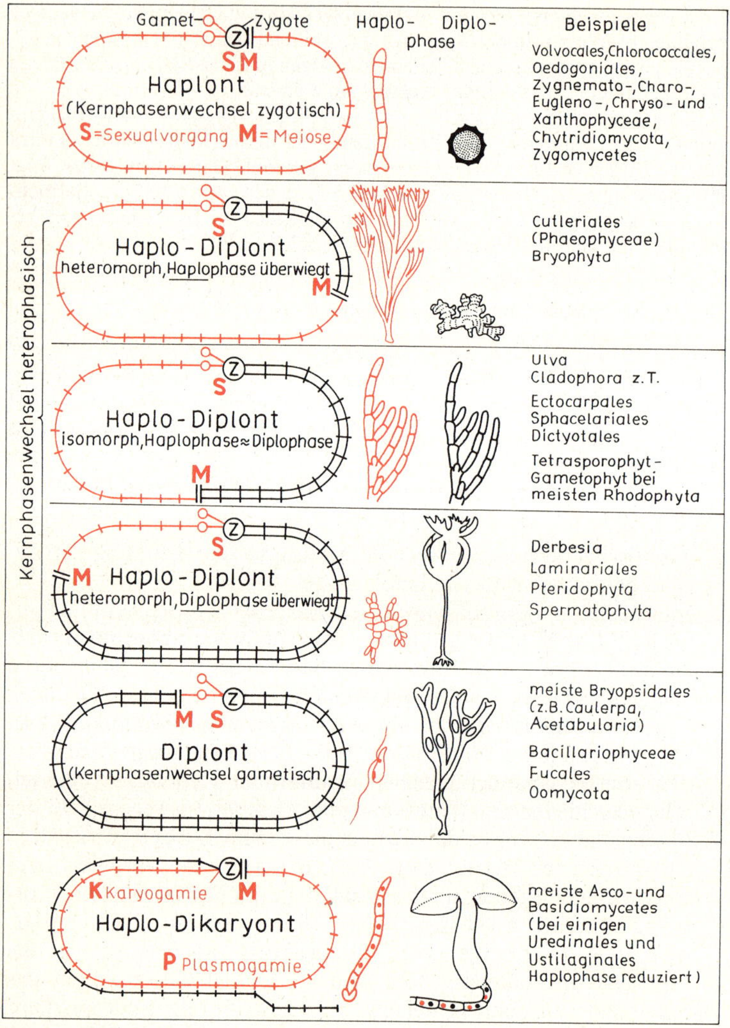

Abb. 5.31. Lebenszyklen und Kernphasenwechsel.

auftreten. Dieser Entwicklungszyklus ist bei den Oomyceten und einigen Algen (*Bacillariophyceae*, *Bryopsidales*, *Fucales*) verwirklicht, eigenartigerweise nicht bei den Samenpflanzen.
Über den haplo-dikaryontischen Entwicklungszyklus der meisten Pilze vgl. S. 222 ff. und 232.

Der Wechsel zweier Generationen ist nicht immer mit Kernphasenwechsel verbunden. Bei den meisten Rotalgen (S. 243) wechseln 2 diploide Sporophytengenerationen mit einer haploiden Gametophytengeneration ab.

Sekundärer **Verlust der sexuellen Fortpflanzung** wird als **Apomixis** bezeichnet. Hierbei entfällt die reguläre Meiose. Neue diploide Pflanzen werden entweder aus einer unbefruchteten Eizelle gebildet (**Parthenogenese**), die durch Wegfall der Meiose bei der Megasporenbildung (**Diplosporie**) oder durch Gametophytenentwicklung aus einer somatischen Sporophytenzelle (**Aposporie**) bereits diploid ist, oder die neue Sporophytengeneration entsteht aus einer vegetativen Zelle eines durch Aposporie diploiden Gametophyten (**Apogamie**, selten). Die **Adventivembryonie**, bei der der Sporophyt direkt aus einer somatischen Zelle des Sporophyten (bei Samenpflanzen aus einer Nucellus- oder Integument-Zelle) hervorgeht, kann schon zur vegetativen Vermehrung gerechnet werden. Apomiktische Samenbildung gibt es bei vielen Angiospermen-Gattungen. Das folgende Schema faßt die hierbei möglichen Vorgänge zusammen:

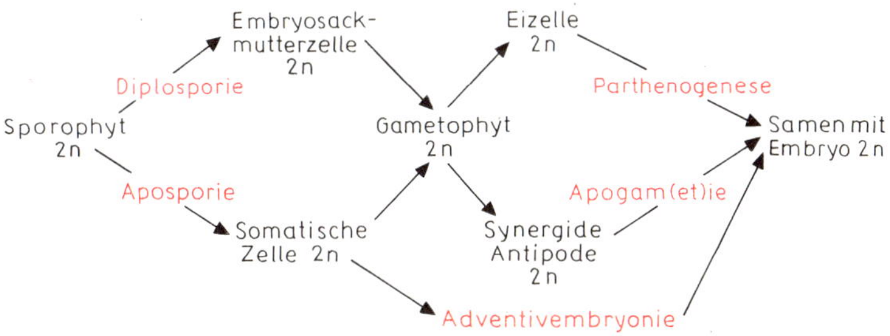

Besonders häufig ist mit Parthenogenese gekoppelte Diplosporie (*Hieracium* subgen. *Hieracium*, *Taraxacum*) oder Aposporie (*Hieracium* subgen. *Pilosella*, *Rubus*, *Sorbus*, *Alchemilla*, *Potentilla*, *Ranunculus auricomus*-Komplex). Bei letzterem ist noch Befruchtung des sekundären Embryosackkernes und Endospermbildung erforderlich (Pseudogamie).

5.6.2.3. Ungeschlechtliche Vermehrung durch Meiosporen und Mitosporen

Der Begriff „Spore" im alten Sinne umfaßt alle freiwerdenden und ohne Sexualakt zu neuen Lebewesen entwicklungsfähigen Einzelzellen, ohne Rücksicht auf Entstehung und Homologie. Hier sollen aber nur Gonite darunter verstanden werden (s. S. 176). Sporen können beweglich (**Zoosporen**), unbeweglich (**Aplanosporen**) oder als Dauersporen (**Hypnosporen**) besonders widerstandsfähig sein.

Neben der Bildung von **Meiosporen**, die in der Regel als ungeschlechtliche Vermehrungszellen in den antithetischen Generationswechsel eingebunden sind, gibt es bei Niederen Pflanzen sowohl in der Haplophase als auch in der Diplophase die Möglichkeit der **ungeschlechtlichen Vermehrung** durch **Mitosporen** (vgl. z. B. Abb. 6.18. a, 6.20. c, 6.15 b). Sie ist nicht mit der vegetativen Vermehrung zu verwechseln, bei der keine Gonite gebildet werden. Bei Pilzen ist ungeschlechtliche und vegetative Vermehrung z. T. kaum zu trennen (s. S. 218).

6. Systematik und Evolution

6.1. Grundlagen der systematischen Botanik

6.1.1. Aufgaben und Gliederung

Die systematische Botanik beschäftigt sich mit der Beschreibung (**Phytographie**), Abgrenzung und Gruppierung (**Taxonomie**, von Taxon = Sippe) und Benennung (**Nomenklatur**) der Pflanzensippen, mit den Prozessen der Sippendifferenzierung (**Evolutionsforschung**) und der Rekonstruktion der Stammesgeschichte (**Phylogenetik**).

Als synthetische Wissenschaft verwendet die systematische Botanik die Ergebnisse aller übrigen botanischen Teildisziplinen, sie bildet aber gleichzeitig deren Grundlage, indem sie **Verallgemeinerungseinheiten** für bestimmte Aussagen schafft.

Dies gilt in gleicher Weise für Befunde der Morphologie (z. B. „alle Farne sind durch primäre Homorrhizie ausgezeichnet"), der Anatomie (z. B. „alle Koniferen besitzen Holz ohne Tracheen"), der Cytologie (z. B. „alle Agavaceen – *Agave* und *Yucca* – haben Chromosomensätze mit 5 langen und 25 kurzen Chromosomen"), der Physiologie (z. B. „alle echten Pilze bilden Lysin auf dem Aminoadipinsäure-Weg"), der Biochemie (z. B. „die blauroten Farbstoffe aller *Chenopodiaceae* sind Betalaine" vgl. Abb. S. 307) oder der Ökologie (z. B. „alle *Pyrolaceae* sind durch Mykorrhiza an Rohhumus gebunden").

Das **Ergebnis** der systematischen Forschungsarbeit ist nicht nur ein **System**, das natürliche Abstammungsgemeinschaften umschreibt und die Kenntnis der Phylogenie widerspiegelt, sondern zugleich ein Inventar der Pflanzensippen in **Monographien** und in **Floren**, die die Bestimmung ermöglichen, aber auch das Wissen über Bau, Lebenserscheinungen und Verbreitung der Arten zusammenfassen. Für die Gefäßpflanzen Zentraleuropas sind solche Floren die „Exkursionsflora" von Rothmaler et al. und Hegis „Illustrierte Flora von Mitteleuropa", für die Flechten und Moose die Floren von Wirth bzw. Frahm et Frey, für die Gefäßpflanzen ganz Europas die „Flora Europaea". Für die Niederen Pflanzen Mitteleuropas ist Rabenhorsts „Kryptogamenflora" das umfassendste Bestimmungswerk. Ein Bestimmungswerk für alle Pflanzen oder auch nur alle Höheren Pflanzen der Welt gibt es nicht. Für die Floren der artenreichsten Gebiete (Amazonas- und Kongo-Gebiet, Malesien) ist der Abschluß kaum in 100 Jahren zu erwarten. Allein aus Mittel- und Südafrika werden täglich 1–2 neue Angiospermen-Arten bekannt. Jährlich werden etwa 1000 neue Pilzarten beschrieben. Gleichzeitig werden täglich über 2 Pflanzenarten vernichtet.

6.1.2. Entwicklung der Pflanzensysteme

Bis ins Mittelalter unterschied man in Europa nur etwa 800 Pflanzensippen. Ihre Gruppierung erfolgte vor allem auf der Ebene der Gattungen, die einerseits zu Lebensformgruppen zusammengefaßt, andererseits, besonders in wirtschaftlich wichtigen Gruppen, in Arten und Varietäten untergliedert wurden. So wurde bereits die Existenz **distinkter Taxa**, aber auch die **abgestufte Mannigfaltigkeit** in der Volks-Taxonomie widerspiegelt. Bis zum 15. Jahrhundert waren Aristoteles, Theophrast, Dioskorides und Plinius die meist kritiklos abgeschriebenen Autoritäten. Viele Fehldeutungen der botanischen Schriften dieser südeuropäischen Autoren entstanden daraus, daß ihre Pflanzennamen auf zentraleuropäische Pflanzen angewandt wurden in der Meinung, es müßten überall die gleichen Arten wachsen.

Die Renaissance brachte genaue Naturbeobachtung, die sich z.B. in den **Kräuterbüchern** (Brunfels 1530, Fuchs 1542, Bock 1546) und in der ersten **Flora** der Welt (J. Thal: Sylva hercynia, 1588) niederschlug. Die 698 **Gattungen**, die Tournefort, der „Vater des Gattungsbegriffes", Ende des 17. Jahrhunderts aufführte, waren noch ohne System zu überblicken. Aber die anwachsenden Kenntnisse erzwangen die Aufstellung höherer Kategorien. C. v. Linné kannte 1336 Pflanzengattungen mit 7700 Arten. Auf Grund einer „sicheren Kalkulation" vermutete er, daß die Gesamt-Artenzahl 10000 kaum erreichen dürfte. (Heute sind 430000 Arten bekannt.) Linné gruppierte die Gattungen und Arten der Samenpflanzen in seinem zuerst 1735 aufgestellten **künstlichen System** nach der Zahl und Verteilung der Staubgefäße (daher „Sexualsystem") in 23 Klassen, denen er nur eine Klasse mit allen Kryptogamen (Algen, Pilze, Moose, Farne) gegenüberstellte.

Die wichtige Kategorie der **Pflanzenfamilie** wurde 1789 von Jussieu aufgestellt, er unterschied 100 (als „Ordnungen" bezeichnete) Familien, heute ist allein bei den Samenpflanzen die Unterscheidung von etwa 500 Familien üblich.

Bereits Linné hatte versucht, durch Berücksichtigung mehrerer Merkmale ein **natürliches System** aufzustellen. Der Durchbruch der Abstammungslehre (vgl. S. 191 f.) brachte das Bestreben, in **phylogenetischen Systemen** (erstes von Wettstein 1901–1908) die Stammesgeschichte widerzuspiegeln. Da diese allerdings vorwiegend aus der Ähnlichkeit rezenter Taxa erschlossen wird, besteht zu den natürlichen Systemen kein grundlegender Unterschied.

Auch in den wichtigsten Systemen der letzten Jahrzehnte (Angiospermen: Cronquist, Dahlgren, Ehrendorfer, Huber, Takhtajan, Thorne; Gymnospermen: Beck; Farne: Kramer, Pichi-Sermolli; Algen: Casper, Hoek; Pilze: Arx, Jülich, Kreisel, Oberwinkler, Poelt, Singer) bleiben trotz der Einbeziehung immer neuer Merkmalsgruppen, trotz der ständig weiter anwachsenden Kenntnis der rezenten und fossilen Pflanzen viele Fragen der Zuordnung unklar.

Als Arbeits- und Verständigungsgrundlage muß das System auch in gewissem Grade stabil und praktikabel sein, es kann also nicht jede neue Erkenntnis unmittelbar widerspiegeln. So ist das System ein Kompromiß zwischen Kenntnis, Tradition und Brauchbarkeit.

6.1.3. Methoden der Taxonomie und Verwandtschaftsforschung

6.1.3.1. Unterlagen der Ähnlichkeits- und Verwandtschaftsforschung

Die moderne Systematik verwendet zur möglichst natürlichen Gruppierung der Pflanzensippen zahlreiche Merkmalsklassen.

Morphologische Merkmale sind nach wie vor die wichtigsten, besonders für die Gefäßpflanzen. Die größte Zahl der Arten kann nur an Herbarmaterial untersucht werden (große Herbarien: London-Kew, Leningrad, Paris, Genf, Wien, Jena, München). Daher ist die Morphologie (zusammen mit der Chorologie) sehr oft die einzige Grundlage der taxonomischen Gliederung. Sie liefert auch die einfachsten Merkmale für die Bestimmung. In den letzten Jahrzehnten ergaben besonders die Überprüfung alter morphologischer Befunde und **morphogenetische** Untersuchungen viel Neues, z. B. die Unterscheidung der primären und sekundären Polyandrie (s. S. 296), die Kenntnis der zentrifugalen oder zentripetalen Anlagefolge der Staubblätter (s. S. 296), das Verständnis des Gynoeceums der Kreuzblütler.

Anatomische Merkmale, z. B. die Struktur des Holzes, der Leitbündel, der Blattnervatur, der Samenschale und der Sekretionsgewebe, sind besonders für die Großgliederung der Gefäßpflanzen wichtig.

Embryologische Merkmale sind für das Angiospermen-System von Bedeutung (vgl. Tab. 6.6. und 6.9.).

Die **Palynologie**, die die Pollen und Sporen der Gefäßpflanzen untersucht, hat mit der Zahl und Anordnung der Aperturen (s. S. 296, Abb. 6.30. b) und der Pollenwand-Feinstruktur Merkmale für die Gliederung von den Klassen bis zu den Arten geliefert.

Feinstrukturen, besonders der elektronenoptisch untersuchte Bau der Zellwand, der Wachsauflagen, der Plastiden, der Geißeln und Geißelbasen, lieferten sehr wichtige Merkmale für die Gliederung der Algen, Pilze und Gefäßpflanzen.

In **karyologischen und cytogenetischen Untersuchungen** wurde durch die experimentelle Synthese hybridogener Sippen und durch die Feststellung der Chromosomenzahl und -struktur die Evolution in einer Reihe von Gattungen aufgehellt (vgl. Abb. 6.1. b). Die Karyologie hat aber auch Merkmale für höhere Kategorien, z. B. Familien (s. S. 183) geliefert. Durch besondere Färbung

(Bänderungs-Techniken) können die Chromosomenabschnitte erkannt und Hybridsippen analysiert werden.

Biochemische Merkmale sind für die Verwandtschaftsforschung auf allen taxonomischen Ebenen interessant („Chemotaxonomie"). Das Vorkommen bestimmter Farbstoffe (S. 240) und Speicherstoffe ist für die Algensystematik, von Wandbaustoffen auch für die Gruppierung der Pilze wichtig. Alkaloide, Flavone, Terpenoide und Iridoide charakterisieren viele Angiospermengruppen. Für die Arznei- und Nutzpflanzenforschung ist das Vorkommen chemischer Rassen mit unterschiedlichem Gehalt an etherischen Ölen oder Alkaloiden wichtig.

Aufschlußreich für die Phylogenie ist die Untersuchung der **Biosynthesewege** der Inhaltsstoffe. Unter den allelochemisch wirkenden sekundären Pflanzenstoffen sind bei den ursprünglichen Angiospermen die Derivate des Shikimisäureweges vorherrschend: Lignine, die bei den holzigen Gruppen nicht nur zur Festigung, sondern auch als Insektizide und Fungizide wirksam werden, Benzylisochinolin-Alkaloide bei den *Magnoliidae*, Betalaine bei den *Caryophyllidae*, kondensierte Gerbstoffe bei den ursprünglichen *Hamamelididae* und *Rosidae*, hydrolysierbare bei den stärker abgeleiteten *Cornanae*. Bei den stark abgeleiteten *Asteridae* werden diese Stoffgruppen zunehmend durch Derivate des Mevalonsäure-Acetat-Weges ersetzt: Iridoide bei den *Lamianae*, Polyacetylene bei den *Aralianae* und *Asteranae*, Steroid-Alkaloide bei den *Solanales*.

Gegenwärtig konzentriert sich die chemotaxonomische Forschung auf die Nucleinsäuren und Proteine, also auf die Träger der genetischen Information selbst und ihre unmittelbaren Produkte. Für die untere taxonomische Ebene (Arten und Unterarten) eignet sich dabei die **Isozymanalyse**. Die unterschiedlichen allelen Formen der Enzyme eines Genlocus („Allozyme") ergeben bei Elektrophorese unterschiedliche Banden, die es erlauben, die Variabilität von Populationen oder die evolutive Herkunft von allopolyploiden Kulturpflanzen zu beurteilen. Auf höherer taxonomischer Ebene (Gattungen und Familien) sind **Sequenzierungen von Proteinen**, besonders des Cytochrom c, des Ferredoxins, Plastocyanins und der Rubisco einsetzbar. Auf Grund der Ähnlichkeit der Aminosäure-Sequenzen wurden für verschiedene Angiospermengruppen Stammbäume entwickelt. Für den gleichen Bereich der taxonomischen Kategorien eignet sich die Analyse der Chloroplasten-DNA mit **Restriktionsenzymen**, die an bestimmten Basenfolgen schneiden. Die elektrophoretische Untersuchung der unterschiedlichen Länge der Restriktionsfragmente (RFLP) deckt Basensubstitutionen, Deletionen und Insertionen auf. So wurde z. B. ein Stammbaum für die Asteraceen-Tribus gewonnen. Die zeitaufwendige **DNA-Sequenzierung** der entsprechenden Gene eignet sich eher für den Vergleich von Familien, Ordnungen und Klassen, ebenso die Sequenzierung der 5S-rRNA, die z. B. die Verwandtschaft der *Charophyceae* und *Embryophyta* (S. 265) oder der *Taphrinales* und *Basidiomycetes* (S. 225) belegt.

Für den Bereich von der Gattung bis zur Ordnung sind **serologische Methoden** aussagekräftig. Dabei werden Pflanzenproteine in Kaninchen oder Mäuse injiziert. Die daraufhin gebildeten Antikörper verursachen mit Proteinen anderer Pflanzen eine Fällung, deren Stärke als Maß der Verwandtschaft angesehen wird. – Alle diese Techniken sind mit vielen Problemen der Methodik und Auswertung verbunden.

Die **Chorologie**, die die Verbreitungsgebiete (**Areale**) untersucht, kann unter Berücksichtung klimaökologischer und erdgeschichtlicher Daten Hinweise auf die Differenzierungsgeschichte der Sippen geben. So ist bei den *Betulales* die Progression im Infloreszenzbau, in der Blattform und Wuchsform mit dem Vorrücken in kältere und kontinentalere Gebiete verbunden.

Ökologisch sind viele Sippen gut charakterisiert (z. B. *Chenopodiaceae* halophil, *Ericales* mycotroph, *Hamamelididae* anemogam). Auch die Wirtswahl von Schädlingen und Krankheitserregern ist aufschlußreich.

6.1.3.2. Beurteilung der Ähnlichkeit und der Verwandtschaft

Der Grad der **Verwandtschaft** zwischen zwei Pflanzensippen wird durch den Zeitpunkt bestimmt, zu dem die regelmäßige wechselseitige Befruchtung zwischen ihnen abgerissen ist, d. h. durch den Zeitpunkt der **Trennung der Keimbahnzusammenhänge**. Zur Rekonstruktion der stammesgeschichtlichen Vorgänge reichen die Fossilien nicht aus. So wichtig die Fossilfunde einiger Zwischenglieder auch sind (z. B. Psilophyten, Samenfarne, Progymnospermen, Urkoniferen), so wenig Fossilien sind andererseits in vielen Gruppen der Algen, Pilze und krautigen Samenpflanzen erhalten. Daher muß die Verwandtschaft weitgehend aus der Übereinstimmung der Merkmale der rezenten Taxa erschlossen werden.

Die abgestufte Ähnlichkeit legt auch der Taxonom gewöhnlich der **Gliederung einer Pflanzengruppe** zugrunde. Er überblickt die verfügbaren Merkmale, schätzt ihre Variabilität ein, stellt eine Merkmalstabelle auf und nimmt mit ihrer Hilfe versuchsweise eine Gruppierung vor. Die Prüfung der Korrelation der Merkmale zeigt dann, ob natürliche Gruppen gefunden wurden. Je größer die Zahl der analysierten Merkmalsklassen ist, desto sicherer kann das Urteil über die Ähnlichkeit sein. Statistische Methoden zur Festlegung von Ähnlichkeitskoeffizienten auf Grund zahlreicher Merkmale liefert die **numerische Taxonomie**. Aus Ähnlichkeit ist aber nicht ohne weiteres auf Verwandtschaft zu schließen.

Um die Ähnlichkeit der Verwandtschaftsforschung zugrunde legen zu können, muß man folgende Grundsätze beachten:

1. Die **Bedeutung der Merkmale ist unterschiedlich**. Sie muß in jedem Verwandtschaftskreis neu geprüft werden. Durch einfache Mutationsschritte hervorgerufene Merkmale wiegen weniger schwer als

komplex bedingte. Voneinander abhängige Merkmale können nicht getrennt bewertet werden. Merkmale, die plastisch auf Umweltänderungen reagieren, müssen auf ihre Variationsbreite untersucht werden. Neu erschlossene Merkmalsklassen werden häufig auf Grund ihrer Neuheit überbewertet.

2. Ein wichtiger Schritt der Verwandtschaftsforschung ist die **Feststellung der Homologie** (s. S. 18), bei morphologischen Merkmalen die Rückführung verschiedener Merkmalsausprägungen auf einen **Grundbauplan**. Die **3 Homologie-Kriterien** sind: das Kriterium der Lage, das Kriterium der speziellen Qualität der Strukturen und das Kriterium der Verknüpfung durch Zwischenformen. Aus ähnlichen, aber auf verschiedenem Wege (bzw. aus verschiedenen Ausgangsstrukturen) entstandenen (konvergenten) Merkmalen darf nicht auf Verwandtschaft geschlossen werden. **Konvergenz** tritt bei fast allen Merkmalsklassen auf.

3. Sind Merkmale als homolog erkannt, bleibt noch die **Progressionsrichtung** innerhalb der Merkmalsreihen festzustellen, d.h. es muß beurteilt werden, welche Merkmalsausprägung ursprünglich und welche abgeleitet ist.

Dafür gibt es zwar einige allgemeine Tendenzen (z. B. gilt als ursprünglich eine große Zahl gleichförmiger Strukturen; als abgeleitet eine kleine, festgelegte Zahl unterschiedlicher Strukturen; vgl. auch das Dollosche Gesetz, s. S. 198), aber nur wenige Merkmale können nahezu sicher als abgeleitet gelten (z. B. Parasitismus gegenüber autotropher Lebensweise, Polyploidie gegenüber Diploidie, offene gegenüber geschlossenen Blütenständen). Eine große Staubblattzahl, baumförmiger Wuchs oder sympodiale Sproßverkettung können ursprünglich oder abgeleitet sein. In manchen Fällen helfen Jugendstadien, die richtige Lesrichtung von Merkmalsreihen zu finden (**Biogenetische Regel**: Die Ontogenie rekapituliert die Phylogenie).

4. Durch die unterschiedliche Evolutionsgeschwindigkeit der Merkmale kommt es zur **Heterobathmie**, d. h. zum Auftreten von primitiven und progressiven Merkmalen bei ein und derselben Pflanze.

5. Wegen der **unterschiedlichen Evolutionsgeschwindigkeit** der einzelnen Sippen und der **unterschiedlichen Divergenz** der Evolution kann bei gleicher Zeit der Keimbahntrennung unterschiedliche Verwandtschaft vorgetäuscht werden.

6. Ein gedankliches Hilfsmittel bei der Rekonstruktion des Stammbaumes auf Grund rezenter Sippen ist das **Hennigsche Prinzip**. Danach ist zum Beweis der Monophylie einer Sippe (Abstammung von einer gemeinsamen Stammart) nur der gemeinsame Besitz solcher abgelei-

teter Merkmale zu verwenden, die Transformationen des gleichen Ausgangsmerkmals sind, dagegen nicht der gemeinsame Besitz ursprünglicher Merkmale. So charakterisiert der gemeinsame Besitz des abgeleiteten Merkmals „Gametangien“ die *Embryophyta* (S. 264) als monophyletische Einheit, während die übrigen autotrophen Pflanzen durch den gemeinsamen Besitz des ursprünglichen Merkmals „Gametocysten“ nicht als phylogenetische Einheit charakterisiert werden. Auf Grund einer solchen Merkmalswertung ergeben sich Schwestergruppenverhältnisse, die in dichotom verzweigten Stammbaumschemata dargestellt werden können. Schwierig ist dabei sowohl die Entscheidung über den ursprünglichen oder abgeleiteten Charakter eines Merkmals als auch die Berücksichtigung der Sippenvernetzung durch Hybridisierung. – In vielen Verwandtschaftskreisen ist die Rekonstruktion der Phylogenie heute noch nicht möglich.

6.1.4. Taxonomische Kategorien

Die Verwandtschaft wird im System durch hierarchische (einander untergeordnete) **Kategorien** widergespiegelt.

Die am besten definierte Kategorie ist die **Art** (Species). Eine Art ist die Summe aller in den wesentlichen Merkmalen übereinstimmenden, untereinander ohne wesentliche Fertilitätseinschränkungen bei den Nachkommen kreuzbaren und auf ein definiertes Areal beschränkten Individuen. Da die Arten in Raum und Zeit dynamische Einheiten sind, muß das System der rezenten Pflanzen Arten (und Sippen anderer Kategorien) in verschiedenen Entwicklungsstadien widerspiegeln.

Eine besondere Schwierigkeit bei der Anwendung der strikten Artdefinition in der Botanik ergibt sich aus dem offenen System der Pflanze (s. S. 18). Vegetativ oder ungeschlechtlich vermehrte Arten können ohne Kreuzungsbarriere erhalten bleiben. Außerdem kommt es durch das passive Verhalten der Pflanze bei der Befruchtung und ungenügende Isolation immer wieder zur Kreuzung getrennter Sippen und durch Allopolyploidie zur Entstehung fruchtbarer hybridogener Sippen (vgl. S. 195).

Sippen, die durch geographische Isolation oder unvollkommene Kreuzungsbarrieren auf dem Wege der Artbildung sind, werden innerhalb der Arten als **Unterarten** (Subspecies, abgekürzt subsp.) unterschieden. Geringfügig abweichende, genetische fixierte, aber nicht isolierte Sippen werden als **Varietäten** (var.) und **Formen** (f.), bei Kulturpflanzen als **Sorten** (Cultivar, cv.) abgetrennt.

Gruppen von ähnlichen Arten werden zu **Gattungen** zusammengefaßt, Gruppen ähnlicher Gattungen zu **Familien** usw. (vgl. Tab. 6.1.).

Tabelle 6.1. Die taxonomischen Kategorien und ihre Kennzeichnung

Taxonomische Kategorien (deutsch, lateinisch)	Übliche Endungen	Beispiel
Reich (regnum)	*-biota*	*Planobiota*
Unterreich (subregnum)	*-bionta*	*Chlorobionta*
Abteilung (divisio)	*-phyta*; Pilze: *-mycota*	*Spermatophyta*
Unterabteilung (subdivisio)	*-phytina* Pilze: *-mycotina*	*Angiospermophytina*
Klasse (classis)	Algen: *-phyceae* Pilze: *-mycetes* Embryophyten: *-opsida* (oder *-atae*)	*Magnoliopsida* (*Magnoliatae*, *Dicotyledoneae*)
Unterklasse (subclassis)	*-idae*	*Asteridae*
Überordnung (superordo)	*-anae*	*Lamianae*
Ordnung = Reihe (ordo)	*-ales*	*Lamiales*
Familie (familia)	*-aceae*	*Lamiaceae*
Unterfamilie (subfamilia)	*-oideae*	*Lamioideae*
Tribus (tribus)	*-eae*	*Saturejeae*
Subtribus (subtribus)	*-inae*	*Thyminae*
Gattung (genus)		*Thymus* L.
Untergattung (subgenus)		*Thymus*
Sektion (sectio)		*Camptodromi* (A. Kern) A. Kern
Subsektion (subsectio)		*Serpylli* (Scop.) Shost.
Serie (series)		*Holotrichi* Borb.
Art (species)		*Thymus serpyllum* L.
Unterart (subspecies)		subsp. *serpyllum*
Varietät (varietas)		var. *porphyrogenitus* (Lyka) P. Schmidt
Form (forma)		f. *bergtianus* Lyka

Für die höheren Kategorien lassen sich immer weniger durchgängige Merkmale finden. Bis hinauf zur Abteilung gilt aber die Forderung, daß jedes Taxon eine phylogenetische Einheit darstellen soll.

6.1.5. Nomenklatur

Zur international verständlichen, einheitlichen Kennzeichnung erhalten die Pflanzen **wissenschaftliche Namen** in lateinischer Form, die aus Gattungsnamen (z. B. *Picea*) und dem stets klein zu schreibenden **Art-Epitheton** (z. B. *abies*) bestehen. Dem Art-Epitheton wird (meist abgekürzt) der Name des **Autors** angefügt, der die Art zuerst unter dem betreffenden Namen beschrieben hat. Nach dem „Internationalen Code of Botanical Nomenclature“ muß der Pflanzenname mit einer **lateinischen Diagnose** unter Angabe eines **Typus** (meist Herbar-Exemplar), auf den sich die Beschreibung bezieht, **gedruckt veröffentlicht** werden. Die **Prioritätsregel** besagt, daß jeweils der älteste (seit Linnés „Species plantarum“, 1753) in einer bestimmten Rangstufe (Kategorie) gebrauchte Name korrekt ist, wenn er nicht mit dem Namen einer anderen, früher beschriebenen Sippe gleichlautet (**älteres Homonym**). Jüngere Namen der gleichen Sippe sind **Synonyme**.

Bei **Überführung** einer Art in eine andere Gattung (meist auch bei der Überführung einer Sippe in eine andere Rangstufe: Art, Unterart, Varietät), wird das Epitheton, wenn kein Homonym entsteht, beibehalten, der Erstbeschreibungs-Autor in Klammern gesetzt und der abgekürzte Name des Autors angefügt, der die Überführung vorgenommen hat (**Kombinations-Autor**).

So wurde die Gemeine Fichte, *Picea abies* (L.) Karst., von Linné 1753 als *Pinus abies* L. beschrieben, von Lamarck 1778 als *Pinus excelsa* Lamk. Später wurden die Nadelholz-Gattungen enger gefaßt (Kiefer: *Pinus* L. 1753, Fichte: *Picea* Dietrich 1824). 1841 überführte Link als erster die Gemeine Fichte in die Gattung *Picea* und nannte sie *Picea excelsa* (Lamk.) Link. Karsten nahm erst 1881 die Kombination *Picea abies* (L.) Karst. vor. Trotzdem ist dieser Name korrekt, weil *Pinus abies* L. älter als *Pinus excelsa* Lamk. ist. – Da die Umgrenzung mancher Gattungen unterschiedlich vorgenommen wird, kann es für eine Art mehrere korrekte (gültige) Namen geben, z. B. für die Süßkirsche *Prunus avium* (L.) L. und *Cerasus avium* (L.) Moench.

Solche strengen Regeln gibt es nur für die Kategorien bis hinauf zur Familie. Deren Namen müssen nach einer als Typus festgelegten Gattung mit dem Suffix *-aceae* gebildet werden, ausnahmsweise sind einige fest eingebürgerte Namen als Alternativnamen zugelassen wie *Leguminosae*, *Umbelliferae*, *Cruciferae*, *Compositae*, *Gramineae*. Für die Namengebung der Ordnungen und höheren Taxa werden nur Empfehlungen ausgesprochen (vgl. Tab. 6.1.).

6.2. Evolutionsforschung

6.2.1. Deszendenztheorie

Die vor allem von Darwin (1802–1882; 1859: On the Origin of Species) begründete Theorie, daß sich alle Lebewesen aus meist einfa-

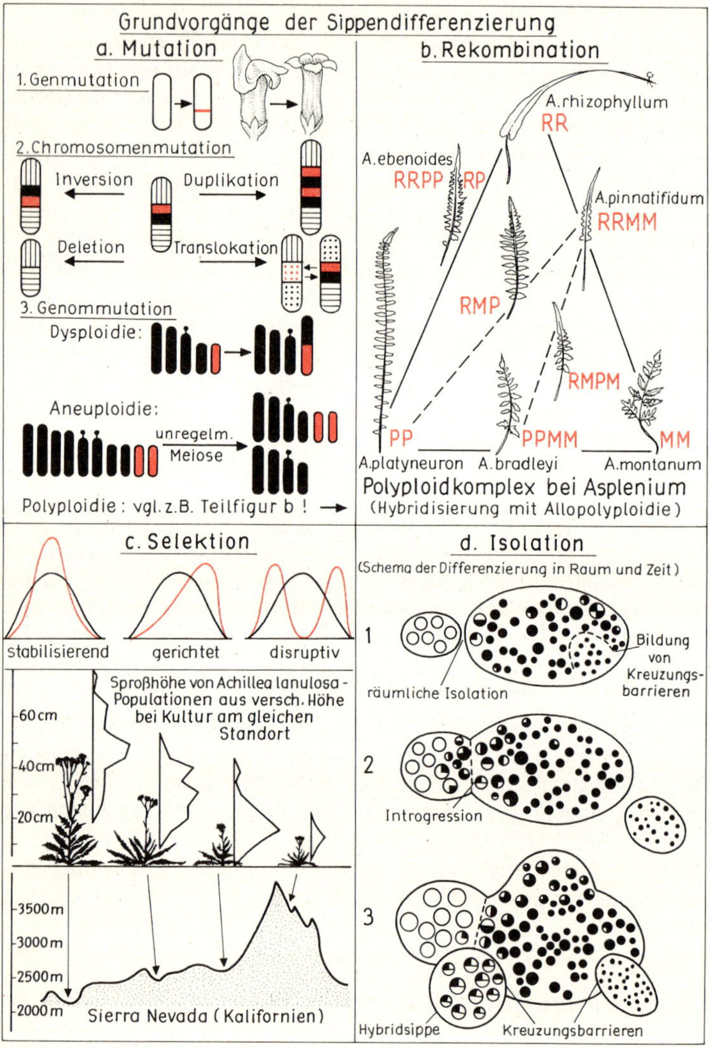

Grundvorgänge der Sippendifferenzierung
a. Mutation
1. Genmutation
2. Chromosomenmutation
Inversion
Duplikation
Deletion
Translokation
3. Genommutation
Dysploidie:
Aneuploidie:
unregelm. Meiose
Polyploidie: vgl. z.B. Teilfigur b !
b. Rekombination
A. rhizophyllum
RR
A. ebenoides
RRPP
RP
A. pinnatifidum
RRMM
RMP
RMPM
PP
PPMM
MM
A. platyneuron
A. bradleyi
A. montanum
Polyploidkomplex bei Asplenium
(Hybridisierung mit Allopolyploidie)
c. Selektion
stabilisierend
gerichtet
disruptiv
Sproßhöhe von Achillea lanulosa-Populationen aus versch. Höhe bei Kultur am gleichen Standort
60 cm
40 cm
20 cm
3500 m
3000 m
2500 m
2000 m
Sierra Nevada (Kalifornien)
d. Isolation
(Schema der Differenzierung in Raum und Zeit)
1
räumliche Isolation
Bildung von Kreuzungsbarrieren
2
Introgression
3
Hybridsippe
Kreuzungsbarrieren

Abb. 6.1.

cheren Vorfahren entwickelt haben, die **Deszendenztheorie** oder Abstammungslehre, ist heute allgemein anerkannt. Mit den Triebkräften und Mechanismen der Evolution beschäftigt sich die **Evolutionsforschung**. Nach der „Synthetischen Evolutionstheorie" sind die wichtigsten Vorgänge (Abb. 6.1.)

1. Veränderungen der Erbanlagen durch **Mutation**,
2. Neukombination der Erbanlagen durch **Rekombination** (incl. Hybridisation),
3. Differenzierte Förderung einzelner Genotypen innerhalb der so entstandenen Mannigfaltigkeit durch **Selektion** (Auslese) und
4. Fixierung und Verselbständigung neuer Taxa durch **Isolation** (räumliche oder reproduktive Trennung).

Neuere Theorien heben stärker die aktive Rolle der Organismen bei der Auseinandersetzung mit der Umwelt hervor.

6.2.2. Modifikative und genetische Variation

Durch die Erbanlagen (**Genotypus**) werden Reaktionsnormen vererbt, die bei unterschiedlichen Umweltbedingungen zu unterschiedlichen Merkmalsausprägungen und damit zu einem unterschiedlichen **Phänotypus** führen. Umweltbedingte Abänderungen (z. B. Hungerformen) werden als **Modifikation** von der erblichen Variation unterschieden. Ob erbliche oder modifikative Variation vorliegt, zeigt längere Kultur unter gleichartigen Bedingungen in Versuchsgärten oder Klimakammern (vgl. Abb. 6.1. c). Natürliche **Populationen** (abgrenzbare, durch die Möglichkeit ständiger Kreuzbefruchtung verbundene Individuengruppen einer Art, die einen gemeinsamen Genpool = Genvorrat besitzen) bestehen in der Regel aus vielen verschiedenen Biotypen (Gruppen erbgleicher Individuen).

Diese Vielfalt ist entstanden durch **Mutation**. Darunter versteht man ungerichtete Veränderungen des Erbgutes, also der DNA-haltigen Zellstrukturen: Chromosomen (Gen-, Chromosomen- und Genom-Mutationen), Plastiden (Plastommutationen) und Mitochondrien (Chondriommutationen).

Durch einzelne **Genmutationen** kann z. B. Schlitzblättrigkeit, eine Änderung der Blütensymmetrie (Abb. 6.1. a), aber auch des Wuchsstoffhaushalts und damit der Wuchshöhe und des Wuchsrhythmus hervorgerufen werden. Der Ort der mutierten Gene (Allele) ist durch Kreuzung und Kopplungsanalyse festzustellen, so sind z. B. für das Löwenmäulchen und andere Arten Genkarten entworfen worden.

Chromosomenmutationen (Abb. 6.1.a) entstehen durch Chromosomenbruch und Fusion der Bruchstellen, wobei einzelne Teile verlorengehen (Deletion), verdoppelt werden (Duplikation), umgekehrt eingebaut werden (Inversion) oder an anderen Stellen bzw. in anderen Chromosomen eingebaut werden können (Translokation).

Bei **Genomutationen** ändert sich die Chromosomenzahl. Sie entstehen entweder im Zusammenhang mit Chromosomenmutationen durch schrittweise Veränderung der Chromosomenzahl (aufsteigende oder absteigende **Dysploidie**), durch ungleiche Verteilung der Chromosomen bei der Mitose oder Meiose (**Aneuploidie**) oder durch Vervielfachung der Chromosomensätze bei gestörter Mitose oder Meiose (**Polyploidie**).

Chromosomen- und Genommutationen treten besonders oft bei Hybriden auf. **Allopolyploidie**, d.h. Vervielfachung von nicht homologen Chromosomensätzen bei Hybriden, ermöglicht fertile Hybridisation bereits genetisch isolierter Sippen (vgl. S. 197). Dysploide Reihen finden sich bei geographischen Rassen und bei nahe verwandten Arten, sie wurden auch experimentell hergestellt.

Zwischen dem Grad der Änderung des Genoms und dem der Merkmals-Änderung besteht kein sichtbarer Zusammenhang. Auch cytologisch ganz verschiedene Biotypen können u. U. morphologisch kaum unterscheidbar sein.

Die Häufigkeit der Mutationen, die **Mutationsrate**, liegt für einzelne Gene pro Generation meist weit unter 0,05%, wegen der hohen Gesamtzahl der Gene (bei Höheren Pflanzen >10000) können aber bis 10% einer Nachkommenschaft Träger neuer Mutationen sein. Die meisten Mutationen wirken sich allerdings negativ aus.

Die Mutationsrate kann durch Mutatorgene selbst genetisch gesteuert werden. Die Geschwindigkeit der mutativen Veränderung einer Population hängt aber auch sehr von der Geschwindigkeit der Generationsfolge ab. Da der Anpassungswert einer Mutante von der Umwelt abhängt, ist die Bildung neuer Sippen oft mit der Eroberung neuer Lebensräume verbunden.

6.2.3. Rekombination

Durch sexuelle Fortpflanzung und Meiose (S. 63) werden die Erbanlagen neu kombiniert (Rekombination). So wird die genetische Plastizität der Sippen stark erhöht, neue Merkmalskombinationen entstehen, bisher nur rezessiv vererbte Merkmale können manifest werden.

Aus dem Verhältnis von generativer und vegetativer Vermehrung ergibt sich die Rekombinationsrate. Das **Rekombinationssystem** einer

Population hat entscheidende Bedeutung für die Evolution. Es wird selektiv gesteuert und von vielen Faktoren beeinflußt. Erhöht wird die **Rekombinationsrate** durch einen großen **Ausbreitungsradius** der Pollen, Sporen und Früchte, durch Sicherung der Fremdbefruchtung (**Allogamie**, vgl. S. 297), die den **Genfluß** innerhalb der Population bedingt, durch kurze Generationsdauer und große Häufigkeit des Crossing over.

Gesenkt wird die Rekombinationsrate durch Selbstbefruchtung (**Autogamie**, obligat bei manchen annuellen Unkräutern wie Hirtentäschel, die so als Einzelpflanzen große Populationen aufbauen können), **Apomixis** (Verlust der sexuellen Fortpflanzung, vgl. S. 181), **Isolationsmechanismen** und **geringe Populationsgröße**.

Auch die oft mit Allopolyploidie verbundene **Hybridisierung** gehört zu den Rekombinationsvorgängen (Abb. 6.1. b; S. 197).

6.2.4. Selektion

In kleinen Populationen kann es **zufällig** zur Eliminierung oder zur Fixierung von Allelen kommen (genetische Drift). Gewöhnlich werden aber vorteilhafte Merkmalsträger durch **Selektion** ausgelesen, und zwar entweder durch natürliche Konkurrenz oder durch künstliche Zuchtwahl.

Stabilisierende Selektion engt durch Unterdrückung der Extremformen die Variationsbreite ein, **gerichtete Selektion** verschiebt die Variationsbreite einseitig, **disruptive Selektion** führt zur mehrgipfeligen Aufgliederung der Variationskurve (Abb. 6.1. c). Schon nach kurzer Zeit (evtl. nach nur einigen Monaten) kann das Biotypenspektrum, z. B. durch Beweidung oder durch Schwermetallsalze (etwa unter einer kupferhaltigen Starkstromleitung oder an einem Zinkdrahtzaun) stark verändert werden.

6.2.5. Isolation

Die durch die Selektion herausdifferenzierten Sippen könnten durch Rekombination wieder eingeschmolzen werden, würde nicht durch irgendeinen Isolationsmechanismus der Genaustausch zwischen ihnen eingeschränkt oder verhindert. Oft wird der Genaustausch durch **räumliche Isolation** unterbunden, und es kommt dabei zur Entstehung von Rassen (= infraspezifischen Taxa). In den verschiedenen Arealteilen setzen sich nur die Biotypen durch, die den jeweiligen Umweltbedingungen am besten entsprechen. Insofern ist innerhalb der räumlichen Isolation nur unscharf **ökologische** von **geographischer Isolation** zu trennen. Ist die ökologische bzw. geographische Merkmalsdifferenzierung zwischen zwei Sippen kontinuierlich, sprechen wir von einer **Öko-** bzw. **Topo-Cline**. Deutlicher abgestufte Differenzierung erlaubt die Unterscheidung ökologischer Rassen (Ökotypen) oder geographischer Rassen. **Ökotypen** können sich u.a. durch ihre Bindung an unterschiedliche Wirtspflanzen (bei Parasiten, z.B. Kiefern- und Tannenmistel) oder durch ihre unterschiedliche Rhythmik unterscheiden.

Geographische Rassen sind zwar untereinander zunächst noch kreuzbar, die Rekombination ist aber durch die Entfernung stark eingeschränkt (Abb. 6.1.d). So bilden sich **allopatrisch**, d.h. in verschiedenen Gebieten, einander vertretende verwandte (**vikariierende**) Schwestersippen heraus.

Ökologische und geographische Vikarianz gibt es auch bei höheren Taxa. So gibt es viele Artenpaare, die sich in Kalk- und Urgesteinsboden teilen; Taxa verschiedenen Ranges, die einander in verschiedenen Kontinenten oder Zonen vertreten (z.B. *Araliaceae* tropisch, *Apiaceae* temperat), und Parasitensippen, die sich durch unterschiedliche Wirtsgruppen unterscheiden (z.B. die Mehltau-Pilzgattung *Blumeria* auf Monokotylen, die verwandte *Erysiphe* auf Dikotylen, vgl. S. 231).

Reproduktive Isolation. Erst nach dem Einbau von Kreuzungsbarrieren können die entstandenen Sippen im selben Gebiet vorkommen. Diese reproduktive Isolation kann der räumlichen **allmählich** folgen, sie kann aber auch **abrupt** auftreten und unmittelbar eine **sympatrische** (im selben Gebiet erfolgende) Differenzierung ermöglichen (Abb. 6.1.d). Die erste Strategie finden wir vor allem bei sexuellen Sippen mit hoher Rekombinationsrate, bei Gehölzen und anemogamen Pflanzen, die letztere bei Autogamen, Apomikten, Kräutern und kurzlebigen Pflanzen.

Reproduktive Isolationsmechanismen sind z.B. die unterschiedliche Blütezeit, blütenbiologische Isolation (z.B. Anpassung an unterschiedliche Bestäuberinsekten) und gametische Isolation (Wegfall der chemischen Anlockung der Gameten, Pollenschlauchhemmung, vgl. S. 500), die herabgesetzte Vitalität und Fertilität der Hybriden durch Mitose- und Meiosestörungen oder physiologische Disharmonie.

Die Barrieren-Bildung ist von der Dauer der Isolation weitgehend unabhängig. Die *Platanus*-Arten Amerikas und Eurasiens sind nach 60 Mio Jahren Trennung noch kreuzbar, dagegen sind viele genetisch isolierte mediterrane Annuellen-Arten nicht älter als 1 Mio Jahre. Die Barrieren-Bildung spiegelt auch nicht den Grad der Verwandtschaft: Sogar eine Kreuzung über Familiengrenzen hinweg wurde beobachtet.

6.2.6. Hybridisation

Rekombinationsvorgänge, die über die normale Fortpflanzungsgemeinschaft hinausgehen, heißen Hybridisierung oder Bastardisierung. Die Inkorporation von Genen einer Art in den Genpool einer anderen durch Hybridisierung und Rückkreuzung bezeichnet man als **Introgression**.

Durch **Allopolyploidie** (s. S. 194) werden bei der Hybridisierung Meiose- und Fertilitätsstörungen vermieden. So ist auch die fruchtbare Kreuzung genetisch verschiedener, weitgehend isolierter Sippen möglich. Gleichzeitig erhöht Allopolyploidie den Rekombinationsspielraum.

Besonders bei katastrophaler Umweltveränderung oder anthropogener Verschleppung in neue Lebensräume ermöglicht Hybridisierung und die damit verbundene Variabilität rasche Anpassung und Sippenbildung (z. B. Ausbildung vieler *Oenothera*-Arten nach der Einbürgerung in Europa, Entstehung nordamerikanischer *Asplenium*-Arten, Abb. 6.1. b).

Etwa ein Drittel aller Gefäßpflanzen-Arten, besonders viele Kulturpflanzen und die meisten Ackerunkräuter, sind durch Allopolyploidie entstanden.

Auch wenn bei der Hybridisierung **Meiosestörungen** auftreten, z. B. infolge ungerader Ploidiestufen oder Aneuploidie, so können sich konkurrenzstarke Hybriden durch vorwiegend **vegetative** (S. 174 f.) oder durch **ungeschlechtliche Vermehrung** (Apomixis) durchsetzen. So vermehren sich aneuploide Lauch- und Milchsternarten durch Brutzwiebeln, der triploide Kalmus durch Rhizomteilung. – Apomiktisch vermehren sich die meisten der einander sehr ähnlichen Arten („Kleinarten") der Polyploidkomplexe von *Rubus* (Brombeere), *Alchemilla* (Frauenmantel, aneuploid), *Taraxacum* (Löwenzahn, meist triploid), *Hieracium* (Habichtskraut, häufig triploid, s. S. 181) u. a.

Da Polyploidkomplexe regelmäßig von niedriger zu höherer Polyploidie aufgebaut werden, ist in ihnen die Phylogenie eindeutig abzulesen. Alte, aussterbende Sippen bestehen oft nur noch aus hochpolyploiden Überlebenden (Paläopolyploiden) des einstigen Polyploidkomplexes, so z. B. *Ophioglossum* (vgl. S. 284), das mit 2 n bis ca. 1 320 die höchste bekannte Chromosomenzahl hat.

6.2.7. Phasen der Sippenentwicklung

Neue Sippen oberhalb des Artbereiches werden prinzipiell auf Grund der gleichen Vorgänge herausgebildet wie Rassen und Arten. Insofern unterscheiden sich **Mikroevolution** und **Makroevolution** nicht voneinander. Innerhalb der Makroevolution wurden oft 3 Phasen unterschieden: 1. **Anagenese** (wesentliche phylogenetische Progession durch Entstehung neuer Konstruktionstypen). 2. **Kladogenese** (Durchspielen der Möglichkeiten des neuen Konstruktionstyps mit dem Ergebnis großer Formenmannigfaltigkeit, die für Basisgruppen charakteristisch ist). 3. **Stasigenese** (Stabilisierung, Auslese weniger, besonders günstiger Typen, schließlich Aussterben).

Dabei handelt es sich aber nicht um endogene Abläufe, etwa eine in der genetischen Struktur der Sippe begründete „Alterung“ und „Erstarrung“. Es ist vielmehr die Konkurrenz anderer, den derzeitigen Bedingungen besser angepaßter Konstruktionstypen, die die Variabilität und das Areal der Sippen einschränkt. Eröffnen sich neue Lebensräume, können auch „erstarrte“ oder im Aussterben begriffene Sippen wieder auffächern (z. B. Koniferen in der im Pliozän gebildeten Taigazone, *Ephedra* in jungen Halbwüstengebieten).

Daß zahlreiche Mutationsschritte zusammen durch gegenläufige Mutationen wieder rückgängig gemacht werden, ist sehr unwahrscheinlich. Darauf beruht die Regel von der Irreversibilität komplexer Evolutionsvorgänge (**Dollosches Gesetz**). Die Rückkehr zu aufgegebenen Strukturen und Lebensformen erfolgt auf neuen Wegen (z. B. atypisches Dickenwachstum einiger Monokotylen; Cyathienbildung bei Rückkehr zur Entomogamie bei *Euphorbia*, vgl. S. 321).

Spezialisation bedeutet also nicht unbedingt einen Verlust von Anpassungsfähigkeit, nur ist für spezialisierte Sippen u. U. der Weg zur Ausbildung bestimmter Merkmale weiter als für weniger spezialisierte.

6.3. Übersicht über das System

6.3.1. Bezeichnungen großer Organismengruppen

Als man die Mikroorganismen noch ungenügend kannte, gliederte man die Organismen in die beiden Hauptgruppen Pflanzen und Tiere. Heute sieht man im Unterschied zwischen pro- und eukaryotischem Zellbau (S. 55 ff., 91 f.) den wesentlichsten Einschnitt in der Organismenwelt, und auch im Bereich der *Eucaryota* erweist sich die Zweiteilung in **Tiere** (heterotroph, ohne Zellwand und Plastiden, meist mit freier Ortsbewegung) und **Pflanzen** (autotroph oder unmittelbar davon abgeleitet, meist mit Zellwand und Plastiden und ohne freie Ortsbewegung) als nicht konsequent durchführbar. Dem suchte man

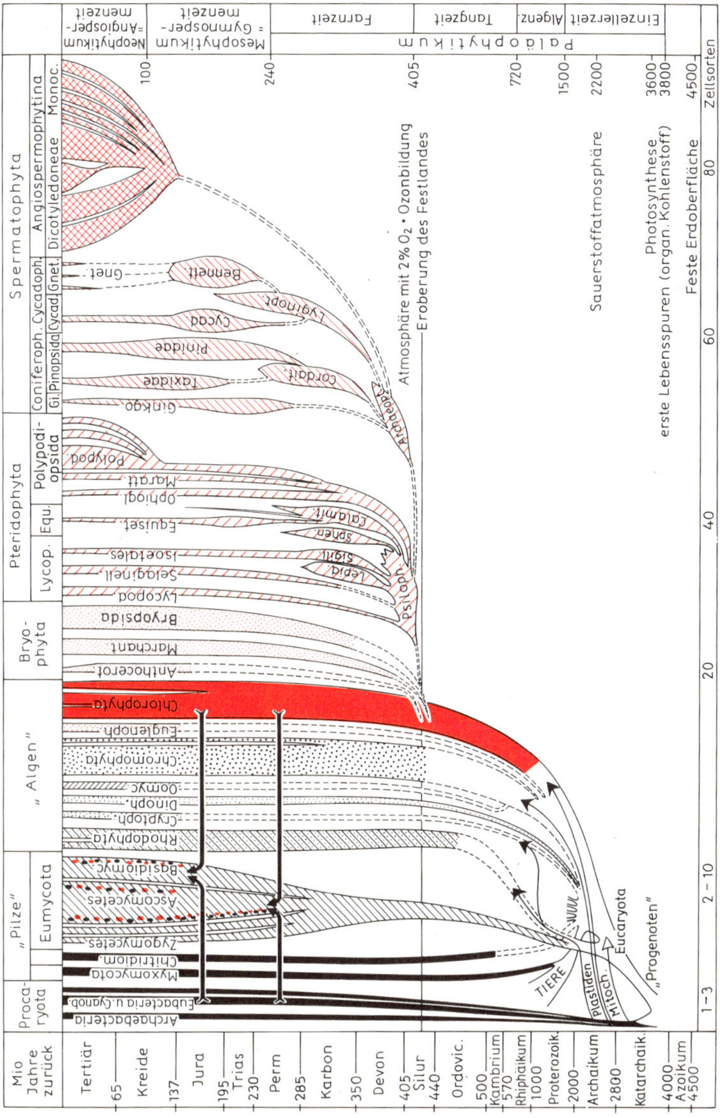
Mio Jahre zurück
Tertiär
Kreide
Jura
Trias
Perm
Karbon
Devon
Silur
Ordovic.
Kambrium
Rhiphäikum
Proterozoik.
Archaikum
Katarchaik.
Azoikum
65
137
195
230
285
350
405
440
500
570
1000
2000
2800
4000
4500
Procaryota
„Pilze"
Eumycota
„Algen"
Bryophyta
Pteridophyta
Lycop.
Equ.
Polypodiopsida
Spermatophyta
Coniferoph.
Cycadoph.
Angiospermophytina
Gi.
Pinopsida
Cycad
Gnet.
Dicotyledoneae
Monoc.
Archaebacteria
Eubacteria u. Cyanob.
Myxomycota
Chitridiom.
Zygomycetes
Ascomycetes
Basidiomyc.
Rhodophyta
Cryptoph.
Dinoph.
Oomyc.
Chromophyta
Euglenoph.
Chlorophyta
Anthocerot.
Marchant.
Bryopsida
Lycopod.
Selaginell.
Isoetales
Equiset.
Ophiogl.
Maratt.
Polypod.
Lepid.
Sigill.
Sphen.
Calamit.
Psilophyta
Ginkgo
Taxidae
Pinidae
Cordait.
Cycad
Lyginopt.
Bennett.
Gnet.
Archaeopt.
Neophytikum = Angiospermenzeit
Mesophytikum = Gymnospermenzeit
Paläophytikum
Farnzeit
Tangzeit
Algenz.
Einzellerzeit
100
240
405
720
1500
2200
3600
3800
4500
Atmosphäre mit 2% O_2 • Ozonbildung
Eroberung des Festlandes
Sauerstoffatmosphäre
Photosynthese
erste Lebensspuren (organ. Kohlenstoff)
Feste Erdoberfläche
TIERE
Plastiden
Mitoch.
Eucaryota
„Progenoten"
Zellsorten
1–3
2–10
20
40
60
80

Abb. 6.2.

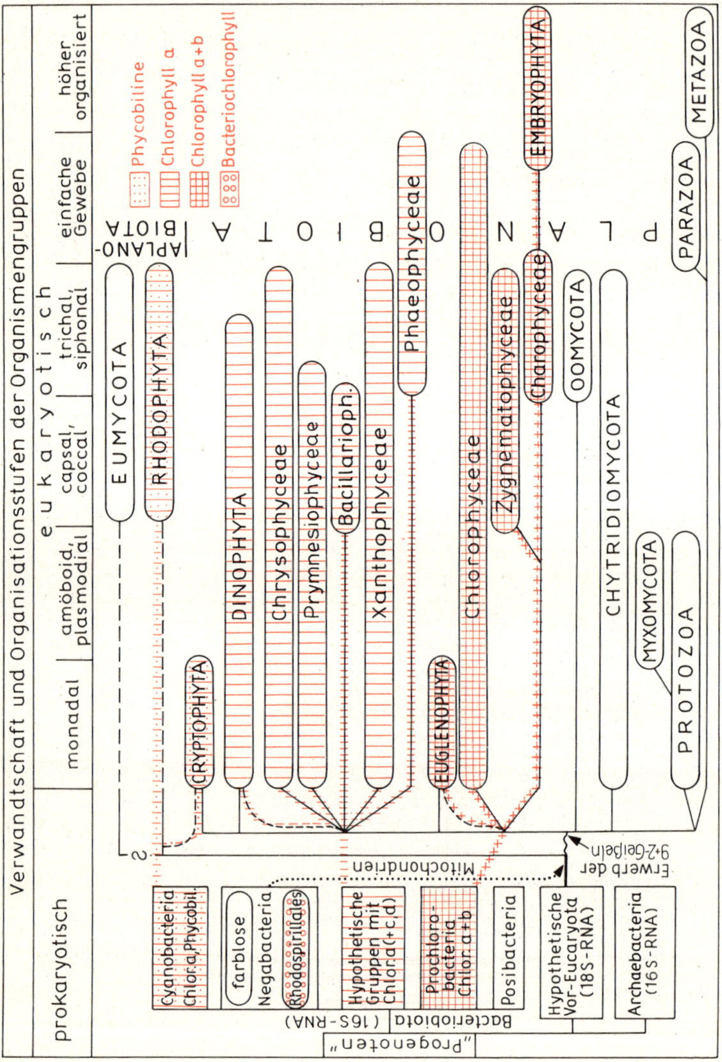
Verwandtschaft und Organisationsstufen der Organismengruppen
prokaryotisch
eukaryotisch
monadal
amöboid, plasmodial
capsal, coccal
trichal, siphonal
einfache Gewebe
höher organisiert
Phycobiline
Chlorophyll a
Chlorophyll a+b
Bacteriochlorophyll
APLANO-BIOTA
PLANTOBIOTA
EUMYCOTA
RHODOPHYTA
CRYPTOPHYTA
DINOPHYTA
Chrysophyceae
Prymnesiophyceae
Bacillarioph.
Xanthophyceae
Phaeophyceae
EUGLENOPHYTA
Chlorophyceae
Zygnematophyceae
Charophyceae
EMBRYOPHYTA
OOMYCOTA
CHYTRIDIOMYCOTA
MYXOMYCOTA
PROTOZOA
PARAZOA
METAZOA
Mitochondrien
Erwerb der 9+2-Geißeln
Cyanobacteria Chlor.a,Phycobil.
farblose
Negabacteria
Rhodospirillales
Hypothetische Gruppen mit Chlor.a(+c,d)
Prochlorobacteria Chlor.a+b
Posibacteria
Hypothetische Vor-Eucaryota (18S-RNA)
Archaebacteria (16S-RNA)
Bacteriobiota (16S-RNA)
„Progenoten"

Abb. 6.3.

durch die Aufstellung zweier weiterer Organismenreiche abzuhelfen, dem der **Pilze** (*Fungi*, heterotroph, ohne Plastiden und echte Gewebe, meist mit Zellwand und ohne freie Ortsbewegung) und der **Protista** (eukaryotische Einzeller, autotroph oder heterotroph).

Viele Pilzgruppen sind jedoch mit den Echten Pilzen nicht (*Oomycota*, *Myxomycota*) oder unsicher verwandt (*Chytridiomycota*, S. 216), so daß eine Zusammenfassung dieser Abteilungen ganz künstlich ist. Ebenso ist das Reich der *Protista*, das aus abgeschnittenen Basen z.T. klar kohärenter Stammbaumäste besteht, eine künstliche Sammelgruppe. Das gleiche gilt für die weiter gefaßten **Protobionta**, die alle *Eucaryota* außer den Höheren Pflanzen und Tieren umfassen. Die Bezeichnung **Algen** umschließt alle thallösen autotrophen Organismen, soweit sie keine Gonitangien (S. 176f.) ausbilden. Von den hierher gehörenden Sippen sind die „Blaualgen" auf Grund ihrer prokaryotischen Organisation unbedingt abzutrennen und als *Cyanobacteria* zu den *Procaryota* zu stellen. Als ehemalige „Pflanzen" werden sie noch heute in der Botanik behandelt, ebenso die Bakterien („Spaltpilze"). Der Zusammenhang der Grünalgen mit den Moosen und Gefäßpflanzen (gleiche Geißelstruktur und Pigmente → *Chlorobionta*, S. 265) ist enger als die Verwandtschaft der Algengruppen untereinander, so daß die Aufrechterhaltung eines Taxons „*Algae*" nicht möglich ist.

Wegen der wohl primären Geißellosigkeit der Echten Pilze und Rotalgen und weiterer gemeinsamer Merkmale (Septenporen, Spermatisierung, Trichogyne, Kernstrukturen, trichaler Thallus; aber bei Rotalgen keine Chitinwände und Dikaryophase!) können beide als *Aplanobiota* den durch die $2 + 9 \times 2$ -Geißel als monophyletisch charakterisierten *Planobiota* gegenübergestellt werden, die alle übrigen Eukaryoten, also auch die Schleimpilze, Algenpilze, Höhere Pflanzen und Tiere umfassen (vgl. aber S. 220).

Erst in letzter Zeit ist die taxonomische Einheit „*Lichenes*" (Flechten) aufgegeben worden, obwohl schon lange bekannt war, daß es sich hier um mehrfach unabhängig voneinander entstandene Symbiosen ganz verschiedener Pilzgruppen mit Algen oder Cyanobakterien handelt (S. 226). Die Flechten werden daher jetzt im Rahmen der Pilze behandelt.

Innerhalb der Samenpflanzen wird die Gruppe, bei der die Samenanlagen nicht in einem Fruchtknoten eingeschlossen sind, meistens als polyphyletisch angesehen und aufgegliedert; die zusammenfassende Organisationsstufen-Bezeichnung **Nacktsamer** (Gymnospermen) findet sich noch oft in der Literatur. Gegenwärtig erweisen sich, besonders im Ergebnis biochemischer Untersuchungen, viele weitere Gruppierungen als künstlich. Eine Auflösung sollte aber immer erst nach Abklärung der Neugliederung erfolgen.

6.3.2. („Imperium") Procaryota

Die Zellen dieser kleinsten, einfachsten und ältesten Lebewesen sind Protocyten (S. 91, Abb. 6.4. a), d.h. sie haben keine Plastiden, Mito-

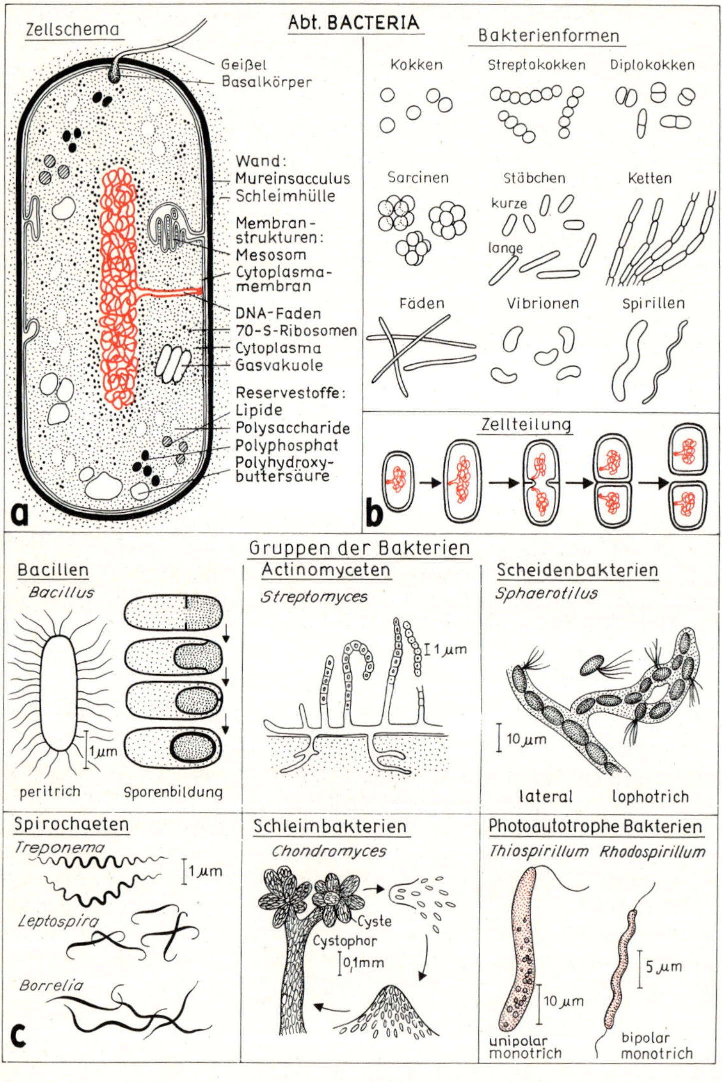

Abt. BACTERIA
Zellschema
Geißel
Basalkörper
Wand:
Mureinsacculus
Schleimhülle
Membran-
strukturen:
Mesosom
Cytoplasma-
membran
DNA-Faden
70-S-Ribosomen
Cytoplasma
Gasvakuole
Reservestoffe:
Lipide
Polysaccharide
Polyphosphat
Polyhydroxy-
buttersäure
a
Bakterienformen
Kokken
Streptokokken
Diplokokken
Sarcinen
Stäbchen
kurze
lange
Ketten
Fäden
Vibrionen
Spirillen
Zellteilung
b
Gruppen der Bakterien
Bacillen
Bacillus
1 µm
peritrich
Sporenbildung
Actinomyceten
Streptomyces
1 µm
Scheidenbakterien
Sphaerotilus
10 µm
lateral
lophotrich
Spirochaeten
Treponema
1 µm
Leptospira
Borrelia
c
Schleimbakterien
Chondromyces
Cyste
Cystophor
0,1mm
Photoautotrophe Bakterien
Thiospirillum
Rhodospirillum
10 µm
5 µm
unipolar
monotrich
bipolar
monotrich

Abb. 6.4.

chondrien, Zellsaftvakuolen, Mikrotubuli-Organisationszentren, Dictyosomen, kein ER und keine 2 + 9 ×2-Geißel, statt des Zellkerns einen ringförmig geschlossenen, nicht membranumhüllten DNA-Doppelstrang (Nucleoid), 16S-rRNA, die Ribosomen gehören zum 70S-Typ, die Zellteilung erfolgt durch irisblendenartige Durchschnürung (Spaltung), generative Vermehrung ist unbekannt (über parasexuelle Vorgänge bei Bakterien s. S. 203).

1. Reich Archaebacteriobiota — ca. 80 Arten

Die Archaebakterien werden seit 1978 von den übrigen *Procaryota* abgetrennt, da sie von ihnen in fundamentalen Struktur- und Stoffwechseleigenschaften abweichen: Keine Murein-Zellwand, Lipide aus Glycerol-Ethern (statt Fettsäure-Glycerinestern), primäre CO_2-Fixierung über den Carbonsäure-Cyclus (statt Calvin-Cyclus), unterschiedliche Struktur der RNA-Polymerasen und abweichende Basensequenzen in der 16S-rRNA. In der Gestalt entsprechen sie den Bakterien.

Die stets einzelligen Archaebakterien sollen sich wie die Bakterien vor über 3,5 Mia Jahren aus den „Progenoten" entwickelt haben. Sie sind heterotroph bis chemo- oder photoautotroph (ohne O_2-Freisetzung!). In hochkonzentrierten Salzlösungen lebt *Halobacterium* (S. 411), in 50 – 80 °C heißen Quellen und in Kohlehalden bei *p*H 1 – 3 *Thermoplasma*, in Vulkanen bei 80 – 108 °C das schwefelreduzierende *Pyrodictium*, im Faulschlamm die streng anaeroben, z. T. begeißelten Methanbakterien, die aus CO_2 und H_2 Methan bilden.

2. Reich Bacteriobiota

Hierher gehören alle *Procaryota*, die dem auf S. 91 geschilderten Zellbau entsprechen, also die Bakterien, Cyanobakterien (Blaualgen) und Prochlorobakterien.

Von der Wandstruktur hängt der Ausfall der für die systematische Gliederung wichtigen **Gram-Färbung** ab. Er ist positiv (d. h. Kristallviolett-Färbung nach folgender Jodbeizung mit Ethanol nicht leicht auszuwaschen) bei mehr(40-)schichtigem Mureingerüst (S. 49) und 30 – 70% additiven Substanzen, negativ bei einschichtigem Murein-Sacculus und bis 80% Wandsubstanz aus Lipoproteinen, Lipopolysacchariden und anderen Lipiden.

1. Abteilung Bacteria, Bakterien — 1600 Arten

Charakteristik: Grampositive oder gramnegative Prokaryoten, mit Murein-Zellwand (obligate Parasiten ohne Wand), oft durch Geißeln beweglich; einzellig, coenobial oder in vielzelligen, z. T. verzweigten Fäden. Assimilation bei autotrophen Formen ohne O_2-Freisetzung.

Die Protocyten sind meist nur 1–5 µm im Durchmesser, ausnahmsweise bis 500 µm lang (Spirochaeten) oder nur 0,12 µm (Mycoplasmen, Kokken-Sporen); diese enthalten noch 10^8 Atome, das bedeutet die Untergrenze der sich selbst reproduzierenden Lebewesen. Die Gestalt ist kugelig, oder stäbchenförmig und dabei gerade, schraubig gewunden oder kommaförmig, bei den Strahlenpilzen verzweigt bis hyphenartig (Abb. 6.4.). Auf Kulturmedien werden charakteristisch gefärbte und geformte Kolonien gebildet.

Über den **Zellbau** vgl. S. 91 und Abb. 6.4. a (**Murein-Sacculus** S. 49; **Nucleoid** = ringförmiger DNA-Doppelstrang, kleinere DNA-Ringe = **Plasmide**; 70S-Ribosomen; Photosynthesepigmente autotropher Formen = Bacteriochlorophylle, S. 382, in nicht abgegrenzten Thylakoidstapeln; Enzymsysteme in Membranstapeln = **Mesosomen**; **Gasvakuolen** bei vielen im Wasser lebenden Formen; **Reservestoffe**: Polysaccharide, Lipide, Polyphosphat = Volutin, Polyhydroxybuttersäure; **Geißel**-Bau S. 78). Die Bakteriengeißeln sind nicht formveränderlich, sie werden an der Basis bewegt, sie sind in Einzahl vorhanden (monotrich) oder zu mehreren schopfig (lophotrich) und dann polar, lateral oder bipolar angeordnet, oder es sind zahlreiche Geißeln über den Körper verteilt (peritrich). Durch Zug oder Schub wird eine Geschwindigkeit von 0,7 m/h erreicht. Einige Gattungen sind wie Cyanobakterien gleitend beweglich.

Vorkommen und Lebensweise: Die geringe Größe und die dadurch große relative Oberfläche ermöglichen

- einen hohen Stoffumsatz (Atmungsintensität bezogen auf Trockengewicht mehrere 100mal so hoch wie die von Blattgewebe, s. S. 373),
- rasche Vermehrung (Generationsdauer manchmal nur 20 min) und große Individuenzahlen (im Abwasser bis 10 Mia/g, im Boden 100 Mio/g, im Trinkwasser möglichst <50/g),
- rasche und weite Verbreitung über die ganze Erde in Boden, Wasser und Luft.

Bei einigen Arten sind **parasexuelle Vorgänge** bekannt geworden, d.h. die Übertragung von DNA-Stücken von einer Spender- auf eine Empfänger-Zelle durch direkten Kontakt über fadenförmige Sexualpili („Konjugation", vgl. aber S. 178), indirekt durch Bakteriophagen (Transduktion) oder durch isolierte DNA (Transformation). So können Resistenzfaktoren auf Krankheitserreger übertragen werden, die dann schwerer zu bekämpfen sind. – Große Bedeutung hat der gentechnische Einbau von Eukaryoten-DNA in die Bakterienplasmide, deren Ring durch Restriktions-Endonucleasen geöffnet wird (Produktion von Insulin, Wachstumshormon, Interferon).

Als **Sporen** (Endosporen bei *Bacillaceae*, Konidien bei Actinomyceten) sind die Bakterien sehr widerstandsfähig gegen Trockenheit, Kälte und Hitze. Einige vertragen jahrhundertelanges Austrocknen und stundenlanges Kochen. Für das aktive Leben sind artspezifische Temperaturbereiche und Feuchtigkeit erforderlich. Einzelne Arten können bei –10 °C, andere bei 90 °C noch aktiv sein. Die meisten werden aber durch **Pasteurisieren** (Erhitzen auf 80 °C) abgetötet.

Die Zahl der **Stoffwechsel**-Typen ist groß. **Autotrophie** ist selten (Photosynthese – ohne O_2-Freisetzung – bei den Purpurbakterien und Grünen Schwefelbakterien, Chemosynthese bei den farblosen Schwefelbakterien, nitrifizierenden Bakterien und Knallgasbakterien, vgl. S. 410). Am häufigsten sind **Saprophyten**, die organische Substanz abbauen, seltener (meist fakultative) **Parasiten**, die durch Toxine pathogen sein können. Da Bakterien (im Gegensatz zu den Pilzen!) neutrales bis alkalisches Substrat bevorzugen, sind unter ihnen viele Erreger von Tier- und Menschenkrankheiten, aber wenige von Pflanzenkrankheiten. Die phytopathogenen Bakterien verursachen meist durch Auflösen der Mittellamellen Gewebetot.

Die Bakterien haben im Naturhaushalt und für den Menschen eine große Bedeutung:

als **Reduzenten** nahezu aller organischen Substanzen im Stoffkreislauf der Natur: aerobe **Verwesung**, anaerobe **Fäulnis**; **Gärung**; **Stickstoffmineralisation**: Ammonifikation, Nitrifikation; Denitrifikation, Sulfurikation, Desulfurikation (s. S. 375, 412, 437); Abwasserreinigung und Müllaufbereitung, Biogas, Erdölabbau,

als **Krankheitserreger** von Mensch und Tier (Pest, Cholera, Typhus, Ruhr, Milzbrand usw.), andererseits auch in der biologischen Schädlingsbekämpfung,

als nützliche **Symbionten** (Haut- und Darmflora des Menschen und der Tiere; Luftstickstoffbinder in Leguminosen-Wurzelknöllchen, S. 437),

für die industrielle **biologische Synthese** (Proteine auf Erdöl- und Methanol-Basis, Vitamine, Antibiotika, Enzyme, Impfstoffe), **Gärung** (Silage, Käse, Sauergemüse, Essigsäure) und zum Herauslösen von Metallen aus z. T. niedrigprozentigen Kupfer- und Uranerzen (**Leaching**).

Gliederung: Die beiden Klassen unterscheiden sich im Ausfall der Gram-Färbung und in den Aminosäuresequenzen der rRNA. Ihre Untergliederung ist noch weitgehend künstlich, sie erfolgt nach der Gestalt und den Stoffwechsel-Typen. Manche der 16 unterschiedenen Gruppen haben keine wissenschaftlichen Namen.

1. Klasse Posibacteria, Grampositive Bakterien

Kokken: z. B. *Streptococcus*, Milchsäuregärung, auch virulenter Blutparasit.

Stäbchen mit Endosporenbildung: (*Bacillaceae*): *Bacillus subtilis* im Heuaufguß, Abb. 6.4. c, *Clostridium tetani*, Wundstarrkrampf, *Desulfatomaculum* Sulfatreduzierer (S. 445), alle 3 peritrich begeißelt.

Nicht sporenbildende Stäbchen, z. B. *Lactobacillus* (Milchsäuregärung, anaerob),

Coryneforme, d. h. gestaltveränderliche Bakterien: keulenförmig oder schwach verzweigt, z. B. *Corynebacterium diphteriae*, Diphterie-Erreger,

Mycobacterien: unregelmäßig verzweigte Zellen, z. B. *Mycobacterium tuberculosis*, Tuberkulose-Erreger,

Strahlenpilze (Actinomyceten): artenreich im Boden, an Mensch und Tier Geschwüre erregend; zentimetergroße, einzellige Pseudomycelien mit mehreren Nucleoiden, *Actinomyces*, Luftstickstoff-Bindung in Erlen-Wurzelknöllchen (S. 438), *Streptomyces*, Abb. 6.4. c, verursacht Erdgeruch des Bodens, das Luftmycel schnürt Exosporen ab, Antibiotika-Produktion.

Die parasitischen **Mycoplasmen** ähneln den in Kulturen spontan auftretenden Bakterienformen **ohne Zellwand** (L-Formen). Sie werden als Klasse abgetrennt oder wegen ihrer 16 S-rRNA-Verwandtschaft den *Posibacteria* angeschlossen. Sie haben die geringsten Ausmaße ($< 1\ \mu m$) und das kleinste Genom aller Organismen, intrazelluläre Membranen fehlen. Manche verursachen Tier- oder Pflanzenkrankheiten, auch die Pneumonie des Menschen (*Mycoplasma*).

2. Klasse Negabacteria, Gramnegative Bakterien

Anaerobe Kokken und Stäbchen: Kommaförmig (Vibrio, Abb. 6.4. b) ist der polar begeißelte Faulschlammbewohner *Desulfovibrio*, der Sulfat reduziert (S. 445).

Zu den **aeroben Kokken und Stäbchen** gehört das Essigsäure-Bakterium *Acetobacter*, der frei im Boden lebende Stickstoff-Fixierer *Azotobacter*, sowie *Rhizobium*, Luftstickstoff-Binder in Leguminosen-Wurzelknöllchen (S. 437).

Fakultativ anaerobe Stäbchen sind die *Enterobacteriaceae* mit *Escherichia coli* im Dickdarm des Menschen, *Salmonella typhi*, Typhus-, *Vibrio cholerae*, Cholera-, *Shigella*, Ruhr-Erreger.

Bei den **Spirochaeten** (*Spirochaetales*) besteht der bis $500\ \mu m$ lange und sehr dünne Körper aus einem Protoplasmazylinder, der von einem kontraktilen schraubigen Fibrillenband (**Axialfilament**) und einer Hüllmembran umgeben ist. Die Spirochaeten sind schlängelnd beweglich, z. B. *Treponema pallidum*, Syphilis-Erreger (Abb. 6.4. c).

Die **Scheidenbakterien** bilden im Wasser festsitzende, umscheidete Fäden, z. B. *Sphaerotilus*, Abb. 6.4. c, fellartiger Überzug im Abwasser.

Die **Schleimbakterien** (*Myxobacterales*) bilden farbige Schwärme unbegeißelter, aber gleitend beweglicher Stäbchen auf Erde und Mist, leben von Bakterien oder Cellulose und können z. T. durch Zusammenkriechen Fruchtkörper mit Cysten bilden, z. B. *Chondromyces*, Abb. 6.4. c.

Die **Nitrobacteraceae** sind chemolithotrophe, aerobe, oft subpolar oder peritrich begeißelte Kokken, Stäbchen oder Spirillen. *Nitrosomonas* oxidiert Ammoniak, *Nitrobacter* Nitrit (S. 412). Verwandt sind die schwefel- und eisenoxidierenden Bakterien (S. 412).

Alle **Photoautotrophen Bakterien** gehören zur Ordnung *Rhodospirillales*. Ihre kokken-, stäbchen- oder spirillenförmigen Zellen sind meist polar oder bipolar begeißelt (Abb. 6.4. c). Sie leben in der anaeroben Zone von Binnengewässern und Meeresbuchten. Bei der Photosynthese werden nicht Wasser, sondern organische Verbindungen (**Rhodospirillaceae**) oder H_2S als Wasserstoffdonator verwendet, also kein O_2 freigesetzt (s. S. 410). Bei den durch Carotine roten Purpurbakterien liegt Bacteriochlorophyll a und b in Thylakoiden, hierzu gehören die Schwefelpurpurbakterien (**Chromatiaceae**, z. B. *Thiospirillum*, 50 µm lang, Abb. 6.4. c, Schwefelanreicherung, Objekt der Reizphysiologie, S. 410) und die schwefelfreien, meist photoorganoautotrophen *Rhodospirillaceae*. Bei den grünen Schwefelbakterien (**Chlorobiaceae**) liegen Pigmentvesikel mit Bacteriochlorophyll c, d direkt der Cytoplasmamembran an.

Die **Rickettsiales** sind sehr kleine obligate Zellparasiten, z. B. *Rickettsia prowazekii*, Fleckfieber-Erreger.

2. Abteilung Cyanobacteria, Cyanobakterien 2000 Arten

Charakteristik: Große (5 – 10 × wie Bakterien), gramnegative, stets unbegeißelte, einzellige, coenobiale oder mehrzellige **photoautotrophe Prokaryoten**, die neben Chlorophyll a, Xanthophyllen und Carotinen **Phycobiline** enthalten (blaues Phycocyanin, daneben rotes Phycoerythrin, s. S. 384) und dadurch blaugrün, olivgrün, violett oder schwarz gefärbt sind. Einige Arten sind zur komplementären chromatischen Adaption fähig (S. 385). In Tiefengewässern sind sie rot oder violett, die Farbe des Roten Meeres soll von solchen aufsteigenden Formen herrühren. Bei der Assimilation wird als H_2-Donator Wasser verwendet, also O_2 freigesetzt. Wenige Arten können sich mixotroph oder heterotroph ernähren, die Grenze zu den *Bacteria* ist unscharf. So kann die farblose, H_2S-oxydierende *Beggiatoa*, die *Oscillatoria* ähnelt, sowohl zu den *Cyanobacteria* als auch zu den *Bacteria* gestellt werden.

Zellbau (Abb. 6.5. a): Im Zentrum liegt das farblose **Zentroplasma** mit dem Nucleoid, das von dem unscharf abgegrenzten **Chromatoplasma** umgeben wird. Dort ist das Chlorophyll a an Thylakoide gebunden, an ihrer Außenseite liegen Phycobiliproteid-Körperchen (**Phycobilisomen**). Als Vorratskompartimente enthalten Carboxysomen das Photosynthese-Enzym Rubisco. Gespeichert wird **Glykogen** (S. 47 u. 240), das Polyphosphat **Volutin** und das Polypeptid **Cyanophycin**. Planktische Formen können Gasvakuolen bilden, die bei

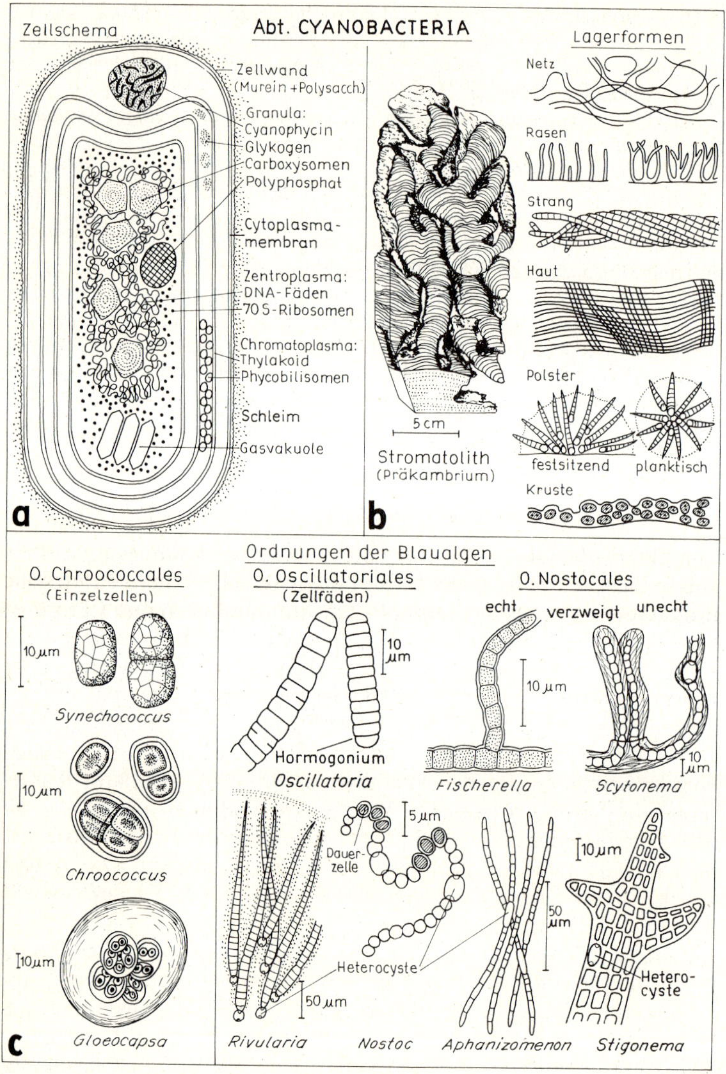
Abt. CYANOBACTERIA
Zellschema
Zellwand
(Murein + Polysacch.)
Granula:
Cyanophycin
Glykogen
Carboxysomen
Polyphosphat
Cytoplasma-
membran
Zentroplasma:
DNA-Fäden
70 S-Ribosomen
Chromatoplasma:
Thylakoid
Phycobilisomen
Schleim
Gasvakuole
a
5 cm
Stromatolith
(Präkambrium)
Lagerformen
Netz
Rasen
Strang
Haut
Polster
festsitzend
planktisch
Kruste
b
Ordnungen der Blaualgen
O. Chroococcales
(Einzelzellen)
10 µm
Synechococcus
10 µm
Chroococcus
10µm
Gloeocapsa
c
O. Oscillatoriales
(Zellfäden)
10 µm
Hormogonium
Oscillatoria
O. Nostocales
echt
verzweigt
unecht
10 µm
Fischerella
10 µm
Scytonema
5 µm
Dauer-
zelle
Heterocyste
50 µm
Rivularia
Nostoc
50 µm
Aphanizomenon
10 µm
Hetero-
cyste
Stigonema

Abb. 6.5.

Eukaryoten fehlen. Der **Zellwand** aus Murein (S. 49) sind Lipopolysaccharide, bei den Heterocysten (s. u.) auch Cellulose aufgelagert. Oft sind die Zellen von Gallertscheiden umgeben.

Die **Vermehrung** erfolgt durch Zweiteilung, wobei das Plasmalemma sich mit der Zellwand einfaltet und Chromato- und Zentroplasma zentripetal durchschnürt (Plasmotomie, **Spaltung**), seltener durch **Nanocyten**-Bildung (simultane Vielfachteilung innerhalb einer stark anwachsenden Zelle mit fester Schleimhülle), durch seriale Ablösung von **Exocyten**, durch Fragmentation von Fäden (**Hormogonienbildung**, Abb. 6.5. c), also **nur vegetativ**.

Bei mehrzelligen Arten tritt erstmals morphologische und funktionelle **Zelldifferenzierung** auf: polare Differenzierung z. B. bei *Rivularia* (Abb. 6.5. c), pigmentarme, dickwandige **Heterocysten** als Orte der Luftstickstoff-Bindung und als Nachbarzellen von Dauerzellen (**Akineten**) bei *Nostocales* (Abb. 6.5. c). Die Akineten sind reich an Reservestoffen, können Jahrzehnte überdauern und keimen durch Verschleimen, mit Riß oder Deckel.

Ökologie und Bedeutung: Die meisten Arten leben als wichtige Primärproduzenten planktisch, festsitzend oder als Überzug Höherer Pflanzen und des Bodens im Süßwasser. Manche, z. B. *Aphanizomenon flos-aquae*, Sichelalge, verursachen Wasserblüte, sie sind eine wichtige Wasserfloh- und damit Fischnahrung, Massenauftreten kann aber auch Fisch- und Wasservogelsterben verursachen (durch Peptidtoxine und Alkaloide). In Aquarien bilden sie in hartem Wasser blaugrüne, schleimige, eigenartig riechende Überzüge auf Steinen und Pflanzen. Durch Kalkablagerung in der Gallertscheide entsteht Seekreide, durch periodisches Wachstum die Bänderung der **Stromatholithen**, die zu den ältesten Lebensspuren zählen (Präkambrium, NW-Australien, vor 3,5 Mia Jahren, Abb. 6.5. b). Auch im Meer, im Boden, auf Felsen („Tintenstriche"), Gletschern und in bis 75 °C heißen Thermalquellen leben Blaualgen. Viele Arten binden Luftstickstoff (in Reisfeldern bis 50 kg/ha im Jahr, S. 437, in den Schleimhöhlen von *Anthoceros*, S. 270, in den Blattlappen von *Azolla*, S. 438, und in Wurzeln der *Cycadopsida*, andere sind **Flechtensymbionten** (S. 226) oder können in farblosen Flagellaten und Rhizopoden als assimilierende Endosymbionten (**Cyanellen**) fungieren.

Die **Gliederung** ist infolge der Merkmalsarmut recht künstlich:

1. **Ordnung Chroococcales** (incl. *Chamaesiphonales*): Rundliche Einzelzellen, die durch Gallerthüllen zu Coenobien verbunden bleiben können (Abb. 6.5. c). Vermehrung durch Zweiteilung, auch Nano- oder Exocytenbildung, Heterocysten und Akineten fehlen. *Synechococcus* ohne Gallerthülle, in Torfmooren. *Chroococcus* und *Gloeocapsa* (Abb. 6.5. c) als gallertige Überzüge an feuchten Uferfelsen.
2. **Ordnung Oscillatoriales:** Unverzweigte Zellfäden mit interkalarem Wachstum, meist mit Gallertscheide. Bildung von **Hormogonien** (Fadenstücke

ohne Scheide), die sich kriechend bewegen (s. S. 535) und der Ausbreitung dienen. Heterocysten und Akineten fehlen. *Oscillatoria* (Abb. 6.5. c) in Wasser und auf Schlamm; *Spirulina* als Algenkuchen eßbar.

3. **Ordnung Nostocales** (incl. *Stigonematales*): Zellfäden, meist mit Scheide, z. T. echt oder unecht (Abb. 6.5. c) verzweigt, oft Bildung von Heterocysten, Akineten, Hormogonien und Gasvakuolen. *Stigonema* an Felsen; *Fischerella* olivgrüne Thermalalge; *Aphanizomenon* (s. oben); *Rivularia* mit Haarfortsatz; *Scytonema* unecht verzweigt, fellartige Lager auf nassem Gestein; *Nostoc* u. a. in *Cycas*-Wurzelknöllchen; *Anabaena* wichtige N_2-Binder auf Feldern SO-Asiens.

3. Abteilung Prochlorobacteria (Prochlorophyta) <10 Arten

Die 1975 aufgestellte Gattung *Prochloron* ist ein obligat epizoischer Symbiont von Seescheiden (Ascidien, z. B. *Didemnum*), der an tropisch-subtropischen Küsten des Pazifiks vorkommt. Die kugeligen, ca. 10 µm großen Zellen ähneln sehr denen der Cyanobakterien, z. B. in der gramnegativen Murein-Wand. Sie besitzen jedoch keine Phycobilin-Farbstoffe, sondern in Thylakoid-Stapeln **Chlorophyll a und b** (Photosynthese mit O_2-Freisetzung) und haben deshalb theoretische Bedeutung für die Ableitung der *Chlorobionta* (S. 265) nach der Endosymbionten-Hypothese.

Anhang: **Viren und Phagen**

Als das **Virus** (lat. Gift) bezeichnete man das krankmachende Agens von infektiösen Tier- und Pflanzenkrankheiten, bei denen im Lichtmikroskop keine Erreger nachweisbar waren. In den 30er Jahren fand man dann (zuerst bei der Tabak-Mosaikkrankheit) kristallisierbare, hochmolekulare Nucleoproteide, die im Elektronenmikroskop als Polyeder, Stäbchen oder Fäden sichtbar waren. Sie bestehen aus einer gewundenen Kette einer RNA (meiste Pflanzenviren) oder DNA, die von einer Eiweißhülle (Kapsid) umgeben wird. Das komplette Viruspartikel aus Nucleinsäure und Eiweißhülle, das Virion, kann noch stachelförmige Fortsätze tragen. Seine Größe beträgt 15–450 nm.

Die Viren haben **keinen eigenen Stoff- und Energiewechsel**. Außerhalb von Wirtszellen sind sie inaktiv und können sich nicht vermehren. Sie veranlassen aber bestimmte Wirtszellen zur identischen Reproduktion der Virensubstanz. Insofern ähneln sie Chromosomen. Sie haben sich wohl aus dem genetischen Material von Zellen, vielleicht auch durch extreme Reduktion pathogener Bakterien entwickelt.

Als **Phagen** werden Viren von Bakterien und Cyanophyceen bezeichnet. Sie sind z. T. besonders groß und von kompliziertem Bau. Beim Bakterienphagen T2 (Abb. 6.6.) umgibt die Eiweißhülle nicht nur das **Köpfchen** mit der DNA, sondern sie bildet auch noch einen **Schwanz** mit bedornter **Endplatte** und **Schwanzfäden**. Letztere erkennen Rezeptorstellen für die Anheftung des Schwanzes. Nach der Anheftung erweicht der Schwanz lokal die Bakterienzellwand, kontrahiert sich und drückt eine in seinem Inneren gelegene Kanüle in

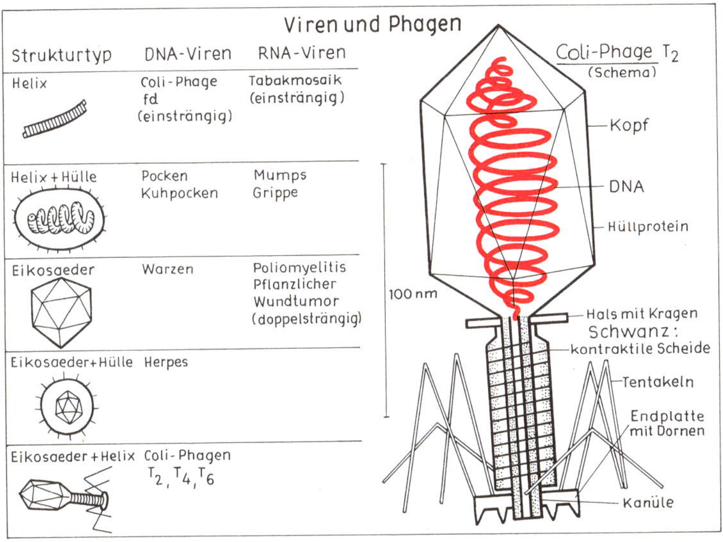

Abb. 6.6.

den Bakterienleib, durch die sich das Innere des Köpfchens in das Bakterium ergießt. Im Verlauf von einer halben Stunde werden zunächst Phagen-spezifische mRNA und Proteine gebildet, die Synthese von Bakterien-Protein blockiert, die Phagen-DNA repliziert und die Hüll-Proteine gebildet. Bei der Reifung bringt ein Phagen-Lysozym die Bakterienzelle schließlich zum Platzen, so daß Dutzende neuer Phagen auf einmal frei werden. (Bei anderen Virus-Arten erfolgt die Freisetzung kontinuierlich.)

Bei **temperenten Viren** kann die DNA als **Provirus** in die Wirts-DNA eingebaut und mit ihr vermehrt werden. Die Proviren können durch Strahlen, Chemikalien oder auch spontan frei und dann wie virulente Viren vermehrt werden.

Viruskrankheiten von Menschen, Tieren und Pflanzen (vgl. Abb. 6.6.), Pilzen und Protozoen haben eine sehr große Bedeutung. Bei der Bekämpfung versucht man, die Übertragung zu verhindern (z. B. durch Blattlausbekämpfung), aber auch die Synthese der Virus-Nucleoproteide oder die Anheftung des Virus an die Zelle zu blockieren. Die meisten Impfungen sind gegen Viruskrankheiten gerichtet. Antibiotika sind wirkungslos. – Viren werden andererseits gegen Schadinsekten oder Bakterien- und Pilzkrankheiten von Pflanzen eingesetzt.

Bei der noch in Arbeit befindlichen **Gliederung** der Viren verwendet man folgende Merkmalsgruppen: 1. Art der Nucleinsäure (DNA oder RNA), 2. Symmetrie („kubisch“ = polyedrisch, z. B. Zwanzigflächner: Eikosaeder;

oder helikal, schraubiger Viruskörper), 3. Außenhülle aus Lipoproteiden (vorhanden oder fehlend), 4. Genom (Nucleinsäure Einzel- oder Doppelstrang) und 5. Morphologie (isometrisch, tubulär, fadenförmig, quasiisometrisch) (Abb. 6.6.). Mit über 2200 „Arten" ist wohl erst ein Teil der Formen bekannt.

6.3.3. („Imperium") Eucaryota

Die Zellen aller Pilze, Algen, Höheren Pflanzen und Tiere sind **eukaryotisch** (Eucyten), d. h. sie besitzen einen echten **Zellkern** mit **Kernmembran**, **Nucleolus**, **Kernspindelbildung** und **Chromosomen** (s. S. 55 ff.), außerdem Mitochondrien, Endoplasmatisches Reticulum und 18 S-rRNA.

Die Abteilungen 1–4 (Schleimpilze, Algenpilze, Flagellatenpilze und Echte Pilze) wurden früher als „*Fungi*" zusammengefaßt (s. S. 200). Deshalb werden die 3 ersteren hier mit besprochen. Sie sind aber untereinander und mit den Echten Pilzen nicht verwandt, sondern wegen ihrer typischen Eukaryoten-Geißeln zu den *Planobiota* zu stellen (s. S. 200). Die Schleimpilze entsprechen – abgesehen von den cellulosebewandeten Sporen – weitgehend den Rhizopoden, denen sie zugeordnet werden können. Die Algenpilze ähneln in der Cellulosewand und den heterokonten Schwärmern den *Xanthophyceae*, besonders der ebenfalls siphonalen *Vaucheria* (S. 250). Auch die Flagellatenpilze stehen isoliert; die Echten Pilze werden wegen des völligen Fehlens der Geißeln nicht mehr an diese Gruppe angeschlossen.

1. Abteilung Myxomycota, Schleimpilze 700 Arten

Charakteristik: Heterotrophe (phagotrophe oder parasitische) Eukaryoten mit **nacktem, amöboid beweglichem** Körper (**Plasmodium**) und Ausbildung von **umwandeten Sporen**, die meist in Sporenfrüchten (**Sporokarpien**) entstehen. – Die 3 Klassen weichen in Bau und Lebensweise stark voneinander ab, Verwandtschaftsbeziehungen zwischen ihnen sind nicht sicher.

1. Klasse Myxomycetes, Echte Schleimpilze über 600 Arten

Charakteristik: Schleimpilze mit **vielkernigem, diploidem**, nacktem Plasmodium von der Größe einiger mm^2 bis 1,5 m^2. Große Plasmodien differenzieren sich funktionell und morphologisch in eine dichtere Plasmafront und ein Netz von dickeren Plasmasträngen (Abb. 6.7. a). Über Ecto- und Endoplasma und die Plasmaströmung s. S. 535. Die *Myxomycetes* ernähren sich **phagotroph** durch Einschluß und Verdauung von Bakterien.

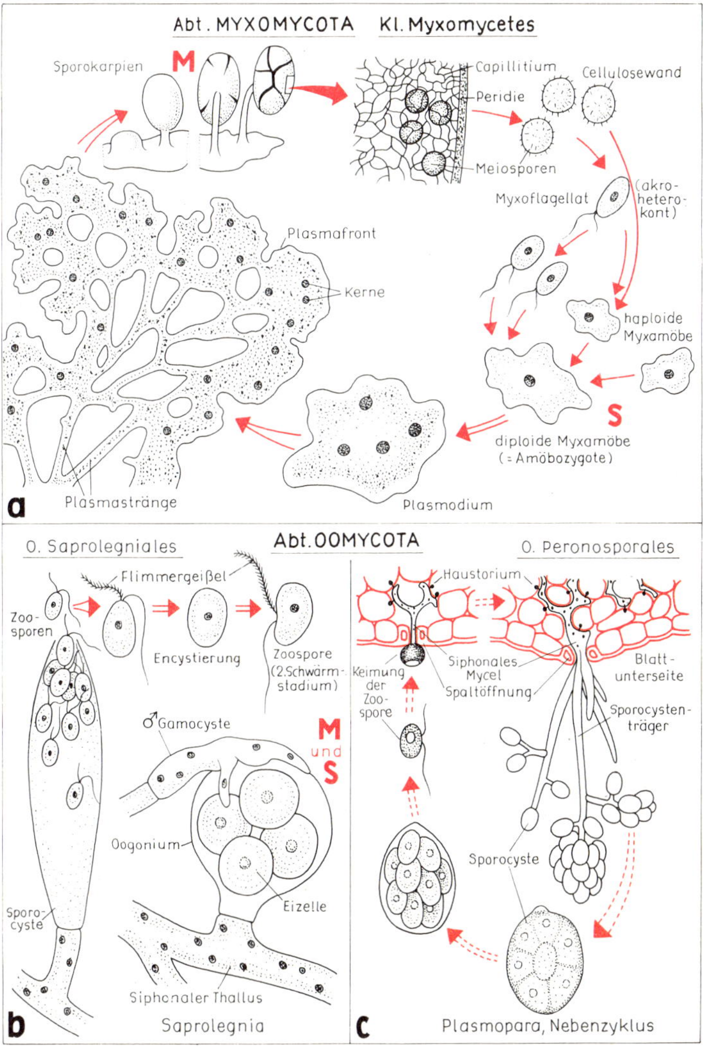

Abt. MYXOMYCOTA
Kl. Myxomycetes
Sporokarpien
M
Capillitium
Peridie
Cellulosewand
Meiosporen
Myxoflagellat
(akro-heterokont)
Plasmafront
Kerne
haploide Myxamöbe
S
diploide Myxamöbe (= Amöbozygote)
Plasmodium
Plasmastränge
a
Abt. OOMYCOTA
O. Saprolegniales
O. Peronosporales
Flimmergeißel
Zoosporen
Encystierung
Zoospore (2. Schwärmstadium)
♂ Gamocyste
M und S
Oogonium
Eizelle
Sporocyste
Siphonaler Thallus
b
Saprolegnia
Haustorium
Keimung der Zoospore
Siphonales Mycel
Spaltöffnung
Blattunterseite
Sporocystenträger
Sporocyste
c
Plasmopara, Nebenzyklus

Abb. 6.7.

Entwicklungszyklus: Aus haploiden Sporen gehen einkernige, akroheterokonte **Myxoflagellaten** oder unbegeißelte **Myxamöben** hervor, die sich durch Schizotomie vermehren können (Abb. 6.7. a). Beide Stadien können zu amöboiden Zygoten verschmelzen. Aus der Zygote, mitunter auch aus der Verschmelzung von mehreren, entwickelt sich das **Fusionsplasmodium**, das sich unter starker Plasmaströmung über das Substrat (feuchtes morsches Holz, Laubstreu, meist am Waldboden) bewegt (S. 535). Dabei vergrößert es sich unter synchroner Kernteilung, reagiert schließlich positiv phototaktisch und bildet mehrere, oft gestielte **Sporokarpien**, die eine Hülle besitzen (**Peridie**, bei einigen Ordnungen kalkinkrustiert) und in denen viele **Meiosporen** mit Cellulosewand entstehen. Bei der Reife zerfällt die Peridie. Die Sporenausstreuung wird häufig durch ein netzmaschiges **Capillitium** (Abb. 6.7. a) oder schraubig versteifte Capillitiumfasern erleichtert (S. 526), beide entstehen aus Plasma und Vakuolensubstanz. Miteinander verschmolzene Sporokarpien mit gemeinsamer Hülle heißen **Aethalien**; solche bildet z. B. *Lycogala epidendrum* (Blutmilchpilz). Weitere häufige große Formen sind *Fuligo* (Lohblüte) und *Stemonitis* (Fadenstäubling).

(7 Ordnungen: *Protosteliales*, *Ceratiomyxales*, *Echinosteliales*, *Liceales*, *Trichiales*, *Stemonitidales*, *Physarales*)

2. Klasse Acrasiomycetes, Zellige Schleimpilze 20 Arten

Hier kriechen aus den Sporen **keine Flagellaten**, sondern gleich Amöben aus, die sich durch Schizotomie vermehren. Diese werden bei *Dictyostelium* durch Lockstoffe zu einer Initial-Amöbe gelenkt (S. 558 f.), bilden durch Übereinanderkriechen ein **Aggregationsplasmodium**, ohne ihre Individualität einzubüßen, und entwickeln nur einen gemeinsamen Fruchtkörper (= Sorokarpium) aus Stiel und unbehülltem Köpfchen ohne Capillitium. (2 Ordnungen: *Acrasiales*, *Dictyosteliales*)

3. Klasse Plamodiophoromycetes, Parasitische Schleimpilze 60 Arten

Die Vertreter dieser Klasse sind **obligate, intrazellulär lebende Parasiten**. Beim Kohlhernie-Erreger *Plasmodiophora brassicae* kriechen im Frühjahr aus Meiosporen heterokonte **Zoosporen** aus, dringen in ein Wurzelhaar ein und entwickeln sich dort zu einem vielkernigen, haploiden Plasmodium. Im Sommer werden wieder Zoosporen gebildet, die auch als Gameten verschmelzen können. Aus den Zygoten gehen in den Zellen der Wurzelrinde diploide Plasmodien hervor, die Wurzelwucherungen an Kohlpflanzen verursachen und im Herbst wieder Hypno-Meiosporen mit Chitinwand bilden (**heterophasischer Generationswechsel**). (1 Ordnung *Plasmodiophorales*)

2. Abteilung Oomycota 900 Arten

Von den Echten Pilzen unterscheidet sich diese Abteilung durch **Cellulose-Zellwände** und durch die nierenförmigen **heterokonten Zoosporen** (kürzere Flimmergeißel nach vorn, längere Peitschengeißel nach hinten). Sie werden deshalb auch als *Oomycophyceae* in die *Chromophyta* eingeschlossen (s. S. 200). Der Thallus ist ein **verzweigtes siphonales Mycel**. Die Befruchtung ist **Cystogamie** (Abb. 6.7. b): Es werden keine beweglichen ♂ Gameten mehr gebildet, sondern die ♂ Kerne gelangen durch Befruchtungsschläuche zu den Eizellen. Die Oomycetes sind **Diplonten** mit gametischem Kernphasenwechsel. Fruchtkörper fehlen.

1. Klasse Oomycetes, Algenpilze 850 Arten

Hierher gehören wasserbewohnende Saprophyten und Parasiten, aber auch wirtschaftlich wichtige Krankheitserreger von Landpflanzen. Innerhalb der Klasse vollzieht sich der **Übergang zum Landleben**. Dabei werden schließlich statt Zoosporen **Sporocysten** verbreitet, aus denen aber oft noch Zoosporen auskeimen (Hinweis auf die Herkunft aus dem Wasser). – Die meisten Vertreter der

Ordnung Saprolegniales (z.B. *Saprolegnia*, Abb. 6.7. b) bilden in klarem Wasser an toten Pflanzen oder Insektenleichen mehrkernige, **saprophytische** Mycelien. Die zweigeißeligen Zoosporen werden in Vielzahl in keulenförmigen Sporocysten ausgebildet, die Eizellen zu mehreren in kugeligen Oogonien. Die Androgamocysten mit den ♂ Kernen legen sich chemotrop den Oogonien an und dringen mit Befruchtungsschläuchen zu den Eizellen vor (Abb. 6.7. b), worauf **Hypnozygoten** gebildet werden. *Aphanomyces astaci* (Pest des Edelkrebses), *Saprolegnia parasitica* (parasitisch an Fischen).

Ordnung Peronosporales. Hierher gehören **Saprophyten** und **Parasiten** von **Landpflanzen**, darunter wirtsspezifische Erreger wichtiger Pflanzenkrankheiten (**Falscher Mehltau**). Die ungeschlechtliche Vermehrung entspricht prinzipiell der der *Saprolegniales*, aber in Anpassung an das Landleben werden hier meistens die **Sporocysten** als Ganzes verbreitet. Diese entlassen Zoosporen, die dem abweichend gestalteten 2. Zoosporenstadium der *Saprolegniales* ähneln. Die Infektion der Wirtspflanze erfolgt daher besonders bei Regen.

Die Zoosporenbildung kann aber auch ganz unterdrückt werden: Die den Konidien der Echten Pilze (S. 218) ähnliche Sporocyste keimt dann mit einem **Keimschlauch**, in dem noch Reste rückgebildeter Geißeln nachweisbar sind (z. B. *Peronospora tabacina*, Blauschimmel des Tabaks). Bei *Phytophthora infestans* (Kraut- und Knollenfäule der Kartoffel) und *Plasmopara viticola*

(Falscher Mehltau des Weinstocks) keimt die Sporocyste bei hoher Feuchtigkeit mit Schwärmern, bei geringer mit einem Keimschlauch. *Albugo candida* bildet „Weißroste“ auf Rettich, Kohl und Hirtentäschel.

Die Zoosporen bzw. Keimschläuche gelangen durch die Spaltöffnungen in das Blatt und bilden in den Interzellularräumen ein verzweigtes, **siphonales Mycel**, das mit **Haustorien** in die Wirtszelle eindringt. Aus den Spaltöffnungen, also meist an der **Blatt-Unterseite**, wachsen dann **Sporocystenträger** heraus, die mehrfach Sporocysten hervorbringen und wie ein weißer Belag wirken (Abb. 6.7. c). Der Sexualvorgang erfolgt im Wirts-Parenchym, dabei werden nun auch die (bei den höher entwickelten Formen einkernigen) Eizellen im Oogon nicht mehr scharf abgegrenzt. Zur Bekämpfung der *Peronosporales*-Pflanzenkrankheiten verhindert man die Sporocysten-Keimung z. B. durch Spritzen mit kupferhaltigen Mitteln.

(Weitere Ordnungen: *Leptomitales*, 20 Arten, saprophytisch im Wasser; *Lagenidiales*, 50 Arten, endoparasitisch in Algen und Wassertieren)

2. Klasse *Hyphochytriomycetes*, 20 Arten, meist Algenparasiten, Wand aus Chitin und Cellulose, 1 Flimmergeißel nach vorn; 3. Klasse *Labyrinthulomycetes*, 20 Arten, marin, Endoparasiten von Algen, zweigeißelige Flagellaten bilden vielzellige Netzplasmodien aus Schleimröhren)

3. Abteilung Chytridiomycota, Flagellatenpilze 500 Arten

Charakteristik: Die artenarme Gruppe ist durch ihre eingeißeligen, **opisthokonten Mitozoosporen** gut charakterisiert. Die sexuelle Fortpflanzung steigt von der Isogamie bis zur Cystogamie auf. Der Vegetationskörper ist meist ein **einzelliges Rhizoidmycel** mit Chitinwand, manchmal ein kleines mehrkerniges verzweigtes Mycel, in das sekundär auch Septen eingezogen sein können. Die Flagellatenpilze leben als Saprophyten oder Parasiten meist im Süßwasser oder im Boden, einige als Parasiten an Höheren Pflanzen oder Tieren (Nematoden, Mückenlarven).

Bei der **Ordnung Chytridiales** ist der Thallus ein **Rhizoidmycel** aus verzweigten, kernlosen Rhizoiden und kernhaltigen, bläschenförmigen Anschwellungen. *Rhizophydium* wächst auf Algen und Pollen, *Polyphagus* (im Wasser) scheidet an den Rhizoiden Klebstoff aus, fängt damit Euglenen und saugt sie aus (Abb. 6.8.). Bei *Zygochytrium* fehlen bereits begeißelte Gameten, 2 gleichwertige Kopulationsäste wachsen aufeinander zu und verschmelzen zur Hypnozygote (Abb. 6.8.).

Bei der **Ordnung Myxochytridiales** ist der Thallus ein **nackter, intrazellulär parasitischer Protoplast**. Bei *Olpidium* (Erreger der Schwarzbeinigkeit der Kohl-Keimlinge, Abb. 6.8.) steht die Sexualität auf einem primitiven Stadium: Der gesamte Protoplast entwickelt sich zur Gonitocyste. Die aus ihr hervorgehenden Schwärmer können als Zoosporen neue Wirtszellen infizieren, aber auch als Gameten verschmelzen. Die Zygote überwintert als Dauerzelle und entläßt nach Meiose wieder zahlreiche Schwärmer, die unter Geißelverlust in Wirtszellen eindringen. Als Erreger des Kartoffelkrebses ist *Synchytrium endobioticum* wirtschaftlich wichtig.

Die Vertreter der **Ordnung Blastocladiales** haben begeißelte Gameten (Iso- oder Anisogamie). *Allomyces* hat einen heterophasischen Generationswechsel, er bildet wenig verzweigte, siphonale Mycelien in Erde (Abb. 6.8.).

Die **Ordnung Monoblepharidales** mit verzweigten Hyphen-Mycelien, die an Pflanzenresten im Süßwasser kleine Pusteln bilden, hat noch die typischen opisthokonten Zoosporen und zygotischen Kernphasenwechsel, aber bereits Oogamie.

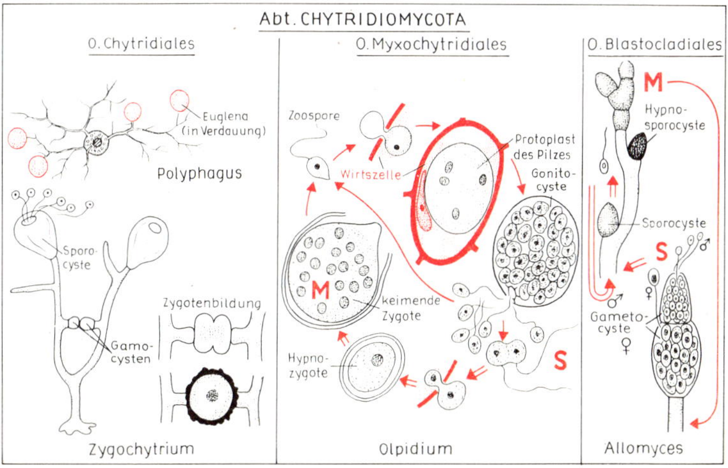

Abb. 6.8.

4. Abteilung Eumycota, Echte Pilze

über 110000 Arten

Charakteristik: Die Echten Pilze sind **heterotrophe** Eukaryoten, denen **Plastiden** (auch die von ihnen abzuleitenden Augenflecke) und

Geißeln stets fehlen. Der Vegetationskörper ist meist ein **Mycel**, d.h. ein System verzweigter Fäden (**Hyphen**), die an der **Spitze wachsen** und in Fruchtkörpern **Plectenchyme** bilden können. Seltener kommen **Sproßzellverbände** vor (Abb. 6.9.b). Die Zellwände bestehen aus **Chitin; Septen** werden **irisblendenartig** von außen nach innen eingezogen. Benachbarte Protoplasten bleiben durch einen zentralen **Porus** in Kontakt; Hyphenglieder unterscheiden sich also von Zellen der Pflanzen. – Die **Chromosomen** sind sehr **klein**, das **Chromatin verdichtet** sich während der Kernteilung **nicht**, die **Mitosespindel** ist kaum nachweisbar und **intranucleär**.

Die **ungeschlechtliche Vermehrung** erfolgt durch Endosporen, die vegetative durch Exosporen oder Zerfall des Mycels in Einzelzellen (**Arthrosporen**) (s. S. 224). Bei den Pilzen ist vegetative und ungeschlechtliche Vermehrung allerdings schwer zu trennen, weil sich die Exosporen von ungeschlechtlichen Goniten ableiten können. Deshalb werden vegetative und ungeschlechtliche Sporen als **Konidien** zusammengefaßt.

Der **Geschlechtsvorgang** ist **Cysto-** oder **Somatogamie**, seltener (*Uredinales*, *Lecanorales*) Spermatiogamie (s. S. 178). Die **Geschlechtsverteilung** ist sehr mannigfaltig: **Homothallische** Pilze sind immer monözisch, d.h. sie bilden +(♂) und –(♀)-Kerne auf demselben Mycel, und sexuelle Vereinigung (Diplonten- oder Dikaryontenbildung) kann auf einem einzigen haploiden Mycel stattfinden. Bei **heterothallischen** Pilzen sind nur verschiedene Mycelien zur Sexualität fähig, entweder weil sie genotypisch (selten auch morphologisch) **diözisch** sind (viele Endomyceten und *Zygomycetes*), oder weil bei monözischen Formen ein haploides Mycel nur +(♂) und –(♀)-Kerne verschiedener **Kreuzungstypen** bildet. Diese **Selbstinkompatibilität** kann **bipolar** sein, wenn sie nur durch ein Allelenpaar gesteuert ist, wie bei vielen *Asco-* und *Basidiomycetes*, oder – bei Steuerung durch 2 Allelenpaare – **tetrapolar**. Im letzten Fall ist Befruchtung nur beim Zusammentreffen zweier Individuen möglich, die sich in beiden Allelenpaaren unterscheiden (viele *Basidiomycetes*).

Bei den Höheren Pilzen (fruchtkörperbildende *Asco-* und *Basidiomycetes*) dominiert die Vermehrung durch Meiosporen. Thallusteile, in denen Karyogamie und Meiose stattfinden, werden daher als **Hauptfruchtform** von der **Nebenfruchtform** unterschieden, die ungeschlechtliche oder vegetative Vermehrungseinheiten (Mitosporen, Konidien) bildet. Nebenfruchtformen haben bei Pilzen große Bedeutung für die Massenvermehrung. Als **Fruchtkörper** wird ein plectenchymatischer Körper bezeichnet, der die Meiosporocysten enthält.

Lebensweise: Bei Vorhandensein von organischen Kohlenstoffverbindungen und Wasser können Pilze in allen Klimaten vorkommen. Jede einzelne Art hat aber ganz spezifische Ansprüche an Substrat und Klima. Die *Eumycota* bevorzugen meist **saures Milieu**, sind daher häufig Erreger von Pflanzenkrankheiten und nur selten von Tier- und Menschenkrankheiten (**Mykosen**, oft auf der Haut, Erreger dann als „Dermatomyceten" bezeichnet, meist imperfekte Ascomyceten).

Unter den **Saprophyten** sind wichtige **Bodenbildner**, aber auch gefährliche **Holzzerstörer** (viele *Basidiomycetes*, besonders *Poriales*). Der Hausschwamm, *Serpula lacrymans*, zerstört die Cellulose (Braun- oder Destruktionsfäule), der Feuerschwamm, *Phellinus igniarius*, dagegen das Lignin (Weiß- oder Korrosionsfäule). Viele Holzzerstörer können als Saprophyten auch das tote Holz lebender Gehölze befallen und wirken als Schädlinge in Forsten und Obstanlagen (z. B. Hallimasch, *Armillariella mellea*; Wurzelschwamm, *Heterobasidion annosum*). Sie bewirken das Abbrechen von Stämmen und Stockfäule. Mit Mycelsträngen (**Rhizomorphen**) können solche Pilze auf andere Bäume übergreifen.

Parasitische Pilze können an lebendes Wirtsgewebe gebunden sein (**obligate** Parasiten, z. B. Mehltau, S. 231, Rostpilze und Brandpilze, S. 234) oder wahlweise lebendes oder totes Substrat besiedeln (**fakultative** Parasiten, dazu alle Pilzkrankheiten des Menschen). Durch phytopathogene Pilze werden jährlich 5–15% der Welternte vernichtet.

Aus dem Parasitismus konnten sich bei den *Eumycota* **Symbiosen** entwickeln, unter denen besonders die **Mykorrhiza** (Pilzwurzel) wirtschaftlich wichtig ist (vgl. S. 458): Ektotrophe Mykorrhiza bei den *Pinales*, *Salicales*, *Fagales*, z. B. mit Birkenpilz, Eichen-Steinpilz, Lärchen-Röhrling; endotrophe bei den Orchideen, ekt-endotrophe bei den *Ericales*. Die von *Endogonales* (S. 221) gebildete **vesiculo-arbusculäre Mykorrhiza** (VAM), bei der die Pilzhyphen in den Wurzelrinde-Zellen bäumchenartig verzweigt sind, ist bei über 50% der Samenpflanzen verbreitet, auch bei Kulturpflanzen wie Tomate, Erdbeere, Getreide und bei *Taxus*, *Ginkgo* und Tropenbäumen. Selten oder gar nicht findet sich Mykorrhiza bei den *Caryophyllidae*, *Brassicaceae*, *Alismatidae*, *Cyperaceae* und *Arecidae*. Durch Symbiose mit Algen sind viele Pilze **lichenisiert** und können als **Flechten** extreme Lebensräume besiedeln (S. 226 f.).

In der **Industrie** werden Pilze zur Gärung (Hefe), Käsebereitung (*Penicillium*), zur Produktion von Rohprotein (*Candida*) und von Antibiotika (*Penicillium*), Vitaminen, Wuchsstoffen, Alkaloiden, Enzymen und organischen Säuren verwendet. Mehrere Arten werden als Speisepilze kultiviert.

Gliederung: Die **3 Klassen** unterscheiden sich deutlich durch folgende Merkmale:

1. *Zygomycetes:* siphonales Mycel; Cystogamie morphologisch gleicher Gamocysten führt zu vielkerniger Hypno-Coenozygote; Fruchtkörper selten, einfach.

2. *Ascomycetes:* Hyphenmycel mit einfachen Septenpori; Cystogamie mit verzögerter Karyogamie, daher Dikaryonten-Stadium; Meiosporocyste = Ascus; meist Fruchtkörperbildung.
3. *Basidiomycetes:* Hyphenmycel meist mit komplizierten Septenpori (Doliporus, S. 232); meist Somatogamie; Dikaryonten-Stadium dominierend; Meiosporocyste = Basidie; meist Fruchtkörperbildung.

Die in Symbiose mit Algen lebenden lichenisierten Pilze, die früher als eigene Abteilung **Lichenes (Flechten)** behandelt wurden, sind zum größten Teil *Ascomycetes* und werden dort besprochen.

Progressionsrichtungen sind u. a. zu erkennen im Übergang von der Spermatisierung (s. S. 178) zur Cysto- und Somatogamie und weiterer Vereinfachung der Sexualvorgänge, in der Ausbildung von Fruchtkörpern mit zunehmend kompliziertem Bau, in der zunehmenden Dominanz der Dikaryophase.

Verwandtschaft: Der Anschluß der *Eumycota* ist unsicher. Gegen die vermutete Beziehung zu den Rotalgen sprechen Zellwandchemie und Golgi-Apparat, gegen die Ableitung von den *Chytridiomycota* das Fehlen aller Spuren von Geißeln. Nur die Verwandtschaft der *Asco-* und *Basidiomycetes* ist sicher. Nach einem 18S-rRNA-Stammbaum sollen die Ascomyceten als letzte der wichtigen Entwicklungslinien gleichzeitig mit den Chlorobionta und den vielzelligen Tieren entstanden sein, und zwar aus Chromophyta-Vorfahren. Nach diesem überraschenden Ergebnis wären sie sekundär unbegeißelt.

Das System der Pilze wird gegenwärtig stark überarbeitet, da sich viele Gruppen als phylogenetisch uneinheitlich erwiesen haben. Der phylogenetisch-taxonomische Wert bekannter Merkmale wird geprüft, **Feinstrukturen** und **Inhaltsstoffe** bieten neue Merkmale, sind aber nur von einzelnen Sippen bekannt. **Kulturversuche** zeigen die Variabilität der Merkmale und decken Entwicklungsabläufe auf. Sehr viele Arten sind noch unbekannt (S. 184). Auch das **Artproblem** bedarf noch der Klärung, besonders bei morphologisch wenig verschiedenen, aber wirtsspezifischen Parasiten.

1. Klasse Zygomycetes, Jochpilze — 600 Arten

Diese Pilze haben ihren Namen von der Form ihrer Cystogamie: Zwei aufeinander zuwachsende **Kopulationsäste** schnüren **vielkernige Gamocysten** ab, die zu einer vielkernigen Hypno-Coenozygote verschmelzen.

Diese keimt unter Meiose (und bei diözischen Arten Geschlechtsbestimmung) zu einer Sporocyste, in der endogen durch Plasma-Zerklüftung viele Meiosporen entstehen (Abb. 6.9. a). Als **Nebenfruchtformen** bilden ähnliche Sporocysten Mitosporen, die oft mehrkernig sind. Bei abgeleiteten Formen werden diese Mito-Sporocysten ähnlich den Konidien (s. S. 218) als Ganzes verbreitet, die Zahl der Sporen ist dabei oft reduziert. Die *Zygomycetes* sind vorwiegend boden- und exkrementbewohnende Saprophyten (wenige Parasiten) mit reich verzweigtem, unseptiertem oder sekundär (ohne Porus!) septiertem Mycel.

Die **Ordnung Mucorales** umfaßt Pilze mit unseptiertem Mycel und reichlich sporulierenden Nebenfruchtformen (z. B. kugelige Mito-Sporocysten beim Köpfchenschimmel, *Mucor mucedo*, Abb. 6.9. a). Der auf Exkrementen lebende Saprophyt *Pilobolus* schleudert die Sporocysten von den phototropen Trägern bis 2 m weit der Lichtquelle entgegen (S. 528). Auch *Phycomyces* ist Objekt der Reiz- und Entwicklungsphysiologie. *Rhizopus*-Arten werden zur Herstellung verschiedener organischer Säuren genutzt, *R. stolonifer* ist als Erdbeer-Wattefäule schädlich.

Die Mycelien der als VAM-Partner (S. 219) und als Bodenpilze wichtigen **Ordnung Endogonales** sind sekundär septiert. Bei dem Erdpilz *Endogone* verbleibt in der kugeligen Zygote nur noch ein Kernpaar (Abb. 6.9. a). Die Sporocysten und Zygoten werden von einem dichten Hyphengeflecht eingeschlossen, so entstehen erstmals einfache Fruchtkörper. – Bei der parasitischen **Ordnung Entomophthorales** sind die vielkernigen Mycelien bereits septiert.

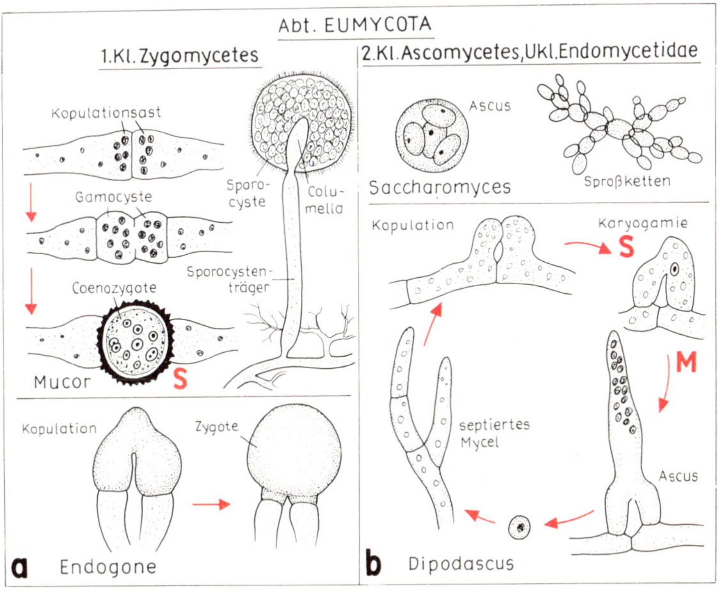

Abb. 6.9.

Die Sporocysten stehen terminal auf keulenförmigen Trägern. Beim Fliegenschimmel *Entomophthora muscae* wachsen die Sporocysten aus der befallenen Fliege heraus, werden aktiv abgeschleudert und bilden einen weißen Hof um das tote Tier.

(Weitere Ordnungen: *Dimargaritales, Kickxellales, Harpellales, Asellariales, Zoopagales*. – Unsicher ist die Stellung der **Klasse Trichomycetes** mit den Ordnungen *Eccrinales* und *Amoebidiales*, 60 Arten, Insekten-Kommensalen, Zellwand-Chemie abweichend.)

2. Klasse Ascomycetes, Schlauchpilze — 80000 Arten

Mit etwa 80000 überwiegend terrestrisch lebenden Arten (davon 20.000 Flechten, 30.000 „Fungi imperfecti") sind die Schlauchpilze die größte Pilzklasse.

Ihr **Mycel** besteht aus **haploiden**, septierten, verzweigten **Hyphen** mit **Chitin**-Zellwänden. Die Septen sind von einem **einfachen Porus** durchbrochen (Abb. 6.10.a). Bei den Hefen gibt es Sproßzellen oder durch Sprossung entstandene Pseudomycelien, deren Septen z. T. nur von Plasmodesmen durchzogen sind.

Vermehrung: Als Nebenfruchtformen treten Konidien auf, diese entsprechen meist vegetativen Hyphenzellen. Der Sexualvorgang ist Cystogamie (selten Spermatio- oder Somatogamie). Die keulige, mehrkernige Androgamocyste kommt beim Sexualakt mit der **Trichogyne**, einem Empfängnishaar am Scheitel der ebenfalls mehrkernigen Gynogamocyste (hier **Ascogon** genannt), in Berührung. Nach partieller Wandauflösung kommt es zur Plasmogamie, und die männlichen Kerne gelangen ins Ascogon, wo sie sich mit den weiblichen Kernen zu **Kernpaaren** anordnen. Das so befruchtete Ascogon wächst mit dikaryotischen Hyphen unter **konjugierten Kernteilungen** (synchrone Teilung beider Kerne eines Paares) aus. Diese Hyphen, aus denen später die schlauchförmigen Meiosporocysten (Asci, Einzahl **Ascus**) hervorgehen, werden als **ascogene Hyphen** bezeichnet.

Bei den Hefen kann sich die Zygote direkt zum Ascus entwickeln, sonst erfolgt die Ascusbildung durch Aussprossung aus den Zellen der ascogenen Hyphen (Knospentyp), durch Umwandlung der Zellen der ascogenen Hyphen in Asci (Kettentyp) oder am häufigsten durch den Hakentyp. Hierbei krümmt sich jede ascogene Hyphe an ihrer Endzelle zu einem spitzen **Haken**, und nach **synchroner Teilung** des Kernpaares bleiben 2 verschiedengeschlechtige Kerne in der Hakenkrümmung, von den übrigen wandert einer in die Basis der Hakenzelle, der andere in das Hakenende (Abb. 6.10. a). Nun wird die Hakenkrümmung durch eine Zellwand abgetrennt. Erst in diesem **Proascus**

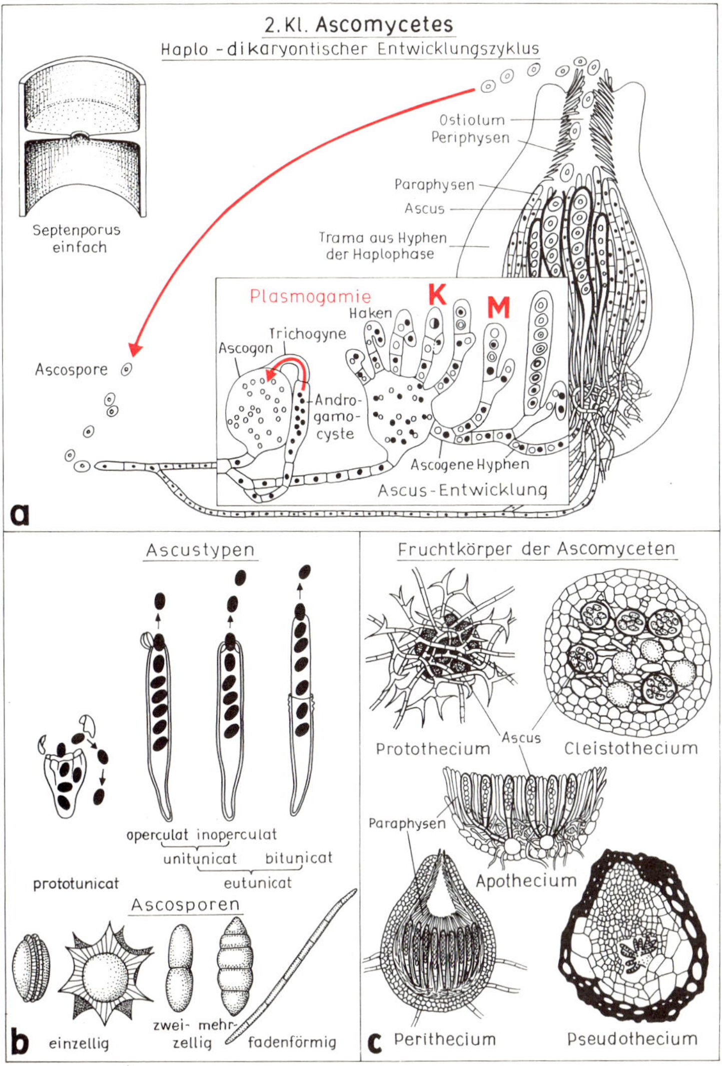
2. Kl. Ascomycetes
Haplo-dikaryontischer Entwicklungszyklus
Septenporus einfach
Ostiolum
Periphysen
Paraphysen
Ascus
Trama aus Hyphen der Haplophase
Plasmogamie
K
M
Haken
Trichogyne
Ascogon
Ascospore
Andro-gamo-cyste
Ascogene Hyphen
Ascus-Entwicklung
a
Ascustypen
operculat
inoperculat
unitunicat
bitunicat
prototunicat
eutunicat
Ascosporen
einzellig
zwei- mehr-zellig
fadenförmig
b
Fruchtkörper der Ascomyceten
Protothecium
Ascus
Cleistothecium
Paraphysen
Apothecium
Perithecium
Pseudothecium
c

Abb. 6.10.

(Ascus-Anlage) erfolgt die **Karyogamie**. Darauf werden in der Regel durch 3 Teilungsschritte und freie Zellbildung die **Meiosporen** (meist 8 oder 4) gebildet. Unterhalb des Ascus verschmelzen meist Hakenende und Hakenstiel durch Zellwandauflösung (rudimentäre Kopulationsbrücken?). Dadurch ist der dikaryotische Zustand wieder hergestellt, und die Ascusbildung kann in der gleichen Weise wiederholt werden (Abb. 6.10. a).

Homothallische Formen, bei denen nur **ein Mycel zur Ascusbildung** nötig ist (S. 218), sind häufig, aber es gibt auch heterothallische Arten (infolge Inkompatibilität oder auch Diözie). Als **Deuterogamie** wird eine Befruchtung der Ascogone durch normale Hyphenzellen bezeichnet. Auch Selbstpaarung der weiblichen Kerne im Ascogon (**Parthenogamie**) oder **Apomixis** (Wegfall der Kernpaarung, Ascusbildung in der Haplophase) kommen vor.

Gliederung: 3 Unterklassen, **1. Endomycetidae** (incl. *Taphrinomycetidae*, Hefen, Sproßpilze) ohne Fruchtkörper und mit Sproßmycel oder Sproßzellen, **2. Ascomycetidae** (Echte Schlauchpilze) mit Hyphenmycel und in der Regel mit Fruchtkörpern, 3. die hier nicht näher behandelten **Laboulbeniomycetidae** (1500 Arten, Arthropoden-Parasiten, Thallus wenigzellig, bis 3 mm lang, borstenförmig auf der Wirts-Oberfläche, Ascusbildung nach Spermatiogamie).

1. Unterklasse Endomycetidae, Sproßpilze — 300 Arten

Charakteristik: Der Thallus der Sproßpilze kann aus septierten Hyphen bestehen, meist ist er aber ein durch Sprossung (S. 90) gebildetes **Pseudomycel**, oder er besteht aus Sproßzellen (Abb. 6.9. b). **Fruchtkörper fehlen.** Die sexuelle Fortpflanzung ist sehr mannigfaltig. Häufig ist schon Somatogamie: benachbarte Sproßzellen verschmelzen. Meist folgt die Karyogamie unmittelbar auf die Plasmogamie. Die Zygote wird hier nicht zur Hypnozygote, sondern entwickelt sich **direkt** oder nach einer Dikaryo- oder Diplophase zur Meiosporocyste, dem **Ascus** (Abb. 6.9. b). In ihm werden die **Ascosporen** gebildet, deren Zahl im Bereich der Unterklasse allmählich auf 8 (seltener 4) fixiert wird. Die Ascosporen werden nicht ausgeschleudert, sondern durch Zerfall der Ascuswand frei.

Bei den *Taphrinales* wird erstmals Plasmogamie und Karyogamie durch konjugierte Mitosen des Kernpaares (**Dikaryon**) getrennt, also ein Paarkern-Mycel (**Dikaryont**) ausgebildet (s. S. 180). Als vegetative Vermehrungsform ist die Arthrosporenbildung charakteristisch (S. 218). Die Sproßpilze leben saprophytisch oder parasitisch, oft sind sie an ganz spezielle Lebensbedingungen gebunden.

Die **Ordnung Saccharomycetales** (= *Endomycetales*) enthält Arten mit reduziertem Mycel, die meist **in zuckerhaltigen Flüssigkeiten** leben. Ursprünglich gebaut ist *Dipodascus albidus* (im Schleimfluß der Bäume) mit vielkernigem Mycel und zahlreichen Ascosporen (Abb. 6.9. b). Die Zellteilung ist nur selten Querteilung, z. B. bei *Schizosaccharomyces* (Spalthefe), meist Sprossung wie bei *Saccharomyces* (Wein-, Bier- und Bäckerhefe, viele Rassen, Abb. 6.9. b). Die Zellwand besteht vorwiegend aus Polysacchariden und nur **wenig Chitin**. – Die Vertreter der **Ordnung Taphrinales** (auf Grund der Ähnlichkeit der 5S-rRNA auch als Unterklasse zu den *Basidiomycetes* gestellt, nur Gattung *Taphrina*, 100 Arten) sind in der Haplophase Saprophyten (Sproßmycelien), nach Bildung des Paarkernmycels wirtsspezifische **Gefäßpflanzen-Parasiten**, sie verursachen z. B. Hexenbesen bei der Birke und die Narrentaschen der Pflaume. Über imperfekte Hefen s. S. 239.

(Weitere Ordnungen: *Protomycetales*, Gefäßpflanzen-, *Ascosphaerales*, Bienen-Parasiten)

2. Unterklasse Ascomycetidae, Echte Schlauchpilze 80 000 Arten

davon 20 000 Flechten, 30 000 Fungi imperfecti (S. 238)

Charakteristik: Schlauchpilze mit **Fruchtkörpern** (Ascokarpien). Diese werden in der Regel aus **haploidem Plectenchym** gebildet, das von den generativen, dikaryotischen ascogenen Hyphen durchwachsen wird. Sie fassen zahlreiche Asci zusammen, zwischen denen sterile Hyphen (**Paraphysen**) liegen. Die Asci können eine regelmäßige Fruchtschicht (**Hymenium**) bilden. Der Sexualvorgang ist Cystogamie, seltener Spermatio- oder Somatogamie (s. S. 178, 179).

Die **Fruchtkörpertypen** zeigt Abb. 6.10. c: Bei einem Teil der *Ascomycetidae* leitet die Befruchtung die Fruchkörperbildung ein (**ascohymeniale** Fruchtkörperbildung). Hierher gehören

- das **Protothecium**, bei dem die Asci nur von einem lockeren Hyphengeflecht umgeben sind.
- das kugelige **Cleistothecium**, das eine völlig geschlossene Hülle um das Paarkernmycel bildet,
- das krugförmige **Perithecium**, das eine kanalartige Öffnung besitzt und
- das **Apothecium**, ein schüsselförmiger Fruchtkörper, in dem das Hymenium offen liegt.

Bei anderen Ordnungen ist die Fruchtkörperbildung von der Befruchtung unabhängig. Erst im ausgebildeten Fruchtkörper entstehen Ascogon und ascogene Hyphen. Die Asci wachsen in lysigene Höhlungen des Fruchtkörpers (Loculi) hinein (**ascoloculare** Fruchtkörperbildung). Hierher gehört

- **das Pseudothecium**, das sich erst sekundär öffnet.

Die **Ascuswand** kann einfach sein und bei der Sporenreife zerfallen (**prototunicater** Ascus). Beim **eutunicaten** Ascus bleibt sie erhalten, die reifen Sporen werden ausgeschleudert (s. S. 528). Hier sind zu unterscheiden:

1. der **unitunicate** Ascus mit einer Wand aus zwei elastisch dehnbaren Schichten und einem Apikalapparat mit Deckel (**operculat unitunicat**) oder mit einem Porus mit Quellkörpern (**inoperculat unitunicat**) und
2. der **bitunicate** Ascus mit einer zweischichtigen, innen elastischen, außen starren Wand (Abb. 6.10. b) und Apikalapparat.

Die **Großgliederung** der *Ascomycetidae* ist noch nicht abgeklärt. Die früher übliche Gliederung nach der Fruchtkörperform (Abb. 6.10. c) ergibt keine natürlichen Einheiten (**Hemiascomycetes** ohne Fruchtkörper, **Plectomycetes** mit Proto- oder Cleistothecien, **Discomycetes** mit Apothecien, **Pyrenomycetes** mit Perithecien), auch die Gliederung nach der Fruchkörperentwicklung (**Ascohymeniales, Ascoloculares**) befriedigt nicht. Die Familien und die etwa 35 Ordnungen, die (einschließlich der lichenisierten Formen) unterschieden werden können, sind jedoch großenteils gut umschrieben. Die lichenisierten Formen besprechen wir wegen ihrer besonderen Lebensweise im Zusammenhang und zuerst, weil sie im Ascusbau größtenteils sehr ursprünglich sind. Von den übrigen Ordnungen werden 6 besprochen.

Zahlreiche Ascomyceten, deren Hauptfruchtformen unbekannt sind, werden in der künstlichen Gruppe der *Fungi imperfecti* geführt (S. 238).

a. Ascomyceten-Flechten (Ascolichenen) ca. 20000 Arten

In den Flechten leben 2 Partner in **Symbiose**: ein Pilz (**Mycobiont**) und eine Alge (**Phycobiont**). Fast alle Flechtenalgen gehören zu den **Grünalgen** (z. B. *Trebouxia*, *Chlorella*, *Trentepohlia*, S. 259) oder **Cyanobakterien** (z. B. *Chroococcus*, *Nostoc*, *Gloeocapsa*). Die **Thallusgestalt** der Flechten wird meist vom Pilz bestimmt. Eine Ausnahme bilden die **Fadenflechten**, bei denen der Algenfaden von einer lockeren Hyphenhülle umgeben ist. Rein beschreibend unterscheidet man außerdem die mit der Unterlage fest verbundenen **Krustenflechten**, die gelappten, mit Hyphensträngen (Rhizinen) oder Thallusfalten angewachsenen **Laubflechten**, die ebenfalls blättrigen, aber nur in der Mitte mit einer Haftscheibe befestigten **Nabelflechten**, die kelchförmigen **Becherflechten**, die strauchförmig verzweigten **Strauchflechten** und die in Gestalt verzweigter Fäden von Ästen lang herabhängenden **Bartflechten** (Abb. 6.11. c).

Im Thallusquerschnitt sind die Algenzellen nur selten gleichmäßig verteilt. Meist bilden die Pilzhyphen an der Ober- und Unterseite eine dichtere **Rinde** (Plectenchym), dazwischen ein lockeres **Mark**, in dem

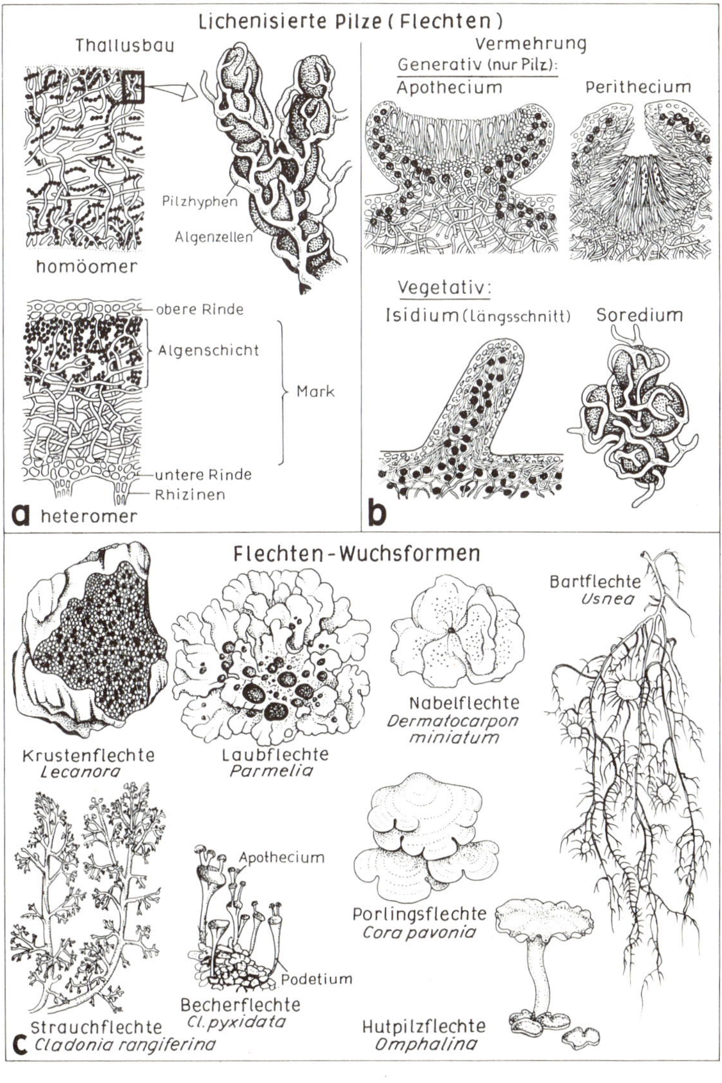
Lichenisierte Pilze (Flechten)
Thallusbau
Pilzhyphen
Algenzellen
homöomer
obere Rinde
Algenschicht
Mark
untere Rinde
Rhizinen
a heteromer
Vermehrung
Generativ (nur Pilz):
Apothecium
Perithecium
Vegetativ:
Isidium (Längsschnitt)
Soredium
b
Flechten-Wuchsformen
Krustenflechte
Lecanora
Laubflechte
Parmelia
Nabelflechte
Dermatocarpon
miniatum
Bartflechte
Usnea
Apothecium
Podetium
Becherflechte
Cl. pyxidata
Porlingsflechte
Cora pavonia
Strauchflechte
c Cladonia rangiferina
Hutpilzflechte
Omphalina

Abb. 6.11.

die Algen in einer parallel zur Thallusoberfläche verlaufenden **Algenschicht** liegen (Abb. 6.11.a). Dem Gasaustausch dienen regelmäßig geformte (**Cyphellen**) oder unregelmäßige (**Pseudocyphellen**) Durchbrechungen der Rindenschicht. Manche Pilze können mit verschiedenen Algen verschieden geformte Flechten bilden, andere Flechtenarten sind mit Grünalgen oder Cyanobakterien völlig gleich gebaut. In begrenzten, z. T. warzenförmigen Thallusbereichen (**Cephalodien**) mancher Grünalgenflechten kommen zusätzlich luftstickstoffbindende Cyanobacterien vor. Bisweilen nehmen weitere Pilze als Parasymbionten oder **Flechtenparasiten** an der Symbiose Anteil.

Die Algenzellen sind oft (durch Teilungshemmung?) ungewöhnlich groß. Beim Wachstum des Pilzes werden sie durch **Schiebehyphen** mitgenommen. Die Pilzhyphen umspinnen sie und stellen mit **Appressorien** den Kontakt mit der Algen-Zellwand her (Abb. 6.11.a). Nur bei primitiven Flechten dringen die Hyphen in die Algenzellen ein und zerstören sie, so daß der Pilz auf der Alge parasitiert und diese nur durch rasche Vermehrung weiter existiert. Von der Alge bezieht der Pilz Assimilate, die Alge wird vom Pilz mit Wasser und Nährsalzen versorgt. In dieser Symbiose vermögen die Flechten Standorte zu besiedeln, an denen Pilz und Alge allein nicht gedeihen könnten. Nur einige der zahlreichen **Flechtenstoffe** (aliphatische Säuren, Depside, Chinone, z. T. mit antibiotischer Wirkung wie Usninsäure) können die Pilze unter besonderen Bedingungen auch allein bilden.

Vermehrung: Während sich die Flechtenalgen nur vegetativ vermehren, bilden die Pilze ihre Fruchtkörper aus. Der Sexualvorgang ist dabei Cystogamie oder Spermatiogamie. Manche Arten bilden auch Konidien. Da nur bei einigen Arten von den Pilzsporen Algenzellen mitgerissen werden, muß die keimende Pilzspore zufällig auf eine passende Algenzelle treffen, um sich zur Flechte zu entwickeln. Daher erfolgt die Vermehrung sehr häufig **vegetativ**, meist durch **Soredien**, kleine (0,1 mm), pilzumsponnene Algenzellgruppen (Abb. 6.11.b), die an der Thallus-Oberfläche gebildet werden (manchmal konzentriert in **Soralen**), durch **Isidien** (leicht abbrechende, stiftförmige Thalluswucherungen), durch **Schizidien** (oberflächenparallele Abspaltungen) oder durch **Thallus-Bruchstücke**.

Ökologie: Da die Flechten Wasserdampf aufnehmen, hohe Temperaturen ertragen, einzelne aber auch noch bei −24 °C eine positive Photosynthese-Bilanz erreichen können, sind sie in Trocken- und Kältegebieten konkurrenzkräftig, in arktischen Tundren sind sie vegetationsbestimmend (Ren-Nahrung!), andererseits lieben sie als poikilohydrische Organismen hohe Luftfeuchte und wachsen deshalb besonders üppig als Epiphyten in Berg-Nebelwäldern. Wenige Arten leben im Wasser. Sehr empfindlich sind die meisten Flechten gegen SO_2 in der Luft (Indikatoren der Luftverunreinigung!).

Gliederung: Die Einordnung der Flechtengruppen im System der Pilze bereitet noch Schwierigkeiten. Die allermeisten Flechten gehören jedenfalls zu den Ascomyceten, nur wenige zu den Basidiomyceten (zu den *Agaricales, Cantharellales, Poriales*). Innerhalb der *Ascomycetidae* nimmt die

Ordnung Lecanorales, zu der die meisten Flechten gehören, eine recht selbständige Stellung ein. Sie ist durch eine besondere Form dickwandiger, z.T. mehrschichtiger, inoperculater Asci (**Archaeasci**) und durch Apothecien charakterisiert. Wichtige, z.T. sehr artenreiche Gattungen sind die Krustenflechten *Lecanora* und *Lecidea*, die Gallertflechte *Collema*, die Laubflechten *Parmelia*, *Hypogymnia* und *Cetraria* (*C. islandica*, Isländisches Moos), die Strauch- und Becherflechte *Cladonia* (*C. rangiferina*, Rentierflechte), die Nabelflechte *Umbilicaria* und die Bartflechte *Usnea* (Abb. 6.11.c).

Unter den ascohymenialen Schlauchpilzflechten gibt es sowohl solche mit prototunicaten Asci (*Caliciales*, mit Apothecien), als auch mit unitunicaten Asci (*Gyalectales* und *Ostropales* mit Apothecien, *Sphaeriales* mit Perithecien). Ascoloculare Fruchtkörper mit bitunicaten Asci haben die *Arthoniales*, *Pyrenulales*, *Verrucariales* und die nur schwach lichenisierten *Dothideales* mit Pseudothecien.

b. Nicht lichenisierte Schlauchpilze

1. Ordnung Eurotiales mit Proto- oder Cleistothecien, ascogenen Hyphen ohne Haken und kugeligen, **prototunicaten** Asci. Die einzelligen Ascosporen tragen oft einen Ringkragen. Wichtig sind Nebenfruchtformen (Anamorphen), die meist **Phialosporen** bilden, d.h. primär endogene Mitosporen, die an der Spitze flaschenförmiger Zellen (Phialiden) austreten (Abb. 6.12.a). Nebenfruchtform der Gattungen *Eurotium*, *Emericella* und *Sartorya* ist der Gießkannenschimmel (Formgattung *Aspergillus*, Produktion von Citronensäure, Amylasen, Proteasen; *A. flavus* bildet gefährliche Aflatoxine), zu anderen Hauptfruchtform-Gattungen gehört die Nebenfruchtform *Penicillium* (Abb. 6.12.a), der für Antibiotika-Produktion und Käse-Herstellung wichtige Pinselschimmel.

Ebenfalls prototunicate Asci haben die Ordnungen *Onygenales* (*Gymnascales*, Bodenpilze und wichtige Erreger von Haut-, Haar- und Nagelkrankheiten, z.B. *Trichophyton rubrum*, Fußpilz) und *Meliolales* (Rußtaupilze auf Blättern, meist in den Tropen) mit Cleistothecien und die Ordnungen *Microascales* und *Ophiostomatales* (dazu *Ophiostoma ulmi*, Erreger des Ulmensterbens) mit Perithecien.

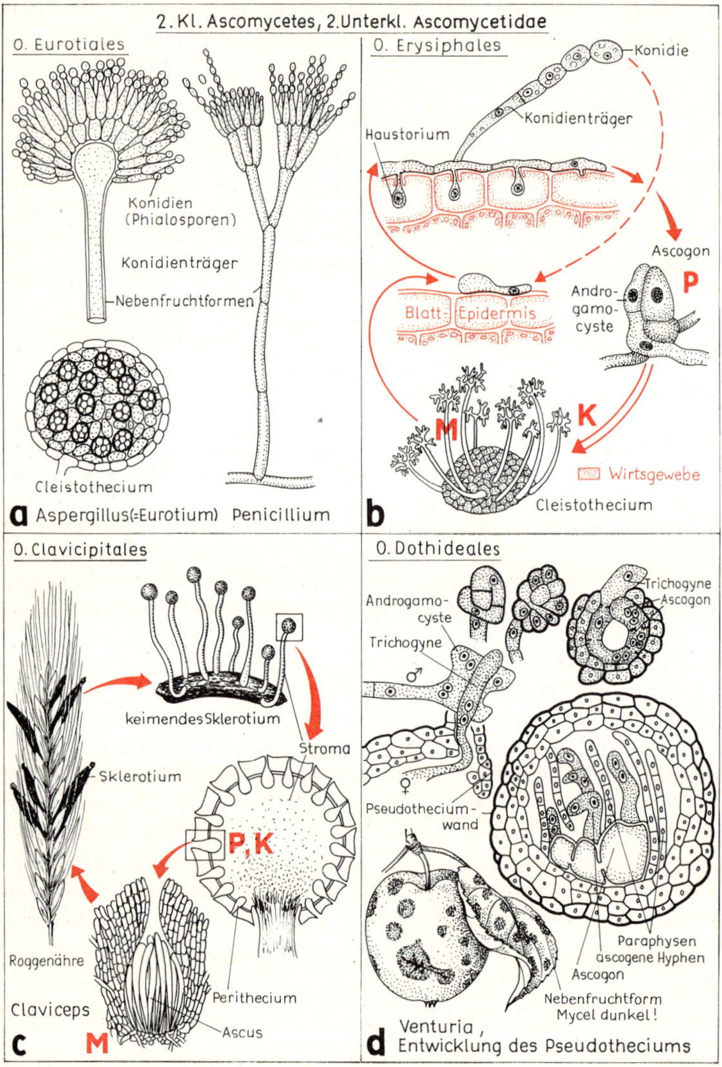
2. Kl. Ascomycetes, 2. Unterkl. Ascomycetidae
O. Eurotiales
Konidien (Phialosporen)
Konidienträger
Nebenfruchtformen
Cleistothecium
a Aspergillus (=Eurotium) Penicillium
O. Erysiphales
Konidie
Konidienträger
Haustorium
Ascogon
Andro-gamo-cyste
P
Blatt-Epidermis
K
M
Wirtsgewebe
Cleistothecium
b
O. Clavicipitales
keimendes Sklerotium
Stroma
Sklerotium
P, K
Roggenähre
Perithecium
Claviceps
Ascus
c M
O. Dothideales
Trichogyne
Ascogon
Androgamo-cyste
Trichogyne
♂
♀
Pseudothecium-wand
Paraphysen
ascogene Hyphen
Ascogon
Nebenfruchtform
Mycel dunkel!
d Venturia, Entwicklung des Pseudotheciums

Abb. 6.12.

2. Ordnung Erysiphales (Echte Mehltaupilze) mit hochentwickelten **Cleistothecien** und **unitunicaten** Asci. Die Mycelien der etwa 550 obligaten **Phytoparasiten**-Arten bilden auf Blättern und Sproßachsen von Angiospermen oft abwischbare Beläge (vgl. dagegen „Falsche Mehltaupilze" unter *Oomycota* S. 215), gelangen aber auch durch die Spaltöffnungen in die Interzellularräume des Mesophylls. Mit Haustorien dringen sie in Epidermis- oder Parenchymzellen ein (Abb. 6.12. b). Durch den Mycelbelag und die reichliche Konidienbildung (Formengattungen *Oidium*, *Oidiopsis*, *Ovulariopsis*, *Streptopodium*) sehen befallene Pflanzenteile wie bemehlt aus.

Nach der Verschmelzung der einkernigen Gamocysten entsteht der Ascus direkt aus dem Ascogon, oder es werden erst ascogene Hyphen ausgebildet. Die dunkelfarbigen Cleistothecien werden bei der Reife gesprengt. Sie besitzen verschieden gestaltete Anhängsel, die z. T. der Ausbreitung dienen. Je Cleistothecium entstehen 1–40 Asci. Etwa 150 Mehltau-Arten sind von wirtschaftlicher Bedeutung, so der 1845 aus Amerika eingeschleppte Weinstock-Mehltau (*Uncinula necator*, Nebenfruchtform *Oidium tuckeri*) und *Blumeria graminis* auf Getreide.

3. Ordnung Pezizales (Becherlinge, 1000 saprophytische Arten) mit **Apothecien** und unitunicaten, **operculaten** Asci. In den ascohymenial gebildeten Fruchtkörpern liegt das Hymenium entweder von Anfang an frei (gymnokarp), oder es wird erst nach dem Aufreißen der kugeligen Apothecien-Anlagen frei (hemiangiokarp). *Peziza* (Becherling) hat noch sitzende Fruchtkörper, bei den Morcheln (*Morchella*, Speisepilze) und Lorcheln (*Helvella*) sind sie gestielt und bis 25 cm groß.
4. Ordnung Leotiales (*Helotiales*) ebenfalls mit **Apothecien** und unitunicaten, aber **inoperculaten** Asci. Hierher gehören Holz- und bodenbewohnende Saprophyten (z. B. *Ascocoryne*, Gallertbecher), aber auch wichtige Pflanzenparasiten: *Monilinia fructigena*, die Monilia-Fäule des Kernobstes; *Botryotinia fuckeliana* (Nebenfruchtform *Botrytis cinerea*), der Grauschimmel, z. B. an Tulpenzwiebeln und Erdbeeren. Früher wurde hierher auch die O. *Phacidiales* gestellt (z. B. *Rhytisma acerinum*, Ahorn-Blattfleckenkrankheit), ihre Fruchtkörper werden aber ascolocular gebildet.
5. Ordnung Sphaeriales mit **Perithecien** und unitunicaten, inoperculaten Asci. Genetisches Versuchsobjekt ist *Neurospora crassa*, der Rote Brotschimmel ist *N. sitophila*. *Nectria* verursacht den Obstbaumkrebs, ihre Nebenfruchtformen *Fusarium*-Welkekrankheiten. Im Kulturmedium des Reisparasiten *Giberella fujikuroi* wurden die Giberelline entdeckt. Bei weiter Fassung gehören hierher (ebenfalls mit Peri-

thecien) auch der Kastanienkrebs (*Endothia*, O. *Diaporthales*), die Holzkeulenpilze (*Xylaria*, O. *Xylariales*, mit zahlreichen schwarzen Perithecien in Sammelfruchtkörpern) und der Mutterkornpilz (*Claviceps purpurea*, O. *Clavicipitales*). Er bildet in Gräser-Fruchtknoten dunkle, harte Mycelkörper, die Sklerotien (Mutterkorn), aus denen im Frühjahr am Boden Stromata mit zahlreichen Perithecien wachsen (Abb. 6.12. c). Die fadenförmigen Ascosporen gelangen auf Gräser-Narben und infizieren wieder Fruchtknoten. Zur Gewinnung der Mutterkorn-Alkaloide wird der Pilz auf Roggen kultiviert.

6. Ordnung Dothideales s.l. Schlauchpilze mit **bitunicaten** Asci. Fruchtkörperbildung meist ascolocular, Mycel und Pseudothecien dunkelfarbig. Der Erreger des Apfelschorfs, *Venturia* (Abb. 6.12. d, Nebenfurchtform *Fusicladium*), ist ein heterothallischer Parasit. Aus den Pseudothecien ragen lange Trichogynen zum Kontakt mit ♂ Gamocysten heraus.

3. Klasse Basidiomycetes – Ständerpilze ca. 30000 Arten

Charakteristik: Der Name der Klasse bezieht sich auf die Meiosporocysten, die **Basidien** (Ständer), die an Stielchen (**Sterigmen**) **4** (selten 2) **Basidiosporen** tragen. Nach der Karyogamie und Meiose in der Basidie wandern die 4 haploiden Kerne durch die Sterigmen in Sporensäckchen ein (Abb. 6.13. a).

Der Vegetationskörper wird überwiegend, der **Fruchtkörper** ausschließlich vom **Dikaryonten** gebildet. Dieser entsteht durch **Somatogamie** und anschließende konjugierte Mitosen des Dikaryons, oft kombiniert mit **Schnallenbildung**, die der Hakenbildung bei den Schlauchpilzen ähnelt (Abb. 6.13. a; Schnallen fehlen den *Uredinales, Ustilaginales* z.T., *Russulales* und *Lycoperdaceae*). Die Septenporen sind röhrenartig erweitert (**Doliporus**, Abb. 6.13. a) und von einer plasmatischen Porenkappe überwölbt. Das dikaryotische Mycel bildet die Fruchtkörper unabhängig vom Zeitpunkt der Befruchtung. Ist es aus den haploiden Keim-Mycelien durch Somatogamie einmal hervorgegangen, kann es jahrelang weiterwachsen und immer wieder zu bestimmten Zeiten Fruchtkörper hervorbringen. Manchmal werden dabei auffällige **Hexenringe** gebildet. Fruchtkörper fehlen nur bei den meisten *Heterobasidiomycetidae*.

Die **Gliederung** beruht auf dem Typ der Basidien: einzellige **Holobasidie** oder 4zellige (septierte) **Phragomobasidie** (Abb. 6.13. b); auf dem Keimungsverhalten der Basidiosporen: mit Abschnürungen, in die der Kern der Basidiosporen eintritt (**Sekundärsporen**) oder mit Hyphen; auf der Morphologie des Frucht-

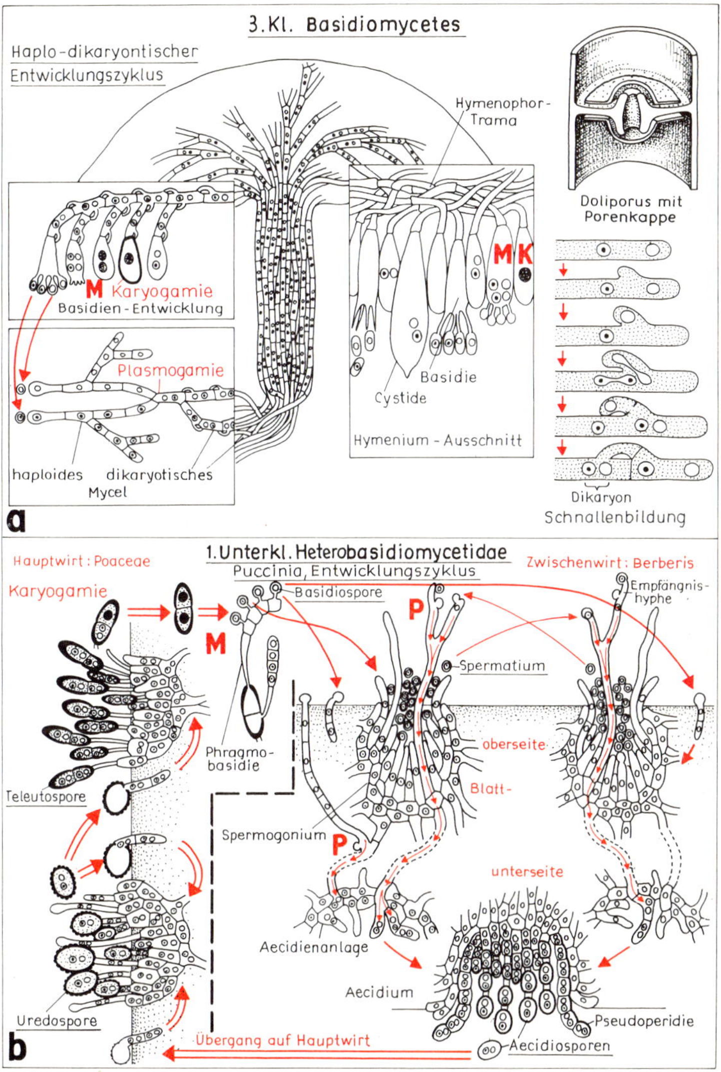
3. Kl. Basidiomycetes
Haplo-dikaryontischer Entwicklungszyklus
Hymenophor-Trama
Doliporus mit Porenkappe
M
Karyogamie
Basidien-Entwicklung
Plasmogamie
M K
Basidie
Cystide
Hymenium-Ausschnitt
haploides
dikaryotisches
Mycel
Dikaryon
Schnallenbildung
a
1. Unterkl. Heterobasidiomycetidae
Puccinia, Entwicklungszyklus
Hauptwirt: Poaceae
Zwischenwirt: Berberis
Karyogamie
Basidiospore
Empfängnis-hyphe
P
M
Spermatium
Phragmo-basidie
oberseite
Blatt-
Teleutospore
Spermogonium
P
unterseite
Aecidienanlage
Aecidium
Uredospore
Pseudoperidie
b
Übergang auf Hauptwirt
Aecidiosporen

Abb. 6.13.

körpers; auf der Struktur des Fruchtkörperfleisches (**Trama**), an dem 1–3 Hyphentypen beteiligt sind (dünnwandige generative Hyphen, dickwandige Skeletthyphen und dickwandige, stark verzweigte Bindehyphen) und das danach als mono-, di- oder trimitisch bezeichnet wird (Abb. 6.14. b).

1. Unterklasse Heterobasidiomycetidae

Diese Basidiomyceten haben **Phragmobasidien**, seltener Holobasidien, dann keimen ihre Basidiosporen aber mit Sekundärsporen. Bei der Keimung treten häufig **hefeartige Stadien** auf. Die Septenporen sind einfach perforiert oder dolipor (*Auriculariales, Tremellales,* wenige *Ustilaginales*), haben aber keine perforierte Porenkappe. Fruchtkörper fehlen den meisten Arten. Die 3 wichtigsten Ordnungen umfassen obligate Pflanzenparasiten:

Bei der **Ordnung Ustilaginales** (incl. *Tilletiales*, Brandpilze) keimen die Basidiosporen mit einem saprophytischen Sproßmycel. (Einige Arten sind auf dieses Stadium beschränkt.) Somatogamie führt zum dikaryotischen Mycel, das nun parasitisch in den Interzellularen von Angiospermen lebt, ohne den Wirt zunächst sichtbar zu schädigen. In bestimmten Organen der Wirtspflanze (Fruchtknoten, Antheren, Blätter, Stengel) entfaltet es sich, zerstört das Wirtsgewebe und zerfällt schließlich in die dicht gepackten **Brandsporen** (Probasidien). Aus diesen keimt im Frühjahr nach der Karyogamie unter Meiose die septierte (*Ustilaginaceae*) oder unseptierte (*Tilletiaceae*) Basidie, die die Basidiosporen abgliedert. Die Getreide-Brandpilze, z. B. *Ustilago nuda*, Gerstenflugbrand, *U. maydis*, Mais-Beulenbrand, werden durch chemische oder thermische Saatgutbeizung bekämpft.

Weitere wichtige Getreideschädlinge gehören zur **Ordnung Uredinales** (Rostpilze). Bei ihnen sind die einfachen Septenporen durch einen Pfropf verschlossen. Ihr Entwicklungszyklus ist sehr kompliziert.

Die 5 **Sporenformen**, die **Spermatiogamie** und der mit **Kernphasenwechsel** gekoppelte **Wirtswechsel** sollen am Beispiel von *Puccinia graminis*, dem Schwarzrost des Getreides, geschildert werden (Abb. 6.13. b).

Aus Teleutosporen des Vorjahres gehen unter Meiose Phragmobasidien mit **Basidiosporen** hervor. Letztere infizieren Blätter des Zwischenwirtes (hier Berberitze) und entwickeln interzelluläre Mycelien. Diese bilden an der Blattoberseite **Spermogonien** und **Spermatien** (früher Pyknosporen genannt). Da die Spermogonien Nektar absondern, können die Spermatien von Insekten verschleppt werden. Sie sind selbst zur Neuinfektion nicht in der Lage. Gleichzeitig bildet das haploide Mycel an der Blattunterseite Aecidien-Anlagen. Nach Somatogamie mit einem zweiten Mycel oder nach Befruchtung durch Spermatien des anderen Kreuzungstyps, die von Empfängnishyphen aufgenommen werden und deren Kerne durch die Septenporen bis zur Aecidienanlage gelangen, kommt es in den becherförmigen Aecidien zur Ausbildung von Ketten dikaryotischer, meist polyedrischer **Aecidiosporen**, die den Hauptwirt (Getreide) infizieren. Zur Massenvermehrung führt die Bildung von **Uredosporen** (Sommersporen) aus dem dikaryotischen Mycel, die in Lagern angelegt werden und einzeln auf Stielen stehen. Im Herbst werden zwischen den Uredosporen oder in besonderen Lagern die dickwandigen, ebenfalls dikaryotischen, zweizelligen **Teleutosporen** gebildet, in denen die Karyogamie und bei der Keimung die Meiose erfolgt.

Phylogenie: Heute leben die *Uredinales* mit Tausenden von Arten auf fast allen Samenpflanzen-Gattungen. Im Paläozoikum waren die Wirte Farne und Gymnospermen. Mit der Entstehung der Angiospermen erfolgte beim Vorrücken in kühlere Gebiete und offene Vegetation die Ausbildung des Wirtswechsels. In den Tropen ist Wirtswechsel selten. Abgeleitet ist auch die Verkürzung des geschilderten Zyklus (z. B. **Mikroformen**, die nach der Somatogamie gleich Teleutosporen bilden).

Die Teleutosporen sind bei ursprünglichen Formen einzellig und stehen in Ketten, die Progression führt über mehrzellige Teleutosporen (z. B. *Cronartium*, Blasenrost der Kiefer) zur Festlegung der Zellenzahl und Reduktion (2 bei der Gattung *Puccinia*, die 3000 Arten umfaßt). Rostpilze verursachen 5–15%, manchmal bis 50% Ernteausfall bei Getreide. Die Züchtung resistenter Sorten bringt wegen der Anpassung der Pilze nur vorübergehende Erfolge.

[Weitere Ordnungen: *Auriculariales*, Ohrlappenpilze und *Tremellales*, Zitterpilze, beide mit gallertigen Fruchtkörpern und Phragmobasidien, ebenso die mit Schildläusen vergesellschafteten *Septobasidiales; Exobasidiales* (Pflanzenparasiten) und *Dacrymycetales* (Holzbewohner), beide mit Holobasidien, die mit Sekundärsporen keimen, ebenso die *Tulasnellales*].

2. Unterklasse Homobasidiomycetidae

Bei den Homobasidiomyceten, zu denen die meisten bekannten Großpilze gehören, sind die Hyphensepten stets **dolipor** und mit siebartig durchbrochener **Porenkappe** versehen. **Schnallen** werden fast überall ausgebildet (s. S. 232). Hefestadien gibt es fast nirgends. Abgesehen von den Gasteromyceten werden die dorsiventralen Basidiosporen von den Sterigmen aktiv **abgeschleudert** (S. 528), sie keimen stets mit Hyphen. Die Basidien sind **unseptiert**. **Fruchtkörper** werden stets ausgebildet, sie sind entweder

– **hymenial:** die Basidien bilden – oft zusammen mit besonders gestalteten vegetativen Zellen, den **Cystiden** und **Pseudoparaphysen** (Abb. 6.13. a) – eine Schicht, das **Hymenium**, auf der gesamten Fruchtkörper-Oberfläche bzw. auf einem besonderen **Hymeno-**

phor („Futter" der Röhrlinge und Blätterpilze, Abb. 6.14. a) oder

- **gasteral:** die Basidien stehen im Fruchtkörper-Inneren zerstreut oder in Hymenien auf inneren Oberflächen. Die sporenbildende **Gleba** ist von Hüllschichten, den **Peridien**, umgeben (z. B. Bovist). Durch ein streckungsfähiges Receptaculum kann sie aus den Hüllen herausgehoben werden. Die kugeligen, oft warzigen Basidiosporen werden **nicht aktiv abgeschleudert**. Durch Kernteilung in den Basidiosporen ist das Mycel meist von Anfang an dikaryotisch.

Die hymenialen Fruchtkörper der **„Hymenomyceten"** sind äußerst vielgestaltig (krusten-, pustel-, keulen-, korallenförmig usw.), in der höchst entwickelten Form gestielt-hutförmig. Bei einigen hemiangiokarpen (Abb. 6.14. a) Gattungen der *Agaricales* ist das Hymenophor der Hutunterseite im jungen Zustand durch eine Haut, das **Velum partiale**, bedeckt, die zwischen Hymenophor und Stieloberfläche (Manschette) oder Hutrand und Stiel entsteht (Ring oder Schleier). Außerdem kann der junge Fruchtkörper ganz von einem **Velum universale** umgeben sein, dessen Reste nach der Fruchtkörperstreckung als Fetzen oder Flocken auf dem Hut (z. B. Fliegenpilz), als Volva an der Stielbasis (z. B. Grüner Knollenblätterpilz) oder als wolliger oder schleimiger Überzug auf Hut und Stiel zu erkennen sind (Abb. 6.14. a).

Bei der **Ordnung Poriales** wachsen die Fruchtkörper (meist auf Holz) z. T. mehrere Jahre weiter, umschließen dabei Fremdkörper und können gezont sein (Abb. 6.14. b). Die Trama ist hier mono- bis trimitisch, das Hymenophor glatt, röhren-, lamellen- oder stachelförmig (z. B. *Phellinus igniarius*, Feuerschwamm; *Trametes versicolor*, Schmetterlingsporling).

Zur **Ordnung Cantharellales** (Fruchtkörper hutförmig, keulenförmig oder verzweigt, ohne ausgeprägte Streckungsphase, ohne Velum, kurzlebig) gehört der gegen Eutrophierung empfindliche Mykorrhizapilz *Cantharellus cibarius* (Pfifferling).

Die **Ordnung Polyporales** umfaßt hauptsächlich holzbewohnende Hutpilze mit kurzlebigen, ungezonten, meist dimitischen Fruchtkörpern (z. B. *Polyporus*, Porling).

Zu den **Ordnungen Agaricales** und **Boletales** gehören Hutpilze mit lamellen- oder röhrenförmigem Hymenophor (Abb. 6.14. a). Nach der Bildung des Fruchtkörperprimordiums erfolgt eine rasche Streckung, Fremdkörper werden vom Fruchtkörper beseitegedrückt. Beispiele: *Agaricus bisporus*, Kulturchampignon; *Amanita phalloides*, Grüner Knollenblätterpilz. Bei den Röhrenpilzen, z. B. *Boletus edulis*, Steinpilz, ist die monomitische Hymenophoraltrama leicht von der Huttrama ablösbar. Auch die

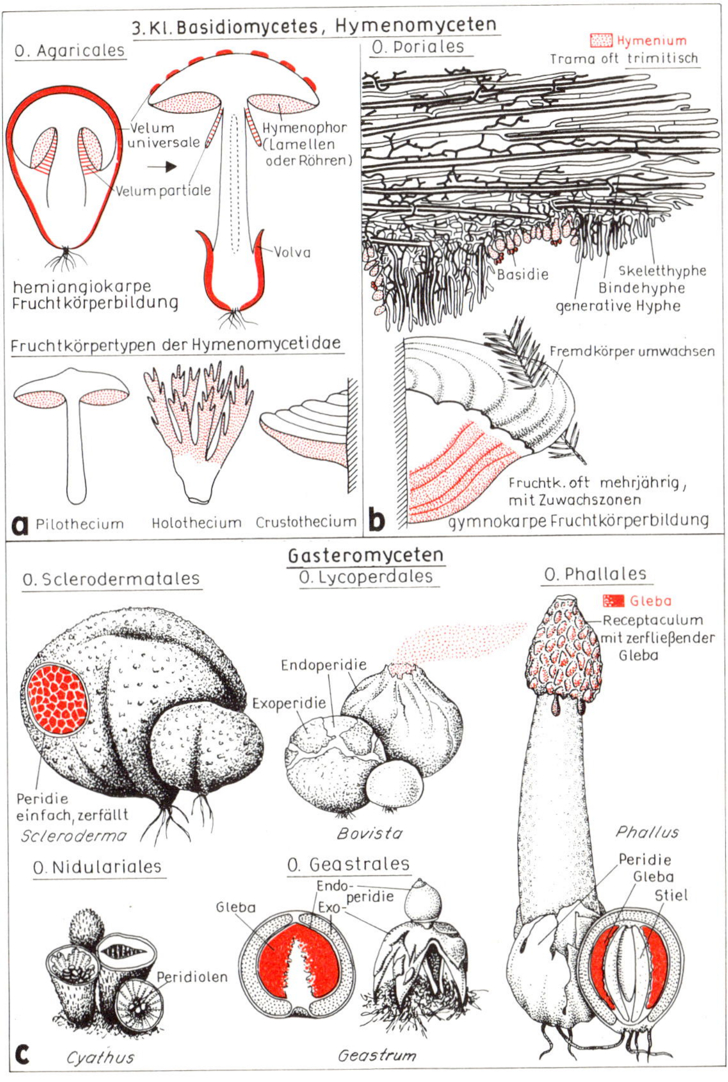
3. Kl. Basidiomycetes, Hymenomyceten
O. Agaricales
Velum universale
Hymenophor (Lamellen oder Röhren)
Velum partiale
Volva
hemiangiokarpe Fruchtkörperbildung
Fruchtkörpertypen der Hymenomycetidae
a
Pilothecium
Holothecium
Crustothecium
O. Poriales
Hymenium
Trama oft trimitisch
Basidie
Skeletthyphe
Bindehyphe
generative Hyphe
Fremdkörper umwachsen
Fruchtk. oft mehrjährig, mit Zuwachszonen
b
gymnokarpe Fruchtkörperbildung
Gasteromyceten
O. Sclerodermatales
O. Lycoperdales
O. Phallales
Gleba
Receptaculum mit zerfließender Gleba
Endoperidie
Exoperidie
Peridie einfach, zerfällt
Scleroderma
Bovista
Phallus
O. Nidulariales
O. Geastrales
Endo- peridie
Exo-
Gleba
Peridiolen
Peridie
Gleba
Stiel
c
Cyathus
Geastrum

Abb. 6.14.

Ordnung Russulales bildet hutförmige Fruchtkörper. Das Fruchtkörperfleisch ist hier durch Nester kugeliger Zellen bröckelig, ein Velum fehlt. *Lactarius*, der Reizker, enthält Milchsaft in Exkretionshyphen, *Russula* (Täubling) nicht. – (Weitere Ordnungen: *Hymenochaetales, Telephorales*)

Die **„Gasteromyceten"** (Bauchpilze) wurden früher als eigene Unterklasse abgetrennt. Gasterale Fruchtkörperbildung wurde aber in verschiedenen Verwandtschaftskreisen entwickelt, z. B. bei den *Russulales, Polyporales* und *Agaricales* („secotioide Gasteromyceten", nach der Gattung *Secotia*). Die folgenden Ordnungen zeigen keine klaren Beziehungen zu anderen Basidiomyceten-Gruppen:

Ordnung Sclerodermatales: Gleba **ohne Hymenium.** Fruchtkörper rundlich-knollenförmig, die dicke, harte Peridie meist durch unregelmäßigen Zerfall geöffnet. *Scleroderma citrinum*, Kartoffelbovist (Abb. 6.14. c).

Ordnung Lycoperdales: Basidien in der stark gefalteten Gleba auf der Trama ein deutliches **Hymenium** bildend. Reif lösen sich Basidien und Trama zur pulverigen Sporenmasse auf (Autolyse), Tramahyphen bilden darin ein lockeres Geflecht, das **Capillitium**. Peridie zweischichtig, **Exoperidie** frühzeitig **verschwindend**. Endoperidie dauerhaft, am Scheitel geöffnet. *Langermannia*, Riesenbovist, bis 1,50 m breit und 0,60 m hoch, 100 Billionen Sporen; *Lycoperdon*, Stäubling (Abb. 6.14. c).

Ordnung Geastrales: Peridie mehrschichtig. Die Exoperidie reißt durch Quellungsmechanismus **sternförmig** auf und rollt sich zurück. Endoperidie mit 1 bis mehreren scheitelständigen Öffnungen. Gleba radial gekammert, bei der Reife pulverig. In Wäldern und Steppen. *Geastrum*, Erdstern (Abb. 6.14. c).

Ordnung Nidulariales: Die etwa zentimetergroßen Fruchtkörper öffnen sich am Scheitel mit einem vorgebildeten Fenster und geben linsenförmige **Peridiolen** (Glebakammern) frei, die durch Regentropfen aus dem Becher geschleudert werden (z. B. *Cyathus*, Teuerling, Abb. 6.14. c), oder die Peridie wird durch Quellung gesprengt und die Gleba bis 5 m weit weggeschleudert (*Sphaerobolus*).

Ordnung Phallales: Fruchtkörper hypogäisch angelegt. Unter der Peridie bildet die Trama eine Gallertschicht (**Volva**), die die Glebakammern umschließt. Das Receptaculum wird bei der Reife stark gestreckt und durchbricht die Volva, die Sporenmasse zerfließt stinkend, Verbreitung endozoochor durch Fliegen. *Phallus*, Stinkmorchel (Abb. 6.14. c); *Clathrus*, Tintenfischpilz („Pilzblumen").

(Weitere Ordnungen: *Tulostomatales, Melanogastrales, Hymenogastrales, Gautieriales, Gastrosporiales*).

Fungi imperfecti (Deuteromyceten)

Von etwa 30000 Pilz-Arten sind nur die Nebenfruchtformen (Anamorphen) bekannt. Auf Grund der Hyphen- und Septentypen gehören die allermeisten davon zu den *Ascomycetes*, nur wenige zu den *Zygo-* und *Basidiomycetes*. Sie werden als „Fungi imperfecti" nach der Konidien-Ausbildung in einem künstlichen System geordnet. Dabei ist maßgebend, ob die Konidienträger frei sind oder auf stromatischen Lagern entstehen oder mit sterilen Hyphen zu Gallertlagern (Sporodochien) verbunden sind, oder ob gar keine Fortpflanzungszellen bekannt sind („Mycelia sterilia“). Die imperfekte Hefe *Candida albicans* kann gefährliche Endomykosen verursachen. *C. kefyr* ist der Kefir-Pilz. Wichtige Anamorph-Gattungen, deren Zuordnung z.T. gelungen ist, sind *Trichophyton, Oidium, Aspergillus, Penicillium, Fusarium, Monilia, Botrytis* und *Fusicladium* (s. S. 229ff.). Ist die Hauptfruchtform (Teleomorphe) gefunden, gilt deren Name, der Name der Anamorphe kann aber weiter verwendet werden, wenn von dieser die Rede ist.

Algen (s. S. 200)

Als Algen können diejenigen autotrophen Eukaryoten zusammengefaßt werden, die ihre Gameten und Sporen in einzelligen, primär nicht umhüllten Behältern (Gametocysten, Sporocysten, S. 176) bilden und meist an Wasser oder feuchtes Milieu gebunden sind. Ihre Chromatophoren sind homogen (keine Granastruktur) und tragen meist Pyrenoide (S. 84).

In der Pigmentausstattung, den Assimilationsprodukten, der Plastiden-Feinstruktur und der Begeißelung sind die Algen aber so unterschiedlich, daß sie offenbar **mehrere parallele Entwicklungslinien** bilden, die als Abteilungen oder Klassen unterschieden werden (Abb. 6.3., Tab. 6.2.).

Unter den **Pigmenten** sind sowohl die Chlorophylle als auch die Carotinoide und Xanthophylle (S. 384) taxonomisch wichtig, ihre Vorkommen sind allerdings erst an relativ wenigen Beispielen untersucht. Bei der Verwendung von Xanthophyllen zur Charakterisierung der Algengruppen muß beachtet werden, daß sich bestimmte Xanthophylle in Abhängigkeit vom Licht reversibel ineinander umwandeln können.

Die **Reserve-Polysaccharide** gehören zu 2 Hauptgruppen: Zur ersten, in der die Glucosereste in der Hauptkette α-1 : 4-glykosidisch schraubenförmig verkettet sind, zählen die Stärke (*Chlorophyta*), Florideenstärke (*Rhodophyta*), die Cyanophyceenstärke und die Reservestoffe der *Cryptophyta* und *Dinophyta*. Bei der zweiten Gruppe sind die Glucosereste β-1 : 3-glykosidisch verknüpft, dazu gehören die Reservestoffe der *Euglenophyta* (Paramylon) und der *Chromophyta* (Chrysolaminarin, Laminarin). Akzessorische Reservesubstanzen wie Fette und Öle haben wenig taxonomischen Wert, da ihr Vorkommen stark umweltabhängig ist.

Die Chloroplasten werden nur bei *Rhodophyta, Chlorophyta* (und allen Höheren Pflanzen) von einer einzigen Doppelmembran umhüllt, bei den *Chromo-*

Tabelle 6.2. Pigmente, Reservestoffe und Begeißelung der Algenklassen

<table>
<tr><th colspan="2" rowspan="2">Abteilung und Klasse</th><th colspan="3">Pigmente</th><th rowspan="2">Reservestoffe</th><th rowspan="2">Begeißelung</th></tr>
<tr><th>Chlorophylle</th><th colspan="2">systematisch wichtige akzessorische Pigmente</th></tr>
<tr><td colspan="2">Cyanobacteria (zum Vergleich)</td><td>a</td><td>Myxoxanthophyll</td><td rowspan="3">Phycobiline</td><td>Cyanophyceenstärke (α-1:4-Polyglucan)</td><td>nie begeißelt</td></tr>
<tr><td colspan="2">Rhodophyta</td><td>a + (d)</td><td>Lutein</td><td>Florideenstärke (α-1:4-Polyglucan)</td><td>nie begeißelt</td></tr>
<tr><td colspan="2">Cryptophyta</td><td rowspan="7">a + c</td><td>Alloxanthin</td><td rowspan="2">Stärke (α-1:4-Polyglucan)</td><td>2 hetero-subakrokont, lange mit 2, kurze mit 1 Haarreihe</td></tr>
<tr><td colspan="2">Dinophyta</td><td>(Fucox.) + Peridinin</td><td rowspan="7">Diadinoxanthin</td><td>2 hetero-pleurokont, Querg. mit 1, Längsg. mit 2 Reihen zarter Haare</td></tr>
<tr><td rowspan="5">Chromophyta</td><td>Chrysophyceae</td><td rowspan="2">Fucoxanthin</td><td rowspan="5">Chrysolaminarin (Laminaran) (β-1:3-Polyglucan)</td><td>2 hetero-akrokont, 1 Flimmerg., 1 Peitscheng.</td></tr>
<tr><td>Prymnesiophyceae</td><td>2 iso-hetero-akro(pleuro)kont, keine Flimmern, Haptonema</td></tr>
<tr><td>Xanthophyceae</td><td>Heteroxanthin</td><td>2 hetero-akrokont, 1 Flimmerg., 1 Peitschengeißel</td></tr>
<tr><td>Bacillariophyceae</td><td rowspan="2">Fucoxanthin</td><td>1(-0) akrokont, Flimmergeißel</td></tr>
<tr><td>Phaeophyceae</td><td>(1)-2 hetero-pleurokont, 1 Flimmerg., 1 Peitschengeißel</td></tr>
<tr><td colspan="2">Euglenophyta</td><td rowspan="4">a + b</td><td></td><td>Paramylon (β-1:3-Polyglucan)</td><td>(1-)2(-7) iso-akrokont, 1 schraubige Haarreihe</td></tr>
<tr><td rowspan="3">Chlorophyta</td><td>Chlorophyceae</td><td rowspan="3">Lutein</td><td rowspan="3"></td><td rowspan="3">Stärke in Chloroplasten (α-1:4-Polyglucan)</td><td>2-∞ iso-akrokont, Peitschengeißeln</td></tr>
<tr><td>Zygnematophyceae</td><td>nie begeißelt</td></tr>
<tr><td>Charophyceae</td><td>2 iso-subakrokont, Peitschengeißeln, mit Schuppen</td></tr>
</table>

phyta und *Cryptophyta* zusätzlich von einer ER-Falte (2 Doppelmembranen), bei den *Euglenophyta* und *Dinophyta* von 3 Membranen. Die **Thylakoide** sind nur bei den *Rhodophyta* (wie bei den *Cyanobacteria*) mit gleichmäßigen Abständen in den Chromatophoren verteilt, bei den anderen Algengruppen liegen sie in Stapeln zu 2–6, bei den *Chromophyta* in Stapeln zu 3, dort umschließen außerdem 3 Thylakoide als „Gürtellamelle" die sämtlichen übrigen (Ausnahme: *Prymnesiophyceae*).

Die **Geißeln** treten in verschiedener Zahl auf (1, sehr häufig 2, seltener 4–∞ oder auch 0), sie sind unterschiedlich inseriert (S. 79, 240), gleichlang (isokont) oder verschieden lang (heterokont) und gleich oder verschieden gestaltet (Peitschengeißel, Flimmergeißel mit 1 oder 2 Haarreihen, Bandgeißel, Abb. 6.22. c, Fadengeißel), auch der Feinbau der Basalregion liefert wichtige Abteilungs- und Klassenmerkmale (Tab. 6.2.).

Innerhalb der einzelnen Entwicklungslinien werden unabhängig voneinander verschiedene **Organisationsstufen** erreicht, die oft zur Umgrenzung der Ordnungen verwendet werden.

1. die **amöboide** oder rhizopodiale (nackte Einzeller, die Pseudopodien bilden),

2. die **monadale** (stets begeißelte Einzeller = Flagellaten, oft mit rotem Augenfleck = Stigma, bei Süßwasserformen pulsierende Vakuolen),

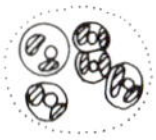

3. die **capsale** (unbegeißelte Einzeller mit gallertiger Zellwand),

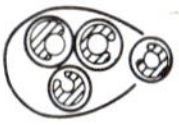

4. die **coccale** (unbewegliche Einzeller mit fester Zellwand und ohne die obengenannten Flagellaten-Organellen),

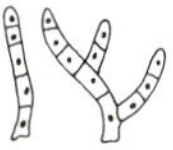

5. die **trichale** (Mehrzeller aus unverzweigten oder verzweigten Fäden, diese manchmal in verschiedene Fadentypen differenziert = heterotrichal),

6. die **siphonale** (Einzeller mit vielkerniger Zelle)

7. die **siphonocladale** (Mehrzeller mit vielkernigen Zellen)

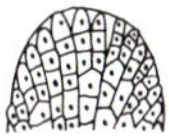

8. die **plectenchymatische** (Mehrzeller mit Flechtgewebe aus Zellfäden, s. S. 93, Sonderform von 5.) und

9. die **Gewebethallus**-Stufe (Mehrzeller mit echten, meist von Scheitelzellen gebildeten Geweben).

Die Algen umfassen ca. 40 000, d. h. 13% aller Pflanzenarten (die 112 000 Pilze nicht gerechnet). In Mitteleuropa gibt es 9 300 Algenarten. Linné unterschied 4 Gattungen mit 100 Arten. Als Phytoplankton (s. unten) bilden sie die wichtigsten **Primärproduzenten der Meere** und wichtige Sauerstoff-Lieferanten (ca. 30% des zur Atmung verfügbaren O_2) der Erde. Ihre Biomasse ist zwar viel geringer als die der Landflora (kaum 0,1%), ihre Produktivität aber durch das rasche Wachstum sehr hoch. Vom Menschen werden sie unmittelbar als Nahrungs- und Rohstoffquelle genutzt (s. S. 245, 253, 259).

Tabelle 6.3. Wichtigste Algengruppen der verschiedenen Lebensräume

Meer (marin)	**Benthos** (festsitzend) bis 100(–268) m Tiefe, in Nordmeeren nur 50 m, deutlich zoniert, bis 100 t/ha	*Phaeophyceae* (**kalte** Meere) *Rhodophyta* (**warme** Meere) seltener *Chlorophyta* u. a. (wenige *Spermatophyta*!)
	Plankton (frei schwebend) besonders oberhalb 400 m, vereinzelt bis 4 000 m Tiefe. Bis 100 Zellen/cm³.	***Dinophyta*** *Chromophyta*: *Prymnesiophyceae* *Dictyochales* ***Bacillariophyceae***
Süßwasser (limnisch)	**Benthos** bis 20(–70) m Tiefe	*Chlorophyta*: *Charophyceae*, *Cladophorales* *Oedogoniales*, *Zygnematales* } watten-bildend (*Spermatophyta* dominieren!)
	Plankton Menge u. Zusammensetzung abhängig von *p*H, Trophie, Temperatur, 100 bis mehrere Mio Zellen/cm³. Bis 300 kg Trockenmasse/ha.	*Chlorophyceae*, besonders *Chlorococcales* *Bacillariophyceae* *Euglenophyta* (bes. eutroph) *Chrysophyceae* (auch oligotroph) *Zygnematophyceae* (*Desmidiales* oligotroph)
Land	**Felsen, Mauern, Rinde, Blätter**	*Chlorophyta*: *Chlorococcales*, *Chaetophorales*, *Desmidiales*
	Boden (Edaphon) (Algen bis 0,3 Gewichtsprozent des Bodens, wichtig als Rohbodenbesiedler)	*Chlorophyta*: *Chlorococcales*, *Desmidiales* *Xanthophyceae* *Bacillariophyceae*: *Pennales* selten *Rhodophyta* und *Chrysophyceae*

5. Abteilung Rhodophyta, Rotalgen

4000 Arten

Charakteristik: Die scheibenförmigen oder gelappten Chromatophoren der Rotalgen enthalten Chlorophyll a (kein b), sind aber durch rotes **Phycoerythrin** (daneben blaues **Phycocyanin**) immer rot bis violett gefärbt (**Rhodoplasten**). Diese **Phycobiline** (S. 384) liegen in Phycobilisomen auf den Thylakoiden, der Abstand der letzteren ist gleichmäßig, beides entspricht den Verhältnissen bei den Cyanobakterien. Als Assimilationsprodukt wird an den Chromatophoren die glykogenähnliche **Florideenstärke** kondensiert. Die Zellwand besteht innen aus Cellulose, außen aus saurem Galactan-Schleim.

Thallusbau: Einzeller sind selten (z. B. die Erdalge *Porphyridium purpureum*), die allermeisten Arten sind verzweigt trichal und dabei oft plectenchymatisch (nie echt parenchymatisch). Nach der unterschiedlichen longitudinalen Symmetrie sind hier **2 Plectenchymtypen** zu unterscheiden: der **Springbrunnentyp** mit dichotom verzweigtem Fadensystem und Spitzenwachstum und der **Zentralfadentyp** mit seitlicher Verzweigung (Abb. 6.15. a). Teilweise werden komplizierte Thalli ausgebildet, z. B. entwickelt *Delesseria* jährlich aus den vorjährigen „Blattrippen" blattähnliche Thallusabschnitte mit Stiel, Mittel- und Seitenrippen (Abb. 6.15. a). Die Zellen sind – vor allem bei den *Florideophycidae* – durch Septenporen verbunden, die mit einem Pfropf verschlossen sind.

Bei der **Fortpflanzung** ist das völlige und, da auch Centriolen fehlen, wohl primäre **Fehlen begeißelter Gameten oder Sporen** auffällig. Im typischen Fall wechseln **3 Generationen** miteinander ab (Abb. 6.15. b): 1. der haploide **Gametophyt**, 2. der dem Gametophyten aufsitzende diploide **Karposporophyt** (Gonimokarp), 3. der ebenfalls diploide **Tetrasporophyt**. Die ♀ Gamocyste (Karpogon) ist in ein schlankes Empfängnisorgan, die **Trichogyne**, ausgezogen, die sich zur Aufnahme des unbeweglichen, passiv herangetragenen **Spermatiums** öffnet. Die Zygote keimt schon auf dem Gametophyten zu diploiden Zellfäden, dem Karposporophyten, aus, der oft von Gametophytenzweigen umhüllt wird („Cystokarp"). Das Karpogon kann über Verbindungsfäden Kontakt mit plasmareichen **Auxiliarzellen** aufnehmen und ihnen diploide Kerne übergeben, aus denen dann mehrere Karposporophyten hervorgehen können. Der Karposporophyt erzeugt einzelne, nackte Mitosporen (Karposporen). Aus diesen geht als selbständige Generation der dem Gametophyten meist ähnliche Tetrasporophyt hervor. Dieser erzeugt Meiosporen (Tetrasporen), aus denen wieder Gametophyten werden. Von diesem Typ des Generationswechsels

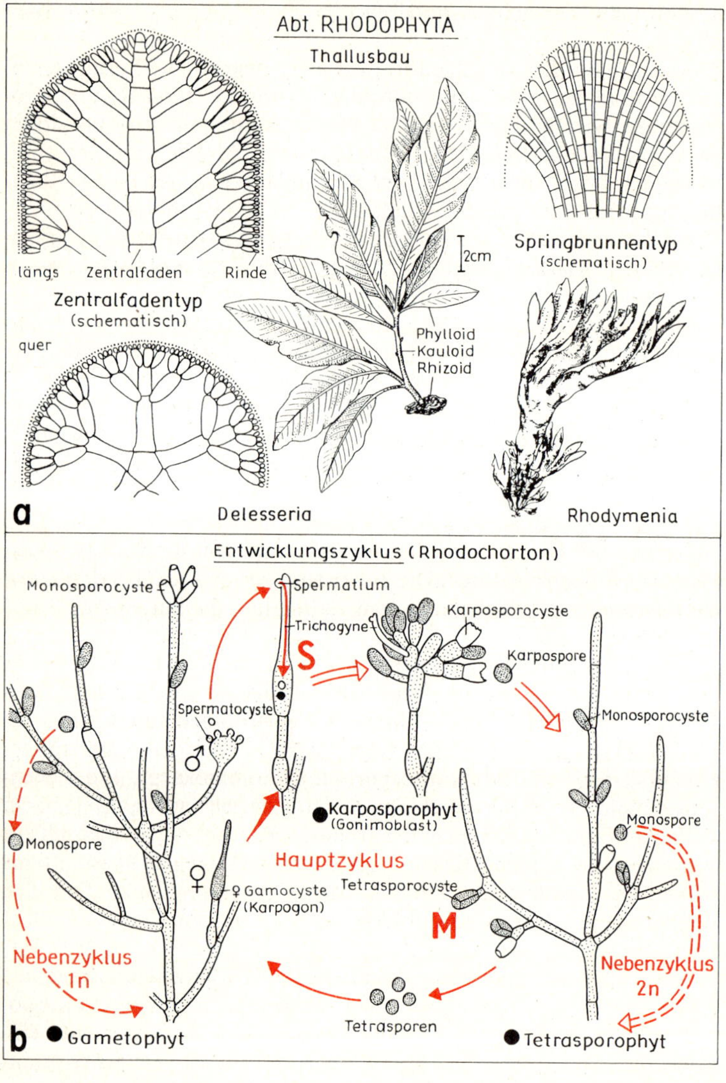

Abt. RHODOPHYTA
Thallusbau
längs
Zentralfaden
Rinde
Zentralfadentyp
(schematisch)
quer
2cm
Phylloid
Kauloid
Rhizoid
Springbrunnentyp
(schematisch)
a
Delesseria
Rhodymenia
Entwicklungszyklus (Rhodochorton)
Monosporocyste
Spermatium
Trichogyne
S
Karposporocyste
Karpospore
Monosporocyste
Spermatocyste
♂
Karposporophyt
(Gonimoblast)
Monospore
Monospore
Hauptzyklus
♀
♀ Gamocyste
(Karpogon)
Tetrasporocyste
M
Nebenzyklus
1n
Nebenzyklus
2n
Tetrasporen
b
Gametophyt
Tetrasporophyt

Abb. 6.15.

gibt es viele Abweichungen. So entwickelt sich bei *Batrachospermum* (Froschlaichalge, im Süßwasser) der Gametophyt auf dem reduzierten Tetrasporophyten, bei anderen *Nemaliales* fehlt der Karposporophyt vollkommen.

Vorkommen und Bedeutung: Der allergrößte Teil der Rotalgen lebt festsitzend an Meeresküsten, wenige im Süßwasser und Boden (s. oben). Durch ihre komplementäre Färbung können sie das in der Tiefe herrschende kurzwellige Licht ausnutzen, deswegen kommen sie noch in großer Tiefe vor (bis 268 m bei 0,005‰ des Oberflächenlichtes). Die Rotalgen sind die **beherrschenden Algen des Meeresbenthos der Tropen** (während die Braunalgen die Küstenvegetation der kalten Meere bestimmen, vgl. S. 242).

Aus den Zellwänden z. B. von *Gelidium* wird **Agar** (S. 49) gewonnen, aus anderen Arten Polysaccharide für pharmazeutische und technische Zwecke. *Porphyra* wird in Ostasien zu **Gemüse** und Gebäck verwendet und deshalb auch an den Küsten in Algengärten kultiviert.

Verwandtschaft: Von den übrigen Algen sind die Rotalgen ganz isoliert. Dagegen wird eine Ableitung aus Vorfahren der *Eumycota* durch endosymbiontische Aufnahme von Cyanobakterien vermutet (s. S. 200 u. 220).

Gliederung: 2 Unterklassen mit 6 Ordnungen:

1. Unterklasse Bangiophycidae

Thallus einfach, meist trichal, Wachstum oft interkalar, Karposporophyt fehlt, Rhodoplast einzeln, sternförmig. Ordnungen *Porphyridiales* (einzellig) und *Bangiales* (auch trichal).

2. Unterklasse Florideophycidae

Spitzenwachstum, Karposporophyt meist vorhanden, mehrere Rhodoplasten. Gliederung nach den Auxiliarzellen, noch recht künstlich. Eine ziemlich natürliche Gruppe ist die

Ordnung Ceramiales. Hierher gehören die auch in Nord- und Ostsee verbreiteten *Polysiphonia* (Röhrentang), *Delesseria* (Seeampfer, Abb. 6.15. a) und *Ceramium* (Horntang). Sie sind nach dem Zentralfadentyp gebaut, ebenso die

Ordnung Gigartinales mit *Furcellaria* (Gabeltang) und *Chondrus* (Knorpeltang) und die

Ordnung Nemaliales (incl. *Gelidiales*) mit der Süßwasser-Rotalge *Batrachospermum* und *Rhodochorton* (meist marin, die auf Abb. 6.15. b dargestellte Art als Epiphyt auf *Batrachospermum*).

Ordnung: Rhodymeniales, Springbrunnentyp (Abb. 6.15. a).

6. Abteilung Cryptophyta, Schlundgeißler — 120 Arten

Nur 1 Ordnung (*Cryptomonadales*) mit wenigen Arten von asymmetrischen, haplontischen Flagellaten. Sie sind von einem steifen, aus polygonalen Eiweißplatten aufgebauten **Periplasten** umgeben. Von den **2 ungleich langen Geißeln** ist die längere mit 2 Haarreihen besetzt, die kürzere trägt eine Reihe kürzerer Haare oder ist kahl. Die Geißeln entspringen einer taschenartigen Einstülpung am Vorderende, dem für diese Gruppe sehr charakteristischen **Schlund**. In den 2 Chromatophoren treten neben Chlorophyll a und c auch **Phycobiline** auf (Phycocyan und Phycoerythrin, nicht in Phycobilisomen!). Ein großes Pyrenoid bildet **Stärke**.

Die Schlundgeißler sind weltweit im Süß- und Salzwasser verbreitet. Im Mikroskop fallen sie durch ihre schaukelnd-rotierende Bewegung auf. Vermehrung durch Schizotomie, Sexualität ist unbekannt. Die von einer ER-Falte umhüllten Plastiden werden als eukaryotische Endosymbionten gedeutet. *Cryptomonas* (Abb. 6.16. a) im Meer und Süßwasser; 15 Arten sind farblos, z. B. *Chilomonas*, massenweise in faulendem Wasser, osmotroph.

Einige **weitere isolierte Flagellatengruppen**, die farblosen Choanoflagellaten (Craspedomonaden, Kragengeißler; festsitzend, mit Plasmakragen, monokont), die Trypanosomen (Erreger der Schlafkrankheit) und die Diplozoen (*Giardiatae*, parasitische Doppelindividuen) werden wegen ihrer heterotrophen Ernährung gewöhnlich in der Zoologie behandelt.

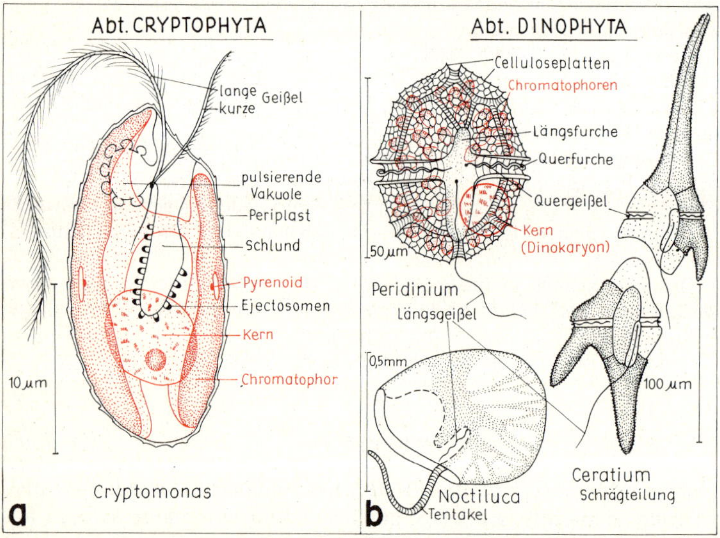

Abb. 6.16.

7. Abteilung Dinophyta, Panzergeißler

über 2000 Arten

Ihren Namen haben die Panzergeißler von dem **Cellulosepanzer**, der viele Arten auszeichnet. Meist sind es **monadale** Haplonten mit **2 ungleichen Geißeln**. Eine einseitig lang beflimmerte Bandgeißel liegt in einer Querfurche und bringt als Steuergeißel die Zelle zum Rotieren, eine zweireihig kurz beflimmerte Längsgeißel in einer Längsfurche wirkt als Schubgeißel. Ungewöhnlich ist der große Kern (**Dinokaryon**), in dem die Chromosomen auch in der Interphase kontrahiert sind. Die **dreifache Membran** der zahlreichen Chromotaphoren legt deren Deutung als endosymbiontische Algen nahe. Der Pigmentgehalt entspricht dem der Chromophyta, spezifisch ist das Xanthophyll Peridinin. Außerhalb der Chromatophoren wird Stärke gespeichert.

Die **Vermehrung** erfolgt durch schräge Längsteilung, dabei werden bei gepanzerten Formen die fehlenden Schalenteile neu gebildet. Bei wenigen Arten ist Iso- oder Anisogamie bekannt.

Die Panzergeißler sind zusammen mit den *Bacillariophyceae* die wichtigsten Primärproduzenten der Meere und Hauptbestandteil des **marinen Phytoplanktons** (Schwebefortsätze!), sie kommen aber auch im Süßwasser vor. Bei Massenauftreten können sie durch Toxine Fischsterben verursachen.

Bei der **Ordnung Dinophysiales** (200 Arten tropisch marin) besteht der Panzer aus 2 ungleichen Hälften.

Zur **Ordnung Peridiniales** gehören die meisten Arten. Oft tragen sie innerhalb des Plasmalemmas Panzer aus mehreren polygonalen, perforierten Celluloseplatten. *Noctiluca scintillans*, Meeresleuchten, bis 2 mm, mit einfacher Haut, ist farblos und osmo- oder phagotroph. Auch die gepanzerten *Ceratium*- und *Peridinium*-Arten (Abb. 6.16.) können z. T. leuchten. Mit zweigeißeligen Zoosporen verraten ihre Zugehörigkeit auch die wenigen coccalen und trichalen Arten (Ordnungen *Dinococcales* bzw. *Dinotrichales*).

(Abteilung *Eustigmatophyta*, wenige, den *Chromophyta-Xanthophyceae* nahestehende, capsale bis trichale Arten).

8. Abteilung Chromophyta (Heterocontophyta), Braune Algen

Gemeinsame Merkmale dieser Abteilung sind in erster Linie komplizierte elektronenmikroskopische Strukturen (Phaeoplast außer der doppelten Phaeoplastenmembran zusätzlich von einer Falte des ER umhüllt; in den Phaeoplasten liegen je 3 Thylakoide in Stapeln aufeinander; unter der Chloroplastenmembran liegt eine geschlossene Gürtellamelle aus 3 Thylakoiden; der Augenfleck – Stigma – ist in einen Plastiden eingeschlossen; ein bis mehrere Dictyosomen sind gegen die Vorderseite des Kerns gepreßt), in zweiter Linie die **Pigmente** und die Reservestoffe: Chlorophyll a und c (kein b) wird von **Xantho-**

phyllen überdeckt, die eine grüngelbe bis braune Färbung verursachen. Gespeichert werden die Polysaccharide **Laminarin** und **Chrysolaminarin** sowie Öl. Geißeln sind in der Regel in Zweizahl vorhanden und unterschiedlich lang. Die lange, beflimmerte Geißel ist nach vorn gerichtet, die kürzere Peitschengeißel nach hinten (Ausnahmen: Kieselalgen und *Silicoflagellales* eingeißelig, Kalkalgen isokont). Bis auf die diplontischen *Bacillariophyceae*, die *Phaeophyceae* (mit heterophasischem Generationswechsel oder Diplonten) und einige *Prymnesiophyceae* sind die *Chromophyta* **Haplonten**.

(Klasse *Chloromonadophyceae*: monadal, ohne Fucoxanthin, mit Pellicula, 10 meist limnische Arten)

1. Klasse Chrysophyceae, Goldalgen 1 000 Arten

Charakteristik: Meist **einzellig** (monadal, rhizopodial, capsal, coccal), seltener trichal oder Gewebethalli. **Goldbraun** durch die Xanthophylle Lutein und Fucoxanthin. Gespeichert werden Chrysolaminarin und Öl. Zellen einkernig, mit 1 – 2 Phaeoplasten, z. T. fakultativ heterotroph. Limnisch, seltener marin, in kühlem, hellem Wasser. Schwer zu konservieren, daher ungenügend bekannt. Zur

Ordnung Chrysomonadales gehören Flagellaten mit 2 verschieden langen Geißeln (Flimmer- und Peitschengeißel). Sie können endogen verkieselte, mit einem Stöpsel verschlossene Cysten bilden (Abb. 6.17. a), z. B. die nackte, formveränderliche *Ochromonas* oder *Dinobryon* mit Coenobien aus tütenförmigen Cellulosengehäusen (Abb. 6.17. a), beide im Süßwasser und Meer.

Die wenigen Arten der **Ordnung Dictyochales** (*Silicoflagellales*) sind Bestandteile des marinen Planktons. Sie besitzen ein inneres Kieselskelett (Abb. 6.17. a).

(Weitere Ordnungen: *Chrysamoebales, Chrysocapsales, Chrysosphaerales, Chrysotrichales*).

2. Klasse Prymnesiophyceae (Haptophyceae), Kalkalgen 250 Arten

Sie unterscheiden sich von den *Chrysophyceae* durch 2 **isomorphe, gleichlange Peitschengeißeln** und den Besitz eines zusätzlichen Anheftungsfadens, des **Haptonemas**. Sie weichen auch in elektronenmikroskopischen Merkmalen ab (Schüppchen an der Zelloberfläche, Gürtellamelle fehlt) und werden deshalb auch als eigene Abteilung behandelt. Hierher gehören mit der **Ordnung Coccolithophorales** ebenfalls wichtige marine Plankter, die sich durch eine Hülle aus charakteri-

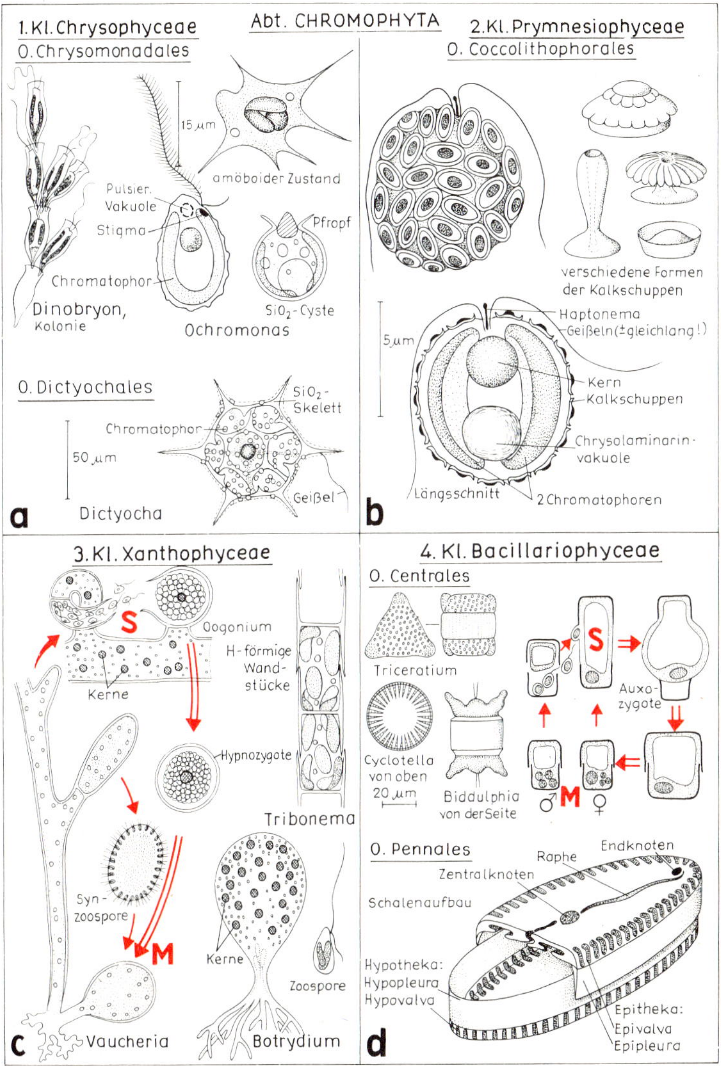
Abt. CHROMOPHYTA
1. Kl. Chrysophyceae
O. Chrysomonadales
15 µm
amöboider Zustand
Pulsier. Vakuole
Stigma
Pfropf
Chromatophor
Dinobryon, Kolonie
SiO_2-Cyste
Ochromonas
O. Dictyochales
SiO_2-Skelett
Chromatophor
50 µm
Geißel
a
Dictyocha
2. Kl. Prymnesiophyceae
O. Coccolithophorales
verschiedene Formen der Kalkschuppen
Haptonema
Geißeln (± gleichlang!)
5 µm
Kern
Kalkschuppen
Chrysolaminarin-vakuole
Längsschnitt
2 Chromatophoren
b
3. Kl. Xanthophyceae
S
Oogonium
H-förmige Wand-stücke
Kerne
Hypnozygote
Tribonema
Syn-zoospore
M
Kerne
Zoospore
c
Vaucheria
Botrydium
4. Kl. Bacillariophyceae
O. Centrales
Triceratium
S
Auxo-zygote
Cyclotella von oben
20 µm
Biddulphia von der Seite
♂ M ♀
O. Pennales
Endknoten
Raphe
Zentralknoten
Schalenaufbau
Hypotheka:
Hypopleura
Hypovalva
Epitheka:
Epivalva
Epipleura
d

Abb. 6.17.

stisch geformten Kalkkörperchen auszeichnen (Abb. 6.17. b) und damit an der Bildung von Kalksedimenten, z. B. der Kreide, beteiligt sind.

(Weitere Ordnung: *Prymnesiales* ohne Kalkkörperchen)

3. Klasse Xanthophyceae (Heterocontae), Gelbgrünalgen 400 Arten

Charakteristisch sind als Pigmente Chlorophyll a und c, *β*-Carotin und Xanthophylle (Heteroxanthin und Diadinoxanthin). Fucoxanthin fehlt, daher ist die Farbe **gelblichgrün** (in HCl blau!). Gespeichert werden Öl und Chrysolaminarin. **Geißeln ungleich lang**, wie für die Abteilung typisch, daher der ältere Name „Heterocontae". Die oft aus 2 Hälften zusammengesetzte Zellwand besteht aus Pectin und Cellulose, die dosenförmigen Cysten sind SiO_2-inkrustiert. Sexuelle Fortpflanzung (Oogoniogamie, haplontischer Zyklus) ist nur bei *Vaucheria* nachgewiesen. Die *Xanthophyceae* sind (wie auch die *Chrysophyceae*) durch glasklares Plasma ausgezeichnet und sehr zart. Ihre Thallusorganisation ist meist **coccal**, seltener **monadal, amöboid, trichal** oder **siphonal**.

Die wenigen Gattungen der **Ordnung Heterotrichales** sind trichal. Die Wandhälften zweier benachbarter Zellen sind bei dem in kühlem, kalkreichen Süßwasser häufigen *Tribonema* zu im Längsschnitt H-förmigen Teilen verbunden (Abb. 6.17. c). Die unverzweigten Fäden sind unmittelbar an coccale Formen anzuschließen.

Zur **Ordnung Heterosiphonales** gehört das stecknadelkopfgroße, auf Schlamm mit Rhizoiden festsitzende *Botrydium granulatum* (Abb. 6.17. c), das bei Überflutung zahlreiche Zoosporen entläßt, und die siphonale *Vaucheria* (Abb. 6.17. c), die auf feuchtem Boden und im Süß- und Brackwasser vorkommt und in den Sporocysten nur je eine Synzoospore (Gesamtheit aller Zoosporen) bildet.

Weitere Ordnungen: *Heterochloridales* monadal, *Rhizochloridales* rhizopodial, *Heterogloeales* capsal, *Mischococcales* coccal)

4. Klasse Bacillariophyceae (Diatomeae), Kieselalgen 16000 Arten

Charakteristik: coccale Einzeller, z. T. in Coenobien, infolge Überlagerung der Chlorophylle a und c durch Xanthophylle (Diadinoxanthin, **Fucoxanthin**) braun gefärbt. Reservestoffe sind Öl und **Chrysolaminarin**. Innerhalb des Plasmalemmas werden charakteristische **Kieselsäureschalen** gebildet, die aus zwei sich schachtelförmig überdeckenden Hälften bestehen, der **Epitheka** (Deckel) und der **Hypotheka** (Abb. 6.17. d). Deren Seitenflächen heißen Gürtel (**Pleuren**), der Überlappungsbereich der Pleuren **Gürtelband**. Die Boden- und Deckelflächen (**Valven**) sind sehr fein und regelmäßig strukturiert mit linear angeordneten Kämmerchen und Poren von komplizierter Struktur.

Die Kieselalgen sind stets **Diplonten** mit gametischem Kernphasenwechsel. Die vegetative Vermehrung erfolgt durch Zweiteilung, wobei jede Tochterzelle eine Theka erhält. Da stets nur eine neue Hypotheka gebildet wird, nimmt bei einem Teil der Population die Größe ständig ab. Ist ein Grenzwert erreicht, wird die Ausgangsgröße durch geschlechtliche Fortpflanzung und anschließende starke Volumenvergrößerung der Zygote („**Auxozygote**") erreicht.

Vorkommen und Bedeutung: In allen Gewässern, im Moos und im Boden; die *Centrales* vor allem als wichtigste Plankter im Meer, die *Pennales* auch benthisch im Süßwasser (vgl. Tab. 6.3.). Fossile Schalenablagerungen (Nachweis seit dem Jura) bilden die Kieselgur.

Verwandtschaft und Gliederung: Die SiO_2-Schale läßt Beziehungen zu den Chrysophyceen mit ihren verkieselten Cysten vermuten. – Die Vertreter der

Ordnung Centrales sind **radiär**symmetrisch. Der Sexualvorgang ist Oogamie, die 4 Spermatozoide tragen am Vorderende nur eine Flimmergeißel (vegetative Zellen unbeweglich). *Biddulphia* marin, Abb. 6.17. d, *Melosira* auch limnisch. Die Arten der

Ordnung Pennales sind **bilateral**symmetrisch (stab-, hantel- oder schiffchenförmig) oder drehsymmetrisch. Häufig sind in der Mittellinie (**Raphe** mit Zentral- und Endknoten) die Valven längs durchbrochen. Diese Arten sind **kriechend beweglich** (durch Plasmareibung oder Schleimabscheidung, S. 535). Begeißelte Gameten fehlen bei dieser Ordnung. Bei der Meiose bleiben von 4 Kernen nur 2 übrig, jede Zelle bildet einen **Ruhe-** und einen **Wandergameten**, die Schalenhälften klappen auseinander, und der Wandergamet kriecht amöboid zum Ruhegameten. Die marine *Pleurosigma* dient wegen ihrer feinen Schalenstruktur als Testobjekt für das Auflösungsvermögen von Mikroskopen. *Navicula* mit über 1000, *Pinnularia* mit 200 Arten, beide im Meer und Süßwasser, größte Arten bis 180 µm (Abb. 6.17. d).

5. Klasse Phaeophyceae, Braunalgen 2000 Arten

Charakteristik: (vgl. S. 240) Sie enthalten in ihren Zellen meist zahlreiche Phaeoplasten mit Chlorophyll a + c, die durch **Fucoxanthin** braun gefärbt sind. Die Thallusorganisation reicht von verzweigt **trichal** (Abb. 6.18. a, auch heterotrich durch Ausbildung von Haftfäden) über berindete Fäden und Plectenchyme **bis zu echten Gewebethalli** (Abb. 6.18. b) mit Gliederung in **Rhizoid, Cauloid** und **Phylloid** (diese entsprechen nicht den Grundorganen der Gefäßpflanzen!) und An-

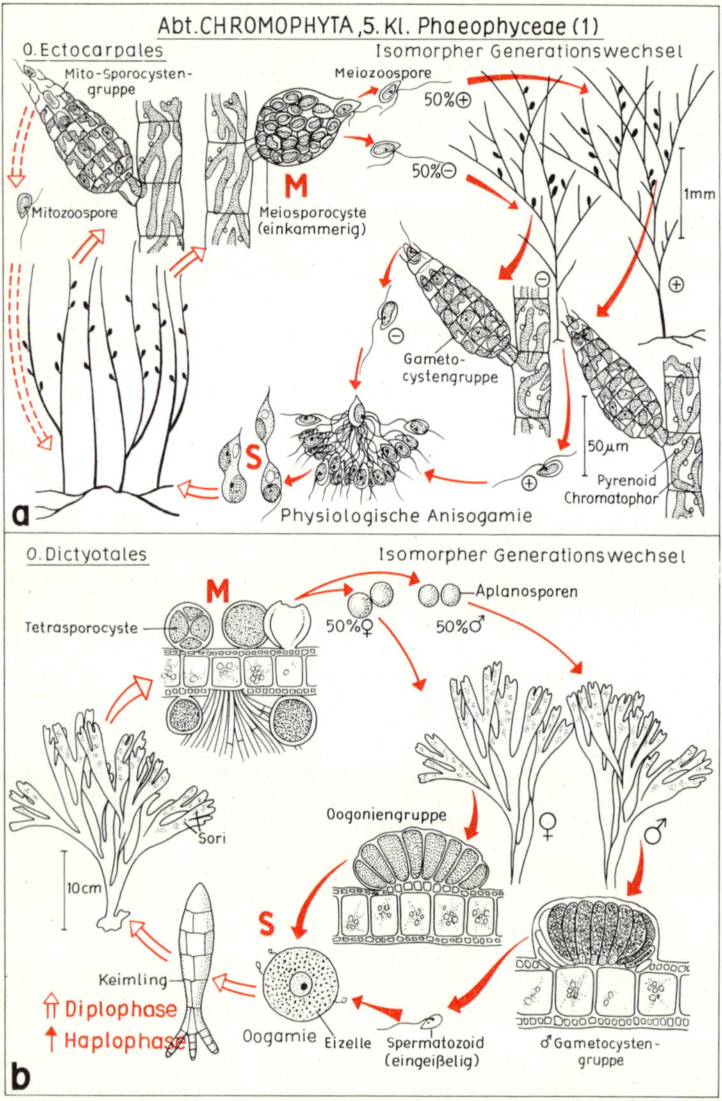
Abt. CHROMOPHYTA, 5. Kl. Phaeophyceae (1)
O. Ectocarpales
Isomorpher Generationswechsel
Mito-Sporocystengruppe
Meiozoospore
50%⊕
50%⊖
Mitozoospore
M
Meiosporocyste (einkammerig)
1mm
⊖
⊕
Gametocystengruppe
S
50µm
Pyrenoid
Chromatophor
Physiologische Anisogamie
a
O. Dictyotales
Isomorpher Generationswechsel
M
Aplanosporen
Tetrasporocyste
50%♀
50%♂
Oogoniengruppe
♀
♂
Sori
10cm
S
Keimling
⇑ Diplophase
↑ Haplophase
Oogamie
Eizelle
Spermatozoid (eingeißelig)
♂ Gametocystengruppe
b

Abb. 6.18.

deutung von **Assimilations-, Speicher- und Leitgewebe** (z. T. siebröhrenartige Zellen, Abb. 6.19. a). Reservestoffe sind das Polysaccharid **Chrysolaminarin** (gelöst in der Vakuole), der Alkohol Mannit und Öl, auffällig ist die Iodid-Akkumulation in den Thalli (s. S. 25).

Die vegetative Vermehrung erfolgt durch Thalluszerfall (manchmal durch besondere Vermehrungszweige), die ungeschlechtliche durch Zoosporen. Die sexuelle Fortpflanzung steigt von der Isogamie zur Oogamie auf. Meist ist der Kernphasenwechsel mit einem isomorphen Generationswechsels, bei höher entwickelten Formen mit einem heteromorphen **Generationswechsel** gekoppelt. Die *Fucales* sind als Endpunkt dieser Entwicklung reine Diplonten (einziger Fall bei mehrzelligen Pflanzen!). Die birnförmigen Gameten und Zoosporen tragen subapikal 2 Geißeln (eine längere Flimmergeißel nach vorn, eine kurze Peitschengeißel nach hinten), sie besitzen einen Augenfleck und meist einen Phaeoplasten.

Ökologie und Bedeutung: Braunalgen leben fast nur festsitzend an Küsten, besonders der kälteren Meere (Tab. 6.3.), dort bilden sie stellenweise **Tangwälder** aus mehreren Zentner schweren, bis 100 m langen Vegetationskörpern mit schenkeldicken Stämmen (Abb. 6.19. a). Durch das Fucoxanthin sind sie zur besseren Ausnutzung des kurzwelligen Lichtes fähig. Die Zygoten keimen infolge der gleichmäßigen Bedingungen im Meer sofort. Die Phylloide (oft die ganzen Sporophyten) leben meist nur einen Sommer.

Viele Arten enthalten in der Wand außer Cellulose **Alginate** (Alginsäure: Polymer von zwei Zuckersäuren, s. S. 49), die für die Industrie als Bindemittel große Bedeutung haben (Weltproduktion jährlich 200 000 t, verwendet bei der Produktion von Papier, Zahnpasta, Margarine, Pudding, Speiseeis, Geliermittel, Schlagschaum usw.). Braunalgen werden auch zu Futtermehl verarbeitet, in Ostasien sind sie als Gemüse (Kobu) wichtig, wobei die Akkumulation von Schadstoffen, z. B. radioaktivem Phosphor, gefährlich werden kann. Die Frischmasse-Produktion der Braunalgen erreicht 15 t/ha im Jahr.

Stellung: Begeißelung und Assimilationspigmente weisen auf eine Verwandtschaft mit den *Chrysomonadales* hin.

Zur **Gliederung** in 11 – 15 Ordnungen werden Merkmale der Thallus-Organisation und des Generationswechsels verwendet.

Ordnung Ectocarpales. Artenreichste Gruppe, Generationswechsel meist isomorph. Hierher gehört als wichtigste Gattung *Ectocarpus*. Er bildet *Cladophora*-ähnliche, jedoch braune, büschelige Fadenthalli, die interkalar wachsen. Vom Sporophyten werden bei hohen Temperaturen in **keulenförmigen Gonitocystengruppen** (Gonitothomus, „pluriloculäre Sporangien“) **Mitozoosporen** (1 pro Zelle) zur ungeschlechtlichen Vermehrung gebildet, bei niedrigen Temperaturen in

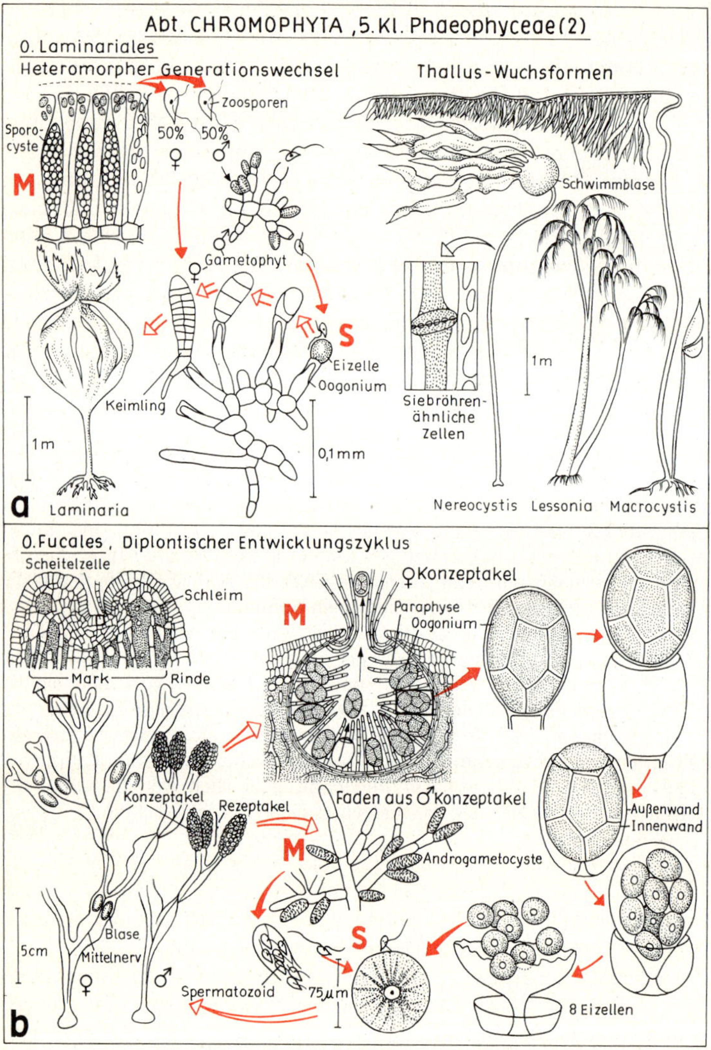
Abt. CHROMOPHYTA ,5.Kl. Phaeophyceae(2)
O. Laminariales
Heteromorpher Generationswechsel
Zoosporen
Sporocyste
50%
50%
M
Gametophyt
S
Eizelle
Oogonium
Keimling
1m
0,1mm
a
Laminaria
Thallus-Wuchsformen
Schwimmblase
Siebröhrenähnliche Zellen
1m
Nereocystis
Lessonia
Macrocystis
O.Fucales , Diplontischer Entwicklungszyklus
Scheitelzelle
Schleim
Mark
Rinde
♀Konzeptakel
Paraphyse
Oogonium
M
Konzeptakel
Rezeptakel
Faden aus ♂Konzeptakel
Androgametocyste
M
Außenwand
Innenwand
Blase
Mittelnerv
5cm
S
Spermatozoid
75µm
8 Eizellen
b

Abb. 6.19.

blasenförmigen, **einzelnen Sporocysten** zahlreiche **Meiozoosporen**. Aus den letzteren gehen **Gametophyten** hervor, die den Sporophyten ähneln und auch in ganz ähnlichen Gonitocystengruppen **Mito-Isogameten** hervorbringen. Die Zygote keimt ohne Ruheperiode und ohne Schwärmerbildung direkt zur diploiden Sporophytengeneration (Abb. 6.18. a).

Ordnung Dictyotales, z. B. *Dictyota dichotoma*, Gabeltang, Gewebethallus mit großer Scheitelzelle (Abb. 5.6.b, 6.18. b). Oogamie, Meiosporen unbeweglich.

Ordnung Laminariales, Riesentange, heteromorpher Generationswechsel mit dominierender Diplophase. Sporophyt meist über 50 cm groß, parenchymatischer Gewebethallus, bei *Macrocystis* (bis über 100 m lang, Cauloid bis 60 m, Phylloide mit Schwimmblasen) und *Lessonia* (Abb. 6.19. a) histologisch und morphologisch differenziert. Meiozoosporen in Sporocysten-Sori auf der Phylloid-Oberfläche gebildet. Gametophyt trichal, z. T. bereits auf wenige Zellen reduziert, Oogamie (Abb. 6.19. a). *Laminaria saccharina*, Zuckertang, Kobu-Lieferant (Abb. 6.19. a); *Chorda filum*, Meersaite, bis 8 m, beide auch Nord- und Ostsee.

Ordnung Fucales. Diplonten ohne Generationswechsel, Meiose bei der Gametenbildung. Beispiele: *Fucus vesiculosus*, Blasentang, *F. serratus*, Sägetang, diözisch, beide in der Nord- und Ostsee häufig. Bandartiger Gewebethallus mit derber Mittelrippe. Oogonien (mit 8 Eiern) bzw. Androgametocysten in Konzeptakeln zusammengefaßt (Abb. 6.19. b). *Ascophyllum nodosum*, Knotentang, Dünge- und Futtermittel. *Sargassum*-Arten frei in der Sargassosee treibend, vegetativ vermehrt.

(Weitere Ordnungen: *Sphacelariales* mit isomorphem Generationswechsel und Scheitelzelle, Abb. 5.6. a; heteromorpher Generationswechsel mit dominierender Haplophase bei *Cutleriales* Abb. 5.31 und *Scytosiphonales*, mit dominierender Diplophase bei *Chordariales*, *Sporochnales*, *Desmarestiales*, *Dictyosiphonales*).

9. Abteilung Euglenophyta, Augentierchen 800 Arten

Charakteristik: Diese Gruppe relativ großer (10 – 530 μm) Flagellaten entspricht bis auf ein sonst bei Pflanzen unbekanntes Xanthophyll im Pigmentgehalt den *Chlorophyta*. Sie wird als eigene Abteilung geführt, da sie in vielen Merkmalen abweicht: Protoplast mit fester protoplasmatischer Hülle aus spiraligen Streifen (**Periplast, Pellicula**), die vom Plasmalemma umschlossen wird. Vorderende der Zelle zur **Ampulle** vertieft, dort entspringen aus getrennten Basalkörnern

2(–7) spiralig beflimmerte **Bandgeißeln** (Abb. 6.22. c, S. 263), die meist ungleich lang sind und an deren Basis ein Photorezeptor anliegt. Häufig ragt nur eine Geißel aus der Ampulle heraus. Ein **Stigma** und **pulsierende Vakuolen** liegen der Geißelgrube benachbart. Die **Chloroplasten** sind scheiben-, stern- oder bandörmig und zusätzlich von einer ER-Falte umhüllt. Assimilationsprodukt ist **Paramylon** (s. S. 48). Die Vermehrung erfolgt durch Schizotomie, auch – in Notzeiten – im unbegeißelten Palmella-Stadium (Gallertlager). Chromosomen in der Interphase kontrahiert, Teilung ohne Spindel. Sexualität wurde nicht beobachtet.

Vorkommen: Meist limnisch in eutrophem Wasser. Autotroph, mixotroph, ein Viertel der Arten durch Plastidenverlust heterotroph. Einige grüne Formen verlieren im Dunkeln die Farbe, sie ergrünen bei Licht gewöhnlich wieder, Mutanten bleiben aber u. U. dauernd farblos.

Euglena, scheinbar eingeißelig (Abb. 6.22.c), *E. rubida* rot durch Haematochrom, färbt alpine „Blutseen".

10. Abteilung Chlorophyta 13 000 Arten

Charakteristik: Eukaryoten, deren Chromatophoren durch **Chlorophyll a und b** grün sind (Chloroplasten) und außerdem α- und β-Carotin sowie das Xanthophyll **Lutein** enthalten. Als Assimilationsprodukt wird an Pyrenoiden (im Chloroplasten) **Stärke** gebildet. Die Zellwand besteht aus Cellulose und Pectin, sie fehlt nur bei Gameten, Zoosporen und einigen monadalen Arten. Monadale Formen und Zoosporen tragen vorn 2, 4 oder viele, Gameten **2 stets gleichlange, flimmerlose Geißeln**, sie besitzen meist einen becherförmigen Chloroplasten und ein **Stigma**. Die Thallusorganisation steigt von der monadalen bis zur Gewebethallus-Stufe auf. Vegetative Vermehrung erfolgt durch **Schizotomie** oder **Thallus-Fragmentation**, ungeschlechtliche durch **Gonitogonie** (Zoosporen oder unbegeißelte Aplanosporen).

Die **sexuelle Vermehrung** steigt von der Isogamie über Anisogamie und Oogamie bis zur Oogoniogamie auf. Die Zygote ist meist als Dauerzelle (Hypnozygote) ausgebildet. Da die *Chlorophyta* zu 90% **Süßwasserbewohner** sind, müssen nämlich ungünstige Jahreszeiten überdauert werden.

Charakteristisch ist die Mannigfaltigkeit des Kernphasen- und **Generationswechsels** (vgl. Abb. 5.31.). Die meisten Grünalgen sind Haplonten (z. B. *Ulothrix*, Abb. 6.20. c), viele haben einen isomorphen Generationswechsel (z. B. *Cladophora*, Abb. 6.21. a). Selten sind reine Diplonten (z. B. *Acetabularia*, Abb. 6.21. c).

Stellung: Die Pigment-, Geißel- und Wandbaumerkmale verbinden die *Chlorophyta* mit den Landpflanzen (*Embryophyta*) zu einer phylogenetischen Einheit (s. S. 265). In anderen Algengruppen (*Chromophyta*) gibt es zwar parallele morphologische Differenzierungen, es bestehen aber zu ihnen keine engeren Verwandtschaftsbeziehungen.

Die Abteilung wird in folgende Klassen gegliedert:

Chlorophyceae, Grünalgen: mit begeißelten Schwärmern.

Zygnematophyceae, Jochalgen: stets geißellos, Zygo-(oder Cysto-) gamie, coccal oder trichal.

Charophyceae, Armleuchteralgen: mit komplizierterem Bau des Vegetationskörpers und hochentwickelter sexueller Fortpflanzung (Oogoniogamie).

(Weitere Klasse: *Prasinophyceae*, Schuppenalgen, 100 Arten, meist monadale, marine Plankter, Geißeln und Zelloberfläche mit winzigen Schüppchen)

1. Klasse Chlorophyceae, Grünalgen 8000 Arten

Charakteristik: Androgameten stets begeißelt, nicht in Gametocysten-Ketten gebildet. Im übrigen durch die Abteilungsmerkmale gekennzeichnet.

Progressionsrichtungen sind zu erkennen

1. in der zunehmenden Thallus-Differenzierung: Einzelligkeit → Mehrzelligkeit (bzw. → Mehrkernigkeit bei Ausbleiben der Zellteilung), Ausbildung der Polarität, zunehmende Arbeitsteilung der Zellen,
2. in der Höherentwicklung der sexuellen Vermehrung: Isogamie →Anisogamie → Oogamie → Oogoniogamie, Abb. 5.30.,
3. in der Ausbildung des Generationswechsels: Haplonten → isomorpher Generationswechsel → heteromorpher G. mit zunehmender Betonung der Diplophase → reine Diplonten (Abb. 5.31.),
4. in der zunehmenden cytologischen Differenzierung, z. B.: Chloroplasten einfach und becherförmig → aufgegliedert → zahlreich und linsenförmig.

Für die **Gliederung** gibt es mehrere Vorschläge. Nach den Organisationsstufen des Thallus (s. S. 241) werden 7 z. T. künstliche Ordnungen unterschieden (Abb. 6.20., 6.21.). Zur

1. Ordnung Volvocales gehören **monadale** Süßwasser-Plankter mit pulsierenden Vakuolen, Stigma, z. T. bereits mit Zellwand. Die einzellige *Chlamydomonas* (Abb. 6.20. a) kann sich durch Schizotomie vegetativ vermehren; als sexuelle Fortpflanzung kommen neben Isogamie (evtl. mit genotypischer Geschlechtsdifferenzierung in +Gameten und −Gameten) bereits Anisogamie und Oogamie vor. Auch die

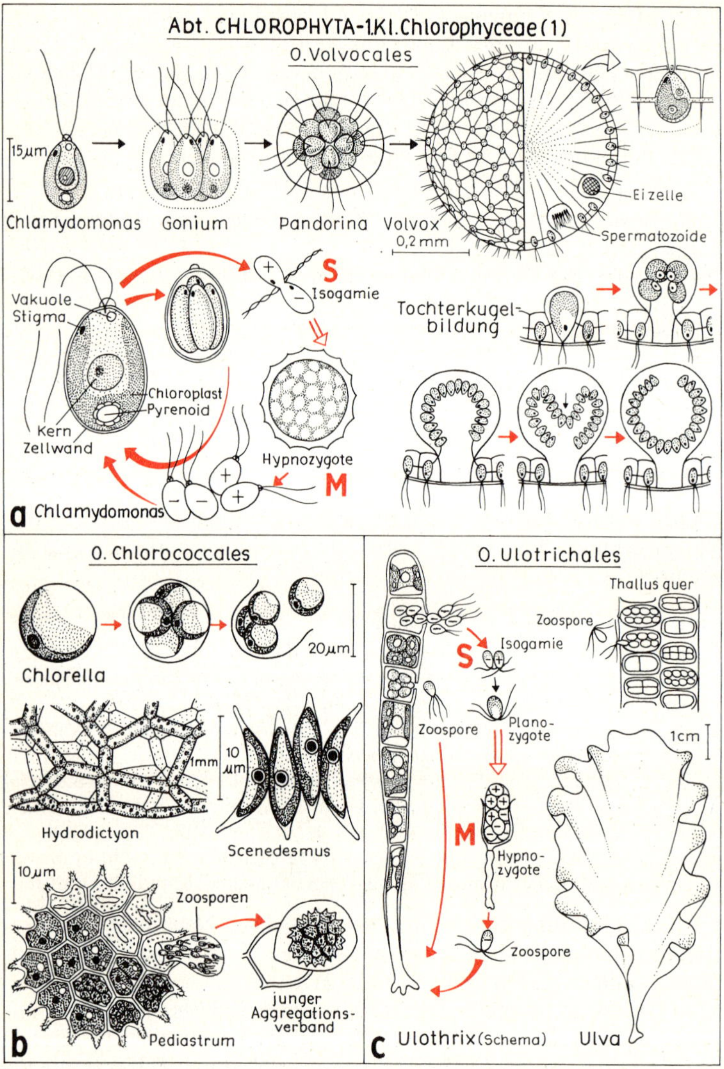
Abt. CHLOROPHYTA-1.Kl. Chlorophyceae (1)
O. Volvocales
15 µm
Chlamydomonas
Gonium
Pandorina
Volvox
0,2 mm
Eizelle
Spermatozoide
Vakuole
Stigma
Chloroplast
Pyrenoid
Kern
Zellwand
S
Isogamie
Hypnozygote
M
Tochterkugelbildung
a
Chlamydomonas
O. Chlorococcales
Chlorella
20 µm
1 mm
10 µm
Hydrodictyon
Scenedesmus
10 µm
Zoosporen
junger Aggregationsverband
Pediastrum
b
O. Ulotrichales
Thallus quer
Zoospore
S
Isogamie
Zoospore
Planozygote
1 cm
M
Hypnozygote
Zoospore
c
Ulothrix (Schema)
Ulva

Abb. 6.20.

Chloroplasten-Differenzierung reicht schon von einem becherförmigen bis zu ∞ linsenförmigen Chloroplasten.

Innerhalb der Ordnung steigt die Organisation von Einzellern über koloniebildende Formen (z. B. *Gonium*: Tafel aus 4–16 Zellen, Abb. 6.20. a; *Pandorina*: Kugel aus 16 Zellen, Abb. 6.20. a) bis zu *Volvox* auf, einer stecknadelkopfgroßen Hohlkugel aus Tausenden von Zellen. Diese sind durch breite Plasmodesmen verbunden, ihre Geißeln schlagen synchron. Wegen der Polarität (Zellen am vorderen Pol der Kugel mit größeren Stigmata) und wegen der Arbeitsteilung (fortpflanzungsfähig sind nur Zellen des hinteren Pols) ist *Volvox* bereits als Mehrzeller anzusprechen. Bei der vegetativen Vermehrung teilen sich einzelne Zellen mehrfach zu einem Hohlnapf, der sich zu einer Tochterkugel umstülpt, so daß die Geißeln nach außen gelangen (Abb. 6.20. a). Die Tochterkugeln werden durch Zerfall des Mutterorganismus frei (Leichenbildung). Sexuell pflanzt sich *Volvox* durch Oogamie fort. Die

2. Ordnung Chlorococcales enthält viele wichtige Planktonalgen des Süßwassers, aber auch Besiedler von Rinde und Gestein. Ihre Vertreter sind **coccal**, also einzellig und – abgesehen von Zoosporen und Isogameten – unbeweglich. Die ungeschlechtliche Vermehrung erfolgt stets durch Bildung zahlreicher Zoosporen oder Aplanosporen in der Mutterzelle (Gonitogonie), die anschließend zu vegetativen Zellen, danach selbst zu Sporocysten werden. Oft lagern sich die Zoosporen schon in der Mutterzelle zu charakteristisch geformten **Aggregationsverbänden** zusammen (Abb. 6.20. b). *Chlorella* (kugelige Einzelzellen, Abb. 6.20. b) wird zur industriellen Proteinproduktion erprobt. Zellaggregate von (2–)4 (–16) Zellen bildet *Scenedesmus*, von 16 Zellen *Pediastrum*, beide im eutrophen Süßwasser häufig, von ∞ Zellen das bis halbmeterlange *Hydrodictyon* (Wassernetz, Abb. 6.20. b). *Trebouxia* stellt die wichtigsten Flechtenalgen (s. S. 226). Von stabförmigen *Chlorococcales* ist der Übergang fließend zur

3. Ordnung Ulotrichales. Sie enthält nicht nur **trichale** Formen (mit einfachen wandständigen Chloroplasten), wie die festsitzende, durch Cytotomie interkalar wachsende *Ulothrix zonata*, die sich als Haplont durch zweigeißelige Isogameten oder viergeißelige Zoosporen fortpflanzt (Abb. 6.20. c). Die Meiose erfolgt in der Zygote, die auch als einzellige Sporophytengeneration aufgefaßt wird. *Monostroma, Ulva* (Meersalat) und *Enteromorpha* (Wasserdarm), die im Salzwasser vorkommen, bilden durch zusätzliche Längsteilungen flächige bzw. schlauchförmige **Gewebethalli**. *Ulva lactuca* (Abb. 6.20. c) und *Enteromorpha* haben diplohaplontischen, isomorphen Generationswechsel. Bei *Monostroma* sind verschiedene Typen von Entwicklungszyklen bekannt. Die

4. Ordnung Cladophorales umfaßt verzweigte siphonocladale Formen mit mehrkernigen Zellen, z. B. die im Meer und in Flüssen mit rhizoidartiger Basalzelle festsitzenden *Cladophora*-Arten (Abb. 6.21. a), die mit Scheitelzellen wachsen und meist einen heterophasischen, isomorphen Generationswechsel haben. Der Thallus der

5. Ordnung Chaetophorales ist **heterotrichal**, d. h. differenziert in aufrechte Wasserfäden und eine Sohle aus verzweigten, manchmal auch pseudoparenchymatisch verbundenen Fäden. Die Zellen sind einkernig und haben einfache Chloroplasten. Bei *Coleochaete* tragen die Wasserfäden die Androgametocysten und die flaschenförmigen Oogonien. Die Oogonien öffnen sich zur Befruchtung durch die farblosen Spermatozoide (**Oogoniogamie**, Abb. 6.21. b). Um die Zygote bilden Zellfäden sekundär ein einschichtiges Hüll-Plectenchym („**Zygotenfrucht**"). Bei der orangegelben, auf Felsen lebenden Landalge *Trentepohlia* ist dagegen die Sexualität primitiv: Die zweigeißeligen Schwärmer können als Zoosporen oder als Isogameten reagieren. Als

6. Ordnung Bryopsidales (= *Siphonales*, Schlauchalgen) werden vielkernige Algen **ohne Querwände** zusammengefaßt. Sie sind vor allem in warmen Meeren verbreitet. Die siphonale (coenocytische) Organisation ist wohl direkt an die coccale anzuschließen. Nur zu der sexuellen Vermehrung werden vielkernige Plasmabezirke durch Querwände abgetrennt, in denen Meio-Anisogameten gebildet werden. Der Lebenszyklus ist diplontisch oder, z. B. bei *Derbesia*, heteromorph diplohaplontisch.

Der verzweigt schlauchförmige Sporophyt dieser Gattung entläßt Meiozoosporen, aus denen die früher als Gattung *Halicystis* angesehene haploide Gametophytengeneration hervorgeht, die auf einem perennierenden Rhizoid blasenförmige Gametocysten bildet. Die marine, diözische *Caulerpa* (Abb. 6.21. c) besitzt eine meterlange, kriechende Hauptachse mit aufrechten Thalluslappen und Rhizoiden. Einen radiärsymmetrischen Thallus bilden die *Dasycladaceae*. Durch Kalkinkrustation gebildete Fossilien dieser Familie gestatten die Rekonstruktion der Phylogenie seit dem Kambrium. *Acetabularia* (Abb. 6.21. c, vgl. S. 474 ff. bildet aus einem mit Rhizoiden festgewachsenen Stiel einen Hut aus radialen Kammern, in denen in Cysten die Gameten gebildet werden. Der Riesenkern teilt sich (unter Meiose) erst, wenn die Gametenbildung eingeleitet wird. – Eine isolierte Stellung nimmt die

7. Ordnung Oedogoniales ein (trichal, unverzweigt, Chloroplast gitterförmig, Abb. 3.4. e, Oogoniogamie, Zoosporen mit Geißelkranz, **Kappenbildung**

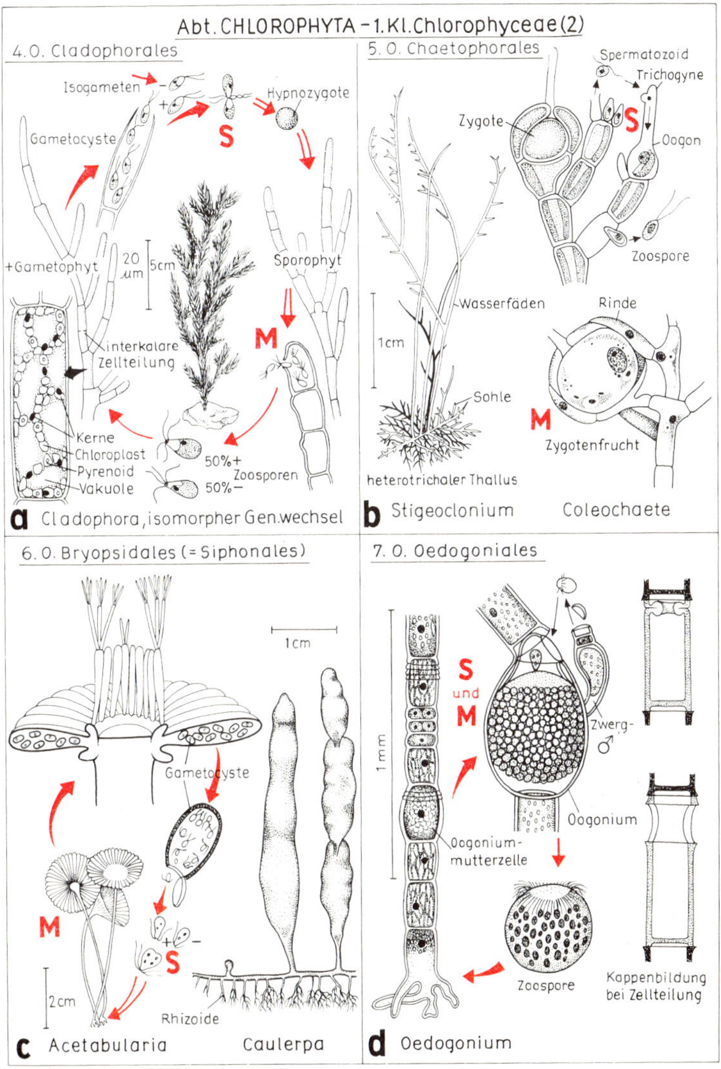
Abt. CHLOROPHYTA – 1. Kl. Chlorophyceae (2)
4. O. Cladophorales
Isogameten
Hypnozygote
Gametocyste
S
+Gametophyt
20 µm
5cm
Sporophyt
M
interkalare Zellteilung
Kerne
Chloroplast
Pyrenoid
Vakuole
50%+
Zoosporen
50%–
a Cladophora, isomorpher Gen.wechsel
5. O. Chaetophorales
Spermatozoid
Trichogyne
Zygote
Oogon
Zoospore
Wasserfäden
Rinde
1cm
Sohle
Zygotenfrucht
heterotrichaler Thallus
b Stigeoclonium
Coleochaete
6. O. Bryopsidales (= Siphonales)
1cm
Gametocyste
M
S
2cm
Rhizoide
c Acetabularia
Caulerpa
7. O. Oedogoniales
S und M
1mm
Zwerg-♂
Oogonium
Oogonium-mutterzelle
Zoospore
Kappenbildung bei Zellteilung
d Oedogonium

Abb. 6.21.

am oberen Zellende durch besondere Teilungsweise der zweischichtigen Zellwand, Abb. 6.21.d). *Oedogonium* bildet in Süß- und Brackwasser große Algenwatten.

2. Klasse Zygnematophyceae (Conjugatae) Jochalgen 5000 Arten

Charakteristik: Stets geißellose, grüne Algen, entweder **einzellig** oder in unverzweigten, leicht zerfallenden **Fäden** ohne Polarität und Zellspezialisierung. Chromatophoren groß, meist axial, mit zahlreichen Pyrenoiden. Kern in der Zellmitte. Zellwand innen aus Cellulose, außen aus Pectin und **Schleim**. Sexuelle Vermehrung durch Umwandlung des gesamten Protoplasten der vegetativen Zellen in einen **unbegeißelten, amöboiden Gameten**, der zum Partnergameten durch einen Konjugationskanal gelangt (**Konjugation**, Zygogamie, s. S. 178). In der Zygote, die ein Dauerorgan ist, erfolgt Meiose; von den 4 gebildeten Kernen degenerieren 2–3. Die Jochalgen sind Haplonten. Sie leben nur im Süßwasser. Ihre Ableitung und Verwandtschaft ist unklar (coccale Grünalgen? Vgl. auch S. 265).

Die **Gliederung** nach der Organisationsstufe erfaßt natürliche Gruppen:

Ordnung Zygnematales: Zellfäden, die schleimige, watteartige Knäuel in Tümpeln und Gräben bilden. Jede Zelle ist teilungsfähig. Die Zellwand schließt sich nach der Kernteilung irisblendenartig und durchschnürt bei *Spirogyra* auch den Chloroplasten. Zur Konjugation bilden parallel liegende, geschlechtsverschiedene Fäden sich vorwölbende Papillen aus, an deren Berührungsstellen die Zellwand aufgelöst wird (Konjugationskanal). Der Wandergamet gleitet amöboid zum Ruhegameten und verschmilzt mit ihm (Abb. 6.22. b). *Spirogyra* (Schraubenalge) mit 1–6 schraubigen, bandförmigen Chloroplasten, Abb. 6.22. b und 3.4. a; *Zygnema* mit sternförmigen Chloroplasten, *Mougeotia* mit plattenförmigen Chloroplasten (Abb. 3.4.).

Ordnung Desmidiales: Coccale Einzeller, deren Zellen oft eine auffällige, z.B. stern- oder halbmondförmige Gestalt haben (Zieralgen). Häufig durch Einschnürung in der Mitte in 2 Halbzellen geteilt. Zellwand aus 2 gleichen Hälften bestehend, von denen nach der Zellteilung von den Tochterzellen jeweils eine ergänzt wird (Abb. 6.22.b). Zur Konjugation umgeben sich zwei Zellen mit Gallerte, die Zellwandhälften weichen auseinander, und die Protoplasten kopulieren.

Zieralgen leben in 4000 Arten planktisch oder benthisch (vgl. Tab. 6.3.) im Süßwasser mit meist saurem *p*H. Manche Arten kriechen durch Ausscheidung

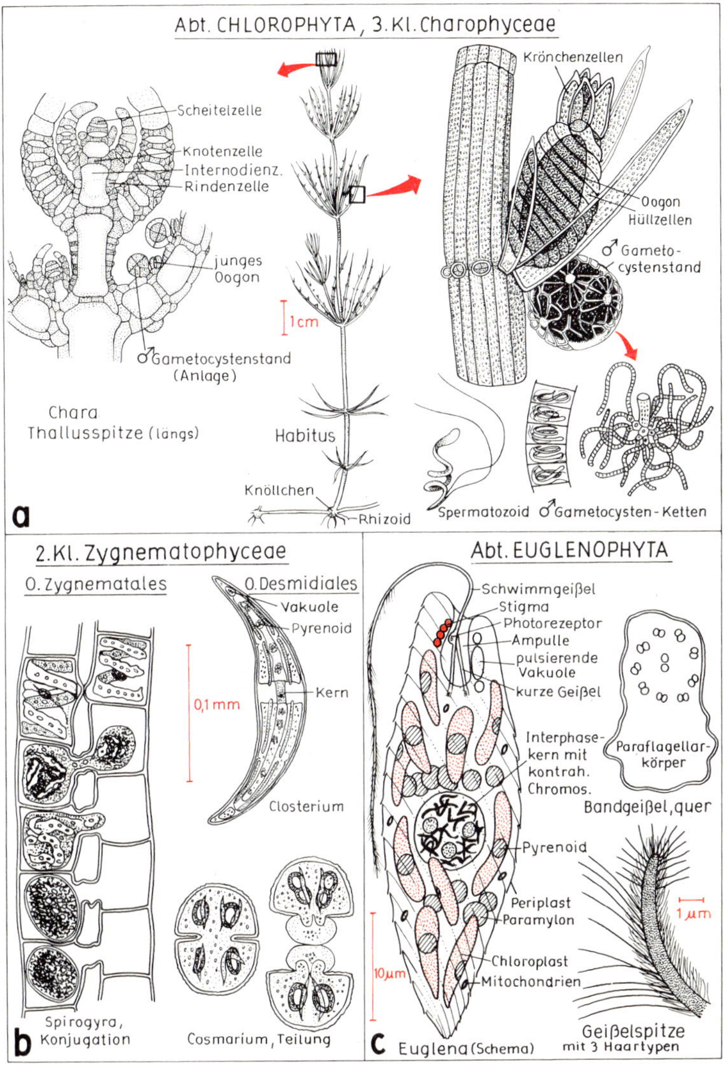
Abt. CHLOROPHYTA, 3. Kl. Charophyceae
Scheitelzelle
Knotenzelle
Internodienz.
Rindenzelle
junges Oogon
♂ Gametocystenstand (Anlage)
Chara Thallusspitze (längs)
1 cm
Habitus
Knöllchen
Rhizoid
Krönchenzellen
Oogon
Hüllzellen
♂ Gameto-cystenstand
Spermatozoid
♂ Gametocysten-Ketten
a
2. Kl. Zygnematophyceae
O. Zygnematales
O. Desmidiales
Vakuole
Pyrenoid
Kern
0,1 mm
Closterium
Spirogyra, Konjugation
Cosmarium, Teilung
b
Abt. EUGLENOPHYTA
Schwimmgeißel
Stigma
Photorezeptor
Ampulle
pulsierende Vakuole
kurze Geißel
Interphase-kern mit kontrah. Chromos.
Paraflagellar-körper
Bandgeißel, quer
Pyrenoid
Periplast
Paramylon
Chloroplast
Mitochondrien
10 µm
1 µm
Geißelspitze mit 3 Haartypen
c
Euglena (Schema)

Abb. 6.22.

von Schleim (S. 535). Beispiele: *Closterium* (Abb. 6.22. b, 3.4. h) halbmondförmig, beweglich; *Cosmarium* (Abb. 6.22. b) flach biskuitförmig; *Micrasterias* sternförmig, in Mooren; *Staurastrum* bizarr vielgestaltig, vor allem tropisch.
(Weitere Ordnungen: *Gonatozygales, Mesotaeniales*).

3. Klasse Charophyceae, Armleuchteralgen 280 Arten

Charakteristik: Thallusbau und sexuelle Vermehrung der Armleuchteralgen sind so eigenartig, daß die artenarme Gruppe auch als eigene Abteilung geführt wird. Sie enthält aber die gleichen Assimilationspigmente wie die *Chlorophyceae* und als Assimilationsprodukt auch Stärke. Zur Verwandtschaft vgl. S. 265.

Der Thallus ist **schachtelhalmähnlich** (Abb. 6.22. a) und 3–60 cm hoch. Eine Scheitelzelle liefert durch inaequale Teilung lange Internodien- und kurze Knotenzellen. Die letzteren teilen sich weiter und bilden wirtelige Kurztriebe und bei manchen Arten eine einschichtige Rinde um die mehrkernig werdende, bis 8 cm lange Internodienzelle (Abb. 6.22. a).

Vermehrung durch Sporen fehlt, vegetative Vermehrung erfolgt durch überwinternde Speicherknollen. Zur sexuellen Vermehrung (**Oogoniogamie**) werden an den Knoten der Kurztriebe Oogonien und **kugelige Androgametocystenstände** entwickelt. Die letzteren (**„Androthecien"**) bestehen außen aus einer Wand aus 8 Schildzellen. Jede dieser Zellen trägt innen eine Stielzelle, der viele lange Gametocystenketten ansitzen. Jede Androgametocyste ist durch Reduktion monogonitisch, d. h. sie bildet nur 1 zweigeißeliges Spermatozoid. Die **Oogonien** werden **sekundär** von 5 schraubigen Zellen umhüllt, die an der Spitze 5 oder 10 Krönchenzellen abgliedern (Abb. 6.22. a). Die hartschalige Zygote überwintert als Dauerorgan. Bei der Keimung erfolgt Meiose, die Pflanzen sind also **Haplonten**.

Vorkommen: Die unberindete *Nitella* und die meist berindete *Chara* (Abb. 6.22. a) bilden in Seen und flachem Meer- oder Brackwasser ausgedehnte, oft kalkinkrustierte Rasen. Bei Phosphateintrag in die Gewässer verschwinden sie.

Abteilungsgruppe Embryophyta (Archegoniatae s. l.) Echte Landpflanzen

Hierher gehören die **Moose** und die **Gefäßpflanzen** (*Tracheophyta:* Farnpflanzen und Samenpflanzen). Sie sind wegen der isokonten Begeißelung der Spermatozoide, wegen des Vorkommens von Chlorophyll b, Stärke und Cellulose offenbar von den *Chlorophyta* abzuleiten (vgl. Tab. 6.2. u. Abb. 6.2.). In der Struktur der Geißelbasis, in der

Ausbildung des Phragmoplasten und in den Sequenzen der 5S-rRNA ähneln sie besonders den *Charophyceae* und *Chaetophorales*, in den beiden letzteren Merkmalen den *Zygnematophyceae*, diese 3 Algengruppen werden deshalb auch unter den *Charophyceae* vereinigt.

Mit den Grünalgen können die *Embryophyta* in einem **Unterreich Chlorobionta** zusammengefaßt werden, sie unterscheiden sich aber von ihnen durch mehrere Anpassungen an das Landleben. Dazu gehört vor allem der Besitz von Gonitangien (Sporangien und Gametangien), Behältern mit vielzelliger Hülle, in denen die Gonite, d. h. die Gameten und Sporen, gebildet werden, die zunächst im Gewebeverband angeordnet sind. Die ♀ Gametangien, die **Archegonien**, sind flaschenförmig. Ihre einschichtige Wand aus sterilen Zellen umgibt eine Kette von Zellen: Zuunterst liegen als 2 Schwesternzellen die **große Eizelle** und die **Bauchkanalzelle**, über dieser folgen im Archegoniumhals die **Halskanalzellen** (bei Moosen mehrere, bei *Lycopodium* 20 bis 1, bei den Farnen meist eine). Die Archegonien der Samenpflanzen sind stärker reduziert (vgl. S. 285 f., 301). Die ♂ Gametangien, die **Antheridien**, sind kugelig oder keulenförmig, ihre Wand umgibt das spermatogene Gewebe, aus dessen Zellen je 2 begeißelte Spermatozoide hervorgehen (im stark reduzierten Antheridium der meisten Samenpflanzen nur 2 Spermakerne). Als weitere wichtige Anpassung an das Landleben besitzen die *Embryophyta* eine **Cuticula** (s. S. 89) und **Spaltöffnungen** an den Sproßorganen.

Bei den meisten Gefäßpflanzen und dem größten Teil der Moose ist der Vegetationskörper in **Sproßachse** und **Blätter** gegliedert. Während aber die rezenten Gefäßpflanzen einen typischen **Cormus** aus Sproßachse, Blättern und Wurzeln besitzen, haben die **Moose nie Wurzeln**, sondern nur **Rhizoide**. Außerdem entspricht der Vegetationskörper der Moose insofern nicht dem der Gefäßpflanzen, als er bei den ersteren den Gametophyten, bei den letzteren den Sporophyten darstellt. Der Besitz der geschilderten **Gametangien**, eines sich darin entwickelnden mehrzelligen **Embryos**, einer doppelten **Sporenwand** (widerstandsfähige Außenschicht = Exospor und zarte innere Schicht aus Cellulose = Endospor, bei den Samenpflanzen Exine und Intine genannt, S. 296), der **Stomata** und der **Cuticula** charakterisiert Moose und Gefäßpflanzen als Abstammungsgemeinschaft. Beide haben sich aber getrennt weiterentwickelt, die Moose unter Betonung der Haplophase, die Gefäßpflanzen unter Reduktion der Haplophase und Betonung der Diplophase. Da der Gametophyt zur Befruchtung Wasser braucht und deswegen an den Boden gebunden ist, ist die Betonung der Sporophyten der erfolgreichere Weg gewesen (vgl. auch S. 179).

11. Abteilung Bryophyta, Moospflanzen 26000 Arten

Charakteristik: Die Moose sind Archegoniaten mit einem thallösen oder (häufiger) in Sproßachse und einfache, bis auf die Mittelrippe einschichtige Blättchen gegliederten (frondosen) Gametophyten, der keine Wurzeln, sondern Rhizoide besitzt. Der Sporophyt wächst als untergeordnete Generation auf dem assimilierenden Gametophyten.

Die *Anthocerotopsida* sind vielleicht direkt an grünalgenähnliche Vorfahren anzuschließen, die übrigen Moose an ursprüngliche *Psilophytopsida* (S. 275 f.). Die ältesten Moosfunde stammen aus dem Oberdevon.

Entwicklungszyklus (Abb. 6.23. d): Die Meiospore keimt zu einem grünen, fädigen oder flächigen Thallus, dem **Protonema**, das mit einer einschneidigen Scheitelzelle wächst und farblose Rhizoide ausbildet. An Seitenästen werden dreischneidige Scheitelzellen und daraus Knospen gebildet, die sich zu dem eigentlichen Moospflänzchen entwickeln. Protonema und Moospflänzchen sind Stadien des **Gametophyten** (Haplophase). Das Moospflänzchen ist mit Rhizoiden am Substrat befestigt. Auf ihm werden die Antheridien und Archegonien ausgebildet, die monözisch oder diözisch verteilt sind und bisweilen von besonderen Hochblättchen umgeben sind, bei den Laubmoosen außerdem von Safthaaren (Paraphysen). Bei feuchter Witterung entlassen die Antheridien die **zweigeißeligen** Spermatozoide, die, chemotaktisch angelockt, durch Wassertropfen in den Archegoniumhals und durch die verschleimenden Hals- und Bauchkanalzellen zur Eizelle gelangen.

Aus der Zygote entwickelt sich **auf der haploiden Moospflanze** der diploide **Sporophyt**, hier **Sporogon** genannt. Er ist in **Fuß**, Stiel (**Seta**) und **Sporenkapsel** gegliedert. Bei der Streckung der Seta zerreißt die bei den Laubmoosen zunächst mitwachsende Archegoniumwand, der obere Teil sitzt als Haube (**Kalyptra**, haploid!) auf der Sporenkapsel. Das Sporogon, das bei Laubmoosen auch Stomata trägt, assimiliert nur wenig und lebt auf Kosten des Gametophyten.

Bei den Laubmoosen bilden sterile Zellen im Zentrum der Sporenkapsel eine Säule (**Columella**), die der Wasser- und Nährstoffversorgung der Sporen dient. Bei den *Bryidae* entwickelt sich an der Spitze der mehrschichtigen Sporenkapsel-Wand ein Öffnungsmechanismus: ein Ring (**Anulus**) von Zellen sprengt einen kappenförmigen **Deckel** ab. Unter diesem befindet sich oft ein **Peristom**, d.h. 1–2 (selten 3–6) Kränze von Zähnen aus Zellreihen oder verdickten tangentialen

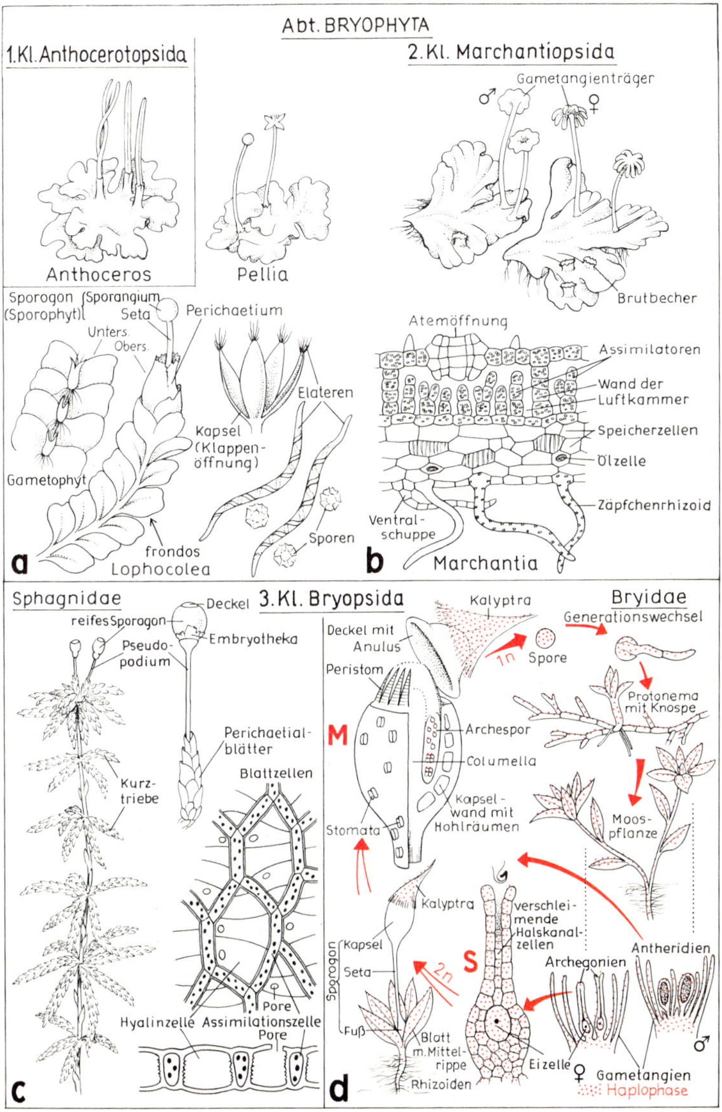

Abt. BRYOPHYTA
1. Kl. Anthocerotopsida
2. Kl. Marchantiopsida
Gametangienträger
Anthoceros
Pellia
Brutbecher
Sporogon (Sporophyt)
Sporangium
Seta
Perichaetium
Unters.
Obers.
Atemöffnung
Assimilatoren
Wand der Luftkammer
Elateren
Kapsel (Klappenöffnung)
Speicherzellen
Ölzelle
Gametophyt
Zäpfchenrhizoid
Ventralschuppe
Sporen
frondos
Lophocolea
Marchantia
a
b
Sphagnidae
Deckel
3. Kl. Bryopsida
Kalyptra
Bryidae
Generationswechsel
reifes Sporogon
Pseudopodium
Embryotheka
Deckel mit Anulus
1n
Spore
Peristom
Protonema mit Knospe
M
Archespor
Perichaetialblätter
Columella
Blattzellen
Kurztriebe
Kapselwand mit Hohlräumen
Moospflanze
Stomata
Kalyptra
verschleimende Halskanalzellen
Antheridien
Sporogon
Kapsel
Seta
Fuß
2n
S
Archegonien
Pore
Hyalinzelle
Assimilationszelle
Pore
Blatt m. Mittelrippe
Rhizoiden
Eizelle
Gametangien
Haplophase
c
d

Abb. 6.23.

Wänden der 3 inneren Zellschichten der Kapselwand, die die Kapsel durch hygroskopische Bewegungen öffnen und schließen (s. S. 524 f., Abb. S. 525, Abb. 6.23. d). Die Zahl der Peristomzähne (16 oder ein Vielfaches davon) und ihre Gestalt sind für die Bestimmung wichtig.

Bei den Sporenkapseln der Lebermoose fehlen Columella, Deckel und Peristom. Aus jeder Zelle des Archespors entsteht bei ihnen durch inaequale Teilung eine Sporenmutterzelle und ein fadenförmiger **Elater** mit schraubigen Verdickungsleisten. Die Elateren lockern die Sporen durch Kohäsionsbewegungen und streuen sie aus (s. S. 527, Abb. 6.23. a). Die **Sporen** entstehen unter Meiose simultan (Wandbildung erst nach dem zweiten Teilungsschritt). Sie werden vom Wind verbreitet und entwickeln sich wieder zu neuen Gametophyten. Häufig ist auch vegetative Vermehrung, z. B. durch **Brutorgane** (Brutäste, -blätter, -körper, -knöllchen).

Ökologie, Vorkommen und Bedeutung. Da die Moose nur unvollkommen ans Landleben angepaßt sind (sehr dünne Cuticula, Spaltöffnungen nur bei *Anthoceros* und am Sporogon der Laubmoose, primitives Leitgewebe ohne Gefäße, keine Wurzeln, Befruchtung an Wasser gebunden), sind sie vorwiegend in feuchteren Gebieten verbreitet. Sie sind allerdings z. T. in der Lage, längeres Austrocknen zu überleben (poikilohydrisch). Andererseits speichern sie in ihren Polstern Wasser, wozu auch spezielle Anpassungen ausgebildet wurden (Wassersäcke an Lebermoosblättern, tote Wasserspeicherzellen bei *Sphagnum*, Abb. 6.23. c). Moose sind gute Zeiger für Klima und Boden, aber auch für anthropogene Luftverunreinigung, diese wird vor allem von vielen Rindermoosen nicht vertragen.

Bedeutung haben die Moose als Wasserspeicher in Wäldern, als Torflieferanten, Ren-Weide in Moostundren, auch als Zier-, Heil- und Aquarienpflanzen.

In Zentraleuropa wachsen etwa 1 000 Laubmoos- und 350 Lebermoos-Arten. Ihre Bestimmung (Literatur: Gams, Frahm u. Frey, Rabenhorst, Rothmaler et al.) ist in den meisten Gruppen (z. B. *Sphagnum*) nur mit Hilfe des Mikroskops möglich, viele verbreitete Arten sind aber auch im Gelände sicher anzusprechen. Leicht ist das Sammeln und Konservieren.

Die systematische Forschungsarbeit konzentriert sich gegenwärtig auf die Revision von Gattungen im weltweiten Maßstab, denn durch die getrennte Bearbeitung in verschiedenen Kontinenten wurden viele Arten mehrmals beschrieben oder ihre Verwandtschaft verkannt.

Gliederung: Die Moose werden in 3 Klassen gegliedert, von denen die *Bryopsida* am höchsten entwickelt sind, weil sie

1. stets in Stengel und Blättchen gegliedert sind,
2. einen stark entwickelten Sporophyten besitzen und
3. eine hoch entwickelte Blatt- und Sproßanatomie aufweisen.

Die beiden großen Klassen sind schon nach den in Tab. 6.4. genannten Merkmalen meist gut zu erkennen.

Tabelle 6.4. Merkmale der Marchantiopsida und Bryopsida

Merkmal	Marchantiopsida	Bryopsida
Gametophyt		
Protonema	meist schwach entwickelt, bei thallösen Arten kurz schlauchförmig	kräftig entwickelt, bei Protonemamoosen vorherrschend
Moospflanze	thallös oder frondos	stets frondos (Stengel und Blättchen)
Zellen mit Ölkörpern	meist vorhanden	fehlen
Blättchen	ohne Mittelrippe, breit rundlich, oft mehrlappig	meist mit Mittelrippe (Ausn.: *Sphagnum*), zugespitzt, nicht mehrlappig
Blättchen-stellung	meist 2 Reihen Flanken- und 1 Reihe Bauchblätter	meist schraubig (Ausnahme z. B. *Fissidens*)
Rhizoide	einzellig	mehrzellig
Gametangien-Entwicklung	ohne Scheitelzelle	mit Scheitelzelle
Sporophyt		
Seta	kurzlebig, zart, erst zuletzt gestreckt	langlebig, fest, vor der Kapsel entwickelt (Ausn.: *Sphagnum*)
Stomata	fehlen	vorhanden
Columella	fehlt	häufig vorhanden
Elateren	vorhanden	fehlen
Kalyptra	fehlt	vorhanden
Kapselöffnung	Längsrisse, 4 Längsklappen	Deckel (*Andreaea* 4 Längsspalten)
Peristom	fehlt	vorhanden (Ausn.: z. B. *Sphagnum*)

1. Klasse Anthocerotopsida, Hornmoose 270 Arten

Diese artenarme Klasse weicht von den übrigen Moosen stark ab. Der **Gametophyt** (Abb. 6.23. a) ist thallös, wächst mit einer **Scheitelkante**, trägt unterseits stomata-ähnliche Schleimspalten und bildet keine Ölkörper. Jede Zelle enthält nur 1(–14) **schüsselförmige**, pyrenoidführende Chloroplasten, ein Merkmal, das mit manchen *Chlorophyta* verbindet, während alle übrigen *Embryophyta* zahlreiche linsenförmige Chloroplasten haben, denen Pyrenoide fehlen (Ausn. *Isoëtes*, *Selaginella*). Die Gametangien sind in den Thallus **eingesenkt**.

Der Sporophyt ist **ungestielt**, wächst mit einem **interkalaren Meristem**, trägt **Stomata**, enthält meist eine zentrale sterile Gewebesäule (**Columella**), bildet Sporen und Elateren nicht synchron und öffnet sich mit 2 Klappen. *Anthoceros*, das Hornmoos, ist auf kalkarmen Äckern nicht selten.

2. Klasse Marchantiopsida (Hepaticae) Lebermoose 10000 Arten

Merkmale s. Tabelle 6.4. (S. 269). Thallöse Gruppen werden meist als abgeleitet angesehen.

Ordnung Jungermanniales (9000 Arten): Frondos, Stämmchen ohne Leitgewebe, Blättchen einschichtig, oft zwei- oder mehrlappig. Die dreischneidige Scheitelzelle liefert außer den beiden flankenständigen Blättchenreihen meist eine dritte Reihe kleinerer „Bauchblättchen" auf der Unterseite. Archegonien endständig. Artenreich in den Tropen, in Mitteleuropa 250 Arten. Bei *Frullania* bildet einer der beiden Blattlappen einen flaschenförmigen Wassersack. *Lophocolea* (Abb. 6.23. a) häufig in Wäldern.

Ordnung Metzgeriales (600 Arten): **Thallös**, aus einer bis mehreren Schichten gleichwertiger Zellen aufgebaut. Archegonien und Sporogone auf dem Rücken des Thallus, oft von Hülle (Perichaetium) umgeben. *Pellia*, *Metzgeria* (Abb. 6.23. a) in luftfeuchten Wäldern häufig.

Ordnung Marchantiales (400 Arten): Thallös, hoch differenziert, z. B. bei der diözischen *Marchantia polymorpha* (Brunnenlebermoos): Luftkammern mit Atemöffnungen und Assimilatoren, Speichergewebe, Ventralschuppen, Rhizoide mit oder ohne Zäpfchen, Brutbecher mit Brutkörpern (Abb. 5.29), dreifach dichotom geteilte, sternförmige Träger mit Antheridien (oberseits) bzw. Archegonien (unterseits, Abb. 6.23. b). *Riccia fluitans* submers im Süßwasser.

(Weitere Ordnungen: *Calobryales*, Blättchen dreizeilig; *Sphaerocarpales*, Erstnachweis von Geschlechtschromosomen im Pflanzenreich; *Carrpales*)

3. Klasse Bryopsida (Musci), Laubmoose 16000 Arten
Merkmale s. Tab. 6.4. (S. 269)

1. Unterklasse Sphagnidae mit der einzigen Gattung *Sphagnum* (Torfmoos >300 Arten), das in den kühlen bis gemäßigten Zonen ausgedehnte **Torfmoore** bildet (Brennstoff!). Dem Protonema entspricht hier ein flächiger Thallus. Die Sprosse sind in Langtriebe und dicht beblätterte Kurztriebe gegliedert. Zwischen schmalen chloroplastenführenden Zellen liegen leere, poröse, von Ringfasern ausgesteifte **Wasserspeicherzellen** (Abb. 6.23. c). Dadurch sind viele Torfmoose vom Grundwasser unabhängig. Nur in der Jugend bilden sie an der Basis ein Rhizoidbüschel.

Die ungestielte, auf einem Kurztrieb (**Pseudopodium**) sitzende Kapsel trägt keine Kalyptra. Der Deckel wird mit 4–6 bar Überdruck hörbar abgesprengt, ein Peristom fehlt.

2. Unterklasse Andreaeidae. Etwa 120 braune Felsmoos-Arten, z. B. *Andreaea*, Klaffmoos. In der Kapselöffnung mit 4 Längsklappen erinnern sie an die *Marchantiopsida*, im Bau des Protonemas, der halbkugeligen Columella und des Pseudopodiums an die *Sphagnidae.*

3. Unterklasse Bryidae. Umfaßt mit <15000 Arten die meisten, darunter auch die größten Formen. Das Stämmchen besitzt oft einen Zentralstrang (ähnlich der Protostele, s. S. 274), der bei *Polytrichum* auch Blattspurstränge abgibt. Kapselöffnung meist mit **Peristom** (Abb. 6.23. d; 9.1, vgl. S. 524 f.). Die Archegonien und Sporogone stehen terminal an aufrechten Trieben **(akrokarp)** oder an Seitenzweigen plagiotrop wachsender, oft fiederig verzweigter Pflänzchen **(pleurokarp)**.

Ordnung Dicranales: Peristom einfach, meist aus 16 zweischenkligen Zähnen. *Leucobryum*, Weißmoos, auf sauren Waldböden, wie *Sphagnum* mit Wasserspeicherzellen, in der Gärtnerei verwendet. *Dicranum*, Spaltzahnmoos, in Wäldern häufig.

Ordnung Pottiales: Meist an Trockenheit angepaßte Erd- und Felsmoose mit papillösen Blattzellen. *Tortula*, Drehzahnmoos.

Ordnung Bryales: Akrokarp, Peristom doppelt. *Mnium*, Sternmoos, häufig in Wäldern. *Bryum argenteum*, Silber-Birnmoos, in Pflasterritzen.

Ordnung Schistostegales: Nur *Schistostega*, Leuchtmoos, dessen ausdauerndes, flächiges Protonema mit kugeligen Zellen Licht reflektiert.

Ordnung Hypnales: Pleurokarpe Moose mit meist geneigter Kapsel, Peristom doppelt. In Wäldern häufig: *Hylocomium*, Etagenmoos; *Pleurozium*,

Rotstengelmoos; *Scleropodium*, Grünstengelmoos, *Cratoneuron* bildet Kalktuff.

Ordnung Polytrichales: Peristom aus ganzen, meist hufeisenförmigen Zellen, Kapsel zunächst mit Membran verschlossen. Leitgewebe hoch entwickelt (Leitgeschwindigkeit 2 m/h). Blättchen mit Assimilationslamellen. *Polytrichum*, Frauenhaarmoos, *P. commune* in Zwischenmooren, bis 40 cm hoch.

(Weitere Ordnungen: *Archidiales*, ohne Columella; *Fissidentales*, Blättchen zweizeilig; *Grimmiales*, Blättchen oft mit „Glasspitzen"; *Funariales*, *Funaria hygrometrica*, Wetter-Drehmoos, auf Asche häufig, einjährig; *Tetraphidales*, 4 Peristomzähne; *Bartramiales*, akrokarp mit kugeligen Kapseln; *Orthotrichales*, auf Stämmen, SO_2-empfindlich; *Hookeriales*; *Buxbaumiales*, Protonema langlebig, Moospflänzchen rückgebildet, Sporophyt relativ selbständig.)

12. Abteilung Pteridophyta, Farnpflanzen — 10700 Arten

Die Farnpflanzen sind ans **Landleben** besser angepaßt als die Moose. Sie besitzen echte **Wurzeln, Leitbündel mit Gefäßen**, die oft mit **Lignin** ausgesteift sind, **mehrschichtige Blätter mit Stomata und Cuticula**. Trotzdem sind heute von dieser im Devon, Karbon und Unterperm (Paläophytikum, **Farnzeit**, S. 199) sehr reich entfalteten Abteilung nur einige Restgruppen erhalten: die 8 Gattungen der Bärlappe, Moosfarne und Brachsenkräuter, die Schachtelhalme und die z. T. erst in jüngerer Zeit (Jura) artenreich entfalteten Farne. Sie wurden durch die besser angepaßten Samenpflanzen verdrängt, bei denen u. a. die Befruchtung nicht mehr an Wasser gebunden ist. Heute sind sie vor allem in Tropengebirgen artenreich (Neuguinea >2000, Zentraleuropa 80 Arten).

Charakteristik und Generationswechsel. Die *Pteridophyta* sind **Gefäßpflanzen** (*Tracheophyta*), d. h., sie besitzen Tracheiden, in seltenen Fällen (*Pteridium*, *Equisetum*, *Marsilea*, *Selaginella*) bereits Tracheen. Bei fossilen Formen kam sekundäres Dickenwachstum vor. Die *Pteridophyta* sind **Cormophyten**, d. h., ihr Sporophyt ist in **Sproßachse, Blätter** und **Wurzel** gegliedert (Ausn.: *Psilophytopsida*).

Der Farnpflanzen-Cormus zeigt allerdings einige **Unterschiede zu dem der Samenpflanzen**: Blatt, Sproß und Wurzel wachsen meist mit einer **Scheitelzelle** (Ausnahme: Initialzellgruppe beim Sproß von *Rhynia*, *Lycopodium*, *Selaginella* z. T., *Ophioglossales*). In Blättern ist sie zweischneidig (zu ihrem Schutz sind junge Farnblätter meist eingerollt), an Sprossen drei- bis fünfschneidig (Abb. 4.1. c), an Wurzeln vierschneidig. Die Bewurzelung ist **primär homorrhiz**, d. h., die erste Wurzel bricht seitlich aus der Sproßachse hervor. Die Seitenwurzeln werden nicht aus dem Perikambium, sondern aus der innersten Rindenschicht gebildet, die Kalyptra von der vierschneidigen Scheitelzelle der Wurzel (vgl. S. 95). Die **Sproßverzweigung** kann seitlich oder dichotom sein, erfolgt aber **nicht**, wie bei fast allen Samenpflanzen, **aus den Blattachseln**.

Die *Pteridophyta* sind wie die *Bryophyta* Archegoniaten mit **heteromorphem, heterophasischem Entwicklungszyklus**. Während aber bei den Moosen der Sporophyt als untergeordnete Generation auf dem Gametophyten wächst und von diesem ernährt wird, ist der thallöse Gametophyt der *Pteridophyta*, der als **Prothallium** bezeichnet wird, von untergeordneter Bedeutung, kaum zentimetergroß und meist kurzlebig. Bei ursprünglichen Gruppen (*Psilotales*, *Lycopodiales*, *Ophioglossales*) ist er walzen- oder knollenförmig, z. T. verzweigt und mit Tracheiden ausgerüstet, bei den meisten Farnen ein grüner, flächiger Thallus.

Die auf den Prothallien entwickelten **Antheridien** und **Archegonien** (letztere meist nur noch mit 1 Halskanalzelle) können monözisch oder diözisch verteilt sein. Nach der Befruchtung der Eizelle durch polar 2- bis vielgeißelige Spermatozoide entwickelt sich aus der Zygote die diploide, ungeschlechtliche Generation, der **Sporophyt**, der bald selbständig wird und viel größer und höher organisiert ist als bei den Moosen. Er trägt auf den Blättern (nur bei den *Psilophytopsida* endständig an Achsen) die **Sporangien**. Diese bestehen aus einer mehr- oder einschichtigen **Wand** aus sterilen Zellen und dem **Archespor**. Bei vielen Farnpflanzen (nicht bei den Psilophyten) werden eine bis mehrere äußere Schichten des Archespors zum **Tapetum**, das sich bei der Ausbildung der Sporen beteiligt, und zwar durch Sekretion (**Sekretionstapetum**, *Lycopodiopsida*) oder Auflösung der Zellwände (**Periplasmodialtapetum**, *Equisetopsida*, *Polypodiales*). Die zentralen (meist 16) Zellen des Archespors liefern als **Sporenmutterzellen** unter Meiose je 4 **Meiosporen** (simultan bei Psilophyten, Bärlappen, Schachtelhalmen, sukzedan bei *Polypodiales*), aus denen wieder ein haploides Prothallium hervorgeht.

Bedeutung: Während die fossilen Bärlapp- und Schachtelhalm-Bäume (Abb. 6.26.; 6.27.) als **Steinkohle** wichtig sind, haben die rezenten Pteridophyten geringe praktische Bedeutung (*Equisetum arvense*, Ackerschachtelhalm, als Heilpflanze und Ackerunkraut; *E. palustre*, Sumpfschachtelhalm, als Giftpflanze auf Feuchtwiesen; *Selaginella*, Moosfarn, und einige Farne als Zierpflanzen; *Matteucia*, Straußenfarn, als Gemüse). – Große theoretische Bedeutung hat die Gruppe für die Phylogenie, da sie die ersten Landpflanzen und die Vorfahren der Samenpflanzen enthält.

Progressionstendenzen bei den Farnpflanzen

1. Differenzierung zunächst gleichwertiger Gabeläste (**Telome**) in seitliche Organe mit begrenztem Wachstum (Blätter und Sporangiophoren = Sporangienträger) und leitende Achsen durch die Grundvorgänge der **Übergipfelung, Planation, Verwachsung, Einkrümmung und Reduktion** (**Telomtheorie**, Abb. 6.24. c).
2. Vervollkommnung des Leitgewebesystems der Sproßachse (**Stelärtheorie**, Abb. 6.24. c):

   Protostele (zentraler Xylemstrang von primitivem Phloem ohne Siebzellen umgeben, z. B. *Rhynia* und Jugendstadium rezenter Farne) durch Verwachsung bzw. Tieferverlegen der Gabelungsstellen Ausbildung mehrerer Xylemstränge mit allseitiger Metaxylembildung: **Polystele** (bei Farnen), durch Abschirmung der Induktion der Metaxylembildung Ausbildung der **Eustele** (Metaxylembildung nur zentrifugal, Ausbildung von Anastomosen zwischen den Xylemsträngen, z. B. Koniferen, Dikotyledonen), der **Aktinostele** (Metaxylembildung zentripetal, z. B. Spermatophyten-Wurzeln; bei den *Lycopodiopsida* durch Anastomisieren mit den Blattspursträngen direkt an die Protostele anzuschließen) oder der **Siphonostele** (Metaxylembildung tangential, z. B. Baumfarne), zu der die **Dictyostele** der Farne (Bündelrohr mit mehreren Blattlücken, Abb. 5.10.a) überleitet.

3. Differenzierung der Blätter in sporentragende **Sporophylle** und assimilierende **Trophophylle** (z. B. Straußenfarn).
4. Zunehmende Gruppierung der Sporophylle in **Blüten (= Sporophyllstände mit begrenztem Wachstum)** bei Bärlappen und Schachtelhalmen.
5. Zunehmende Gruppierung der Sporangien in **Sori** (Einz. Sorus, Häufchen), Ausbildung von Hüllen um die Sori (**Indusien**), Verwachsung der Sporangien zu **Synangien**.
6. Differenzierung der Sporen in kleine, Mikroprothallien hervorbringende **Mikrosporen** und wenige große, Megaprothallien hervorbringende **Megasporen** (**Heterosporie**). Diese Erscheinung, die gegenüber der **Isosporie** (= Homosporie, Gleichsporigkeit) vor allem den Vorteil der sicheren Fremdbefruchtung hat, entwickelte sich bei den *Pteridophyta* unabhängig voneinander in 8 – 10 Linien.
7. Mit der Heterosporie verbunden ist die Reduktion der Megasporenzahl und des Gametophyten, besonders des Mikrogametophyten, und der Einschluß des Prothalliums in die Spore, schließlich in das Sporangium und besondere Hüllen (**Samenbildung**). Samen wurden von mehreren Gruppen unabhängig voneinander entwickelt.

Gliederung: Die 4 Klassen unterscheiden sich durch Blattgröße, Blattstellung und Sporangienstellung (bzw. durch das Fehlen von Blättern und Wurzeln) deutlich voneinander. Die obengenannten Progressionstendenzen sind unterschiedlich kombiniert.

1. **Psilophytopsida: Wurzeln und Blätter fehlen**, höchstens schuppenförmige Epidermalbildungen an den räumlich verzweigten Sproßachsen, Verzweigung dichotom, Sporangien terminal oder seitlich achsenständig.
2. **Lycopodiopsida:** Blätter klein (**Mikrophylle**), oft mit Ligula, wechselständig oder dekussiert und dann anisophyll. Sprosse und Wurzeln dichotom verzweigt. **Sporangien einzeln auf den Blättern**, meist in Blüten.
3. **Equisetopsida: Mikrophylle quirlständig**, z. T. keilförmig-gabelnervig. Verzweigung seitlich-monopodial. Sporangien zu wenigen an der **Unterseite** tischförmiger **Sporangiophoren** (Sporangienträger), diese in Blüten.
4. **Polypodiopsida:** Blätter groß (**Megaphylle**), meist gefiedert, wechselständig. Verzweigung dichotom oder (meist) seitlich. Sporangien in Vielzahl am Rand oder auf der Unterseite der Blätter.

1. Klasse Psilophytopsida, Urfarne

Die Urfarne, die ältesten Land-Gefäßpflanzen, sind nur vom Silur bis zum Oberdevon bekannt. Der erste Urfarn wurde 1859 beschrieben, aber erst um 1920 wurde, besonders durch Untersuchungen von Kidston und Lang, die Bedeutung der Gruppe für die Phylogenie erkannt. Von den etwa 15 auf der Nord- und Südhalbkugel bekannten Gattungen (mit 50 Arten) seien nur 5 wichtige vorgestellt:

Die nach dem nordschottischen Unterdevon-Fundort Rhynie genannte *Rhynia* (Abb. 6.24. a) ist durch Querschliffe auch in anatomischen Merkmalen gut bekannt. Sie besteht aus gabelig verzweigten, halbmeterhohen Achsenorganen (**Telomen** = Enden, Mesomen = Zwischenstücken), die sich aus rhizomähnlichen Grundachsen erheben, Spaltöffnungen tragen und von einer zentralen Protostele durchzogen werden. Die endständigen Sporangien entlassen die **Isosporen** durch Zerfall der mehrschichtigen Wandung. Die Grundachsen tragen **Rhizoide**.

In den Sporangien des ebenfalls im verkieselten Torf bei Rhynie gefundenen *Horneophyton* findet sich eine sterile Gewebesäule, die der Moos-Columella ähnelt. Deshalb werden von einigen Forschern die Moose hier angeschlossen. – *Zosterophyllum*, eine Flachwasserpflanze mit tangartig flutenden Gabelastsystemen, brachte ährenförmige Sporangienstände über das Wasser. Wegen der seitlichen Stellung der Sporangien, die sich mit einem Querspalt öffneten, werden hier Beziehungen zu den *Lycopodiopsida* gesehen. Das gleiche gilt für *Asteroxylon*, das seinen Namen von der sternförmigen Aktinostele hat

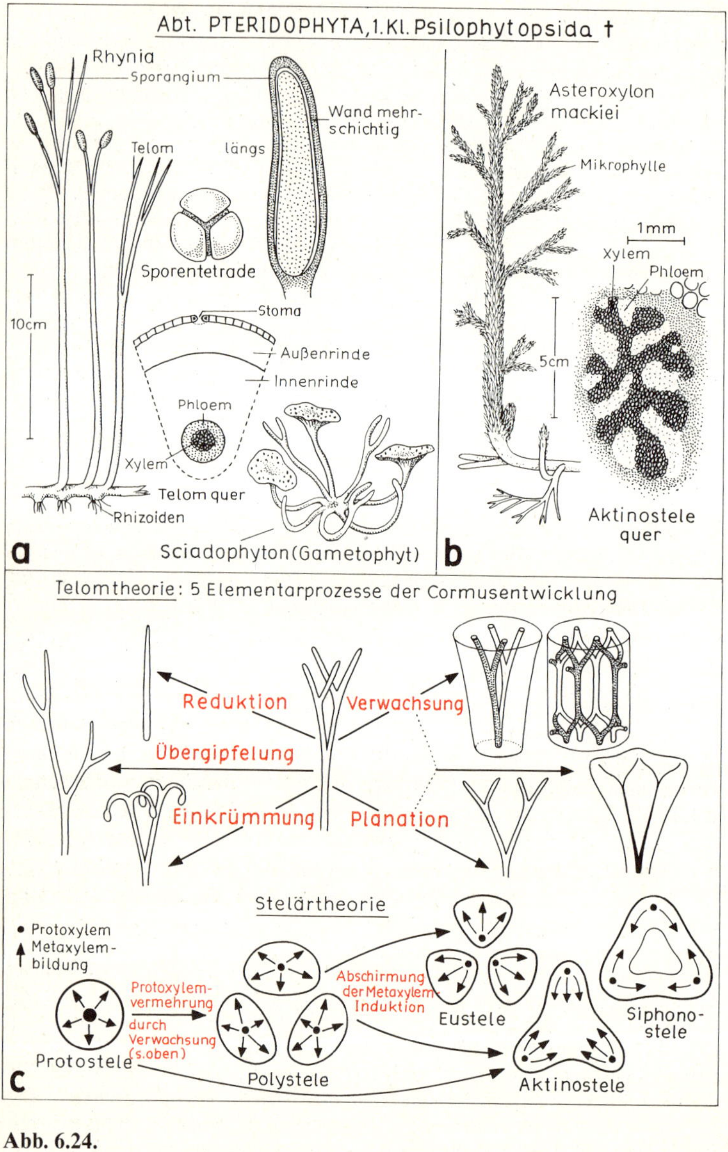

Abt. PTERIDOPHYTA, 1. Kl. Psilophytopsida †
Rhynia
Sporangium
Wand mehrschichtig
Telom
längs
Sporentetrade
10cm
Stoma
Außenrinde
Innenrinde
Phloem
Xylem
Telom quer
Rhizoiden
Sciadophyton (Gametophyt)
a
Asteroxylon mackiei
Mikrophylle
1mm
Xylem
Phloem
5cm
Aktinostele quer
b
Telomtheorie: 5 Elementarprozesse der Cormusentwicklung
Reduktion
Verwachsung
Übergipfelung
Einkrümmung
Planation
Stelärtheorie
• Protoxylem
↑ Metaxylembildung
Protoxylemvermehrung
durch Verwachsung (s. oben)
Abschirmung der Metaxylem-Induktion
Protostele
Polystele
Eustele
Siphonostele
Aktinostele
c

Abb. 6.24.

(Abb. 6.24. b). An den kriechenden Rhizomen sitzen wurzelähnliche Achsen, an den anisotomen Gabelastsystemen schuppenförmige Anhängsel, die den Mikrophyllen der Bärlappe ähneln, aber keine Leitbündel besitzen. – An *Trimerophyton*, dessen anisotom verzweigte Achsen seitlich abgedrängte Gabelastsysteme trugen, kann man die Farne mit ihren Megaphyllen anschließen.

Bei *Zosterophyllum* sind auch die **Gametophyten** bekannt (früher als *Sciadophyton* beschrieben). Sie sind thallös, sternförmig verzweigt und tragen auf trichterförmigen Gametangienträgern in der Mitte Archegonien, am Rand Antheridien (Abb. 6.24. b).

Als Anhang sei hier die isolierte rezente **Ordnung Psilotales** (10 Arten) erwähnt, die auch als eigene Klasse geführt oder an primitive *Polypodiopsida* angeschlossen wird. Das tropisch-subtropische *Psilotum* besitzt eine Grundachse mit Rhizoiden, sparrige Gabelastsysteme mit Aktinostele und jeweils 3 zu Synangien vereinte Sporangien an kurzen Ästen über paarigen Schuppenblättern. Das walzenförmige, dichotom verzweigte, unterirdische, mykotrophe Prothallium besitzt eine Protostele. Die Spermatozoide sind vielgeißelig.

2. Klasse Lycopodiopsida, Bärlappe
(Charakteristik s. S. 275)

Heute leben von dieser Klasse nur noch 6 Gattungen: die Bärlappgewächse (4 Gatt., 400 A.), *Isoëtes* (Brachsenkraut, 130 A.) und *Selaginella* (Moosfarn, über 400 A.). Im Devon und besonders im Karbon waren die *Lycopodiopsida* viel artenreicher und bestimmten z. T. das Vegetationsbild.

Die ursprüngliche, devonische Gattung *Drepanophycus* (**Ordnung Drepanophycales**) vermittelt noch zu den Psilophyten. Die Sporangien dieses niedrigen Krautes saßen noch einzeln zwischen den Mikrophyllen. Von hier ging eine rasche Entwicklung über die bis 5 m hohen Vertreter der **Ordnung Protolepidodendrales** bis zu der die Steinkohle bildenden karbonischen **Ordnung Lepidodendrales** (Schuppenbäume). Sie erreichten 40 m Höhe und durch **sekundäres Dickenwachstum** der **Siphonostele** bis 5 m Stammdurchmesser. Dichotome Aufzweigungen der Stammbasis trugen die Wurzeln (Abb. 6.25. c). Über der Blattbasis saß eine **Ligula**, die Niederschlagswasser aufnehmen und über ein besonderes Leitbündel dem Zentralzylinder zuleiten konnte. Der Stamm besaß nämlich trotz seiner Dicke nur wenig sekundäres Holz, dafür aber eine **dicke Rinde**. An den Enden der Zweige saßen zapfenförmige **Blüten**, die je Megasporangium nur wenige, im Extremfall nur 1 Megaspore, im Mikrosporangium zahlreiche Mikrosporen enthielten, also **heterospor** waren. Bei *Lepidocarpon* führte die Entwicklung – unabhängig von den Samenpflanzen – sogar zur **Samenbildung**, allerdings wurden in den Samen zwar Megaprothallien, aber noch keine Embryonen gefunden. Die Megasporen und die

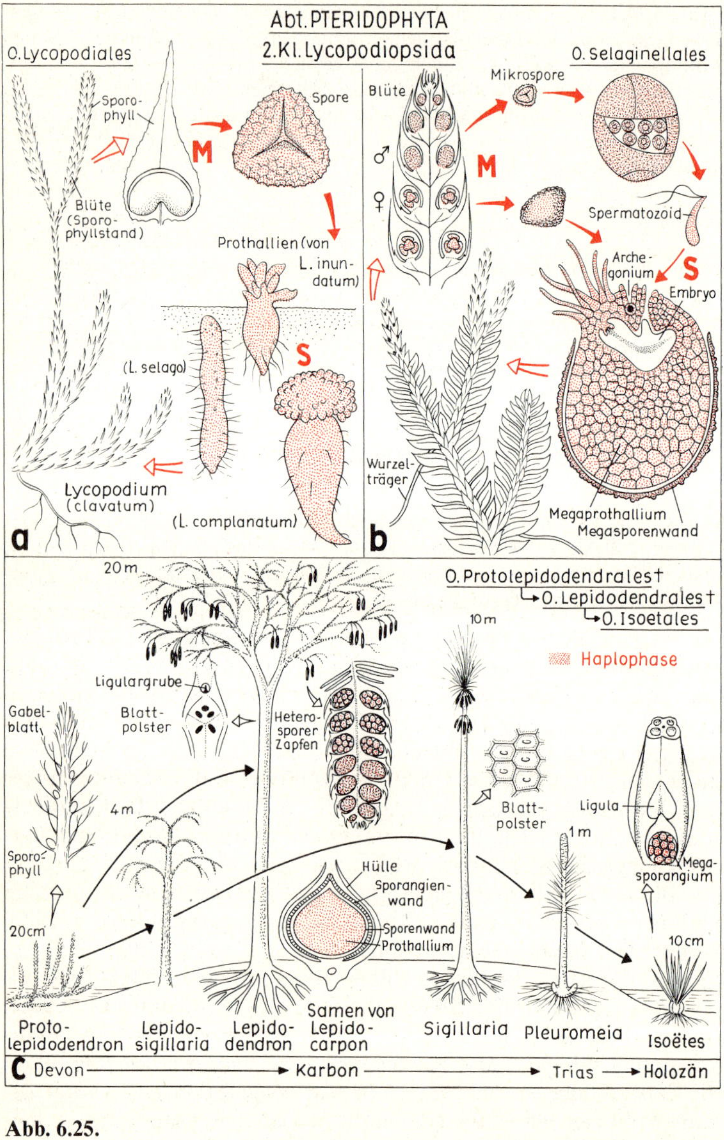
Abt. PTERIDOPHYTA
2. Kl. Lycopodiopsida
O. Lycopodiales
O. Selaginellales
Sporophyll
Spore
M
Blüte (Sporophyllstand)
Prothallien (von L. inundatum)
S
(L. selago)
Lycopodium (clavatum)
(L. complanatum)
a
Blüte
Mikrospore
♂
♀
Spermatozoid
Archegonium
Embryo
Wurzelträger
Megaprothallium
Megasporenwand
b
20 m
O. Protolepidodendrales†
O. Lepidodendrales†
O. Isoetales
10 m
Haplophase
Ligulargrube
Gabelblatt
Blattpolster
Heterosporer Zapfen
Sporophyll
4 m
Blattpolster
Ligula
1 m
Megasporangium
Hülle
Sporangienwand
Sporenwand
Prothallium
20 cm
10 cm
Protolepidodendron
Lepidosigillaria
Lepidodendron
Samen von Lepidocarpon
Sigillaria
Pleuromeia
Isoëtes
c Devon → Karbon → Trias → Holozän

Abb. 6.25.

darin entwickelten Megaprothallien verblieben im Sporangium, das vom Megasporophyll anstelle des Integuments umhüllt wurde (Abb. 6.25. c). *Lepidodendron* (Schuppenbaum, Abb. 6.25. c) hatte rhombische Blattpolster, eine stark dichotom verzweigte Krone und kurze Mikrophylle, *Sigillaria* (Siegelbaum, Abb. 6.25. c) eine wenig verzweigte Krone, halbmeterlange, schmale Blätter und sechseckige Blattpolster.

Von diesen hohen karbonischen Bäumen führt eine Reduktionsreihe über die 1 m hohe *Pleuromeia* aus dem Buntsandstein und die 20 cm hohe *Nathorstiana* aus der Unterkreide bis hin zu der kaum mehr stammbildenden, heterosporen Wasser- und Moorpflanze *Isoëtes* (Brachsenkraut, Abb. 6.25. c, **Ordnung Isoëtales**), die als „Erinnerungsmerkmale" immer noch das sekundäre Dickenwachstum und die Ligula besitzt. Ihre Spermatozoide sind wie die der Farne und Schachtelhalme vielgeißelig, die aller übrigen *Lycopodiopsida* zweigeißelig.

Die übrigen rezenten Vertreter sind meist niedrig (kletternde tropische Bärlappe bis 20 m lang!), krautig und ohne sekundäres Dickenwachstum.

Die **Ordnung Lycopodiales** ist **isospor**. Sie besitzt in der Gattung *Huperzia* (Teufelsklaue) noch vom Sproß durchwachsene Sporophyllstände, in der Gattung *Lycopodium* (Bärlapp) bereits echte Blüten (Abb. 6.25. a). Aus den Sporen entwickelt sich ein **mykotrophes** (in Symbiose mit Pilzen lebendes) **Prothallium**. Bei manchen Arten bildet es erst nach 15 Jahren, bei anderen nach wenigen Monaten die Gametangien aus. Auch die Gestalt der Prothallien ist sehr mannigfaltig (Abb. 6.25. a). Häufig sind sie mykotroph, aber es gibt auch ergrünende Typen.

Die **Ordnung Selaginellales** ist **heterospor** (vgl. S. 274). Sie umfaßt heute nur die große, vorwiegend tropische Gattung *Selaginella* (Moosfarn, Abb. 6.25. b). Ähnlich den *Lepidodendrales* haben die Moosfarne besondere Sproßorgane als Wurzelträger (**Rhizophoren**). Die Blätter besitzen eine Ligula. Wie die *Lycopodiales* sind die *Selaginellales* ein sehr alter Verwandtschaftskreis. Einige Arten (Untergattung *Selaginella*) haben auch noch kriechende Achsen mit aufrechten, spiralig beblätterten Seitentrieben. Die meisten Arten bilden wedelartig abgeflachte, anisotom verzweigte Sproßsysteme aus, die dekussiert mit anisophyllen Mikrophyllen besetzt sind und zapfenartige Blüten tragen (Abb. 6.25. b). Die Mikro- und Megasporangien sind darin unterschiedlich angeordnet. Sie ähneln einander, aber während >100 Mikrosporen pro Mikrosporangium gebildet werden, ist die Zahl der Megasporen auf (12–) 4 (–1) reduziert. Wenn sie aus den Megasporangien entlassen werden, ist in ihnen der winzige Gametophyt (Abb. 6.25. b) schon ausgebildet. Der männliche Gametophyt bleibt in der Mikrospore eingeschlossen, er besteht nur aus einer Mikroprothallienzelle und 1–2 stark reduzierten Antheridien, die viele zweigeißelige Spermatozoide hervorbringen. Bei der fossilen Verwandten *Miadesmia* kam es zur **Samenbildung**: Das von einer besonderen Hülle umgebene Megasporangium wurde mit der Megaspore verbreitet.

3. Klasse Equisetopsida, Schachtelhalme

(Charakteristik s. S. 275) 30 rezente Arten

Diese Klasse hat sich wie die *Lycopodiopsida* schon im Devon von den Psilophyten abgespalten. Bei der **Ordnung Sphenophyllales** (Keilblattartige, Oberdevon – Perm, Abb. 6.26. b) standen die keilförmigen, gabelnervigen Blätter deutlich wirtelig, die Pflanzen wuchsen als Spreizklimmer ähnlich wie das Kleblabkraut. Auch die ährenförmigen Blüten bestanden aus wirtelig angeordneten **Sporangiophoren**, zwischen denen verwachsene Hochblattquirle standen.

Ein ähnlicher Wechsel von Blatt- und Sporangiophorenquirlen charakterisiert auch die **Ordnung Calamitales**. Ihre baumförmigen Arten beteiligten sich im Karbon mit unterirdischen Rhizomen und bis 30 m hohen **Röhrenstämmen** am Aufbau der Waldvegetation und trugen auch zur Kohlebildung bei. Wie die *Sphenophyllales* waren sie z. T. bereits **heterospor**.

Schon aus dem Oberkarbon ist die bis heute lebende **Ordnung Equisetales** bekannt. Von den 30 rezenten Arten der Gattung *Equisetum* (Schachtelhalm, Abb. 6.26. a) werden einige 5–8 m, das bei uns heimische *E. telmateia* 2 m hoch, die meisten Arten sind aber niedrige Kräuter. Aus dem unterirdisch kriechenden, dünnen Rhizom des Sporophyten erhebt sich die deutlich in Knoten und lange Internodien gegliederte, hohle, assimilierende Sproßachse. Sie trägt **verwachsene Wirtel** von reduzierten Blättern und zarte, ebenfalls wirtelige Seitensprosse. Die Blattscheiden schützen interkalare Sproßwachstumszonen. Die dicke Epidermis des Sporophyten ist verkieselt. Bei den abgeleiteten Arten sind nur die sterilen Triebe grün, die fertilen bleich und unverzweigt. Die endständigen **Blüten** sind kurze Ähren von **pilzförmigen Sporangiophoren**. Diese tragen auf der Unterseite 5–12 sackförmige Sporangien mit mehrschichtiger Wand (Abb. 6.26. a). Die Bezeichnung Sporophyll trifft auf sie insofern nicht zu, als sie in der Phylogenie nie blattartig abgeflacht waren.

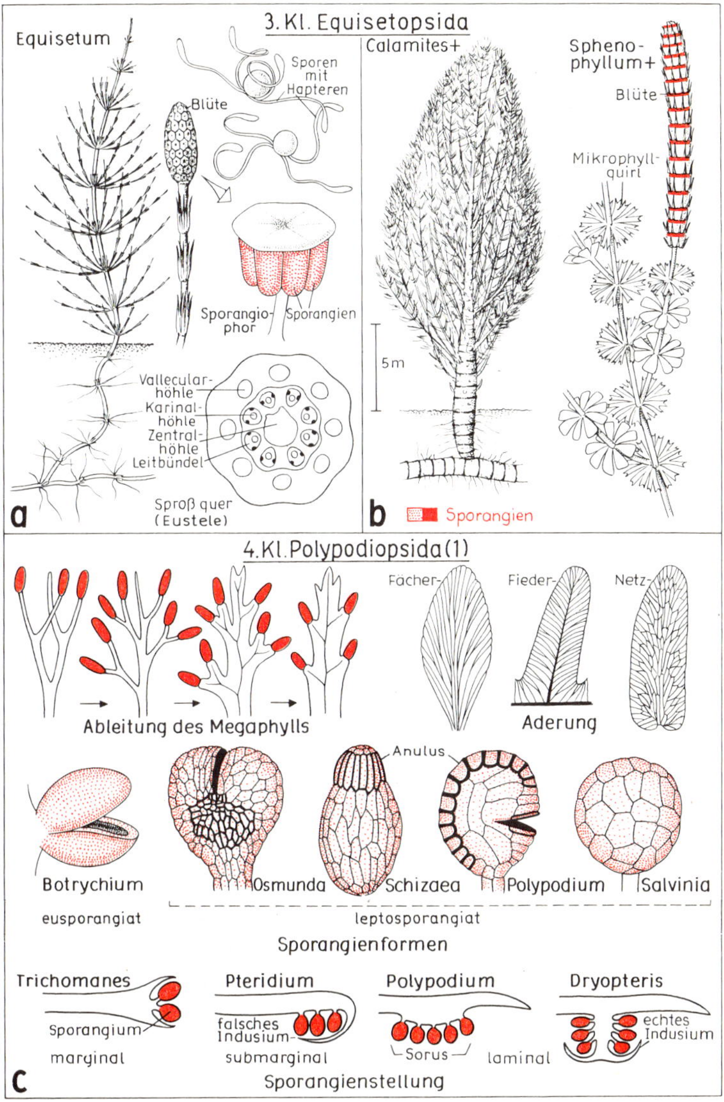
3. Kl. Equisetopsida
Equisetum
Blüte
Sporen mit Hapteren
Sporangiophor
Sporangien
Vallecularhöhle
Karinalhöhle
Zentralhöhle
Leitbündel
Sproß quer (Eustele)
a
Calamites+
5 m
Sphenophyllum+
Blüte
Mikrophyllquirl
b
Sporangien
4. Kl. Polypodiopsida (1)
Ableitung des Megaphylls
Fächer-
Fieder-
Netz-
Aderung
Anulus
Botrychium
Osmunda
Schizaea
Polypodium
Salvinia
eusporangiat
leptosporangiat
Sporangienformen
Trichomanes
Sporangium
marginal
Pteridium
falsches Indusium
submarginal
Polypodium
Sorus
laminal
Dryopteris
echtes Indusium
c
Sporangienstellung

Abb. 6.26.

Equisetum ist unvollkommen heterospor. Ob von den kleinen, grünen Prothallien Archegonien oder Antheridien oder beide gebildet werden, hängt u.a. von Ernährungsverhältnissen ab. Die chlorophyllhaltigen Sporen tragen eigenartige, bei Feuchtigkeit spiralförmig eingerollte Fortsätze (**Hapteren**, Abb. 6.26. a, S. 526). Durch diese bleiben sie bei der Ausbreitung gruppenweise verhakt, so daß die Chance der Befruchtung durch die schraubig gedrehten, schopfig vielgeißeligen Spermatozoide auch bei heterözischen Prothallien groß ist.

4. Klasse Polypodiopsida (Filicatae), Farne 9000 Arten
(Charakteristik s. S. 275)

Das **Megaphyll** der Farne hat sich im Laufe der Entwicklung durch Planation und Verwachsung aus räumlich verzweigten Telomsystemen herausgebildet. Die Sporangien kamen dabei zunächst in randliche Stellung (Abb. 6.26. c), bei stärker abgeleiteten Sippen sind sie auf die Blattunterseite gerückt. Unabhängig voneinander ist es in mehreren Gruppen zur Differenzierung der Blätter in **Sporophylle** und **Trophophylle** gekommen, zur Ausbildung von Blüten kam es nirgends. Der Bau der **Sporangien**, besonders ihr Öffnungsmechanismus, ist ein wichtiges Merkmal für die Gliederung der mannigfaltigen und artenreichen Klasse (Abb. 6.26. c). Die primitiveren Farne haben mehrschichtige Sporangienwände, sie sind **eusporangiat** wie die Psilophyten; die Sporangienwände der Mehrzahl der rezenten Arten sind einschichtig (**leptosporangiat**). Heterosporie kommt bei den Wasserfarnen und einigen fossilen Gruppen vor, sonst sind die Farne isospor. Die Prothallien sind meist oberirdisch und grün, bei den *Ophioglossales* unterirdisch und mykotroph. Die **Spermatozoide** sind **vielgeißelig** (Abb. 6.27. c).

Gliederung: 5 ausgestorbene devonisch (-karbonische) Ordnungen (*Pseudosporochnales*, *Cladoxylales*, *Protopteridiales*, *Archaeopteridales*, *Coenopteridales*) wurden früher als „Primofilices" (**Erstfarne**) zusammengefaßt. Sie tragen alle **an Raumwedeln endständige, eusporangiate Sporangien**, sind aber z.T. recht selbständige Gruppen. Ihre Zuordnung zu den *Polypodiopsida* erfolgt hier aus Traditionsgründen. Sie enthalten eine phylogenetische Linie, die von den *Psilophytopsida* zu einfachen Samenpflanzen wie den Samenfarnen oder *Ginkgo* vermittelt (**Progymnospermen**). Schon die einfachsten Formen unterscheiden sich von den Psilophyten durch den Besitz einer Hauptachse, an der seitliche Gabelastsysteme (Raumwedel) ansitzen. Diese trugen bei den isosporen Gattungen *Protopteridium* und *Pseudosporochnus* (2 m hohes Bäumchen, Abb. 6.27. a) sterile und fertile Fiedern. *Archaeopteris* war bereits ein 20 m hoher Baum, er besaß typisches Gymnospermenholz mit Hoftüpfeltracheiden und sekundärem Dickenwachstum. Er bildete im Oberdevon die ersten Wälder und gilt als Vorfahr der *Pinopsida*. Seine doppelt gefiederten Raum-

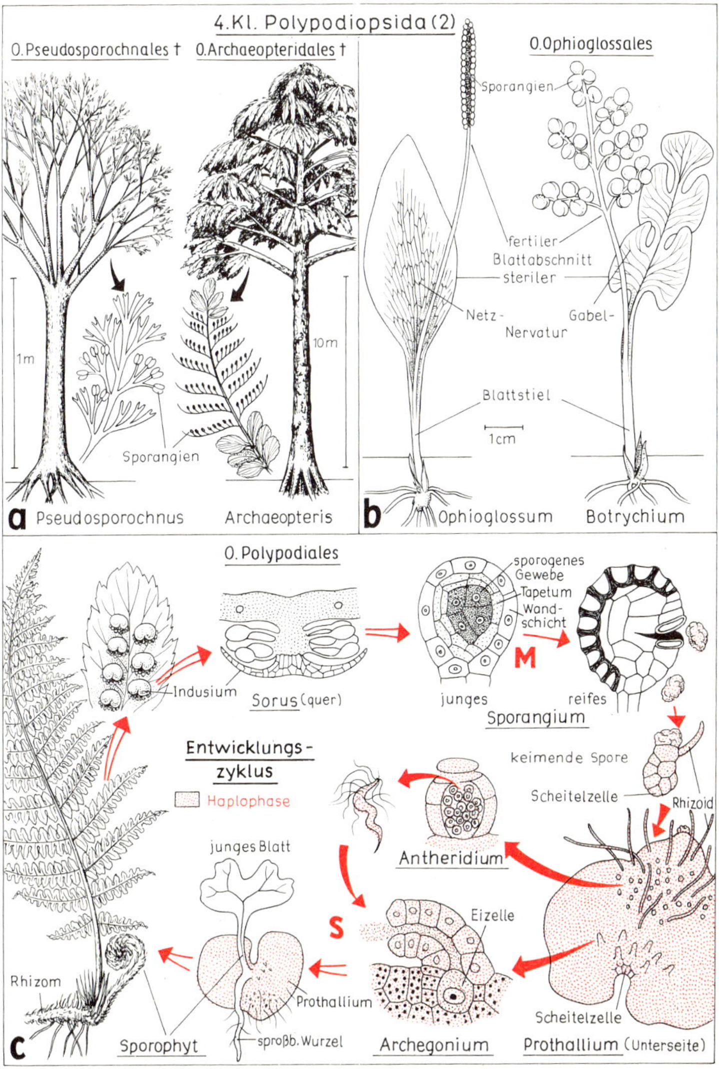

4. Kl. Polypodiopsida (2)
O. Pseudosporochnales †
O. Archaeopteridales †
1m
10m
Sporangien
a Pseudosporochnus
Archaeopteris
O. Ophioglossales
Sporangien
fertiler
Blattabschnitt
steriler
Netz-
Gabel-
Nervatur
Blattstiel
1cm
b Ophioglossum
Botrychium
O. Polypodiales
Indusium
Sorus (quer)
sporogenes Gewebe
Tapetum
Wand-schicht
M
junges
reifes
Sporangium
keimende Spore
Scheitelzelle
Rhizoid
Entwicklungs-zyklus
Haplophase
Antheridium
junges Blatt
S
Eizelle
Rhizom
Prothallium
Scheitelzelle
c
Sporophyt
sproßb. Wurzel
Archegonium
Prothallium (Unterseite)

Abb. 6.27.

wedel trugen fächernervige, abgeflachte Fiederchen und eusporangiate, iso- oder heterospore Sporangien (Abb. 6.2.7. a).

Die folgenden 6 Ordnungen haben noch rezente Vertreter, aber nur die *Polypodiales* sind heute artenreich. Die *Ophioglossales* und *Marattiales* sind noch eusporangiat, Raumblätter gibt es noch bei den *Ophioglossales*. Die übrigen Ordnungen entwickeln meistens gefiederte Flachblätter und sind leptosporangiat, ihre Sporangien entwickeln sich aus einer einzigen Epidermiszelle.

1. Ordnung Ophioglossales, Natternzungenfarne: Kleine, isospore, eusporangiate Farne, von denen heute noch 3 Gattungen mit 80 Arten leben, z. B. das bereits netznervige *Ophioglossum* (Natternzunge, Abb. 6.27. b, Polyploide mit bis $2n = 1320$ Chromosomen). Die im oberen Abschnitt der Raumwedel ährenförmig angeordneten Sporangien haben keinen Anulus, sondern reißen an einer Zone feinwandiger Zellen (Stomium) auf (Abb. 6.26. c).

2. Ordnung Marattiales (300 Arten): Ebenfalls eusporangiate, aber große Farne mit bis 6 m langen, flachen Wedeln und kräftigen, kurzen Stämmen. Die zu **Synangien** verbundenen Sporangien stehen bereits auf der Blattunterseite. Artenreich im Karbon, jetzt vorwiegend tropisch.

3. Ordnung Osmundales, Königsfarne (20 Arten, z. B. *Osmunda*, Königsfarn) stehen den *Polypodiales* nahe. Ihre nicht in Sori gruppierten Sporangien sind leptosporangiat, nicht von Indusien geschützt und haben keinen Anulus, nur eine seitliche Kappe dickwandiger Zellen (Abb. 6.26.c) und enthalten >100 bis >1 000 Sporen. Einige Arten bilden Stämme. Die doppelt gefiederten Wedel haben noch die primitive Gabelnervatur, sie sind in unterschiedlichem Maße in Sporo- und Trophophylle differenziert.

4. Ordnung Polypodiales, Eigentliche Farne: Bis auf eine Ausnahme isospor, leptosporangiat, Sporangien meist mit 64 Sporen und stets mit einem Ring von Zellen mit verdickten Radial- und Innenwänden (**Anulus**, bei den einzelnen Familien verschieden ausgebildet, Abb. 6.26. c; über den Kohäsionsmechanismus vgl. S. 527 und Abb. 9.2.). Für die Gruppierung der 8 500 Arten in 10–50 Familien gibt es sehr verschiedene Vorschläge. P r o g r e s s i o n e n betreffen die Nervatur: Gabelnervatur (z. B. *Adiantum*, Venushaar) → Fiedernervatur (z. B. *Polystichum*, Schildfarn) → Netznervatur (z. B. *Nephrolepis*; Abb. 6.26. c) und die Stellung der Sporangien, die zunächst zu **Sori** gruppiert werden und vom Blattrand, der sie als **unechtes Indusium** schützen kann (*Adiantum*), immer mehr auf die Blattunterseite rücken und eventuell von einem echten Indusium (Schleier, z. B. *Dryopteris*, Wurmfarn) bedeckt werden. Bei *Platycerium* (Hirschgeweihfarn, heterophyller Epiphyt mit humussammelnden Nischenblättern) fließen die Sori großflächig zusammen. – Die in den feuchten Tropen verbreiteten Baumfarne (z. B. *Cyathea*) werden bis 20 m hoch, Abb. 6.27. c zeigt den Entwicklungszyklus von *Dryopteris* (vgl. S. 273). Das aus der Meiospore entwickelte Prothallium wächst mit einer in der Thallusbucht sitzenden zweischneidigen Scheitelzelle. In der Nähe der Bucht bildet es auf seiner Unterseite die Archegonien, in der Peripherie die Antheridien.

Die **5. Ordnung Marsileales** (Kleeblatt-Wasserfarne, 80 Arten) und die **6. Ordnung Salviniales** (Schwimm-Wasserfarne, 20 Arten) wurden früher zusammengefaßt, sie schließen aber wahrscheinlich an unterschiedliche *Polypodiales*-Vorfahren an. Sie sind wie diese leptosporangiat, aber **heterospor**, der Anulus fehlt (im Wasser sinnlos! Abb. 6.26. c). Die Prothallien sind stark reduziert und verbleiben meistens in der Sporangienwand, ähnlich wie bei *Selaginella* (S. 279). Bei *Marsilea* sind die Mega- und Mikrosporangien in einem umgebildeten Blatteil an der Basis der glückskleeähnlichen Fiederblätter eingeschlossen (**Sporokarpien**). Bei der wurzellosen *Salvinia* (Schwimmfarn) ist in Anpassung ans Wasserleben je ein Blatt des dreigliedrigen Wirtels als fein zerfranstes Unterwasserblatt, die beiden übrigen als eiförmige Schwimmblätter ausgebildet (vgl. S. 153).

13. Abteilung Spermatophyta, Samenpflanzen >241 000 Arten

Charakteristik: Das Hauptmerkmal dieser größten und wichtigsten Abteilung des Pflanzenreiches ist die Ausbildung der **Samen** (= Samenanlage im Zustand der Reife und Trennung von der Mutterpflanze; Ausbreitungseinheit aus Embryo, Samenschale und oft Nährgewebe, s. S. 121 f.). Ihre Ausbildung ist weiter fortgeschritten als bei den nicht verwandten Samenbärlappen, die Embryobildung wird zunehmend beschleunigt und vervollkommnet.

Da der Gametophyt reduziert ist und stets in der Spore, ja im weiblichen Geschlecht sogar im Sporangium eingeschlossen bleibt, wurde der **heterophasische Generationswechsel** erst 1851 von Hofmeister erkannt. Die vorher eingebürgerten Namen der Fortpflanzungsorgane haben sich aber erhalten. Sie werden in Tabelle 6.5. den homologen Begriffen bei heterosporen Farnen gegenübergestellt.

Die Bildung des Mikroprothalliums beginnt schon in der Spore (Pollenkorn). Es werden nur 0–2 (–40) **Prothalliumzellen**, 1 **Pollenschlauchzelle**, 0–1 **Stielzelle** und 2 (selten mehr) **Geschlechtszellen** gebildet (vgl. Abb. 6.28. a, 6.31., bei *Ginkgo*, Cycadeen und

Tabelle 6.5. Homologie der Fortpflanzungsorgane der heterosporen Farne und der Samenpflanzen

Farne ♀	Samenpflanzen ♀	Farne ♂	Samenpflanzen ♂
Megasporophyll	Fruchtblatt	Mikrosporophyll	Staubblatt
Megasporangium	Nucellus	Mikrosporangium	Pollensack
Megasporen-mutterzelle	Embryosack-mutterzelle	Mikrosporen-mutterzelle	Pollen-mutterzelle
Megaspore	Embryosack	Mikrospore	Pollenkorn
Megaprothallium	Primäres Endosperm (oder sekundärer Embryosack)	Mikroprothallium	Prothalliumzelle(n)
Archegonium	Archegonium oder Eizelle + Synergiden	Antheridium	Generative Zelle
Eizelle	Eizelle	Spermatozoid	Spermazelle

wohl auch bei fossilen Formen noch begeißelte Spermatozoide, sonst geißellose Spermazellen). Die Geschlechtszellen werden aus dem Pollenkorn zur Befruchtung durch den **Pollenschlauch** entlassen, der primär (noch bei *Cycas* und *Ginkgo*) zur Befestigung und Ernährung in der Samenanlage diente, später die Funktion der Hinleitung der Spermazellen zur Eizelle übernahm. Die Ausbildung des Mega-Gametophyten und die Befruchtung unterscheiden sich bei Gymnospermen und Angiospermen (S. 290 u. 301). Durch die Verlagerung der Befruchtung auf die sporophytische Mutterpflanze tritt an die Stelle des wasserabhängigen Spermatozoid-Transportes die Übertragung der resistenten Mikrosporen (= Pollenkörner), statt der Megasporen werden die besser versorgten Samen verbreitet. Über Bau und Entwicklung des Samens vgl. S. 121 f., und Abb. 6.31. Die **Samenanlagen** sitzen an den Megasporophyllen (Fruchtblättern) randlich oder endständig (*Coniferophytina*) an. Eine Samenanlage besteht aus dem **Megasporangium** (Nucellus) und 1 – 2 mehrschichtigen Hüllen, den **Integumenten**. Sie lassen am distalen Ende des Nucellus eine Öffnung frei, die **Mikropyle**, durch die der Pollen oder der Pollenschlauch in die Samenanlage gelangen kann.

In der Phylogenie entstand zunächst das **innere Integument**, das wohl von sterilen Hüll-Telomen abzuleiten ist. Bei den *Coniferophytina* ist es allein vorhanden. Bei den meisten *Cycadophytina* und *Angiospermophytina* gibt es außerdem ein **äußeres Integument**, das wohl aus einer Achsenwucherung entstanden ist.

Außer bei der ♀ *Cycas* (S. 291) und bei den *Lyginopteridopsida* treten die Sporophylle stets zu **Blüten** zusammen. Der deshalb oft gebrauchte Name Blütenpflanzen für die *Spermatophyta* ist wegen der weiten Verbreitung von Blüten bei *Lycopodiopsida* und *Equisetopsida* nicht sehr treffend.

Der Vegetationskörper zeigt gegenüber den Farnpflanzen eine reichere **Gewebedifferenzierung** (z.B. häufig Sekretionsgewebe, Epidermis ohne Chloroplasten, zunehmend differenzierte Gefäße, Siebröhren im Phloem). Das Wachstum erfolgt durch Meristeme. Die Sproßachse ist aus den Blattachseln **(axillär) verzweigt** (Cycadeen noch dichotom), zeigt sekundäres Dickenwachstum und besitzt ursprünglich eine **Eustele**. Abgesehen von den primär 2 (sekundär ∞ oder 1) gegenständigen Keimblättern ist die Blattstellung ursprünglich schraubig. Bei fossilen Formen gibt es noch Raumblätter, bei Cycadeen noch lange Spitzenwachstum der zunächst eingerollten Blattfiedern, bei abgeleiteten Sippen interkalares Blattwachstum. Die Bewurzelung ist primär allorrhiz (vgl. S. 161).

Gliederung: Die früher von den **Angiospermen** (Bedecktsamer, Fruchtblätter als Fruchtknoten um den Samen geschlossen) unterschiedenen **Gymnospermen** (Nacktsamer, Samen frei auf den Fruchtblättern liegend) haben zwar einige gemeinsame Merkmale:

Samenanlage stets atrop; Fehlen von Blütenhülle, Fruchtknoten und Narbe; Getrenntgeschlechtigkeit, Öffnungsmechanismus der Pollensäcke in der Epidermis (Exothecium; Ausnahme: *Ginkgo*), Anemogamie als primitivste Form der Pollenübertragung, vielzellige Megaprothallien mit Archegonien, baum- oder strauchförmigen Wuchs, einschichtige Tunica, Tracheidenholz, Siebröhren ohne Geleitzellen. Alle diese Merkmale sind ursprünglich und daher zur Charakterisierung einer monophyletischen Gruppe ungeeignet (s. S. 188f.). Die Gymnospermen haben sich schon im Oberdevon in mindestens 2 getrennten Linien aus den Psilophyten und Progymnospermen entwickelt. Daher werden sie heute in 2 Unterabteilungen getrennt:

1. Unterabteilung **Coniferophytina** mit kleinen, gabelnervigen oder nadelförmigen Blättern; mit Staubblättern, die nur einzelne Pollensackgruppen tragen und mit Frucht„blättern" in Gestalt einfacher (selten gegabelter) Samenanlagenträger.

2. Unterabteilung **Cycadophytina** mit großen, fiedernervigen Blättern; mit Staubblättern, die viele Pollensackgruppen tragen, und Megasporophyllen, die primär mehrere Samenanlagen tragen. Von ursprünglichen Sippen dieser Unterabteilung oder direkt von den Progymnospermen leitet sich wahrscheinlich die

3. Unterabteilung **Angiospermophytina** (S. 293) ab.

1. Unterabteilung Coniferophytina, Gabelnervige Nacktsamer 600 Arten

Charakteristik: S. 287

Gliederung: 2 Klassen, 1) *Ginkgoopsida* mit gestreckter Blütenachse und gelappten Blättern, 2) *Pinopsida* mit verkürzter Blütenachse und ungeteilten Blättern. Ihre Verwandtschaft ist zweifelhaft.

1. Klasse Ginkgoopsida, Ginkgobäume 1 Art

Diese Klasse ist fossil seit dem Unterperm nachgewiesen, im Mesophytikum war sie reich entfaltet. Heute umfaßt sie nur den reliktären Ginkgo (*Ginkgo biloba*), einen diözischen Baum aus Ostchina. Charakteristisch sind die noch gabeladerigen Blätter (Abb. 6.28. a) sowie die in Blattachseln stehenden primitiven Blüten: an Achsen end- bzw. seitenständige Samenanlagen und Pollensackgruppen. Die Befruchtung durch die großen, spiralig begeißelten Spermatozoide erfolgt erst 4–7 Monate nach der Bestäubung.

2. Klasse Pinopsida, Nadelhölzer 600 Arten

Hier ist die Blütenachse stärker gestaucht, die ♀ Blüten bilden oft zapfenartige Blütenstände. Im Perm ausgestorben ist die vorwiegend karbonische

1. Unterklasse Cordaitidae, lanzettblättrige Bäume, die noch zahlreiche sterile Schuppenblätter in den Blüten trugen und wohl noch Spermatozoide ausbildeten, worauf die Pollenkammern in den Samenanlagen hinweisen. Die

2. Unterklasse Pinidae zeigt im ♀ Geschlecht stärkere Blütenreduktion: Achse, sterile Schuppenblätter und Samenanlage verschmelzen zur **Samenschuppe**, diese reduzierte Blüte verschmilzt mit ihrem Tragblatt, der **Deckschuppe**. Viele solcher Verwachsungsprodukte bilden zapfenartige ♀ **Blütenstände**. Die allmähliche Verschmelzung der Blütenorgane dokumentiert die fossile **Ordnung Voltziales** (Oberkarbon – Jura, Abb. 6.28. a).

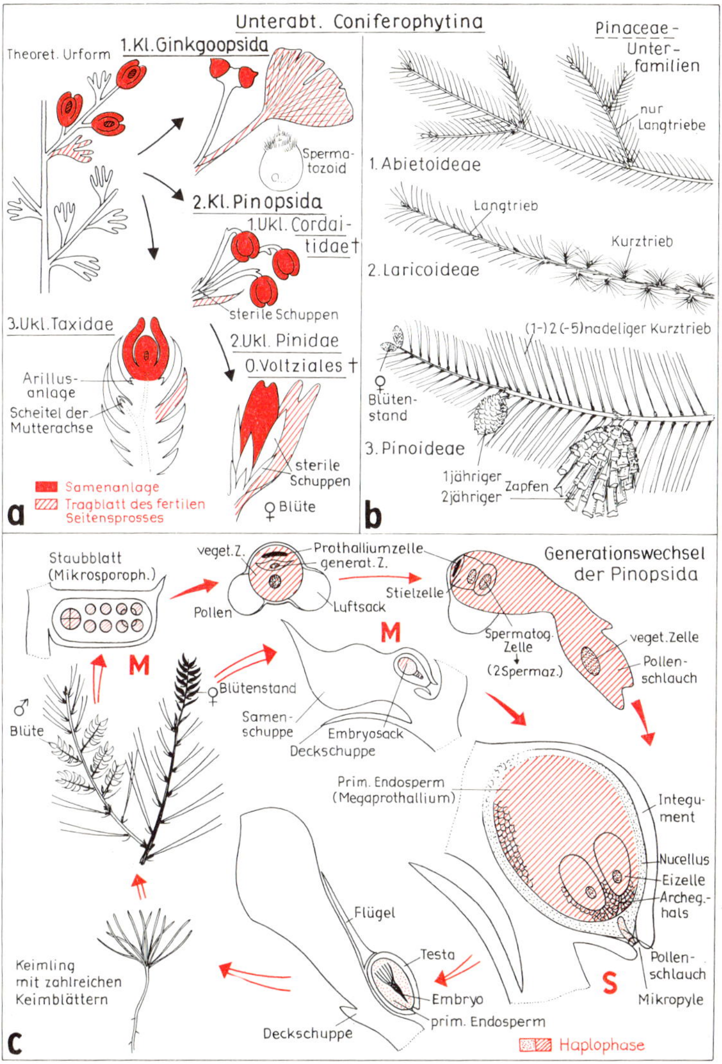

Unterabt. Coniferophytina
Theoret. Urform
1.Kl. Ginkgoopsida
Spermatozoid
2.Kl. Pinopsida
1.Ukl. Cordaitidae†
sterile Schuppen
3.Ukl. Taxidae
Arillusanlage
Scheitel der Mutterachse
2.Ukl. Pinidae
0. Voltziales †
sterile Schuppen
♀ Blüte
Samenanlage
Tragblatt des fertilen Seitensprosses
a
Pinaceae-Unterfamilien
nur Langtriebe
1. Abietoideae
Langtrieb
Kurztrieb
2. Laricoideae
(1-)2(-5)nadeliger Kurztrieb
♀ Blütenstand
3. Pinoideae
1jähriger
2jähriger
Zapfen
b
Staubblatt (Mikrosporoph.)
veget. Z.
Prothalliumzelle
generat. Z.
Pollen
Luftsack
Stielzelle
Generationswechsel der Pinopsida
M
Spermatog. Zelle
(2 Spermaz.)
veget. Zelle
Pollenschlauch
M
♂ Blüte
♀ Blütenstand
Samenschuppe
Embryosack
Deckschuppe
Prim. Endosperm (Megaprothallium)
Integument
Nucellus
Eizelle
Archeg.-hals
Pollenschlauch
Mikropyle
S
Flügel
Testa
Embryo
prim. Endosperm
Deckschuppe
Keimling mit zahlreichen Keimblättern
Haplophase
c

Abb. 6.28.

Im ♂ Geschlecht sind bei den *Pinidae* **einfache Blüten** aus zahlreichen Staubblättern mit je 2 Pollensäcken ausgebildet. Die Pollenkörner haben blasenförmige, von der äußeren Exineschicht gebildete Luftsäcke, die die Schwebfähigkeit verbessern. Spermatozoide werden nicht mehr ausgebildet, die Spermazellen gelangen durch den **Pollenschlauch** zu den Archegonien (Abb. 6.28. c).

Jede Samenanlage enthält nur 1 Megaspore (**Embryosackzelle**), aber das daraus hervorgehende **vielzellige Prothallium** bildet **mehrere Archegonien** (Abb. 6.28. c). Das Prothallium dient später als Nährgewebe für den Embryo. Es wird, da es sich vor der Befruchtung ausbildet, als **primäres Endosperm** bezeichnet (vgl. S. 302).

Die Blätter sind primär **dichotom paralleladerig** (*Voltziales*, noch bei vielen *Pinus*-Arten doppelnervig), später nadelförmig oder schuppenförmig. Ihre Verteilung gestattet die Gliederung der wichtigsten Familie aus der **Ordnung Pinales**, der *Pinaceae* (Kieferngewächse, 250 Arten nordhemisphärisch, wichtigste Schnittholz-Lieferanten) in 3 Unterfamilien (Abb. 6.28. b):

a) *Abietoideae:* Nadeln nur an Langtrieben. *Abies* (Tanne), *Picea* (Fichte), *Pseudotsuga* (Douglasie).
b) *Laricoideae:* Nadeln an Kurz- und Langtrieben. *Larix* (Lärche, sommergrün) und *Cedrus* (Zeder, immergrün).
c) *Pinoideae:* Nadeln in 1-, 2-, 3- oder 5nadeligen Kurztrieben, die in Schuppenblattachseln an Langtrieben stehen, nur im Jugendstadium Langtriebe benadelt. Einzige Gattung: *Pinus* (Kiefer, 100 Arten).

Zu den *Pinales* gehören weiter die *Cupressaceae* (Zypressengewächse, 130 Arten) mit gegenständigen oder wirteligen Nadeln (bzw. Blattschuppen) und wenigblütigen Zapfen (z. B. *Juniperus*, Wacholder, mit Beerenzapfen), die südhemisphärischen *Araucariaceae* (z. B. *Araucaria*, Zimmertanne) und *Podocarpaceae* und die heute in disjunkten Reliktarealen über die Welt verbreiteten *Taxodiaceae* (z. B. *Sequoiadendron*, Mammutbaum, Stamm 12 m × 135 m), die im Tertiär wichtige Braunkohlebildner waren. Als

3. Unterklasse Taxidae werden die Verwandten der diözischen Eibe (*Taxus*) abgetrennt, weil bei ihnen Harzkanäle fehlen. Ein roter, fleischiger Achsenbecher umgibt den reifen Samen (**Ornithochorie**!). Die pseudoterminale Stellung der einzigen Samenanlage ist aus dem Grundbauplan der weiblichen *Coniferophytina*-Blüten unschwer abzuleiten (Abb. 6.28. a). Die Mikrosporophylle ähneln mit ihren 6–8 herabhängenden Pollensäcken denen von *Equisetum* (S. 280).

2. Unterabteilung Cycadophytina, Fiederblättrige Nacktsamer

ca. 200 rezente Arten

Charakteristik: Vgl. S. 288

Ableitung: Diese Gruppe entwickelte sich parallel zu den *Coniferophytina* aus den Progymnospermen (vgl. S. 282). Heute ist sie ebenfalls nur noch in Resten erhalten, im Mesophytikum umfaßte sie Tausende von Arten. Innerhalb der fossilen Formen lassen sich Progressionen wie die Ausbildung der Eustele, der Blüten, des Perianths, der Zoogamie, die Tendenz zur Angiospermie und die Ausbildung des 2. Integuments aus einer Cupula-ähnlichen Achsenwucherung verfolgen.

Gliederung: 4 Klassen, davon 2 ausgestorben.

1. Klasse Lyginopteridopsida (Pteridospermae), Samenfarne †

Diese mannigfaltige Basisgruppe umfaßt noch farnähnliche Bäumchen ohne Blüten. Der karbonische Kletterstrauch *Lyginopteris hoeninghausii* (Abb. 6.29. a) hatte bereits eine Eustele und schwaches sekundäres Dickenwachstum. Die Samenanlagen saßen verstreut an den großen Fiederblättern. Sie waren von einem inneren Integument und einer äußeren, drüsenbesetzten Cupula umgeben (Abb. 6.29. a). Aus dieser entwickelte sich bei abgeleiteten Formen das 2. Integument. Bei *Caytonia* wurden mehrere Samenanlagen von den Blattfiedern weitgehend eingerollt (Tendenz zur Angiospermie). *Glossopteris* kennzeichnet mit seinen Blättern die permokarbonische Gondwana-Flora. Die

2. Klasse Cycadopsida, Palmfarne 120 Arten

umfaßt die primitivsten jetzt noch lebenden Samenpflanzen. Sie ist seit dem Perm bekannt. Heute leben noch etwa 120 tropisch-subtropische, palmenähnliche, diözische Arten. Bei *Cycas* werden die weiblichen Sporophyllstände noch durchwachsen, die männlichen dagegen bilden schon echte Blüten mit zahlreichen, spiralig stehenden Mikrosporophyllen. Bei den 10 übrigen Gattungen ist auch das Wachstum der weiblichen Sporophyllstände begrenzt. Die Megasporophylle zeigen eine zunehmende Verkürzung und eine Reduktion der Samenanlagenzahl auf 2 (Abb. 6.29. b). Die 6 mm große Eizelle wird von vielgeißeligen, großen **Spermatozoiden** befruchtet. Erst einige Monate nach der Einsaugung des Pollens durch einen Bestäubungstropfen werden diese in der **Pollenkammer** frei. In Anpassung an Zoochorie

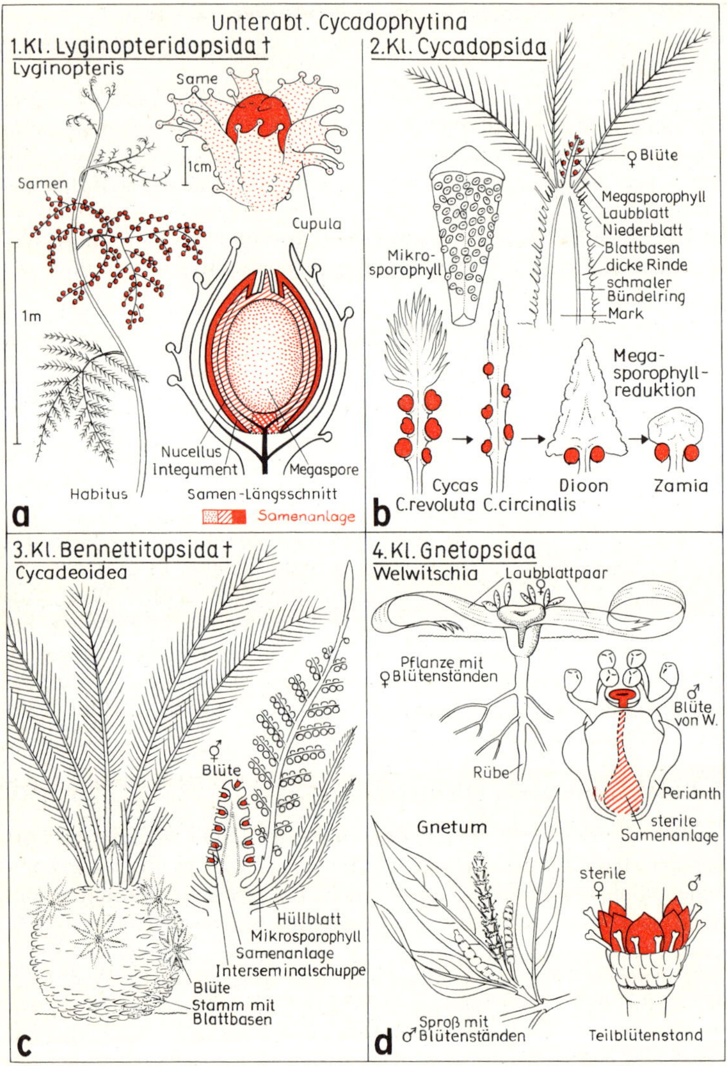
Unterabt. Cycadophytina
1.Kl. Lyginopteridopsida †
Lyginopteris
Same
1cm
Samen
Cupula
1m
Nucellus
Integument
Megaspore
Habitus
Samen-Längsschnitt
Samenanlage
a
2.Kl. Cycadopsida
♀ Blüte
Megasporophyll
Laubblatt
Niederblatt
Blattbasen
dicke Rinde
schmaler Bündelring
Mark
Mikro-sporophyll
Mega-sporophyll-reduktion
Cycas
C.revoluta C.circinalis
Dioon
Zamia
b
3.Kl. Bennettitopsida †
Cycadeoidea
♂ Blüte
Hüllblatt
Mikrosporophyll
Samenanlage
Interseminalschuppe
Blüte
Stamm mit Blattbasen
c
4.Kl. Gnetopsida
Welwitschia
Laubblattpaar
♀
Pflanze mit ♀ Blütenständen
♂ Blüte von W.
Rübe
Perianth
sterile Samenanlage
Gnetum
sterile ♀
♂
Sproß mit ♂ Blütenständen
Teilblütenstand
d

Abb. 6.29.

(Saurier!) wird wie bei *Ginkgo* der äußere Teil der Samenschale fleischig (Sarkotesta). Das stärkereiche Mark einiger Cycadeen liefert Sago. Die

3. Klasse Bennettitopsida, Bennettiteen †

ist (in über 1 000 Arten!) nur aus dem Mesophytikum bekannt. Zum Teil waren ihre Arten Cycadeen-ähnlich (Abb. 6.29. c) und bildeten schon (käferbestäubte?) Zwitterblüten mit **Perianth**. Vielleicht z. T. als letzte Nachkommenschaft dieser Klasse ist die

4. Klasse Gnetopsida, Chlamydospermen 80 Arten

anzusehen, die nur 3 isolierte, eigenartige rezente Gattungen (Abb. 6.29. d) umfaßt: den Rutenstrauch *Ephedra*, die südwestafrikanische Wüstenpflanze *Welwitschia* mit nur einem einzigen Paar streifennerviger Laubblätter und *Gnetum*, ein Tropengehölz mit netznervigen Blättern. Viele abgeleitete Merkmale, wie Tracheen und Holzfasern im Holz, Siebröhren und Geleitzellen im Phloem, dekussierte Beblätterung, ein Perianth, starke Reduktion der Gametophyten (und Blüten), doppelte Befruchtung bei *Ephedra*, das 2. Integument und biochemische Merkmale weisen auf Beziehungen zu den Angiospermen hin.

3. Unterabteilung Angiospermophytina (Magnoliophytina, Angiospermae), Bedecktsamer >240 000 Arten

Charakteristik: Samenpflanzen, deren **Fruchtblätter die Samenanlagen einschließen**. Blüten ursprünglich zwitterig, mit Perianth. Mikrosporen (Pollen) auf die von den Fruchtblättern gebildete **Narbe** übertragen. Reduktion des Gametophyten auf dreizelliges Mikroprothallium bzw. achtkerniges Megaprothallium. **Doppelte Befruchtung** (s. S. 302).

Vorkommen und Bedeutung: Mit über 240 000 Arten in ca. 450 Familien und mit ihrer großen morphologischen Mannigfaltigkeit (vom 100 m hohen *Eucalyptus* bis zur 0,8 mm großen wurzellosen Wasserlinse) sind die Bedecktsamer heute so arten- und formenreich, daß die Zeit seit der Oberkreide als Angiospermenzeit (**Neophytikum**) bezeichnet wird (vgl. S. 199). Abgesehen von der Taiga und Moos- und Flechtentundren werden alle Land-Vegetationsformationen von Angiospermen beherrscht. Die phylogenetisch junge Gruppe ist heute noch in voller Entfaltung. Die Erklärung dieses Erfolgs liegt in der „Erfindung" der Bedecktsamigkeit und ihrer Verbindung mit einer hoch entwickelten Grundausstattung, der vegetativen und biochemischen Plastizität, der schnelleren Samenbildung sowie in der raschen Koevolution mit der artenreichsten Tiergruppe, den Insekten. (85% der Insekten Mitteleuropas sind unmittelbar oder mittelbar an Angiospermen gebunden!)

Verwandtschaft und Abstammung: Über Entstehungszeit und Herkunft der Angiospermen ist viel spekuliert worden. In der **Unterkreide**zeit, aus der die ältesten sicheren Funde stammen, tritt gleich eine größere Zahl von Familien auf. Wahrscheinlich sind die Angiospermen aber nicht wesentlich früher entstanden. Die Tendenz zur Angiospermie trat bereits im Perm-Karbon mehrfach auf, allerdings ohne Narbenbildung (S. 291). Die Vorfahren der Angiospermen müssen im Bereich der *Lyginopteridatae* (S. 291) gesucht werden, fossile Bindeglieder sind unbekannt. Wegen der hohen Unwahrscheinlichkeit einer mehrfachen Evolution der doppelten Befruchtung sind die Angiospermen als **monophyletisch** anzusehen.

Spekulationen über den Ort der Entstehung (West-Gondwana oder Südostasien-Melanesien wegen der heutigen Häufung primitiver Sippenketten in diesen Räumen sind wegen der inzwischen erfolgten Erweiterung und Schrumpfung der Areale ganz unsicher.

Vegetationsorgane: Die Gewebedifferenzierung ist besonders im Leitgewebesystem fortgeschritten. Im Gegensatz zu den meisten Nacktsamern treten hier im Xylem **Tracheen** und Tracheiden, im Phloem **Siebröhren mit Geleitzellen** auf (vgl. S. 106ff.). Während fast alle Nacktsamer Gehölze sind, enthalten die Bedecktsamer **viele Kräuter**, darunter Therophyten, Epiphyten und Hydrophyten (auch submers an Meeresküsten, dorst sonst nur Algen). Die Blätter sind **Megaphylle** und tragen oft **Stipeln**.

Fortpflanzungsorgane. Die Blüten (Abb. 6.30. a) sind ursprünglich zwitterig; dabei stehen auffälligerweise die Megasporophylle (**Fruchtblätter**) stets über den Mikrosporophyllen (**Staubblättern**). Die Blütenhülle, das **Perianth**, besteht ursprünglich aus einheitlichen Hüllblättern, den **Perigonblättern** (Tepalen), solche Blüten nennt man **homochlamydeisch** (z. B. Tulpe, Magnolie). Durch Differenzierung der Perigonblätter oder durch Umwandlung von Staubblättern in Kronblätter (s. S. 312) entsteht das doppelte Perianth aus **Kelch** (Kalyx, aus Kelchblättern, Sepalen) und **Krone** (Corolla, aus Kronblättern, Petalen), die Blüte ist dann **heterochlamydeisch**. Das Perianth kann auch durch Ausfall des (Kelch- oder) Kronblattkreises sekundär **monochlamydeisch** werden.

Durch Ausfall der Mikro- und Megasporophylle wird aus der zwitterigen (**monoklinen**) eine eingeschlechtige (**dikline**) Blüte, wobei die männlichen, Staubblätter tragenden und die weiblichen, Fruchtblätter

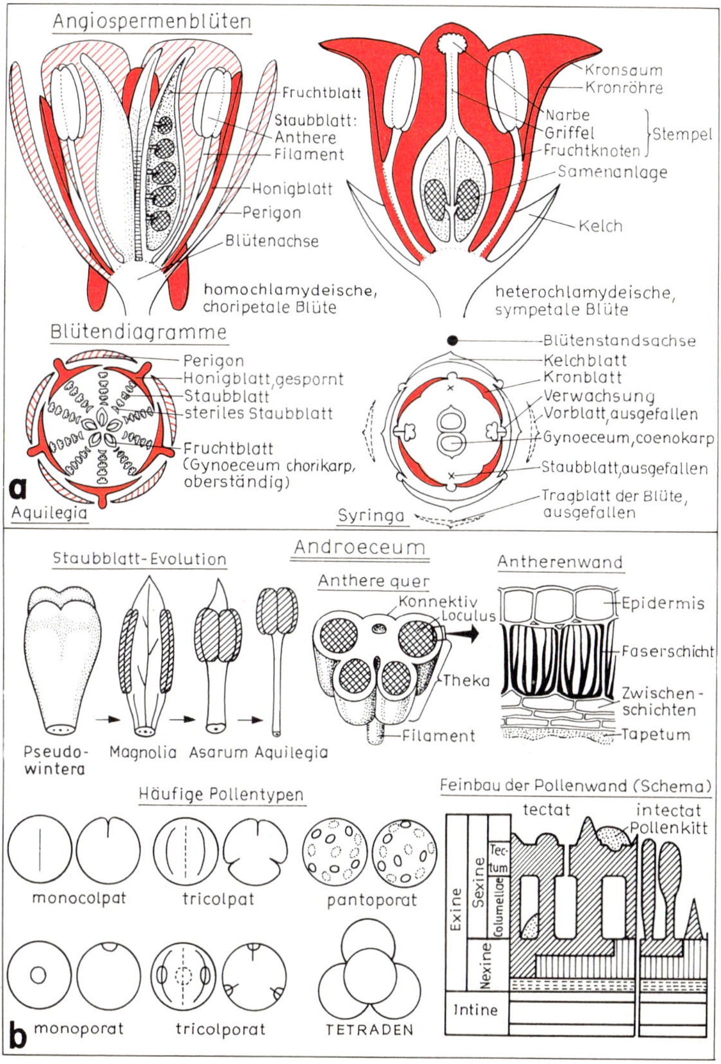

Angiospermenblüten
Fruchtblatt
Staubblatt:
Anthere
Filament
Honigblatt
Perigon
Blütenachse
homochlamydeische, choripetale Blüte
Kronsaum
Kronröhre
Narbe
Griffel
Fruchtknoten
Stempel
Samenanlage
Kelch
heterochlamydeische, sympetale Blüte
Blütendiagramme
Perigon
Honigblatt, gespornt
Staubblatt
steriles Staubblatt
Fruchtblatt (Gynoeceum chorikarp, oberständig)
a
Aquilegia
Blütenstandsachse
Kelchblatt
Kronblatt
Verwachsung
Vorblatt, ausgefallen
Gynoeceum, coenokarp
Staubblatt, ausgefallen
Tragblatt der Blüte, ausgefallen
Syringa
Androeceum
Staubblatt-Evolution
Pseudo-wintera
Magnolia
Asarum
Aquilegia
Anthere quer
Konnektiv
Loculus
Theka
Filament
Antherenwand
Epidermis
Faserschicht
Zwischen-schichten
Tapetum
Häufige Pollentypen
monocolpat
tricolpat
pantoporat
monoporat
tricolporat
TETRADEN
b
Feinbau der Pollenwand (Schema)
tectat
intectat
Pollenkitt
Exine
Sexine
Tec-tum
Columellae
Nexine
Intine

Abb. 6.30.

tragenden Blüten auf einer Pflanze (**monözisch**) oder auf verschiedene Individuen verteilt sind (**diözisch**).

Die Anordnung der Hüllblätter und Sporophylle in der Blüte war ursprünglich **spiralig** (azyklisch). In der Phylogenie treten dann zunächst **hemizyklische** Blüten auf, bei denen bereits bestimmte Bereiche, z. B. die Kronblätter, in Wirtel einrücken, und schließlich **holozyklische Blüten**, bei denen alle Hüllblätter und Sporophylle in Kreisen stehen. Dabei alternieren die Blätter aufeinanderfolgender Kreise (**Alternanzregel**). Nach der Zahl der Kreise unterscheidet man **tri-, tetra- und pentazyklische Blüten**. Die Zahl der Glieder in den Kreisen, die zugleich mit der Wirtelbildung fixiert wird, kann gleich (isomer) oder ungleich (anisomer) sein.

In Anpassung an die Tierbestäubung entwickelten sich aus **radiärsymmetrischen** Blüten oft **zygomorphe**, seltener auch disymmetrische oder asymmetrische Blüten (Abb. 6.34. d, 6.38. a).

Staubblätter und Pollen, Bestäubung. Die Zahl der Staubblätter ist ursprünglich groß und nicht festgelegt (Blüte primär polyandrisch, z. B. *Magnolia*, Abb. 6.34. c). Sie wird nach dem Einrücken in Kreise auf wenige vermindert und kann schließlich auf 1 (viele Orchideen) oder 1/2 reduziert, andererseits auch wieder sekundär vermehrt werden; dabei ist zwischen der zum Zentrum der Blüte fortschreitenden zentripetalen und der zentrifugalen Aufgliederungsfolge (Abb. 6.37. a) zu unterscheiden. Sterile Staubblätter heißen **Staminodien**.

Das **Staubblatt** (Stamen) ist aus einem Stiel (**Filament**) und dem Staubbeutel (**Anthere**) aufgebaut. Letzterer ist längs in 2 **Theken** geteilt, die je 2 Pollensäcke (**Loculi**) enthalten und durch ein **Konnektiv** verbunden sind (Abb. 6.30. b). Die Theken entsprechen den Synangien, die Loculi den Mikrosporangien der Farne. Im Querschnitt (Abb. 6.30. b) zeigen sie einen eusporangiaten Bau (Wand mehrschichtig): Unter der Epidermis liegt die Faserschicht, das **Endothecium** (Kohäsions-Öffnungsmechanismus vgl. S. 527). Nach innen folgen darauf eine frühzeitig schwindende Zwischenschicht und das **Tapetum**, das als **Sekretionstapetum** oder als **Periplasmodialtapetum** die aus dem Archespor hervorgehenden **Pollenmutterzellen** und die aus diesen durch simultane (meiste Zweikeimblättler) oder sukzedane (meiste Einkeimblättler) Teilung gebildeten **Pollen** (Mikrosporen) ernährt.

Die **Wand des Pollens** besteht aus der von Cellulose und Pectin gebildeten zarten **Intine** und der aus **Sporopolleninen** (Polyterpenen) aufgebauten **Exine** (vgl. auch S. 265). Die Austrittsstellen für den Pollenschlauch (**Aperturen**), die Keimfalten (**Colpi**) oder die z. T. mit

Deckel versehenen Keimporen, Oberflächenstrukturen wie Warzen, Stacheln und Leisten ermöglichen eine genaue Bestimmung der Pollen. Sie sind auch für die taxonomische Gliederung der Angiospermen wichtig (Abb. 6.30. b). Die Pollen-Exine ist so widerstandsfähig, daß sie in Sedimenten Jahrmillionen überdauern kann. Die **Pollenanalyse** ermöglicht daher die Rekonstruktion der Vegetations- und Florengeschichte.

Der Kern des Pollenkorns teilt sich schon in der Anthere in eine große **vegetative Zelle** (Pollenschlauchzelle) und die kleinere **generative Zelle**, die sich im Pollenschlauch oder schon früher noch einmal in **2 Spermazellen** teilt. Die Pollenkörner enthalten also zur Zeit der Bestäubung entweder 2 (binucleater Pollen) oder schon die endgültige Zahl von 3 Zellen (S. 300).

Die **Bestäubung**, d.h. die Übertragung der Mikrospore und des darin enthaltenen wenigzelligen Mikroprothalliums auf die Narbe, erfolgt durch Tiere (**Zoogamie**[1], z. B. Lippenblütler), Wind (**Anemogamie**, z.B. Hasel), selten durch Wasser (**Hydrogamie**, z.B. Seegras).

Zoogamie ist bei den Angiospermen ursprünglich. Sie entwickelte sich von der Bestäubung durch die phylogenetisch alten Käfer, die im Überschuß produzierten Pollen fressen, und durch die säftesaugenden Thripse über Nektarblumen, die vor allem durch Hymenopteren und Lepidopteren bestäubt werden, bis hin zu Fallen- und Täuschblumen (vgl. Abb. 6.41. und S. 338). Vogelblütigkeit ist oft an grellen Blütenfarben, Fledermausbestäubung an der Robustheit der Blüten zu erkennen.

Da Fremdbestäubung (**Allogamie**) wegen der Rekombination der elterlichen Genome einen Selektions-Vorteil bedeutet, tritt Selbstbestäubung (**Autogamie**) relativ selten auf. Dabei öffnen sich bisweilen die Blüten nicht (**Kleistogamie**, z. B. manche Veilchenblüten). Einrichtungen zur Sicherung der Fremdbestäubung sind Verschiedengriffeligkeit (**Heterostylie**, z.B. Primel, vgl. S. 325), räumliche Trennung von Narbe und Antheren (**Herkogamie**, z.B. *Iris*, vgl. S. 337), zeitliche Trennung der Reife der ♀ und ♂ Blütenorgane, also entweder frühere Reife den Antheren (Vormännigkeit = **Protandrie**, z. B. Korbblütler) oder frühere Narbenreife (**Protogynie**, z. B. Wegerich), vor allem aber Hemmung der Pollenkeimung und des Pollenschlauchwachstums (**Inkompatibilität**, S. 500) durch Selbststerilitätsgene.

---

[1]) In diesen Bezeichnungen der Bestäubungsarten ist die Zusammensetzung mit -gamie irreführend, weil Bestäubung nicht Befruchtung ist. Neuerdings werden daher einige dieser Begriffe mit -philie gebildet.

Fruchtblätter, Samenanlage, Embryosack: Die **Fruchtblätter (Karpelle**, Megasporophylle) der Angiospermen zeigen im Verlauf der Evolution (vgl. Abb. 6.31.a) eine zunehmende Differenzierung in **Fruchtknoten** (Ovar), **Griffel** (Stylus) und **Narbe** (Stigma), eine zunehmende **Verwachsung** untereinander, eine zunehmende **Umhüllung** durch die Blütenachse und Blütenblattbasen.

Ursprüngliche Formen der Fruchtblätter (z.B. *Degeneria*, Abb. 6.31.a, 1. Teilfigur) lassen noch die Herkunft aus einem peltaten Schlauchblatt (S. 153) deutlich erkennen; die Narbe ist nicht scharf abgegrenzt, sondern über einen großen Teil der Verwachsungsnaht des plikaten oberen Blattabschnittes ausgedehnt. Höher entwickelte Formen haben eine deutlich abgegrenzte Narbe, die durch eine papillöse Oberfläche und Sekretion besonders zur Aufnahme des Pollens geeignet ist.

Die Fruchtblätter, deren Gesamtheit als **Gynoeceum** bezeichnet wird, sind nur bei ursprünglichen Bedecktsamern noch frei (**chorikarpes** Gynoeceum, z. B. Akelei), meist verwachsen sie untereinander (**coenokarpes** Gynoeceum, Abb. 6.31.a). Entweder sind dann die Seitenflächen miteinander verbunden und bilden die Trennwände der Fächer des **synkarpen** Fruchtknotens (z.B. Tulpe), oder diese Trennwände weichen nach außen zurück, so daß nur noch die Fruchtblattränder verwachsen sind (**parakarpes** Gynoeceum, z.B. Veilchen). In anderen Fällen werden die trennenden Fächer aufgelöst, wobei die Fruchtblattränder bzw. die Querzonen der peltaten Fruchtblätter in der Mitte als zentrale **Plazenta** stehenbleiben (**lysikarpes** Gynoeceum, Abb. 6.31.a, z.B. Primel), und schließlich kann es durch Reduktion von Fruchtblättern zur scheinbaren Einblättrigkeit des Fruchtknotens kommen (**pseudomonomeres** Gynoeceum, z.B. Brennessel). Echt **monomer** nennt man dagegen ein einblättriges Gynoeceum, das durch Reduktion eines chorikarpen Gyneoceums entstanden ist (Leguminosen-Hülse).

Die Samenanlagen stehen meist am Rande des Fruchtblattes (**marginale Plazentation**; die seltene Flächenständigkeit oder **laminale Plazentation** wird als primitiv angesehen). Bei synkarpem Gyneoceum ist die Plazentation daher **zentralwinkelständig**, bei parakarpem wandständig (**parietal**), bei lysikarpem **frei zentral** (Abb. 6.31.a).

Ursprünglich sitzen Perianth und Androeceum an der Blütenachse unterhalb des Fruchtknotens (Blüte hypogyn bzw. Gyneoceum **oberständig**). Eine zusätzliche Umhüllung kann der Fruchtknoten durch eine becherförmige Blütenachse oder verwachsene Perianthblattbasen erhalten. Bleiben dabei Fruchtknotenwand und Blütenachse frei, so

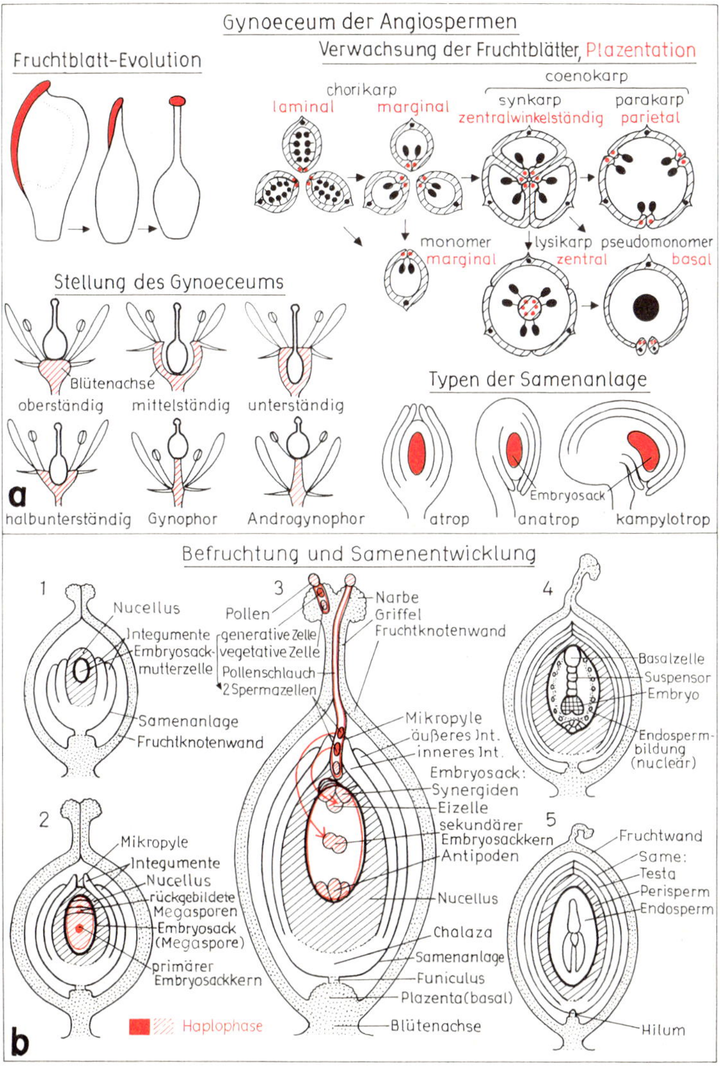
Gynoeceum der Angiospermen
Fruchtblatt-Evolution
Verwachsung der Fruchtblätter, Plazentation
chorikarp
laminal
marginal
coenokarp
synkarp
zentralwinkelständig
parakarp
parietal
monomer
marginal
lysikarp
zentral
pseudomonomer
basal
Stellung des Gynoeceums
Blütenachse
oberständig
mittelständig
unterständig
halbunterständig
Gynophor
Androgynophor
a
Typen der Samenanlage
Embryosack
atrop
anatrop
kampylotrop
Befruchtung und Samenentwicklung
1
Nucellus
Integumente
Embryosack-
mutterzelle
Samenanlage
Fruchtknotenwand
2
Mikropyle
Integumente
Nucellus
rückgebildete
Megasporen
Embryosack
(Megaspore)
primärer
Embryosackkern
Haplophase
3
Pollen
generative Zelle
vegetative Zelle
Pollenschlauch
2 Spermazellen
Narbe
Griffel
Fruchtknotenwand
Mikropyle
äußeres Int.
inneres Int.
Embryosack:
Synergiden
Eizelle
sekundärer
Embryosackkern
Antipoden
Nucellus
Chalaza
Samenanlage
Funiculus
Plazenta (basal)
Blütenachse
4
Basalzelle
Suspensor
Embryo
Endosperm-
bildung
(nucleär)
5
Fruchtwand
Same:
Testa
Perisperm
Endosperm
Hilum
b

Abb. 6.31.

Tabelle 6.6. Verteilung embryologischer Merkmale im Angiospermen-System

Unterklasse	Integumente bitegmisch → unitegmisch	Nucellus crassinucellat → tenuinucellat	Endospermbildung zellulär, nucleär, helobial	Pollen binucleat → trinucleat
Dikotylen				
1. *Magnoliidae*	**bi** ((uni))*	**crass** ((ten))	zell + nucl	**binucleat**
2. *Carophyllidae*	**bitegmisch**	**crass**	**nucleär**	**trinucleat**
3. *Hamamelididae*	bi + uni	**crass**	**nucleär**	**bi** ((tri))
4. *Rosidae*	bi + uni	crass ((ten))**	*Saxifr.*: zell, sonst **nucl**	bi (tri)
Aralianae	**unitegmisch**	**ten** ((crass))	**nucleär**	**trinucleat**
5. *Dilleniidae*	**bi** ((uni))	**crass** ((ten))	nucl (zell)	bi + tri
6. *Asteridae*	**unitegmisch**	**ten** ((crass))	**zell**(wenige Ausn.)	**tri** ((bi))
Monokotylen				
1. *Alismatidae*	**bitegmisch**	**crass**	**helobial**	**trinucleat**
2. *Liliidae*	**bitegmisch**	crass + ten	helobial, nucleär	bi + tri
3. *Arecidae*	**bitegmisch**	crass (ten)	zell (*Arales*), nucl, helob	bi (tri)

* doppelte Klammern: sehr selten
** einfache Klammern: selten

spricht man von einem **mittelständigen** Fruchtknoten; verwachsen sie fest miteinander, so ist der Fruchtknoten **unterständig**, die Blüte epigyn (Abb. 6.31.a).

Samenanlagen. In dem von den Fruchtblättern gebildeten Gehäuse sitzen die Samenanlagen auf einem Gewebewulst, der **Plazenta**, mit einem kleinen Stielchen (**Funiculus**) an. Sie bestehen aus einem Gewebekern, dem **Nucellus**, der von 2 (sekundär z.T. 1 oder 0) **Integumenten** umhüllt ist (Abb. 6.31.b, vgl. S. 286 und Tab. 6.6.). Diese sitzen am Grunde der Samenanlage, der **Chalaza**, an, und lassen am distalen Ende eine Öffnung, die **Mikropyle**, frei, durch die der Pollenschlauch eindringen kann. Vorkommen nur eines Integumentes (unitegmische Samenanlage) wird bei den Angiospermen ebenso wie das Eindringen des Pollenschlauches durch die Chalaza (Chalazogamie) als abgeleitet angesehen (Tab. 6.6.).

Die Wand des **Nucellus** ist wie die des Pollensacks ursprünglich mehrschichtig (**crassinucellate Samenanlage**) wie die Sporangienwand eusporangiater Pteridophyten; bei abgeleiteten Sippen kommen einschichtige Nucelli vor (**tenuinucellate Samenanlage**, Tab. 6.6.). Im distalen Teil des Nucellus werden aus einer einzigen **Embryosack-Mutterzelle** (Megasporenmutterzelle) unter Meiose 4 in einer Längsreihe angeordnete Tochterzellen gebildet, von denen 3 verkümmern (Abb. 6.31.b2), während die vierte zur **Embryosackzelle** (Megaspore) wird. In dieser wird nun der stark reduzierte Gametophyt gebildet. Durch 3 Teilungen entstehen **8 Tochterkerne**, von denen je 3 an die Enden der länglichen Zelle wandern, während die beiden restlichen (die Polkerne) in der Mitte zum **diploiden sekundären Embryosackkern verschmelzen**. Die Kerne am distalen Ende werden zur **Eizelle** und den beiden **Synergiden**, am proximalen Ende entstehen die 3 **Antipoden** (Abb. 6.31.b3). Von diesem Bau des Embryosacks gibt es viele Abweichungen, vor allem kann die Kernzahl auf 4 reduziert sein, andererseits treten bei Gräsern noch bis 300 Antipoden auf.

Die Zahl der Samenanlagen ist ursprünglich unbestimmt, bei windbestäubten Verwandtschaftskreisen oder Blüten in dichten Infloreszenzen wird oft nur eine Samenanlage im Fruchtknoten entwickelt (*Poaceae*, *Asteraceae*), bei den mykotrophen Orchideen und *Ericales* wird sie vermehrt. Die Samenanlagen können aufrecht (**atrop**), herabgebogen (**anatrop**) oder in sich gekrümmt (**kampylotrop**) sein (Abb. 6.31.a; bei Gymnospermen nur atrop!).

Befruchtung und Samenentwicklung. Bei der Befruchtung dringt der Pollenschlauch durch Narbe, Griffel, Mikropyle (bzw. Chalaza) und Nucellus in den Embryosack ein. Die 2 Spermakerne werden in eine

Synergide entleert, von dort dringt einer in die Eizelle ein und befruchtet diese, der andere verschmilzt mit dem sekundären Embryosackkern zu einem triploiden Kern, dem sekundären Endospermkern (**doppelte Befruchtung**!). Aus der Zygote entwickelt sich ein einzellreihiger **Proembryo**, dessen Basis als **Suspensor** den aus der Spitze entwickelten eigentlichen Embryo ernährt und in das Nährgewebe drückt (Abb. 6.31.b4). Über Embryobildung ohne Befruchtung s. S. 181.

Aus dem befruchteten sekundären Embryosackkern entsteht das **sekundäre Endosperm** entweder zunächst durch freie Kernteilung (nucleär) oder sogleich unter Zellwandbildung (zellulär) oder im basalen Teil zellulär, im apikalen nucleär (helobialer Typ). Über die Verteilung im System vgl. Tab. 6.6. Der Embryo kann das Endosperm bei seiner Entwicklung ganz aufbrauchen, wobei besonders die Kotyledonen die Speicherung übernehmen. Eine starke Entwicklung des Nährgewebes und ein wenig differenzierter Embryo werden als ursprünglich angesehen. Nährgewebe kann auch aus dem Nucellus entstehen (**Perisperm**, Abb. 6.31.b5, z.B. *Caryophyllaceae*).

Aus den Integumenten entwickelt sich eine feste Samenschale, die **Testa**, bei ursprünglichen Sippen ist ihre äußere Schicht bisweilen fleischig (Sarkotesta). Am **Samen** (s. S. 121ff., 286), ist die Ansatzstelle des Funiculus als Nabel (**Hilum**) noch zu erkennen.

Frucht: Während der Ausbildung der Samen haben sich die Fruchtblätter, oft auch andere Blütenteile (Blütenachse bei Erdbeere und Apfel, Perianth bei Maulbeere, Blütenstiel bei Kaschu-Nuß), zur Frucht umgebildet. Die Frucht ist also die **Blüte im Zustand der Samenreife**. Die Fruchtwand, das **Perikarp**, kann von außen nach innen in **Exokarp**, **Mesokarp** und **Endokarp** gegliedert sein. Alle drei können mehrschichtig sein.

Die in Abb. 6.32. wiedergegebene Gliederung der **Fruchttypen** berücksichtigt die Verwachsung der Fruchtblätter, die Ausbildung und Öffnungsweise des Perikarps sowie die Zahl der Samen und Fruchtblätter.

1. Einzelfrüchte gehen aus coenokarpen oder einblättrigen Gynoeceen hervor. (Einblattfrüchte wie Balg, Hülse, manche Steinfrüchte und Beeren sind als Reduktionsformen von Sammelfrüchten zu verstehen.)

1a. Streufrüchte geben bei der Reife durch Öffnen den Samen frei. Aus einem Karpell bestehen der sich nur an der Bauchnaht öffnende **Balg** und die auch an der Mittelrippe (Rückennaht) geöffnete **Hülse**, aus mehreren Karpellen die **Kapseln**. **Spaltkapseln** öffnen sich entweder durch Längsspalten entlang der Verwachsungsnähte der Karpelle (**septicide Kapseln**, als ursprünglich angesehen) oder entlang der Mittelrippe der Karpelle (**loculicide Kapseln**,

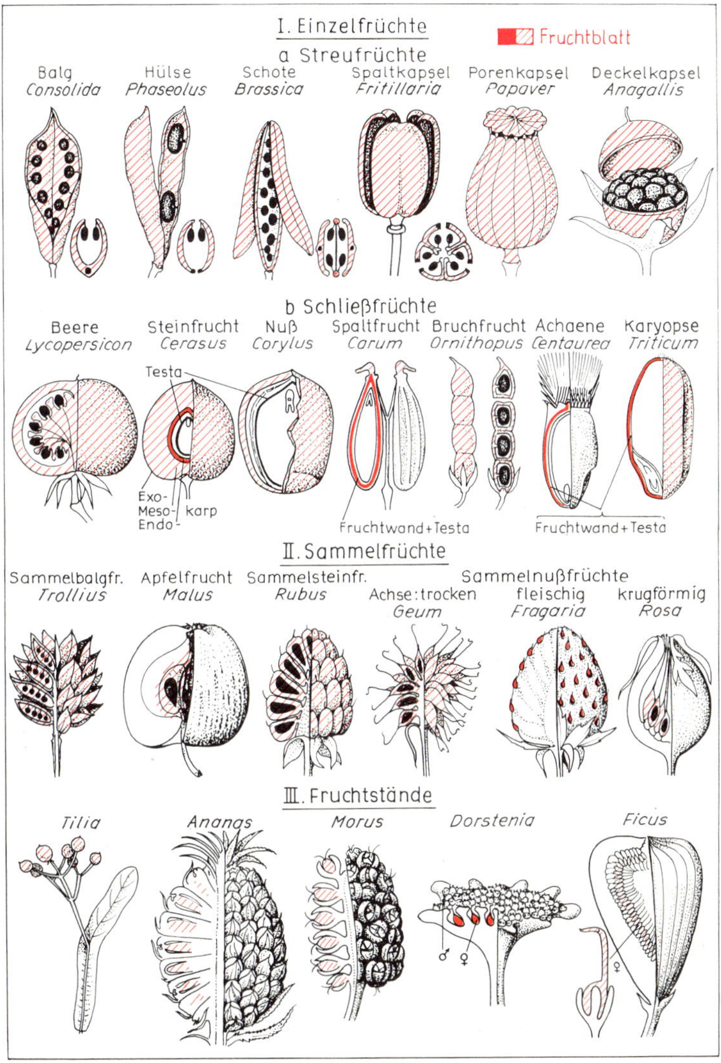
I. Einzelfrüchte
Fruchtblatt
a Streufrüchte
Balg
Consolida
Hülse
Phaseolus
Schote
Brassica
Spaltkapsel
Fritillaria
Porenkapsel
Papaver
Deckelkapsel
Anagallis
b Schließfrüchte
Beere
Lycopersicon
Steinfrucht
Cerasus
Nuß
Corylus
Spaltfrucht
Carum
Bruchfrucht
Ornithopus
Achaene
Centaurea
Karyopse
Triticum
Testa
Exo-
Meso- karp
Endo-
Fruchtwand + Testa
Fruchtwand + Testa
II. Sammelfrüchte
Sammelbalgfr.
Trollius
Apfelfrucht
Malus
Sammelsteinfr.
Rubus
Sammelnußfrüchte
Achse: trocken
Geum
fleischig
Fragaria
krugförmig
Rosa
III. Fruchtstände
Tilia
Ananas
Morus
Dorstenia
Ficus
♂
♀
♀

Abb. 6.32.

Abb. 6.39. b). Auch die **Schote**, bei der sich 2 sterile Fruchtblätter von einem Rahmen aus 2 fertilen Fruchtblättern ablösen (Abb. 6.32., 6.37. b), gehört zu den Spaltkapseln. Bei **Porenkapseln** werden die Samen durch Löcher entlassen, bei **Deckelkapseln** löst sich der obere Teil aller Fruchtblätter als Ganzes ab. Bei den

1b. Schließfrüchten bleibt der Samen bei der Ausbreitung von der Fruchtwand eingeschlossen. Hierher gehören die **Beeren** mit häutigem Exokarp und saftigem Meso- und Endokarp, die **Steinfrüchte** mit sklerenchymatischem Endokarp und fleischigem Mesokarp, die **Nüsse** mit völlig sklerenchymatischem Perikarp und die **Bruchfrüchte**, bei denen Fruchtblatteile die einzelnen Samen umhüllen (Gliederhülsen der Serradella, Gliederschoten des Hederichs, Klausen der *Lamiaceae*, Abb. 6.38. c). Durch innige Verwachsung von Frucht- und Samenschale zeichnen sich die einsamigen, aus oberständigen Fruchtknoten hervorgehenden **Karyopsen** der Gräser (s. S. 123 ff.) und die aus unterständigen Fruchtknoten gebildeten, ebenfalls einsamigen **Achänen** der Korbblütler (Abb. 6.38. d. s. S. 331) aus.

2. Sammelfrüchte gehen aus chorikarpen Gynoeceen hervor. Sie können aus mehreren Bälgen, Steinfrüchten usw. bestehen. Von der Blütenachse umschlossen sind die (nach neueren Untersuchungen doch verwachsenen) Fruchtblätter der Apfelfrucht (Abb. 6.36. b, 6.32.). Als

3. Fruchtstände werden Verbreitungseinheiten bezeichnet, die aus einem Blütenstand hervorgehen und als Ganzes verbreitet werden (Ananas, Maulbeere, Feige, Klette, Wacholder„beere", Abb. 6.32.).

Beispiele für unterschiedliche wissenschaftliche und volkstümliche Bezeichnung: Die Erbse hat Hülsen (keine Schoten!). Die Erdbeere (Sammelnußfrucht mit fleischigem Blütenboden), die Himbeere und Brombeere (Sammelsteinfrüchte) und die Maulbeere (Fruchtstand, Blütenhülle fleischig) sind keine Beeren, dagegen tragen Kürbis und Gurke Beeren, Walnuß und Kokospalme Steinfrüchte (keine Nüsse!), Sonnenblumen-„Samen" und Gras-„Samen" sind in Wirklichkeit Früchte (Achänen bzw. Karyopsen).

Ausbreitung der Früchte und Samen. Die Ausbildung der **Diasporen** (= Ausbreitungseinheiten wie Samen und Früchte) ist weitgehend als Anpassung an die Art der Ausbreitung zu verstehen. Tierausbreitung (**Zoochorie**) wird realisiert durch Anhaften von Diasporen (Epizoochorie, z. B. Klett- und Klebfrüchte), durch Gefressenwerden ganzer Diasporen und Transport im Tierkörper (Endozoochorie, z. B. Beeren) oder Gefressenwerden von Diasporen-Anhängseln wie den Elaiosomen (Ölkörpern, bei Ameisenausbreitung = Myrmekochorie, z. B. Veilchen und andere Waldbodenkräuter). Windausbreitung (**Anemochorie**) wird durch geflügelte Diasporen (z. B. geflügelte Spaltfrucht des Ahorns), haarförmige Anhängsel (haarförmiger Pappus der *Asteraceae*, Abb. 6.38. d, Samenhaare der Baumwolle) oder staubfeine Samen (z. B. Orchideen) unterstützt. Weniger häufig ist Wasserausbreitung (**Hydrochorie**, z. B. schwimmfähige Früchte von Küstenpflanzen wie Kokospalme) und Selbstausbreitung (**Autochorie**, z. B. Springkraut, Spritzgurke, S. 528 f.). Für die Ausfüllung des potentiellen Verbreitungsgebietes einer Sippe ist die Art der Ausbreitung entscheidend. Die wirksamsten natürlichen Arten der Fernausbreitung sind **Ornithochorie** (Vogelausbreitung) und Anemochorie. Besonders aber durch den Menschen und seine Verkehrsmittel können große Entfernungen überbrückt und die Verbreitungsgebiete ausgedehnt werden.

Blütenformel und Blütendiagramm. In Blütenformeln und Blütendiagrammen lassen sich viele für die Bestimmung und die Verwandtschaftsforschung wichtige Blütenmerkmale kurz und vergleichbar darstellen. Sie geben Auskunft über die Symmetrie der Blüte, die Zahl und die Verwachsung der Blütenorgane und die Fruchtknotenstellung. Dabei bedeuten

◎	schraubig
*	radiär
·|·	disymmetrisch
↓	zygomorph (monosymmetrisch)
∞	große, unbestimmte Zahl
×	in der Phylogenie verlorengegangene Organe

P	Perigon
K	Kalyx, Kelch
C	Corolla, Krone
A	Androeceum
G	Gynoeceum unterstrichen: oberständig überstrichen: unterständig
( )	Verwachsung

Beispiel: *Campanula* (Glockenblume): * K5 C(5) A5 G($\overline{3}$) bedeutet: Die Glockenblume hat radiäre Blüten mit 5 freien Kelchblättern, 5 untereinander verwachsenen Kronblättern, 5 freien Staubblättern und einem unterständigen Fruchtknoten aus 3 miteinander verwachsenen Fruchtblättern.

Noch mehr Information enthält das Blütendiagramm, das als **empirisches Diagramm** die tatsächlich zu beobachtenden Organe auf einem Blütenknospen-Querschnitt schematisch wiedergibt, als **theoretisches Diagramm** außerdem die in der Phylogenie ausgefallenen Organe enthält. Als Beispiel vergleiche Abb. 6.30. a.

Gliederung: Die Großgliederung der Angiospermen in Klassen und Unterklassen ist keineswegs abgeklärt. Die beiden Klassen Ein- und Zweikeimblättler werden hier beibehalten, obwohl die Einkeimblättler den *Magnoliidae* und

Caryophyllidae vielleicht näher stehen als diese den übrigen Zweikeimblättlern (oft Öl-Idioblasten, adossierte Vorblätter, Samen mit Perisperm, schraubige oder dreizählige Blütenhülle).

Auch die Abgrenzung der Unterklassen ist umstritten. Von den hier unterschiedenen 6 Unterklassen der Dikotylen bilden die **Magnoliidae** eine in vielen Merkmalen (z. B. viele freie Fruchtblätter und schraubige Blütenhülle) ursprüngliche Basisgruppe. Die zentralsamigen **Caryophyllidae** sind ein an Trockenklimate angepaßter früher Seitenzweig dieses „Unterbaues". Die Gliederung der Sippen des „Mittelbaues" mit ihren meist zyklischen, freikronblättrigen Blüten in die Unterklassen **Rosidae** und **Dilleniidae** ist unbefriedigend, z. B. hinsichtlich der Stellung der Gruppe *Malvales-Euphorbiales-Urticales*. Die Unterklasse **Hamamelididae** (nußfrüchtige Kätzchenblütler) könnten auch in die *Rosidae* eingeschlossen werden. Die sympetalen **Asteridae** schließen wohl in 2 getrennten Linien an den Mittelbau an (s. S. 326), werden daher auch in 2 Unterklassen aufgeteilt: *Lamiidae* und *Asteridae* s. str. (sensu stricto = im engen Sinn).

Tabelle 6.7. Die 15 größten Samenpflanzen-Familien Deutschlands und der Phillippinen und ihr Anteil an der Gesamt-Artenzahl der Flora
(Berechnung nach den Floren von Rothmaler et al. 1972 und Merrill 1923–1926)

Deutschland (357 000 km², 2 719 Arten)			Phillippinen (300 000 km², 8 120 Arten)		
Familie	Arten	%	Familie	Arten	%
1 Asteraceae	317	11,7	Orchidaceae	818	10,1
2 Poaceae	206	7,6	Rubiaceae	540	6,7
3 Rosaceae	154	5,7	Euphorbiaceae	384	4,7
4 Brassicaceae	150	5,5	Poaceae	253	3,1
5 Cyperaceae	145	5,3	Melastomataceae	231	2,8
6 Fabaceae	138	5,1	Fabaceae	231	2,8
7 Caryophyllaceae	118	4,3	Myrtaceae	211	2,6
8 Scrophulariaceae	98	3,6	Moraceae	189	2,3
9 Apiaceae	94	3,5	Urticaceae	175	2,2
10 Lamiaceae	87	3,2	Cyperaceae	168	2,1
11 Ranunculaceae	78	2,9	Annonaceae	149	1,8
12 Liliaceae s. l.	66	2,4	Myrsinaceae	145	1,8
13 Orchidaceae	56	2,1	Asteraceae	142	1,7
14 Chenopodiaceae	50	1,8	Meliaceae	140	1,7
15 Boraginaceae	43	1,6	Acanthaceae	132	1,6
zusammen:	1 800	66,3		3 908	48,0

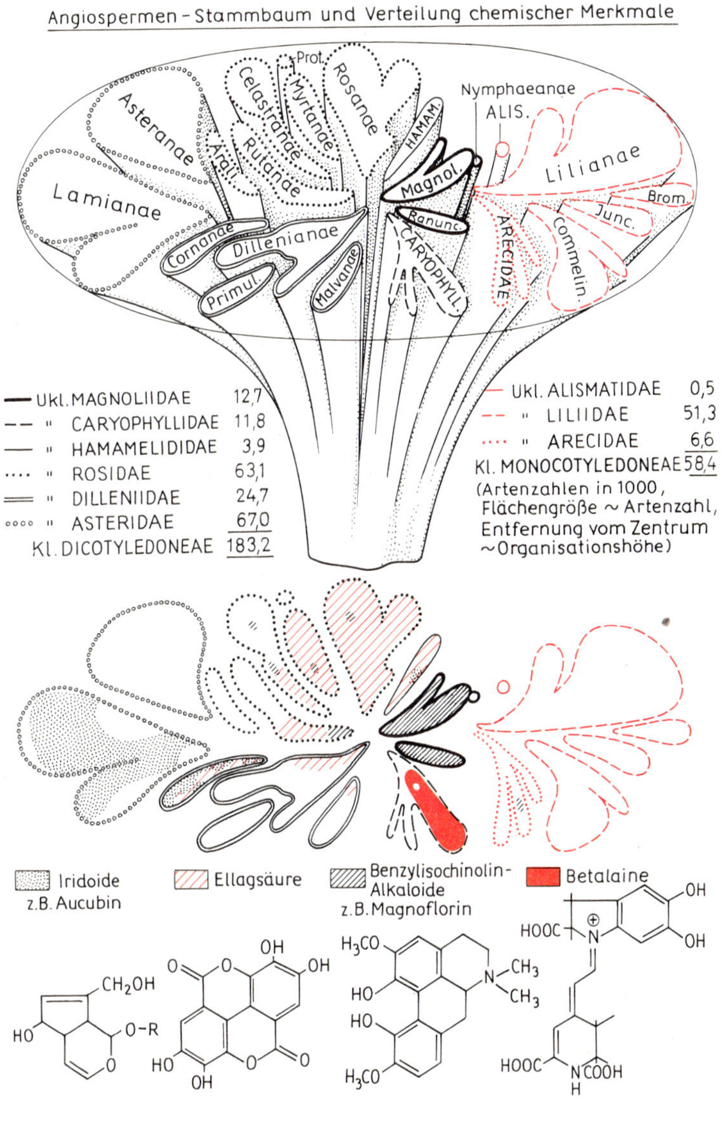
Angiospermen-Stammbaum und Verteilung chemischer Merkmale
Prot.
Rosanae
Myrtanae
Celastranae
Rutanae
Asteranae
Arali.
Lamianae
HAMAM.
Nymphaeanae
ALIS.
Lilianae
Magnol.
Brom.
Junc.
Ranunc.
Commelin.
ARECIDAE
CARYOPHYLL.
Cornanae
Dillenianae
Primul.
Malvanae
Ukl. MAGNOLIIDAE 12,7
" CARYOPHYLLIDAE 11,8
" HAMAMELIDIDAE 3,9
" ROSIDAE 63,1
" DILLENIIDAE 24,7
" ASTERIDAE 67,0
Kl. DICOTYLEDONEAE 183,2
Ukl. ALISMATIDAE 0,5
" LILIIDAE 51,3
" ARECIDAE 6,6
Kl. MONOCOTYLEDONEAE 58,4
(Artenzahlen in 1000, Flächengröße ~ Artenzahl, Entfernung vom Zentrum ~ Organisationshöhe)
Iridoide z.B. Aucubin
Ellagsäure
Benzylisochinolin-Alkaloide z.B. Magnoflorin
Betalaine
CH2OH
HO
O-R
O
OH
HO
OH
H3CO
HO
HO
H3CO
N
CH3
CH3
HOOC
HOOC
COOH
OH
OH

Abb. 6.33.

Innerhalb der Monokotylen sind die Wasser- und Sumpfpflanzen der **Alismatidae** eine recht ursprüngliche Spezialgruppe. Basale Stammstrauch-Seitenzweige bilden auch die Gruppen der sicherlich nicht monophyletischen Unterklasse **Arecidae** (Palmen, Aronstabgewächse u. a.). Die Hauptgruppe der Monokotylen (**Liliidae** s.l., sensu lato = im weiten Sinne) werden z.T. in die zoophilen *Liliidae* s. str. und die stärkespeichernden, weitgehend anemogamen *Commelinidae* aufgeteilt, beide Gruppen sind aber enger verwandt.

Hier wird Wert auf die Kenntnis von Merkmalen und wichtigen Vertretern der meist gut umgrenzten Ordnungen und Familien der zentraleuropäischen Flora gelegt. In den Tropen dominieren z. T. andere Familien, vgl. Tab. 6.7.! – Damit die Mannigfaltigkeit eingeschätzt werden kann, werden in den Übersichten alle Ordnungen mit Zahl der Familien und Arten aufgeführt, die eingeklammerten werden aber nicht näher behandelt.

1. Klasse Dicotyledoneae (Magnoliopsida), Zweikeimblättler

6 Unterklassen (s. oben und Abb. 6.33.) mit 63 Ordnungen, ca. 370 Familien und 183 000 Arten. Merkmale vgl. S. 332 ff. und Abb. 6.34. a!

1. Unterklasse Magnoliidae (Polycarpicae)

Charakteristik: Die in Tab. 6.8. genannten ursprünglichen Blütenmerkmale, dazu ursprüngliche Merkmale

- des Leitgewebesystems (oft Fehlen von Tracheen, sonst Leitertracheen),
- der Stamina (Anthere nicht deutlich abgesetzt, Abb. 6.30. b, 6.34. c; Sekretionstapetum),
- der Pollen (binucleat, monocolpat, Abb. 6.30. b., 1 Apertur sonst nur bei Monokotylen)
- der Fruchtblätter (vielsamig, primitive Narben, Abb. 6.31. a),
- der Samenanlagen (bitegmisch, crassinucellat)

begründen die Stellung der Unterklasse am Anfang der Angiospermen.

Aus diesen Merkmalen und den ältesten Fossilfunden kann man eine hypothetische „Ur-Angiosperme“ rekonstruieren, die vermutlich eine niedrige, saisongrüne Pflanze mit kleinen, azyklischen, polymeren, zoogamen Zwitterblüten, einfachem Perigon, gestreckter Blütenachse und chorikarpem Gynoeceum war.

Bei den rezenten Vertretern gibt es aber auch viele abgeleitete Merkmale. Diese sind heterobathmisch (vgl. S. 188) miteinander und mit Primitivmerkmalen kombiniert. Daraus resultiert eine große **Mannig-**

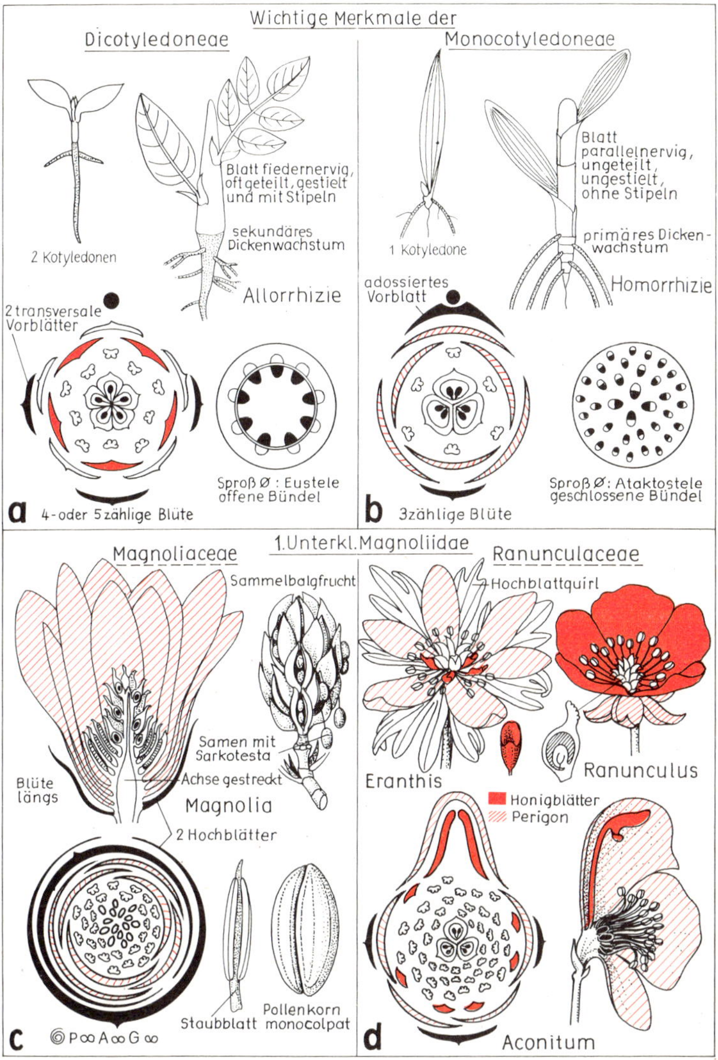
Wichtige Merkmale der
Dicotyledoneae
Monocotyledoneae
2 Kotyledonen
Blatt fiedernervig, oft geteilt, gestielt und mit Stipeln
sekundäres Dickenwachstum
Allorrhizie
1 Kotyledone
Blatt parallelnervig, ungeteilt, ungestielt, ohne Stipeln
primäres Dickenwachstum
Homorrhizie
2 transversale Vorblätter
adossiertes Vorblatt
Sproß Ø: Eustele offene Bündel
Sproß Ø: Ataktostele geschlossene Bündel
a 4- oder 5zählige Blüte
b 3zählige Blüte
1. Unterkl. Magnoliidae
Magnoliaceae
Ranunculaceae
Sammelbalgfrucht
Hochblattquirl
Samen mit Sarkotesta
Achse gestreckt
Blüte längs
Magnolia
Eranthis
Ranunculus
Honigblätter
Perigon
2 Hochblätter
Staubblatt
Pollenkorn monocolpat
c P∞ A∞ G∞
d
Aconitum

Abb. 6.34.

Tabelle 6.8. Ursprüngliche Blütenmerkmale, Progressionsrichtungen und Beispiele mit abgeleiteten Merkmalen bei den Magnoliidae

Merkmale	ursprüngliche Merkmalsausprägung	Progressionsrichtung	Beispiel mit abgeleiteter Merkmalsausprägung
Blütenbau	azyklisch	Zyklisierung	*Aquilegia* alle Organe in Kreisen
Symmetrie	spiralig	Übergang zur Radiärsymmetrie und Zygomorphie	*Aquilegia* radiärsymmetrisch, *Aconitum* zygomorph
Blütenachse	gestreckt	Stauchung und Einsenkung	*Nymphaea* Gynoeceum eingesenkt
Blütenhülle	Perigon	Differenzierung oder Reduktion	*Papaveraceae* heterochlamydeisch *Piper*, *Thalictrum* achlamydeisch
Androeceum	polyandrisch	Oligomerisation	*Fumariaceae* A2 + 2×2/2
Gynoeceum	chorikarp	Verwachsung	*Papaveraceae* coenokarp
Fruchtblätter	zahlreich	Reduktion	*Lauraceae* pseudomonomer

faltigkeit, die für **Basisgruppen** allgemein charakteristisch ist. Für die Abgrenzung der Gruppe ist eher die Verwandtschaft zwischen den Einzelgliedern als eine Charakterisierung auf Grund durchgehender Merkmale zu verwenden. Charakteristisch sind die sonst seltenen **Benzylisochinolin-Alkaloide** (Abb. 6.33. b), dagegen fehlt z. B. unter den phenolischen Pflanzenstoffen die Ellagsäure; Gerbstoffe treten kaum auf.

Gliederung (Übersicht): *Magnoliales* 9 Familien/2700 Arten, *Laurales* 11/3000, *Piperales* 2/2000, (*Aristolochiales* 1/600), *Nymphaeales* 4/80, (*Nelumbonales* 1/2), (*Illiciales* 2/90 mit *Illicium*, Sternanis; *Paeoniales* 2/35), *Ranunculales* 9/3500, *Papaverales* 2/675.

Die **Magnoliales** und **Laurales** umfassen Holzpflanzen, die Sekretzellen mit etherischen Ölen enthalten. Genutzt werden deswegen *Laurus* (Lorbeer), *Cinnamomum verum* (Zimt), *C. camphora* (Kampfer), *Myristica* (Muskat). Ein charakteristischer Vertreter ist die bei uns oft kultivierte *Magnolia* (Familie *Magnoliaceae*), ein Baum mit großen, ganzrandigen Blättern und großen, einzeln endständigen Blüten mit gestreckter Blütenachse (Abb. 6.34. c) und zapfenartigen Sammelbalgfrüchten. Ursprüngliche Merkmale haben auch die südhemisphärischen *Winteraceae* (primitive Staub- und Fruchtblätter, Tracheidenholz) und die *Degeneriaceae* (noch offene Fruchtblätter).

Abgeleiteter sind die *Annonaceae* mit 3zähligem Perigon (hierher tropische Fruchtbäume mit Sammelbeerenfrüchten wie *Annona cherimola*, Cherimoya aus S-Am.) und die *Lauraceae* (Lorbeergewächse) mit pseudomonomerem Gynoeceum (z. B. *Cinnamomum*, *Laurus*, s. oben, *Persea americana*, Avocado, aus S-Am.).

Die **Piperales** haben im Gegensatz zur vorigen Ordnung kolbenartige Blütenstände und enthalten auch Kräuter (z. B. *Piper nigrum* aus dem Malayischen Archipel, Gewürzpfeffer, mit reduziertem Perianth und perispermreichen Samen, Abb. 5.1. a).

Die etwas isolierten **Nymphaeales** weisen durch Anpassung an Sumpf- und Wasserstandorte Merkmale auf, die sie mit den Monokotylen verbinden (s. S. 332): krautigen Wuchs, Ataktostele (ungeordnete Verteilung der Bündel über den ganzen Sproßquerschnitt, Abb. 6.34. b), geschlossene Leitbündel, Form mancher Unterwasserblätter. Das Fehlen von Tracheen ist hier vielleicht ein sekundäres Merkmal. Bei *Nymphaea* (Seerose) bildet das Perigon den Kelch, die Krone wird aus umgebildeten Staubblättern gebildet, Übergänge zu funktionstüchtigen Stamina kommen vor. Die **laminale Plazentation** ist als ursprünglich, die Verbindung der eigentlich freien Fruchtblätter durch den Blütenboden (**Pseudocoenokarpie**, vgl. Apfelfrucht Abb. 6.32. und 6.36. a) als abgeleitet anzusehen. Zunehmende Anpassung ans Wasserleben zeigen *Cabomba* mit Unterwasserblättern und über Wasser entwickelten, dreizähligen Blüten (Monokotylen-Merkmal!) und schließlich das wurzellose, hydrogame *Ceratophyllum* (Hornblatt) mit einsamigen Nußfrüchten.

Die **Ranunculales** umfassen vorwiegend **Kräuter** mit oft **zusammengesetzten Blättern** und tricolpaten Pollenkörnern (Abb. 6.30. b), im ursprünglichen Blütenbau aber entsprechen sie den *Magnoliales*. Das trifft besonders für die ***Ranunculaceae*** (Hahnenfußgewächse, 1900) zu: Ursprüngliche Blüten sind hier spiralig oder radiär mit gestreckter Blütenachse (z. B. *Myosurus*), mit einfachem Perigon (z. B. *Caltha*), azyklisch oder hemizyklisch und polyandrisch; das chorikarpe Gynoeceum entwickelt sich zur Sammelbalgfrucht oder durch Reduktion der Samenzahl auf 1 zur Sammelnußfrucht (*Ranunculus*, Abb. 6.34. d). Eine ursprüngliche Blüte hat z. B. *Anemone blanda*: ◎ P12–18 A∞ $G\underline{\infty}$. Wie bei den *Magnoliales* gibt es viele heterobathmisch kombinierte Progressionen: Zyklisierung (alle Blütenorgane in 5zähligen Kreisen bei *Aquilegia*, Akelei, Abb. 6.30. a), Oligomerisation (1 Karpell bei *Consolida* → Balg und bei *Actaea* → Beere), Verwachsung (Gynoeceum von *Nigella*), Reduktion (des Perianths bei anemogamen *Thalictrum*-Arten).

Die Blütenhülle ist ursprünglich ein einfaches, kronblattartig gefärbtes **Perigon** (z.B. *Anemone*). Zwischen dieses und das Androeceum sind manchmal von den Staubblättern abgeleitete **Honigblätter** eingeschoben, die bei *Eranthis* (Winterling, Abb. 6.34. d) napfförmig, bei *Aquilegia* (Abb. 6.30. a) gespornt sind. Als Weiterentwicklung ist die Umgestaltung dieser Nektarien zu Kronblättern anzusehen, wie sie bei *Ranunculus* (Abb. 6.34. d) und *Adonis* beobachtet werden. Das Perigon übernimmt nun die Rolle des Kelches, so daß ein **gegliedertes Perianth** entstanden ist. Die kelchartige Hülle unter dem Perigon des Leberblümchens (*Hepatica*) ist dagegen ein Hochblattquirl, der dem Blattquirl des Buschwindröschens oder des Winterlings (Abb. 6.34. d) entspricht.

Bedeutung: Wegen der auffälligen Blüten enthalten viele Ranunculaceen-Gattungen Zierpflanzen, wegen des Gehalts an Alkaloiden (z.B. *Aconitum*, Eisenhut, Abb. 6.34. d) oder Glykosiden (z.B. *Adonis*) Heilpflanzen; die meisten Gattungen sind giftig.

Die **Papaverales** sind im Gehalt an Isochinolinalkaloiden (z.B. im Opium), im krautigen Wuchs, den Fiederblättern und der primären Polyandrie den *Ranunculales* verwandt, haben aber bereits **zyklische** Blüten mit **zweigliedrigen** Kelch- und Kronblattkreisen und ein **coenokarpes** Gynoeceum, das sich bei *Papaver* (z.B. *P. somniferum*, Schlafmohn: $\cdot|\cdot$ K2 C2+2 A∞ G($\underline{\infty}$)) zur Porenkapsel, bei *Corydalis*, Lerchensporn, zur Schote entwickelt. *Corydalis*, *Fumaria* und *Dicentra* mit zygomorphen bzw. disymmetrischen Blüten und mit einem Sporn an einem oder zwei der äußeren Kronblätter werden als *Fumariaceae* von den Milchsaft führenden, radiärblütigen *Papaveraceae* abgetrennt.

2. Unterklasse Caryophyllidae

Charakteristik: Diese kleine, früh von den *Magnoliidae* isolierte Unterklasse zeigt viele Anpassungen an **trockene**, offene Mineralboden-Standorte: ungeteilte, z.T. reduzierte Blätter, Sukkulenz, **Salz-** oder **Schwermetalltoleranz**. In den radiären, tri- bis pentameren, meist zyklischen Blüten mit einfachem oder doppeltem Perianth ist die Tendenz chorikarpes → synkarpes → **lysikarpes** Gynoeceum mit **Zentralplazenta** besonders charakteristisch. Die Samen haben meist ein Nährgewebe und einen gekrümmten Embryo. Bei sekundärer Vermehrung des Androeceums (*Cactaceae*) ist die Anlagefolge zentrifugal, meist ist die Staubblattzahl aber reduziert. Die meist tricolpaten Pollenkörner sind zur Zeit der Bestäubung dreikernig (trinucleat). Viele

Familien enthalten Saponine und statt der Anthocyane die N-haltigen **Betalaine** (rotviolette Betacyane und gelbe Betaxanthine, Abb. 6.33. b). Diese sehr charakteristischen biochemischen Merkmale sind allerdings nicht durchgehend, die *Caryophyllaceae*, *Polygonaceae* und *Plumbaginaceae* haben keine Betalaine, Saponine sind bei den beiden letzteren selten.

Gliederung (Übersicht): *Caryophyllales* 17/9950, *Polygonales* 1/1 100, *Plumbaginales* 1/775.

Die **Caryophyllales** haben Siebröhren-Plastiden vom P-Typ. Die oft zahlreichen Samenanlagen sind kampylotrop und bilden Perisperm. Die ***Caryophyllaceae*** (Nelkengewächse, 2000) sind zu erkennen an ihren dekussierten, oft schmalen Blättern, den dichasialen Blütenständen (Cymoide und Thyrsen, Abb. 5.29.) und den Kapselfrüchten mit zentraler Plazentation. Von der Grundformel der Blüte $*$ K5 C5 A5 + 5 G($\underline{5}$) gibt es Abweichungen durch Reduktion der Krone (z. B. *Scleranthus*, Knäuel) und der Fruchtblattzahl (zwei bei *Dianthus*, Nelke, und *Saponaria*, Seifenkraut). Die Familie wird in 3 Unterfamilien gegliedert (Abb. 6.35. a), die sich außer durch folgende Merkmale auch biochemisch unterscheiden:

Alsinoideae	*Silenoideae*	*Paronychioideae*
K5	K(5)	K5
Stipeln fehlen	Stipeln fehlen	Stipeln vorhanden

Die meist halophilen, anemogamen ***Chenopodiaceae*** (Gänsefußgewächse, 1 500) haben nur noch ein einfaches oder ganz reduziertes Perianth und nur einen episepalen Staubblattkreis, das 2(–3)blättrige Gynoeceum entwickelt sich zu einer einsamigen Nußfrucht. Der Weiße Gänsefuß [*Chenopodium album*, $*$ P5 + O A5 + O G($\underline{2}$)], das oft als „Melde" bezeichnete häufigste Unkraut der Rüben- und Kartoffeläcker, hat zwittrige, die Melde (*Atriplex*) eingeschlechtige Blüten. Eine sproßsukkulente, halophile Annuelle ist der Queller (*Salicornia*). Aus der mediterranen *Beta vulgaris* (Abb. 6.35. a) wurden Runkelrübe, Rote Rübe, Zuckerrübe (var. *altissima*) und Mangold gezüchtet (anomales Dickenwachstum s. S. 161), *Spinacia oleracea*, Spinat, aus vorder- und mittelasiatischen Wildarten.

Die *Cactaceae*, die fast ganz auf Amerika beschränkt sind, zeigen eine zunehmende Reduktion der bei *Pereskia* noch vorhandenen Blätter zu Blattdornen und Blattdornbüscheln (Areolen) und zunehmende Sproßsukkulenz bis hin zur Kugelform. Perigon und Androeceum sind polymer, ebenso das unterständige Gynoeceum, das zu einer Beere wird (Abb. 6.35. b).

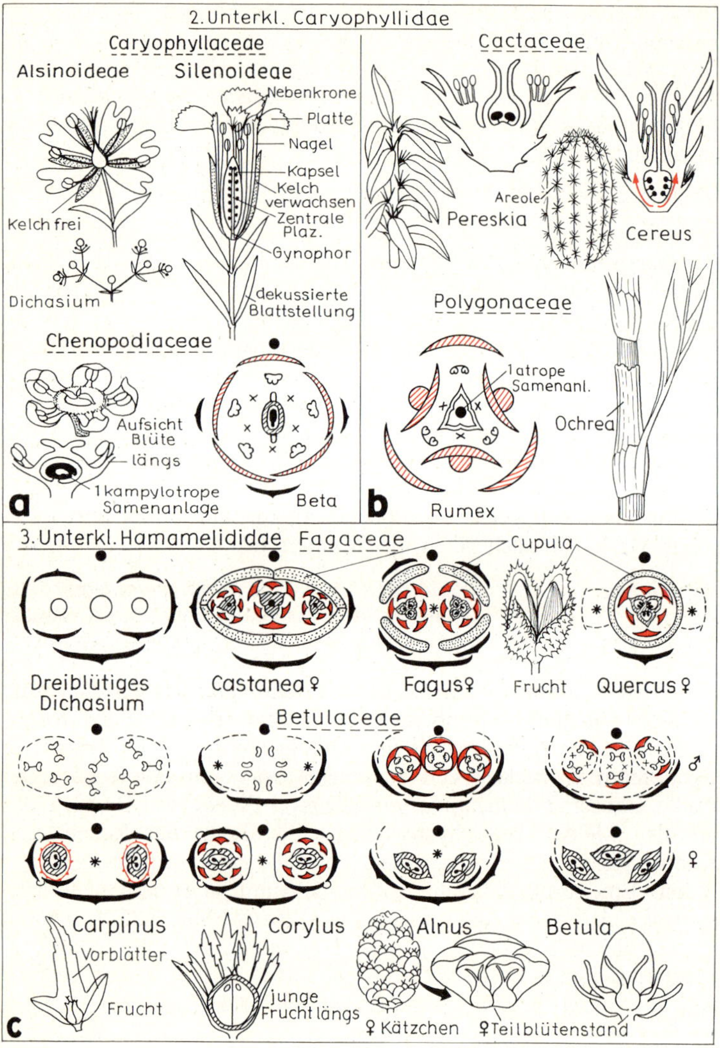
2. Unterkl. Caryophyllidae
Caryophyllaceae
Alsinoideae
Silenoideae
Nebenkrone
Platte
Nagel
Kapsel
Kelch verwachsen
Zentrale Plaz.
Gynophor
dekussierte Blattstellung
Kelch frei
Dichasium
Chenopodiaceae
Aufsicht Blüte
längs
1 kampylotrope Samenanlage
Beta
a
Cactaceae
Areole
Pereskia
Cereus
Polygonaceae
1 atrope Samenanl.
Ochrea
Rumex
b
3. Unterkl. Hamamelididae
Fagaceae
Cupula
Dreiblütiges Dichasium
Castanea ♀
Fagus ♀
Frucht
Quercus ♀
Betulaceae
♂
♀
Carpinus
Vorblätter
Frucht
Corylus
junge Frucht längs
Alnus
Betula
♀ Kätzchen
♀ Teilblütenstand
c

Abb. 6.35.

Die **Polygonales** (nur *Polygonaceae*, Knöterichgewächse) sind z.T. anemogam, ihre Blüten daher meist unscheinbar. Der Fruchtknoten ist einfächerig, einsamig, die atrope Samenanlage entwickelt viel Endosperm (genutzt bei *Fagopyrum*, Buchweizen aus Zentralasien). Die Stipeln verwachsen zu einer häutigen Tüte (**Ochrea**, Abb. 6.35. b, z. B. an der Basis der Blätter von *Rheum*, Rhabarber aus Zentralasien). – Mit den xero-halophytischen **Plumbaginales** (z. B. *Armeria*, Grasnelke) enthalten die *Caryophyllidae* schließlich auch sympetale Sippen. Die Stellung der Ordnung ist allerdings unklar.

3. Unterklasse Hamamelididae, Kätzchenblütler

Charakteristik: Diese Unterklasse umfaßt die nußfrüchtigen **Kätzchenblütler** und damit die meisten wichtigen Laubbäume der nördlichen gemäßigten Breiten. Es sind **vorwiegend Holzpflanzen** mit zyklischen, oligomeren, **anemogamen**, oft diklinen Blüten, das Perianth ist ± reduziert, die einsamige Nußfrucht (selten Steinfrucht) entwickelt sich aus einem coenokarpen Gynoeceum. Benzylisochinolin-Alkaloide fehlen, **Gerbstoffe** (z. B. Gallo- und Ellagitannine, Abb. 6.33. b) und **Triterpene** (z. B. das weiße Betulin in der Birkenrinde) sind sehr verbreitet.

Ableitung: Dieser früh abgetrennte Seitenzweig der Angiospermen (Fossilfunde schon aus der Unterkreide) hat die Anemogamie und die damit verbundene Getrenntgeschlechtigkeit wohl beim Vorrücken in kühle, insektenarme Gebiete erworben. Zwitterblüten und Reste der Blütenhülle bei ursprünglichen *Hamamelididae* sichern die Ableitung von entomogamen Ausgangssippen.

Gliederung (Übersicht): (*Trochodendrales* 4/6), *Hamamelidales* 8/156, *Fagales* 2/900, (*Casuarinales* 1/70), *Urticales* 5/2680, (*Myricales* 1/50), *Juglandales* 1/60.

Unter den **Hamamelidales** hat die strauchige Gattung *Hamamelis* (Zaubernuß, Heilpflanze) noch zwitterige Blüten mit doppeltem Perianth. Bei den **Fagales** ist das Perianth z.T. völlig reduziert (Abb. 6.35. c). Die Ordnung umfaßt nur monözische Gehölze mit **unterständigem Gynoeceum**. Die kätzchenförmigen Infloreszenzen sind aus **dichasialen Teilblütenständen** aufgebaut (Abb. 6.35. c), nur selten (*Castanea* ♀, *Alnus*, *Betula* ♂) werden aber alle 3 Blüten des Dichasiums ausgebildet.

Innerhalb der bitegmischen *Fagaceae* (Buchengew.) hat die ursprüngliche Gattung *Castanea* (z. B. *C. sativa*, Eßkastanie, Südeuropa) noch Perianthreste und stark riechende, entomogame Infloreszenzen, die monözischen Blüten enthalten noch Reste des anderen Geschlechts. Die dichasiale Blütenstandsachse bildet bei den *Fagaceae* eine Hülle (**Cupula**), die bei *Quercus* (Eiche) als Eichelnäpfchen, bei

Fagus (Buche) als Bucheckern-Hülle, bei *Castanea* als bestachelte Hülle erscheint. Die ♀ Blüten sind mit $\ast\ P3+3\ G(\overline{3})$ noch ursprünglicher als die der unitegmischen *Betulaceae*: $\ast\ P2+2$ (oder 0) $G(\overline{2})$. Hier beteiligen sich die Vorblätter und das Deckblatt des Dichasiums an der Ausbildung von Fruchthüllen (bei *Corylus*, Haselnuß, und *Carpinus*, Hainbuche, aus 3 verwachsenen Vorblättern, Abb. 6.35. c) oder Kätzchenschuppen, auf denen bei *Betula* (Birke) und *Alnus* (Erle) die Flügelnüsse liegen. In Ostamerika, Ostasien und Europa besiedeln Buchen, Hainbuchen und Edelkastanien vorwiegend ozeanische, Eichen, Baumerlen und Haseln auch subozeanische Waldgebiete. Birken und Straucherlen drangen auch in kontinentale und subarktische Gebiete vor, dabei entstanden Arten mit immer niedrigerem Wuchs.

Die **Urticales** sind vielleicht enger mit den *Malvales* und *Euphorbiales* verwandt (oft palmat gelappte Blätter, Milchröhren, grüne Speicherembryonen, Wirte der Falterfamilie *Nymphalidae*). Ihr Gynoeceum ist ebenfalls zweiblättrig und einsamig, aber meist **oberständig**, ♂ Kätzchen fehlen.

Die baumförmigen *Ulmaceae* (*Ulmus*, Ulme) haben noch Zwitterblüten mit einfachem, unscheinbarem Perigon: $\ast\ P(4-5)\ A4-5\ G(\underline{2})$, sind aber schon anemogam. Die artenreichen *Moraceae* (1550 A., Holzpflanzen mit Milchsaft) sind bereits eingeschlechtig. Ihre Blütenstände zeigen eine charakteristische Progression (Abb. 6.32.): Kolben bei *Morus* (Fruchtstand: Maulbeere, s. S. 304; Blätter: Seidenraupenfutter) → abgeflachte Blütenstandsachsen bei *Dorstenia* → krugförmig eingesenkte Blütenstandsachen bei *Ficus* (*F. carica*, Feige, *F. elastica*, Gummibaum). Kräuter mit eingeschlechtigen Blüten und ohne Milchsaft enthalten die *Cannabaceae* (*Humulus*, Hopfen, rechtswindende, diözische Auwaldpflanze; *Cannabis sativa*, Hanf, Faserpflanze, narkotisches Harz → Marihuana, Haschisch) und die *Urticaceae* (*Urtica*, Brennessel, vgl. Abb. 4.5. c).

Isoliert stehen die **Juglandales** mit *Juglans regia*, Walnuß, SW-Asien, die ebenfalls anemogam und reich an Gerbstoff sind, aber rispig-traubige Kätzchen tragen, in denen das Deckblatt und die Vorblätter der Blüten mit den 3–5 Perigonblättern verwachsen. Die steinfrucht- oder nußartigen Früchte sind von einer Cupula umgeben. Wegen der Fiederblätter werden Beziehungen zu den *Anacardiaceae* (S. 320) vermutet.

Der „**Mittelbau**" **der Dikotylen** mit vorwiegend **choripetalen**, **zyklischen**, **entomogamen Blüten** ist schwer zu gliedern. Auf dem Merkmal der zentrifugalen oder zentripetalen Anlagefolge der Stamina (Abb. 6.35. c) bei sekundär polyandrischen Androeceen (die aber nur bei einigen Gruppen auftreten!) beruht die Untergliederung in die Unterklassen **Rosidae** (**zentripetal**) und **Dilleniidae** (**zentrifugal**), die noch viel diskutiert wird (vgl. S. 306 und Abb. 6.37.). Bei beiden Unterklassen treten – wie bei den *Hamamelididae* – Ellagsäure und andere Derivate des Shikimisäureweges auf (Abb. 6.33., s. S. 186).

4. Unterklasse Rosidae

Charakteristik: Diese Unterklasse ist gekennzeichnet durch **freikronblättrige, zyklische Blüten**, **zentripetale** Anlagefolge der Stamina bei sekundärer Polyandrie, **zentralwinkelständige Plazentation**, Tendenz zur **Diskusbildung**, zur Verbreiterung und **Einsenkung der Blütenachse** und zur **Reduktion der Samenanlagenzahl**.

Gliederung (Übersicht, vgl. Abb. 6.33.):

1. **Überordnung Rosanae** (oft **chorikarp**, vielsamig und sekundär polyandrisch, Blätter oft gefiedert): *Saxifragales* 15/3 000, (*Gunnerales* 1/50), (*Podostemales* 1/140), *Rosales* 3/3 000, *Fabales* 3/18 000.
(2. **Überordnung Proteanae**, Perigon einfach, Gynoeceum monomer; *Proteales* 1/1 050, südhemisphärische Gehölze.)
3. **Überordnung Myrtanae** (Blätter ungeteilt, Blüten radiär, oft **vierzählig**, mit becherförmiger Achse, Hypanthium; Gynoeceum **coenokarp**, **vielsamig**, **unterständig**): *Myrtales* 13/8 400, (*Rhizophorales* 1/85, *Haloragales* 3/160)
4. **Überordnung Rutanae** (Blätter oft **gefiedert**, Blüten fünfzählig, heterochlamydeisch, oft zygomorph und mit **Diskus**, Androeceum zweikreisig, Gynoeceum **oberständig**, meist synkarp, wenigsamig): *Rutales* 8/3 600, (*Sapindales* 9/2 400, mit Ahorn und Roßkastanie, vorwiegend trop.-subtrop. Bäume, *Litchi chinensis* Litchipflaume und *Nephelium lappaceum* Ramboutan, SO-As.), *Geraniales* 19/3 250, (*Tropaeolales* 2/105, *Polygalales* 5/2 250).
5. **Überordnung Celastranae** (Blätter ungeteilt, Blüten heterochlamydeisch oder Krone reduziert, meist nur noch **1 Staubblattkreis**, Gynoeceum oligomer, **ober- bis mittelständig, wenigsamig**): (*Celastrales* 5/900, z. B. Pfaffenhütchen), *Rhamnales* 3/1 670, *Santalales* 12/2 040, *Balanophorales* 2/100, (*Rafflesiales* 2/70), *Euphorbiales* 8/7 750, (*Thymelaeales* 1/500, *Elaeagnales* 1/65).
6. **Überordnung Aralianae** (Blüten heterochlamydeisch, mit **Diskus**, meist 1 Staubblattkreis, Gynoeceum **unterständig**, **wenigsamig**, Blütenstand Thyrsus → Dolde, Blätter gefiedert): (*Pittosporales* 3/200), *Araliales* 5/4 300.

1. Überordnung Rosanae (Merkmale s. oben)

Die **Ordnung Saxifragales** ist noch durch ursprüngliche Merkmale gekennzeichnet: ein z. T. noch chorikarpes, oberständiges Gynoeceum, endospermhaltige Samen und oft baum- oder strauchförmigen Wuchs. Unterständige Fruchtknoten haben bereits die holzigen *Grossulariaceae* (z. B. Johannisbeere, *Ribes rubrum*; Stachelbeere, *R. uva-crispa*). Die *Crassulaceae* (Dickblattgewächse) sind zwar bereits krautig, haben aber noch ein chorikarpes, oberständiges Gynoeceum (z. B. *Sedum*, Fetthenne). Am meisten abgeleitet sind schließlich die krautigen *Saxifragaceae* (z. B. *Saxifraga*, Steinbrech) mit coenokar-

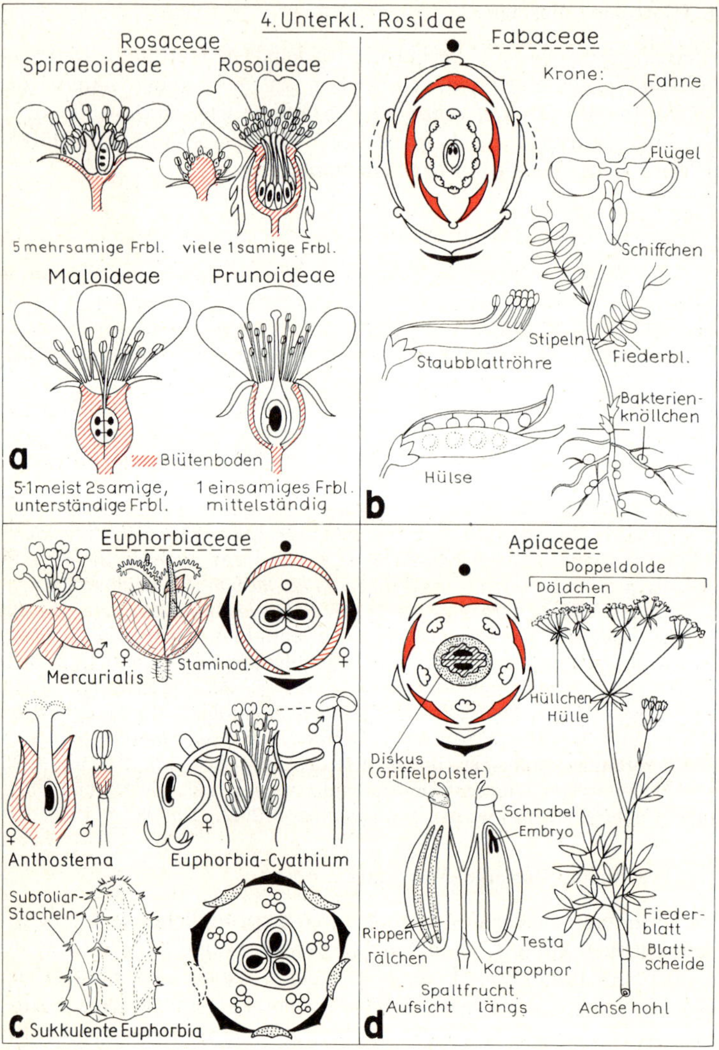
4. Unterkl. Rosidae
Rosaceae
Spiraeoideae
Rosoideae
5 mehrsamige Frbl.
viele 1samige Frbl.
Maloideae
Prunoideae
a
Blütenboden
5-1 meist 2samige, unterständige Frbl.
1 einsamiges Frbl. mittelständig
Fabaceae
Krone:
Fahne
Flügel
Schiffchen
Stipeln
Staubblattröhre
Fiederbl.
Bakterien-knöllchen
Hülse
b
Euphorbiaceae
Mercurialis
Staminod.
Anthostema
Euphorbia-Cyathium
Subfoliar-Stacheln
c Sukkulente Euphorbia
Apiaceae
Doppeldolde
Döldchen
Hüllchen
Hülle
Diskus (Griffelpolster)
Schnabel
Embryo
Rippen
Tälchen
Testa
Karpophor
Spaltfrucht
Aufsicht
längs
Fieder-blatt
Blatt-scheide
Achse hohl
d

Abb. 6.36.

pem, halbunterständigem, zweiblättrigem Gynoeceum, die auch am weitesten in kalte Gebiete vordringen.

Die **Ordnung Rosales** hat bereits endospermlose Samen, aber noch radiäre Blüten. Die ***Rosaceae*** (Rosengewächse, 3000) sind an den oft sekundär polyandrischen, radiärsymmetrischen Blüten (meist $* K5\ C5\ A\infty G\infty \rightarrow 5 \rightarrow 1$) mit chorikarpem oder einblättrigem Gynoeceum und an den meist geteilten, stipelntragenden Blättern zu erkennen. Die Familie wird auf Grund der fortschreitenden Reduktion der Fruchtblatt- und Samenanlagenzahl in 4 Unterfamilien gegliedert (Abb. 6.36. a.): *1. Spiraeoideae*: Gynoeceum mittelständig, vielsamige Balg- oder Sammelbalgfrüchte, z. B. *Spiraea*; *2. Rosoideae*: Gynoeceum ober- → mittelständig, Sammelfrüchte aus einsamigen Schließfrüchten, z. B. Erdbeere (*Fragaria*, vgl. Abb. 6.32.), Himbeere, Brombeere (*Rubus*, vgl. Abb. 6.32.), Rose (*Rosa*, Blütenachse krugförmig eingesenkt, Kelchblätter ◎, von unten nach oben einfacher, Abb. 6.36. a); *3. Maloideae*: Gynoeceum coenokarp, von der Blütenachse umwachsen, Apfelfrucht (vgl. S. 304) bei *Pyrus* (Birne), *Malus* (Apfel), *Cydonia* (Quitte) und *Sorbus aucuparia* (Eberesche); *4. Prunoideae*: Gynoeceum mittelständig, Einblatt-Steinfrüchte (Abb. 6.32.), zunehmende Infloreszenz-Reduktion von der langen Traube bei *Padus* (Traubenkirsche) über kurze Trauben bei *Cerasus mahaleb* (Weichsel) und 1 – 5blütige Infloreszenzen bei *C. avium* (Süßkirsche) bis zu Einzelblüten bei *Persica* (Pfirsich), *Armeniaca* (Aprikose, beide aus China), *Amygdalus* (Mandel, W-As.) und *Prunus* (Pflaume, Vorderasien). Schwärme schwer unterscheidbarer Arten entstanden durch Apomixis (vgl. S. 181) bei *Rubus*, *Rosa* und *Alchemilla* (Frauenmantel). Cyanogene Verbindungen (z. B. Amygdalin in bitteren Mandeln) sind bei allen Unterfamilien mit der Ausnahme der *Rosoideae* verbreitet.

Die **Ordnung Fabales** hat durchweg nur einblättrige Früchte, die sich zu der charakteristischen **Hülsenfrucht** (S. 302) entwickeln. Die meist gefiederten Blätter tragen auch hier **Stipeln**. Die Blüten der tropischen *Mimosaceae* (2500, z. B. *Acacia* und *Mimosa*) sind noch radiär, oft vierzählig und sekundär polyandrisch, die der ***Fabaceae*** (Schmetterlingsblütler, 13000) stark **zygomorph**: $\downarrow K(5)\ C5\ A(10)\ G\underline{1}$. Die Kelchblätter verwachsen meist untereinander, von den Petalen sind die beiden unteren teilweise verbunden (= **Schiffchen** , die seitlichen heißen **Flügel**, das obere **Fahne**, Abb. 6.36. b), von den Staubblättern verwachsen meistens 9 oder alle 10 miteinander. Der Pollen wird oft vom Griffel beim Auffliegen eines Insektes aus der Staubbeutelröhre herausgedrückt. Ursprüngliche Blätter sind unpaarig gefiedert (*Robinia*), abgeleitete gefingert (*Trifolium*, Klee), paarig gefiedert (mit Wickelranke z.B. bei *Vicia*, Wicke) oder ungeteilt (z.B. *Genista*, Ginster). Durch die Möglichkeit der Luftstickstoff-Bindung mit Hilfe symbiontischer **Knöllchenbakterien** in Wurzelknöllchen (Abb. 6.36. b, vgl. S. 437) sind die *Fabaceae* auch auf N-armen Böden wichtige **Eiweißlieferanten**: Futterpflanzen wie Klee (*Trifolium*), Luzerne (*Medicago*), Lupine (*Lupinus*), Gemüse wie Erbse (*Pisum*), Linse (*Lens*) und Bohne (*Phaseolus*, S-Am.) gehören hierher. Sojabohne (*Glycine max*, O-As.) und Erdnuß (*Arachis hypogaea*, S-Am., Hülsen unterirdisch reifend) sind die wichtigsten krautigen **Ölpflanzen** der Erde.

(**2. Überordnung Proteanae**, s. S. 317)

3. Überordnung Myrtanae (Merkmale s. S. 317)

Die **Myrtales** stimmen mit den *Rosales* in den **radiären**, oft sekundär **polyandrischen** Blüten und im **unterständigen** Fruchtknoten überein; häufig ist oberhalb des Fruchtknotens noch ein Achsenbecher (**Hypanthium**) ausgebildet. Mit den *Mimosaeae* teilen sie häufig **Tetramerie** und das Auftreten von **Pinselblumen**, in denen die gefärbten Filamente Schaufunktion übernehmen. Das Gynoeceum ist aber **coenokarp**, und die Blätter sind ungeteilt. Zu den *Myrtaceae* (3000, Gehölze) gehören wegen der schizo-lysigenen Sekretbehälter Heil- und Gewürzpflanzen: *Eucalyptus* mit 700 australischen Arten; *Syzygium aromaticum*, Gewürznelkenbaum, Heimat: Molukken.

4. Überordnung Rutanae (Merkmale s. S. 317)

Die **Rutales**, die ebenfalls **lysigene Sekretbehälter** aufweisen (z.B. Apfelsinenschale), sind mit ihren meist **radiären Blüten** und den **oberständigen**, vereinzelt noch chorikarpen Gynoeceen ein urtümlicher Zweig der *Rosidae*. Zu den meist tropischen *Rutaceae* (925) gehören die in zahlreichen Kulturformen kultivierten, ursprünglich südostasiatischen *Citrus*-Arten, deren Fruchtfleisch von saftigen Fruchtwand-Emergenzen gebildet wird. Der bei uns heimische Diptam (*Dictamnus*) vereint abgeleitete Merkmale (staudigen Wuchs, zygomorphe Blüte) mit ursprünglichen (Chorikarpie). Zu den harzführenden *Anacardiaceae* gehören Pistazie (*Pistacia vera*, medit.-orient.), Mango (*Mangifera indica*, SO-As.) und Kaschu-Nuß (*Anacardium occidentale*, Brasilien).

Unter den **Geraniales**, meist Kräutern mit fingernervigen oder fingerförmig geteilten Blättern ohne Exkretbehälter und mit $* (\rightarrow \downarrow)\ K5\ C5\ A5+5\ G(\underline{5})$ Blüten ohne Diskus, ist der Sauerklee (*Oxalis*) mit freien Griffeln und mit mehrsamigen Kapseln ursprünglich (*Oxalidaceae*, dazu *Averrhoa carambola*, Sternfrucht), der Storchschnabel (*Geranium*) mit verwachsenen Griffeln und einsamigen Fruchtblättern stärker abgeleitet. Auch hier kommt es (z.B. bei *Pelargonium*, Zierpflanze aus Südafrika) vereinzelt zur Zygomorphie der Blüten.

5. Überordnung Celastranae (Merkmale s. S. 317)

Stellung und Umgrenzung dieser Gruppe sind problematisch: Anschluß eher an *Violales* (S. 323), *Euphorbiales* eventuell näher zu *Urticales* und *Malvanae* (S. 306, 316), *Rafflesiales* zu *Magnoliidae*.

Bei den holzigen **Rhamnales** ist einer der beiden Staubblattkreise reduziert (**Haplostemonie**), nur der epipetale Kreis ist erhalten. Bei den *Rhamnaceae* entwickelt sich das mittelständige Gynoeceum der vierzähligen (*Rhamnus*, Kreuzdorn) oder fünfzähligen (*Frangula*, Faulbaum) Blüten zu einer Steinfrucht. Beim Weinstock, *Vitis vinifera*, einer ursprünglich südost–mitteleuropäischen Auwaldliane mit Sproßranken, werden die 5 an der Spitze verwachsenen Petalen beim Aufblühen als Ganzes abgeworfen.

Bei den **Euphorbiales**, die wegen des dreifächerigen Gynoeceums mit einem Samen in jedem Fach auch *Tricoccae* genannt wurden, fallen die Kronblätter meist ganz aus. Das gilt innerhalb der mannigfaltigen, vorwiegend tropischen Familie der ***Euphorbiaceae*** (7050) für das anemogame, diözische Bingelkraut (*Mercurialis*) mit dreiblättrigem Kelch (Abb. 6.36. c). Bei *Euphorbia* (Wolfsmilch) schließlich sind die Blüten extrem reduziert. Viele nur aus einem Stamen bestehende ♂ Blüten und eine nur aus dem dreiblättrigen Gynoeceum bestehende ♀ Blüte sind zu einem von Hochblättern mit Nektarien umgebenen Blütenstand (**Cyathium**) zusammengefaßt (Abb. 6.36. c). Hier ist offenbar durch Rückkehr von der Anemogamie zur Entomogamie eine funktionelle Einheit entstanden, die einer kleinen Zwitterblüte ähnelt.

Sukkulente *Euphorbia*-Arten übernehmen in den Trockengebieten der Alten Welt die ökologische Rolle der neuweltlichen Kakteen. Außer durch giftigen Milchsaft sind sie oft durch Dornen oder paarige Subfoliarstacheln geschützt. Genutzt wird der Milchsaft von *Hevea brasiliensis* zur Parakautschuk-Gewinnung. In den Tropen wird wegen stärkereicher Knollen der Maniok (*Manihot*, urspr. Am.) angebaut.

Die **Rafflesiales**, **Santalales** und **Balanophorales** sind ebenfalls monochlamydeisch. In Anpassung an Parasitismus sind sie zunehmend umgebildet: Von den *Santalales* wurzelt das Vermeinkraut (*Thesium*) noch in der Erde, entzieht aber mit Haustorien den Wirten Wasser und Nährsalze, die Mistel (*Viscum*) wächst als Hemiparasit in Baumkronen und zapft das Xylem des Wirts mit den umgebildeten Wurzeln an. *Balanophora* und *Rafflesia* (größte Blüte, 1 m ∅) schließlich sind chlorophyllose Holoparasiten auf den Wurzeln tropischer Gehölze.

Die **6. Überordnung Aralianae** (vgl. S. 317) mit ihrem **unterständigen Gynoeceum** aus 5 → 2 einsamigen Fruchtblättern ist stark abgeleitet und zeigt am ehesten Beziehungen zu *Rutales* (Abb. 6.33.). Den tropischen Holzpflanzen der *Araliaceae* (1 150, bei uns nur *Hedera*, Efeu) stehen hier die meist krautigen, extratropischen ***Apiaceae*** (*Umbelliferae*, Doldenblütler, 3 100) gegenüber. Die Zugehörigkeit zu dieser Familie ist anhand folgender Merkmale leicht festzustellen:

- Stengel hohl, auffällig in Knoten und Internodien gegliedert,
- Blätter meist gefiedert, wechselständig, mit Scheide,
- Geruch nach etherischen Ölen (Terpen- und Phenylpropankörper in schizogenen Exkretgängen),
- Blüten ∗ K5 (reduz.) C5 A5 G($\overline{2}$) mit Diskus (Griffelpolster),
- Blütenstand Doppeldolde (Abb. 6.35. a, vgl. S. 133),
- Frucht Spaltfrucht mit 2 einsamigen Teilfrüchten, deren Fruchtwand mit der Testa verwächst, Samen endospermreich (Abb. 6.36. d).

Die Teilfrüchte zeigen im Querschnittsbild 5 Hauptrippen und (dazwischen) 6 Ölstriemen, ihr Bau und ihre Gestalt sind für die Gliederung der großen Familie und für die Bestimmung wichtig. Speicherknollen bzw. -rüben haben die Gemüsepflanzen Sellerie (*Apium*) und Möhre (*Daucus*). Wegen der etherischen Öle werden viele Apiaceen als Heil- und Gewürzpflanzen genutzt: Petersilie (*Petroselinum*), Dill (*Anethum*), Fenchel (*Foeniculum*), Kümmel (*Carum*).

5. Unterklasse Dilleniidae

Charakteristik: Als Parallelgruppe zu den *Rosidae* entsprechen die *Dilleniidae* diesen im Blütenbau. Bei sekundärer Staubblattvermehrung ist die Anlagefolge aber **zentrifugal** (Abb. 6.37. a, vgl. S. 316). Die Blätter sind meist ungeteilt. Progressionstendenzen sind im Gynoeceum Chorikarpie → Synkarpie → **Parakarpie** (Unterständigkeit ist selten), im Androeceum sekundäre Vermehrung, aber auch Reduktion eines Staubblattkreises, in der Blütenhülle Verwachsung der Petalen, so daß hier neben choripetalen auch schon **sympetale** Ordnungen vorkommen.

Gliederung (Übersicht):

1. **Überordnung Dillenianae** (incl. *Theanae*, *Violanae*; chorikarp → synkarp → parakarp, vielsamig): *Dilleniales* 1/400, *Theales* 20/3 500, (*Sarraceniales* 1/17, *Nepenthales* 1/70, *Droserales* 1/110), *Violales* 16/3 400, *Capparales* 10/4 200, *Salicales* 1/350, (*Begoniales* 2/920), *Cucurbitales* 1/850.
2. **Überordnung Malvanae** (synkarp, wenigsamig): *Malvales* 9/3 530, hierher evtl. auch *Urticales*, *Euphorbiales*.
3. **Überordnung Primulanae** (synkarp → lysikarp, sympetal, Saponine): (*Ebenales* 4/1 900), *Primulales* 5/1 900.

4. Überordnung Cornanae (choripetal → sympetal, unitegmische Samenanlagen, Endospermhaustorien, Iridoide): *Cornales* 30?/2200, *Ericales* 10/3000.

Die **1. Überordnung Dillenianae** läßt sich an die *Magnolianae* anschließen über die **Dilleniales**, tropische Gehölze mit wenig verwachsenem Gynoeceum. Sie ähneln der **Ordnung Theales**, die ebenfalls ein zentrifugal sekundär vermehrtes Androeceum, aber bereits ein synkarpes Gynoeceum mit zentralwinkelständiger Plazentation bildet (z. B. *Actinidia*, Kiwi, ostasiatische Lianen mit vielsamigen Beeren, Narben noch frei). Von den *Theaceae* (600) wird bei uns die Kamelie (*Camellia japonica*) als Zimmerpflanze kultiviert. Die schraubig gestellte Blütenhülle geht hier gleitend in die Hochblätter über. Zur gleichen Gattung gehört der ursprünglich chinesische Teestrauch (*Camellia sinensis*). Bei den verwandten *Hypericaceae* (Hartheugewächse, 1000) ist der Fruchtknoten nur noch unvollständig gefächert. Diese Reihe führt schließlich zu dem 2–3blättrigen **parakarpen** Gynoeceum der **Ordnung Violales**. Eine zentrale Stellung nehmen hier die tropischen *Flacourtiaceae* (1300) ein, Holzpflanzen mit z. T. noch schraubigem Perianth, zahlreichen Staubblättern und radiären Blüten. Hier schlie-

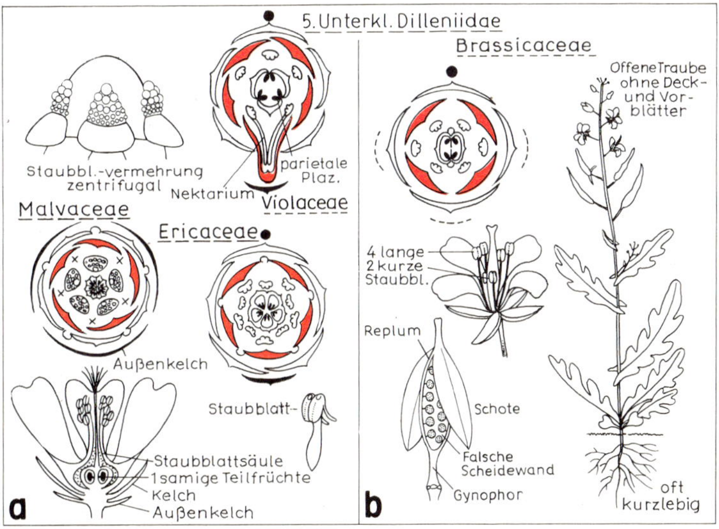

Abb. 6.37.

ßen nicht nur die zygomorphblütigen *Violaceae* (Veilchengewächse, 900, z.T. noch holzige Lianen, Abb. 6.35.c), sondern über die *Tamaricaceae* (Tamariskengewächse, $\ast$ K5 C5 A5+0 G($\underline{3}$), 100 haloxerophile Arten) auch die *Salicaceae* (Weidengewächse, 350, **Ordnung Salicales**) an, in deren zweiblättrigen Fruchtknoten die schopfig behaarten Samen ebenfalls parietal stehen. Die entomogamen, diözischen Blüten der Weide (*Salix*) sind in traubigen Kätzchen angeordnet. Bei den ebenfalls kätzchenblütigen, anemogamen Pappeln (*Populus*) ist noch ein becherförmiger Perianthrest zu beobachten, selten auch noch Zwitterblüten. Zu den sympetalen **Cucurbitales** (nur *Cucurbitaceae*, Kürbisgewächse, 850), die Sproßranken-Kletterer mit eingeschlechtigen Blüten und riesigen Früchten („Panzerbeeren" mit parietaler Plazentation: Kürbis, *Cucurbita*, trop. Am.; Gurke, *Cucumis*, Indien; Wassermelone, *Citrullus*, Afr.) enthalten, vermitteln die ebenfalls rankenkletternden *Passifloraceae* (Passionsblumengewächse, 630), bei denen z.T. auch schon verwachsene Kronröhren auftreten. Mehrere *Passiflora*-Arten werden als Obst kultiviert (Maracuja, Früchte bis 4 kg).

Parietale Plazentation und Diskusbildungen verbinden mit den *Flacourtiaceae* auch die **Capparales**. Biochemisch sind sie durch **Senfölglykoside** ausgezeichnet, die durch das bei Verletzung freiwerdende Enzym Myrosinase gespalten werden und den senf- oder kohlartigen Geschmack der Kapern und Kreuzblütler verursachen. Während die *Capparaceae* (Kapernstrauchgewächse, 930) noch Holzpflanzen sind und oft zahlreiche Staubgefäße besitzen, haben die ***Brassicaceae*** (*Cruciferae*, Kreuzblütler, 3200) nur 2 + 4 Staubgefäße und sind meist Kräuter. Diese wichtigste Familie der *Dilleniidae* ist nach ihren **tetrameren Blüten** benannt: ·|· K4 C4 A2+4 G($\underline{4}$), die für die ganze Familie ebenso charakteristisch sind wie die **traubigen Blütenstände mit deckblattlosen Einzelblüten** und die **Schotenfrucht**, eine Kapsel aus 4 parakarpen Fruchtblättern. Die beiden fertilen Fruchtblätter bilden einen stehenbleibenden Rahmen, von dem sich die beiden sterilen ablösen. Durch eine falsche (?) Scheidewand wird die Schote zweifächerig (Abb. 6.37.b). Nach diesem Merkmalskomplex und dem Kohlgeschmack, der schon an den meist herzförmigen Keimblättern spürbar ist, sind die Vertreter dieser Familie leicht zu erkennen.

Bei Reduktion der Samenzahl können aus den Schoten einsamige Nüsse werden, beim Hederich und anderen Arten sind die Schoten zwischen den Samen eingeschnürt und zerfallen als Bruchfrüchte in einsamige Teile, ohne sich zu öffnen. Wirtschaftlich wichtig sind als Öl-, Futter-, Gewürz- und Gemüsepflanzen der an Kulturvarietäten reiche Kohl (*Brassica oleracea*), der Raps (*B.*

napus ssp. *napus*) und die zur selben Art gehörende Kohlrübe (*B. napus* ssp. *rapifera*), der Senf (*Sinapis alba*), Rettich und Radieschen (*Raphanus sativus*). Zierpflanzen sind Goldlack (*Cheiranthus cheiri*), Blaukissen (*Aubrieta*) und Levkoje (*Matthiola*).

Die **2. Überordnung Malvanae** (**Ordnung Malvales**, Stellung s. S. 316) ist außer dem meist **synkarpen**, **wenigsamigen** Gynoeceum durch **Schleimzellen**, gedrehte Knospenlage der Petalen und zentrifugale Vermehrung des allein vorhandenen inneren Staubblattkreises ausgezeichnet. Während bei den vorwiegend holzigen *Tiliaceae* (Lindengewächse, 450) die Staubblätter noch frei sind (reizbar bei *Sparmannia*, Zimmerlinde), sind ihre Filamente bei den mehr krautigen *Malvaceae* (Abb. 6.37. a) zu einer Säule verwachsen (1 000, z. B. *Malva*, Malve; *Gossypium*, Baumwolle mit Kapseln, darin ölreiche Samen mit 6 cm langen Testa-Haaren), ebenso bei den tropischen *Sterculiaceae* (700) mit dem Kakaobaum (*Theobroma*) aus dem nördlichen Südamerika und der Kolanuß (*Cola*) aus Afrika. Monothezische Stamina wie die *Malvaceae* haben die *Bombacaceae* mit dem Baobab (*Adansonia*, Tonnenstämme, fledermausblütig, Afr.) und dem Kapokbaum (*Ceiba pentandra*, Fruchtwandhaare zum Polstern).

Die 3. und 4. Überordnung enthalten auch verwachsenkronblättrige (**sympetale**) Sippen, diese unterscheiden sich aber von den *Asteridae*, den „eigentlichen Sympetalen" durch das Vorhandensein von 2 Staubblattkreisen bzw. den Ausfall des äußeren Kreises.

Die **3. Überordnung Primulanae** steht den *Theales* nahe. Von den *Ericanae* unterscheidet sie sich durch die bitegmischen Samenanlagen und den Saponingehalt. Die Staubblätter sind mit den meist sympetalen, radiären Kronen verwachsen. Im Gynoeceum der **Primulales** wird an den Karpellbasen nach Schwund der Septen eine **Zentralplazenta** gebildet. Hier geht die Entwicklung – ähnlich wie bei den *Araliales* und *Saxifragales* – von tropischen Gehölzen (*Myrsinaceae*, 1 000) bei den *Primulaceae* (1 000) bis zu annuellen Unkräutern (*Anagallis*, Gauchheil) und bis zu Kräutern der Hochgebirge und Arktis (*Primula*, Primel; Sicherung der Fremdbestäubung durch **Heterostylie**: Der Pollen kurzgriffeliger Pflanzen mit hoch in der Kronröhre inserierten Stamina wird auf langgriffelige Pflanzen mit tiefsitzenden Stamina übertragen und umgekehrt.).

Als **4. Überordnung Cornanae** wird auf Grund biochemischer und embryologischer Merkmale eine Reihe von Familien zusammengefaßt, die bisher auf ganz verschiedene Gruppen verteilt waren (besonders auf die *Saxifragales*, *Celastrales*, *Aralianae*, *Ebenales*). Der **Iridoid**-Gehalt verbindet die *Cornanae* mit den *Lamianae* (S. 327). Von den freikronblättrigen, meist holzigen **Cornales**, zu denen auch mehrere isolierte, monotypische Familien gestellt werden, sind in Zentraleuropa die Kornelkirsche (*Cornus*) und die immergrüne Stechpalme (*Ilex*) heimisch. – Weitgehend sympetal sind die **Ericales**, immergrüne (Zwerg-)Sträucher mit poriciden Antheren (Abb. 6.37. a) und Tetradenpollen. Ihre wichtigste Familie sind die *Ericaceae* (Heidekrautgewächse, 2600, Abb. 6.37. a), mykotrophe Rohhumusbesiedler kühlfeuchter Klimate, mit den großen Gattungen *Rhododendron* (600, dazu auch die Zimmer-Azaleen) und *Vaccinium* (400, Heidel-, Preisel-, Trunkel-, Moosbeere) und dem Heidekraut (*Calluna*).

6. Unterklasse Asteridae

Charakteristik: Diese am stärksten abgeleitete, größte Unterklasse der Dikotylen ist gekennzeichnet durch

- **sympetale**, radiäre oder oft zygomorphe Blüten mit nur **einem episepalen Staubblattkreis** (A5 → A2), der fast stets mit der Krone verwächst,
- meist zweikarpelliges, syn- oder parakarpes Gynoeceum mit Tendenz zur Unterständigkeit,
- tenuinucellate, unitegmische Samenanlagen,
- Tendenz zur Pseudanthienbildung,
- weitgehendes Fehlen von Gerbstoffen.

Verwandtschaft: Die *Asteridae* sind zwar innerhalb der Dikotylen ein gut abgegrenzter Verwandtschaftskreis. Die beiden Überordnungen sind aber wohl getrennt entstanden, denn die *Lamianae* zeigen im Vorkommen iridoidartiger Verbindungen engere Beziehungen zu den *Saxifragales-Cornales* (Abb. 6.33. b), die *Asteranae* im Vorkommen von Polyinen (Polyacetylenen) Übereinstimmung mit den *Araliales*.

Gliederung (Übersicht):

1. **Überordnung Lamianae**: *Gentianales* 13/14200, *Dipsacales* 4/1390, *Oleales* 1/600, *Solanales* (incl. *Boraginales* u. *Loasales*) 9/8000, *Scrophulariales* 16/10200, *Lamiales* 3/8100.
2. **Überordnung Asteranae**: *Campanulales* 7/2490, *Asterales* 2/22000.

Merkmale der beiden Überordnungen:

	Lamianae	*Asteranae*
Pseudanthien	selten	vorherrschend
Antheren	untereinander frei	postgenital verbunden
Gynoeceum	meist oberständig	unterständig
Milchsaftröhren	selten	häufig
Iridoide (Abb. 6.33. b)	verbreitet	fehlend
Inulin	fraglich	verbreitet
Polyine	fehlend	häufig (*Asteraceae*)

1. Überordnung Lamianae

Die drei ersten Ordnungen enthalten vorwiegend Holzpflanzen mit radiären Blüten, die 3 übrigen meist Kräuter mit zygomorphen Blüten.

Die **Gentianales** haben ganzrandige, dekussierte Blätter, häufig bikollaterale Bündel und Indol-Alkaloide (z. B. Strychnin in der Brechnuß, *Strychnos nux-vomica*). Die Blüte: $* \; K(4 \text{ oder } 5) \; [C(4 \text{ oder } 5) \; A4 \text{ oder } 5] \; G(\underline{2})$ oder $G(\overline{2})$ zeigt als Besonderheit gedrehte Knospenlage der Petalen. – Die krautigen *Gentianaceae* (9000, z. B. *Gentiana*, Enzian) enthalten Bitterstoffe. – Die *Apocynaceae* (Hundsgiftgewächse, 2000, z. B. *Vinca*, Immergrün; *Nerium*, Oleander) und die *Asclepiadaceae* (Seidenpflanzengewächse, 1700, z. B. *Vincetoxicum*, Schwalbenwurz; *Dischidia* mit humussammelnden Urnenblättern) sind meist giftige Tropengehölze mit Milchröhren. Durch Förderung der unverwachsenen Zone des Gynoeceums entstehen sekundär fast chorikarpe Doppelbalgfrüchte. Die *Aslepiadaceae* haben besonders spezialisierte Klemmfallenblüten: Antheren und Narbe verwachsen zum „Gynostegium". Der Narbenkopf bildet Klemmkörper, die von den Bestäuberinsekten mit dem zu Pollinien verklebten, von einer gemeinsamen Exine umgebenen Pollen herausgezogen werden. Aus Staubblattanhängseln entsteht eine nektarführende Nebenkrone. Bei den *Apocynaceae* gibt es diese Anpassungen noch nicht.

Die ***Rubiaceae*** (Rötegewächse, 9000) sind ebenfalls vorwiegend tropische Gehölze, dekussiert beblättert und reich an Indol-Alkaloiden. Die Leitbündel sind jedoch kollateral, das Gynoeceum der meist trichterförmigen Blüten ist unterständig. Es entwickelt sich bei ursprünglicheren Sippen (Unterfamilie *Cinchonoideae*, z. B. *Cinchona*, Chinarindenbaum, Indolalkaloid Chinin) zu einer vielsamigen Kapsel, bei abgeleiteten (Unterfamilie *Rubioideae*) zu zweisamigen Steinfrüchten (z. B. *Coffea*, Kaffee, mit dem alkaloidähnlichen Purinderivat Coffein) oder zu einer Spaltfrucht (z. B. bei *Galium*, Labkraut). *Galium* hat scheinwirtelige Blätter, die durch Verwachsung der Stipeln mit dem dekussierten Blattpaar und Aufteilung des so gebildeten Primordialringes entstehen, z. B. *G. odoratum*, Waldmeister. Die epiphytische *Myrmecodia* bildet von Ameisen bewohnte Sproßknollen mit Wurzeldornen.

Die **Dipsacales** mit ebenfalls dekussierten, aber oft geteilten Blättern enthalten mit den *Caprifoliaceae* (Heckenkirschengewächse, 450, z. B. *Lonicera*, Geißblatt) und den *Valerianaceae* (Baldriangewächse, 400) bereits Gruppen mit schwach zygomorphen Blüten und Gynoeceum-Reduktion bis zur Einsamigkeit. Wie bei den *Rubiaceae* ist das Gynoeceum unterständig, was bei den *Lamianae* eine Ausnahme ist.

Die **Oleales** (nur *Oleaceae*, Ölbaumgewächse, 600) vermitteln zwischen *Gentianales*, *Scrophulariales* und *Celastranae*; mit den letzteren verbindet z. B. der holzige Wuchs, die Tetramerie der Blüten und die Staubblattreduktion: * K(4) [C(4) A2] G(2), mit den ersteren die Dekussation und das zweiblättrige, oberständige Gynoeceum. Aus dem Fleisch der Steinfrüchte von *Olea* wird das Olivenöl gewonnen, der kapselfrüchtige Flieder (*Syringa*, Abb. 6.30. a) ist als Zierstrauch, die sekundär zur Anemogamie übergegangene und infolgedessen apetale und fast diözische Esche (*Fraxinus excelsior*, mit Flügelnuß) als Nutzholz bekannt.

Die 3 folgenden Ordnungen, die auch als **Tubiflorae** zusammengefaßt werden, sind meist Kräuter ohne Nebenblätter, mit oberständigen, syn- → parakarpen Fruchtknoten und Tendenz zur Reduktion der Samenzahl.

Die **Solanales** haben radiäre Blüten. Iridoide fehlen. Die Petalen der *Convolvulaceae* (Windengewächse, 1650) sind in der Knospenlage wie die der *Gentianales* gedreht. Die Früchte sind viersamige Kapseln. Wie bei den *Solanaceae* treten bikollaterale Bündel und Tropanalkaloide auf. Die Süßkartoffel oder Batate (*Ipomoea batatas* aus Am.) ist die wichtigste tropische Knollenfrucht. Die parasitischen, fast chlorophyllfreien *Cuscutaceae* (Teufelszwirngewächse) schließen an die *Convolvulaceae* an. Die rauhblättrigen *Boraginaceae* (Boretschgewächse, 2400) haben wie die *Lamiaceae* (s. S. 330) 4 einsamige Klausenfrüchte (Mikropyle jedoch nach oben!) und doppelwickelige Infloreszenzen, aber wechselständige Blätter. Oft ist die Kronröhre am Ende zu „Schlundschuppen" eingestülpt. *Myosotis* (Vergißmeinnicht) und *Heliotropium* werden als Zierpflanzen, *Borago* (Boretsch) als Gewürz- und Bienenfutterpflanze angebaut.

Die Blüten der ***Solanaceae*** (Nachtschattengewächse, 2900 Arten, Abb. 6.38. b) besitzen noch 5 Stamina: * K(5) [C(5) A5] G(2), die 2 Fruchtblätter werden zu Kapseln (z. B. *Nicotiana*, Tabak; *Petunia* beide trop. Am., *Datura*, Stechapfel) oder Beeren (*Solanum tuberosum*, Kartoffel; *Lycopersicon*, Tomate; *Capsicum*, Paprika, alle trop. Am.; *Atropa*, Tollkirsche) mit dicken Plazenten. Bikollaterale Bündel und Tropan-Alkaloide (s. S. 454 f.) kennzeichnen die *Solanaceae* als natürliche Einheit.

Die ebenfalls überwiegend krautigen **Scrophulariales** haben **zygomorphe** Blüten. Bei den *Scrophulariaceae* (Braunwurzgewächse, 3100) ist eine Tendenz zur **Staubblattreduktion** zu beobachten (Abb. 6.38. a). Allerdings ist die Folge der abgebildeten Sippen nicht als phylogenetische Reihe zu verstehen. Wie bei den *Lamiaceae* sind die Blüten oft zweilippig (z. B. *Antirrhinum*, Löwenmaul), auch dekussierte Blattstellung und vierkantige Stengel kommen vor (z. B. *Scrophularia*, Braunwurz), aber im Gegensatz zu den Lippenblütlern

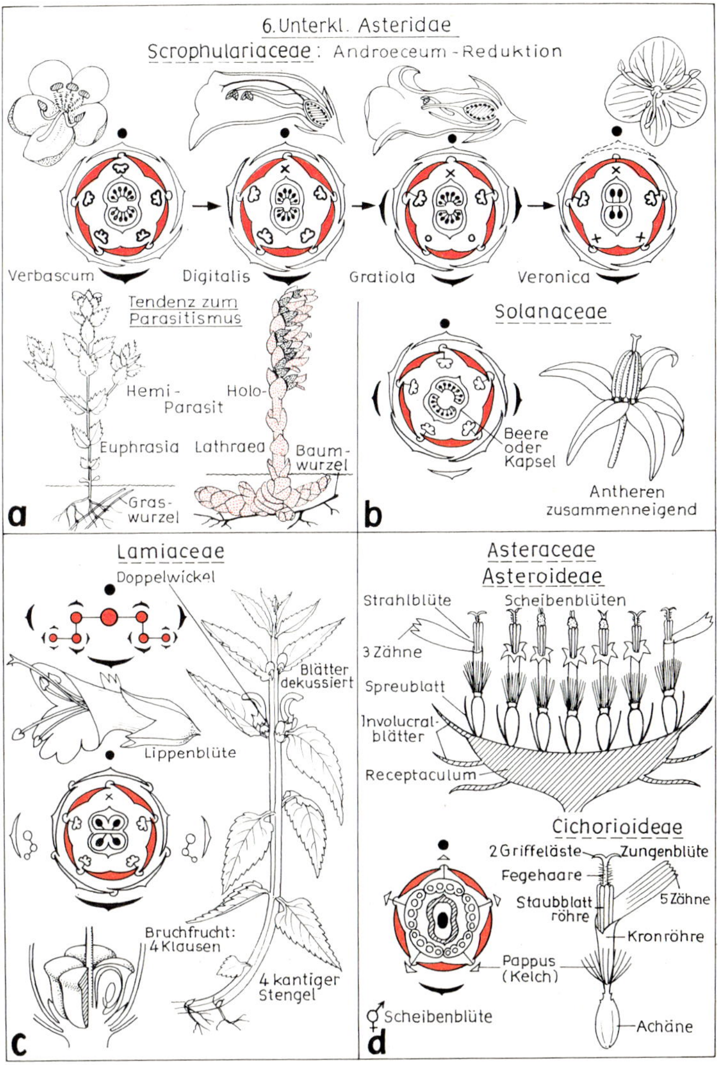
6. Unterkl. Asteridae
Scrophulariaceae: Androeceum-Reduktion
Verbascum
Digitalis
Gratiola
Veronica
Tendenz zum Parasitismus
Hemi-
Holo-
Parasit
Euphrasia
Lathraea
Baum-wurzel
Gras-wurzel
a
Solanaceae
Beere oder Kapsel
Antheren zusammenneigend
b
Lamiaceae
Doppelwickel
Blätter dekussiert
Lippenblüte
Bruchfrucht: 4 Klausen
4 kantiger Stengel
c
Asteraceae
Asteroideae
Strahlblüte
Scheibenblüten
3 Zähne
Spreublatt
Involucral-blätter
Receptaculum
Cichorioideae
2 Griffeläste
Zungenblüte
Fegehaare
Staubblatt röhre
5 Zähne
Kronröhre
Pappus (Kelch)
Achäne
⚥ Scheibenblüte
d

Abb. 6.38.

haben die Braunwurzgewächse fast immer mehrsamige Kapselfrüchte. Gegenüber den verwandten *Solanaceae* ist die Familie durch kollaterale Bündel und Iridoid-Gehalt ausgezeichnet. Bei *Veronica* (Ehrenpreis) ist nicht nur die Staubblattzahl reduziert (Abb. 6.38. b), sondern auch einer der 5 Kelchzipfel; die Krone ist durch Verschmelzung der oberen Kronblätter vierteilig. Wegen herzwirksamer Cardenolide wird *Digitalis* (Fingerhut) genutzt. An die parasitische Tribus *Rhinantheae* mit den hemiparasitischen Wiesenpflanzen *Rhinantus* (Klappertopf, Schwarzfärbung beim Trocknen durch Iridoide) und *Euphrasia* (Augentrost, Abb. 6.38. a) sowie dem fast chlorophyllfreien Baumwurzel-Vollparasiten *Lathraea* (Schuppenwurz, Abb. 6.38. a) sind die holoparasitischen *Orobanchaceae* (Sommerwurzgewächse, 150) anzuschließen.

Die **Lamiales** sind bei uns vor allem durch die große, in trockenwarmen Gebieten häufige Familie ***Lamiaceae*** (Lippenblütler, 7000) vertreten. Diese sind leicht an folgenden Merkmalen zu erkennen:

- dekussierte Blätter an vierkantigen Sproßachsen,
- in Doppelwickeln stehende, zygomorphe „Lippenblüten", in denen die zwei oberen Petalen zur Oberlippe, die 3 unteren zur Unterlippe verwachsen: ↓ K(5) [C(5) A4] G$(\underline{2})$, Abb. 6.38. c,
- Frucht aus 4 einsamigen **Klausen**, die sich durch eine echte und eine falsche Scheidewand aus dem zweiblättrigen, oberständigen Gynoeceum entwickeln. (Darin sind Mikropyle und Radicula im Gegensatz zu den *Boraginaceae*-Klausen nach unten gerichtet.)

Charakteristische Drüsen (Abb. 4.5. c) mit etherischen Ölen, besonders Mono- und Sesquiterpenen, bedingen den aromatischen Geruch und die Verwendung von *Majorana* (Majoran), *Satureja* (Bohnenkraut), *Rosmarinus* (Rosmarin), *Lavandula* (Lavendel), *Thymus* (Thymian), *Salvia* (Salbei, nur 2 Stamina mit je 1 Theke, Hebelmechanismus bei Bestäubung) und *Mentha* (Minze) als Heil- und Küchenkräuter.

2. Überordnung Asteranae (Merkmale s. S. 326)

Campanulales. Bei den *Campanulaceae* (Glockenblumengewächse, 1000) wird aus dem 3- oder 5blättrigen, synkarpen Gynoeceum eine vielsamige Kapsel. Die Samen sind noch endospermreich, die Antheren bleiben meist noch frei. Die Infloreszenzen zeigen eine Progression von geschlossenen Thyrsen (*Campanula*, Glockenblume) über offene Ähren und Kolben (*Phyteuma*, Teufelskralle) zu Köpfchen mit einem Hüllkelch aus sterilen Brakteen (Pseudanthienbildung, z. B. *Jasione*, Sandknöpfchen).

Asterales. Bei den *Asteraceae* (*Compositae*, Korbblütler, 22000) bildet der typische, von einer offenen Ähre abzuleitende Blütenstand (**Köpfchen**) eine funktionelle Einheit (Blume). Der Hüllkelch (**Involucrum**) umgibt zahlreiche Einzelblüten, die besonders bei ursprünglichen Gattungen auf dem verbreiterten Blütenstandsboden (**Receptaculum**) noch in der Achsel von Tragblättern (**Spreublättern**, Abb. 6.38. d, z. B. *Helianthus*, Sonnenblume, Ölpflanze) stehen. Die Einzelblüten haben einen zweiblättrigen, unterständigen, zu einsamigen, endospermlosen **Achänen** werdenden Fruchtknoten mit zweiteiliger Narbe und einen außen mit Fegehaaren besetzten Griffel sowie einen in Haare (**Pappus**, Flugorgan), Schuppen oder Borsten aufgelösten oder ganz reduzierten Kelch (Abb. 6.38. d). Die Stamina sitzen mit freien Filamenten an der im Grundbauplan 5zipfeligen, glockigen Kronröhre (Abb. 6.38. d). Die 5 Antheren sind postgenital untereinander zu einer Röhre verbunden, der Pollen wird von den Griffelhaaren ausgefegt.

Die Krone ist bei den beiden Unterfamilien, den weitgehend milchsaftfreien, schizogene Öl- und Harzgänge besitzenden *Asteroideae* und den Milchsaft führenden *Cichorioideae* verschieden ausgebildet. Bei den *Asteroideae* gibt es radiäre Scheibenblüten, bei vielen Gattungen außerdem zweilippige Zungen- oder Strahlblüten, bei denen 3 Zipfel die Unterlippe bzw. den Strahl, 2 die meist ganz reduzierte Oberlippe bilden. Die Strahlblüten haben dann 3 Zähne. Sie sind oft abweichend gefärbt (weiß bei *Bellis*, Gänseblümchen). Bei manchen Arten werden ♂ und ♀ Köpfchen gebildet (*Xanthium*, Spitzklette); *Antennaria dioica* (Katzenpfötchen) ist sogar zweihäusig. Heilpflanzen sind *Matricaria* (Kamille), *Tussilago* (Huflattich) und *Artemisia* (Beifuß, anemogam!). Sehr viele Gattungen enthalten Zierpflanzen, z. B. *Cosmos*, *Tagetes*, *Aster*, *Callistephus* (die annuelle Gartenaster), *Chrysanthemum*, *Gerbera* und *Dahlia*.

Die Unterfamilie *Cichorioideae* hat im Gegensatz zu den *Asteroideae* stets Zwitterblüten, deren lange Zunge 5 Zähne trägt, weil alle 5 Kronzipfel an ihrer Bildung beteiligt sind. Der Milchsaft wurde bei *Taraxacum kok-saghyz* (Löwenzahn-Art) zu Kautschuk verarbeitet. Als Gemüse werden *Scorzonera hispanica* (Schwarzwurzel), *Cichorium intybus* (Chicoree) und *Lactuca sativa* (Salat) genutzt. 800 Sammelarten mit zahlreichen apomiktischen „Kleinarten“ umfaßt *Hieracium* (Habichtskraut).

Tabelle 6.9. Merkmale der Dicotyledoneae und Monocotyledoneae (vgl. Abb. 6.34. a, b)

Merkmal	Typische Merkmalsausbildung bei Dikotylen	Typische Merkmalsausbildung bei Monokotylen	Ausnahmen (Merkmale der anderen Klasse) bei Dikotylen	Ausnahmen (Merkmale der anderen Klasse) bei Monokotylen
a) Blätter				
Keimblätter	2, lateral	1, pseudoterminal, oft haustorial	*Ficaria*, *Corydalis*, *Bunium*, *Pinguicula* 1, *Degeneria* 3	*Dioscorea* lateral
Blattnervatur	fiederig	parallel	*Bupleurum*, *Plantago*	*Smilax*, *Dioscorea*, *Araceae*
Nervenenden	± offen	± geschlossen (verbunden)		
Blattspuren	1 – 3	viele	*Plantago*, *Apiaceae* z. T.	*Hydrocharitales*
Stipeln	oft vorhanden	fehlen	oft fehlend, z. B. *Brassicaceae*	
Blattstiel	oft vorhanden	fehlt, breite Basis oder Scheide	sitzende Blätter, z. B. *Caryophyllaceae* z. T.	*Araceae*, *Arecaceae*, *Smilax*, *Dioscorea*
Blattspreite	oft gezähnt und zusammengesetzt	ganzrandig, keine echte Fiederung	oft ungeteilte Blätter	*Araceae*, *Arecaceae* (Scheinfiederung!)
Vorblätter	2, transversal	1, adossiert	*Ranunculus*, *Aristolochiac.*, *Annonaceae*, *Nymphaeaceae*	*Hydrocharis*, *Najas*, *Dioscorea*
b) Sproßachse				
Wuchsform	urspr. holzig	urspr. krautig	viele Kräuter	Palmen, *Dracaena*
Beiknospen	serial (S. 128 ff.)	kollateral	*Stylidium* (*Campanulales*)	*Dioscorea*
Fasciculäres Kambium	vorhanden (Bündel offen)	fehlt (B. geschlossen)	*Ranunculus* z. T., *Nymphaea*	*Dioscorea*, *Dracaena*
Sekundäres Dickenwachstum	vorhanden	fehlt	Sumpf- und Wasserpflanzen wie *Nymphaea*	baumförmige *Liliales* (anomal!)

Tabelle 6.9. (Fortsetzung)

Stele	Eustele (Leitbündel ringförmig angeordnet)	Ataktostele (Leitbündel über Sproßquerschnitt verteilt)	*Podophyllum*, *Nymphaea*, *Piperaceae*, *Ranunculus* z. T.	*Dioscorea*
Phloem-parenchym	vorhanden	fehlt	*Ranunculaceae*, *Aristolochiaceae*,	
Siebröhren-plastiden	S-Typ	meist P-Typ	*Magnolianae*, *Caryophyllidae*	
c) Wurzeln				
Bewurzelung	allorrhiz (S. 161)	homorrhiz	*Nymphaeaceae*, *Ranunculaceae*, *Asteraceae* z. T.	baumförmige *Liliales*
Wurzel-Leitbündel	oligarch	polyarch	*Nymphaea*	*Liliales* z. T
Dermatogen	innerste Lage der Kalyptra	äußerste Lage des Veget.-Punktes	*Nymphaea*	
d) Blüten	tetramer oder pentamer	trimer	*Aristolochiaceae* *Cabomba*, *Rheum*	*Paris*, *Potamogeton*
Nektarien	nie septal	oft in Ovarsepten		
Tapetum	oft zellulär	oft periplasmodial		
Pollenmutter-zellen-Teilung	± simultan	± sukzedan	} viele Ausnahmen	
Endosperm-bildung	nucleär oder zellulär, selten helobial	helobial oder nucleär, selten zellulär	} viele Ausnahmen	
Pollen	zonocolpat, oft tricolpat	anacolpat, anaporat, 1 Apertur	*Nymphaeaceae*, *Magnoliaceae*	

2. Klasse Monocotyledoneae (Liliopsida), Einkeimblättler 58400 Arten

Charakteristik: Die Klasse unterscheidet sich von Dikotyl(edon)en durch einen ganzen Komplex von Merkmalen (Abb. 6.34. a, b), die z. T., wie die Lebensdauer der Hauptwurzel und das sekundäre Dickenwachstum, eng miteinander verknüpft sind. Es gibt aber überall Ausnahmen und kein einziges Merkmal, das allein zur klaren Trennung der Klassen ausreichen würde (Tab. 6.9). Besonders die *Nymphaeales* mit Homorrhizie, Ataktostele, polyarchen Wurzel-Leitbündeln, unpaarigem Vorblatt, teilweise trimeren Blüten und monocolpatem Pollen nehmen eine Zwischenstellung ein, sie werden aber wegen des dikotylen Embryos zu den Zweikeimblättlern gestellt. Wenn bei *Paris* (Einbeere) vierzählige Blüten, bei *Ranunculus ficaria* (Scharbockskraut) monokotyle Embryonen auftreten, so reicht das für die Zuordnung nicht aus, sondern die **Gesamtheit der Merkmale** ist entscheidend.

Stellung: Während die Monokotylen früher wegen ihrer einfacheren Organisation vor die Dikotylen gestellt wurden, betrachtet man sie heute allgemein als sekundär vereinfacht und von gefäßlosen, krautigen dikotylen Vorfahren abgeleitet. Über die Beziehungen zu den *Magnoliidae* vgl. S. 305 f. Sehr ähnlich sind z. B. *Piperales* und *Arales*. Ursache des krautigen Wuchses und der Vereinfachung des vegetativen Bereiches ist nach Takhtajan eine mit dem Übergang zur **Geophilie** und zum **Wasserleben** verbundene Infantilisierung oder **Neotenie** (vorzeitiger Abschluß der Ontogenese): Die Blätter entsprechen unvollkommen entwickelten Dikotylenblättern, die Kambiumtätigkeit ist herabgesetzt. Die Einkeimblättrigkeit ist wohl durch zunehmende Anisokotylie entstanden. Die Monokotylen haben sich schon zeitig (erste Funde: Unterkreide) in getrennte Linien aufgegliedert.

1. Unterklasse Alismatidae

Charakteristik: Diese kleinste Angiospermen-Unterklasse verbindet über die *Nymphaeales* die Dikotylen und Monokotylen. Sie umfaßt ausschließlich krautige Sumpf- und Wasserpflanzen, darunter auch die einzigen marinen Samenpflanzen. Die *Alismatidae* haben zahlreiche ursprüngliche Merkmale: **Tracheen fehlen** (bzw. nur in Wurzeln in sehr primitiver Form), das Gynoeceum ist **chorikarp**, die **Samenanlagen sind crassinucellat und bitegmisch** und stehen laminal bis submarginal (vgl. *Nymphaeaceae*!), die Blüten sind **radiär**.

Damit sind aber auch stärker abgeleitete Merkmale gekoppelt, wie die offenbar sekundäre Vermehrung der beiden ursprünglich 3zähligen Staubblattkreise oder die Reduktion des Androeceums, die endospermlosen Samen, Anpassungen an Anemogamie oder Hydrogamie (z. B. diözische Blüten oder Reduktion der Samenanlagen-Zahl auf 1), die Dreizelligkeit des Pollens und die bei den *Hydrocharitaceae* vorkommende Epigynie.

Gliederung: *Alismatales* 3/100, *Hydrocharitales* 1/130, *Zosterales* 10/225, (*Triuridales* 1/80).

Unter den **Alismatales** ist *Butomus umbellatus* (Schwanenblume, Fam. *Butomaceae*) wegen ihrer Sammelbalgfrüchte ursprünglich, allerdings ist das Gynoeceum bereits oligomer: $\ast$ K C3 A6+3 G $\underline{3+3}$, polymer ist es dagegen noch bei *Alisma* (Froschlöffel, Abb. 6.39. a) und bei *Sagittaria* (Pfeilkraut, monözisch, Abb. 6.39. a, beide *Alismataceae* mit wenig- bis einsamigen Fruchtblättern). Die einzige Familie der **Hydrocharitales**, die *Hydrocharitaceae*, hat eingeschlechtige Blüten. Einhäusig ist *Hydrocharis* (Froschbiß, Schwimmblattpflanze), zweihäusig *Elodea* (Wasserpest). Das chorikarpe, aber durch den Achsenbecher verbundene Gynoeceum erinnert an das der *Nymphaeaceae*.

Bei den meisten **Zosterales** ist das Perianth reduziert in Anpassung an Anemogamie (z. B. *Potamogeton*, Laichkraut, Blüten tetramer, Perigon einfach $\ast$ P4 A4 G4, Abb. 6.37. a) oder an Hydrogamie (z. B. *Zostera*, Seegras, marin, nur noch 1 Stamen, 1 Karpell; *Najas*, Nixkraut, mit eingeschlechtigen Blüten und nur noch 1 Karpell, Pollen fadenförmig; *Zannichellia*, Teichfaden, ♂ Blüte: 1 Stamen, ♀ Blüte: 2–4 Karpelle, Abb. 6.39. a).

2. Unterklasse Liliidae

Charakteristisch: Monokotylen mit (meist penta-)zyklischen Blüten und coenokarpem Gynoeceum, ohne auffällige Hochblattbildung im Blütenstand. Die sehr mannigfaltige Gruppe entwickelte z. T. extreme Anpassungen an Zoogamie (*Lilianae*, *Bromelianae*, oft Septalnektarien) oder an Anemogamie (*Juncanae*, *Commelinanae*, keine Nektarien).

Gliederung Übersicht):

1. Überordnung Lilianae: *Dioscoreales* 5/1050, *Liliales* 9/2700, *Asparagales* 23/5600, (*Burmanniales* 3/155), *Orchidales* 1/20200,
2. Überordnung Bromelianae: (*Pontederiales* 3/130), *Bromeliales* 1/1700, *Zingiberales* 8/2000,
3. Überordnung Juncanae: *Juncales* 2/300, *Cyperales* 1/5300, (*Typhales* 1/35),
4. Überordnung Commelinanae: *Commelinales* 4/965, (*Eriocaulales* 1/1200), *Poales* 1/10000.

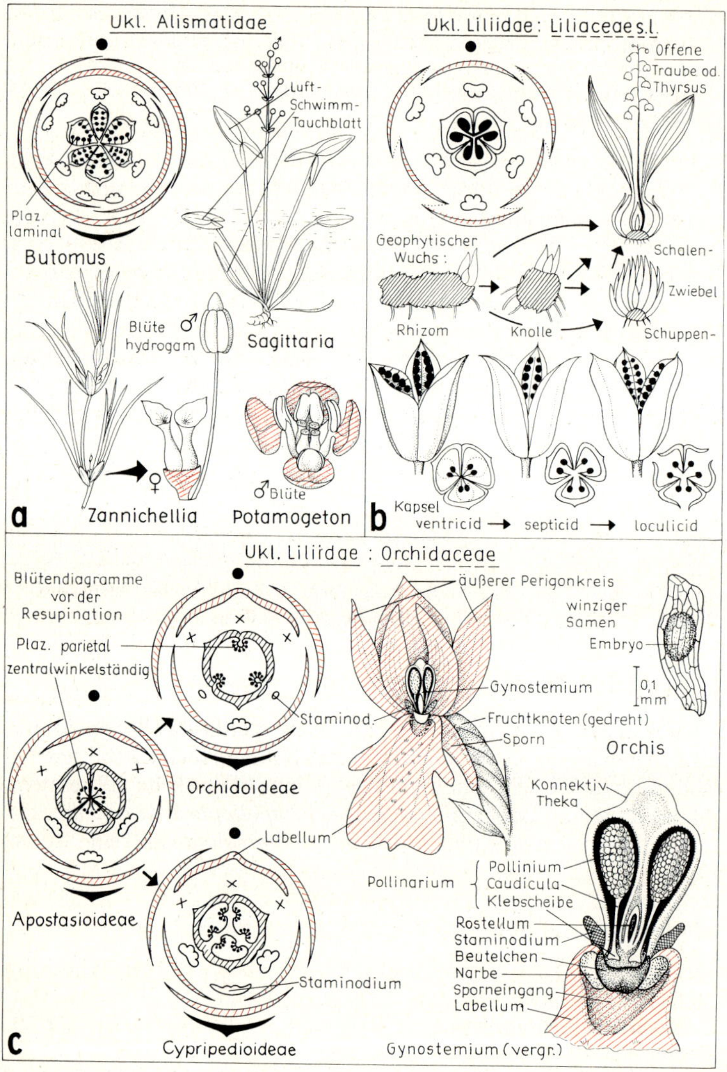

Ukl. Alismatidae
Luft-
Schwimm-
Tauchblatt
Plaz.
laminal
Butomus
Blüte ♂
hydrogam
Sagittaria
♀
♂ Blüte
a
Zannichellia
Potamogeton
Ukl. Liliidae: Liliaceae s.l.
Offene
Traube od.
Thyrsus
Geophytischer
Wuchs:
Schalen-
Zwiebel
Rhizom
Knolle
Schuppen-
b
Kapsel
ventricid → septicid → loculicid
Ukl. Liliidae : Orchidaceae
Blütendiagramme
vor der
Resupination
Plaz. parietal
zentralwinkelständig
Staminod.
Orchidoideae
Apostasioideae
Labellum
Staminodium
c
Cypripedioideae
äußerer Perigonkreis
winziger
Samen
Embryo
Gynostemium
0,1
mm
Fruchtknoten (gedreht)
Sporn
Orchis
Konnektiv
Theka
Pollinarium
Pollinium
Caudicula
Klebscheibe
Rostellum
Staminodium
Beutelchen
Narbe
Sporneingang
Labellum
Gynostemium (vergr.)

Abb. 6.39.

Die Überordnungen 2–4 werden auch als eigene Unterklasse **Commelinidae** (Perianth heterochlamydeisch oder reduziert, Endosperm stärkereich) zusammengefaßt, im engen Sinne umfaßt diese Unterklasse nur die anemogamen Überordnungen 3–4.

Die **1. Überordnung Lilianae** umfaßt meist mehrjährige Kräuter (sekundär Holzpflanzen mit anomalem Dickenwachstum) mit radiären (*Liliales*) bis zygomorphen (*Orchidales*) Zwitterblüten, korollinischem Perigon und stärkefreiem oder fehlendem Endosperm. Progressionen betreffen z. B. den Blütenstand (Reduktion offener Thyrsen und Trauben bis zur Einblütigkeit), die Früchte (septicide → loculicide Kapseln → Beeren) und die Überdauerungsorgane (Rhizom → Knolle → Zwiebel, Abb. 6.39. b).

Die ursprünglichste, wahrscheinlich direkt an Vorläufer der *Magnoliidae* anzuschließende **Ordnung Dioscoreales** ist durch viele Dikotylen-Merkmale ausgezeichnet (Heterokotylie, Blattform, Nervatur, Stele, vgl. Tab. 6.9.). Sie umfaßt Rhizomstauden und krautige Lianen. Heimisch ist *Tamus*, Schmerwurz, mit epigynen, 3zähligen Blüten und Beerenfrucht, tropisch *Dioscorea batatas*, Yams, mit eßbaren Knollen. Innerhalb der **Ordnung Liliales** wird die früher weit gefaßte Familie ***Liliaceae*** [Liliengewächse, ∗ P3 + 3 A3 + 3 G($\underline{3}$), Abb. 6.39. b] heute auf die kapselfrüchtige, zwiebelbildende Verwandtschaft von *Lilium* (Lilie, Schuppenzwiebel) *Tulipa* (Tulpe, Schalenzwiebel) und *Gagea* (Goldstern) beschränkt, während andere Gattungen, z. B. die beerenfrüchtigen Rhizompflanzen *Asparagus* (Spargel) und *Convallaria* (Maiglöckchen), der Drachenbaum (*Dracaena*, anomales Dickenwachstum) oder das durch Lauchöle ausgezeichnete *Allium* (Lauch) als eigene Familie in eine besondere **Ordnung Asparagales** (mit Septalnektarien, loculiciden Kapseln und schwarzen Samen) gestellt werden. Dazu gehören auch die alkaloidführenden *Amaryllidaceae* (Fruchtknoten unterständig, Perigon oft mit Nebenkrone, z. B. *Narcissus*) und die blattsukkulenten *Agavaceae*. – Die Verwachsung des Perigons ist in diesem Verwandtschaftskreis nicht von hohem systematischem Wert: Nahe verwandte Gattungen wie *Scilla* (Blaustern) und *Muscari* (Traubenhyazinthe, Fam. *Hyacinthaceae*) verhalten sich darin verschieden.

Zu den *Liliales* s.str. (Samen hell, Nektarien an Tepalen oder Stamina) gehören auch die *Iridaceae* (Schwertliliengewächse), die durch Ausfall des inneren Staubblattkreises und ebenfalls epigyne, aber z. T. schwach zygomorphe Blüten (*Gladiolus*) stärker abgeleitet sind. Die Blüte von *Iris* ist herkogam: 3 kronblattartig verbreiterte Griffeläste legen sich über die 3 Staubgefäße, so daß die Antheren mit den Narben nicht in Berührung kommen können.

Extreme **Zygomorphie** entwickelten die ungeheuer artenreichen **Orchidales** (nur *Orchidaceae*, 20200). Die Kleinheit der anemochoren Samen, die den Orchideen auch den Namen „*Microspermae*" eingetragen hat (0,005 mg), ist hier wie bei den *Ericales* mit endotropher **Mykorrhiza** gekoppelt. Das **Perigon** ist meist auffällig gestaltet. Das mediane Blatt seines inneren Kreises, das **Labellum** (Lippe), dient als Landeplatz für die Insekten. Bei einigen Gattungen ist es als Kesselfalle (z. B. *Cypripedium*, Frauenschuh) oder als Weibchen-Attrappe ausgebildet, die die männlichen Bestäubungsinsekten zu Begattungs-Versuchen veranlaßt (Abb. 6.39. c). Das Labellum gelangt bei der Unterfamilie *Cypripedioideae* und ursprünglichen Vertretern der Unterfamilie *Orchidoideae* (z. B. *Neottia*, Vogelnestwurz, fast chlorophyllfrei) durch Überkippen der Blüte, bei den abgeleiteteren Gruppen durch Drehung des unterständigen Fruchtknotens um 180° (**Resupination**) nach unten.

Von den Staubblättern werden nur die 3 dem Deckblatt zugewandten entwickelt, davon sind bei den *Cypripedioideae* nur die beiden lateralen, bei der größten Unterfamilie, den *Orchidoideae*, nur das mediane fertil. Dieses verwächst mit dem Griffel zu einem **Gynostemium**. Die Pollenkörner sind bei den *Cypripedioideae* zu Tetraden, bei den *Orchidoideae* aber in einer Theka alle (bis 4 Mio!) zu einem **Pollinium** vereinigt. Mit der Klebscheibe (Viscidium) des als „**Rostellum**" ausgebildeten medianen Narbenlappens verwächst das Pollinium zum **Pollinarium** (Abb. 6.39. c). Dieses wird mit dem Klebkörper vom Bestäuberinsekt herausgezogen und so exakt auf die Narbe einer anderen Blüte plaziert, daß sich die Orchideen ein Pollen: Samenanlagen-Verhältnis von 1:1 leisten können. Bei *Catasetum* wird sogar das Pollinarium zielgerichtet auf das Insekt abgeschossen.

Die Mehrzahl der Orchideen sind tropische **Epiphyten** mit Velamen-Luftwurzeln (S. 173) und wasserspeichernden Einrichtungen (Blattknollen, Rhizome → Sproßknollen), im gemäßigten Europa wachsen nur Erdorchideen. Aus den unreifen Kapseln der mittelamerikanischen *Vanilla planifolia* wird Vanille gewonnen.

Die **2. Überordnung Bromelianae**, die sich durch in Kelch und Krone gegliedertes Perianth und stärkereiches Endosperm von den *Lilianae* unterscheidet, enthält 2 wichtige tropische Nutzpflanzen: innerhalb der radiärblütigen, meist epiphytischen, tropisch-amerikanischen **Bromeliales** *Ananas comosus* (Ananas, Fruchtstand Abb. 6.32.) und innerhalb der zygomorphblütigen **Zingiberales** *Musa* (Banane, Riesenstaude mit Scheinstamm aus Blattscheiden; Kulturbanane parthenokarp, Blütenstand mit kollateralen Beiknospen). Bei den *Zingiberales* werden die Staubblätter z. T. korollinisch, bei *Canna* (Blumenrohr) bleibt nur noch ein halbes Staubblatt fertil. Sehr charakteristisch sind die parallel-fiedernervigen Blätter.

Die **3. Überordnung Juncanae** hat radiäre, anemogame Blüten mit trockenhäutigem oder reduziertem Perigon und stärkehaltiges Endosperm. Von den *Liliales* vermitteln die **Juncales** mit ihren mehrsamigen (*Juncus*, Binse) oder dreisamigen (*Luzula*, Hainsimse) Kapselfrüchten und dreizähligen Blüten [* P 3+3 A3+3 G($\underline{3}$)] zu den einsamigen **Cyperales** (nur *Cyperaceae*, Riedgrasgewächse, 5300), bei denen das Perigon zu Borsten (*Scirpus*, Simse) oder Haarbüscheln (*Eriophorum*, Wollgras) umgewandelt ist oder bei den eingeschlechtigen Blüten von *Carex* (Segge, 2000 Arten!) ganz fehlt. Letztere sind auf 3 Staubblätter bzw. auf einen 2–3blättrigen, vom schlauchförmigen Deckblatt (**Utriculus**) umhüllten, einsamigen Fruchtknoten reduziert. Ein Blütenstands-Achsenrest (Rhachilla) zeigt, daß die eingeschlechtigen *Carex*-Teilblütenstände von beidgeschlechtigen abgeleitet werden können, die z. B. bei *Kobresia* (Nacktried) vorkommen.

Carex ist besonders für Moore und nasse Wiesen charakteristisch. Die meisten Arten sind monözisch mit apikalen männlichen und basalen weiblichen Ährchen (Abb. 6.40. a). Die dreizellige Blattstellung, das Fehlen der Knoten, der Blattgelenke (bogiger, nicht knickiger Übergang Blattscheide-Spreite) und des typischen freien Blatthäutchens ermöglichen die Unterscheidung der Sauergräser von den echten Gräsern auch im vegetativen Zustand.

Die **4. Überordnung Commelinanae** hat wie die *Juncanae* Samen mit stärkereichem Endosperm. Der Embryo liegt dem Endosperm seitlich an (Abb. 5.3. c). Die Stengel sind knotig und meist hohl, die Blätter in Spreite und Scheide gegliedert. Die kapselfrüchtigen **Commelinales** mit trimeren, heterochlamydeischen Blüten (oft kultiviert: *Tradescantia*) sind noch entomogam. Völlig anemogam dagegen sind die

Poales mit den *Poaceae* (*Gramineae*, Süßgräser, >10000). Im vegetativen Zustand sind sie von den Riedgräsern und Binsen an der **zweizeiligen Blattstellung**, dem hohlen, **knotigen Stengel**, dem **Blattgelenk** (Erweiterung der Scheide am Übergang zur Blattspreite) und dem an dieser Stelle ansitzenden **freien Blatthäutchen (Ligula)** zu unterscheiden (Abb. 6.40. b). Charakteristisch sind auch die Stomata (Abb. 4.3.) und Silikateinlagerung in der Epidermis. Die Blüten sind zu offenen, ährigen Teilblütenständen, den **Ährchen** zusammengefaßt, die ihrerseits wieder in Rispen (z. B. *Poa*, Rispengras) oder Ähren (z. B. *Lolium*, Weidelgras) angeordnet sind. Die Rispen sind manchmal ährenartig dicht (Ährenrispengräser, z. B. *Alopecurus*, Fuchsschwanz). Die Ährchen sind ursprünglich mehrblütig (z. B. *Bromus*, Trespe), bei der

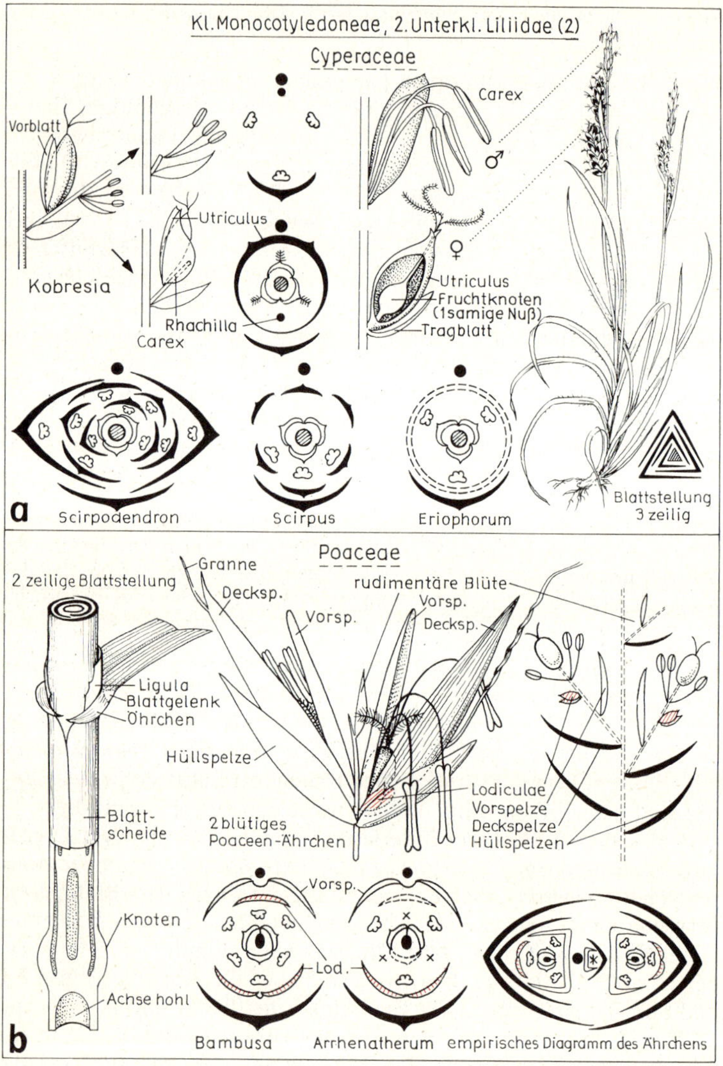

Kl. Monocotyledoneae, 2. Unterkl. Liliidae (2)
Cyperaceae
Vorblatt
Kobresia
Utriculus
Rhachilla
Carex
Carex
♂
♀
Utriculus
Fruchtknoten
(1samige Nuß)
Tragblatt
a
Scirpodendron
Scirpus
Eriophorum
Blattstellung
3 zeilig
Poaceae
Granne
2 zeilige Blattstellung
Decksp.
Vorsp.
rudimentäre Blüte
Vorsp.
Decksp.
Ligula
Blattgelenk
Öhrchen
Hüllspelze
Lodiculae
Vorspelze
Deckspelze
Hüllspelzen
Blatt-
scheide
2 blütiges
Poaceen-Ährchen
Vorsp.
Knoten
Lod.
Achse hohl
b
Bambusa
Arrhenatherum
empirisches Diagramm des Ährchens

Abb. 6.40.

Hirse (*Panicum*) zweiblütig, beim Straußgras (*Agrostis*) nur noch einblütig.

Die beiden unteren Blätter des Ährchens tragen meistens keine Blüten, sie heißen **Hüllspelzen**. Darüber stehen die **Deckspelzen** (oft mit Granne ≈ Spreite), in deren Achseln die Blüten sitzen. Jede Blütenachse trägt zuunterst die zweikielige, adossierte **Vorspelze**, darüber 2 **Lodiculae** (Schwellkörper, einziger Perianthrest, öffnen die Blüte bei der Anthese), einen Kreis von 3 Staubblättern und das oberständige, pseudomonomere, einsamige Gynoeceum mit 2 federigen Narben. Bei der Verwandtschaft von Bambus und Reis (*Bambusoideae*) sind noch 3 Lodiculae, 2 Staubblattkreise und 3 Narben erhalten.

In der nußähnlichen Frucht (**Karyopse**, Abb. 5.3.) verwächst die Fruchtwand eng mit der Testa. Der Embryo liegt dem Endosperm seitlich an. Die Kotyledone ist zu einem schildförmigen Saugorgan, dem **Scutellum**, umgebildet. Die Keimblattscheide (**Koleoptile**) umschließt den jungen Sproß, auch die erste sproßbürtige Wurzel ist zunächst von einer Scheide umgeben (**Koleorrhiza**, s. S. 124, entspricht der Radicula).

In Steppen, Savannen und den anthropogenen Wiesen sind die Gräser, z. T. als wichtige Futterpflanzen, formationsbestimmend. – Die Gliederung der großen Familie erfolgt nach dem Bau der Ährchen, der Früchte, des Embryos und nach der Blattanatomie. Die Unterfamilien sind auch ökogeographisch differenziert.

Die feuchttropisch-monsunal verbreitete Unterfamilie *Bambusoideae* hat einen ursprünglichen Blütenbau (häufig 3 Lodiculae und 3+3 Staubblätter, manchmal noch 3 Narben), der holzige Wuchs (bis 30 m!) gilt als abgeleitet. Hierzu gehört auch die krautige Verwandtschaft von *Oryza sativa* (Reis, Ährchen einblütig, A3+3, wichtigstes Getreide, Heimat: SO-Asien). – Die beiden folgenden Unterfamilien sind vorwiegend in den wintertrockenen Tropen und warmtemperierten Gebieten verbreitet, sie haben oft C_4-Photosynthese und Kranz-Anatomie (S. 400 ff.): die *Chloridoideae* (1–3nervige Deckspelzen, Ligula bewimpert, z. B. *Eragrostis tef*, Tef, Getreide in Äthiopien) und die *Panicoideae* (Hirsegräser, Ährchen zweiblütig, untere Blüte ♂ oder steril, mit *Saccharum officinarum* (Zuckerrohr, Heimat: Südasien) und mehreren Getreide-Arten, z. B. *Panicum miliaceum* (Rispenhirse), *Sorghum* (Mohrenhirse, Durrha, mehrere Arten als wichtige tropische Getreide) und *Zea mays*, dem Mais, der vor ~8 000 Jahren aus der mehrjährigen mexikanischen Teosinte gezüchtet wurde. In seinen ♀ Kolben sind Ähren von gepaarten Ährchen miteinander verschmolzen.

Die meisten extratropischen Gräser gehören zur Unterfamilie *Pooideae* (Deckspelze vieladerig, Lodiculae 2, A3(→1)+0 G $(\underline{2})$, C_3-Photosynthese), z. B. unsere wichtigsten Wiesen- und Weidegräser *Dactylis* (Knäulgras), *Arrhenatherum* (Glatthafer), *Poa* (Rispengras), *Festuca* (Schwingel) und *Lolium*

(Weidelgras). *Avena sativa* (Hafer, 2blütige Ährchen in Rispen) entstand vor ~4000 Jahren wohl aus dem Flughafer (Ackerunkraut). Eine eigene Tribus innerhalb der *Pooideae* bilden die *Triticeae* (Stärkekörner einfach, Fruchtknoten behaart, Ährengräser) mit Weizen (*Triticum*, Ährchen 3–5blütig, breitspelzig, 3 Sippenreihen mit zunehmenden Ploidiestufen), Gerste (*Hordeum*, einblütige Ährchen zu dritt an der Ährenachse, bei der Sommergerste nur das mittlere fertil) und Roggen (*Secale cereale*, Ährchen zweiblütig, schmalspelzig). Gerste und Weizen wurden im Orient schon vor ~10000 Jahren, der Roggen (zunächst Ackerunkraut!) erst seit der Bronzezeit angebaut.

3. Unterklasse Arecidae

Charakteristik: Die doppelährigen oder **kolbenartigen** Blütenstände werden von einem auffälligen Hochblatt (**Spatha**, Abb. 6.41.) umgeben. Die Blüten sind oft vereinfacht, in Zusammenhang mit Anemogamie oft **eingeschlechtig**. Die oberständigen, meist coenokarpen und wenigsamigen Gynoeceen entwickeln sich zu **Schließfrüchten**.

Gliederung: *Arecales* 1/2930, (*Cyclanthales* 1/240), *Arales* 2/2500, (*Pandanales* 1/880). – Die Unterklasse ist künstlich, die schon aus der Kreide nachgewiesenen Palmen haben wohl mit den Gräsern, die Aronstabartigen mit den *Alismatidae* und *Piperales* gemeinsame Vorfahren.

Die tropisch-subtropischen **Arecales** (nur *Arecaceae*, Palmen, 2930), sind **sekundär zu Holzpflanzen** geworden, und zwar zu Schopfbäumen mit kaum verzweigten Stämmen ohne sekundäres Dickenwachstum. Das gestielte, **ungeteilt angelegte Blatt** wird erst später an den Faltkanten zerteilt. Die entomo- und anemogamen Blüten (mit $A3+3 \rightarrow \infty$) stehen in verzweigten Blütenständen (Abb. 6.41.a) und sind z. B. bei *Phoenix dactylifera* (Dattelpalme, N-Afr., Einblattbeere vgl. Abb. 5.4.) zweihäusig verteilt. In dem dreiblättrigen, z. T. noch chorikarpen Gynoeceum entwickelt sich oft nur 1 Fruchtblatt weiter, pro Karpell wird nur ein Samen mit stärkefreiem Endosperm gebildet. Die dreikarpellige Steinfrucht von *Cocos* (vgl. S. 125, Abb. 5.4. a, b) enthält überhaupt nur einen Samen. *Elaeis guinensis* (W-Afr.) ist als Ölpalme wichtig.

Innerhalb der krautigen **Arales** (Aronstabartige), deren Kolben unverzweigt (Abb. 6.41. b) und deren Samen stärkereich ist, geht eine Reduktionsreihe von Stauden oder Kletterpflanzen wie *Monstera* (Blattlöcher entstehen durch Absterben von Spreitenteilen!) über Wasserpflanzen mit wenigblütigem Blütenstand (*Pistia* mit schwimmenden Blattrosetten) zu den *Lemnaceae* (Wasserlinsen), deren Blütenstand nur noch eine ♀ Blüte und 1–2 aus je einem Staubblatt aufgebaute

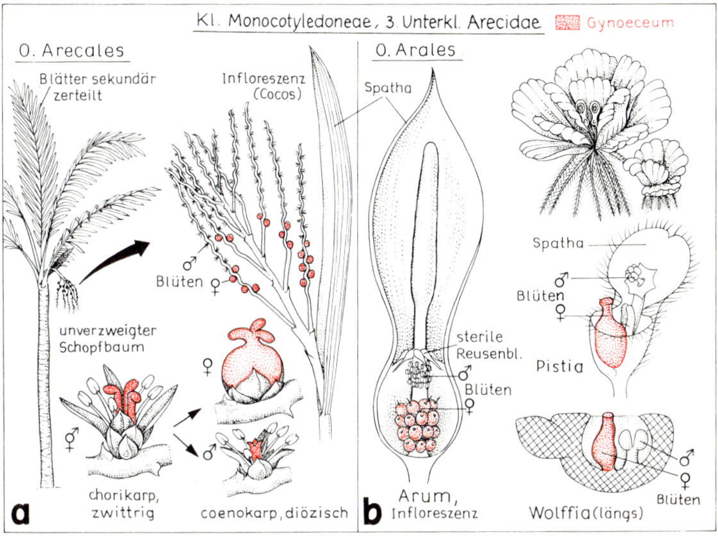

Abb. 6.41.

♂ Blüten enthält (Abb. 6.41. b). *Wolffia* (Wurzellose Wasserlinse, unter 1 mm, kleinste Blütenpflanze) zeigt eindrucksvoll, daß phylogenetischer Fortschritt sich auch in Reduktion ausdrücken kann.

Tabelle 6.10. Übersicht über das System

Imperium Procaryota
I. Reich Archaebacteriobiota
1. Abt. Archaebacteria
II. Reich Bacteriobiota
1. Abt. Bacteria
Kl. Posibacteria
Kl. Negabacteria
2. Abt. Cyanobacteria
3. Abt. Prochlorobacteria
Imperium Eucaryota / Reich Planobiota
1. Abt. Myxomycota (Schleimpilze)
Kl. Myxomycetes (Echte Schleimpilze)
Kl. Acrasiomycetes (Zellige Schleimpilze)
Kl. Plasmodiophoromycetes (Parasitische Schleimpilze)
2. Abt. Oomycota (Algenpilze)
Kl. Oomycetes [Kl. Hyphochytriomyc., Kl. Labyrinthulomyc.]
3. Abt. Chytridiomycota (Flagellatenpilze)
Kl. Chytridiomycetes
Imperium Eucaryota / Reich Aplanobiota
4. Abt. Eumycota (Echte Pilze)
Kl. Zygomycetes (Jochpilze) [Kl. Trichomycetes]
Kl. Ascomycetes (Schlauchpilze)
UKl. Endomycetidae (Sproßpilze) [UKl. Laboulbeniom.]
UKl. Ascomycetidae (Echte Schlauchpilze, viele Flechten!)
Kl. Basidiomycetes (Ständerpilze)
UKl. Heterobasidiomycetidae
UKl. Homobasidiomycetidae
5. Abt. Rhodophyta (Rotalgen)
Kl. Rhodophyceae
UKl. Bangiophycidae
UKl. Florideophycidae
Imperium Eucaryota / Reich Planobiota (Fortsetzung)
6. Abt. Cryptophyta (Schlundgeißler)
Kl. Cryptophyceae
7. Abt. Dinophyta (Panzergeißler)
[Abt. Eustigmatophyta]
8. Abt. Chromophyta (Braune Algen)
Kl. Chrysophyceae (Goldalgen) [Kl. Chloromonadophyceae]
Kl. Prymnesiophyceae (Kalkalgen)
Kl. Xanthophyceae (Gelbgrünalgen)
Kl. Bacillariophyceae (Kieselalgen)
Kl. Phaeophyceae (Braunalgen)
9. Abt. Euglenophyta (Augentierchen)
Kl. Euglenophyceae

Tabelle 6.10. (Fortsetzung)

Imperium Eucaryota / Reich Planobiota / Unterreich Chlorobionta

10. Abt. Chlorophyta (Grüne Algen)
    - Kl. Chlorophyceae (Grünalgen) [Kl. Prasinophyceae]
    - Kl. Zygematophyceae (Jochalgen)
    - Kl. Charophyceae (Armleuchteralgen)

(11.–13. Abt: Embryophyta, Echte Landpflanzen)

11. Abt. Bryophyta (Moose)
    - Kl. Anthocerotopsida (Hornmoose)
    - Kl. Marchantiopsida (Lebermoose)
    - Kl. Bryopsida (Laubmoose)

(12.–13. Abt.: Tracheophyta, Gefäßpflanzen)

12. Abt. Pteridophyta (Farnpflanzen)
    - Kl. Psilophytopsida (Urfarne)
    - Kl. Lycopodiopsida (Bärlappe)
    - Kl. Equisetopsida (Schachtelhalme)
    - Kl. Polypodiopsida (Farne)
13. Abt. Spermatophyta (Samenpflanzen)
    - UAbt. Coniferophytina (Gabel- u. Nadelblättrige Nacktsamer)
        - Kl. Ginkgoopsida (Ginkgobäume)
        - Kl. Pinopsida (Nadelhölzer)
            - UKl. Cordaitidae
            - UKl. Pinidae
            - UKl. Taxidae
    - UAbt. Cycadophytina (Fiederblättrige Nacktsamer)
        - Kl. Lyginopteridopsida (Samenfarne)
        - Kl. Cycadopsida (Palmfarne)
        - Kl. Bennettitopsida (Bennettiteen)
        - Kl. Gnetopsida (Chlamydospermen)
    - UAbt. Angiospermophytina (Bedecktsamer)
        - Kl. Magnoliopsida (Dicotyledoneae, Zweikeimblättler)
            - UKl. Magnoliidae
            - UKl. Caryophyllidae
            - UKl. Hamamelididae
            - UKl. Rosidae
            - UKl. Dilleniidae
            - UKl. Asteridae
        - Kl. Liliopsida (Monocotyledoneae, Einkeimblättler)
            - UKl. Alismatidae
            - UKl. Liliidae
            - UKl. Arecidae

Die Klassen in eckigen Klammern werden im Text nicht näher behandelt.

Quellenangaben zu den Abbildungen in Kapitel 6 (Systematik und Evolution)

Soweit nicht anders angegeben, wurden die Abbildungen vom Autor (Jäger) entworfen, auch die nach den folgenden Quellen gezeichneten Teilfiguren wurden zumeist stark verändert, oft auch durch Originalzeichnungen ergänzt. Für die Entwürfe zu den Abb. 7, 8, 23 und 25–29 danken wir Frl. G. Mörchen.

1 b–d Ehrendorfer; 2 Zimmermann; 3 Kreisel; 4 a Schlegel; c Braune et al., Schlegel, Kolkwitz; 5 a Stanier et Cohen-Bazire, b Schwabe, Glaessner, c Schlegel, Starr et al., Braune et al.; 6 Czihak et al.; 7 b Klebs, c Millardet, Arens; 8 Nowakowsky, Kusano; 9 a Sorokin, Kniep, b Keene, d Guillermond, Juel; 10 a Schlegel, b Esser, Kreisel, c Kreisel; 11 a Braune et al., b Follmann, c Mägdefrau; 12 a De Bary, b Blumer, c Weberling et Schwantes, d Gäumann; 13 a Schlegel, b Braune et al.; 14 a Fischer, Kreisel, b Corner, c Poelt et al., Lange, Gramberg; 15 a Nägeli, Falkenberg, Schenck, b Swale et Belcher; 16 Hoek, Schiller; 17 a Klebs, Pascher, Gemeinhardt, Hoek, b Fott, Schiller, c Oltmanns, Pascher, d Braune et al.; 18 a Hoek, b Weberling et Schwantes, Thuret; 19 a Postels et Ruprecht, Hooker, Schenk, Hoek, Schreiber, b Hoek, Thuret; 20 a Fott, Esser, b, c Braune et al., Esser, Hoek; 21 a Hoek, b Oltmanns, Pringsheim, c Hoek, d Esser, Weberling et Schwantes; 22 a Sachs, Strasburger, b Palla, Schenk, c Casper, Hoek; 23 a Braune et al., b Sachs, c Braune et al.; 24 a, b Kidston et Lang, Schweitzer, c Zimmermann; 25 a Schenck, Fukarek, b Bruchmann, c Mägdefrau, Scott; 26 a Schenck, Strasburger, b Fukarek, c Zimmermann, Seward, Gothan, Luerssen, Harder, Braune et al.; 27 a Schimper et Arnold, c Kny, Weberling et Schwantes; 28 a Florin, Strasburger, Ehrendorfer, c Coulter et Chamberlain, Firbas; 29 a Oliver et Scott, b Firbas, Karsten, c Mägdefrau, Wieland, d Eichler, Church, Karsten et Liebisch; 30 b Teppner; 32 Weberling et Schwantes; 33 Dahlgren; 34 c Firbas, Englers Syllabus, d Warming; 35 a Baillon, b Ebel, Eichler, Buxbaum, c Eichler; 36 c Eichler, Baillon, Wettstein; 37 a Baillon, Merxmüller, 38 a, b Weberling et Schwantes, Baillon; 39 a Dahlgren, Englers Syllabus; 40 a Clarke, b Schuster, 41 b Englers Syllabus.

7. Stoffwechselphysiologie

7.1. Bioenergetische Grundlagen des Stoffwechsels

7.1.1. Die Hauptsätze der Thermodynamik und die Lehre von den Gleichgewichten

Alle Lebensprozesse sind untrennbar mit **Energieumwandlungen** verbunden. Die Gesetzmäßigkeiten der Energieumwandlungen in physikalischen und chemischen Systemen[1]) werden von der **Thermodynamik** quantitativ beschrieben. Ihre Gesetze sind für die idealisierten Bedingungen **reversibler Reaktionen** in **abgeschlossenen Systemen** entwickelt worden. Organismen dagegen sind **offene Systeme**, die in einem Austausch von Energie und Materie mit ihrer Umgebung stehen und sich **nicht** im **thermodynamischen Gleichgewicht** befinden. Komplexe lebendige Systeme lassen sich daher besser auf der Basis der modernen und noch in der Entwicklung befindlichen **Thermodynamik irreversibler** Prozesse beschreiben. Ihre Teilreaktionen gehorchen aber, isoliert betrachtet, den Gesetzmäßigkeiten der klassischen Thermodynamik, deren wesentlichste Aussagen im **ersten** und **zweiten Hauptsatz** formuliert sind.

Der erste Hauptsatz besagt, daß die Gesamtenergie eines Systems und seiner Umgebung konstant ist, d.h., daß Energie nicht verschwinden kann und die Gesamtenergie des Universums konstant bleibt (Satz von der Erhaltung der Energie).

Jedes System besitzt eine bestimmte **innere Energie** U. Wird die innere Energie eines Systems durch Zufuhr von Wärme und Arbeit verändert, setzt sich die Änderung der inneren Energie quantitativ zusammen aus der **Arbeitsleistung** A und dem **Wärmeaustausch** Q:

$$\Delta U = \Delta Q + \Delta A$$

---

[1]) Unter System versteht man ganz allgemein den Ausschnitt aus dem Universum, den man gerade betrachten will. Die Grenze zwischen System und Umgebung wird für jedes Problem willkürlich festgelegt.

Unter Arbeit versteht man bei dieser Betrachtung jede Form von Energie außer Wärme. Man nennt sie daher auch **„freie Energie"** *F*.

ΔF entspricht dem maximalen Betrag an Arbeit, den man aus dem System herausholen kann, wenn sich die Gesamtenergie *U* um den Betrag ΔU ändert:

$$\Delta U = \Delta Q + \Delta F$$

Der **zweite Hauptsatz** besagt: Die Entropie eines abgeschlossenen Systems kann nur zunehmen, niemals abnehmen. Somit nimmt auch die Entropie des Universums zu. **Entropie** ist ein Maß für die Unordnung eines Systems und damit auch für die Wahrscheinlichkeit von Zuständen des Systems. Ungeordnete Materie- und Energiezustände sind stets viel wahrscheinlicher als geordnete. Alle abgeschlossenen Systeme streben stets dem Zustand der größten Wahrscheinlichkeit, d.h. der größten Unordnung, zu.

So wird der Tatsache Rechnung getragen, daß **spontan ablaufende Prozesse eine Richtung haben**, die aus dem 1. Hauptsatz allein nicht ableitbar ist. Alle Systeme versuchen, einen **Gleichgewichtszustand** zu erreichen, in dem alle meßbaren Zustandsgrößen (Temperatur, Druck, usw.) im ganzen System einheitlich sind. Haben sie diesen Gleichgewichtszustand erreicht, können sie spontan nicht mehr in den Ausgangszustand des **Ungleichgewichtes** zurückkehren. Wärme geht nur von einem wärmeren in einen kälteren Körper über, nicht umgekehrt. Der Gesamtbetrag an innerer Energie hat sich nach Erreichen des Gleichgewichtszustandes nicht verändert. Das Streben des Systems zum Gleichgewicht vermindert aber die freie Energie *F* und erhöht die Entropie *S*. Dieser Prozeß kommt einer **Entwertung der Energie** gleich, denn Energie, die sich in einem System gleichmäßig verteilt hat, kann keine Arbeit mehr leisten und ist daher als „entwertete" Energie anzusehen. Im Gleichgewicht erreicht die Zustandsgröße Entropie ihr Maximum. Wegen dieser beschränkten Umwandelbarkeit von Energie in Arbeit laufen alle Prozesse, an denen Energieumwandlungen beteiligt sind, spontan nur in einer Richtung ab.

Eine gebräuchliche Formulierung für den 2. Hauptsatz ist:

$$\Delta U = \Delta F + T\Delta S;$$

$$\Delta F = \Delta U - T\Delta S$$

d.h. jede Änderung der inneren Energie *U* besteht aus zwei Komponenten, einem arbeitsfähigen Teil ΔF (Änderung der freien Energie) und der Änderung der Entropie als nicht zur Arbeit fähigem Teil ($\Delta S \cdot T$; T = absolute Temperatur).

Die Entropie wird in Entropieeinheiten gemessen ($J \cdot {}^\circ K^{-1} \cdot mol^{-1}$). Die zusammengesetzte Größe $T\Delta S$ hat die Dimension einer Energie. ΔS ist definiert für **isotherme** Systeme **konstanten Volumens**. Für biologische Prozesse ist charakteristisch, daß sie bei konstantem Druck (**isobar**), aber **variablem** Volumen ablaufen. In der Bilanz erscheint unter diesen Bedingungen eine **Volumenarbeit** ($p \cdot \Delta V$), die dem System für andere Zwecke nicht zur Verfügung steht. Um dieser Tatsache Rechnung zu tragen, hat man zur Charakterisierung der inneren Energie eine neue Größe, die **Enthalpie** H eingeführt, in die die Volumenarbeit einbezogen ist:

$$\Delta H = \Delta U + p \cdot \Delta V$$

ΔH ist die **Reaktionsenthalpie** und charakterisiert unter isobaren und isothermen Verhältnissen den Energieumsatz einer Reaktion („Wärmetönung").

Der arbeitsfähige Anteil der Enthalpie heißt **freie Enthalpie** und wird mit dem Symbol G abgekürzt. Es gilt:

$$\Delta G = \Delta F + p \cdot \Delta V \qquad \text{und} \qquad \Delta G = \Delta H - T\Delta S$$

Die Differenz an freier Enthalpie ist derjenige Teil der Reaktionsenthalpie, der maximal in Arbeit umgesetzt werden kann.

Unter freier Enthalpie versteht man also nutzbare Energie, während der Ausdruck $T\Delta S$ „entwertete", weil nicht zur Arbeitsleistung befähigte Energie bedeutet. Die freie Enthalpie ist die wichtigste Zustandsgröße zur energetischen Charakterisierung biochemischer Reaktionsabläufe. ΔG gibt die **Triebkraft** einer Reaktion an und ist damit das Kriterium ihrer Spontaneität.

Exergone Reaktionen sind dadurch gekennzeichnet, daß die freie Enthalpie sich im System verringert (negatives ΔG, $\Delta G < 0$). Sie laufen spontan ab. Reaktionen, bei denen die freie Enthalpie im System zunimmt (positives ΔG, $\Delta G > 0$), sind **endergon**. Sie können nur ablaufen, wenn dem System freie Enthalpie zugeführt wird.

In der Literatur wird häufig nicht korrekt zwischen den Zustandsgrößen Energie und Enthalpie bzw. freier Energie und freier Enthalpie unterschieden.

Die Tatsache, daß in jedem Organismus ein hoher Ordnungszustand herrscht, der beim Wachstum unter Entropieabnahme vermehrt wird, steht nicht mit dem 2. Hauptsatz in Widerspruch. Wie bereits erwähnt, ist der Organismus kein abgeschlossenes, sondern ein offenes System. Die Abnahme der Entropie im Organismus ist verbunden mit einer stärkeren Entropiezunahme in der Umgebung.

Anders ausgedrückt: Lebewesen bauen höhere Ordnungszustände auf, indem sie die Unordnung in ihrer Umwelt vermehren.

Durch den Stoff- und Energieaustausch der Organismen mit ihrer Umgebung wird fortlaufend freie Enthalpie in Entropie umgewandelt, d. h., Energie wird entwertet. Durch die ständige Zufuhr von freier Enthalpie in Form von Nährstoffen wird in lebendigen Systemen beständig ein **Ungleichgewicht** aufgebaut und unter gleichzeitiger Arbeitsleistung (Synthesen, Wachstum) aufrechterhalten. Erst bei Unterbrechung der Enthalpiezufuhr stellt sich unabwendbar das thermodynamische Gleichgewicht mit maximaler Entropie ein. Dies ist der Zustand größter Wahrscheinlichkeit und größter Unordnung.

Jede Reaktion steuert auf einen Gleichgewichtszustand zu, in dem sich keine chemische Änderung mehr beobachten läßt.

Für die Reaktion

$$A + B \rightleftharpoons C + D$$

ist die **Gleichgewichtskonstante**

$$K = \frac{[C] \cdot [D]}{[A] \cdot [B]}$$

Zwischen der Änderung der freien Enthalpie einer Reaktion und der Gleichgewichtskonstante ergibt sich folgende Beziehung:

$$\Delta G_0 = -RT \cdot \ln K$$

ΔG_0 ist die Differenz an freier Enthalpie unter Standardbedingungen, d. h. die Reaktionspartner liegen in Konzentrationen von 1 mol/l vor, Temperatur = 25 °C, Druck = 1,01 bar (= 1 atm).

$\Delta G_0'$ ist die Differenz an freier Enthalpie unter Standardbedingungen, aber beim physiologischen *p*H-Wert von 7.

Demgegenüber ist ΔG die Differenz an freier Enthalpie zwischen zwei Zuständen allgemein.

Geht man nicht vom Standardzustand aus, der in der Zelle nicht vorliegt, sondern von beliebigen Konzentrationen der Reaktionspartner, gilt:

$$\Delta G = \Delta G_0 + R \cdot T \cdot \ln \frac{[C] \cdot [D]}{[A] \cdot [B]}$$

Durch die Abhängigkeit von den jeweiligen Konzentrationen der Reaktionspartner kann ΔG größer, kleiner oder genauso groß sein wie ΔG_0. Nicht ΔG_0, sondern ΔG ist daher die für das zelluläre Geschehen wichtige Zustandsgröße, die über die Richtung einer Reaktion entscheidet. Die Kenntnis der aktuellen Konzentrationen im jeweiligen Kompartiment ist deshalb für die Beurteilung der Energetik in vivo von ausschlaggebender Bedeutung, in der Praxis aber schwer zu erhalten.

7.1.2. Energetische Kopplung und energiereiche Phosphatbindung

Endergone Reaktionen im Stoffwechsel sind nur möglich durch Kopplung mit exergonen Prozessen. Die freie Enthalpie des Gesamtprozesses setzt sich additiv zusammen aus der freien Enthalpie der Teilreaktionen:

Entscheidend ist, daß der Gesamtvorgang mit einer Abnahme der freien Enthalpie verläuft.

Energetische Kopplungen werden meist durch Umsetzungen **energiereicher Phosphatbindungen**, insbesondere des **ATP**, realisiert. Im ATP-Molekül (Abb. 7.1.) sind zwei Phosphatgruppen anhydridartig gebunden. Diese Bindungen sind „energiereich", d.h. sie haben ein hohes **Gruppenübertragungspotential**. Das besondere dieser Bindung, die man durch das Symbol ~P hervorhebt, liegt darin, daß sie bei

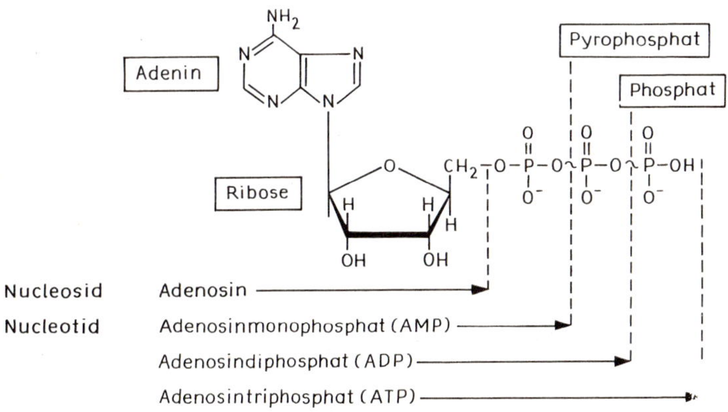

Abb. 7.1. Adenosintriphosphat (ATP).

ihrer Spaltung (Hydrolyse oder Übertragung der Phosphatgruppe auf einen Acceptor) einen hohen Betrag an freier Enthalpie liefert, der zur Abdeckung des Energiebedarfs endergoner Reaktionen eingesetzt werden kann. ATP ist der universelle Überträger chemischer Energie zwischen energiebereitstellenden und energieverbrauchenden Reaktionen („**Energiewährung**" der Zelle). Man benutzt sogar die Zahl der entstehenden ATP-Moleküle als Maß für den Nutzwert exergonischer biochemischer Prozesse.

Die freie Enthalpie der Hydrolyse jeder der beiden energiereichen Phosphatbindungen im ATP beträgt etwa −30 kJ/mol bei *p*H 7

$$\text{ATP} + H_2O \rightarrow \text{ADP} + \text{Phosphat};$$

$$\Delta G_0' = -30{,}6\ \text{kJ/mol} = 7{,}3\ \text{kcal/mol}$$

Dieser Wert gilt für Standardbedingungen und ist daher nur eine Rechengröße. Im konkreten Fall hängt er von den jeweiligen Bedingungen ab (Konzentrationsverhältnisse von ATP, ADP, Phosphat, *p*H-Wert, Mg-Komplex) und soll bis zu −50 kJ/mol erreichen können (Tab. 7.1.).

Tabelle 7.1. Freie Enthalpie der Hydrolyse von Phosphatverbindungen unter Standardbedingungen bei pH 7 ($\Delta G_0'$)

Verbindung	kJ/mol	kcal/mol
Phosphoenolpyruvat	−62,0	−14,8
Carbamylphosphat	−51,5	−12,3
1,3-Diphosphoglycerat	−49,4	−11,8
Acetylphosphat	−42,3	−10,1
ATP (zu ADP)	−30,6	− 7,3
Glucose-1-phosphat	−20,9	− 5,0
Glucose-6-phosphat	−13,8	− 3,3

Die Rückbildung des ATP aus ADP und Phosphat, („Aufladung des Energieakkumulators") kann durch Übertragung einer Phosphatgruppe aus einer Verbindung erfolgen, deren Hydrolyse einen mindestens gleichen Betrag an freier Enthalpie liefert (z. B. Phosphoenolpyruvat und 2,3-Diphosphoglycerat, die beide Zwischenverbindungen des Kohlenhydratabbaus sind.).

Quantitativ bedeutsamer ist die Kopplung mit **Elektronentransportprozessen** in den **Mitochondrien** und **Chloroplasten**.

7.1.3. Redoxreaktionen und Elektronentransportketten

Elektronentransportketten spielen bei den wichtigsten energiebereitstellenden Reaktionen der Zellen, der **Photosynthese** und der Atmung, eine entscheidende Rolle. Es handelt sich dabei um Serien von gekoppelten **Redoxreaktionen**, die an spezielle Membransysteme gebunden sind.

Bei einer Redoxreaktion handelt es sich um einen Elektronenübergang von einem **Donator** auf einen **Acceptor**. Der Donator wird oxidiert, der Acceptor reduziert

$$D + A \rightarrow D^+ + A^-$$

D/D^+ und A/A^- sind **Redoxsysteme**.

Der Elektronentransport ist gerichtet und erfolgt spontan von Redoxsystemen mit hohem **„Elektronendruck"** zu solchen mit geringem „Elektronendruck" (aber hoher **Elektronenaffinität**). Zwischen Elektronendonator und Acceptor besteht somit ein **Energiegefälle**, ein **Potential**, dessen Stärke durch das Verhältnis von Elektronendruck und Elektronenaffinität der Partner bestimmt wird. Das quantitative Maß für den Elektronendruck oder **Elektronensog** ist das **Redoxpotential**. Bezugssystem ist die „Standard-Wasserstoffelektrode" bei *p*H 0

$$H_2 \rightleftharpoons 2H^+ + 2e^-$$

deren Potential definitionsgemäß zum Nullpunkt der **Redoxskala** erklärt wurde ($E_0 = 0$).

Tabelle 7.2. Standard-Redoxpotentiale (E_0') einiger wichtiger biologischer Redoxsysteme. n = Anzahl der übertragenen Elektronen

Redoxsystem	E_0' in mV	n
Ferredoxin (red)/Ferredoxin (ox)	−430	1
$H_2/2H^+$	−420	2
$NAD(P)H_2/NAD(P)$	−320	2
Dihydroplastochinon/Plastochinon	±0	2
Succinat/Fumarat	+30	2
Ubichinon (red)/Ubichinon (ox)	+100	2
Cyt. f (red)/Cyt. f (ox)	+370	1
Plastocyanin (red)/Plastocynanin (ox)	+380	1
Cyt a_3 (red)/Cyt a_3 (ox)	+80	1
$H_2O/{}^1/_2O$	+815	2

In der Biologie rechnet man mit den auf *p*H 7 und Standardbedingungen (1,013 bar = 1 atm., 25 °C, Konzentr. der Reaktionspartner 1 mol/l) bezogenen Normalpotentialen E_0'. Tabelle 7.2 zeigt die **Normalpotentiale** von biologisch wichtigen Redoxsystemen. Vielfach wer-

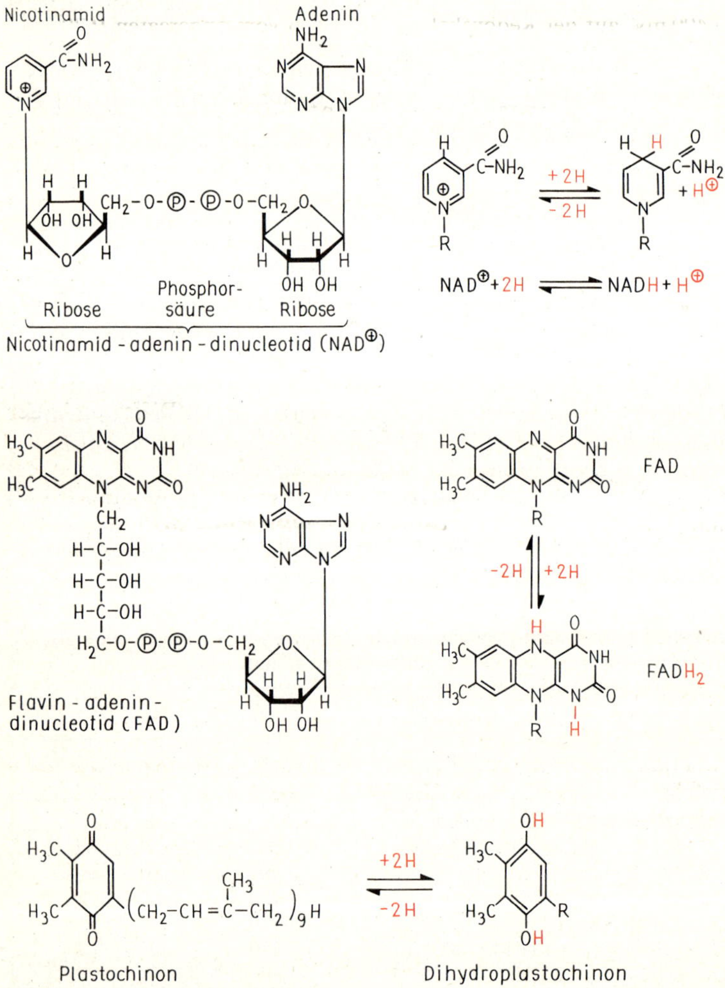

Abb. 7.2. Wasserstoffüberträger in oxidierter und (rot) reduzierter Form.

den Elektronen gemeinsam mit Protonen übertragen. Man spricht dann von **aktivem Wasserstoff** ($e^- + H^+ = [H]$) und Wasserstoffübertragungen. Unter dem Begriff **Reduktionsäquivalente** versteht man sowohl Elektronen wie aktiven Wasserstoff.

Die zellulären Redoxsysteme überstreichen einen Bereich von etwa 1400 mV, auf der Redoxskala und reichen vom angeregten P 700 vgl. S. 387 ($E_0' = -600$ mV) bis zum System $H_2O/{}^1/_2O_2$ (+815 mV).

Grundsätzlich kann ein negatives Redoxsystem ein positives reduzieren. (Negatives Redoxpotential: Elektronendruck, arbeitsfähige, energiereiche Elektronen; positives Redoxpotential: Elektronensog). Der Elektronenübergang ist ein exergoner Prozeß, und der Energiegewinn $-\Delta G_0'$ ist um so größer, je größer der Unterschied $\Delta E_0'$ zwischen den beiden Redoxsystemen ist

$$\Delta G_0' = -n \cdot F \cdot \Delta E_0'$$

(n = Anzahl der übertragenen Elektronen, F = Faradaykonstante = 96500 Coulomb).

Einer Potentialdifferenz von 1 Volt entspricht eine Differenz in der freien Enthalpie von $\Delta G_0' = 96{,}5$ kJ.

Als **Transportmoleküle** für **Reduktionsäquivalente** dienen vor allem die **Pyridinnucleotide** $NADH_2/NAD$ (**Nicotin-adenin-dinucleotid**) und $NADPH_2/NADP$ (**Nicotinadenin-dinucleotid-phosphat**). Von großer Bedeutung sind ebenfalls **Flavine, Chinone, Cytochrome** und einige **Nicht-Haem-Fe-Proteine** (Abb. 7.2.).

7.2. Biologische Katalyse, Enzymwirkung

Die Thermodynamik beschreibt die Gleichgewichtslage einer Reaktion und macht Aussagen darüber, ob die Reaktion **energetisch möglich** ist, nicht aber über die **Geschwindigkeit**, mit der sich das Gleichgewicht einstellt. Die meisten biologisch wichtigen Moleküle sind unter physiologischen Bedingungen extrem reaktionsträge (**metastabil**). Um sie zur Reaktion zu bringen, ist die Zufuhr eines bestimmten Mindestbetrages an Energie, die **Aktivierungsenthalpie**, erforderlich.

Der Zellstoffwechsel bedient sich der **Enzymkatalyse**, um die Barriere der Aktivierungsenergie gezielt zu überwinden. **Enzyme** sind biologische Katalysatoren, die die Aktivierungsenthalpie herabsetzen und dadurch die Reaktionsgeschwindigkeit beschleunigen (Tab. 7.3.). Fast alle biochemischen Reaktionen laufen im physiologischen Temperaturbereich nur unter dem Einfluß von Enzymen mit meßbarer Geschwindigkeit ab. ΔG und die Lage des Gleichgewichtes werden durch das Enzym **nicht** verändert. Jede enzymatisch katalysierte Reaktion läuft so lange ab, bis der Gleichgewichtszustand erreicht ist.

Tabelle 7.3. Der Einfluß von Katalysatoren auf die Aktivierungsenthalpie der Zersetzung von Wasserstoffperoxid: $2\,H_2O_2 \rightarrow 2\,H_2O + O_2$

	Aktivierungsenthalpie in kJ/mol H_2O_2
ohne Katalysator	75
mit Platin	49
mit Katalase	23

Enzyme sind außerordentlich effektive Katalysatoren. Unter optimalen Bedingungen können sie die Reaktionsgeschwindigkeit um den Faktor 10^7 und mehr erhöhen. Sie sind dadurch den technischen und anorganischen Katalysatoren überlegen, vor allem aber auch durch ihre **Spezifität**.

Während viele Enzyme nur aus Protein bestehen, brauchen andere zur Wirkung noch zusätzliche **Cofaktoren**. Es kann sich dabei um Metallionen handeln oder um organische Moleküle, die, wenn sie fest an das Protein gebunden sind, als **prosthetische Gruppe**, wenn sie aber leicht abdissoziieren, als **Coenzym** bezeichnet werden. **Coenzym** + **Apoenzym** (Proteinteil) = **Holoenzym**.

Viele heterotrophe Organismen können die Coenzyme nicht selbst synthetisieren und müssen sie als **Vitamine** mit der Nahrung aufnehmen. Die Natur der Coenzyme ist häufig entscheidend für den Typ der katalysierten Reaktion (**Wirkungsspezifität**) [Pyridin- und Flavinnucleotide: H-Übertragung; Pyridoxalphosphat (Vit. B_6): Transaminierung; Thiaminpyrophosphat (Vit. B_1): Decarboxylierungen; Biotin: Carboxylierungen].

Beim Ablauf der Enzymreaktionen bildet sich intermediär ein **Enzymsubstratkomplex**, aus dem die eigentliche Umsetzung zum **Produkt** erfolgt:

$$E + S \underset{k_{-1}}{\overset{k_{+1}}{\rightleftharpoons}} ES \overset{k_{+2}}{\longrightarrow} E + P$$

Die Bildung des Enzymsubstratkomplexes ist in der Regel reversibel, die Dissoziation dieses Komplexes in freies Enzym und Produkt ist irreversibel und stellt den **geschwindigkeitsbestimmenden** Schritt für die Gesamtreaktion dar ($k_{+2} > k_{+1}$).

Die Umsetzung erfolgt im **katalytischen Zentrum** des Enzyms. Das Substrat muß zum katalytischen Zentrum passen, „wie der Schlüssel zum Schloß". Darauf beruht die **Substratspezifität**.

Zwischen der Substratkonzentration S und der Reaktionsgeschwindigkeit v läßt sich eine Beziehung herstellen, die sehr häufig in einer **hyperbolischen Sättigungskurve** zum Ausdruck kommt und durch die **Michaelis-Menten-Gleichung** beschrieben wird:

$$v = \frac{V_{max} \cdot [S]}{K_m + [S]}$$

V_{max} ist die **maximale Reaktionsgeschwindigkeit**, die bei vollständiger Sättigung des Enzyms mit Substrat erreicht wird. K_m nennt man **Michaelis-Konstante**. Sie ist definiert als diejenige Substratkonzentration (mol/l), bei der die Hälfte der Maximalgeschwindigkeit erreicht ist. Sie ist eine wichtige Kenngröße für die Affinität des Enzyms zum Substrat. Sie ist unabhängig von der Konzentration des Enzyms, kann aber durch **Effektoren (Aktivatoren, Inhibitoren)** beeinflußt werden. Je kleiner der K_m-Wert, desto größer ist die Affinität des Enzyms zum Substrat.

Zur Bestimmung des K_m-Wertes wird meist die doppelt reziproke Darstellung nach Lineweaver und Burk benutzt. Dazu wird die Michaelis-Menten-Gleichung umgeformt in:

$$\frac{1}{v} = \frac{1}{v_{max}} + \frac{K_m}{V_{max}} \cdot \frac{1}{[S]}.$$

Die graphische Auftragung $\frac{1}{v}$ *gegen* $\frac{1}{[S]}$ ergibt eine Gerade. Aus ihren Schnittpunkten mit Ordinate und Abszisse sind die charakteristischen Konstanten K_m und V_{max} abzulesen.

Der Michaelis-Menten-Formalismus läßt sich auch auf viele komplexe physiologische Vorgänge anwenden (z. B. Aufnahme- und Transportprozesse), die einer hyperbolischen Sättigungskurve folgen. Dabei ergibt sich ein „**apparenter K_m-Wert**", der die kinetischen Eigenschaften des Gesamtprozesses reflektiert.

Enzymaktivitäten können durch Inhibitoren beeinflußt werden. **Kompetitive** (konkurrierende) **Hemmung** liegt vor, wenn der Hemmstoff auf Grund seiner **strukturellen Ähnlichkeit** mit dem Substrat um das **aktive Zentrum** des Enzyms **konkurriert**. Durch einen Überschuß an Substrat wird die Hemmung überwunden. Bei der kompetitiven Hemmung ist V_{max} nicht beeinflußt, K_m dagegen ist erhöht (Abb. 7.3.). Ein bekanntes Beispiel ist die Hemmung der Succinat-Dehydrogenase durch Malonat.

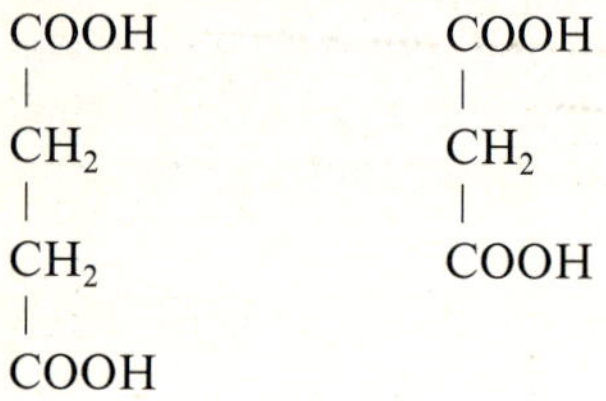

Succinat Malonat

Bei der **nichtkompetitiven** Hemmung ist V_{max} erniedrigt, K_m bleibt aber unverändert.

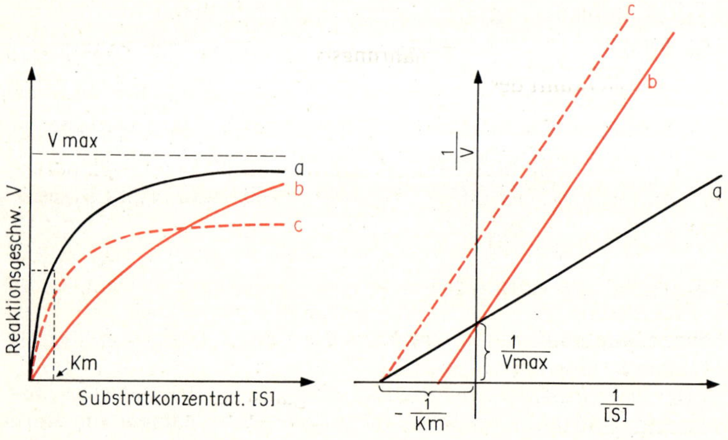

Abb. 7.3. Abhängigkeit der Reaktionsgeschwindigkeit einer Enzymreaktion von der Substratkonzentration. a ohne Hemmstoff, **b** in Gegenwart eines kompetitiven, **c** in Gegenwart eines nichtkompetitiven Hemmstoffs. Links in direkter Auftragung, rechts in der Auftragung nach Lineweaver und Burk.

7.2.1. Allosterische Enzyme

Wichtige Stoffwechselreaktionen werden häufig durch Enzyme katalysiert, die keine **hyperbolische**, sondern eine **sigmoide** Substratsättigungscharakteristik aufweisen. Der Kurvenverlauf der Substratsättigung kann durch niedermolekulare **Effektoren** (meist wichtige Metabolite), die keine sterische Ähnlichkeit mit dem Substrat haben, **allosterisch beeinflußt werden. Die Aktivität von Enzymen dieses Typs kann reversibel verändert werden, indem positive (Aktivatoren)** oder negative (**Inhibitoren**) Effektoren die Affinität zum Substrat drastisch erhöhen oder erniedrigen. Durch Bindung der Effektoren am regulatorischen Zentrum (**allosterisches Zentrum**) des Enzyms wird eine Konformationsänderung des Proteins induziert, die zu veränderter Bindungsfähigkeit des Substrates an das katalytische Zentrum führt. Allosterische Enzyme spielen eine entscheidende Rolle bei der **Regulation** des Stoffwechsels.

7.3. Ernährungstypen

7.3.1. Klassifizierung

Zur Kennzeichnung der Ernährungstypen werden die Organismen nach der Herkunft des **Kohlenstoffs**, nach der **Energiequelle** und dem **H-Donator** klassifiziert.

Die allgemein gebräuchliche Kennzeichnung der typischen Lebensweise von Pflanzen und Tieren als **autotroph** und **heterotroph** bezieht sich nur auf die Herkunft des Zellkohlenstoffs. Autotrophe Organismen können ihre Kohlenstoffverbindungen aus anorganischem CO_2 aufbauen, heterotrophe Organismen sind auf die Nutzung organischer C-Verbindungen angewiesen.

Organismen, die als Energiequelle zum Wachstum **Licht** verwenden können, werden als **phototroph** bezeichnet. Im Gegensatz dazu gewinnen **chemotrophe** Organismen ihre Energie aus **Oxidationsreaktionen**. Werden die Reduktionsäquivalente anorganischen Verbindungen entnommen (H_2O, H_2, H_2S, NH_3, Fe^{2+}), so wird das durch die Bezeichnung **litotroph** zum Ausdruck gebracht. Werden organische Verbindungen als H-Donatoren benutzt, sind die Organismen **organotroph**. Die grünen Pflanzen, Cyanobakterien und schwefelhaltige Photosynthesebakterien sind demnach **photolithotroph**, nitrifizierende Bakterien (vgl. 7.6.11.) **chemolithotroph**, Tiere und die meisten Mikroorganismen **chemoorganotroph**. Schwefelfreie Photosynthesebakterien sind **photoorganotroph**, wenn sie im Licht organische Verbindungen als H-Donatoren nutzen. Wenn mit Hilfe der Lichtenergie organische Kohlenstoffverbindungen assimiliert werden, sprechen wir von **photoheterotropher** Ernährungsweise.

7.4. Assimilatorischer und dissimilatorischer Stoffwechsel

Der Gesamtstoffwechsel eines Organismus muß als Einheit von aufbauenden (**assimilatorischen** oder **anabolen**) und abbauenden (**dissimilatorischen, katabolen**) Bereichen angesehen werden. In Abhängigkeit von den äußeren Bedingungen, vom Gewebetyp und dem Entwicklungsstand der Pflanzen können die katabolen (Mobilisierung von Reservestoffen in Speicherorganen) oder anabolen Reaktionen (wachsende Pflanzen, reifende Samen) überwiegen. Der Bereich des **Intermediärstoffwechsels** oder **Amphibolismus** schließlich ist Sammelbecken und Ausgangspunkt für Produkte der abbauenden und Substrate der aufbauenden Stoffwechselwege.

7.5. Dissimilatorische Prozesse

7.5.1. Die Phasen des Abbaus von Reservestoffen

Beim Abbau der wichtigsten Nahrungs- und Speicherstoffe (Kohlenhydrate, Fette und Proteine) und der Gewinnung der in ihnen festgelegten chemischen Energie lassen sich drei Phasen erkennen (Abb. 7.4.).

1. In der ersten Phase werden die Makromoleküle in ihre Bausteine zerlegt. Proteine werden zu Aminosäuren hydrolysiert, Fette zu Glycerin und Fettsäuren, Kohlenhydrate zu Monosacchariden. In dieser Phase wird keine verwertbare Energie freigesetzt.
2. In der zweiten Phase wird die Vielzahl von Monomeren unter nur geringer Energiefreisetzung in Acetateinheiten und in die zwei Ketosäuren Oxalacetat und α-Ketoglutarat zerlegt.
3. Die dritte Phase besteht aus dem **Citrat-Cyclus** und der **Atmungskette**. Sie ist die **gemeinsame Endstufe** der Oxidation aller Nahrungsstoffe und liefert den Hauptanteil an ATP-Energie aerober Zellen.

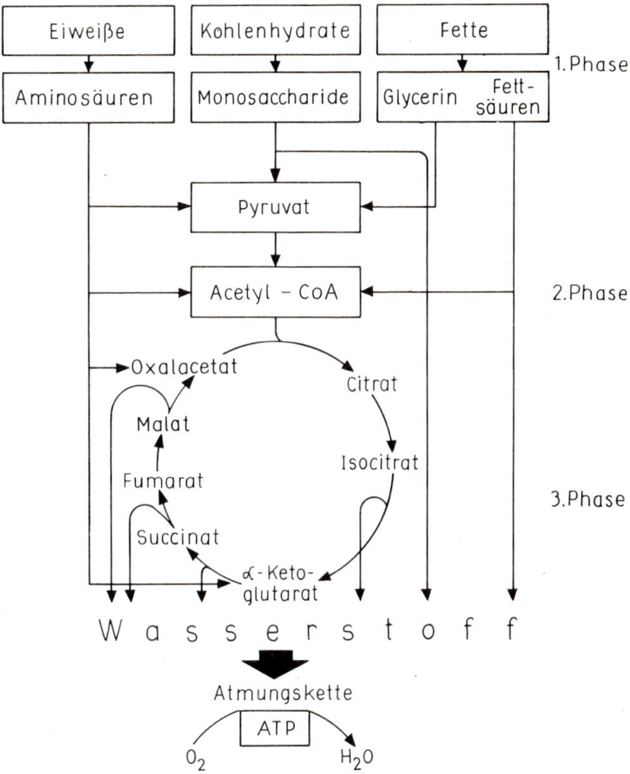

Abb. 7.4. Die Phasen des Abbaus der wichtigsten Reservestoffe.

Diese Abbauwege sind prinzipiell in allen Zellen gleich. Sie stellen ein überzeugendes Beispiel dar für das Prinzip der **„Einheit der Biochemie“**, nach dem die essentiellen Stoffwechselmechanismen in allen Organismen gleich verlaufen.

7.5.2. Abbau der Glucose

7.5.2.1. Glykolyse

Neben der Verwertung endogener Reserven (vgl. 7.5.3.) können die meisten Organismen auch Glucose von außen in die Zellen transportieren und abbauen.

Unabhängig von ihrer Herkunft – exogen oder endogen – ist die **Glykolyse** der dominierende Abbauweg für Glucose. Die Glykolyse läuft im Cytoplasma der Zelle ab und führt zu Pyruvat. In aeroben Zellen schließt sich die Zellatmung an:

$$\text{Glucose} \xrightarrow{\text{Glykolyse}} \text{Pyruvat} \begin{cases} \nearrow \text{Gärungsprodukte (anaerob)} \\ \searrow CO_2 + H_2O \quad \text{(aerob)} \end{cases}$$

Das Pyruvat wird in den Mitochondrien der Zelle vollständig zu CO_2 und H_2O oxidiert. Der Glykolyseweg ist in diesem Falle nur als **Vorbereitungsphase** für die oxidativen Prozesse in den Mitochondrien anzusehen.

Unter **anaeroben** Bedingungen kann Pyruvat im Zuge verschiedener Gärungsformen zu **Gärungsprodukten** umgewandelt werden (**Alkohol, Milchsäure, Propionsäure, Buttersäure**).

In der Abb. 7.5. ist die komplette Reaktionsfolge der Glykolyse dargestellt. Insgesamt werden 2 ATP verbraucht und 4 ATP produziert. In der Bilanz werden pro Mol Glucose demnach 2 Mol ATP gewonnen und 2 Mol NAD zu $NADH_2$ reduziert:

$$\text{Glucose} + 2\,\text{ADP} + 2\,\text{Pi} + 2\,\text{NAD} \rightarrow 2\,\text{Pyruvat} + 2\,\text{ATP} + 2\,\text{NADH}_2$$

(Pi = H_3PO_4, anorg. P.)

7.5.2.2. Citrat-Cyclus

Unter **aeroben** Bedingungen wird das Produkt des glykolytischen Abbaus, Pyruvat, **vollständig oxidiert** und die Energie für die Zelle nutzbar gemacht. Bei allen eukaryotischen Organismen läuft dieser Prozeß in den Mitochondrien ab. Man kann ihn in drei Stufen unterteilen.

1. Bildung von Acetyl-CoA
2. Citrat-Cyclus (Tricarbonsäure-Cyclus)
3. respiratorischer Elektronentransport (Atmungskette)

In der ersten Stufe wird Pyruvat oxidativ zu Acetyl-CoA decarboxyliert:

$$\text{Pyruvat} + \text{NAD} + \text{CoA} \rightarrow \text{Acetyl-CoA} + \text{NADH}_2 + CO_2$$

Durch Bindung an die reaktionsfähige SH-Gruppe des **Coenzyms A** (CoA, A steht für Acylierung) werden Carbonsäurereste (Acylreste) in besonderer Weise aktiviert und erhalten ein hohes Gruppenübertragungspotential. **Acetyl-CoA** ist aktivierte Essigsäure.

In der zweiten Stufe tritt Acetyl-CoA in den **Citrat-Cyclus** ein, indem es in der Eröffnungsreaktion mit dem Acceptor Oxalacetat zu

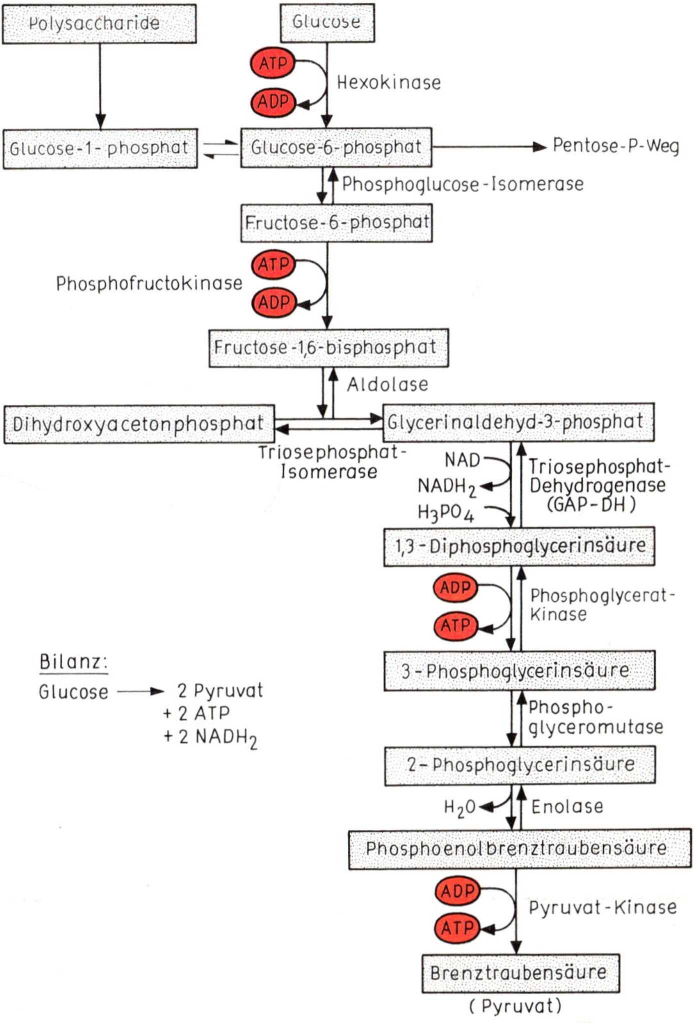

Abb. 7.5. Der glykolytische Abbau der Glucose zu Pyruvat.

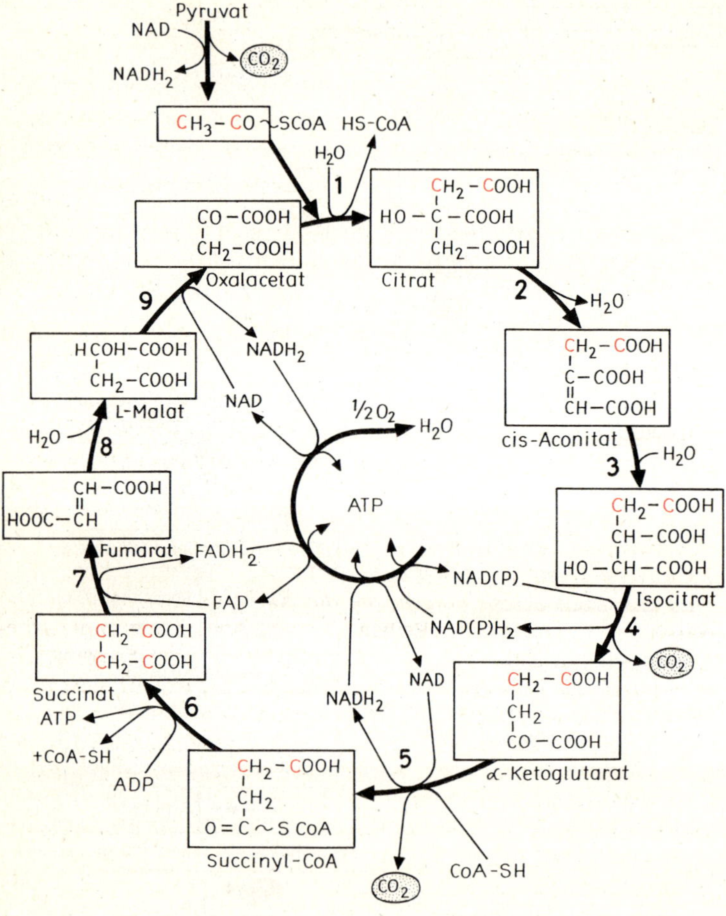

Abb. 7.6. Der Citrat-Cyclus. Die aus dem Acetat stammenden C-Atome sind auf ihrem Weg bis zur ersten symmetrischen Verbindung, dem Succinat, rot markiert. Beteiligte Enzyme: 1 Citrat-Synthase, 2 und 3 Aconitase, 4 Isocitrat-Dehydrogenase, 5 α-Ketoglutarat-Dehydrogenase, 6 Succinat-Thiokinase, 7 Succinat-Dehydrogenase, 8 Fumarase, 9 Malat-Dehydrogenase.

Citrat kondensiert. Im Citrat-Cyclus wird das Acetat über eine Reihe von Reaktionen schrittweise vollständig abgebaut. Die C-Atome werden durch Decarboxylierungsschritte als CO_2 entfernt, und der Wasserstoff wird auf NAD und FAD übertragen. Außerdem wird eine energiereiche Phosphatbindung in Form des ATP (bei Säugern GTP) geschaffen. Zum Abschluß wird der Acceptor Oxalacetat regeneriert (Abb. 7.6.).

In der Bilanz führt der Acetatabbau über den Citrat-Cyclus zu $2\,CO_2$, einer energiereichen Phosphatbindung und 8 Reduktionsäquivalenten. Davon stehen 6 auf der Stufe der Pyridinnucleotide und 2 auf der Stufe der Flavine. Sie werden in das ATP-erzeugende System der Atmungskette eingeschleust.

7.5.2.3. Atmungskette

Während die meisten Enzyme des Citrat-Cyclus in der **Mitochondrienmatrix** vorliegen, ist die **Atmungskette** an das **innere Membransystem** dieser Organellen gebunden. Die aus der oxidativen Decarboxylierung des Pyruvats und aus den Umsetzungen im Cyclus als $NADH_2$ und $FADH_2$ anfallenden **Reduktionsäquivalente** werden über eine **Kaskade von Redoxenzymen** geleitet und schließlich auf O_2 übertragen, wobei H_2O gebildet wird.

Es gibt noch offene Fragen, die die Natur der Elektronen- bzw. Wasserstoffüberträger, ihre Reihenfolge und Anordnung in der inneren Mitochondrienmembran betreffen. Die wichtigsten Elemente der respiratorischen Elektronentransportkette sind **Flavine, Chinon (Ubichinon)** sowie verschiedene **Cytochrome**. Das sind Häm-Proteine, deren zentrales Fe-Atom zwischen dem zweiwertigen (Fe^{2+}, reduziert) und dreiwertigen (Fe^{3+}, oxidiert) Zustand pendelt. An (vermutlich) verschiedenen Stellen sind in den Elektronentransport Eisen-Schwefel-Proteine **(Fe-S-Proteine)** eingeschaltet, die zum Teil mit anderen Komponenten Komplexe bilden. Die Reaktion mit dem Sauerstoff wird durch den Komplex der **Cytochromoxidase** (Cyt $a - a_3$) vermittelt, der neben Fe auch noch Cu enthält.

Die Mitochondrienmembran ist derart gebaut, daß der Transport von Elektronen von $NADH_2$ bis zum Sauerstoff mit einem gerichteten Transport von **Protonen** quer durch die Membran **von innen nach außen** verbunden ist. Dieses Ziel wird erreicht, indem Elektronenübergänge und Wasserstoffübertragungen in der asymmetrisch aufgebauten Membran abwechseln. Die vermutlichen Stationen von $NADH_2$ bis zum Sauerstoff sind in der Abb. 7.7. schematisch dargestellt. Die Atmungskette ist der gemeinsame Weg, über

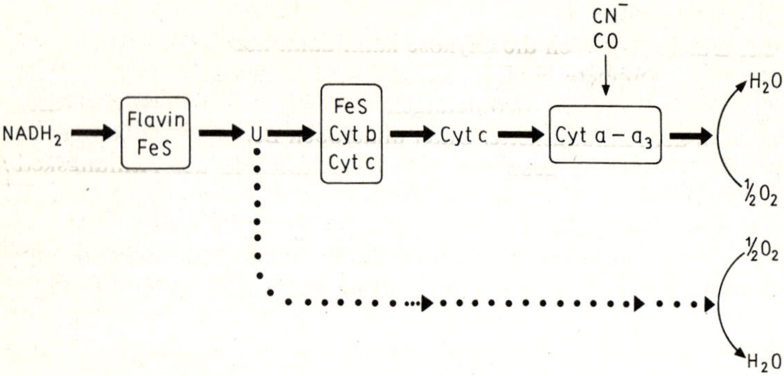

Abb. 7.7. Die Atmungskette und der Angriffsort einiger Hemmstoffe. U = Ubichinon; cyanidresistenter Nebenweg punktiert.

den im Endeffekt alle Elektronen, die aus den verschiedensten Nährstoffen der Zelle entstammen, auf Sauerstoff übertragen werden.

Beim Übergang von zwei Reduktionsäquivalenten von $NADH_2$ ($E_0' = -0{,}32$ Volt) auf Sauerstoff ($E_0' = +0{,}82$ Volt) wird eine Potentialdifferenz

$$NADH_2 + {}^1/_2 O_2 \rightarrow NAD + H_2O$$

$\Delta E_0' = 1{,}14$ Volt überwunden, die einer Energie von

$$\Delta G_0' = -nF \cdot \Delta E_0' = -220{,}2 \text{ kJ/mol}$$

entspricht.

Diese Gesamtenergie wird in der Kaskade der Atmungskette **dosiert** freigesetzt und zunächst in einem Protonengradienten stabilisiert, der zu einer ATP-Bildung führt (oxidative Phosphorylierung, vgl. 7.6.5.).

Die Cytochromoxidase wird sehr wirksam durch Cyanid gehemmt. Im Gegensatz zu den meisten Tieren und Baktierien gibt es jedoch in pflanzlichen Mitochondrien einen Nebenweg des Elektronentransportes, der gegenüber HCN unempfindlich ist und demnach nicht über die Cytochromoxidase verläuft. Die biochemischen Details, die metabolische Funktion und die Kapazität dieses Weges sind noch weitgehend ungeklärt. Im Kolben vieler Araceen dient er der Wärmeproduktion. Zum Protonengradienten und zur ATP-Bildung trägt er nicht oder nur in begrenztem Maße bei.

7.5.2.4. Gärungen

Der Durchsatz durch die Glykose kann dann kontinuierlich erfolgen, wenn das gebildete $NADH_2$ ständig wieder zu NAD zurückgebildet wird. Unter aeroben Bedingungen geschieht das in den Mitochondrien in der Atmungskette. Unter anaeroben Bedingungen können die bei der Glykolyse gebildeten 2 $NADH_2$ nicht in der Atmungskette umgesetzt werden. Bei den echten Gärungen wird der Wasserstoff auf organische H-Acceptoren übertragen, die dadurch reduziert und als Gärungsprodukte häufig in großen Mengen ausgeschieden werden. G ä r u n g e n s i n d u n v o l l s t ä n d i g e A b b a u v o r g ä n g e u n t e r A u s s c h l u ß v o n S a u e r s t o f f. Sie sind energetisch wesentlich weniger effektiv als die Atmung, da der größte Teil der Energie noch in den Gärungsprodukten enthalten ist.

Insbesondere Mikroorganismen sind zu einer Vielzahl spezieller Gärungen befähigt. Die bekannteste Gärung ist die **alkoholische Gärung**, zu der es auch in pflanzlichen Geweben unter anaeroben Bedingungen kommt. Pyruvat wird zu Acetaldehyd decarboxyliert und dieses dann mit Hilfe des bei der Dehydrierung des Glycerinaldehyd-3-phosphates (3-PGA) gebildeten $NADH_2$ zu Ethanol reduziert:

$$\text{Pyruvat} \rightarrow CH_3CHO + CO_2$$

$$CH_3CHO + NADH_2 \rightarrow C_2H_5OH + NAD$$

Die Gesamtbilanz der alkoholischen Gärung lautet:

$$\text{Glucose} + 2\,ADP + 2\,Pi \rightarrow 2\,\text{Ethanol} + 2\,CO_2 + 2\,ATP$$

Von den $\Delta G_0' = -234$ kJ der Reaktion

$$\text{Glucose} \rightarrow 2\,\text{Ethanol} + 2\,CO_2$$

werden aber nur $2 \times 30{,}5 = 61$ kJ in ATP umgesetzt, das sind etwa 26%.

7.5.2.5. Energetische Bilanz des Glucoseabbaus

In der Gesamtheit von Glykolyse, Citrat-Cyclus und Atmungskette

$$C_6H_{12}O_6 + 6\,O_2 + 6\,H_2O \rightarrow 6\,CO_2 + 12\,H_2O;\ \Delta G_0' = -2\,877\ \text{kJ/mol}$$

werden pro mol Glucose 36 mol ATP gebildet (Tab. 7.4.), das sind 1 100 kJ an arbeitsfähiger Energie. Daraus ergibt sich ein energetischer Wirkungsgrad von etwa 38%.

Tabelle 7.4. ATP-Ausbeute in den einzelnen Etappen des Glucoseabbaus

A. Glykolysebereich:		
3-PGA → 1,3-DiPGS:	2 $NADH_2$	= 4 ATP *)
1,3-DiPGS → 3-PGS:		2 ATP
B. Bildung von Acetyl-CoA:		
Pyruvat → Acetyl-CoA:	2 $NADH_2$	= 6 ATP
C. Citrat-Cyclus:		
Isocitrat → α-Ketoglutarat:	2 $NADH_2$	= 6 ATP
α-Ketoglutarat → Succinyl-CoA:	2 $NADH_2$	= 6 ATP
Succinyl-CoA → Succinat:		2 ATP
Succinat → Fumarat:	2 $FADH_2$	= 4 ATP
Malat → Oxalacetat:	2 $NADH_2$	= 6 ATP
Summe		36 ATP

*) Die Redukktionsäquivalente des im Cytoplasma durch Glykolyse gebildeten $NADH_2$ können nicht direkt in die Mitochondrien transportiert werden. Die Zelle bedient sich dazu eines Transportmechanismus, der ATP verbraucht. Die ATP-Ausbeute des glykolytischen $NADH_2$ ist daher geringer.

Sehr aufschlußreich ist ein Vergleich der energetischen Bilanz atmender und gärender Zellen. Atmende Zellen gewinnen aus 1 mol Glucose 36 ATP, gärende dagegen nur 2. Infolgedessen muß ein gärender Organismus zum gleichen Energiegewinn etwa 20 mal mehr Glucose abbauen.

7.5.2.6. Oxidativer Pentosephosphat-Cyclus

Neben dem glykolytischen Abbau der Glucose gibt es noch den sog. **oxidativen Pentosephosphat-Cyclus** des Glucoseabbaus. Er geht ähnlich wie die Glykolyse vom Glucose-6-phosphat aus und hat viele Reaktionen gemeinsam mit dem **reduktiven Pentosephosphat-Cyclus (Calvin-Cyclus)** der Photosynthese. Die Bedeutung dieses Weges liegt hauptsächlich in der Bereitstellung von wichtigen Ausgangssubstanzen für Synthesen (Abb. 7.8.).

7.5.2.7. Anaplerotische Sequenzen

Der Citrat-Cyclus ist der zentrale Abbauweg des aeroben Stoffwechsels, in den letztlich die C-Skelette der Speicherstoffe einmünden. Er steht aber nicht nur im Dienste der terminalen Oxidation, sondern er liefert gleichzeitig Ausgangsstoffe für Synthesen, z. B. Oxalacetat,

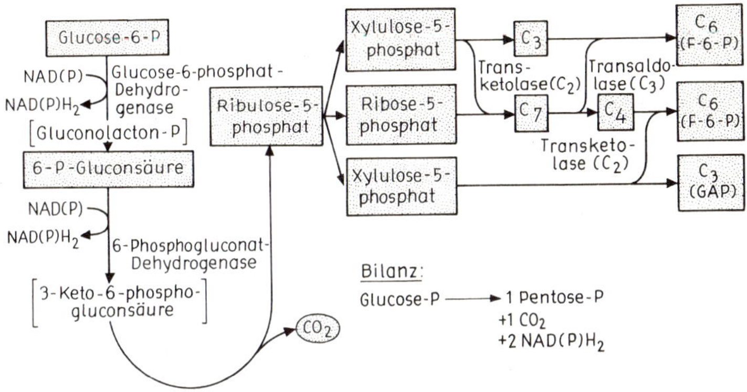

Abb. 7.8. Der oxidative Pentosephosphat-Cyclus. – Nach Schlegel.

α-Ketoglutarat, Succinat. Um den dadurch verursachten Abfluß von Intermediären des Citrat-Cyclus auszugleichen, existieren Auffüllungsreaktionen, sog. **anaplerotische Sequenzen**, die insbesondere die Funktion haben, Oxalacetat als Acceptor des Acetyl-CoA nachzubilden.

Beim Abbau von Kohlenhydraten oder komplexen organischen C-Quellen wird der Citrat-Cyclus in der Hauptsache durch **Carboxylierungsreaktionen** aufgefüllt, die von PEP-Carboxylase oder Pyruvat-Carboxylase katalysiert werden:

$$\text{PEP} + CO_2 + H_2O \rightarrow \text{Oxalacetat} + \text{Pi}$$

$$\text{Pyruvat} + CO_2 + \text{ATP} \rightarrow \text{Oxalacetat} + \text{ADP} + \text{Pi}$$

Pyruvat-Carboxylase kommt bei höheren Pflanzen nicht vor.

Beim Wachstum von Mikroorganismen auf Acetat als einziger C-Quelle oder bei der Mobilisierung von Speicherstoffen, die über Acetat abgebaut werden, z. B. Fett, wird die amphibole Funktion des Citrat-Cyclus durch den **Glyoxylat-Cyclus** ermöglicht (Abb. 7.9.). In der Bilanz werden zwei Mole Acetat zu Succinat umgewandelt.

7.5.2.8. Gluconeogenese

Die Neubildung von Kohlenhydraten aus Aminosäuren, Fetten und organischen Säuren ist für bestimmte pflanzliche Entwicklungszustände von erheblicher physiologischer Bedeutung, z. B. bei der **Keimung**. Fast immer nimmt dieser **Gluconeogenese** genannte Prozeß

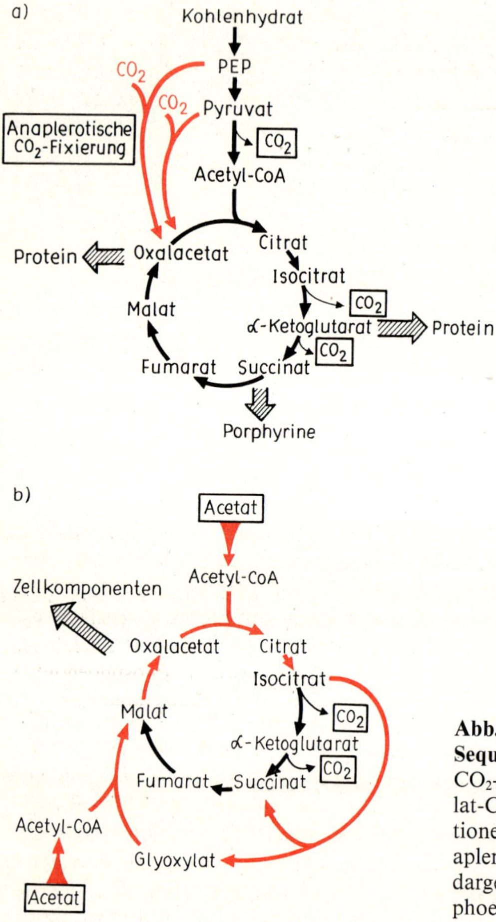

Abb. 7.9. Anaplerotische Sequenzen. a anaplerotische CO_2-Fixierungen, **b** Glyoxylat-Cylus. Die Abbaureaktionen sind schwarz, die anaplerotischen Schritte rot dargestellt. PEP = Phosphoenolpyruvat.

seinen Ausgang im Citrat-Cyclus, was erneut dessen amphibolische Natur kennzeichnet. Der erste Schritt verläuft unter ATP-Verbrauch und besteht in einer phosphorylierenden Decarboxylierung des Oxalacetats zu Phosphoenolpyruvat. Er wird durch ein für die Gluconeogenese spezifisches Enzym, die PEP-Carboxykinase, katalysiert:

$$\text{Oxalacetat} + \text{ATP} \rightarrow \text{PEP} + \text{ADP} + CO_2$$

Die weiteren Schritte bestehen im Prinzip in einer Umkehr der Glykolyse (Abb. 7.10.). Lediglich die Bildung von Fructose-1,6-bisphosphat (FbP) aus F-6-P und ATP ist nicht reversibel. Stattdessen wird das Phosphat aus dem FbP durch eine spezielle Phosphatase, die FbPase, abgespalten. Diese Reaktion ist stark exergon ($\Delta G_0 = -17$ kJ). Sie bestimmt dadurch den irreversiblen Charakter der Gesamtsequenz.

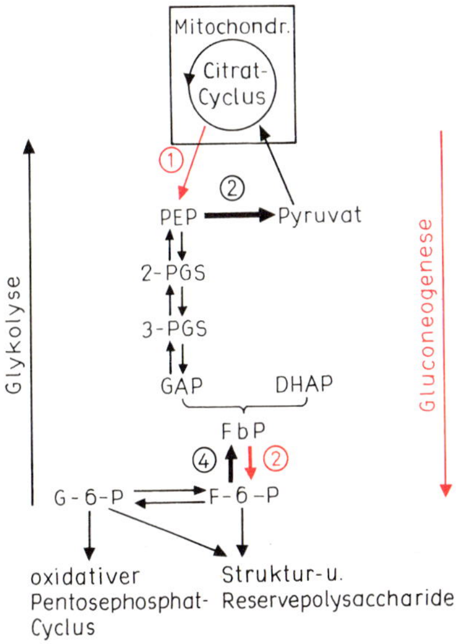

Abb. 7.10. Auf- und Abbau von Kohlenhydraten. Enzyme der Gluconeogenese (rot): 1 Phosphoenolpyruvat-Carboxykinase, 2 Fructosebisphosphat-Phosphatase. Enzyme der Glykolyse (schwarz): 3 Pyruvat-Kinase, 4 Phosphofructokinase.

7.5.2.9. Atmungsgaswechsel

Mit dem Begriff **Atmung** wird allgemein der mit den dissimilatorischen Vorgängen verbundene aerobe Gaswechsel bezeichnet. Er hat zwei Komponenten, die **Aufnahme von Sauerstoff** und die **Abgabe von Kohlendioxid**. Eine wichtige physiologische Kenngröße der Atmung ist der **Respiratorische Quotient** *RQ*. Man versteht darunter das Verhältnis von CO_2-Entwicklung zu O_2-Aufnahme.

$$RQ = \frac{CO_2}{O_2}$$

Die Bestimmung des *RQ* erlaubt Rückschlüsse auf die Natur der Atmungssubstrate und auf die relative Intensität dissimilatorischer Teilbereiche.

Bei vollständiger Oxidation von Kohlenhydraten ist der $RQ = 1$

$$C_6H_{12}O_6 + 6\,O_2 \rightarrow 6\,CO_2 + 6\,H_2O$$

$$RQ = \frac{6\,CO_2}{6\,O_2} = 1$$

Bei stärker reduzierten Verbindungen (Fette) ist der *RQ* kleiner als 1, bei stärker oxidierten Verbindungen (org. Säuren) größer als 1.

Für die Oxidation der extrem oxidierten Oxalsäuren z. B. ergibt sich:

$$C_2H_2O_4 + {}^1/_2\,O_2 \rightarrow 2\,CO_2 + H_2O$$

$$RQ = \frac{2\,CO_2}{0{,}5\,O_2} = 4$$

Liegt nur eine **partielle Dissimilation** von Substanzen vor (Glucose), d. H. findet **neben** der Atmung noch **Gärung** mit CO_2-Entwicklung statt (z. B. bei Hefen oder in bestimmten pflanzlichen Geweben, die nicht maximal mit Sauerstoff versorgt werden), erhöht sich der *RQ*. Es ist auch zu berücksichtigen, daß die zur CO_2-Freisetzung führenden Decarboxylierungen und die unter O_2-Verbrauch verlaufenden Oxidationen (Elektronentransport, Oxidasen) räumlich und zeitlich getrennt sind. Konstante stöchiometrische Verhältnisse sind aus diesem Grunde nicht immer zu erwarten.

Die Atmung von Pflanzen hängt von einer Vielzahl äußerer und innerer Faktoren ab. Das Ausmaß des Atmungsgaswechsels ist daher sehr variabel (Tab. 7.5.). Die Pflanzen können die Atmungsintensität den jeweiligen energetischen Bedürfnissen der Zellen und Gewebe anpassen und können die energetischen Bedürfnisse auch (vorübergehend) durch **partielle dissimilatorische Prozesse** abdecken (Gärung, Glykolyse). Hohe Atmungsintensitäten treten bei rasch wachsenden Geweben und Kulturen aerober Mikroorganismen auf sowie als **Streßreaktion** nach **Verwundung, Frostschädigung, Infektion** usw. In ruhenden Samen läuft dagegen nur eine minimale Atmung ab, die sich bei der Keimung und bei der Entwicklung des Keimlings (intensive Synthesen, starker Bedarf an Energie) um mehrere Größenordnungen erhöht. Viele Früchte, z. B. Äpfel, zeigen einige Zeit nach der Ernte

Tabelle 7.5. Atmungsintensität verschiedener Objekte, bezogen auf ihr Trockengewicht

Objekt	$mgCO_2$/g Tr.Gew./h
Pisum sativum, trockener Same	$2{,}3 \cdot 10^{-4}$
Solanum tuberosum, Knollen	2
Spinacia oleraces, Blatt	10
Lilienpollen	50
Saccharomyces cerevisiae	100–200
Arum maculatum, Kolben	400–800
Azotobacter	4000

ein sog. **Klimakterium**, das sich durch eine Verdopplung oder Verdreifachung der Atmungsintensität ankündigt und das mit einer Reihe biochemischer Veränderungen im Fruchtfleisch verbunden ist. Der Ablauf dieser Vorgänge wird in starkem Maße durch Hormone (Ethylen) kontrolliert (s. S. 492 ff.).

7.5.2.10. Oxidationsprozesse ohne Energiegewinnung

Zusätzlich zu den Mitochondrien und ihrer Ausstattung mit Enzymen des Citrat-Cyclus und den Komponenten der Atmungskette mit Cytochrom-Oxidase als O_2-aktivierendem Enzym verfügt die Pflanze noch über andere Mechanismen der Oxidation bestimmter Substanzen. Für diese Mechanismen ist charakteristisch, **daß sie nicht mit der Gewinnung nutzbarer Energie (ATP) verbunden sind**. Bei den beteiligten Enzymen handelt es sich um **Kupfer-** oder **Flavoproteine**, die zum Teil in den Cytosomen lokalisiert sind. Sie vermitteln die **direkte** Übertragung des Wasserstoffs bzw. der Elektronen von den Substraten auf Sauerstoff (**Oxidasen**) oder die **Einführung von Sauerstoff** in organische Moleküle (**Oxygenasen**). Reaktionen dieser Art sind von großer Bedeutung im **Sekundärstoffwechsel**.

Wenn 2 Wasserstoffe oder Elektronen übertragen werden, haben die beteiligten Oxidasen fast ausnahmslos **Flavin** als prosthetische Gruppe, und es entsteht H_2O_2.

Allgemein:

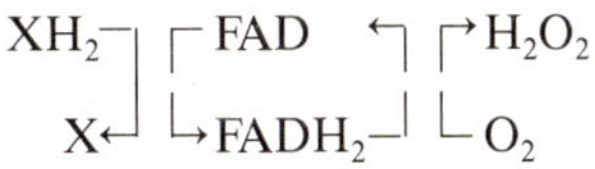

Beispiele:

Glucose-Oxidase
Glucose + O_2 + H_2O → Gluconat + H_2O_2

Aminosäure-Oxidase
Aminosäure + O_2 + H_2O → Ketosäure + H_2O_2

Glykolsäure-Oxidase
Glykolsäure + O_2 → Glyoxylsäure + H_2O_2

Glykolsäure-Oxidase ist ein Schlüsselenzym der **Photorespiration** (7.6.7.2.).

Wenn 4 Wasserstoffe oder Elektronen auf Sauerstoff übertragen werden, entsteht nicht H_2O_2 sondern H_2O als ein Reaktionsprodukt. Zu den Enzymen dieses Typs gehören die **Phenoloxidasen**. Es sind Cu-haltige Enzyme, die die Oxidation einer Vielzahl von **Phenolen** zu den entsprechenden **Chinonen** katalysieren. Zum Beispiel

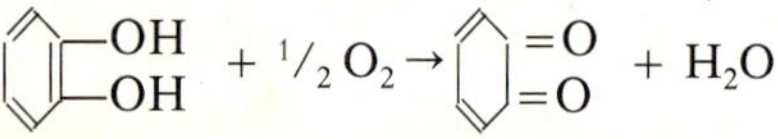

Brenzkatechin o-Benzochinon

Die Chinone können in einer Reihe von Folgereaktionen, die z. T. ohne Enzymkatalyse verlaufen, zu hochmolekularen, meist braun bis schwarz gefärbten Melaninen kondensieren. Darauf beruht die Verfärbung der Wundflächen bei beschädigten Kartoffeln, Pilzen, Äpfeln, Bananen usw.

Das bei den durch Flavinenzyme katalysierten Oxidationen entstandene H_2O_2 wird durch Katalase oder durch Peroxidase gespalten:

$$H_2O_2 \xrightarrow{\text{Katalase}} H_2O + {}^1/_2\,O_2$$

$$H_2O_2 + XH_2 \xrightarrow{\text{Peroxidase}} X + 2\,H_2O$$

Oxygenasen: Sauerstoff reagiert mit dem Substrat und wird in das Molekül des Produktes eingebaut. Im Falle der **Dioxygenasen** werden beide Sauerstoffatome des O_2 auf das Substrat übertragen:

$$X + O_2 \rightarrow XO_2$$

Monooxygenasen katalysieren Reaktionen des Typs:

$$X + O_2 + NADPH_2 \rightarrow XO + H_2O + NADP,$$

wobei ein Sauerstoffatom von O_2 in das Substrat eingebaut das zweite Sauerstoffatom aber zu Wasser reduziert wird.

7.5.2.11. Oxidationen mit anorganischen H-Acceptoren (anaerobe Atmung)

Der **normale H-Acceptor** des oxidativen Elektronentransportes ist O_2. Einige Bakterien sind in der Lage, unter **anaeroben** Bedingungen eine Art von **Ersatzatmung** durchzuführen, indem sie den aus den Substraten abgespaltenen Wasserstoff über cytochromhaltige Elektronentransportketten auf **Nitrat** oder **Sulfat** übertragen, die den Sauerstoff in seiner Funktion ersetzen und die dabei zu molekularem Stickstoff bzw. zu H_2S reduziert werden. Dadurch vermögen diese Organismen mehr Energie zu gewinnen, als durch Gärung möglich wäre. Man bezeichnet diese Vorgänge als **Nitrat-Atmung** oder **dissimilatorische Nitratreduktion** und als **Sulfat-Atmung** oder **dissimilatorische Sulfatreduktion**.

Aerobe Atmung:

H-Donator → ⌐ O_2 ↳ H_2O

Nitrat-Atmung (Denitrifikation):

H-Donator → ⌐ $2\,NO_3^-$ ↳ N_2

Sulfat-Atmung: (Desulfurikation):

H-Donator → ⌐ SO_4^{2-} ↳ H_2S

7.5.3. Die Mobilisierung polymerer Kohlenhydrate

Der Abbau polymerer Kohlenhydrate erfolgt entweder **hydrolytisch** oder **phosphorolytisch**. Die Enzymausstattung der Zellen muß den Verzweigungen angepaßt sein, die sowohl im **Amylopectin** wie im **Glykogen** vorkommen (vgl. 2.7.2.).

Am hydrolytischen Stärkeabbau sind ***α*- und *β*-Amylase** sowie ein sog. **R-Enzym** beteiligt. *α*-Amylase spaltet als Endoamylase simultan viele 1,4-Bindungen im Innern des Moleküls. Spaltprodukte sind Maltose und als Dextrine bezeichnete Bruchstücke aus 3–7 Glucoseresten. *β*-Amylase spaltet nur von den freien, nichtreduzierenden Enden her Maltoseeinheiten ab.

Das R-Enzym löst die 1,6-Verzweigungen.

Bei gleichzeitiger Gegenwart von Maltase ist Glucose das Endprodukt des hydrolytischen Stärkeabbaus.

Die **phosphorolytische** Spaltung von Stärke und Glykogen führt nicht zu freier Glucose, sondern zu Glucose-1-phosphat.

$$(Glucose)_n + H_3PO_4 \rightleftharpoons (Glucose)_{n-1} + Gluc\text{-}1\text{-}P$$

Im Gegensatz zur hydrolytischen Stärkespaltung ist diese Reaktion **reversibel**.

Auf den enzymatischen Abbau anderer Speicher- oder Strukturpolysaccharide kann hier nicht eingegangen werden. In vielen Fällen erfolgt er nur mikrobiell (z. B. Cellulose).

7.5.4. Proteinabbau

Der pflanzliche Proteinabbau kann unter drei Aspekten betrachtet werden

1. Die meisten Proteine der Zelle, insbesondere die Enzyme, werden laufend ab- und wieder aufgebaut, sie unterliegen einem sog. „**turnover**". Die **biologische Halbwertzeit** der einzelnen Proteine kann sehr verschieden sein. Die jeweilige Konzentration in der Zelle ist das Resultat des Verhältnisses von **Synthese** und **Abbau**.
2. Viele Enzymproteine werden zunächst als inaktive **Proenzyme**, gewissermaßen als Rohmaterial, synthetisiert und im Zuge sekundärer Veränderungen durch **partielle** und **kontrollierte Proteolyse** in das aktive Enzym umgewandelt.
3. Viele Samen speichern Proteine als **Reservesubstanz** (z. B. in den **Aleuronkörnern**). Dadurch ist der Embryo in den ersten Phasen der Entwicklung unabhängig von exogener N-Zufuhr. Bei der Keimung werden diese Reserveproteine mobilisiert. Die freiwerdenden Aminosäuren werden entweder unmittelbar als Bausteine zur Neusynthese von Enzymen benutzt, oder sie werden nach Entfernung der NH_2-Gruppe über den amphibolen Weg des Citrat-Cyclus abgebaut (Abb. 7.11.).

Die Spaltung der Proteine erfolgt **hydrolytisch** durch **Proteasen**. Die **Exopeptidasen** lösen Aminosäuren von den Enden der Peptidkette her ab. Man unterscheidet zwischen **Carboxypeptidasen**, die vom **Carboxylende** her wirken, und **Aminopeptidasen**, die am Aminoende angreifen. Die **Endopeptidasen** hydrolysieren Peptidbindungen im Innern des Moleküls.

Häufig sind Proteasen in den **Lysosomen** der Zelle konzentriert.

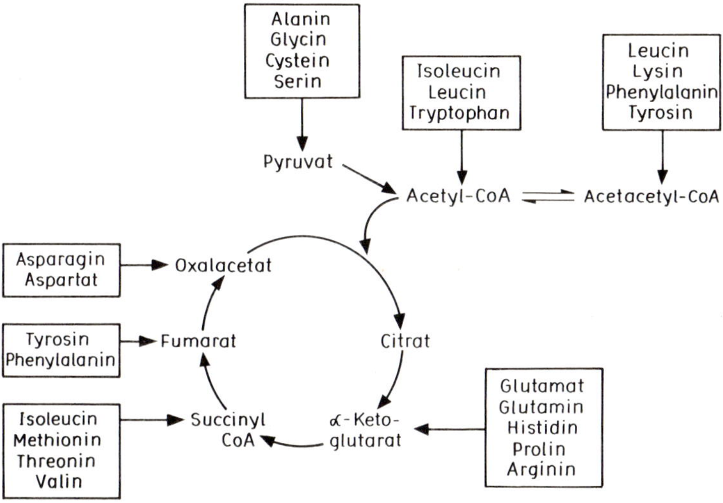

Abb. 7.11. Eintrittsstellen des C-Skeletts der Aminosäuren in den Citrat-Cyclus.

7.5.5. Abbau der Aminosäuren

Beim Abbau der nicht zur Neusynthese von Proteinen benötigten Aminosäuren spielt die **Glutaminsäure** – wie beim Aufbau – eine entscheidende Vermittlerrolle. Glutaminsäure = Drehscheibe des N-Stoffwechsels. In den meisten Fällen wird der Abbau der Aminosäuren durch eine **Transaminierung** (vgl. S. 442) eingeleitet, wobei die NH_2-Gruppe auf α-Ketoglutarat unter Bildung von Glutaminsäure übertragen wird. Die Glutaminsäure kann durch Glutaminsäure-Dehydrogenase oxidativ desaminiert werden, wobei NH_3 entsteht:

Glutamat + NAD → α-Ketoglutarat + NH_3 + $NADH_2$

Im Gegensatz zum Tier spielt die Umformung des NH_3 in N-haltige **Exkretionsprodukte** (Harnstoff oder Harnsäure) bei der grünen Pflanze keine Rolle. Das beim Abbau anfallende Ammoniak wird vielmehr in verschiedene organische Verbindungen eingebaut, die ihrer Funktion nach **Stickstoff-Transport-** und **-Speicherformen** sind, mit deren Bildung die Pflanze gleichzeitig die **Ammoniakentgiftung** vollzieht. Die gebildeten Substanzen sind für einzelne systematische

Pflanzengruppen z. T. spezifisch (**Glutamin, Asparagin, Citrullin, Cannavanin, Arginin**).

Das weitere Schicksal des C-Skelettes ist bei verschiedenen Aminosäuren unterschiedlich. In einigen Fällen ist das Desaminierungsprodukt direkt Durchgangsstufe der zentralen Abbauwege (Pyruvat, α-Ketoglutarat, Oxalacetat). Andere C-Skelette finden über spezielle Abbauwege Anschluß an den Citrat-Cyclus (Abb. 7.11.).

7.5.6. Die Mobilisierung von Fetten

Fette sind verbreitete Reservestoffe im Endosperm und in den Kotyledonen pflanzlicher Samen. Von allen Speicherstoffen haben sie den größten Energiegehalt (37 kJ/g; Kohlenhydrate: 16,7 kJ/g). Sie ermöglichen den Samen ein **Maximum an Energiereserven bei einem Minimum an Gewicht**.

Bei der Keimung werden die Fettreserven mobilisiert, z. T. zur Energiegewinnung oxidiert und z. T. in Kohlenhydrate umgewandelt. Durch **Lipasen** werden die Fette hydrolytisch in **Glycerin** und **Fettsäuren** zerlegt. Glycerin findet nach Phosphorylierung Anschluß an den glykolytischen Abbau.

Die Fettsäuren werden durch einen als **β-Oxidation** bezeichneten Prozeß von den Carboxylenden her sukzessiv zu **C_2-Einheiten, Acetyl-CoA,** abgebaut, das über den Citrat-Cyclus oxidiert werden kann. Für Zwecke der Energiegewinnung erfolgen β-Oxidationen und Endoxidation des Acetyl-CoA in den Mitochondrien. 1 mol **Palmitinsäure** liefert 129 ATP = 3 942 kJ. Die freie Enthalpie der Oxidation von Palmitinsäure beträgt -9979 kJ/mol. Der **energetische Wirkungsgrad** des Fettsäureabbaus ist vergleichbar mit dem Wirkungsgrad des Glucoseabbaus und beträgt etwa 40%.

Die für die Entwicklung des jungen Keimlings wichtige **Umwandlung von Fett in Kohlenhydrate** erfolgt in einer Kooperation von **Glyoxysomen** mit **Mitochondrien** über den Glyoxylat-Cyclus und die Prozesse der **Gluconeogenese** (vgl. 7.5.2.7. und 7.5.2.8.).

β-Oxidation und Glyoxylat-Cyclus laufen in den Glyoxysomen ab. Succinat verläßt als Produkt des Glyoxylat-Cyclus das Glyoxysom und wird in den Mitochondrien zu Vorläufern der Gluconeogenese umgewandelt, die wiederum im Cytoplasma abläuft (Abb. 7.12.).

Als Bilanz der Fettmobilisierung ergibt sich, daß etwa 1/4 der C-Atome der Fettsäure veratmet werden, 3/4 werden in Kohlenhydrate umgewandelt.

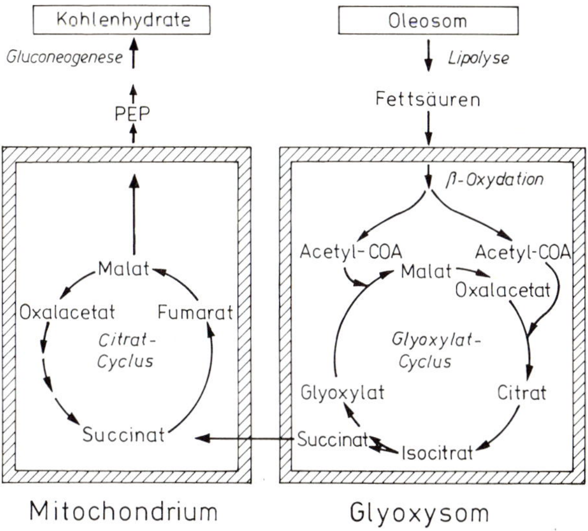

Abb. 7.12. Mobilisierung und Umwandlung von pflanzlichen Speicherfetten in Kohlenhydrat.

7.6. Die Photosynthese

Von den Möglichkeiten der autotrophen CO_2-Assimilation ist die **Photosynthese** mit Abstand die wichtigste. Die **Chemoautotrophie** ist demgegenüber quantitativ weniger bedeutsam. Die Photosynthese ist die Umwandlung der Lichtenergie in biologisch nutzbare chemische Energie. In der Bilanz ist die Photosynthese der grünen Pflanzen die Umkehr der Atmung.

Atmung:

$$C_6H_{12}O_6 + 6\,H_2O + 6\,O_2 \rightarrow 6\,CO_2 + 12\,H_2O$$

$$(CH_2O) + H_2O + O_2 \rightarrow CO_2 + 2\,H_2O$$

Photosynthese:

$$6\,CO_2 + 12\,H_2O \xrightarrow{\text{Licht}} C_6H_{12}O_6 + 6\,H_2O + 6\,O_2$$

$$CO_2 + 2\,H_2O \xrightarrow{\text{Licht}} (CH_2O) + H_2O + O_2$$

Bei diesem Prozeß wird das Kohlendioxid auf die Stufe des Kohlenhydrates reduziert. Neben Energie sind dazu Reduktionsäquivalente erforderlich. Im Falle der eukaryotischen Pflanzen, der *Cyanobacteria* und der *Prochlorophyta* werden diese Reduktionsäquivalente dem Wasser entnommen, dessen Sauerstoff dabei frei wird.

Die Photosynthese der Bakterien unterscheidet sich von diesem Typ der **oxygenen Photosynthese** dadurch, daß sie als Donator für die Reduktionsäquivalente nicht Wasser, sondern z. B. reduzierte Schwefelverbindungen oder organische Substanzen benutzt:

$$2\,H_2S + CO_2 \xrightarrow{\text{Licht}} (CH_2O) + H_2O + 2\,S$$

In diesem Falle führt die Photosynthese nicht zur Entwicklung von Sauerstoff, sondern zur Abscheidung von Schwefel oder von dehydrierten organischen Verbindungen.

Man kann die Vorgänge bei der Photosynthese in zwei Abschnitte gliedern. Der erste Abschnitt ist ein durch die **Lichtenergie getriebener Elektronentransport**, der in den Thylakoiden der Chloroplasten abläuft und zur Bildung von reduzierten Pyridinnucleotiden und ATP führt. Der zweite Abschnitt umfaßt die Reaktionen der CO_2-Assimilation, die im Stroma stattfinden. Sie sind als „**Dunkelreaktionen**" selber nicht direkt vom Licht abhängig, sondern nur auf die Produkte des Elektronentransportes, ATP und reduzierte Pyridinnucleotide, angewiesen.

7.6.1. Die photosynthetisch aktiven Pigmente

7.6.1.1. Chlorophylle

Die **Chlorophylle** sind die wichtigsten Photosynthesepigmente. Als Porphyrinverbindungen bilden sie ein in charakteristischer Weise substituiertes Ringsystem, in dem vier Pyrrolringe durch Methin-Brücken (–CH=) miteinander verknüpft sind. Zentral ist ein Mg-Atom gebunden. Die Chlorophylle a, b, c, d und e unterscheiden sich im Substitutionsmuster der Pyrrolringe und in der Art ihrer alkoholischen Isoprenseitenkette. Typisch für die höheren Pflanzen sind das Chlorophyll a und das Chlorophyll b. Das gewöhnliche Mengenverhältnis von a : b ist etwa 3 : 1, nicht selten kommen aber auch beträchtliche Abweichungen von diesem Wert vor. In bezug auf das Trockengewicht haben Blätter zwischen 0,2 und 0,8% Chlorophyll a.

Von den photosynthetisch tätigen Bakterien abgesehen, ist das Chlorophyll a im Pflanzenreich universell verbreitet. Das Chlorophyll b fehlt dagegen außer in den Bakterien auch noch in den Cyanobakterien sowie in einigen Algengruppen, z. B. in Braun- und Rotalgen (vgl. S. 240).

Strukturell unterscheidet sich das Chlorophyll b vom Chlorophyll a nur durch den Besitz einer Formylgruppe an Stelle der Methylgruppe am Pyrrolring B (Abb. 7.13.). Diese Unterschiede führen zu Verschiebungen der Lage der Absorptionsmaxima (Abb. 7.14.). In Chlorophyll a und b ist die Propionsäureseitenkette des Rings D mit Phytol verestert, einem Alkohol mit 20 C-Atomen, der aus 4 Isoprenresten linear aufgebaut, aber weitgehend hydriert ist und nur noch eine Doppelbindung in Nachbarschaft zur primären Alkoholgruppe besitzt (Formel in Abb. 7.13.). Diese Phytylseitenkette bedingt die Lipidlöslichkeit der Chlorophylle und ist auch sehr wesentlich verantwortlich für die Verankerung dieser Farbstoffe in den lipidreichen Membranen der Chloroplasten. Eine Ausnahme macht Chlorophyll c, das an Stelle des Chl b in Braunalgen und Diatomeen vorkommt. Es ist nicht mit Phytol verestert und daher wasserlöslich.

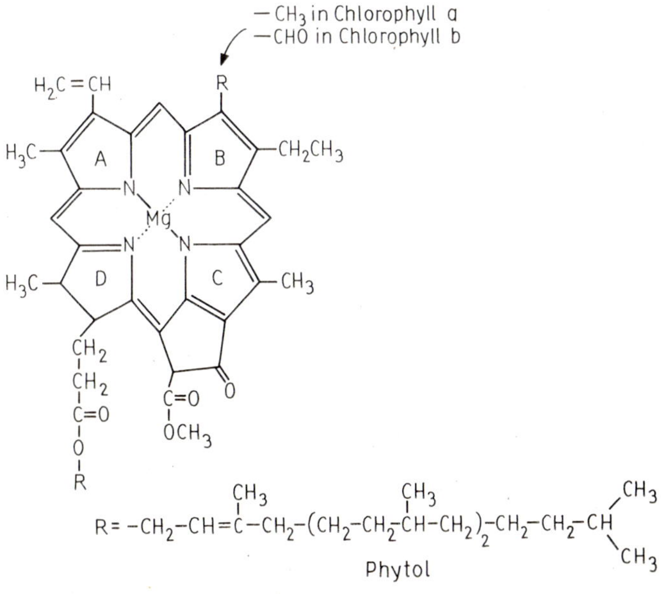

Abb. 7.13. Chlorophyll a und b.

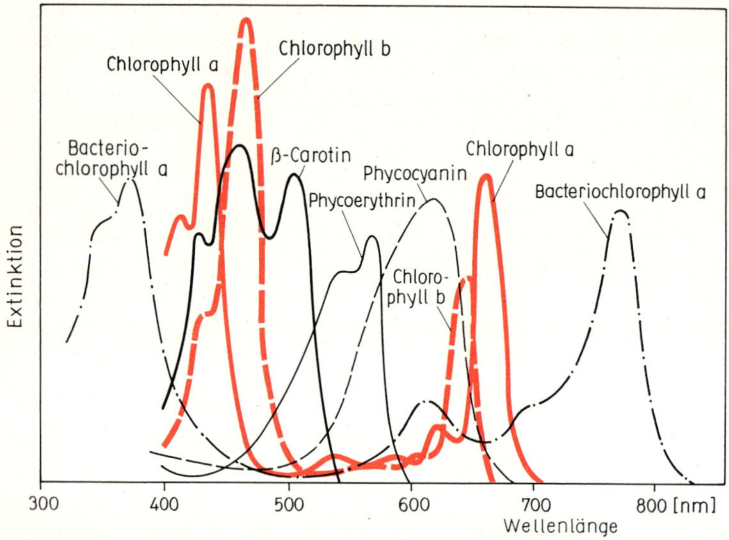

Abb. 7.14. Absorptionsspektren von Photosynthesepigmenten. – Nach Libbert.

Aus den verschiedenen Gruppen der Photosynthesebakterien sind die **Bacteriochlorophylle a, b, c, d, e** und **g** bekannt geworden, wobei einige nicht mit Phytol, sondern **Farnesol**, einem C_{15}-Alkohol verestert sind. Durch die Lage der Absorptionsmaxima der Bacteriochlorophylle sind die Photosynthesebakterien befähigt, sehr langwelliges Rot zu absorbieren und photosynthetisch zu nutzen (bei Formen mit B-Chl b bis über 1 000 nm).

7.6.1.2. Begleitfarbstoffe der Chlorophylle

Außer den Chlorophyllen befinden sich im photosynthetischen Apparat der höheren Pflanzen, Algen und Mikroorganismen immer Begleitfarbstoffe. Sie gehören zu den Stoffgruppen der **Carotinoide** und **Phycobiline**.

7.6.1.2.1. Die Carotinoide. In allen photosynthetischen Organellen sind **Carotinoide** regelmäßige Begleiter der Chlorophylle. Aber auch unabhängig vom photosynthetischen Apparat sind sie im Pflanzen- und Tierreich weit verbreitet. Zu einer kompletten Neusynthese sind allerdings nur die Pflanzen (mit Ausnahme einiger Pilze und Bakterien) befähigt, alle natürlich vorkommenden Carotinoide sind daher letztlich pflanzlichen Ursprungs. Das Tier ist nur zu geringen Variationen des von der Pflanze bereits vorgebildeten molekularen Aufbaus befähigt.

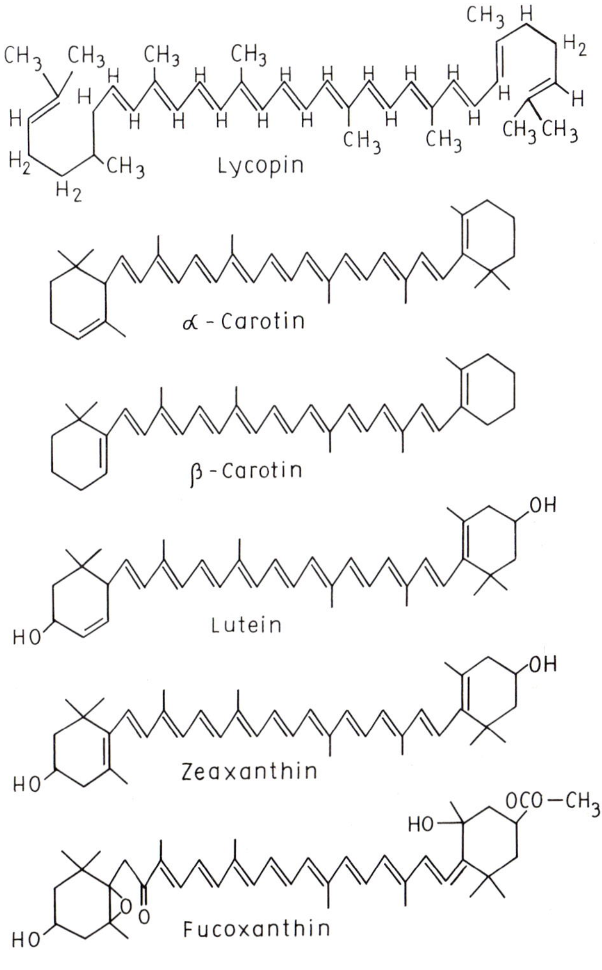

Abb. 7.15. Carotinoide.

Die Carotinoide gehören zu den **Tetraterpenen** und sind stark ungesättigte **Isoprenabkömmlinge** mit 40 C-Atomen, das entspricht 8 Isopreneinheiten. Ihr Molekül ist häufig symmetrisch aus 2 C_{20}-Einheiten aufgebaut. Die Biosynthese der Carotinoide leitet sich aus dem allgemeinen Biosyntheseweg isoprenoider Verbindungen ab (vgl. S. 448 f.).

Bei den Carotinoiden unterscheiden wir die **Carotine** im engeren Sinne, die nur aus C- und H-Atomen bestehen, und die **Xanthophylle**, deren Molekül außerdem Sauerstoff enthält.

Der Sauerstoff kann in Form von Hydroxyl-, Keto-, Epoxy-, Carboxyl- oder Methoxylgruppen vorliegen. Hydroxyxanthophylle sind am häufigsten. Wichtige Carotinoide des Photosyntheseapparates sind in der Abb. 7.15. dargestellt.

Das gehäufte Vorkommen bestimmter Xanthophylle ist für einige systematische Gruppen der Niederen Pflanzen typisch. Sie sind dort häufig in so hoher Konzentration vorhanden, daß sie die Farbe des Chlorophylls überdecken und die Gesamtfärbung der Organismen bestimmen. So zeichnen sich z. B. die Diatomeen und *Phaeophyceae* (Braunalgen) durch ihren besonders hohen Gehalt an **Fucoxanthin** aus (genannt nach der Braunalgengattung *Fucus*). Stellvertretend für eine breite Skala der Xanthophylle in den Purpurbakterien (vgl. 7.6.10.) sei das **Spirilloxanthin**, ein methoxyliertes Carotinoid genannt.

Die Carotinoide gehören zu den lichtsammelnden Antennenpigmenten (7.6.2.). Gleichzeitig erfüllen sie eine Schutzfunktion, indem sie wichtige Membranbestandteile, insbesondere die Chlorophylle, vor photooxidativer Zerstörung bewahren.

7.6.1.2.2. Die Phycobiline. Im Gegensatz zu Chlorophyllen und Carotinoiden sind die **Phycobiline** wasserlöslich, jedoch unlöslich in Lipiden. Es sind Eiweißverbindungen, deren chromophore Gruppe chemisch dadurch gekennzeichnet ist, daß sie ein metallfreies, lineares Tetrapyrrolsystem bildet. Die Phycobiline werden auch als **Tetrapyrrolproteine** oder als **Biliproteine** bezeichnet.

Die Bindung der farbgebenden Komponente an das Protein ist kovalent und außerordentlich fest. Sie übertrifft bei weitem die lockere Assoziation der Chlorophylle mit Proteinen in den Chlorophyll-Protein-Komplexen.

Die Phycobiline sind die charakteristischen Begleitfarbstoffe der Rotalgen (*Rhodophyta*) und der Blaualgen (*Cyanobacteria*). Sie haben ausschließlich lichtsammelnde Funktion und sind in besonderen Strukturen, den Phycobilisomen, konzentriert, die den Thylakoidmembranen unmittelbar aufsitzen. Wir unterscheiden die **Phycoerythrine**, die **Phycocyanine** und das **Allophycocyanin**. Die chromophore Komponente der Phycoerythrine ist das **Phycoererythrobilin**, die der Phycocyanine das **Phycocyanobilin** (Abb. 7.16.). Phycocyanine sind blau und fluoreszieren rötlich, die Phycoerythrine sind rot und fluoreszieren orange.

Die genannten Phycobiline kommen sowohl in Blaualgen (Cyanobakterien) wie in Rotalgen vor. Die Mengenverhältnisse können sehr verschieden sein und hängen stark von den Lichtverhältnissen der Standorte ab. Rotes Licht fördert die Bildung der Phycocyanine, grünes und blaues die der Phycoerythrine (chromatische Adaptation). In Kombination mit dem Chlorophyll und den Carotinoiden bedingt das bei Rot- und Blaualgen eine große Variabilität in der Farbe. In der Regel aber überwiegen bei den Blaualgen die blauen Phycocyanine und bei den Rotalgen die roten Phycoerythrine.

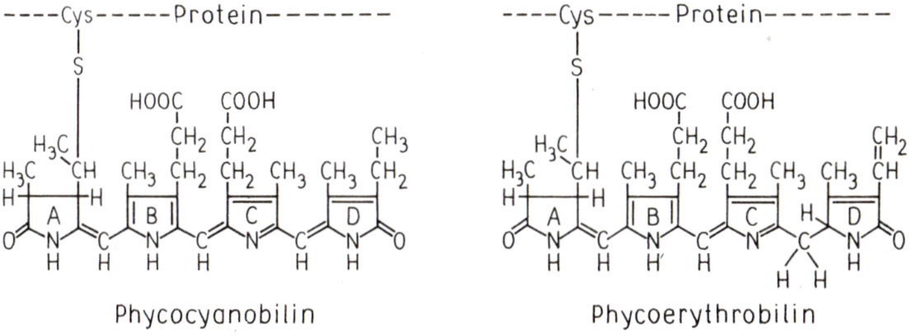

Abb. 7.16. Phycobiline.

7.6.2. Der molekulare Aufbau photosynthetisch aktiver Membranen

Die **Thylakoidmembran** ist etwa 7 nm dick und besteht zu 50% aus Proteinen und zu 50% aus Lipiden. Die Lipidfraktion ihrerseits besteht zu 40% aus Galactolipiden, 20% Chlorophyll, 10% Phospholipiden. Der Rest verteilt sich auf Sulfolipide, Carotinoide, Chinone und Steroide. Die elektronenmikroskopischen Bilder lassen erkennen, daß die äußere, dem Stroma zugewandte, und die innere Membranhälfte verschieden aufgebaut sind. Die funktionellen Komponenten der **Pigmentkomplexe**, des **Elektronentransportes** und der **Phosphorylierung** tauchen unterschiedlich tief in die Membran ein bzw. sind asymmetrisch in ihr verteilt. Die Pigmente kommen in der Membran nicht frei vor, sondern sind nichtkovalent an Protein gebunden. Das gilt vor allem für die Chlorophylle. Chlorophylle absorbieren blaues und rotes Licht und haben eine Absorptionslücke im grünen Bereich des Spektrums. Durch die Bindung an Proteine und z.T. durch Zusammenlagerung zu **Dimeren** wird das Maximum der Rotabsorption in Abhängigkeit von den beteiligten Proteinen gegenüber einer Lösung in organischen Lösungsmitteln (Ether, Aceton) in unterschiedlichem Maße zum Langwelligen verschoben. Nach der Lage des Maximums kann man mindestens fünf verschiedene Chlorophyll-a-Formen (660, 670, 677, 680 und 700) sowie zwei Chlorophyll-b-Formen (640, 650) unterscheiden. Die verschiedenen spektralen Chlorophyll-Protein-Komplexe sind zusammen mit den Carotinoiden zu zwei unterschiedlichen funktionellen Kollektiven von hohem strukturellen Ordnungsgrad, den **Photosystemen I** und **II** (**PS I** und **PS II**) sowie den zugeordneten lichtsammelnden Komplexen LHCP I und LHCP II (Abkürzung für die allgemein gebräuchliche Bezeichnung light harvesting chlorophyll protein complex) vereinigt.

Die Photosysteme unterscheiden sich in ihrer Zusammensetzung und in ihren physikalischen Eigenschaften deutlich. Sie bestehen aus wenigen Molekülen von photochemisch aktivem Chlorophyll im **Reaktionszentrum** und einer großen Menge (ca. 300–400) umgebender lichtsammelnder photochemisch inaktiver **Antennenpigment-Moleküle**. Die photochemisch aktiven Pigmente sind immer Moleküle von **Chl-a-Dimeren** mit der jeweils langwelligsten Absorptionsbande. Im Reaktionszentrum der PS I wurde Chl a 700 (**P 700** = Pigment-700) identifiziert, im Reaktionszentrum des PS II Chl a 680 (**P 680**). Die große Menge der verschiedenen Chl a-Formen und die Carotinoide dienen als Antennenpigmente, die das Licht absorpieren und die Anregungsenergie dem jeweiligen Reaktionszentrum zuleiten.

Für Organismen mit oxygener Photosynthese ist es charakteristisch, daß sie nicht nur über zwei unterschiedliche Photosysteme mit spezifischen Populationen von Antennenpigmenten verfügen, die einem dieser Photosynthese jeweils unmittelbar zuzuordnen sind, sondern noch zusätzlich über Pigment-Protein-Komplexe ohne eigenes Reaktionszentrum. Sie sind nur zur Lichtabsorption befähigt. Die Energie des absorbierten Lichtes kann photochemisch nur dann nutzbar gemacht werden, wenn sie als Anregungsenergie einem Photosystem zugeleitet wird. Bei den grünen Pflanzen enthält der LHCP II neben Chl a den größten Teil des Chl b; bei Braunalgen enthält er Chl c. Die Phycobilisomen bilden den LHCP der Rot- und Blaualgen.

Die genauen Lagebezeichnungen der strukturellen und funktionellen Membrankomponenten sind keineswegs widerspruchsfrei geklärt.

Immerhin erlauben viele Ergebnisse der Ultrastrukturforschung, die durch physikalische, chemische und physiologische Daten gestützt werden, die Entwicklung einer Modellvorstellung (Abb. 7.17. u. 7.20.). Danach sind die Photosysteme derart in die Thylakoidmembran eingebaut, daß ihre Reaktionszentren senkrecht zur Membran stehen und diese durchspannen. Es scheint so zu sein, daß das PS I sowohl im Bereich der Grana wie in den Intergranabereichen in den Thylakoiden vorkommt, das PS II aber in den lamellaren Kontaktzonen der Granabereiche konzentriert ist. In den Thylakoiden der granafreien Algenchloroplasten sind die Photosysteme und LHCP gleichmäßig verteilt.

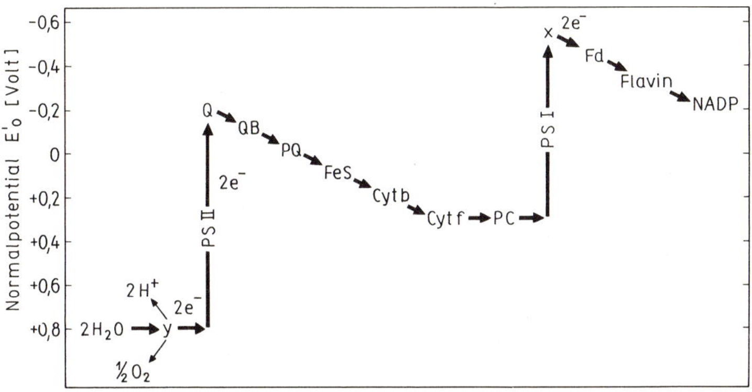

Abb. 7.17. Schema des photosynthetischen Elektronentransportes in den Chloroplasten höherer Pflanzen und Algen (Erklärung S. 391).

7.6.3. Lichtabsorption und Energieleitung

Licht wird in Form diskontinuierlicher Energiepakete, der **Quanten** oder **Photonen**, ausgestrahlt und absorbiert. Der Energiegehalt der Quanten wird nach der Beziehung

$$E = h \cdot \nu = h \cdot \frac{c}{\lambda}$$

von der Frequenz, bzw. der Wellenlänge λ bestimmt, wobei c die Lichtgeschwindigkeit (3×10^{10} cm/s) und h das Plancksche Wirkungsquantum ($6{,}626 \times 10^{-34}$ J · s) bedeuten. Der Energiegehalt von

1 mol ($6{,}023 \times 10^{23}$) Photonen = 1 Einstein läßt sich danach für beliebige Wellenlängen berechnen (Tab. 7.6.).

Tabelle 7.6. Beziehung zwischen Wellenlänge und Energiegehalt des Lichtes

Wellenlänge	Farbe	Energie pro Einstein (mol Quanten)	
nm		kJ	kcal
400	Violett	299,31	71,5
500	Blau	239,45	57,2
600	Gelb	199,54	47,6
700	Tiefrot	171,03	40,8
800	Infrarot	149,65	35,7

Die Photosynthesefarbstoffe absorbieren das Licht im Bereich der **photosynthetisch aktiven Strahlung** von 400–700 nm in unterschiedlichem Maße (Abb. 7.14.). Bei Photosynthesebakterien erstreckt sich der Bereich der photosynthetisch aktiven Strahlung noch wesentlich weiter ins langwellige Rot. Die Chlorophylle haben ein Absorptionsmaximum im roten und im blauen Bereich; im grünen Bereich absorbieren sie dagegen kaum. Dieses „Absorptionsloch" der Chlorophylle wird aber durch ihre Begleitpigmente, die Carotinoide und Phycobiline, weitgehend ausgefüllt. Es gehört zu den gesicherten Erkenntnissen, daß für die Photosynthese der verschiedenen Organismengruppen nicht nur das vom Chlorophyll absorbierte Licht wirksam ist, sondern daß an der Lichtausnutzung auch die jeweiligen Begleitfarbstoffe der Chlorophylle, die Carotinoide und die Phycobiline, erheblichen Anteil haben. Sie können diese Funktion allerdings nur in Verbindung mit dem stets erforderlichen Chlorophyll a erfüllen, dem sie die absorbierte Lichtenergie zuleiten.

Bei der Lichtabsorption ändert sich die Energie der Pigmentmoleküle in charakteristischer Weise. Ein Molekül, das ein Photon absorbiert hat, geht in einen **angeregten Zustand** über, der um den Energiegehalt des absorbierten Lichtquants über dem Energieniveau des Grundzustands liegt (Abb. 7.18.).

Für die Lichtabsorption des Chlorophylls sind vorwiegend die π-Elektronen der konjugierten Doppelbindungen verantwortlich. Die Aktivierung der π-Elektronen wird als $\pi \rightarrow \pi^*$ Übergang bezeichnet. Es gibt verschiedene Anregungszustände des Chlorophylls, die einer Anhebung von π-Elektronen auf ein jeweils höheres Orbital entsprechen. Die Anregung durch blaues Licht

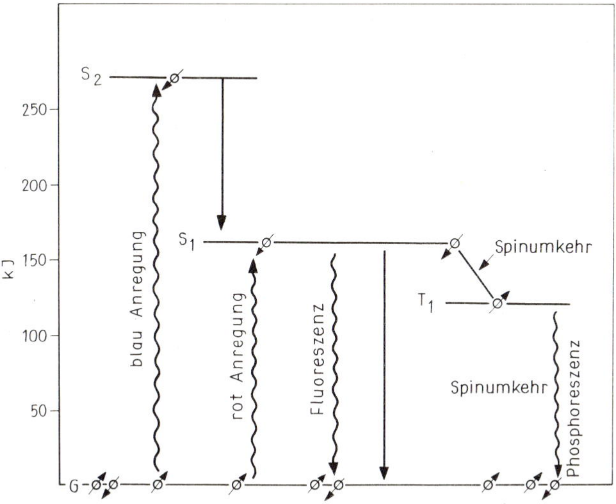

Abb. 7.18. Anregungszustände des Chlorophylls. *G* Grundzustand, S_2 2. angeregter Singulettzustand, S_1 1. angeregter Singulettzustand, T_1 angeregter Triplettzustand. Pfeile mit gewelltem Schaft bezeichnen Energieübergänge unter Aufnahme oder Abgabe von Strahlung. Pfeile mit geradem Schaft bezeichnen strahlungslose Übergänge. Kurze Pfeile zeigen die Richtung des Elektronenspins an.

führt innerhalb von 10^{-15} s zum **2. Singulettzustand** mit einem Energiegehalt von etwa 272 kJ (= 65 kcal) über dem Grundzustand. Der 2. Singulettzustand ist sehr instabil und geht innerhalb von 10^{-12} s in den **1. Singulettzustand** über, dem ein Energiegehalt von 171 kJ (41 kcal) zukommt. Die Energiedifferenz geht als Wärme verloren. Der 1. Singulettzustand ist der wichtigste angeregte Zustand. Er kann auch erreicht werden, wenn das Molekül im Grundzustand im roten Spektralbereich absorbiert. Seine Lebenszeit beträgt etwa 10^{-9} bis 10^{-8} s.

Dann kommt es zur strahlungslosen Desaktivierung oder zur Abstrahlung von **Fluoreszenzlicht**. Die Fluoreszenz des Chlorophylls erfolgt immer aus dem 1. Singulettzustand, das Fluoreszenzlicht ist daher immer rot. Bei ungestörter Photosynthese tritt allerdings in den Pigmentkollektiven der Photosysteme keine nennenswerte Fluoreszenz auf. Es erfolgt vielmehr eine gerichtete Übertragung der Anregungsenergie des 1. Singulettzustandes auf benachbarte Pigmentmoleküle und schließlich auf das Reaktionszentrum (Abb. 7.19.). Die Übertragung der primären Anregungsenergie auf ein benachbartes Molekül im Photosystem erfolgt nach dem Mechanismus der **induzierten Resonanz**

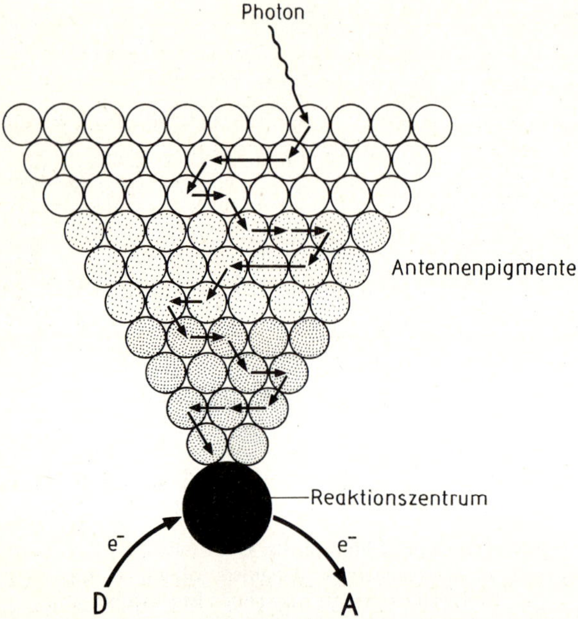

Abb. 7.19. Vereinfachtes funktionelles Modell eines Photosystems. *D* Donator, *A* Acceptor, Zunehmende Schraffierung bedeutet Zunahme des Absorptionsmaximums und zeigt damit die Richtung der Wanderung der Anregungsenergie an.

(**Resonanztransfer**). Hierbei induziert ein angeregtes Molekül im π-Elektronensystem des benachbarten Empfängermoleküls Schwingungen, die dieses in den 1. Singulettzustand versetzen, wobei gleichzeitig das Sendermolekül in den Grundzustand zurückfällt. Voraussetzung ist eine dichte molekulare Packung und eine energetische Überlappung ihrer Anregungszustände. Diese Art der Energieübertragung ist in vielen Fällen nahezu verlustfrei und erfolgt innerhalb von etwa 10^{-12} s. Sie ist dadurch wesentlich schneller als die Desaktivierung des 1. Singulettzustandes durch Abgabe von Wärme oder Fluoreszenzlicht.

In den Thylakoiden sind die Pigmentproteine mit unterschiedlichen spektralen Absorptionseigenschaften so zu funktionellen Einheiten zusammengefaßt, daß die Energieleitung immer, dem energetischen Gefälle folgend, kaskadenartig von den Antennenpigmenten zum Chlorophyll mit dem langwelligsten Absorptionsmaximum im Reaktionszentrum der Photosysteme erfolgt. Durch die physikalischen Charakteristika der Anregungszustände der Pigmente und durch die geschilderte strukturelle Anordnung wird gewährleistet, daß innerhalb von 10^{-11} bis 10^{-10} s 90% der absorbierten Lichtenergie das Reaktionszentrum erreicht, welches wie eine **Energiefalle** wirkt (Abb. 7.19.).

Das angeregte und daher energetisch aufgeladene Pigment-Dimere (P 700* bzw. P 680*) des die Membran durchspannenden Reaktionszentrums tritt nun in die photochemische Primärreaktion ein. Diese besteht darin, daß das Pigment-Dimer in einer äußerst schnell verlaufenden Reaktion ein Elektron an einen **Acceptor** (A) abgibt, der dadurch reduziert wird. Im Reaktionszentrum bleibt kurzfristig eine Elektronenvakanz in Form des oxidierten $P\,700^{\oplus}$ bzw. $P\,680^{\oplus}$ zurück, die über einen Elektronendonator (D) wieder ergänzt wird (Abb. 7.19.):

$$RZ^* + A \rightarrow RZ^{\oplus} + A^{\ominus} \ (10^{-10}\,s)$$

$$RZ^{\oplus} + D \rightarrow RZ + D^{\oplus}$$

Die Reduktion eines Acceptors und die Oxidation eines Donators im Reaktionszentrum sind die photochemischen Leistungen der Photosysteme.

Über die Versorgung der Photosysteme durch die einzelnen Pigmente und spektralen Pigmentarten besteht noch keine endgültige Klarheit. Man nimmt an, daß zum Antennenkollektiv des PS I Carotine und die spektralen Chl-a-Formen 660, 670, 680 und 690 gehören, zum PS II dagegen Xanthophylle, Chl b, Chl a 660, Chl a 670 und Chl a 678. Die von den Chlorophyllen a und b des LHCP sowie die von den Pigmenten der Phycobilisomen (bei Rot- und Blaualgen) absorbierte Energie soll bevorzugt dem PS II zugeleitet werden.

7.6.4. Der photosynthetische Elektronentransport

Durch die geschilderten Ereignisse in den Reaktionszentren der Photosysteme ist **elektronische Anregungsenergie** in die Energie **chemischer Potentialdifferenzen** umgewandelt worden. Als Folge der strukturellen Ausrichtung in der Membran und durch die Weiterleitung der Elektronen auf sekundäre Überträger und Acceptoren wird eine Ladungsrekombination verhindert. Die Photosysteme sind so angeordnet, daß die in ihnen ablaufenden Lichtreaktionen einen kontinuierlichen Elektronentransport antreiben, indem sie wie zwei hintereinandergeschaltete Pumpsysteme **(lichtgetriebene Elektronenpumpen)** Elektronen vom Wasser zum terminalen Acceptor NADP transportieren. Dazu muß eine Potentialdifferenz von insgesamt 1,2 Volt überwunden werden. Dieser photosynthetische Elektronentransport (streng genommen werden teils Elektronen, teils Wasserstoff transportiert) läuft über eine Reihe von Überträgern, zu denen Chinone (Plastochinon), Flavine (Ferredoxin-NADP-Reduktase), Cytochrome, das Cu-Protein Plastocyanin, das Eisen-Schwefel-Protein Ferredoxin sowie andere Schwefel-Eisen-Proteine gehören. Einige der Komponenten des Elektronentransportes, für deren Existenz es Anhaltspunkte aus dem Funktionsablauf gibt, konnten noch nicht zweifelsfrei chemisch identifiziert werden.

Wenn die Komponenten des Elektronentransportes und die Photosysteme nach ihrem Normalpotential angeordnet werden, ergibt sich ein „Zickzack"-Schema (Abb. 7.17.). Diese Reihenfolge wird offensichtlich auch in der Membran durchlaufen.

In den Thylakoiden sind die Komponenten **asymmetrisch** angeordnet. Der Elektronentransport verläuft daher gerichtet (**vektoriell**) und führt in der Bilanz für zwei auf NADP übertragene Elektronen zu einem entgegengesetzt gerichteten Transport von **vier Protonen** quer durch die Membran in den Thylakoidbinnenraum (Abb. 7.20.).

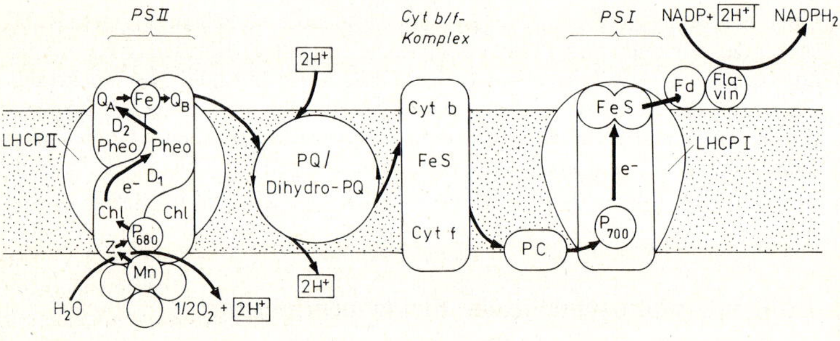

Abb. 7.20. Funktionelles Modell des asymmetrisch in der Thylakoidmembran ablaufenden Elektronen- und Protonentransportes. *Pheo* Phäophytin, *Fd* Ferredoxin, *PQ* Plastochinon, Q_A und Q_B gebundenes Plastochinon, *FeS* Eisen—Schwefel-Proteine, *PC* Plastocyanin, *Z* Tyrosinrest des D1-Proteins.

Der Elektronentransport wird unter Beteiligung von Mn durch das Photosystem II (PS II) mit der H_2O-Spaltung auf der Innenseite der Membran eingeleitet, wobei Sauerstoff entwickelt und zwei Protonen freigesetzt werden. Die Struktur des PS II ist inzwischen sehr gut bekannt. Es besteht aus einem zugeordneten Lichtsammelsystem mit den Chlorophyllen a und b (LHCP II), dem eigentlichen Reaktionszentrum sowie einem wasserspaltenden Komplex von Proteinen (Abb. 7.20.). Das Reaktionszentrum setzt sich aus den Proteinen D1 und D2 sowie einem spezifischen Cytochrom zusammen. Zum Reaktionszentrum gehören ferner das Chlorophyll a-Dimer P 680, 2 Chl a, 2 Phäophytine, (Phäophytin = Chlorophyll minus Mg), 2 Moleküle Plastochinon in den Bindungspositionen Q_A und Q_B an den Proteinen D2 und D1 sowie 1 Fe. Ein grobes Strukturmodell mit der wahrscheinlichen Anordnung der genannten Komponenten ist in der Abb. 7.20. schematisch dargestellt. Die Belichtung und Übernahme von Anregungsenergie von den umgebenden Antennen führt dazu, daß Elektronen aus dem P 680 auf dem durch den Pfeil gekennzeichneten Weg vektoriell durch die Membran wandern und die Q_B-Position am D1-Protein auf der dem Stroma zugekehrten Seite der Membran erreichen und reduzieren. Die Elektronenvakanz des zwischenzeitlich oxidierten P $680^{\oplus}$ wird durch Elektronen aufgefüllt, die mit Hilfe von Mn aus dem Wasser entnommen und über einen Tyrosin-Rest des D1-Protein dem P $680^{\oplus}$ zugeleitet werden.

Das reduzierte Plastochinon verläßt die Q_B-Position und wird Teil des freien Plastochinon-pools der Membran. Aus diesem, nicht gebundenen, Plastochinon-pool der Membran tritt oxidiertes Plastochinon an die frei gewordene Q_B-Position des D1-Proteins. Für die Reduktion des Plastochinons zum Dihydroplastochinon werden außer den Elektronen zusätzlich 2 Protonen gebraucht, die aus dem Stroma aufgenommen werden.

Vom Dihydroplastochinon werden Elektronen auf einen aus einem Fe-S-Protein, Cytochrom b_6 und Cytochrom f bestehenden Komplex, der wie die beiden Photosysteme auch die Membran durchspannt, übertragen. Dabei werden die Protonen wieder frei und in das Innere des Thylakoids abgegeben. Über Plastocyanin (ein Cu-Protein) erfolgt die Elektronenzuleitung zum PS I, wo sie die Elektronenvakanz des durch Lichtabsorption und Zuleitung von Anregungsenergie oxydierten P $700^{\oplus}$ auffüllen. Das PS I ist aus mehreren Proteinen zusammengesetzt, Einzelheiten sind in der Abb. 7.20. nicht dargestellt. Die bei Belichtung vom P 700 abgegebenen Elektronen werden über Zwischenträger, u. a. Fe-S-Proteine, Ferredoxin und Flavin, schließlich auf den terminalen Acceptor NADP übertragen. Zur Reduktion des NADP werden nochmals 2 Protonen aus dem Stroma verbraucht.

7.6.5. Der Mechanismus biologischer Phosphorylierungen

Man nimmt an, daß die elementaren Vorgänge der ATP-Bildung beim photosynthetischen und respiratorischen Elektronentransport die gleichen sind: In beiden Fällen wird durch die asymmetrische Anordnung der Elektronentransportkette und den dadurch bedingten vektoriellen Elektronentransport ein **Protonengradient** und damit ein **elektrochemisches Potential** zwischen Außen- und Innenseite der Membran aufgebaut (Abb. 7.21.).

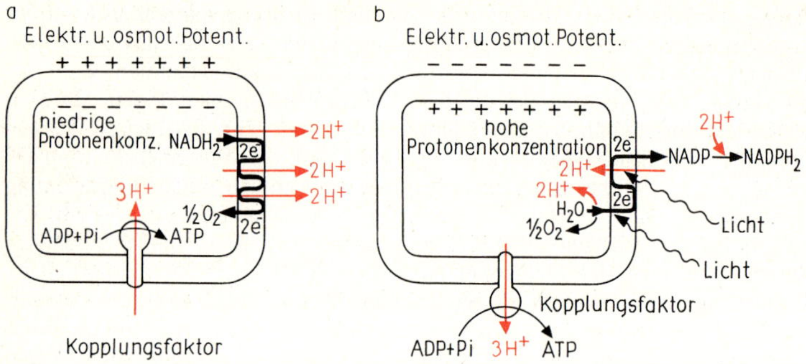

Abb. 7.21. Schema der Atmungskettenphosphorylierung in den Mitochondrien (a) und der photosynthetischen Phosphorylierung in den Chloroplasten (b).

Eine Grundvoraussetzung ist die Undurchlässigkeit der beteiligten Membranen für Protonen. Im Falle der Chloroplasten führt der lichtgetriebene Elektronentransport zu einer **Protonenakkumulation** und damit zu einer Ansäuerung im Thylakoidbinnenraum (ΔpH bis zu 3, d. h. innen 1000fach höhere Konzentration an H^+ als außen im Stroma). Durch die respiratorische Elektronentransportkette in den Mitochondrien wird ein umgekehrter Gradient aufgebaut. Protonen werden von innen nach außen durch die Membran transportiert. Der Ausgleich dieser Protonengradienten erfolgt über asymmetrisch in der Membran angeordnete und gerichtet arbeitende **Kopplungsfaktoren** (ATP-Synthase), wobei ATP gebildet wird. Bei diesem Vorgang geht die Energie der Potentialdifferenz, die auch als **proton motive force** bezeichnet wird, in energiereiche Phosphatbildungen über. Zu überzeugenden experimentellen Stützen dieser **chemiosmotischen Theorie** gehört die vom Licht unabhängige ATP-Bildung durch Thylakoide im Dunkeln, wenn an sie ein künstlicher *p*H-Gradient angelegt wird. Die ATP-Bildung unterbleibt, wenn die Membran durch „**Entkoppler**", z. B. durch 2,4-Dinitrophenol oder Gamicidin, für Protonen permeabel gemacht wird.

Als Ergänzung zu diesem linearen Elektronentransport vom Wasser zum NADP gibt es noch einen cyclischen, der nur vom Photosystem I angetrieben wird. Über Ferredoxin und vermutlich Cyt b_6 werden die Elektronen zum P 700 zurückgeleitet. Er steht im Dienst der zusätzlichen ATP-Bildung (cyclische Photophosphorylierung).

7.6.6. Einfluß von Herbiziden auf den photosynthetischen Elektronentransport

Die moderne Land- und Forstwirtschaft kann auf die chemische Unkrautbekämpfung durch Herbizide nicht verzichten. Etwa die Hälfte der kommerziell produzierten Herbizide wirkt auf die Photosynthese, wobei interessanterweise nicht die CO_2-Assimilation im Stroma, sondern der Elektronentransport in den Thylakoiden betroffen wird. Die Herbizide blockieren spezifisch den Elektronentransport an verschiedenen Stellen oder leiten die Elektronen ab, so daß kein Pyridinnucleotid mehr reduziert werden kann. Dadurch kommt es zu gravierenden Störungen des pflanzlichen Energiestoffwechsels, und die behandelten Pflanzen sterben ab.

Wichtige Photosynthese-Herbizide gehören zu den chemischen Gruppen der Harnstoffe, Triazine, Triazinone, Anilide und Bipyridylium-Verbindungen, Carbamate, Diphenylether und Benzylpyridazinone (Abb. 7.22.).

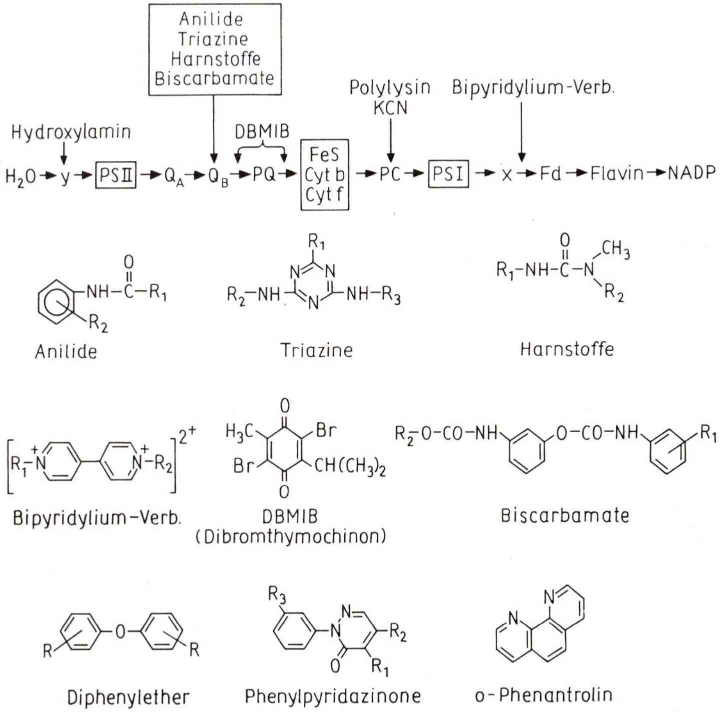

Abb. 7.22. Struktur und Wirkorte wichtiger Photosynthese-Hemmstoffe.

Die Wirkung der meisten Herbizide kommt zustande, indem sie sich an das sog. **D1-Protein** anlagern und es dadurch außer Funktion setzen. So wird die Weitergabe von Elektronen aus dem PS II auf Plastochinon unterbunden. Veränderungen der Aminosäuresequenz dieses Proteins können zum Verlust der Bindungsfähigkeit für bestimmte Herbizide und damit zu einer **Resistenz** der betreffende Pflanze (z. B. gegen Triazine) führen.

Unter dem Einfluß anderer Herbizide wie Bipyridylium-Verbindungen und Diphenylethern kommt es im Licht zur Bildung von reaktionsfähigen **Radikalen**, die Lipid- und Proteinkomponenten der Thylakoidmembran angreifen und zur Zerstörung der Chlorophylle führen. Ein „**Ausbleichen**" der behandelten Pflanzen ist die Folge. Das gleiche Ergebnis hat die Hemmung der Biosynthese der Carotinoide (durch Benzylpyridazinone z. B.), weil dadurch ihre Schutzfunktion vor photooxidativer Zerstörung der Chlorophylle ausfällt.

7.6.7. Assimilation des CO_2

Die energiereichen Produkte des photosynthetischen Elektronentransportes werden an der Stromaseite der Thylakoidmembranen gebildet. Sie stehen prinzipiell für alle endergonen Reaktionen zur Verfügung, zu denen der Chloroplast durch seine Ausstattung mit Enzymen und Substraten befähigt ist. Die Synthesekapazität der Chloroplasten ist außerordentlich vielseitig. Sie umfaßt praktisch alle Bereiche des Grundstoffwechsels. Die Assimilation des CO_2 zu Kohlenhydraten ist aber die bei weitem wichtigste Syntheseleistung des Chloroplasten.

Die CO_2-Fixierung ist eingebettet in einen verzweigten cyclischen Prozeß, an dem mindestens 15 verschiedene Reaktionen beteiligt sind und der aus drei Abschnitten besteht (Abb. 7.23.):

1. der Carboxylierungsphase
2. der reduktiven Phase und
3. der Regenerationsphase für den Acceptor des CO_2.

In seinen schrittweisen enzymatischen Umwandlungen hat er vieles gemein mit bekannten dissimilatorischen Vorgängen aus dem Bereich der Glykolyse und aus dem Pentosephosphat-Weg des oxidativen Glukoseabbaus, die hier in umgekehrter Richtung durchlaufen werden.

Er wird **reduktiver Pentosephosphat-Cyclus** oder **Calvin-Cyclus** (nach seinem Entdecker) genannt.

Von allen Reaktionen sind nur zwei spezifisch für photosynthetische und andere autotrophe Organismen (diese fixieren CO_2 auf dem gleichen Weg, nur die Energie entstammt nicht einer Lichtreaktion, sondern wird durch Oxidation anorganischer Verbindungen bereitgestellt). Es sind dieses die Carboxylierung des Ribulose-1,5-bisphosphates als Reaktion der Carboxylierungsphase und die Phosphorylie-

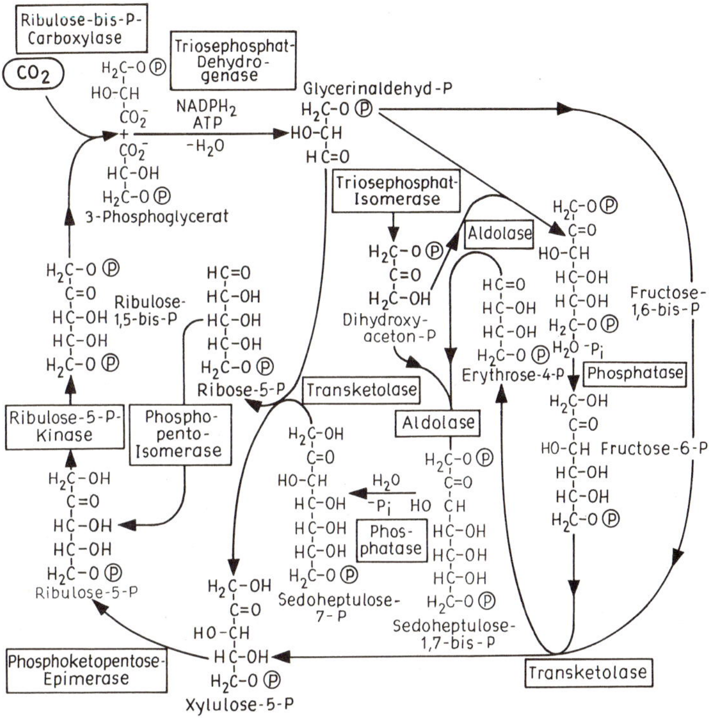

Abb. 7.23. Calvin-Cyclus.

rung des Ribulose-5-phosphates durch ATP als letzte Reaktion der Regenerationsphase.

Die Carboxylierung. Die Carboxylierung des Ribulose-1,5-bisphosphates zu 2 Molekülen 3-Phosphoglycerinsäure unter Beteiligung der Ribulosebisphosphat-Carboxylase, auch Rubisco genannt, ist die wichtigste Reaktion der autotrophen CO_2-Assimilation. In der **reduktiven Phase** wird die Carboxylgruppe der 3-Phosphoglycerinsäure zur Aldehydgruppe reduziert. Für diese Reduktion ist die vorherige Phosphorylierung mit ATP zu 1,3-Diphosphoglycerinsäure Voraussetzung. Die Reduktion zum Phosphoglycerinaldehyd wird in den Chloroplasten durch $NADPH_2$ vorgenommen, in den Photosynthesebakterien durch $NADH_2$.

Phase der Regeneration des CO_2-Acceptors und Nettosynthese von Kohlenhydraten. An den Reduktionsprozeß schließt sich eine komplizierte Reaktionsfolge an, wobei der in der Eröffnungsreaktion verbrauchte CO_2-Acceptor Ribulosebisphosphat regeneriert und somit der Cyclus geschlossen wird. Hierbei handelt es sich fast ausnahmslos um Reaktionen und Enzyme, die auch in anderen Bereichen des Kohlenhydratstoffwechsels vorkommen. Für den Calvin-Cyclus spezifisch ist nur der letzte Schritt dieser Phase, die Phosphorylierung des Ribulose-5-phosphates zu Ribolusebisphosphat mit Hilfe von ATP.

Ein Teil der Zwischenprodukte der Regenerationsphase verläßt den Cyclus als Ausgangsmaterial für die Synthese von monomeren und polymeren Kohlenhydraten. Sechsmal muß der Cyclus durchlaufen werden, bevor ein Molekül Hexosephosphat als Nettogewinn aus dem Prozeß ausscheren kann:

$$6CO_2 + 18ATP + 12NADPH_2 \rightarrow F\text{-}6\text{-}P + 18ADP + 12NADP + 17Pi$$

Weitere Reaktionsschritte führen vom Fructose-6-phosphat sowohl zur Saccharose wie zur Stärke, die im Licht als Assimilationsstärke im Stroma des Chloroplasten zeitweilig gespeichert wird.

Zur Synthese von Saccharose, Cellulose und Stärke muß Glucose durch Bindung an Nucleosiddiphosphat in besonderer Weise aktiviert werden. Zur Bildung von Saccharose und Cellulose ist UDP-Glucose (Uridindiphosphat-Glucose) erforderlich, zur Synthese der Stärke ADP-Glucose (Abb. 7.24.).

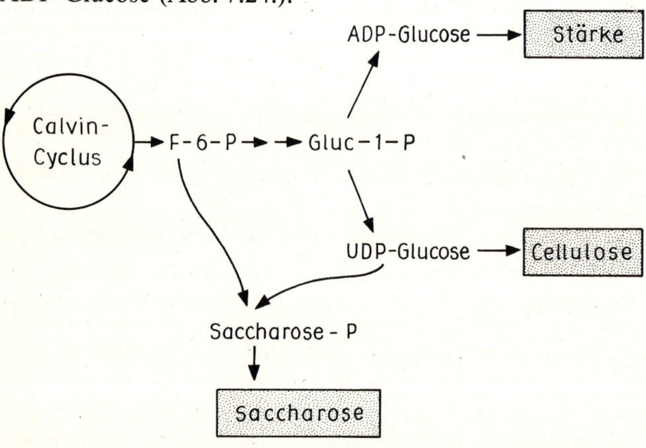

Abb. 7.24. Vereinfachtes Schema der Biosynthese von Stärke, Cellulose und Saccharose.

In der Dunkelheit wird die primäre Assimilationsstärke zu Saccharose ab- und umgebaut und auf diese Weise transportfähig gemacht. Saccharose ist der wichtigste Transportzucker zur Versorgung der nichtgrünen Teile der Pflanze. Die Resynthese zu Speicherstärke erfolgt in den Amyloplasten.

7.6.7.1. Photorespiration

Bei den meisten autotrophen Pflanzen (bei den C_3-Pflanzen) ist der respiratorische Gaswechsel, d. h. Sauerstoffaufnahme und CO_2-Abgabe, im Licht um ein Mehrfaches höher als im Dunkeln. Dieser im Licht erhöhte Gasaustausch wird **Photorespiration** oder **Lichtatmung** genannt. Die Ähnlichkeit mit dem an Mitochondrien gebundenen normalen Atmungsgaswechsel ist nur formal. Im Mechanismus und hinsichtlich der an ihr beteiligten Zellstrukturen unterscheiden sich Atmung und Photorespiration grundsätzlich. Die Photorespiration ist eng mit dem **Glykolsäurestoffwechsel** in der Pflanze verbunden. Ausgangspunkt ist die **Doppelfunktion** der Ribulosebisphosphat-Carboxylase. Dieses Enzym verfügt neben der carboxylierenden Eigenschaft auch noch über die einer **Oxygenase**. Die relativen Konzentrationen von CO_2 und O_2 in den Chloroplasten entscheiden über den vorherrschenden Reaktionstyp. Bei hoher Sauerstoffkonzentration und geringem CO_2-Angebot überwiegt die Oxygenasereaktion, bei der Phosphoglykolsäure entsteht. Am weiteren Ablauf sind **Peroxisomen** und **Mitochondrien** beteiligt. Nach Abspaltung des Phosphates

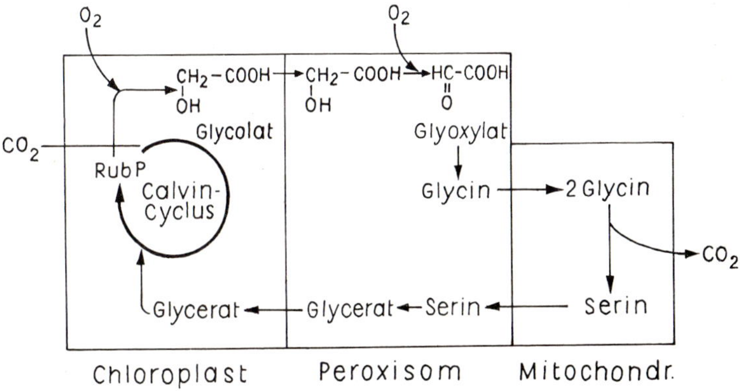

Abb. 7.25. Stark vereinfachtes Schema der Photorespiration und ihrer Kompartimentierung.

tritt die Glykolsäure in die Peroxisomen über und wird dort mit Hilfe der **Glykolsäure-Oxidase** unter Sauerstoffaufnahme zu Glyoxylsäure oxidiert. Aus den weiteren Umsetzungsprodukten der Glyoxylsäure wird in den Mitochondrien schließlich das Photorespirations-CO_2 freigesetzt.

Wenn die Sauerstoffkonzentration in der Atmosphäre stark erniedrigt oder das CO_2-Angebot erhöht wird, überwiegt die Carboxylierungsreaktion, und die Photorespiration wird unterbunden. Im Gegensatz zur „echten" Atmung ist die Photorespiration nicht mit einer ATP-Bildung verbunden. Es wird angenommen, daß unter normalen atmosphärischen Bedingungen (20% O_2, 0,03% CO_2) bis zu 50% des assimilierten Kohlenstoffs durch den Prozeß der Photorespiration **energetisch nutzlos** wieder in CO_2 umgewandelt wird. Die physiologische Bedeutung dieses mit so erheblichem Substanzverlust verbundenen Vorgangs ist unklar. Vielleicht ist die Oxygenasefunktion eine unvermeidbare Nebenfunktion des Ribulosebisphosphat-Carboxylase-Moleküls. C_4-Pflanzen haben keine meßbare Photorespiration.

Mit dem photorespiratorischen C-Kreislauf ist untrennbar ein N-Kreislauf verbunden, der wichtige Aminosäuren und Amide in den Gesamtprozeß eines komplizierten Zusammenspiels verschiedener Kompartimente einbezieht (vgl. Lehrbücher der Biochemie).

7.6.7.2. Biochemische Besonderheiten der C_4-Pflanzen

Pflanzen, die ihre photosynthetische CO_2-Assimilation ausschließlich über den Calvin-Cyclus mit der 3-Kohlenstoffverbindung Phosphoglycerinsäure als primärem Fixierungsprodukt betreiben, werden **C_3-Pflanzen** genannt.

Bei einer Reihe von Pflanzen unterschiedlicher systematischer Zugehörigkeit tritt eine Variante der CO_2-Assimilation auf, die sich durch eine Reihe von Besonderheiten auszeichnet. Die wichtigste ist, daß als primäre Fixierungsprodukte Säuren mit 4 C-Atomen (Oxalacetat, Malat, Aspartat) auftreten. Danach spricht man von **C_4-Pflanzen**, bzw. vom **C_4-Typ der Photosynthese**. Über den C_4-Typ der Photosynthese verfügen insbesondere Pflanzen aus Verbreitungsgebieten mit hohen Lichtintensitäten (Tropen, Subtropen). Zu ihnen gehören Kulturgräser mit außergewöhnlich hoher Stoffproduktion wie Mais und Zuckerrohr. Der Blattquerschnitt der typischen C_4-Pflanzen zeigt einen andersartigen Aufbau des Assimilationsgewebes als bei den C_3-Pflanzen. Anstelle des Palisaden- und Schwammparenchyms findet man bei den C_4-Pflanzen um die Leitbündel eine konzentrische Anordnung von zwei Zellagen, einer inneren **Leitbündelscheide** und einem äußeren Kranz locker stehender **Mesophyllzellen**. Charakteristisch ist ferner ein **Chloroplastendimorphismus** beider Zelltypen, der verbunden ist mit unterschiedlichen biochemischen Potenzen. Die Chloroplasten der Mesophyllzellen besitzen Grana, die der Bündelscheiden sind meist granafrei und verfügen nur über eine geringe Aktivität des Photosystems II. Der C_4-Typ der Photosynthese zeichnet sich durch Zusatzeinrichtungen zum Calvin-Cyclus aus. Bei der CO_2-Assimilation dieser Pflanzen arbeiten die Chloroplasten des Mesophylls und die der Bündelscheide eng zusammen. In den Mesophyllzellen erfolgt die primäre Fixierung des CO_2 durch Carboxylierung des Phosphoenolpyruvats zu Oxalacetat. Die Reaktion wird katalysiert von PEP-Carboxylase, die eine große Affinität zum CO_2 hat (niedrige Michaelis-Konstante). Oxalacetat wird danach in Malat (bei einigen Pflanzen in Aspartat) ungewandelt. Dieses wird daraufhin in die Zellen der Bündelscheide transportiert, wo es zu Pyruvat decarboxyliert wird:

$$\text{Malat} + \text{NADP} \rightarrow \text{Pyruvat} + \text{NADPH}_2 + \text{CO}_2 \quad \text{(Malat-Enzym)}$$

Das in dieser Reaktion gebildete CO_2 wird nunmehr in den Calvin-Cyclus eingeschleust und „normal" zu Kohlenhydraten weiterverarbeitet. Der wichtige Reduktionsschritt liegt damit auch in den Bündelscheidenchloroplasten. Das erforderliche $NADPH_2$ wird in der Hauptsache durch die Reaktion des Malat-Enzyms zur Verfügung gestellt, denn die fehlende oder geringe Aktivität des PS II gestattet keine photochemische NADP-Reduktion mit Elektronen aus dem Wasser. Mit dem Transport von Pyruvat in die Mesophyllchloroplasten und der folgenden Umwandlung zu PEP durch das Enzym Pyruvat-Phosphat-Dikinase ist der primäre C_4-Carboxylierungscyclus geschlossen (Abb. 7.26.).

$$\text{Pyruvat} + \text{ATP} + \text{Pi} \rightarrow \text{PEP} + \text{AMP} + \text{PP} \quad \text{(Pyruvat-Phosphat-Dikinase)}$$

Die Bildung von PEP aus Pyruvat ist sehr energiebedürftig und verbraucht zwei energiereiche Phosphatbindungen.

Der C_4-Carboxylierungscyclus ist damit kein Mechanismus zur Nettofixierung von Kohlenstoff, sondern eine **Hilfseinrichtung zur Unterstützung des Calvin-Cyclus** (Photosynthese mit „Hilfsmotor"). Im Bereich der Mesophyllzellen erfüllt er eine Sammelfunktion für CO_2, das in gebundener Form zu den Chloroplasten der Bündelscheide in den Einzugsbereich des Calvin-Cyclus transportiert und dort

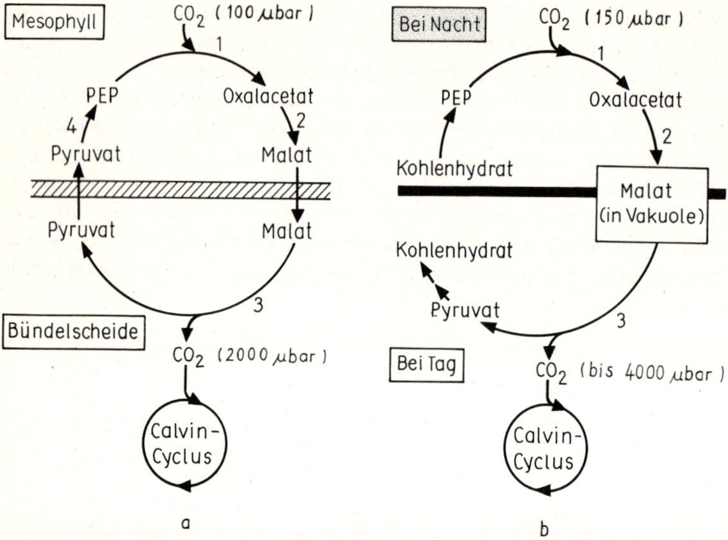

Abb. 7.26. CO_2-Assimilation bei C_4-Pflanzen (a) und CAM-Pflanzen (b). **1** PEP-Carboxylase, **2** Malat-Dehydrogenase, **3** Malat-Enzym, **4** Pyruvat-Phosphat-Dikinase.

konzentriert wird. Da die Ribulosebisphosphat-Carboxylase bei der CO_2-Konzentration des luftgesättigten Wassers nicht annähernd mit CO_2 gesättigt ist (ungünstige Michaelis-Konstante), erhöht dieser Konzentrierungseffekt („**CO_2-Pumpe**") sehr wesentlich die Intensität des Calvin-Cyclus. Durch das erhöhte CO_2/O_2-Verhältnis erfolgt gleichzeitig eine Zurückdrängung der Photorespiration.

Der C_4-Carboxylierungscyclus erfordert zwei energiereiche Phosphatbindungen pro Umlauf, die in Form von 2 Mol ATP aus den Lichtreaktionen zusätzlich zur Verfügung gestellt werden müssen.

Die Gesamtbilanz für die Synthese eines Hexosemoleküls aus CO_2 ist demnach bei C_4-Pflanzen:

$$6CO_2 + 30ATP + 12NADPH_2 \rightarrow F\text{-}6\text{-}P + 30ADP + 12NADPH + 29Pi$$

Für die Ertragsphysiologie und für die Ökologie der C_4-Pflanzen sind diese biochemischen Besonderheiten von großer Wichtigkeit.

Im CO_2 der Atmosphäre sind 98,89% ^{12}C und 1,11% ^{13}C enthalten. Bei Carboxylierungsreaktionen verhalten sich die beiden Isotope nicht gleichartig. $^{12}CO_2$ wird gegenüber dem $^{13}CO_2$ bevorzugt. Die Diskriminierung des $^{13}CO_2$ ist aber bei der Rubisco erheblich größer als bei der PEP-Carboxylase. Diese Unterschiede führen dazu, daß die C_4-Pflanzen in ihrer Biomasse einen erheblich größeren ^{13}C-Anteil enthalten, sind also hinsichtlich des Kohlenstoffs spezifisch schwerer als C_3-Pflanzen. Das $^{13}C/^{12}C$-Verhältnis wird massenspektrometrisch bestimmt, auf einen Standard bezogen und im $\delta^{13}C$ [‰]-Wert ausgedrückt. Je negativer der $\delta^{13}C$-Wert ist, desto geringer ist der ^{13}C-Anteil. Mit dieser Methode kann ermittelt werden, ob biologisch gewonnene Produkte einer C_3-Pflanze entstammen oder einer C_4-Pflanze.

7.6.8. Die Energetik der Photosynthese

Zur Synthese eines mol Glucose sind 2877 kJ (687 kcal) erforderlich:

$$6\,CO_2 + 12\,H_2O \rightarrow \text{Glucose} + 6\,H_2O + 6\,O_2;\ \Delta G_0' = +2877\ \text{kJ}$$

Pro mol CO_2 ergibt das einen Bedarf von 479,5 kJ, wofür theoretisch 3 mol Quanten Rotlicht (λ = 700 nm) mit einem Energiegehalt von 171 kJ/Einstein ausreichen würden.

Aus der Kenntnis des Calvin-Cyclus geht hervor, daß für die Assimilation von 1 mol CO_2

$$3\ \text{mol ATP} = 91{,}5\ \text{kJ}$$

$$2\ \text{mol}\ NADPH_2 = 440{,}4\ \text{kJ},$$

insgesamt also 532 kJ erforderlich sind.

Die Reduktion von 2 mol NADP zu $NADPH_2$ und die Synthese von 3 mol ATP setzen voraus, daß 4 Elektronen die Elektronentransportkette passieren, wobei durch die zwei Lichtreaktionen die Absorption von 2 Quanten pro Elektron nötig ist. Daraus ergibt sich ein Gesamtquantenbedarf von 8 mit einem Energiegehalt von zusammen

$$8 \times 171 = 1368\ \text{kJ}.$$

Bezogen auf den theoretischen Energiebedarf von 479,5 kJ errechnet sich eine Energieausbeute von etwa 35%. Experimentelle Messungen unter optimalen Bedingungen ergaben wiederholt einen Quantenbedarf von 8–10.

Unter realen Bedingungen arbeitet die Photosynthese aber nur mit einem Wirkungsgrad von 1–2%, was zu einem gewissen Teil auch auf den durch die Photorespiration bedingten Substanzverlust zurückzuführen ist.

7.6.9. Ökologie der Photosynthese

Die Photosynthese ist von einer Vielzahl von Faktoren abhängig, die nur in seltenen Fällen im Optimum vorhanden sind; sie begrenzen daher die Leistungsfähigkeit der Photosynthese und sind damit für die pflanzliche Produktivität entscheidend.

Da mit Ausnahme einiger Spezialisten mit heterotropher Ernährung die pflanzliche Existenz unmittelbar von der photosynthetischen Leistungsfähigkeit abhängt, ist es verständlich, daß es zu den mannigfaltigsten morphologischen und physiologischen Anpassungen des Photosyntheseapparates an die jeweiligen Umweltbedingungen der Pflanze gekommen ist. Aus dem komplizierten Bereich der Ökologie der Photosynthese können hier nur wenige Beispiele herausgegriffen werden.

Bestimmend für die Intensität der Photosynthese sind in erster Linie das Licht, die CO_2- und O_2-Konzentration der Atmosphäre, die Temperatur und die Wasserversorgung der Pflanzen.

Unter **Photosyntheseintensität** versteht man die photosynthetische Stoffproduktion pro Zeiteinheit. Meßgrößen sind O_2-Abgabe, CO_2-Aufnahme oder die Produktion organischen Materials. Da in der Pflanze gleichzeitig dissimilatorische Prozesse ablaufen einschließlich der Photorespiration, muß man unterscheiden zwischen **reeller** oder **Bruttophotosynthese** und **Nettophotosynthese**, auch **apparente** Photosynthese genannt:

Nettophotosynthese = Bruttophotosynthese minus Dissimilation.

7.6.9.1. Licht

Werden Pflanzen zunehmender Beleuchtungsstärke ausgesetzt, folgt die O_2-Entwicklung als Maß der Photosynthese einer Sättigungskurve, die zunächst proportional der Lichtintensität, später langsamer bis zum Sättigungswert ansteigt (Abb. 7.27.). Die Lichtsättigungskurve beginnt im Schwachlicht mit O_2-Aufnahme, weil der O_2-Verbrauch durch die Atmung zunächst größer ist als die Photosynthese. Bei einer bestimmten Intensität wird dann der **Lichtkompensationspunkt** durchschritten. Die Lichtintensität, bei der die Photosynthese die Atmung gerade ausgleicht, bezeichnet man als Lichtkompensationspunkt. Die apparente Photosynthese ist bei dieser Lichtintensität gleich Null. Oberhalb des Lichtkompensationspunktes beginnt der Bereich der positiven Stoffbilanz.

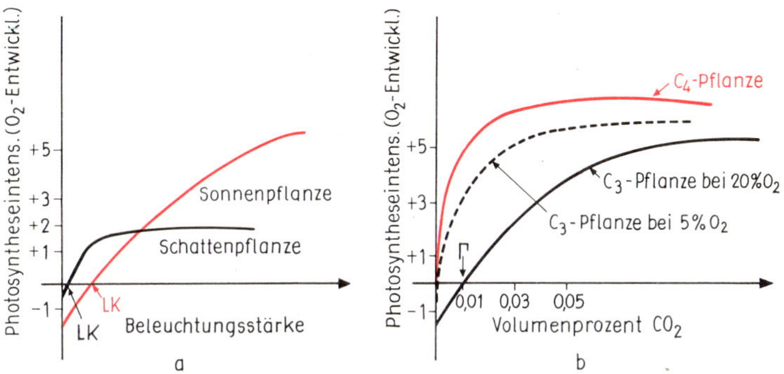

Abb. 7.27. Abhängigkeit der Photosyntheseintensität von der Beleuchtungsstärke (a) und der CO_2-Konzentration (b). *LK* Lichtkompensationspunkt, *Γ* CO_2-Kompensationspunkt.

Je nach Anpassung an die Lichtintensität des Standortes unterscheiden sich die Lichtsättigungskurven verschiedener Pflanzen erheblich. Bei den C_4-Pflanzen ist selbst in vollem Sonnenlicht die Lichtsättigung noch nicht erreicht. Ihr Lichtkompensationspunkt liegt relativ hoch. Unter den C_3-Pflanzen gibt es **Schatten-** oder **Schwachlichttypen** und **Sonnen-** oder **Starklichttypen.** Die Schattenpflanzen haben einen sehr niedrigen Lichtkompensationspunkt (0,5 bis 1% des Tageslichtes) und erreichen das Maximum ihrer Photosynthese ebenfalls schon bei niedrigen Lichtintensitäten. Sie sind an Schwachlichtbedingungen angepaßt und unter diesen Bedingungen den C_4-Pflanzen und den Starklicht-C_3-Pflanzen überlegen. Die potentiell höhere photosynthetische Leistungsfähigkeit dieser Pflanzen kommt nur bei hohen Beleuchtungsstärken zur Geltung. Eine typische Schattenpflanze ist *Oxalis acetosella*. Unsere Getreidearten sind Sonnenpflanzen. Selbst die einzelnen Blätter einer Pflanze, z. B. Buche, können je nach ihrer Position an der Pflanze funktionell und auch anatomisch als **Sonnen-** oder **Schattenblätter** ausgebildet sein.

Eine Erhöhung der Strahlungsintensität über das Maß hinaus, an das die Pflanzen angepaßt sind, ist keineswegs harmlos. Wenn die Strahlungsintensität so hoch ist, daß sie den jeweiligen Bereich der Lichtsättigung übersteigt, nehmen die Pflanzen weit mehr Lichtenergie auf, als sie für die CO_2-Assimilation oder andere biochemische Vorgänge in den Chloroplasten verbrauchen können. Zum Teil kann diese überschüssige Anregungsenergie schadlos entsorgt werden, indem sie über Carotinoide, die schützend wirken, abgeleitet wird. Wenn diese Möglichkeit überfordert ist, kommt es zu einer kritischen Streßsituation, bei der die Photosyntheseintensität als Folge einer Schädigung der Chloroplasten, in erster Linie der Thylakoide, abnimmt. Diese Vorgänge werden als Photoinhibierung bezeichnet. Zuerst betroffen ist das Photosystem II, besonders das D1-Protein. Am Zustandekommen der Schädigungen sind Pigmentradikale und aktive Sauerstoff-Spezies beteiligt, die sich bei einem Überangebot an Lichtenergie bilden.

Die Pflanzen können sich durch Schutz- und Reparaturmechanismen gegen diesen für sie schädlichen Lichtstreß wehren. Wenn die Schutzmechanismen überfordert werden, kommt es zu irreversiblen Schäden, die sich auch auf die Pigmente und Lipidkomponenten der Membranen erstrecken. Die Pflanzen bleichen aus und sterben schließlich ab. Die Reparaturprozesse schließen einen gezielten Abbau und eine beschleunigte Neusynthese des geschädigten D1-Proteins ein, die in den Chloroplasten erfolgt.

7.6.9.2. CO_2 und Sauerstoff

Die Abhängigkeit der Photosynthese vom CO_2-Gehalt der Atmosphäre läßt drastische Unterschiede zwischen C_3- und C_4-Pflanzen erkennen. Bei geringen CO_2-Konzentrationen ist im Falle der C_3-Pflanzen die durch Atmungsprozesse bedingte CO_2-Abgabe größer als die reelle Photosynthese, die Stoffbilanz ist negativ. Diejenige CO_2-Konzentration, bei der die reelle Photosynthese gleich der Atmung, d. h. die apparente Photosynthese gleich Null ist, wird als **CO_2-Kompensationspunkt** bezeichnet. Bei den C_3-Pflanzen liegt er zwischen 0,005 und 0,01 Volumenprozent CO_2 in der Atmosphäre.

Der Sättigungsbereich wird erst bei relativ hohen Konzentrationen erreicht. Verantwortlich dafür ist in erster Linie die geringe Affinität der Ribulosebisphosphat-Carboxylase für CO_2. Unter normalen atmosphärischen Bedingungen ist das CO_2-Angebot der begrenzende Faktor der Photosynthese. Ihre Intensität kann durch Anreicherung der Atmosphäre mit CO_2 („**CO_2-Düngung**" in Gewächshäusern) erheblich gesteigert werden. Bei den C_4-Pflanzen wird die maximale Photosyntheseintensität schon bei geringeren CO_2-Konzentrationen erreicht. Ihr CO_2-Kompensationspunkt liegt unter 0,001 Vol% CO_2. Sie haben daher schon bei geringstem CO_2-Angebot eine apparente Photosynthese und eine positive Stoffbilanz (Abb. 7.27.). Das ist in der Hauptsache zurückzuführen auf die hohe CO_2-Affinität der PEP-Carboxylase als primäres CO_2-Fixierungsenzym.

In einer Atmosphäre mit verringertem Sauerstoffgehalt ist die apparente Photosynthese der C_3-Pflanzen erhöht und der CO_2-Kompensationspunkt erniedrigt, da unter diesen Bedingungen die Photorespiration zurückgedrängt wird (S. 399).

Die C_4-Pflanzen haben dagegen auch beim normalen Sauerstoffgehalt der Atmosphäre (20%) keine meßbare Photorespiration, da durch den chemischen Mechanismus des Assimilationsablaufes in den Bündelscheidenchloroplasten die CO_2-Konzentration so erhöht wird, daß die Oxygenasereaktion und damit die Bildung von Glykolsäure als Substrat der Photorespiration verhindert wird.

Die C_4-Pflanzen sind im Prinzip besonders gut geeignet, unter hohen Lichtintensitäten die niedrige CO_2-Konzentration der Luft zu einer hohen photosynthetischen Stoffproduktion zu nutzen. Dies läßt sich in der Tat durch einen Vergleich der Produktionsleistung von C_4- und C_3-Pflanzen belegen (Tab. 7.7.). Allerdings müssen die Vorteile des C_4-Typs der CO_2-Assimilation durch einen vermehrten Einsatz von ATP aus den Lichtreaktionen erkauft werden (S. 401). Sie kommen daher nur bei ausreichendem Lichtangebot zur Geltung. Der C_4-Typ der Photosynthese ist außerdem in **ariden Biotopen** überlegen, weil er starke **Transpirationsverluste** weitgehend vermeidet. Durch die hohe Affinität seines Photosynthesemechanismus zum CO_2 dringt auch durch Stomata, die zur Einschränkung der Transpiration nahezu geschlossen sind, noch genügend CO_2 für eine intensive Photosynthese. So transpiriert die C_3-Pflanze Luzerne etwa 800 g Wasser, um 1 g Trockenmasse zu bilden, die C_4-Pflanze Mais aber nur 370 g.

Allgemein liegt auch das Temperaturoptimum der C_4-Photosynthese höher als das des C_3-Typs. In Tab. 7.8. sind die wesentlichen Merkmale der C_3- und C_4-Pflanzen gegenübergestellt.

Tabelle 7.7. Vergleich der apparenten Photosynthese (Netto-Produktion) von C_4- und C_5-Pflanzen unter Feldbedingungen

Pflanze		$\frac{mg\ CO_2}{dm^2 \times h}$
Mais	(C_4)	47
Sojabohne	(C_3)	18

Tabelle 7.8. Physiologische und strukturelle Unterschiede zwischen C_3-Pflanzen und C_4-Pflanzen

Merkmal	C_3-Pflanzen	C_4-Pflanzen
1. Erste Photosyntheseprodukte	Phosphoglycerinsäure (C_3)	C_4-Säuren
2. Blattanatomie	Palisadenschicht und Schwammparenchym, Chloroplasten einheitlich	Bündelscheide von Mesophyllzellen umgeben, Chloroplastendimorphismus
3. Apparente Photosynthese $mgCO_2/dm^2$ Blattfläche/h	15–40	60–100
4. CO_2-Kompensationspunkt	0,005–0,01% CO_2	0–0,001% CO_2
5. Lichtsättigung der Photosynthese	etwa bei $^1/_2$ bis $^1/_3$ des vollen Sonnenlichtes	bei vollem Sonnenlicht kaum erreicht
6. Photorespiration	bis 50% der Brutto-Photosynthese	nicht nachweisbar
7. Temperatur-Optimum	10–25 °C	30–45 °C
8. Transpirationskoeffizient (g H_2O/g Trockengewicht)	450–950	250–350
9. Carboxylierungsenzyme	Rubisco	1. PEP-Carboxylase 2. Rubisco
10. $\delta\ ^{13}C$-Wert	−28‰	−14‰
11. Theoretische molekulare Stöchiometrie $CO_2:ATP:NADPH_2$	1:3:2	1:5:2

Arten mit C_4-Typ der Photosynthese gibt es in verschiedenen systematischen Gruppen des Pflanzenreiches, sie treten aber in einigen Verwandtschaftskreisen gehäuft auf, z. B. bei den *Poaceae* mit Mais und Zuckerrohr als wirtschaftlich sehr bedeutsamen Kulturpflanzen. Es gibt aber auch Gattungen, in denen C_3- und C_4-Pflanzen nebeneinander vorkommen (z. B. *Atriplex*).

Nicht immer kann man Pflanzen eindeutig dem C_3-Typ oder dem C_4-Typ zuordnen. Es gibt intermediäre Formen (C_3/C_4-Typen), bei denen der C_4-Typ sich noch nicht vollständig mit allen charakteristischen anatomischen und biochemischen Merkmalen aus dem C_3-Typ herausgebildet hat, die aber auf dem Wege dazu sind.

7.6.9.3. Diurnaler Säurerhythmus (CAM)

Einen besonderen Typ der ökologischen Anpasssung an wasserarme Standorte besitzen die sog. **CAM-Pflanzen**, zu denen viele Sukkulenten gehören. CAM ist die Abkürzung für Crassulacean Acid Metabolism (Säurestoffwechsel der Crassulaceen).

In der Nacht speichern diese Pflanzen in ihren großen Vakuolen erhebliche Mengen an Säuren, vor allem Äpfelsäure, was mit einem starken Abfall des *p*H-Wertes verbunden ist. Am Tag verschwindet die Säure wieder aus den Vakuolen, und damit verbunden steigt der *p*H-Wert an. Diesem „**diurnalen Rhythmus**" liegt ein zellphysiologischer und biochemischer Mechanismus zugrunde, der viele Ähnlichkeiten mit der C_4-Photosynthese hat.

In der Nacht, wenn die Gefahr des Wasserverlustes durch Transpiration gering ist, haben die Pflanzen ihre Stomata geöffnet. Unter diesen Bedingungen kann atmosphärisches CO_2 aufgenommen werden, das durch PEP-Carboxylase fixiert und dann in Form von Äpfelsäure in der Vakuole gespeichert wird. Bei Tag schließen sich die Stomata und bewahren dadurch die Pflanze vor Wasserverlust. Das in Form des Malats gespeicherte CO_2 wird freigesetzt und dem Calvin-Cyclus zur photosynthetischen Assimilation zugeführt (Abb. 7.26.).

Während die C_4-Pflanzen die primäre Fixierung des CO_2 zu Malat und die eigentliche reduktive Assimilation im Calvin-Cyclus **gleichzeitig, aber räumlich getrennt** in verschiedenen Geweben ablaufen lassen, führen die CAM-Pflanzen diese beiden Teilprozesse in der **gleichen Zelle zeitlich getrennt** hintereinander durch. Sie erreichen dadurch eine außerordentliche Ökonomie des Wasserhaushaltes und sind so an trockenen Standorten anderen Pflanzen gegenüber im Vorteil. Pro Gramm gebildete Trockenmasse verliert eine CAM-Pflanze nur 60 bis 100 g Wasser, das ist ein Zehntel dessen, was eine C_3-Pflanze transpiriert. Die Zuwachsleistungen der CAM-Pflanzen sind allerdings vergleichsweise gering.

7.6.10. Bakterienphotosynthese

Mehrere Gruppen prokaryotischer Organismen sind phototroph und benutzen Licht als Energiequelle zum Wachstum. Zu einer oxygenen, mit Sauerstoffentwicklung verbundenen Photosynthese ist neben den Cyanobakterien auch noch ein unlängst entdeckter, *Prochloron* genannter Organismus befähigt. Wegen seiner prokaryotischen Zellstruktur einerseits und seiner Pigmentausstattung andererseits (Besitz von Chl b, keine Phycobiline), die der von Grünalgen und höheren Pflanzen entspricht, nimmt *Prochloron* eine interessante Zwischenstellung ein. Unabhängig von ihrer Zugehörigkeit zu den Prokaryoten verkörpern sowohl die Cyanobakterien wie *Prochloron* den Typus der Photosynthese höherer Pflanzen.

Deutlich davon abzugrenzen ist der phototrophe Stoffwechsel der **Photosynthesebakterien im engeren Sinne**. Diese bilden vier physiologisch-ökologische Gruppen:

1. schwefelhaltige Purpurbakterien oder *Chromatiaceae* (*Thiorhodaceae*),
2. schwefelfreie Purpurbakterien oder *Rhodospirillaceae* (*Athiorhodaceae*),
3. grüne Schwefelbakterien oder *Chlorobiaceae*,
4. fädige, sich gleitend bewegende schwefelfreie grüne Bakterien oder *Chloroflexaceae*.

Abgesehen von der gemeinsamen Befähigung zur Photosynthese sind sie morphologisch, physiologisch und biochemisch sehr verschieden. Die meisten sind bewegliche Anaerobier, die in den anaeroben Zonen von Tümpeln und seichten Meeresbuchten häufig zur Massenentwicklung kommen. Besonders auffällig sind die Purpurbakterien. Sie überziehen oft als lachsfarbene oder weinrote Schwärme den Schlammhorizont und in Zersetzung befindliches Pflanzenmaterial. Die Photosynthese der Bakterien verläuft **ohne Sauerstoffentwicklung**, da sie nicht über das Photosystem II verfügen und deshalb zur Wasserspaltung unfähig sind. Sie sind vielmehr auf stärker reduzierte H-Donatoren angewiesen. Die *Chromatiaceae* und *Chlorobiaceae* nutzen H_2S und andere reduzierte S-Verbindungen, während die *Rhodospirillaceae* und die *Chloroflexaceae* auf organische Verbindungen angewiesen sind, denen sie die Reduktionsäquivalente entnehmen. Viele Photosynthesebakterien können molekularen Wasserstoff verwerten. Die Photosynthesepigmente bilden als Pigment-Protein-Komplex das für die Lichtabsorption und die photochemische Primärreaktion verantwortliche Photosystem. Photosynthesebakterien haben nur ein Photosystem, das bei den einzelnen Gruppen verschieden gestaltet ist. Bei den Purpurbakterien ist es in vesikuläre, tubuläre oder abgeflachte Membranstrukturen, Thylakoide oder Chromotaphoren genannt, eingebaut, die aus Einstülpungen der Cytoplasmamembran entstehen. Es enthält ein bei 840, 870 oder 900 nm absorbierendes

Bacteriochlorophyll-Dimer im Reaktionszentrum und etwa 50 weitere Bacteriochlorophyllmoleküle sowie Carotinoide als Lichtsammler. Die grünen Photosynthesebakterien haben das Reaktionszentrum in der Cytoplasmamembran und die lichtsammelnden Antennenpigmente in besonderen Vesikeln, den **Chlorosomen**, die der Cytoplasmamembran unmittelbar anliegen. Für die Energieübertragung auf das Reaktionszentrum gelten ähnliche Gesetzmäßigkeiten wie bei den höheren Pflanzen.

Terminaler Acceptor des durch Licht getriebenen Elektronentransportes ist bei den Photosynthesebakterien nicht NADP, sondern NAD, das zu $NADH_2$ reduziert wird. Als Redoxüberträger sind Schwefel-Eisen-Proteine, Cytochrome und Chinone bekannt geworden. Es ist denkbar, daß die NAD-Reduktion nur bei den grünen Bakterien auf direktem Wege photochemisch erfolgt und vergleichbar ist mit den Reaktionen des PS I bei Pflanzen und Cyanobakterien. Die Purpurbakterien benötigen zur NAD-Reduktion zusätzlich zum cyclischen photosynthetischen Elektronentransport noch einen ATP-abhängigen Hilfsmechanismus.

Wie bei höheren Pflanzen ist der Elektronentransport mit der Ausbildung eines Protonengradienten und einer Phosphorylierung verbunden.

Durch das Absorptionsverhalten der Bacteriochlorophylle bedingt, können Photosynthesebakterien langwelligeres Licht ausnutzen als die grünen Pflanzen.

Die meisten Photosynthesebakterien assimilieren CO_2 über den Calvin-Cyclus. Bei den grünen Schwefelbakterien jedoch ist mit dem **reduktiven Carbonsäure-Cyclus** ein ganz anderer Weg verwirklicht. Bei den *Rhodospirillaceae* und *Chloroflexaceae* spielt die CO_2-Assimilation meist nur eine untergeordnete Rolle. Diese Organismen leben in der Regel photoheterotroph und betreiben mit Hilfe des im Licht gebildeten ATP eine **Photoassimilation organischer Substrate**.

Die Bakterienphotosynthese muß als eine an die O_2-freie, reduzierende Ur-Biosphäre angepaßte ursprüngliche Form der Photosynthese angesehen werden, die sich in den ökologischen Nischen anaerober Standorte erhalten hat.

Neuerdings ist in salzliebenden Archaebakterien (*Halobacterium halobium*) eine noch einfachere Form der Photosynthese entdeckt worden. Diese Organismen bilden mit Hilfe ihres Farbstoffes **Bacteriorhodopsin**, der dem Sehpigment unserer Augen sehr ähnlich ist, im Licht einen Protonengradienten, der zur ATP-Bildung genutzt werden kann. Zu einer CO_2-Assimilation sind Halobakterien aber nicht befähigt.

7.6.11. Der chemoautotrophe Stoffwechsel

Zu den **Chemoautotrophen** gehören ausschließlich prokaryotische Organismen. Sie unterscheiden sich von photoautotrophen Organismen dadurch, daß sie die Energie zur CO_2-Assimilation nicht dem Licht, sondern der **Oxidation anorganischer Substanzen** entnehmen. Sie sind mithin **chemolithotroph** und betreiben „**Chemosynthese**". Die CO_2-Assimilation selbst verläuft dagegen wie bei den Pflanzen über den Calvin-Zyclus. Zur Reduktion des CO_2 benutzen sie allerdings – wie die Photosynthesebakterien – nicht $NADPH_2$, sondern $NADH_2$.

Knallgasbakterien, z. B. Arten der Gattungen *Alcaligenes* (früher *Hydrogenomonas*) und *Pseudomonas*, nutzen die Energie der Oxidation des molekularen Wasserstoffs, die durch das Enzym Hydrogenase katalysiert wird:

$$H_2 + 1/2\,O_2 \rightarrow H_2O$$

Nitrifizierende Bakterien oxidieren NH_3 über Nitrit zu Nitrat. Dabei arbeiten die **Nitritbakterien** (*Nitrosomonas*) und die **Nitratbakterien** (*Nitrobacter*) eng zusammen.

Nitrosomonas:

$$2\,NH_3 + 3\,O_2 \rightarrow 2\,HNO_2 + 2\,H_2O$$

Nitrobacter:

$$2\,HNO_2 + O_2 \rightarrow 2\,HNO_3$$

Im Verlauf der Nitrifikation wird das aus dem Abbau N-haltiger organischer Verbindungen freigesetzte NH_3 zu Nitrat umgewandelt. Die nitrifizierenden Bakterien erfüllen daher eine bedeutsame Funktion im Kreislauf des Stickstoffs (vgl. 7.11.4.).

Schwefeloxidation. Arten der Gattung *Thiobacillus* z. B. oxidieren die verschiedensten Schwefelverbindungen bis zur Stufe des Sulfats (H_2S, Sulfide, Schwefel, Thiosulfat):

$$2\,H_2S + O_2 \rightarrow 2\,S + 2\,H_2O$$

$$2\,S + 3\,O_2 + 2\,H_2O \rightarrow 2\,H_2SO_4$$

Eisenbakterien, z. B. *Thiobacillus ferrooxidans*, oxidieren zweiwertiges Eisen zu dreiwertigem:

$$4\,Fe^{2+} + 4\,H^+ + O_2 \rightarrow 4\,Fe^{3+} + 2\,H_2O$$

Die jeweiligen anorganischen Substrate liefern auch die Elektronen für die Reduktion des zur CO_2-Assimilation benötigten Pyridinnucleotids. Wegen der im Verhältnis zu $NADH_2$ ($E_0 = -0{,}32$ V) ungünstigen Lage des Redoxpotentials der Donatoren (z. B. Eisen $E_0' = +0{,}77$ V) muß ein Teil der Oxidationsenergie (in Form von ATP) dafür verwendet werden, die Elektronen **rückläufig** (bergauf) **über die Atmungskette** auf das Niveau des NAD zu heben und dieses zu reduzieren.

Die Chemoautotrophie muß als **abgeleitete** Form der Autotrophie angesehen werden. Wegen ihrer Abhängigkeit vom Sauerstoff kann sich Chemoautotrophie erst nach dem Auftreten O_2-produzierender photoautotropher Organismen entwickelt haben.

7.6.12. Der Chloroplast als wichtiger zellulärer Reaktionsraum

Die Photosynthese ist die **wichtigste**, aber nicht die **einzige** Leistung der Chloroplasten. Als Glieder eines vielfältigen und geordneten Zusammenspiels zellulärer Kompartimente sind sie zu einer ganzen Reihe von zusätzlichen Syntheseleistungen befähigt, die aus der Sicht des Gesamtzellstoffwechsels nicht minder bedeutsam sind. In der Regel sind die Chloroplasten dabei nicht autonom, sie sind vielmehr meist auf die Kooperation mit anderen Kompartimenten angewiesen. Zum Teil konkurrieren diese Syntheseprozesse mit der CO_2-Assimilation um die Produkte der Lichtreaktionen, reduzierte Pyridinnucleotide und ATP. Diese stehen auch dem Cytoplasma und anderen Kompartimenten zur Verfügung. Die Energieversorgung belichteter Zellen wird weitgehend von den Chloroplasten bestritten. Da die Chloroplastenhülle für viele Stoffe, u. a. auch für reduzierte Pyridinnucleotide und ATP, nicht oder nur wenig durchlässig ist, werden für den Export dieser und anderer Metabolite besondere Wege beschritten, die als **Shuttle-** oder **Pendeltransport** bekannt geworden sind. Bei dem in der Abb. 7.28. dargestellten Beispiel werden gleichzeitig ATP und reduziertes Pyridinnucleotid ins Cytoplasma transportiert.

Chloroplasten nehmen, eigenständig oder in Kooperation mit anderen Kompartimenten, zusätzlich zur CO_2-Assimilation an folgenden Stoffwechselleistungen teil (Auswahl):

1. Versorgung der Zelle mit ATP und reduzierten Pyridinnucleotiden,
2. Photorespiration,
3. Nitratreduktion,
4. Sulfatreduktion,

5. Synthese von Nucleinsäuren,
6. Synthese von Aminosäuren und Proteinen,
7. Synthese von Lipiden.

Es ist einleuchtend, daß das geordnete Zusammenspiel durch wirkungsvolle Regulationsmechanismen geleitet wird.

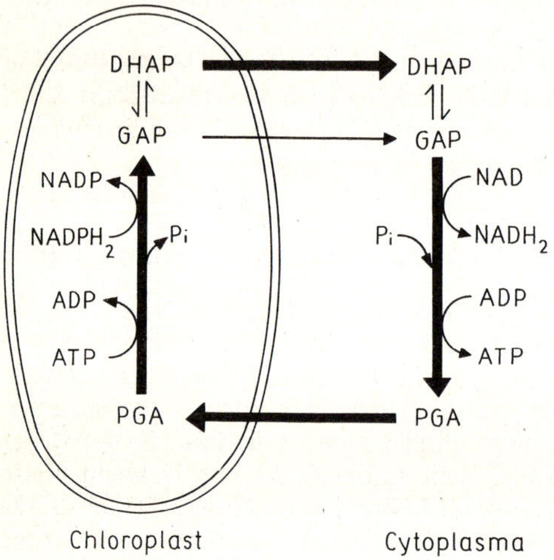

Abb. 7.28. Shuttle-Transport von ATP und reduzierten Pyridinnucleotiden zwischen Chloroplast und Cytoplasma. Phosphoglycerat (PGA) wird im Chloroplasten zu den Triosephosphaten Glycerinaldehydphosphat (GAP) und Dihydroxyacetonphosphat (DHAP) umgewandelt, wozu ATP und $NADPH_2$ gebraucht werden. GAP und DHAP können die Chloroplastenhülle passieren und werden im Cytoplasma in PGA zurückverwandelt, wobei red. Pyridinnucleotid und ATP rückgebildet werden. PGA kehrt in den Chloroplasten zurück und schließt den Kreis. Das Ergebnis ist ein Export von red. Pyridinnucleotid und ATP aus dem Chloroplasten ins Cytoplasma.

7.7. Membrantransport

Voraussetzung für die Lebensfunktion von Zellen und Geweben ist ein ständiger **Stoffaustausch** mit der Umgebung. Auch innerhalb der Zellen stehen die membranumschlossenen Kompartimente in ständiger Wechselwirkung. Bezeichnend für lebende Organismen ist, daß die

Vorgänge der **Stoffaufnahme** und des **Stofftransportes** weitgehend spezifisch kontrolliert und gerichtet verlaufen können. Die Biomembranen haben daher nicht nur eine **abgrenzende** Funktion, sondern sind gleichermaßen von Bedeutung bei der **Regulierung von Transportprozessen** (S. 71 f.).

Für den Stofftransport durch Membranen existieren verschiedene Mechanismen.

A. Passive Mechanismen
  1. **Passive Permeation (freie Diffusion)**
  2. **Katalysierte Permeation (passiver Trägertransport, beschleunigte Diffusion)**

B. Aktive Mechanismen
  1. **Aktiver Transport (aktiver Trägertransport)**
  2. **Endocytose und Exocytose**

7.7.1. Passive Transportmechanismen

7.7.1.1. Chemisches Potential

Als Triebkräfte für einen passiven Transport von Substanzen werden häufig Konzentrationsunterschiede genannt. Im großen und ganzen ist das richtig, streng genommen sind es jedoch die Unterschiede im **chemischen Potential** μ_i der Substanzen, die ihr Transportverhalten bestimmen.

Der Begriff des chemischen Potentials ist ganz allgemein zur Beschreibung energetischer Zustände chemischer Systeme sehr geeignet. Es ist eine temperatur- und konzentrationsabhängige Größe, unter der man die partielle molare freie Enthalpie einer Substanz *i* in einer Mischung versteht. Das chemische Gesamtpotential kann in die Teilkomponenten des **Konzentrations-, Druck-, Ladungs-** und **Gravitationspotentials** zerlegt werden. In ihrer Summe bilden die Einzelpotentiale die freie Enthalpie der Substanz *i*:

$$\mu_i = \mu_{0i} + RT \cdot \ln a_i + P \cdot V_i + F \cdot E \cdot z_i + g \cdot h \cdot m_i$$

chem. Pot.	=			Konzentr. Pot.	+	Druck Pot.	+	elektr. Pot.	+	Gravit. Pot.

a_i = Aktivität von *i* (unter idealen Bedingungen identisch mit Konzentration; V_i = partielles Molvolumen von *i*; F = Faraday-Konstante; E = elektrische Spannung; z_i = Ladungszahl; g = Gravitationskonstante; h = Höhe; m_i = Molmasse von *i*.

μ_{0i} ist das chemische Potential von *i* unter Standardbedingungen. μ hat die Dimension einer Energie pro mol und wird in $J \cdot mol^{-1-}$ angegeben.

Wichtig für biologische Transporterscheinungen sind nicht die Absolutwerte, sondern die **Differenzen im chemischen Potential** der betreffenden Substanz. Daher sind gleichbleibende Teilpotentiale für den in Frage kommenden Transportvorgang bedeutungslos. Es hängt von der Art des Stoffes i und von den spezifischen Bedingungen ab, welches Teilpotential von μ bestimmend ist.

Beim Transport von Ionen durch Membranen oder in zellulären Kompartimenten sind das Konzentrations- und das elektrische Potential (zusammen häufig auch als **elektrochemisches Potential** bezeichnet) wichtig, das Gravitationspotential dagegen nicht. Beim Transport elektrisch neutraler Moleküle, z. B. Wasser, spielt das elektrische Potential keine Rolle.

7.7.1.2. Diffusion und freier Diffusionsraum

Grundlage passiver Transportmechanismen durch Membranen ist die Diffusion.

Entsteht in einem Raum, der von einem Gas oder einer Lösung erfüllt ist, ein Konzentrationsgefälle, kommt es durch den Vorgang der Diffusion zu einem Ausgleich des Konzentrationsunterschiedes. Die treibende Kraft der Diffusion ist die **Wärmebewegung** der Moleküle. Sie erfolgt für jedes Einzelteilchen ungerichtet, für Teilchenkollektive jedoch ergibt sich daraus eine Bewegung **entlang dem Gradienten der freien Enthalpie**, d. h. dem **Konzentrationsgefälle**, bzw. exakter formuliert, dem **Gefälle des chemischen Potentials**. Für Gase und Lösungen bestehen die gleichen Gesetzmäßigkeiten. Gelöste Teilchen stoßen aber nicht nur untereinander, sondern auch mit den Molekülen des Lösungsmittels zusammen, die **mittlere freie Weglänge** der Teilchen und damit auch die Geschwindigkeit ihrer Ausbreitung ist daher in Lösungen wesentlich geringer als in Gasen. Es wird häufig übersehen, daß es in Lösungen mit einem Konzentrationsgradienten der gelösten Substanz auch einen Gradienten für das **Lösungsmittel**, z. B. Wasser, gibt, der dem der gelösten Substanz entgegengerichtet ist. Die Wassermoleküle diffundieren demnach in entgegengesetzte Richtung wie die gelösten Stoffe bis zum völligen Konzentrationsausgleich. Die Diffusion ist ein Prozeß, der unter **Entropiezunahme** zum Zustand größerer Wahrscheinlichkeit führt.

Die **Diffusionsrate** $\frac{\mathrm{d}m}{d\mathrm{t}}$, d. h. die in der Zeiteinheit t diffundierte Substanzmenge m, ist proportional dem Konzentrationsgradienten

$\frac{dc}{dx}$, dem Querschnitt des Diffusionsfeldes q und dem **Diffusionskoeffizienten** D:

$$\frac{dm}{dt} = -D \cdot q \cdot \frac{dc}{dx} \quad \text{(1. Ficksches Diffusionsgesetz)}$$

(c = Konzentration, x = Wegstrecke)

Der Diffusionskoeffizient ist eine spezifische Stoffkonstante und hängt bei isothermen und isobaren Verhältnissen von der Größe der diffundierenden Moleküle und vom Diffusionsmedium ab. Er ist etwa umgekehrt proportional der Wurzel aus dem Molekulargewicht und in Gasen um den Faktor 10^4 größer als in Wasser, d.h. O_2 und CO_2 können in Luft etwa 10000mal so schnell diffundieren wie in Wasser.

Die durch Diffusion zurückgelegte **Wegstrecke** ist proportional der Wurzel der Zeit (2. Ficksches Diffusionsgesetz).

Aus diesen Gesetzmäßigkeiten lassen sich für den pflanzlichen Stoffwechsel folgende Schlußfolgerungen ziehen:

1. Die Diffusion von Substanzen in Lösung ist für den Stofftransport in zellulären Dimensionen von entscheidender Bedeutung. Entfernungen von der Dicke einer Membran werden schon in weniger als 10^{-4} s, vom Durchmesser mittlerer Zellen in etwa 1 s überbrückt. Für den Stofftransport über größere Entfernungen kommt die Diffusion nicht in Betracht.
2. In der Gasphase ist die Diffusion auch über längere Strecken leistungsfähig.

Für die Aufnahme von **gelösten Stoffen** in die Pflanze, insbesondere für die Aufnahme von Ionen durch die Wurzel, stellen die Membranen des Plasmas die entscheidende Barriere dar. Denjenigen Teil des Gewebevolumens, der außerhalb der Plasmamembranen seiner Zellen liegt, bezeichnet man als freien Diffusionsraum (freien Raum, free space).

In ihm können sich die gelösten Substanzen in freier Diffusion bewegen. Zum freien Raum gehören die Zellwände und der Interzellularraum. Sein Volumen kann bis zu 25% des gesamten Gewebevolumens betragen. Bei Ionen ist die Beweglichkeit im freien Diffusionsraum durch **Adsorptionskräfte**, die von der geladenen Membran ausgehen, eingeschränkt. Für Ionen ergibt sich ein **apparenter freier Diffusionsraum** (scheinbar freier Raum, apparent free space), der sich aus dem freien Diffusionsraum und dem Bereich der Membranadsorptionskräfte zusammensetzt. Die Aufnahme in den apparenten freien Diffusionsraum ist unspezifisch, reversibel und **nicht abhängig von der Energiebereitstellung**.

7.7.1.3. Passive Permeation

Passive Permeation ist ein unspezifischer Mechanismus des Membrantransportes, der auf den Gesetzen der Diffusion beruht. Die Membran wirkt dabei für verschiedene Stoffe in unterschiedlichem Maße als Diffusionsbarriere. Das bedingt, daß die Geschwindigkeit der permeierenden Substanzen während der Permeation geringer ist als bei freier Diffusion. Kationen werden durch negative Ladungen in den Membranen besonders stark gebremst. Es besteht eine lineare Proportionalität zwischen Konzentrationsgradient und Permeationsgeschwindigkeit. Die Permeabilität der Membran, d. h. ihre Durchlässigkeit, hängt von der Teilchengröße und von der Lipidlöslichkeit der Substanzen ab. Moleküle permeieren um so besser, je lipophiler und je kleiner sie sind. Nach der **Lipidfiltertheorie** diffundieren lipidlösliche Stoffe durch die Lipidareale der Membranen und die kleinen Moleküle entsprechend ihrer Größe durch hydrophile „Poren", die vielleicht im Bereich der Proteinkomponenten zu suchen sind (vgl. 3.5.2.). Es ist möglich, daß diese Poren nicht ständig als starre Kanäle vorliegen, sondern durch die Dynamik der Membran als reversible funktionelle Strukturen wirksam werden. Vor allem Wasser permeiert außerordentlich leicht.

7.7.1.4. Katalysierte Permeation

Um die beobachtete hohe **Selektivität** des Membrantransportes von Molekülen und Ionen zu erklären, reichen die Möglichkeiten der Lipidfiltertheorie nicht aus. Man muß vielmehr annehmen, daß in der Membran für bestimmte Substanzen oder Substanzgruppen **Träger (Carrier)** oder **Translokatoren** existieren, über die sich der Stoffaustausch vollzieht. Damit liegt eine Transportkatalyse vor, die **katalysierte Permeation** oder **beschleunigte Diffusion** genannt wird und **ohne Aufwendung von Energie** verläuft. Sie bewirkt eine Erhöhung der passiven Permeabilität für bestimmte Teilchen, wodurch die Einstellung des Konzentrationsgleichgewichtes gegenüber der freien Diffusion erheblich beschleunigt wird. Ein Transport gegen das Konzentrationsgefälle ist auf dem Wege über die katalysierte Permeation nicht möglich. Da die Transportstellen (Carrier, Translokatoren) in den Membranen nur in begrenzter Zahl vorliegen, ist die Transportgeschwindigkeit daher nicht wie bei der Permeation durch freie Diffusion proportional der Stoffkonzentration, sondern erreicht einen Sättigungswert. Sie folgt einer **hyperbolischen** Kinetik, auf die der Michaelis-Menten-Formalismus der Enzymwirkung (S. 357) anwendbar ist. Eine weitere Analogie zu den Enzymen besteht darin, daß die katalysierte Permeation durch strukturanaloge Verbindungen **kompetitiv** gehemmt werden kann.

7.7.2. Aktive Transportmechanismen

7.7.2.1. Aktiver Transport

Wenn die transportierten Moleküle ständig aus dem Diffusionsgefälle entfernt werden, z. B. durch chemische Komplexbildung oder adsorptive Bindung in der Vakuole, kann es auch durch die genannten passiven Mechanismen der Permeation zu Anreicherungen kommen. In der Mehrzahl der Fälle sind für Anreicherungen von Molekülen oder Ionen in den Zellen oder in Zellkompartimenten aber **aktive Mechanismen** verantwortlich, die unter Verbrauch von Stoffwechselenergie als **molekulare Pumpen** Substanzen **gegen einen Konzentrations-** bzw. **Potentialgradienten** („bergauf") durch eine Membran transportieren. Weiterhin charakteristisch für aktiven Transport ist, daß er **gerichtet** abläuft (vektorielle Transportkatalyse), an **Träger (Carrier)** gebunden ist, im allgemeinen **spezifisch** (auch stereospezifisch) verläuft und von der Zelle in starkem Maße **reguliert** werden kann. Die Energie, welche die aus Proteinen bestehenden Carrier (Permeasen) zu ihrer Funktion benötigen, entstammt energiereichen Phosphatverbindungen, in der Regel dem ATP (in speziellen Fällen wird PEP benutzt).

7.7.2.2. Endo- und Exocytose

Sonderformen des aktiven, also energiebedingten Transportes sind Endo- und Exocytose. Sie beruhen auf dem dynamischen Verhalten biologischer Membranen. Bei der Endocytose werden Partikel (**Phagocytose**) oder Flüssigkeitströpfchen (**Pinocytose**), die von außen an die Membran gelangen, von dieser umschlossen und so als besonderes Vakuolenbläschen in das Zellplasma geschleust (Abb. 3.10.). Für niedere Organismen wie Amöben oder Plasmodien vom Schleimpilzen ist die Endocytose als Form der Nahrungsaufnahme von besonderer Bedeutung.

Durch **Exocytose** (auch Extrusion genannt) werden Sekrete, die in speziellen Kompartimenten gebildet werden, aus der Zelle ausgeschieden. Die sekreterfüllten Vesikel (Golgi-Vesikel) verschmelzen mit der äußeren Plasmamembran und entleeren dabei ihren Inhalt nach außen (Abb. 3.10.). In der Regel handelt es sich bei den durch Endo- und Exocytose transportierten Stoffen um hochmolekulare Substanzen.

In vielen Fällen ist es inzwischen erwiesen, daß die beteiligten Membranen über Rezeptoren verfügen, mit deren Hilfe Makromoleküle, z. B. Proteine, spezifisch erkannt und selektiv für den Transport ausgewählt werden.

7.7.2.3. Transport von Proteinen mit Signalsequenz

Ein besonderes Problem des selektiven Membrantransportes besteht für die Proteine, die zur spezifischen Ausstattung membranumschlossener Zellkompartimente wie Plastiden, Mitochondrien und Cytosomen gehören, aber außerhalb dieser Kompartimente gebildet werden. Die in Frage kommenden Proteine werden bei ihrer Synthese an den Ribosomen des Cytoplasmas am N-terminalen Ende mit einer als **Signalsequenz** bezeichneten Erkennungsregion aus meist hydrophoben Aminosäuren versehen. An dieser Signalsequenz werden sie von den Membranen der Organellen spezifisch erkannt. Während des Transportes durch die Membran, oder unmittelbar danach, werden die Proteine durch proteolytische Entfernung der Signalsequenz, die 20–40 Aminosäurereste lang sein kann, auf ihre funktionstüchtige Länge verkürzt (vgl. 7.16.1.). In prinzipiell gleicher Weise erfolgt auch die Füllung der **Aleuronkörner** mit den typischen Reserveproteinen. Die noch wachsende Peptidkette wird schon während der Synthese an den Ribosomen des endoplasmatischen Reticulums durch die Membran in die sich zu den Aleuronvakuolen entwickelnden Aussackungen des endoplasmatischen Reticulums transportiert.

7.8. Der Wasserhaushalt der Pflanzen

7.8.1. Wasserpotential

Die verschiedenen Formen des pflanzlichen Wasserhaushaltes lassen sich umfassend und einheitlich als Folge von Unterschieden im **Wasserpotential** erklären und quantitativ bestimmen.

Das Wasserpotential ψ (Psi) leitet sich aus dem chemischen Potential des Wassers ab und ist eine thermodynamische Kenngröße mit der Dimension eines Druckes (Energie pro Volumen, bzw. Kraft pro Fläche), die in bar oder in Pascal angegeben wird (1 bar = 10^5 Pascal = 0,989 atm.). Definitionsgemäß hat reines Wasser unter Standardbedingungen, d. h. bei Normaldruck, -niveau und -temperatur ein Wasserpotential von ψ = Null.

Das Gesamtwasserpotential eines komplexen Systems, etwa das einer Zelle, wird durch drei Teilkomponenten bestimmt:

1. **osmotisches** oder **Konzentrationspotential** ψ_π
2. **matrikales Potential** ψ_τ
3. **Druck- oder Turgopotential** ψ_P.

Je nach der spezifischen Situation tragen die Teilpotentiale in unterschiedlichem Maße zum Gesamtpotential bei.

Wird reines Wasser durch Zugabe anderer Teilchen „verdünnt", sinkt sein **osmotisches Teilpotential** ψ_π und damit auch das Gesamtpotential ψ, d. h. es wird **negativ**. Je konzentrierter eine wäßrige Lösung an gelöster Substanz ist, um so negativer = niedriger ist ihr Wasserpotential. Zusätzlich wird das Wasserpotential durch Hydratationskräfte herabgesetzt, die sich im kapillaren Bindungsvermögen des Wassers an Zell- oder Bodenstrukturen äußern und als **matrikales Potential** ψ_τ berücksichtigt werden müssen. Wasser in Lösung oder in Bindung an Teilchen bzw. Strukturen hat ein **erniedrigtes**, genauer **negatives**, Potential; die freie Enthalpie dieses Wassers ist erniedrigt. **Wasser in einer Lösung und gebundenes Wasser ist weniger verfügbar.**

Das osmotische Potential ψ_π ist aus der Konzentration c der gelösten Teilchen berechenbar. Für nicht dissoziierte Stoffe gilt die Beziehung:

$$\psi_\pi = -c \cdot R \cdot T = -c \cdot 22{,}7 \quad \text{(bei } 0\,°\text{C)}$$

wobei ψ_π in bar und die Konzentration c in mol/l angegeben werden. Eine Erhöhung der Konzentration der gelösten Substanzen, die gleichbedeutend ist mit einer Verringerung der Konzentration des verfügbaren Wassers, führt zu einem niedrigeren, negativeren Wert des osmotischen Potentials (aber zu einer Vergrößerung der Potentialdifferenz zu reinem Wasser).

Lösungen gleicher molarer Konzentration verschiedener nichtdissoziierter Stoffe haben gleiche ψ_π-Werte; sie sind isosmotisch oder isotonisch. Bei Elektrolyten ist in Lösung durch Dissoziation die Anzahl gelöster Teilchen größer, damit ist ψ_π niedriger (negativer) als bei einer gleichmolaren Lösung von Anelektrolyten.

Wird der Druck, unter dem Wasser oder eine wäßrige Lösung steht, erhöht, steigt ihr Druck- oder Turgorpotential ψ_P. Während das osmotische und das matrikale Potential das Gesamtwasserpotential erniedrigen und daher mit negativem Vorzeichen zu versehen sind, hat das Druckpotential einen positiven, d. h. erhöhenden Einfluß. In der **universellen Wasserpotentialgleichung** werden Ausmaß und Richtung der Einzelpotentiale zusammengefaßt:

$$\psi \text{ gesamt} = (-)\psi_\pi + (-)\psi_\tau + (+)\psi_P$$

Für alle Bewegungen von Wasser in den Organismen und in der Biosphäre (Boden, Luft) ist die **Wasserpotentialdifferenz** die treibende und richtungsbestimmende Kraft. **Wasser strömt nur entlang eines abfallenden ψ-Gradienten, d. h. von Orten mit höherem zu Orten mit niedrigerem (negativerem) ψ.**

Das Sproßsystem der Landpflanzen ragt in den Luftraum, an den es durch Verdunstung ständig Wasser verliert, das aus dem Boden nachgeschafft werden muß. **Transpiration**, **Wasserleitung** und **Wasseraufnahme** sind untrennbar miteinander gekoppelte **Grundvorgänge des Wasserhaushaltes**. Triebkraft dieses Wassertransportes durch die Pflanze vom Boden bis zur Atmosphäre ist die Wasserpotentialdifferenz zwischen Atmosphäre und Boden.

7.8.2. Das osmotische System der Zelle

Im Rahmen der Stoffaufnahme durch pflanzliche Zellen nimmt Wasser eine Sonderstellung ein. Es gibt in der Pflanze **keine aktiven Mechanismen des Wassertransportes** durch Membranen. Wasser wird in die Zellen durch **Osmose** aufgenommen. Darunter versteht man in der Pflanzenphysiologie die Diffusion des Wassers durch eine **semipermeable Membran**, die für das Lösungsmittel Wasser gut, für die darin gelösten Substanzen aber nicht oder nur schwer durchlässig ist.

Die Gesetzmäßigkeiten der Osmose sind an der **Pfefferschen Zelle** entwickelt worden, die als physikalisches Analogiemodell der Pflanzenzelle angesehen werden kann (Abb. 7.29.). In der porösen Wandung einer Tonzelle wird eine semipermeable anorganische Niederschlagsmembran erzeugt. Der verschlossene, mit einer Rohrzuckerlösung gefüllte und mit einem Steigrohr versehene Tonzylinder ist außen allseitig von Wasser umgeben. Die semipermeable Membran besteht in der Pflanzenzelle aus dem wandständigen Protoplasmaschlauch mit Plasmalemma und Tonoplast. Die Cellulosewand der Pflanzenzelle entspricht dem Tonzylinder der Pfefferschen Zelle, die Vakuole mit den darin gelösten Inhaltsstoffen der Rohrzuckerlösung.

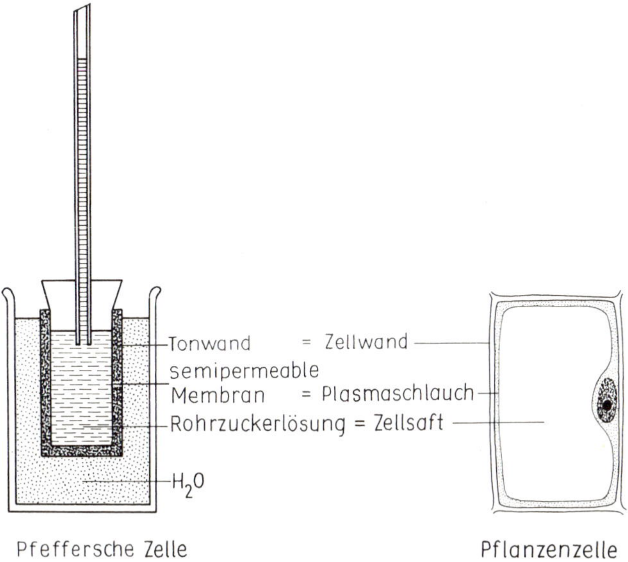

Abb. 7.29. Osmotische Systeme. Links Pfeffersche Zelle, rechts Pflanzenzelle.

Auf Grund der Semipermeabilität der Membran können die gelösten Substanzen das Innere des Tonzylinders, bzw. der Vakuole, nicht verlassen. Wasser aber strömt dem **Gefälle seines Potentials** ($\Delta\psi$) entsprechend in das Innere und erzeugt einen **Turgor** genannten Druck *P*, der gleichbedeutend ist mit der Erhöhung des **Druckpotentials** ψ_P der Lösung. Dieser Binnendruck äußert sich durch ein Steigen des Wassers im Steigrohr und wird durch den dadurch bedingten steigenden **hydrostatischen Gegendruck** kompensiert. Der Wasserzustrom hält so lange an, bis die Wasserpotentialdifferenz zwischen innen und außen ausgeglichen ist ($\Delta\psi = 0$). Es herrscht thermodynamisches Gleichgewicht. Druckpotential und osmotisches Potential sind nunmehr zahlenmäßig gleich, aber entgegengesetzt gerichtet, d. h. mit anderen Vorzeichen versehen:

$$\psi_P = -\psi_\pi$$

Ähnlich den Verhältnissen in der Pfefferschen Zelle kommt es bei der Pflanzenzelle dem Wasserpotentialgefälle entsprechend zu einem

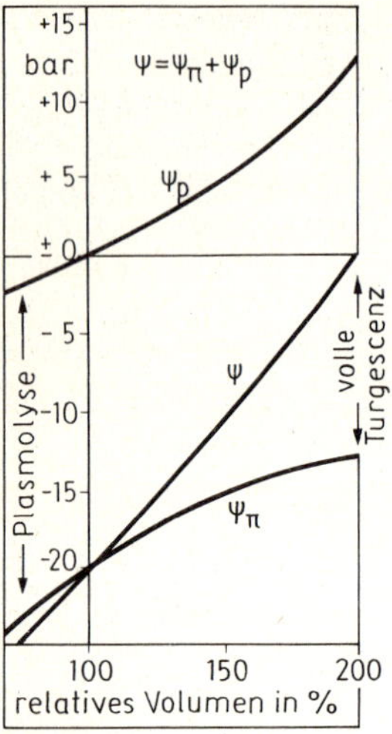

Abb. 7.30. Änderungen des Wasserpotentials ψ und seiner Komponenten ψ_π und ψ_P bei der osmotischen Wasseraufnahme einer Pflanzenzelle. Bei völliger Entspannung der Zelle (relat. Zellvolumen = 100%) erreichen ψ und ψ_π die stärksten negativen Werte, das Druckpotential ψ_P (Turgor) ist Null. In diesem Zustand verfügt die Zelle über maximale „Saugkraft“. Wassereinstrom führt zum Anstieg des Turgors (Erhöhung von ψ_P) bis zur vollen Turgeszenz. – Nach Libbert.

osmotischen Wassereinstrom in die Vakuole und damit zu einem Turgor, der das Druckpotential des Zellsaftes erhöht (Abb. 7.30.). Der Turgor ist gegen den Protoplasmaschlauch und die umgebende Zellwand gerichtet, die dadurch elastisch gespannt wird und einen gleichgroßen Gegendruck, den **Wanddruck**, ausübt. Der steigende Turgor in der Vakuole kompensiert in zunehmendem Maße das osmotische Potential der Vakuole und setzt dem weiteren Wassereinstrom ein Ende, wenn er zahlenmäßig so stark ist wie das osmotische Potential:

$$\psi_P = -\psi_\pi$$

Da das matrikale Potential ψ_τ in diesem System zu vernachlässigen ist, wird der osmotische Zustand der Zelle durch folgende Form der Wasserpotentialgleichung wiedergegeben:

$$\psi_{Zelle} = \psi_\pi + \psi_P$$

Bei Gleichheit von ψ_π und ψ_P ist das Wasserpotential der Zelle gleich Null. Sie ist **voll turgeszent**, befindet sich mit dem Wasser der Umgebung im Gleichgewicht und nimmt kein Wasser auf.

Da das umgebende Milieu einer Zelle meist nicht reines Wasser ist, sondern in der Regel selbst ein negatives Wasserpotential hat, ist nicht der Absolutwert des Wasserpotentials der Zelle, sondern dessen Differenz $\Delta\psi$ zum Potential des Außenmediums entscheidend. Wenn $\Delta\psi = 0$, erfolgt kein weiterer Wassereinstrom.

Bringt man lebende pflanzliche Zellen in eine **hypertonische** Außenlösung, deren Wasserpotential negativer ist als dasjenige der Vakuole (das ist dann der Fall, wenn die Konzentration der gelösten Substanzen außen höher ist als innen), so strömt Wasser aus der Vakuole nach außen, wobei sich der Protoplasmaschlauch von der Zellwand löst und der schrumpfenden Vakuole folgt. Diese Erscheinung nennt man **Plasmolyse**.

Früher war es üblich, Wasserbewegungen in der Pflanze nicht auf Differenzen im Wasserpotential, sondern auf Konzentrationsdifferenzen der gelösten Substanzen zurückzuführen. Die osmotische Zustandsgleichung wurde so formuliert:

$$S = \pi^* - P$$

S = Saugkraft der Zelle; π^* = konzentrationsabhängiger potentieller osmotischer Druck der Vakuole; P = Turgor. Das Wasserpotential ψ der Zelle ist der negative Wert der Saugkraft:

$$-\psi = S$$

7.8.3. Wasserabgabe

Die Pflanze gibt das Wasser durch **Transpiration** als Wasserdampf oder durch **Guttation** in flüssiger Form nach außen ab. Der weitaus bedeutendere Vorgang ist die Transpiration.

7.8.3.1. Transpiration

Wasser verdunstet von den äußeren und inneren Oberflächen der Pflanze, die mit Luft in Berührung kommen. Bei Thallophyten sind es die Außenflächen des Vegetationskörpers, bei den höheren Pflanzen die Epidermisaußenwände und die innere Auskleidung des Interzellularsystems.

Die Transpiration hat eine physikalische Komponente, die **Evaporation**. Das ist die Wasserverdunstung von feuchten Oberflächen. Eine freie Wasserfläche gibt in der Zeiteinheit pro Flächeneinheit um so mehr Wasserdampf ab, je größer das **Dampfdruckdefizit** der umgebenden Atmosphäre ist, je steiler der **Dampfdruckgradient** mit anderen Worten, je größer die Differenz der Wasserpotentiale ist.

Es gelten die allgemeinen Gesetze der Diffusion, und es ist klar, daß alle Außenfaktoren, die die relative Luftfeuchtigkeit verändern (Erwärmung der Luft bei Sonneneinstrahlung, Einstrom trockener Luftmassen usw.), auch die Intensität der Transpiration beeinflussen müssen.

Der Unterschied zur Evaporation besteht darin, daß die Pflanzen die Wasserdampfabgabe durch **Diffusionswiderstände** herabsetzen und innerhalb bestimmter Grenzen **regulieren** können. Eine Herabsetzung der Wasserdampfabgabe erfolgt durch unterschiedlich starke Cutinisierung der Oberflächen, insbesondere der Epidermis. Im allgemeinen ist die Wasserdampfabgabe durch die Cuticula, die **cuticuläre Transpiration**, nur gering. Für den Wasserhaushalt der Pflanze entscheidend ist die Transpiration durch die **Stomata**, die **stomatäre Transpiration**. Nur sie kann von der Pflanze über die veränderbare Öffnungsweite der Stomata aktiv reguliert werden (vgl. 9.2.3.2.). Bei voll geöffneten Stomata kann die Transpiration eines Blattes 50–70% der Verdunstung einer gleichgroßen Wasserfläche erreichen, obwohl das gesamte Porenareal der Stomata nur etwa 1–2% der Blattoberfläche erreicht. Das wird verständlich durch das Auftreten des sog. **Randeffektes**. Kleine Poren haben relativ viel stärkere Verdunstung als große, da die in den Randzonen austretenden Wasserdampfmoleküle auch nach den Seiten freies Diffusionsfeld haben, während die aus der Mitte diffundierenden sich gegenseitig behindern. Die Anzahl der Stomata wird vielfach unterschätzt. Beim Maisblatt kommen 10000 auf einen cm^2.

Die transpirierten Wassermengen sind außerordentlich hoch. Eine mittlere Birke kann bis zu 400 l pro Tag transpirieren, ein Buchenwald gibt etwa 60% der auf ihn fallenden Niederschlagsmenge durch Transpiration als Wasserdampf an die Atmosphäre zurück. Letzten Endes leitet sich aus diesen Leistungen die klimatische Bedeutung großer Waldbestände ab.

Als Anpassung an Sonderstandorte verfügen viele Pflanzen noch über besondere Zusatzeinrichtungen zur Herabsetzung der Transpiration. Sie stehen meist im Zusammenhang mit dem **xeromorphen** Habitus dieser Pflanzen. Dazu gehören ein **Deckmantel toter Haare** oder die **Versenkung** der Spaltöffnungen in windgeschützte Vertiefungen.

7.8.3.2. Regulation der Transpiration

Die Intensität der Transpiration ist abhängig vom **Wasserdampfpotentialgefälle** zwischen Pflanze und umgebender Atmosphäre und dem Öffnungszustand der Stomata. Alle Faktoren, die dieses Gefälle vergrößern, steigern die Transpiration: hoher Wassergehalt der Pflanze, Temperaturerhöhung, Wind. Die physiologische Steuerung der Transpiration erfolgt über den Öffnungszustand der Stomata und wird durch die **nastischen Bewegungen** der Schließzellen bewirkt (vgl. 9.2.3.2.). Die wichtigsten Faktoren, die eine Öffnungsbewegung der

Spaltöffnungen auslösen und dadurch die Transpiration steigern, sind: **Licht, hohes Wasserpotential** und **niedrige CO_2-Konzentration** im Blatt. Charakteristisch für die meisten Gefäßpflanzen ist ein bestimmter Tagesgang der Transpiration. Morgens erfolgt ein **photoaktives** Öffnen der Stomata und bei geöffneten Spalten dann eine weitere Verstärkung der Transpiration durch zunehmende Erwärmung. Bei Einbruch der Dämmerung werden die Stomata wieder geschlossen. Bei starker Beanspruchung des Wasserhaushaltes kann es auch mittags vorübergehend zum Spaltenschluß kommen (**Mittagsdepression**).

Durch die mit der Wasserdampfabgabe verbundene **Verdunstungskälte** schützt sich die Pflanze gegen Überhitzung bei starker Sonneneinstrahlung. Die größte Bedeutung hat die Transpiration jedoch als Triebkraft für den Wassertransport (**Transpirationsstrom**) in der Pflanze, der die Versorgung der oberirdischen Pflanzenteile mit Nährstoffen aus dem Boden ermöglicht.

7.8.3.3. Die Leitung des Wassers (Transpirationsstrom)

Der **Ferntransport** des Wassers von der Wurzel zu den transpirierenden Orten der Wasserabgabe erfolgt ausschließlich in den speziell für diese Aufgabe eingerichteten Elementen des **Xylems** (S. 106). Wesentlich für die Funktionsfähigkeit der Leitungsbahnen ist, daß sie tot und damit frei von Plasma sind. Mit dem Wasserstrom passiv mitgeführt werden darin gelöste Mineralien und in geringer Konzentration auch organische Verbindungen, insbesondere im Frühjahr, wenn in der Wurzel von Bäumen Speicherstoffe mobilisiert werden. Abhängig von den jeweiligen besonderen anatomischen Verhältnissen des Wasserleitungssystems bewegt sich der Wasserstrom mit einer Geschwindigkeit von 1 bis 150 m in der Stunde.

Ausgelöst wird dieser Wasserstrom durch den **Transpirationssog** in den Blättern, weshalb man die Wasserbewegung im Holz meist als **Transpirationsstrom** bezeichnet. Die Pflanze ist in den Wasserpotentialgradienten zwischen Boden und Atmosphäre eingespannt und benutzt dieses Gefälle, um **ohne eigenen Energieaufwand** das Wasser durch ihren Körper vom Boden bis in die Atmosphäre zu transportieren (Abb. 7.31.). Der entscheidende Potentialsprung liegt beim Übergang vom Blatt zur Atmosphäre. Direkt treibende Kraft ist folglich die Sonnenenergie. Durch die Transpiration entsteht in den Zellen des Blattgewebes ein **Wasserdefizit**, d. h. ein **niedriges Wasserpotential** ψ, das über die Leitbündelendigungen ausgeglichen wird. Dieser Transpirationssog reicht in kontinuierlichen Wasserfäden über die Enden der Leitungsbahnen bis in den Apoplasten der Wurzel und vermutlich

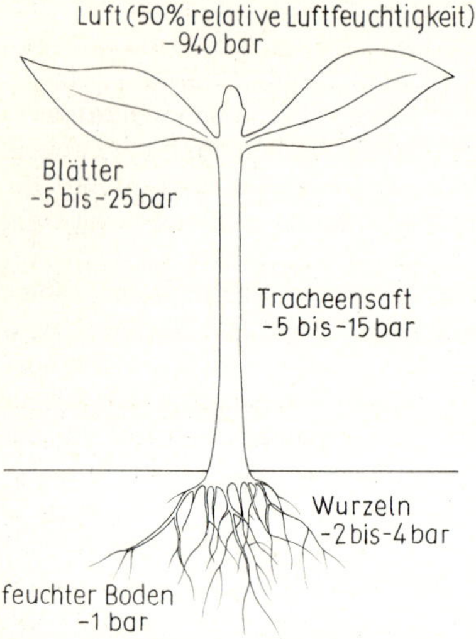

Abb. 7.31. Repräsentative Werte des Wasserpotentials im System Boden-Pflanze-Atmosphäre. – Nach Mohr und Schopfer.

bis zur Wurzeloberfläche, die mit dem Bodenwasser Kontakt hat. Dadurch wird das Wasser passiv durch den Pflanzenkörper hindurchgesogen. Durch den Transpirationssog entstehen in den Leitungsbahnen starke Spannungen (**Unterdruck**), die z. B. während Zeiten sehr starker Transpiration bei Bäumen zu meßbaren reversiblen Verringerungen des Stammdurchmessers führen.

Die höchsten Bäume können eine Höhe von etwa 120 m erreichen. Um diesen Höhenunterschied beim Wassertransport zu überwinden, sind beachtliche Kräfte erforderlich. Die Gesamtspannung, unter der das Wasser in den Leitungsbahnen steht, setzt sich aus zwei Komponenten zusammen:

1. der **statischen**, die durch die Höhe der Wassersäule gegeben ist, und
2. der **dynamischen**, die der Kraft entspricht, die aufzuwenden ist, um den Wasserfaden in den kapillaren Leitungsbahnen gegen die Reibungswiderstände strömen zu lassen.

Insgesamt reicht eine **Zerreißfestigkeit** von etwa 25 bar aus, um mit Hilfe des Transpirationssoges Wasser von den Wurzeln bis in den Wipfel eines 120 m hohen Baumes zu befördern. Voraussetzung ist, daß keine Gasembolien in den Gefäßen auftreten.

7.8.3.4. Guttation und Wurzeldruck

Zur Versorgung ihrer oberirdischen Teile mit Nährstoffen aus dem Boden muß die Pflanze ständig einen Wasserstrom aufrechterhalten. Wenn die Transpiration als Folge der Wasserdampfsättigung der Atmosphäre zum Erliegen kommt, tritt die **Guttation** an deren Stelle. Guttation ist die Abscheidung von flüssigem Wasser in Tropfenform. Sie erfolgt durch **Hydathoden** (vgl. Abb. 4.10.), deren Bau sehr unterschiedlich sein kann. Die Menge des abgeschiedenen Wassers kann beachtlich sein. Die im tropischen Regenwald heimische Aracee *Colocasia nymphaeifolia* guttiert pro Nacht von einem Blatt bis zu 100 ml.

Die Guttation beruht auf einem positiven Druck in den Gefäßsystemen, der von der Wurzel entwickelt wird. Dieser **Wurzeldruck** erreicht allerdings nur geringe Werte (ca. 1 bar). Er kann besonders im Frühjahr bei manchen Pflanzen leicht nachgewiesen werden, wenn diese oberhalb des Wurzelansatzes abgeschnitten werden. Aus dem Stumpf tritt unter Druck Gefäßwasser aus. Der Wurzeldruck kommt vermutlich dadurch zustande, daß von den lebenden Zellen des Zentralzylinders aktiv Ionen in die Gefäße transportiert werden, die das Wasserpotential so stark erniedrigen, daß Wasser nachgesogen wird.

7.8.4. Wasseraufnahme

Obwohl viele Pflanzen Wasser über ihre ganze Oberfläche aufnehmen können, erfolgt die Wasserversorgung der höheren Landpflanzen in bevorzugtem Maße durch die Wurzel aus dem Boden.

Nicht das gesamte Wasser des Bodens ist frei beweglich und verfügbar. Neben freiem Wasser gibt es **gebundenes Wasser (Haftwasser)**, das kapillar durch die Bodenstruktur festgehalten wird oder durch Bodenkolloide und Ionen als **Hydratationswasser** gebunden ist. Dieses Haftwasser ist für die meisten Pflanzen die wichtigste Basis ihrer Wasserversorgung. Der Boden besitzt eine vom Gesamtwassergehalt abhängige Saugkraft, die durch sein Wasserpotential (ψ-Boden) ausgedrückt werden kann. Es wird wesentlich durch das matrikale Potential ψ_τ bestimmt. Die Wurzel kann durch ihr negativeres Wasserpotential und das dadurch existierende Wasserpotentialgefälle $\Delta\psi$ das Wasser dem Boden entnehmen. Die Wasser- und Nährstoffaufnahme ist um so ergiebiger, je größer die absorbierende Oberfläche des Wurzelsystems ist. Das Ausmaß des Wurzelsystems wird häufig unterschätzt. Bei einer 4 Monate alten Roggenpflanze z. B. erreicht es einschließlich der Wurzelhaare eine Gesamtlänge von 10000 km und eine Oberfläche von 1000 m^2!

Apoplastisch durch **Dochtwirkung** im freien Diffusionsraum (S. 417) der Zellwände und gleichzeitig auch **symplastisch** auf osmotischem Wege gelangt das Wasser dem Gradienten des Wasserpotentials folgend in der Wurzelrinde bis zur **Endodermis**. Durch die Imprägnierung der Endodermiszellwände mit wachsartigen Substanzen (**Casparyscher Streifen**) (Abb. 5.20.) kann das Wasser durch diese Zellschicht nur über den **Symplasten** in die Leitungsbahnen des Zentralzylinders gesogen werden. Die wirksame Kraft ist der Transpirationssog in den Gefäßen.

7.8.5. Wasseraufnahme durch Quellung

Bei den Niederen Pflanzen, die kein Wurzelsystem haben, aber auch bei Samen, spielt die **Quellung** für die Wasseraufnahme eine wichtige Rolle. Unter Quellung versteht man die Flüssigkeits- oder Dampfaufnahme eines hochmolekularen Quellkörpers unter Volumenvergrößerung. Sie geht sowohl auf die Wasseranlagerung an hydrophile Gruppen der Moleküle des Quellkörpers als auch auf **Kapillareffekte** wie Wassereinlagerung in die **Interfibrillär- und Intermicellarräume** der Zellwand zurück. Quellungserscheinungen können durch die allgemeine Wasserpotentialgleichung beschrieben werden (vgl. S. 422). Im Gegensatz zur Osmose ist hier nicht das osmotische, sondern das matrikale Potential des Quellkörpers von herausragender Bedeutung.

Die Quellung ist in starkem Maße abhängig von allen Faktoren, die den **Ladungszustand** des Quellkörpers und damit den Hydratationssog seiner hydrophilen Gruppen beeinflussen. Einen besonders wichtigen Einfluß auf den Quellungszustand des Plasmas haben **Ionen**. Sie können durch ihre eigene Hydratationsfähigkeit nicht nur selbst Wasser an sich binden und dieses so dem Quellkörper entziehen, sondern ihn auch durch partielle Neutralisation der geladenen Gruppen in seiner Wasserbindungsfähigkeit schwächen. Der Hydratationsmantel der Ionen hängt von der **Anzahl der Ladungen** und vom **Ionenradius** ab. Sehr klar kommt dies bei den einwertigen Alkaliionen zum Ausdruck, bei denen die Ladung gleich ist. In der Reihenfolge Li^+, Na^+, K^+, Rb^+, Cs^+ nimmt ihr Ionenradius zu. Damit werden die Ladungsdichte an ihrer Oberfläche und ihre Hydrathülle kleiner. Die Kationen wirken um so mehr entquellend, je kleiner ihre Hydrathülle ist, je stärker sie sich also den Proteinen nähern und diese entladen können. Bei den Alkaliionen nimmt daher die entquellende Wirkung in der Reihe vom Li^+ zum Cs^+ zu. Für den pflanzlichen Organismus ist insbesondere die Wirkung von K^+ und Ca^{2+} wichtig. Ca^{2+} entlädt infolge seiner zweifachen Ladung die Plasmaproteine stärker als K^+ und wirkt damit auch stärker entquellend. Da der Funktionszustand der Enzyme und Membranproteine stark durch ihre Hydrathülle bestimmt wird, ist der Quellungszustand von wesentlicher Bedeutung für den Zellstoffwechsel.

Bei **begrenzt** quellbaren Körpern, z. B. bei Cellulose und Stärke, bleiben trotz der Wassereinlagerung die Makromoleküle miteinander verbunden. Bei **unbegrenzt** quellbaren Körpern wie den Plasmaproteinen kommt es bei genügender Wasserzuführung zu einer vollständigen Lösung der Makromoleküle. In einem solchen System liegt das Wasser als Hydratationswasser zum Teil in gebundener Form vor, ein anderer Teil ist frei und dient als Lösungsmittel.

7.8.6. Wasserbilanz und Grundtypen des Wasserhaushalts

Als **Wasserbilanz** einer Pflanze bezeichnet man die Differenz zwischen Wasseraufnahme und Wasserabgabe. Bei ausgeglichener Bilanz müßten beide Größen gleich sein. Dieser Zustand ist jedoch relativ selten realisiert. Meist ist sie unter natürlichen Bedingungen bei Tag negativ, da die Wassernachschaffung den durch den Tagesverlauf der Transpiration bedingten Bedarf nicht mehr deckt, wodurch es zu **Welkungserscheinungen** kommen kann. Bei nachlassender Transpiration in der Nacht überwiegt dagegen die Wasseraufnahme und führt zu einem Ausgleich des Defizits. Durch den Substanzzuwachs übersteigt auch bei wachsenden Pflanzen die Wasseraufnahme die -abgabe. Bei Wassermangel (in Dürrezeiten) ist die Erholung nicht mehr vollständig, so daß die Bilanz immer negativer wird.

Die **poikilohydren** oder **wechselfeuchten** Pflanzen gleichen sich weitgehend dem Feuchtigkeitszustand der Umgebung an und können schadlos austrocknen. Diesen Typ findet man vorzugsweise bei niederen Organismen (Bakterien, Pilze, Blaualgen, Algen, Flechten, verschiedene Moose). Nur bei sehr wenigen Angiospermen sind die vegetativen Organe austrocknungsfähig. Die Gefäßpflanzen verfügen jedoch in der Regel über austrocknungsfähige Samen bzw. Sporen.

Das Wasserpotential der **homoiohydren** oder eigenfeuchten Pflanzen befindet sich nicht im Gleichgewicht mit der Umgebung. Sie können eine Austrocknung nicht ertragen und müssen ihre Wasserbilanz durch aktive Regulationsleistungen stabilisieren. Diese Stabilisierung der **Wasserbilanz** wird durch viele morphologische Eigentümlichkeiten unterstützt. **Xerophyten** passen sich den Besonderheiten der Wasserversorgung an trockenen Standorten durch folgende Maßnahmen an:

- Reduktion der transpirierenden Oberfläche, Verringerung der Transpiration durch Verdickung der Epidermisaußenwände, Ausbildung verkorkter Abschlußgewebe (vgl. 4.3.), derbe Cuticula, Versenkung der Spaltöffnungen in die Oberfläche, Besatz mit toten Haaren (windstille Zonen)
- Verstärkte Wasseraufnahme aus dem Boden durch Entwicklung eines tiefreichenden Wurzelsystems
- Anlage von Wasserspeichern (Sukkulenz)

Hydrophyten hingegen sind Wasserpflanzen, bei denen Wasserleitungseinrichtungen und Wassertransport sehr reduziert sind. Sie nehmen das Wasser durch die sehr dünnen Epidermisaußenwände ihrer untergetauchten Organe auf.

Hygrophyten sind Landpflanzen, die an feuchten Standorten leben und Baueigentümlichkeiten haben, welche die Transpiration fördern: große Oberfläche, dünne Außenwände, Besatz mit lebenden Haaren, emporgehobene Stomata.

7.9. Aufnahme und Transport von Mineralstoffen

Im Wurzelareal der höheren Pflanze erfolgt nicht nur die Aufnahme von Wasser, sondern auch die Aufnahme von Mineralstoffen aus dem Boden. Die Aufnahme erfolgt als **Ionen** in wäßriger Lösung. An den meisten Standorten liegen die Ionen in der Bodenlösung in sehr verdünnter Form vor, und das Verhältnis der einzelnen Ionen zueinander ist nicht so ausbalanciert, wie es die Pflanze braucht. Die Pflanze verfügt in den Wurzelzellen über **aktive Transportmechanismen**, welche die Ionen unter Energieverbrauch selektiv und auch gegen ein Konzentrationsgefälle transportieren.

Bis zur **Endodermis** können sich die Ionen im **apparenten freien Diffusionsraum** der Wurzelrinde bewegen. Die schon erwähnte Sperre des apoplastischen Weges durch **Casparyschen Streifen** (vgl. 7.8.4.) zwingt die Ionen spätestens an der Endodermis zum Eintritt in den Symplasten (Cytoplasma), in den sie aktiv aufgenommen werden. Auf diese Weise besitzt die Pflanze die Möglichkeit, die Ionenaufnahme zu kontrollieren. Jenseits der Endodermis werden die Ionen erneut und eventuell wieder aktiv in den apoplastischen Raum des Xylems abgegeben, wo sie mit dem Transpirationsstrom in der Pflanze verteilt werden.

7.10. Ferntransport organischer Moleküle

Der Ferntransport organischer Moleküle in der Pflanze erfolgt durch den bevorzugt abwärts gerichteten **Assimilatstrom**. Mit seiner Hilfe werden die in den Blättern als den wichtigsten Produktionsstätten der Pflanze synthetisierten organischen Moleküle in der Pflanze verteilt. Der Assimilatstrom ist das Gegenstück zum **Transpirationsstrom**. Beide Transportströme vollziehen sich in verschiedenen Bahnen und bewegen sich in der Regel in entgegengesetzter Richtung. Die Bahnen des Transpirationsstromes sind die **apoplastischen** Elemente des **Xylems**; der Assimilatstrom fließt in dem zum **Symplasten** gehörenden **Phloem**.

Die Siebröhren des Phloems (vgl. 4.5.) bilden ein Transportsystem, das die ganze Pflanze durchzieht. Für ihre Funktion ist wesentlich, daß ihre Elemente im Unterschied zu denen des Xylems auch im funktionsfähigen Zustand **lebende** Zellen sind.

In der Regel bestehen mehr als 90% der Trockensubstanz des Siebröhrensaftes aus Kohlenhydraten. Am häufigsten ist Saccharose, daneben kommen aber auch Oligosaccharide vor. Mono- und Polysaccharide spielen als Transportsubstanzen keine Rolle. Die wichtigsten N-haltigen Moleküle des Siebröhrensaftes sind Aminosäuren und Amide, aber auch Nucleotide kommen vor. Richtung und Geschwindigkeit des Phloemtransportes werden durch die jeweilige Bedarfssituation festgelegt. Allgemein erfolgt zumindest der Transport der Kohlenhydrate aus den assimilierenden Blättern als den „**Orten der Produktion**" abwärts zu den „**Orten des Verbrauchs**", von „**source**" zu „**sink**". Das gilt auch für die Versorgung von Vegetationspunkten, Samen, Früchten oder vegetativen Vermehrungseinrichtungen mit der Einschränkung, daß die Bewegungsrichtung dabei nicht immer abwärts gerichtet sein muß.

Mit 50–100 cm pro Stunde ist die **Transportgeschwindigkeit** des Phloemsaftes so groß, daß die Diffusion als Antriebskraft nicht in Erwägung gezogen werden kann. Im Unterschied zum Ferntransport des Wassers muß die Energie für den Transport organischer Moleküle in den Elementen des Phloems von der Pflanze selbst aufgebracht werden. Der Mechanismus des Transportes ist immer noch umstritten.

Eine geläufige Vorstellung geht davon aus, daß in den Siebröhren eine **Lösungsströmung** erfolgt, die von einer osmotischen Potentialdifferenz zwischen „**source**" und „**sink**" angetrieben wird. Die verschiedenen wanderungsfähigen Stoffe bewegen sich dabei **gemeinsam und zusammen mit dem Lösungsmittel** im Lumen der Siebröhren. Eine einheitliche Auffassung herrscht darüber, daß der Eintritt organischer Moleküle in die Siebröhren und ihr Austritt (?) aus ihnen (**Be- und Entladungsreaktionen**) selektiv durch aktive Transport(Pump)mechanismen erfolgen. In dieser Form erfordert das Konzept der Lösungsströmung eine ausreichende **Passierbarkeit** der Siebporen. Es ist denkbar, daß die Überwindung der Siebplatten zusätzliche aktive Pumparbeit erfordert.

7.11. Stickstoffhaushalt der Pflanzen

Im Unterschied zum Tier ist die Pflanze (von abgeleiteten Ausnahmen abgesehen) **N-autotroph**, d.h. sie vermag alle organischen Stickstoffverbindungen aus anorganischen N-Quellen selber zu synthetisieren. die wichtigsten N-Quellen sind die **Nitrate** und **Ammoniumsalze** des Bodens sowie der **molekulare Stickstoff** der Luft. Das Stickstoffatom existiert in den einzelnen biologisch wichtigen Verbindungen in einer ungewöhnlich großen Valenzspanne, die durch die Oxidationszahlen +5 bis −3 gekennzeichnet sind:

+5	NO_3^-	Nitrat
+3	NO_2^-	Nitrat
0	N_2	molekul. Stickstoff
−1	NH_2OH	Hydroxylamin
−3	NH_4^+, $—NH_2$	Ammonium; Aminogruppe

Die Hauptgruppe der N-Atome der in den Organismen vorkommenden Stickstoffverbindungen liegt in der höchsten Reduktionsstufe (Oxidationszahl −3) vor. Die von Nitraten oder von molekularem Stickstoff ausgehende N-Assimilation ist immer **reduktiv und energieaufwendig**. Sie wird vor allem durch photosynthetisch aktive grüne Pflanzen vollzogen. Der N-Quelle entsprechend sind **Nitratreduktion** und die **biologische Stickstoffbindung** die wichtigsten Prozesse der primären N-Assimilation, die jeweils zum Ammonium führen.

7.11.1. Nitratreduktion

Von Ausnahmen abgesehen erfolgt die N-Versorgung der Pflanzen über die Wurzeln. Vorrangig genutzte Stickstoffquelle ist das Nitrat, das durch aktive Prozesse gegen ein Konzentrationsgefälle in die Zellen und Gewebe aufgenommen wird.

In vielen Fällen, z. B. bei Getreide und Leguminosen sowie bei Bäumen und Sträuchern, erfolgt die reduktive Umwandlung zu Ammoniumverbindungen bereits in der Wurzel. Andere Pflanzen (*Beta*-Arten z. B.) transportieren das Nitrat in den Xylembahnen bis in die Blätter, häufig sind sowohl Wurzeln wie Blätter an der Reduktion des Nitrates beteiligt.

Der Übergang vom Nitrat-N mit der Oxidationszahl +5 zu Ammonium-N mit der Oxidationszahl −3 wird als **Nitratreduktion** bezeichnet. Sie erfordert 8 Reduktionsäquivalente und verläuft in zwei Stufen.

In der ersten Stufe wird Nitrat zu **Nitrit** reduziert, was zwei Elektronen erfordert und durch die **Nitratreduktase** katalysiert wird. Nitratreduktase ist ein Flavinenzym mit FAD als prosthetischer Gruppe, das außerdem noch Eisen (in Form eines Cytochroms) und Molybdän enthält. Die erforderlichen Elektronen werden dem NADH, in Ausnahmen auch dem NADPH, entnommen. Flavin, Fe und Mo sind in den Prozeß der Elektronenübertragung auf das Nitrat eingeschaltet.

$$\text{NADH} \xrightarrow{e^-} \text{FAD} \xrightarrow{e^-} \text{Fe} \xrightarrow{e^-} \text{Mo} \xrightarrow{e^-} \text{Nitrat}$$

Die Nitratreduktase befindet sich im Cytosol der Zellen.

In der zweiten Stufe wird der N des Nitrits bis auf die Stufe des NH_3 reduziert. Der Prozeß wird durch **Nitritreduktase** katalysiert, braucht $6e^-$ und verläuft in einer Serie von hintereinandergeschalteten Elektronenübergängen, ohne daß bisher Zwischenprodukte auf dem Weg von Nitrit bis zum Ammonium nachweisbar sind. Die Nitritreduktase ist eisenhaltig. Sie enthält ein spezifisches Häm (Sirohäm) sowie Eisen-Schwefel-Zentren im Enzymmolekül. Nitritreduktase kommt in Chloroplasten und Proplastiden vor. An der Umwandlung des Nitrates in Ammonium sind daher zwei Kompartimente beteiligt.

Die Elektronen werden in photosynthetisch aktiven Zellen durch red. Ferredoxin aus dem photosynthetischen Elektronentransport zur Verfügung gestellt, in anderen Zellen und Geweben sowie in Pilzen und chemotrophen Bakterien durch NADH oder NADPH.

Es gibt viele Beispiele dafür, daß die Prozesse der Nitratassimilation von der Pflanze **reguliert** werden. So wird die Bildung der Nitrat-

und Nitritreduktase und der Aufnahmesysteme für Nitrat in der Regel nur dann ausgelöst, wenn Nitrat die einzige verfügbare N-Quelle ist. Dieses Verhalten ist den Bedürfnissen der Pflanze sinnvoll angepaßt. Sie wählt dadurch aus einem Gemisch verschiedener N-Quellen zuerst das Ammonium aus, dessen Assimilation weniger aufwendig ist, da es nicht reduziert werden muß.

Von der **assimilatorischen Nitratreduktion** muß man die **dissimilatorische (Nitratatmung)** unterscheiden, die einige Bakterien unter anaeroben Bedingungen betreiben können. Sie kommt in der Pflanze nicht vor.

Verglichen mit Nitraten sind Ammoniumsalze im allgemeinen von geringerer Bedeutung für die Pflanzenernährung. Sind sie im Boden oder den Gewässern aber in ausreichender Menge vorhanden, werden sie von den meisten niederen und höheren Pflanzen, Bakterien und Pilzen auch assimiliert. Ammoniumionen werden durch aktive Me-

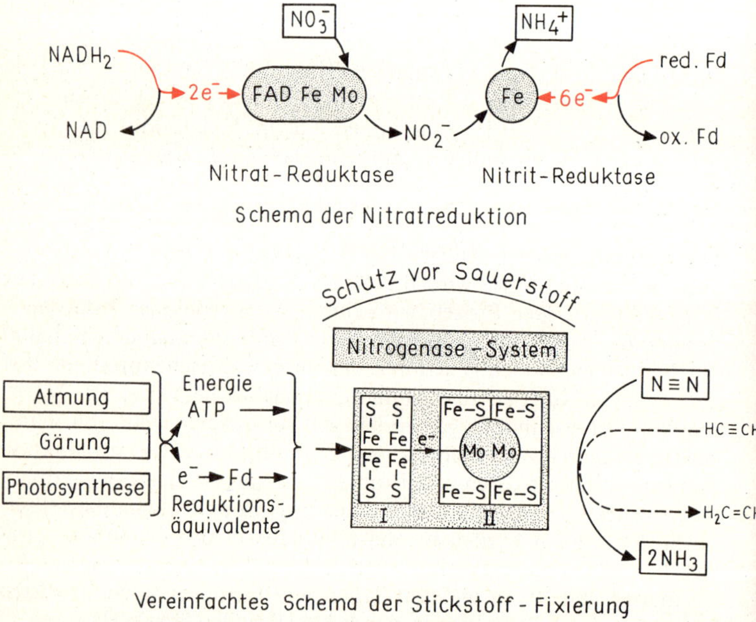

Abb. 7.32. Schema der Nitratreduktion (oben) und der Stickstoffixierung (unten). I Nitrogenase-Reduktase, II Nitrogenase, *Fd* Ferredoxin.

chanismen in die Zellen aufgenommen. Verbunden mit der Aufnahme von NH_3 ist in der Regel eine Ausscheidung von H^+, wodurch es zu einer Ansäurung des Bodens kommen kann. Ammoniumsalze sind daher eine **physiologisch saure N-Quelle**.

Ammoniumionen gelangen durch Zersetzung organischer N-haltiger Substanzen, durch direkte Einbringung von Ammoniumsalzen oder durch Düngung von organischen Substanzen, die NH_2-Gruppen enthalten, in den Boden. Von Bedeutung ist insbesondere **Harnstoff** (NH_2—CO—NH_2). Durch **Urease** wird daraus im Boden Ammonium freigesetzt.

Es hängt von der Art der Pflanzen und von der allgemeinen Bodenbeschaffenheit ab, welche Form der Düngung jeweils angebracht ist.

7.11.2. Bindung von molekularem Stickstoff

Der Stickstoff der Biosphäre durchläuft einen Kreislauf, in dessen Mittelpunkt **Ammoniak** steht (Abb. 7.36.). In diesem Kreislauf ist für das ökologische Gleichgewicht im Gesamthaushalt der N-Verbindungen die Reduktion von molekularem Stickstoff zu Ammoniak von großer Bedeutung. Schätzungsweise werden durch biologische N_2-Fixierungen, zu der nur Mikroorganismen in der Lage sind, pro Jahr etwa 2×10^{11} kg Stickstoff gebunden.

Wir kennen **zwei Systeme** der biologischen N_2-Bindung. Das **erste System** ist die N_2-Fixierung durch frei im Wasser oder im Boden lebende Mikroorganismen wie *Azotobacter*, *Clostridium*, Cyanobakterien und verschiedene phototrophe Bakterien. Man schätzt, daß durch frei lebende N_2-bindende Mikroorganismen dem Boden jährlich im Durchschnitt etwa 5 kg N/ha zugeführt werden. Besonders hoch und wirtschaftlich bedeutsam kann die N_2-Fixierung durch Cyanobakterien in Reisfeldern sein (bis 50 kg N pro ha und Jahr). Durch die Befähigung zur Photosynthese und zur Fixierung des Luftstickstoffs zeichnen sich die Cyanobakterien – einzeln lebend oder im Symbioseverband mit Pilzen (Flechten) – durch sehr geringe Ernährungsansprüche aus, was sie in Verbindung mit ihrer großen Temperaturtoleranz besonders geeignet macht zur Besiedlung extremer Standorte.

Das **zweite System** der biologischen Stickstoffbindung ist die N_2-Fixierung durch **symbiontische** Bakterien und Cyanobakterien. Von den symbiontisch lebenden N_2-Bindern kommt den im Symbioseverband mit **Leguminosen** (*Fabales*) lebenden **Wurzelknöllchenbak-**

terien, die zur Gattung *Rhizobium* zusammengefaßt werden, die größte Bedeutung zu. Bei verschiedenen Arten dieser Gattung haben sich ausgeprägte **Wirtsspezifitäten** herausgebildet, z. B. *Rhizobium trifolii* (Klee), *Rhizobium meliloti* (Luzerne). Nach der Infektion durch die Rhizobien wird die Wurzel in einer Art von Abwehrreaktion zur Ausbildung der Knöllchen angeregt. Die Rhizobien ihrerseits unterliegen in den Zellen der Wirtspflanzen morphologischen und metabolischen Veränderungen und werden zu **Bacterioiden**. Nur in dieser Zustandsform fixieren sie Stickstoff. Frei lebende Rhizobien sind dazu genausowenig in der Lage wie die nichtinfizierte Wirtspflanze allein. Die N_2-bindenden Rhizobien versorgen die Wirtspflanze mit gebundenem Stickstoff, sie dagegen liefert Nährstoffe und schafft dem Endosymbionten ein bestimmtes Milieu. Der Symbioseverband Leguminose-Rhizobium ist in der Lage, pro ha und Jahr 200 kg N_2 aus der Luft zu binden.

Cyanobakterien gehen nicht nur mit Pilzen Symbiosebeziehungen ein (Flechten), sondern auch mit Pflanzen. *Anabaena azollae* lebt extrazellulär in Gewebehohlräumen der Blätter des tropischen Wasserfarns *Azolla*. Die N-Fixierung dieser Symbiose erreicht 300 kg N pro ha und Jahr und ist damit besonders intensiv.

Andere wichtige N_2-fixierende Symbiosen finden wir bei der **Erle**, dem **Sanddorn** und der **Ölweide**. In diesen Fällen sind die Mikrosymbionten **Actinomyceten**, die in speziellen Ausbildungen des Wurzelgewebes zu finden sind.

Zwischen streng symbiontischer N_2-Fixierung und N_2-Bindung freilebender Mikroorganismen stehen spezifische Assoziationen von höheren Pflanzen und stickstoffbindenden Bakterien, die in deren Wurzelbereich leben.

7.11.3. Biochemie der Stickstoffbindung

Das Produkt der N_2-Fixierung ist Ammonium. Die Reaktion wird durch das **Nitrogenase-System** katalysiert, ist sehr energieaufwendig und erfordert etwa 15 ATP sowie 6 Elektronen pro N_2. Man nimmt an, daß der gesamte Reduktionsprozeß enzymgebunden verläuft, ohne daß Zwischenprodukte auftreten. Das Nitrogenase-System besteht aus zwei unterschiedlichen oligomeren Anteilen, der Nitrogenase-Reduktase und der Nitrogenase selbst. Beide enthalten jeweils mehrere Eisen-Schwefel-Proteine, die Nitrogenase vermutlich 24 bis 36. Zur Nitrogenase gehört auch noch ein Molybdän-Kofaktor mit zwei Mo.

Die Reduktionsäquivalente werden der Nitrogenase über reduziertes Ferredoxin zugeleitet und werden entweder direkt dem **photosynthetischen Elektronentransport** (z. B. phototrophe Bakterien) entnommen oder stammen aus **Atmungs-** und **Gärungsprozessen**. Dabei spielen Umsetzungen des Pyruvats offenbar eine besondere Rolle.

Die Nitrogenase ist sehr sauerstoffempfindlich. Aerobe Stickstoffbinder verfügen daher über morphologische und biochemische Einrichtungen, um den Zutritt des Sauerstoffs zum intrazellulären Mikromilieu der Nitrogenase zu unterbinden. Bei den Cyanobakterien ist sie in der Regel an bestimmte spezialisierte Zellen, die **Heterocysten**, gebunden, in denen keine photosynthetische O_2-Entwicklung vorkommt. Bei der symbiontischen N_2-Fixierung der Leguminosen hat der in den Knöllchen vorkommende, mit Hämoglobin verwandte Farbstoff **Leghämoglobin** eine O_2-abschirmende Hilfsfunktion. Die aeroben *Azotobacter*-Arten schließlich haben eine extrem hohe Atmungsaktivität, so daß sie dadurch den Sauerstoffpartialdruck in der Umgebung der Nitrogenase sehr niedrig halten.

Außer N_2 werden von der Nitrogenase auch noch andere Verbindungen wie Acetylen, Azid, Nitrile und Cyanid reduziert (Abb. 7.32.).

Biologische Stickstoffbindung findet in der Regel nur dann statt, wenn andere N-Quellen (Ammonium, Nitrat) nicht in ausreichender Menge zur Verfügung stehen. Verantwortlich für diese Regulation sind offenbar die intrazellulären Ammoniumionen, deren Konzentrationserhöhung zu einer Unterdrückung (**Repression**) der Synthese von Nitrogenase führt. Dabei spielen Zwischenprodukte und Enzyme der NH_4^+-Assimilation, insbesondere die **Glutamin-Synthetase**, eine wichtige Rolle.

Hohe Erträge unserer Kulturpflanzen haben eine intensive und kostenaufwendige Stickstoffdüngung zur Voraussetzung. Sie könnte umgangen werden, wenn es gelänge, die wichtigsten Kulturpflanzen mit der autonomen Fähigkeit zur Stickstoffbindung auszustatten.

Immerhin ist eine gezielte Übertragung des für die N_2-Fixierung verantwortlichen Gensatzes von *Klebsiella* in **Escherichia coli** in letzter Zeit gelungen. Diese Gene wurden in der Empfängerzelle nicht nur repliziert, sondern auch funktionell aktiv, d. h. die Zellen des Bakteriums *Escherichia coli* waren in die Lage versetzt worden, Stickstoff aus der Luft zu fixieren.

Es muß allerdings als sehr fraglich angesehen werden, ob eine ähnliche Manipulation bei der völlig andersartigen cytologischen und genetischen Struktur eukaryotischer Zellen erfolgversprechend ist.

7.11.4. Die primäre Assimilation des Ammoniums und die Synthese der Aminosäuren

7.11.4.1. Primäre Aminierungen

Ammonium ist Ausgangsprodukt und Endprodukt des allgemeinen Stickstoffumsatzes. Unabhängig von seiner Herkunft ist NH_4^+ daher auch Schlüsselsubstanz bei der Synthese organischer N-Verbindungen. Es gibt eine Reihe von primären Assimilationsreaktionen des Ammoniaks. Die wichtigsten sind aus der Abb. 7.33. zu ersehen.

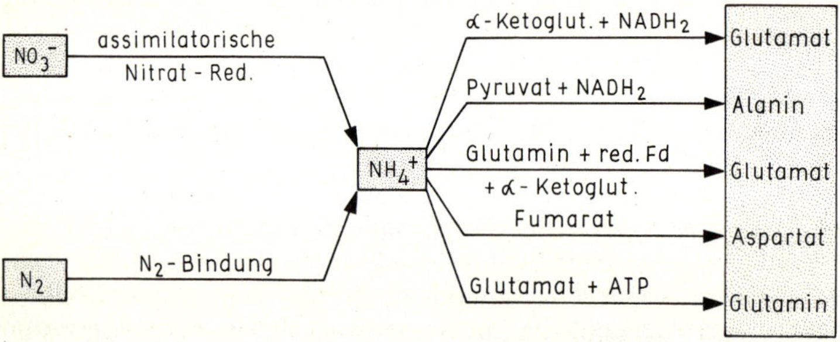

Abb. 7.33. Wege der Überführung von Stickstoff in organische Bindung. – Nach Schlegel.

In quantitativer Hinsicht sind für die Pflanze am bedeutsamsten:

1. Die Amidierung von Glutamat zu Glutamin durch **Glutamin-Synthetase**:

   Glutamat + ATP + $NH_4^+ \rightarrow$ Glutamin + ADP + Pi

2. Die durch **Glutamat-Synthase** katalysierte Übertragung der Amidgruppe des Glutamins auf α-Ketoglutarat (= Oxoglutarat) unter Bildung von zwei Molekülen Glutamat:

   Glutamin + α-Ketoglutarat + red. Fd $\rightarrow$ 2 Glutamat + ox. Fd

Aus der synonymen Bezeichnung Glutamin-Oxoglutarat-Aminotransferase ist die allgemein gebräuchliche Abkürzung **GOGAT** für dieses Enzym abgeleitet.

Die Assimilation des Ammoniaks erfolgt durch das Zusammenwirken der Enzyme Glutamin-Synthetase und Glutamat-Synthase nach folgendem Schema (Abb. 7.34.):

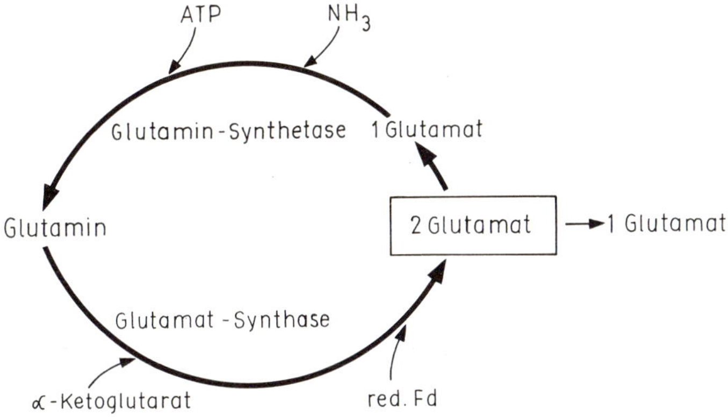

Abb. 7.34. Das Zusammenwirken der Glutamin-Synthetase und der Glutamat-Synthase (GOGAT) bei der Biosynthese des Glutamats.

Die Glutamin-Synthetase hat eine sehr große Affinität zum Ammonium, daher ist dieses System der Einschleusung von Ammonium-N in organische Bindung schon bei sehr niedrigen NH_4^+-Konzentrationen sehr effektiv. Es kann als sicher gelten, daß die Hauptmenge des Stickstoffs in der Pflanze auf diese Weise assimiliert wird. In photosynthetisch aktiven Zellen läuft dieser Prozeß in der Hauptsache in den **Chloroplasten** ab und die erforderlichen Reduktionsäquivalente werden über reduziertes Ferredoxin aus dem photosynthetischen Elektronentransport zur Verfügung gestellt.

Zwischen Photosynthese und N-Assimilation der Pflanze besteht somit nicht nur bei der N_2-Fixierung und der Nitratreduktion, sondern auch bei der Überführung des Ammonium-N in organische Bindung eine enge Beziehung. Für den N-Metabolismus der höheren Pflanze ist eine hochgradige **Kompartimentierung** typisch. Dadurch erfolgen N_2-Fixierung, Nitratreduktion und NH_4-Assimilation in der Regel in den Zellen des gleichen Organs, d. h. in den Blättern oder in der Wurzel. Im letzteren Fall und in den nichtphototrophen Bakterien werden die Reduktionsäquivalente für die Glutamat-Synthase durch NADPH zur Verfügung gestellt.

In speziellen Fällen sind auch noch die reduktiven Aminierungen von α-Ketoglutarat zu Glutamat durch **Glutamat-Dehydrogenase** und von Pyruvat zu Alanin durch **Alanin-Dehydrogenase** sowie die Aminierung von Fumarat zu Aspartat durch **Aspartase** von Bedeutung.

7.11.4.2. Biosynthese der Aminosäuren

Die grünen Pflanzen und die meisten Mikroorganismen sind in der Lage, die zur Proteinbiosynthese nötigen 20 Aminosäuren selber zu synthetisieren. Das Tier und der Mensch vermögen das nicht. Sie sind in ihrer Ernährung auf die Zufuhr einiger Aminosäuren, die als **essentielle Aminosäuren** bezeichnet werden, angewiesen. Andere können sie selbst synthetisieren.

Abgesehen von den erwähnten primären Aminierungen ist der wichtigste Vorgang für die Bildung von Aminosäuren die **Transaminierung**. Bei diesem Prozeß wird die NH_2-Gruppe einer Aminosäure auf eine α-Ketosäure übertragen. Die ursprüngliche Aminosäure wird dadurch zur entsprechenden Ketosäure, die ursprüngliche Ketosäure zur neuen Aminosäure. **Aminogruppendonator** ist in erster Linie die **Glutaminsäure**. Die Übertragung der NH_2-Gruppe erfolgt durch die **Transaminasen**, die als prosthetische Gruppe Pyridoxalphosphat (Vit. B_6) enthalten.

Beispiele für wichtige Transaminierungen:

1. Glutamat-Oxalacetat-Transaminase
   Glutamat + Oxalacetat $\rightleftharpoons$ Aspartat + α-Ketoglutarat
2. Glutamat-Pyruvat-Transaminase
   Glutamat + Pyruvat $\rightleftharpoons$ Alanin + α-Ketoglutarat

Sowohl bei den Vorgängen der primären Aminierung wie bei denen der nachfolgenden Transaminierung spielt die Glutaminsäure die entscheidende Rolle.

Die Orte der primären Assimilation des Ammoniums sind in der Pflanze häufig nicht identisch mit den Orten des Bedarfs N-haltiger organischer Verbindungen, z. B. bei Pflanzen mit reifenden Samen. Der Ammoniumstickstoff der Glutaminsäure kann daher in geeigneten Transportverbindungen festgelegt und in dieser Form in der Pflanze verteilt werden. In vielen Fällen sind das die Amide **Glutamin** und **Asparagin**.

7.11.4.3. Herkunft des C-Skelettes der Aminosäuren

Aus der Abb. 7.35. ist zu sehen, daß das C-Skelett der Aminosäuren aus dem Kohlenhydratstoffwechsel und dem Citrat-Cyclus stammt.

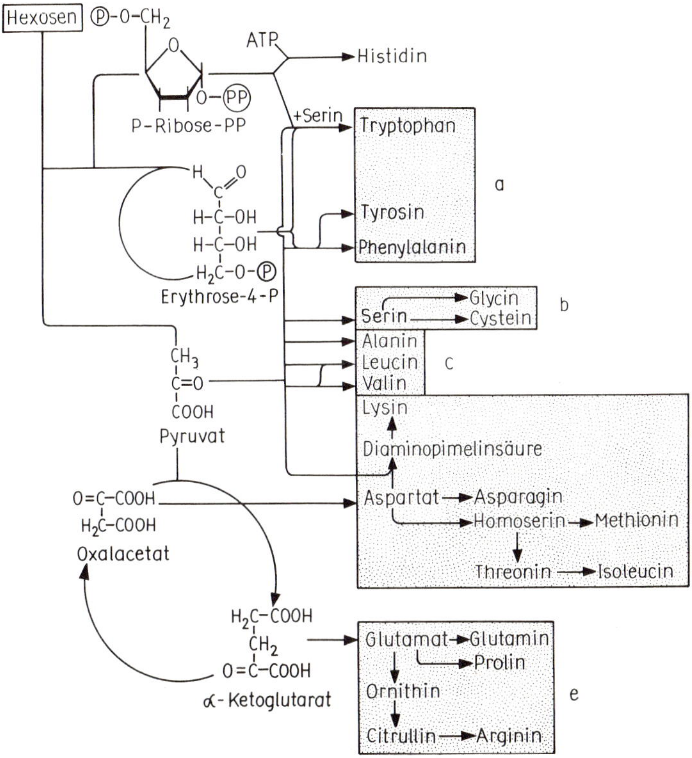

Abb. 7.35. Biosynthetische Ableitung der wichtigsten Aminosäuren aus dem Intermediärstoffwechsel. **a** Shikimisäurefamilie, **b** Serinfamilie, **c** Pyruvatfamilie, **d** Aspartatfamilie, **e** Glutamatfamilie. – Verändert nach Schlegel.

Dabei lassen sich ganze Aminosäurenfamilien auf jeweils ein Intermediärprodukt zurückführen.

7.11.5. Der Kreislauf des Stickstoffs in der Natur

Die Reaktionen des Stickstoffs in der Biosphäre schließen sich zu einem Kreislauf, an dem Pflanzen und verschiedene Bakterien beteiligt sind und in den durch verschiedene Synthese- und Abbaureaktionen organischer N-Verbindungen auch die Tiere eingreifen (Abb. 7.36.).

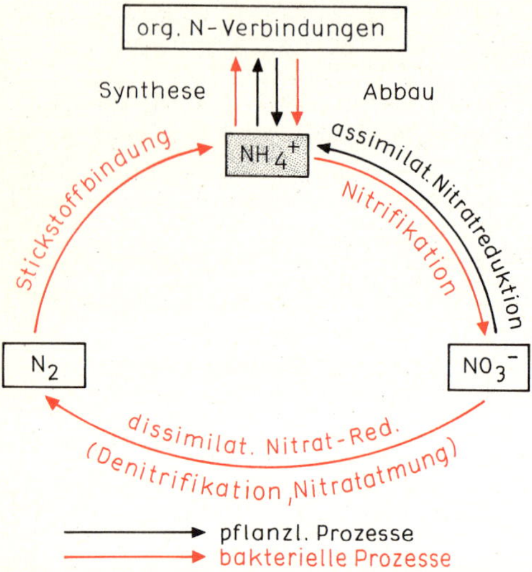

Abb. 7.36. Kreislauf des Stickstoffs in der Natur.

Die Vorgänge der **Denitrifikation** sind im Abschn. 7.5.2.11., die der **Nitrifikation** im Abschn. 7.6.11. beschrieben. Die Denitrifikation kann für die Landwirtschaft von erheblicher Bedeutung sein. Sie führt besonders bei Sauerstoffarmut, z. B. infolge stagnierender Nässe und Bodenverdichtung, zu unerwünschten Stickstoffverlusten des Bodens.

7.12. Schwefelstoffwechsel und Schwefelkreislauf

Die meisten Pflanzen und Mikroorganismen nehmen den Schwefel als Sulfat auf. In der lebenden Zelle liegt er aber fast ausnahmslos in reduzierter Form als SH-Gruppe vor, z. B. in den S-haltigen Aminosäuren. Das aufgenommene Sulfat muß daher **reduziert** werden. Dies geschieht im Prozeß der **assimilatorischen Sulfatreduktion**. In grünen Pflanzen wird der überwiegende Anteil an reduziertem Schwefel in den Blättern unter Verwendung von Energie und Reduktionsäquivalenten, die aus dem photosynthetischen Elektronentransport stammen, gewonnen. In chloroplastenfreien Organen (Wurzeln) ist die Sulfatreduktion von Reduktionsäquivalenten aus dissimilatorischen Prozessen abhängig. Tiere können Schwefel nicht reduzieren und sind auf die Aufnahme von reduzierten Schwefelverbindungen mit der Nahrung angewiesen.

In der Natur macht der Schwefel Umsetzungen durch, die sich zu einem **Kreislauf** schließen (Abb. 7.37.). Bei der Fäulnis kommt es zur Freisetzung von H_2S aus den SH-Gruppen (**Desulfuration**). Durch **Sulfat-Atmung** (Desulfurikation, 7.5.2.1.) entsteht ebenfalls H_2S. Unter aeroben Bedingungen wird H_2S entweder nichtbiologisch oder durch schwefeloxidierende Bakterien zu Sulfat oxidiert.

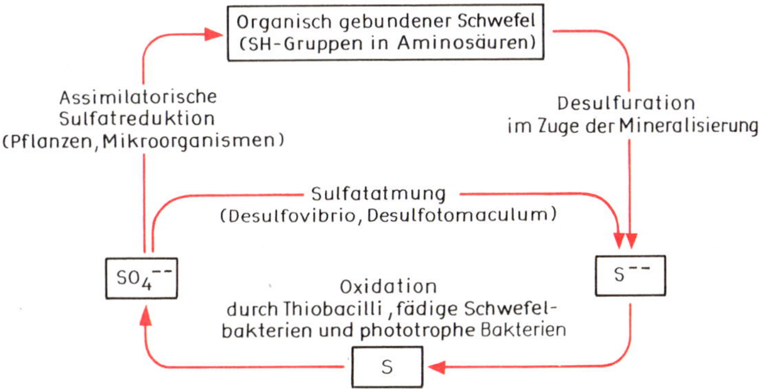

Abb. 7.37. Kreislauf des Schwefels in der Natur. – Nach Schlegel.

7.13. Sekundärstoffe und Sekundärstoffwechsel

Nucleinsäuren, Proteine, Kohlenhydrate und Lipide gehören zur unerläßlichen molekularen Grundausstattung aller Zellen, und ihre Umsetzungen im **Primär-** oder **Grundstoffwechsel** sind untrennbar mit der aktiven Lebenstätigkeit aller Organismen verbunden.

Daneben gibt es die **Sekundärstoffe**. Ihr Stoffwechsel wird **Sekundärstoffwechsel** genannt und dem Grundstoffwechsel gegenübergestellt. Diese Einteilung ist mehr pragmatischer als prinzipieller Natur, denn in vielen Fällen ist die Grenze zwischen Primär- und Sekundärstoffwechsel nicht eindeutig zu ziehen. Obwohl es Sekundärstoffe vereinzelt auch bei Tieren gibt, sind die Pflanzen und Mikroorganismen in ganz besonderem Maße zu ihrer Bildung befähigt. Hierin äußert sich die gegenüber dem Tier unvergleichlich höhere metabolische Leistungsfähigkeit des pflanzlichen Stoffwechsels. Der Sekundärstoffwechsel leitet sich aus dem Grundstoffwechsel ab (Abb. 7.38.). Im Gegensatz zur Bildung von Metaboliten des Grundstoffwechsels werden Sekundärstoffe in der Regel nur in bestimmten Organen und in Abhängigkeit von einem bestimmten Entwicklungszustand der Pflanze gebildet. Synthese und Akkumulation von sekundären Pflanzenstoffen sind daher auch Aspekte der Zellspezialisierung und unterliegen häufig der Kontrolle durch Umweltfaktoren. Außerdem ist das Vorkommen bestimmter Sekundärstoffe oft an spezielle Gruppen des Pflanzenreiches gebunden und kann als taxonomisches Merkmal verwendet werden (**Chemotaxonomie**).

Es gibt tausende von Sekundärstoffen, die sich allerdings auf Modifizierung einer erheblich geringeren Zahl von chemischen Grundbausteinen zurückführen lassen.

Auch wenn der Besitz von Sekundärstoffen nicht zu den allgemeinen Voraussetzungen des Lebens gehört, haben viele von ihnen durch-

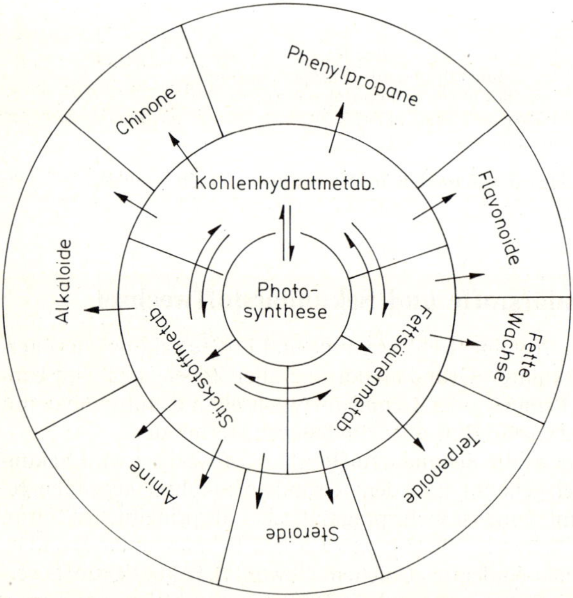

Abb. 7.38. Biosynthetische Beziehungen der sekundären Pflanzenstoffe zum Grundstoffwechsel. – Nach Reznik, verändert.

aus eine Funktion. Ihre physiologische Bedeutung tritt allerdings selten für die Zelle, in der sie produziert werden, hervor, sondern wird meist erst auf der Ebene des Organismus oder der Population wirksam. Bekannt ist die stabilisierende Funktion des **Lignins** in verholzten Zellwänden. Von **ökologischer Bedeutung** sind **Blütenfarbstoffe** und **Duftstoffe** (Bestäubungsbiologie). **Bitterstoffe**, **Gerbstoffe** und **Giftstoffe** können den Pflanzen einen Schutz gegen Tierfraß geben und verschaffen ihnen dadurch unter bestimmten Bedingungen einen **Selektionsvorteil**. Für viele der Sekundärstoffe kann allerdings bisher noch keine „sinnvolle" biologische Funktion für die sie produzierende Pflanze erkannt werden. Häufig sind sie wohl nur „**Nebenprodukte**" des Stoffwechsels, die offenbar aber auch keinen Nachteil für die Pflanze mit sich bringen und daher toleriert werden, obwohl es sich häufig um starke **Plasmagifte** handelt (**Alkaloide**). Sie können allerdings ihre Giftigkeit nicht entfalten, da sie außerhalb des Cytoplasmas, z. B. in der Vakuole oder in der Zellwand, „abgeladen" werden.

Viele Sekundärstoffe haben große praktische Bedeutung für den Menschen. Als **Arzneimittel** werden neben **Alkaloiden** insbesondere die von vielen Pilzen und Bakterien produzierten **Antibiotika** genutzt. Mehrere Alkaloide sind bekannt wegen ihrer **halluzinogenen** Wirkung. **Etherische Öle** und **Kautschuk** sind wichtige Rohstoffe für die chemische Industrie.

Aus der Fülle der Sekundärstoffe können hier nur wenige Beispiele aus einigen chemischen Verandtschaftsgruppen genannt werden.

7.13.1. Polyacetate

Biosynthetisch leiten sie sich von Acetateinheiten ab. Grundprinzip der Biosynthese sind **Kopf-Schwanz-Kondensationen**, d. h. Reaktionen der Carboxylgruppe des einen mit der Methylgruppe des nächsten Acetatmoleküls. Zu dieser Gruppe gehören wichtige Antibiotika wie **Tetracyclin**, **Griseofulvin** und **Erythromycin**.

7.13.2. Isoprenoide (Terpenoide)

Die **Isoprenoide** lassen sich in ihrer Biosynthese auf den Zusammenbau aus **Isopreneinheiten** zurückführen. Biochemisch „aktives Isopren" ist das **Isopentenylpyrophosphat**, das aus der **Mevalonsäure** entsteht, die ihrerseits aus Acetyl-CoA gebildet wird. Die Kondensation von Isopentenylpyrophosphat mit seinem Isomerisierungsprodukt **Dimethylallylpyrophosphat** zu Geranylpyrophosphat ist der eigentliche Ausgangspunkt der Terpenoidbiosynthese (Abb. 7.39.). Durch schrittweise Anlagerung von Isopentenylpyrophosphat und weitere Folgereaktionen der jeweiligen Kondensationsprodukte entsteht die Vielzahl natürlicher Terpenoide. Die meisten Mono-, Di-, Sesqui- und Polyterpene sind das Ergebnis einer „**Kopf-Schwanz-Kondensation**" von C_5-Einheiten, während Tri- und Tetraterpene durch „**Schwanz-Schwanz-Dimerisation**" von C_{15}- bzw. C_{20}-Einheiten gebildet werden.

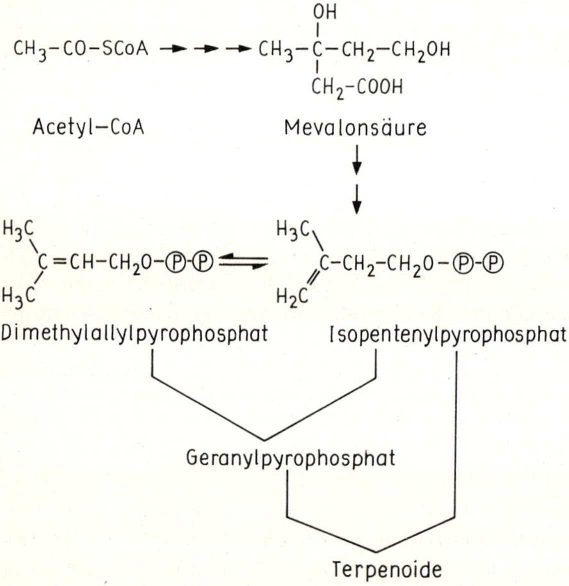

Abb. 7.39. Vereinfachtes Schema der Isoprenoidbiosynthese.

Etherische Öle setzen sich in erster Linie aus Monoterpenen, Sesquiterpenen und Diterpenen zusammen. **Harze** sind Gemische aus flüchtigen und nichtflüchtigen Terpenoiden. Die flüchtige Fraktion besteht aus Monoterpenen, Sesquiterpenen und Diterpenen. Die nichtflüchtige Fraktion enthält weitgehend ungesättigte Di- und Triterpensäuren.

Von den Monoterpenen abzuleiten sind die chemotaxonomisch wichtigen Iridoide.

Monoterpene;	Syntheseprinzip: 2×5 C = 10 C
	Beispiele: **Citronell, Menthol**
Sesquiterpene;	Syntheseprinzip: 3×5 C = 15 C
	Beispiele: **Farnesol, Abscisinsäure** (S. 489)
Diterpene;	Syntheseprinzip: 4×5 C = 20 C
	Beispiele: **Phytol** (S. 381), **Gibberelline** (S. 485)
Triterpene;	Syntheseprinzip: 6×5 C = 3×10 C = 30 C
	Beispiele: **Steroide, Herzglykoside, Saponine**
Tetrapene;	Syntheseprinzip: 8×5 C = 2×20 C = 40 C
	Beispiele: **Carotinoide** (S. 382 f.)
Polyterpene;	Syntheseprinzip: n×5 C
	Beispiele: **Kautschuk, Guttapercha**

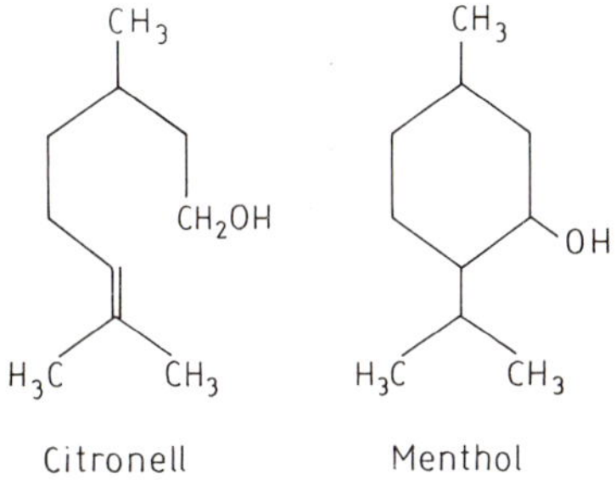

Abb. 7.40. Offenes (Citronell) und cyclisches (Menthol) Monoterpen.

7.13.3. Phenole und Phenolderivate

Sehr viele Sekundärstoffe sind **Phenole** oder leiten sich von phenolischen Verbindungen ab. Phenole sind Substanzen, die an einem aromatischen Ringsystem mindestens eine Hydroxylgruppe oder deren funktionelle Derivate tragen. Eine Übersicht über die wichtigsten Gruppen der Phenole bietet die Abb. 7.41. Ihre Biosynthese verläuft in den ersten Phasen über den sog. **Shikimisäure-**Weg. Diese Reaktionssequenz ist der wichtigste Mechanismus der Biosynthese **aromatischer Verbindungen**. Sie ist in der Abb. 7.42. verkürzt dargestellt. Seinen Ausgang nimmt dieser Bildungsweg von zwei Metaboliten des Kohlenhydratstoffwechsels, PEP und Erythrose-4-phosphat. Die primären Produkte der Aromatenbiosynthese **Tyrosin, Phenylalanin** und **Tryptophan** werden weiteren Veränderungen unterworfen, einschließ-

C-Grundgerüst	Gruppe	Beispiele
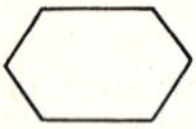	einfache Phenole	Hydrochinon Arbutin
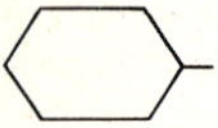 	Phenolcarbonsäuren	Benzoesäure Gallussäure Vanillinsäure
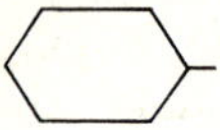 	Phenylpropane	Coniferylalkohol Zimtsäure Lignin Cumarin
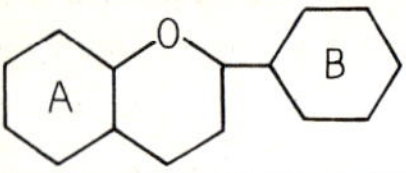 	Flavanderivate	Flavone Flavonole Catechine Anthocyanidine

Abb. 7.41. Wichtige Gruppen phenolischer Verbindungen in Pflanzen.

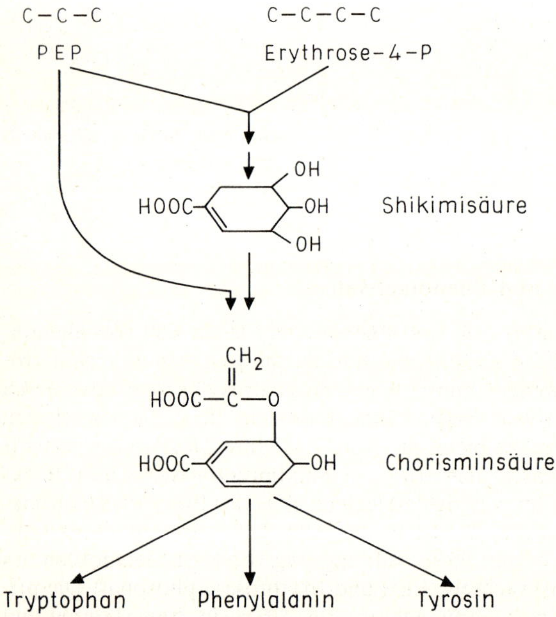

Abb. 7.42. Vereinfachtes Schema der Aromatenbiosynthese.

lich der Reduktion der Seitenketten, deren Ergebnis eine große Mannigfaltigkeit phenolischer Verbindungen ist. Ein außerordentlich wichtiger Schritt ist die Desaminierung des Phenylalanins zu **Zimtsäure**, die von der **Phenylalanin-Ammonium-Lyase (PAL)** katalysiert wird (Abb. 7.44.). PAL ist ein **Schlüsselenzym** des Aromatenstoffwechsels. **Phenolcarbonsäuren** und **einfache Phenole** kommen frei oder als **Glykoside** in z. T. erheblichen Mengen in den Pflanzen vor.

Hydrochinon und **Arbutin** sind in den Blättern von Rosaceen und Ericaceen enthalten. Die dunkle herbstliche Verfärbung der Birnenblätter beruht auf einer Oxidation des Hydrochinons zum Chinon. Auch andere Verfärbungen von Pflanzen und Pflanzenprodukten gehen vielfach auf Oxidation phenolischer Inhaltsstoffe zurück. Sie treten häufig erst nach Zerstörung der intakten Zellstruktur in Erscheinung, wenn die in den Vakuolen abgeschirmten Inhaltsstoffe mit den **Phenoloxidasen** des Plasmas in Berührung kommen (S. 374).

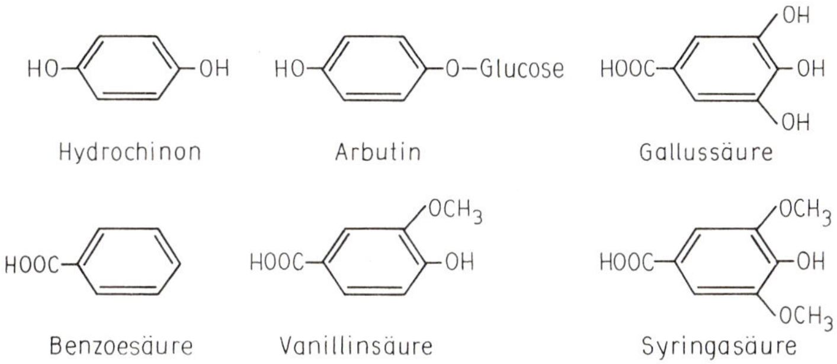

Abb. 7.43. Beispiele phenolischer Pflanzenstoffe.

Durch Polymerisationen der **Gallussäure entstehen die Gallotannine**, die neben den Catechinen die Hauptgruppe der pflanzlichen **Gerbstoffe** darstellen. Gerbstoffe sind weder chemisch noch biologisch eine einheitliche Gruppe. Ihr gemeinsames Merkmal ist die gerbende, d. h. proteindenaturierende Wirkung. Die Konzentration der Gerbstoffe in der Pflanze kann sehr hoch sein. So können Sumachblätter mehr als 40% ihres Trockengewichtes an Gerbstoffen führen.

Phenylpropane sind aromatische Substanzen mit einer Seitenkette aus 3 C-Atomen (C_6- + C_3-Körper). Das wichtigste Folgeprodukt dieser Gruppe ist das hochpolymere **Lignin**. In der Abb. 7.44. ist ein Ausschnitt aus seiner Struktur und die Zurückführung der Biosynthese auf die primären Produkte der Aromatenbiosynthese darge-

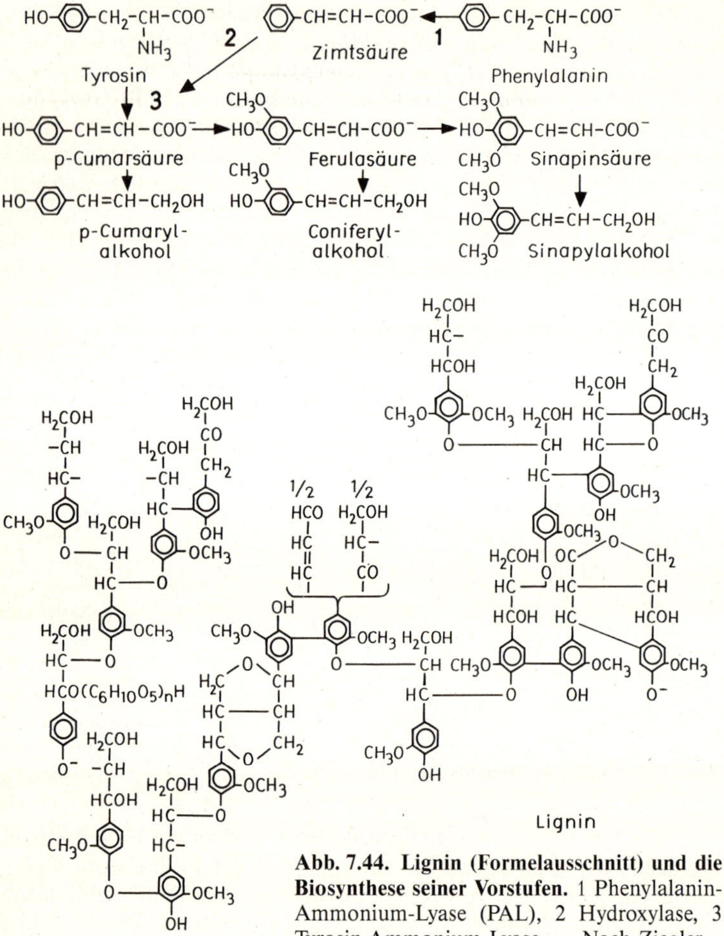

Abb. 7.44. Lignin (Formelausschnitt) und die Biosynthese seiner Vorstufen. 1 Phenylalanin-Ammonium-Lyase (PAL), 2 Hydroxylase, 3 Tyrosin-Ammonium-Lyase. – Nach Ziegler.

stellt. Lignin ist ein **Dehydrierungspolymerisat** aus **p-Cumarylalkohol**, **Coniferylalkohol** und **Sinapylalkohol**, die in Form ihrer Glucoside zu den Orten der Ligninbildung in die Zellwände transportiert werden. Dort erfolgen die Glucosidspaltung, die durch Peroxidasen bewirkte Dehydrierung der Alkohole zu Radikalen und deren Polymerisation zum Endprodukt.

Zu den Phenylpropanen zählen auch die **Cumarine**, die meist in Form ihrer Glykoside als **gebundene Cumarine** vorkommen. Bekannte Cumarinpflanzen sind der Waldmeister (*Galium odoratum*) und das Ruchgras (*Anthoxanthum*). Erst bei Verletzung oder beim Trocknen werden die Cumaringlykoside durch Glykosidasen zum freien Cumarin hydrolysiert (aromatischer Geruch).

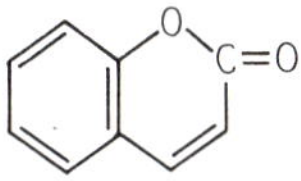

Abb. 7.45. Cumarin.

Flavanderivate (Flavonide). Das Flavangrundgerüst besteht aus den beiden aromatischen Ringen A und B und einem mittleren sauerstoffhaltigen heterocyclischen Ring. Je nach dem Oxidationszustand dieses heterocyclischen Ringes unterscheidet man mehrere Gruppen von Flavanderivaten, z. B. **Flavone**, **Flavonole**, **Catechine** und **Anthocyanidine** (Abb. 7.46.). In diesen einzelnen Gruppen ist durch ein unterschiedliches Substitutionsmuster der Ringe A und B die Möglichkeit zu einer außerordentlichen Mannigfaltigkeit gegeben. Die meisten Flavanderivate kommen überdies als Glykoside vor.

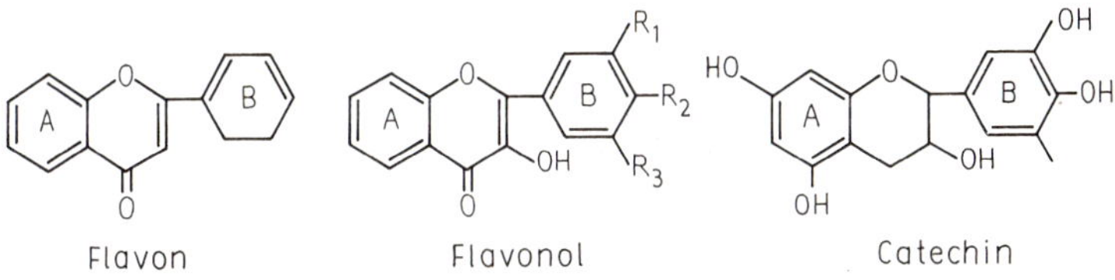

Abb. 7.46. Flavonoide.

Zu den **Flavonen** gehören die meisten wasserlöslichen gelben Blüten- und Fruchtfarbstoffe, während die blauen, roten und violetten Farbstoffe auf Substitutionsvariationen der **Anthocyanidine** zurückzuführen sind. Letztere kommen in der Pflanze jedoch nicht frei, sondern in Form ihrer Glykoside als **Anthocyane** vor.

Die wichtigsten Anthocyanidine sind: das lachsfarbene **Pelargonidin** (*Pelargonium*, *Dahlia*), das rote **Cyanidin** (Rotkohl, *Rosa*, *Centaurea*) und **Paeonidin** (*Paeonia*), das blaue **Delphinidin** (*Delphinium*,

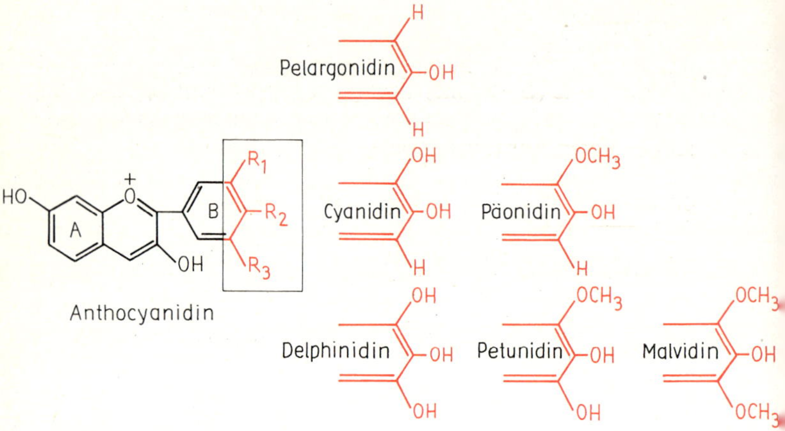

Abb. 7.47. Anthocyanidine.

Malva) und **Petunidin** (*Petunia*) sowie das purpurrote **Malvidin** (*Malva*) (Abb. 7.47.).

Viele Anthocyanidine sind rot gefärbt im sauren und blau im basischen Bereich. Unter zellulären Bedingungen ist die resultierende Farbe vermutlich in erster Linie das Ergebnis einer Komplexbildung mit Metallionen wie Fe^{3+} und Al^{3+}.

7.13.4. Alkaloide

Alkaloide sind stickstoffhaltige, basisch reagierende Stoffe, bei denen der Stickstoff in der Regel heterocyclisch eingebaut ist. Biosynthetisch lassen sie sich fast ausschließlich auf die Aminosäuren Ornithin, Lysin, Phenylalanin und Tryptophan zurückführen.

Viele Alkaloide zeichnen sich durch charakteristische pharmakologische Wirkungen aus. Das hat früh zu ihrer Entdeckung und zu ihrem Gebrauch als Rausch- und Genußmittel sowie zu ihrer therapeutischen Nutzung geführt. Es sind mehrere tausend Alkaloide bekannt. Sie sind in allen Klassen des Pflanzenreiches anzutreffen. Oft sind ganze Verwandtschaftskreise, z. B. die Solanaceen, durch ihren Gehalt an nahe miteinander verwandten Alkaloiden ausgezeichnet.

Aus der Abb. 7.48. gehen die Grundstruktur wichtiger Alkaloidgruppen und ihre biosynthetische Ausgangsstufe hervor.

7.13.5. Betalaine

Betalaine sind eine Klasse N-haltiger Verbindungen, die als charakteristische rotviolette (**Betacyane**) oder gelbe (**Betaxanthine**) Vakuolenfarbstoffe bei den meisten Familien der *Caryophyllidae* vorkommen, z. B. bei der Roten Rübe, vgl. Abb. 6.33.

Gruppe	Grundstruktur	Vorstufe
Chinolizidin-Alk.		Lysin
Nicotiana-Alk.	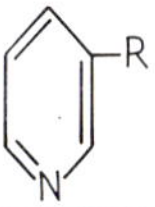	Nicotinsäure
Tropan-Alk.	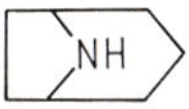	Ornithin
Isochinolin-Alk.		Tyrosin
Chinolin-Alk.	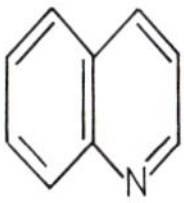	Tryptophan
Indol-Alk.	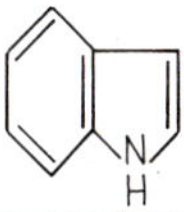	Tryptophan

Abb. 7.48. Grundgerüst einiger Alkaloide.

7.14. Besonderheiten der heterotrophen Ernährungsweise

Nach den heutigen Vorstellungen war die heterotrophe Ernährungsweise im Verlaufe der Evolution die ursprüngliche, während autotrophe Organismen später entstanden. Neben großen Gruppen, die die

Stufe der Autotrophie nicht erreichten, stehen solche, die sie im Zuge spezieller Anpassungen wieder verloren haben. Ihre Heterotrophie ist kein ursprüngliches, sondern ein abgeleitetes Merkmal.

Obligat heterotrophe Organismen sind auf die ständige Zuführung organischer Substrate angewiesen, z. B. Pilze und die meisten Bakterien. Demgegenüber liegt **fakultative Heterotrophie** vor, wenn Organismen zwar zur Autotrophie befähigt sind, sich in geeigneter Umgebung aber ausschließlich oder zusätzlich von organischen Substraten ernähren. Das ist z. B. bei vielen einzelligen Algen der Fall, die zum Wachstum eine Reihe unterschiedlicher C-Quellen nutzen können. Zwischen strikter Autotrophie einerseits und strikter Heterotrophie andererseits gibt es aber zahlreiche Übergänge. Im Grunde genommen ist auch die Höhere grüne Pflanze nur als ganzes autotroph, nicht aber in allen ihren Organen und Geweben. Sehr viele ihrer Zellen sind für sich genommen heterotroph, weil sie ständig auf die Versorgung mit organischem Material aus den photosynthetisch aktiven Blättern angewiesen sind. Ähnliches gilt für Keimlinge, die sich zunächst auf Kosten der mitgebrachten Speicherstoffe entwickeln.

Im Gegensatz zur autotrophen C-Assimilation ist die Dissimilation nicht auf bestimmte Gewebe der Pflanze beschränkt, sondern eine Grundeigenschaft aller ihrer Zellen. Innerhalb der Heterotrophen unterscheidet man **Saprophyten**, die ihre organische Nahrung toten Substraten entnehmen, von **Parasiten** und **Symbionten**, die auf lebende Organismen als Wirte oder Partner angewiesen sind.

7.14.1. Saprophyten

Die meisten Bakterien und Pilze sind Saprophyten. Im Stoffkreislauf der Natur haben sie eine überragende Bedeutung. Sie bauen durch ihre Tätigkeit (Fäulnis) die organischen Substanzen abgestorbener Tiere und Pflanzen sowie auch industrielle organische Syntheseprodukte ab. In vielen Fällen führt dieser Abbau bis zur vollständigen Mineralisierung. Saprophytische Höhere Pflanzen gibt es nicht.

7.14.2. Parasiten

Parasiten sind im typischen Fall völlig auf den Stoffwechsel eines lebenden Wirtes angewiesen. Diesen **obligaten Parasiten** stellt man die **fakultativen** gegenüber, die sich auch saprophytisch, d. h. von toter organischer Substanz, ernähren können. Die Abgrenzung zwischen beiden Kategorien ist nicht immer scharf zu ziehen. Zu den Erregern wichtiger Krankheiten von Tieren und Pflanzen gehören sowohl obligate wie fakultative Parasiten.

Parasitische Pflanzen können ihren Wirt nicht nur durch **Nahrungsentzug** schädigen, sondern häufig und in noch stärkerem Maße auch durch Ausscheidung giftiger **Stoffwechselprodukte**. Ein Beispiel sind die **Welketoxine**, die von parasitischen Pilzen ausgeschieden werden und die die Wirtspflanzen zum Welken bringen (Welkekrankheit der Tomate, hervorgerufen durch *Fusarium*-Arten).

Die parasitischen Bakterien dringen ganz in die Wirtspflanze ein, die Pilze entweder ganz oder nur mit Teilen ihres Mycels. Sie leben dort entweder in Zellen der Wirtspflanze (**intrazellulär**) oder im Interzellularsystem (**interzellulär**). Im zuletzt genannten Fall treibt der Parasit spezielle **Saughyphen** in die Zellen des Wirtsgewebes (Rostpilze). Parasitierende Angiospermen sind stets obligate Parasiten. Sie können **Halbparasiten** sein, wie die Mistel, *Melampyrum* oder *Euphrasia*, die Photosynthese betreiben und kohlenstoffautotroph sind. Aus dem Xylem des Wirts beziehen sie über **Haustorien** Wasser und anorganische, in einzelnen Fällen auch einige organische Nährstoffe (Wirtsspezifität).

Voll- und **Holoparasiten** wie *Cuscuta* (Abb. 5.27. c, d) und *Orobanche* zapfen die Siebröhren ihrer Wirte an, denen sie die Assimilate entnehmen.

7.14.3. Symbiose

Als Symbiose bezeichnet man ein Zusammenleben artverschiedener Organismen in engem räumlichem Kontakt, bei dem beide Partner davon zumindest zeitweise einen Nutzen ziehen. Dieses Verhältnis des gegenseitigen Nutzens beruht auf einem eingespielten Gleichgewicht beider Partner. Es kommt aber vor, daß in dieser Wechselbeziehung einer der Partner das Übergewicht gewinnt. Der Nutzen ist dann ungleich verteilt. In vielen Fällen läßt sich die Grenze zwischen Parasitismus und Symbiose nicht scharf ziehen.

Bekannte Beispiele sind die **Flechten** (S. 226). Bei ihnen leben Grün- oder Blaualgen mit Pilzen in symbiontischer Beziehung. Bemerkenswert sind auch Symbiosen zwischen einzelligen Grün- und Blaualgen und Invertebraten. *Paramaecium bursaria* kann bis zu 1 000 *Chlorella*-Zellen intrazellulär enthalten. Insbesondere bei derartigen **Endosym-**

biosen mit Grün- und Blaualgen kommt es zu starken morphologischen und physiologischen Reduktionen, die dazu führen, daß der Phykosymbiont für sich allein nicht mehr lebensfähig ist. Die biochemischen Grundlagen derartig enger symbiontischer Beziehungen sind noch weitgehend ungeklärt. Sicher ist, daß die jeweiligen Partner Nutzen aus der photosynthetischen Aktivität der Algen ziehen.

7.14.4. Mykorrhiza

Unter Mykorrhiza versteht man das symbiontische Zusammenleben der Wurzeln sehr vieler Landpflanzen mit Pilzen. Bei unseren meisten Waldbäumen umspinnt das Pilzmycel die Seitenwurzeln mit einem Geflecht. Die Pilze dringen in die Wurzelrinde ein, indem sie interzellulär als **ektotrophe Mykorrhiza** zwischen den Rindenzellen wachsen oder sich als dichtes Hyphenknäuel in das Zellinnere vorschieben (**endotrophe Mykorrhiza**). Das Pilzgeflecht ersetzt funktionell die dann meist fehlenden Wurzelhaare.

Ektotrophe Mykorrhiza finden wir u. a. bei Fichte, Kiefer, Lärche, Eiche. Manche Pilze haben spezifische Wirte, z. B. der Birkenpilz.

Endotrophe Mykorrhiza findet sich bei den Orchideen und bei vielen Waldkräutern. Sie ist für die Keimung der kleinen und nährstoffarmen Samen und für die Entwicklung der Keimlinge unerläßlich. Im Falle einiger Orchideen, die auch im ausgewachsenen Zustand kaum zur Photosynthese befähigt sind, z. B. der **Nestwurz** (*Neottia nidus-avis*) und der **Korallenwurz** (*Corallorrhiza*), hat sich die eindeutige Situation des Parasitismus der höheren Pflanze gegenüber dem Pilz herausgebildet, dem die saprophytisch erworbenen Nährstoffe entzogen werden.

7.14.5. Carnivoren (Tierfangende Pflanzen)

Carnivoren sind Pflanzen, die sich auf Standorten mit unzureichendem Nährstoffangebot, z. B. auf Hochmooren, durch die Möglichkeit des Tierfangs einen Vorteil verschaffen. Das betrifft besonders die Versorgung mit **Stickstoff** und **Phosphor**. Die Tiere, meist Insekten, werden mit Hilfe besonderer anatomischer Einrichtungen erbeutet (vgl. S. 113, 173) und von **Exoenzymen**, die durch spezialisierte Drüsen abgesondert werden, verdaut. Beispiele: Sonnentau (*Drosera*), *Dionaea*, *Nepenthes* (vgl. Abb. 5.28.).

7.15. Die Realisierung der genetischen Information

Die Prozesse der Realisierung der genetischen Information sollen in dieser Darstellung nur in einem solchen Umfang abgehandelt werden, wie es zum Verständnis pflanzlicher Differenzierungs- und Entwicklungsvorgänge erforderlich ist. Für detaillierte Informationen muß auf Lehrbücher der Genetik und Biochemie verwiesen werden.

Die Realisierung der genetischen Information ist die Umwandlung der in den Genen, d.h. linearen Funktionsabschnitten der DNA, enthaltenen Information in die Primärstruktur der Proteine. Neben Abschnitten, welche die Information für Struktur- und Enzymproteine enthalten (Strukturgene), enthält die DNA Gene für tRNA rRNA sowie Abschnitte mit regulatorischer Funktion, die für die Spezifität und die Intensität der Informationsrealisierung bedeutsam sind.

Die Umsetzung der genetischen Information erfolgt in allen Fällen prinzipiell in den Etappen der **Transkription** und der **Translation**, die in groben Zügen unter Vernachlässigung vieler Einzelheiten in der Abb. 7.49. dargestellt werden.

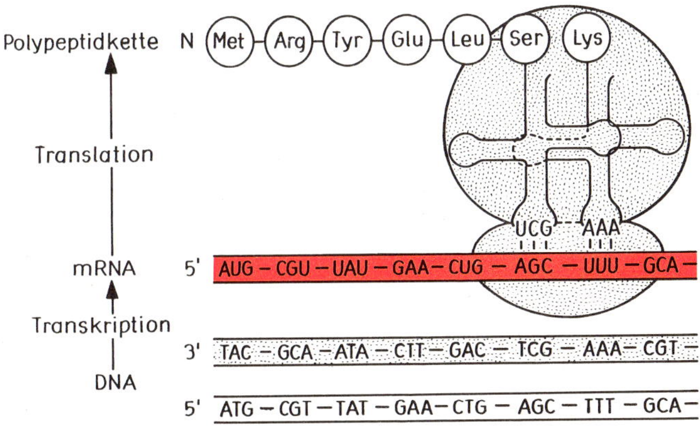

Abb. 7.49. Transkription und Translation. – Nach Schlegel.

7.15.1. Transkription

In der Transkription besorgt die **RNA-Polymerase** nach dem Prinzip der komplementären Basenpaarung die **Umkopierung der Information** des einen

DNA-Stranges, des codogenen Stranges, in einsträngige prä-mRNA. Dieser Prozeß ist richtungsspezifisch und beginnt am 5′-OH-Ende. Prä-mRNA wandert wie ein Bote vom DNA-Genom des Zellkerns durch die Kernporen in das Cytoplasma der Zelle, wo an den Ribosomen die **Translation** abläuft. Unmittelbar nach ihrer Synthese enthält prä-mRNA z. T. noch lange Sequenzen, die nicht Aminosäuren codieren und vor der Proteinsynthese am Ribosom als Folge von Reifungsprozessen eliminiert werden.

Die Hauptmenge an DNA pflanzlicher Zellen befindet sich in den Chromosomen des Zellkerns. Daneben verfügen aber sowohl Mitochondrien wie Chloroplasten über eigene DNA und über Mechanismen der Realisierung der in dieser organellenspezifischen DNA codierten Information.

Die mRNA enthält die Anweisung, Aminosäuren bei der Proteinsynthese am Ribosom in einer bestimmten Sequenz hintereinander anzuordnen. Der dabei wirksame Übersetzungsschlüssel ist der **genetische Code**. Die Position jeder Aminosäure wird durch die Aufeinanderfolge von drei Nucleotiden, **Triplett** oder **Codon** genannt, exakt determiniert. Durch die Kombination von drei Nucleotiden bei einem Reservoir von insgesamt vier verschiedenen Nucleotiden ergeben sich 64 verschiedene Kombinationsmöglichkeiten. Viele Aminosäuren werden durch mehrere verschiedene Tripletts codiert. Einige Tripletts enthalten Signale für den **Start** der Polypeptidsynthese, bzw. für den **Kettenabbruch**.

7.15.2. Translation

Zur Ausbildung der Polypeptidbindung und zur „Erkennung" ihrer spezifischen Codons müssen die Aminosäuren **aktiviert** werden, d. h. mit ihrer „richtigen" tRNA verbunden werden. Dieser Vorgang wird durch die Aminosäure-aktivierenden Enzyme, die Aminoacyl-tRNA-Synthetasen, katalysiert:

Aminosäure + ATP + tRNA → Aminoacyl-tRNA + AMP + PP

Mit ihrem **Anticodon**, das dem Triplett der mRNA komplementär ist, erkennt die aktivierte Aminosäure ihr spezifisches Codon auf der mRNA. Am 5′-OH-Ende der mRNA beginnend, erfolgt die Verknüpfung der Aminosäuren an den Ribosomen. Ribosom und mRNA bewegen sich dabei relativ zueinander, und die einzelnen Codons werden nacheinander „abgelesen". In der Regel können mehrere (bis zu 35) Ribosomen gleichzeitig an einem mRNA-Strang den Translationsprozeß ausführen und mehrere gleiche Proteinmoleküle synthetisieren. Diesen Komplex von mehreren Ribosomen mit mRNA nennt man **Polysom**. Polysomen können an das endoplasmatische Reticulum gebunden sein oder frei im Cytoplasma vorkommen. Der hier in großen Umrissen geschilderte Gang der Realisierung der genetischen Information ist in Wirklichkeit erheblich komplizierter und bedarf der Mitwirkung mehrerer zusätzlicher Proteine (Faktoren).

7.16. Prinzipien der Stoffwechselregulation

Die Regulation des Stoffwechsels erfolgt auf zwei Ebenen:

1. durch Veränderung der Enzymmenge in der Zelle (**Synthese- und Abbauregulation**)
2. durch Veränderung des Aktivitätszustandes der Enzyme (**Aktivitätsregulation**)

Durch Mechanismen der Regulation der Enzymmenge wird dafür gesorgt, daß nicht alle in der DNA der Zellen enthaltene genetische Information gleichzeitig realisiert wird, sondern in der Regel nur der Teil, der von den betreffenden Zellen auf Grund ihres Entwicklungszustandes und ihrer Umweltbedingungen gebraucht wird. Regulationen der Enzymmenge können als **strategische** Mittel der **langfristigen** Anpassung von Zellen und Organismen an bestimmte Erfordernisse des Stoffwechsels angesehen werden. Die einzelnen Proteine sind in der Regel nicht stabil, sondern befinden sich in einem **turnover** genannten ständigen Auf- und Abbau. Die jeweilige Konzentration eines bestimmten Enzyms ist daher stets das Resultat der relativen Intensitäten von Synthese und Abbau. Es ist in vielen Fällen erwiesen, daß die einzelnen Enzyme in der Zelle sehr unterschiedliche Synthese- und Abbauintensitäten zeigen können. Regulationen, die sich über unterschiedliche Konzentrationen von Enzymen in der Zelle auswirken, sind in ihrer Wirksamkeit immer an die Geschwindigkeit von Proteinsynthese und -abbau gebunden und gehören damit zu den relativ langsamen zellulären Kontrollmechanismen. Die Regulation der Enzymaktivität ist dagegen ein wesentlich schneller verlaufender Vorgang. Sie kann im Falle der **allosterischen Modulation** nahezu verzögerungsfrei erfolgen und ist als **taktisches** Hilfsmittel der Zelle in besonderem Maße zur Bewältigung sich schnell ändernder stoffwechselphysiologischer Situationen geeignet.

Im Zusammenwirken beider Prinzipien

- erhält die Pflanze die Harmonie ihres Stoffwechsels aufrecht,
- vermag auf Änderungen der Umwelt angemessen zu reagieren,
- vermeidet Überproduktionen von Enzymen und Metaboliten und
- realisiert den in ihrem Genbestand codierten spezifischen Entwicklungsgang.

7.16.1. Regulation der Enzymsynthese

Im Gegensatz zu den **konstitutiven** Enzymen wird die Bildung der **induzierbaren** und **reprimierbaren** Enzyme in der Zelle reguliert. Wenn es unter dem Einfluß bestimmter Metabolite oder Hormone zur Bildung spezifischer Enzyme kommt, sprechen wir allgemein von einer **Enzyminduktion**. Im umgekehrten Fall liegt eine **Repression** vor, wenn in Gegenwart bestimmter Substanzen die Synthese von Enzymen verhindert wird. Über den mechanischen Ablauf dieser Vorgänge ist damit noch keine Aussage gemacht.

Der Gesamtvorgang der Realisierung der genetischen Information – d.h. die Bildung spezifischer Proteine – kann in verschiedenen Abschnitten regulatorisch beeinflußt werden.

1. Regulation der Transkription
2. Regulation der Translation
3. Veränderungen der Proteine nach der Translation

Untersuchungen der Enzymbildung in den vermutlich einfachen Systemen prokaryotischer Zellen haben zu präzisen und gut begründeten Vorstellungen über den Mechanismus der Regulation der Transkription geführt, die als **Jacob-Monod-Modell** bekannt geworden sind. An ihm orientiert sich vielfach auch die Hypothesenbildung zur Regulation eukaryotischer Systeme. Man weiß allerdings heute, daß das Jacob-Monod-Modell in seiner einfachen Form die Verhältnisse bei Eukaryoten nicht befriedigend erklären kann.

Das Jacob-Monod-Modell geht davon aus, daß die intrazelluläre Konzentration bestimmter Metabolite im Zusammenwirken mit regulatorischen Proteinen die Bildung spezifischer mRNA entweder hervorruft (induziert) oder verhindert (reprimiert). Dem Mechanismus nach kann die Kontrolle der Transkription **negativ** oder **positiv** sein. Im negativen Kontrollsystem lagert sich ein **Repressorprotein** an bestimmte Stellen der DNA an und verhindert dadurch die Synthese spezifischer mRNA (die Transkription eines **Strukturgens**). Die Wirkung induzierender Metabolite beruht auf ihrer Bindung an den Repressor, der als Folge einer **allosterischen Konformationsänderung** (vgl. 7.2.1.) daraufhin den Bereich des Strukturgens zur Transkription freigibt. Im positiven Kontrollsystem wird mRNA nur synthetisiert, wenn ein **Aktivatorprotein** an bestimmte Bereiche der DNA gebunden wird und diese dadurch aktiviert.

Auch bei eukaryotischen Zellen lassen sich Phänomene finden, die äußerlich den bei Bakterien beobachteten Tatbeständen ähnlich sind. So können z.B. in Hefezellen und in einzelligen Grünalgen durch Acetat die Enzyme des Glyoxylat-Cyclus induziert werden. Nitrat induziert die Bildung der Nitratreduktase und Ammonium reprimiert sie. Auch aktive Aufnahmesysteme für Zucker (Permeasen) sind induzierbar. Würden sich diese Tatsachen in formaler Analogie noch auf der

Basis des Jacob-Monod-Modells deuten lassen, so reicht dieses Modell aber nicht aus, um die vielfältigen, komplizierten **Entwicklungs- und Differenzierungsabläufe** mit den ihnen zugrunde liegenden **zeitlich gestaffelten Genaktivitäten** zu erklären. Vermutlich ist die Regulation der Proteinsynthese in Eukaryoten ein Mehrstufenprozeß und erfolgt nicht wie beim Jacob-Monod-Modell ausschließlich auf der Ebene der Transkription. Man nimmt ab, daß das in den Zellkernen gebildete ursprüngliche Transkript einen **mehrstufigen Reifungsprozeß** durchläuft, bei dem durch Eliminierung informationsloser Abschnitte aus einer prä-mRNA die mRNA wird (**mRNA-processing**; Abb. 7.50. und 7.51.). Dabei werden auch die Intronen-Bereiche herausgeschnitten. Diese mRNA, bzw. prä-mRNA, kann, durch Proteine stabilisiert, offenbar z.T. längere Zeit (bei *Acetabularia* mindestens 3–4 Wochen, vgl. S. 474ff.) gespeichert werden, ehe sie in den Translationsmechanismus einmündet (**Translationskontrolle**). Schließlich kann auch die Proteinkette selbst einem Reifungsprozeß unterworfen werden (**Protein-processing**), in dessen Folge sie auf die richtige Länge zum funktionstüchtigen Enzym verkürzt wird.

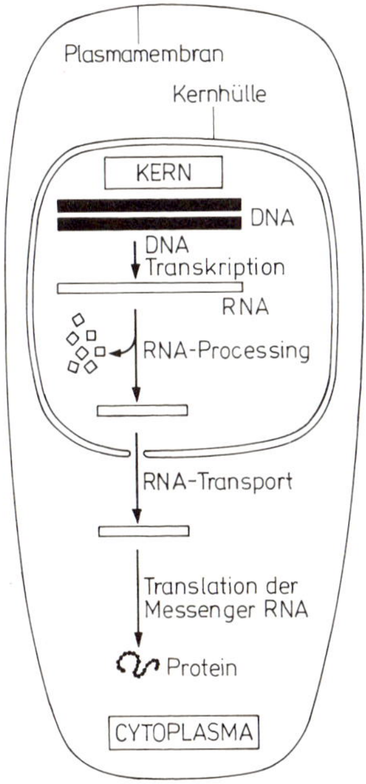

Abb. 7.50. Stationen bei der Bildung von Proteinen in eukaryotischen Zellen.

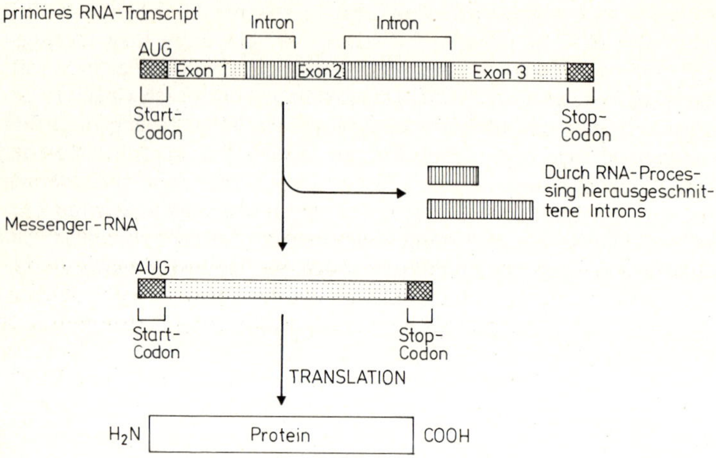

Abb. 7.51. Vereinfachtes Schema der „Reifung" von mRNA. Nur die Entfernung der Introns ist dargestellt.

Das Vorhandensein mehrerer unterschiedlicher genetischer Zentren (Kern, Plastiden, Mitochondrien) macht deutlich, daß der intrazelluläre Regulationsmechanismus der Proteinsynthese in der eukaryotischen Pflanzenzelle weitaus komplizierteren Aufgaben angepaßt sein muß als bei Prokaryoten, da er die Koordinierung dieser unterschiedlichen Systeme mit einbeziehen muß. Ein instruktives Beispiel ist die **Rubulosebisphosphat-Carboxylase**. Dieses Enzym besteht aus 8 großen und 8 kleinen Untereinheiten. Die großen Untereinheiten werden durch die DNA der Chloroplasten codiert, und ihre Synthese findet im Chloroplasten an den 70 S-Typ-Ribosomen des Stromas statt. Die genetische Information der kleinen Untereinheiten hingegen liegt in den Chromosomen des Zellkerns. Die Polypeptidketten der kleinen Untereinheiten werden an den 80 S-Typ-Ribosomen des Cytoplasmas synthetisiert. Sie wandern dann in den Chloroplasten, wobei sie sekundären Veränderungen (Verkürzung) unterliegen, um sich mit den großen Untereinheiten zum aktiven Gesamtenzym zu vereinigen.

7.16.2. Regulation der Enzymaktivität

Die maximale Leistungsfähigkeit der Enzyme wird in der Zelle nur selten voll ausgeschöpft. Ihre Aktivität wird vielmehr in den meisten

Fällen so reguliert, daß sie den jeweils vorliegenden physiologischen Notwendigkeiten angepaßt ist. Die Geschwindigkeit enzymatischer Reaktionen kann durch verschiedene Mechanismen erhöht oder erniedrigt werden. Im Prinzip können alle Änderungen des lokalen zellulären Milieus regulatorisch bedeutsam werden: Substrat- und Coenzymkonzentrationen, *p*H-Wert, Ionenkonzentration, Assoziation mit anderen Proteinen oder reversible Bindung an Membranen, Konkurrenz mehrerer Enzyme um gemeinsame Metabolite. Die genannten Möglichkeiten zeichnen sich jedoch in der Regel nicht durch einen sehr hohen Grad an Spezifität aus. Spezifischer können **kompetitive Inhibitoren** (vgl. 7.2.) wirken, die das Substrat vom aktivem Zentrum des Enzyms verdrängen und dadurch zu einer Erhöhung des K_m-Wertes führen.

Für die Regulation der Enzymaktivität am wichtigsten sind

1. **allosterische Modulationen,**
2. **reversible chemische Veränderungen des Enzymproteins.**

Allosterische Modulationen der Enzymaktivität werden durch reversible Bindungen von niedermolekularen **Effektoren** bewirkt. Diese Effektoren sind Signale, die das Enzym erreichen und zu drastischen konzentrationsabhängigen Aktivitätsänderungen veranlassen. Positive Effektoren bewirken eine Aktivierung, negative Effektoren eine Hemmung der Enzymaktivität. Die Aktivitätsänderungen kommen dadurch zustande, daß die Effektoren spezifisch am sog. **regulatorischen Zentrum** des Enzyms gebunden werden und dadurch eine Konformationsänderung des Enzymproteins herbeiführen, die von entscheidendem Einfluß auf die Bindung und Umsetzung des Substrates im **katalytischen Zentrum** ist. Das besondere kinetische Verhalten allosterischer Enzyme (vgl. 7.2.1.) bringt es mit sich, daß schon kleine Konzentrationsänderungen der Effektoren zu starken Änderungen der Enzymaktivität führen.

Allosterische Mechanismen sind entscheidend an der Regulation des Grund- und Sekundärstoffwechsels beteiligt. Für Biosyntheseketten sehr typisch ist die **Endprodukt-Hemmung**.

Dabei wirkt das Endprodukt hemmend auf das erste Enzym einer Reaktionsfolge. Die Regulation ist für den Organismus sinnvoll, da sie die Überproduktion des Endproduktes verhindert (Abb. 7.52).

Der Intermediärstoffwechsel ist einem Netz allosterischer Kontrollmechanismen unterworfen, wobei die Glieder des **Adenylatsystems** (ATP, ADP, AMP) und die **Pyridinnucleotide** eine dominierende Rolle spielen. Sie bilden ein Signalsystem, das sowohl auf anabole wie

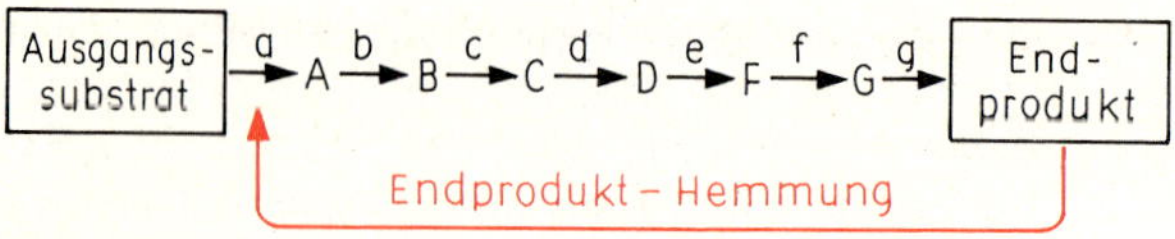

Abb. 7.52. Schematische Darstellung einer Endprodukt-Hemmung.

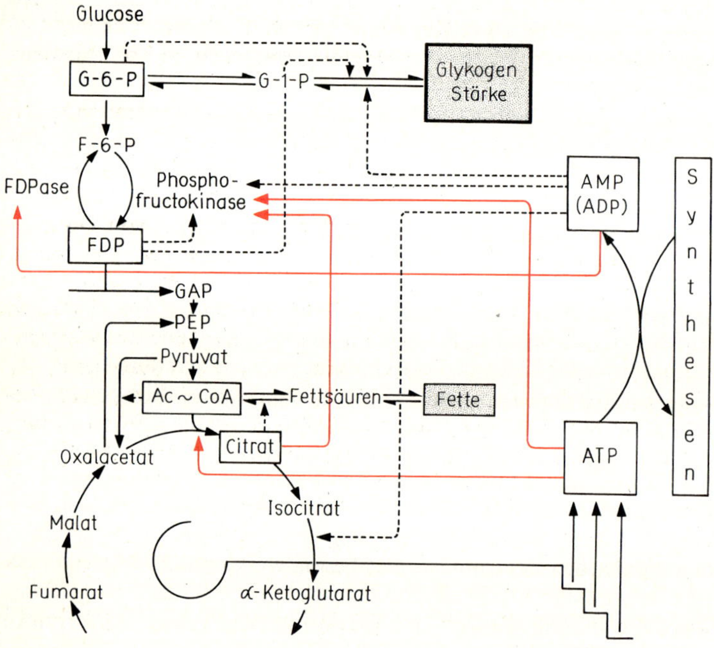

Abb. 7.53. Schematische Darstellung möglicher Regulationen der Aktivität von Enzymen zentraler ab- und aufbauender Reaktionen. Rote Pfeile stellen positive Effektorwirkungen (Aktivierungen) dar, unterbrochene schwarze Pfeile negative (Hemmungen). – Nach Schlegel.

katabole Reaktionsfolgen wirkt und dadurch die Energiegewinnung und wichtige Biosynthesewege aufeinander abstimmt. Wichtig scheint dabei das relative Verhältnis der Glieder des Adenylatsystems zueinander zu sein, für das der Begriff **Energieladungszustand** (energy charge) eingeführt wurde. Vereinbarungsgemäß gilt:

$$EL = \frac{ATP + 0{,}5\ ADP}{ATP + ADP + AMP}$$

Der EL ist 1, wenn das gesamte Adenylat als ATP vorliegt, er ist 0, wenn nur AMP vorliegt. Der numerische Wert der Energieladung ist ein Indikator für den Sättigungsgrad einer Zelle mit energiereichen Verbindungen. In wachsenden Zellen liegt die Energieladung meist im Bereich von 0,7 bis 0,9. Wichtige Regulationsstellen im Kohlenhydratstoffwechsel zeigt die Abb. 7.49.

Manche Enzyme werden auf enzymatischem Wege **chemisch modifiziert**. Diese Veränderung kann zu einer Steigerung oder zu einer Verminderung der enzymatischen Aktivität der betreffenden Enzyme führen. Die Modifizierungen können durch kovalente Bindung von niedermolekularen Substanzen oder durch Reduktion von Disulfidbrücken zu Sulfhydrylgruppen erreicht werden. Letzteres ist charakteristisch für einige an der photosynthetischen CO_2-Assimilation beteiligte Enzyme. Durch den hohen Elektronendruck aus den Lichtreaktionen werden Disulfidbrücken reduziert und die Enzyme aktiviert.

Bekannt geworden sind ferner Adenylierungen, Acetylierungen, Phosphorylierungen oder die Anheftung von ADP-Ribose. In der Regel sind diese Veränderungen reversibel, wobei die Rückverwandlung in den Ausgangszustand ebenfalls enzymatisch katalysiert wird.

8. Entwicklungsphysiologie

Die Individualentwicklung einer Pflanze, ihre **Ontogenese**, ist der Prozeß ihrer Entstehung und Veränderung von der Keimzelle bis zu ihrem Tod. Die Physiologie der Entwicklung ermittelt auf der Grundlage von Morphologie, Genetik, Stoff- und Energiewechsel die Gesetzmäßigkeiten dieser Veränderung und ihre steuernden Mechanismen. Als **Wachstum** wird die bei der Entwicklung erfolgende Zunahme von meßbaren Größen bei Zellen, Organen und ganzen Pflanzen bezeichnet, die Ausbildung struktureller und funktioneller Unterschiede bei deren Entwicklung als **Differenzierung**. So ist **Entwicklung = Wachstum + Differenzierung**. Beide Aspekte sind eng verbunden und führen zur Bildung eines seinem Lebensraum und dessen speziellen Bedingungen angepaßten pflanzlichen Individuums. Die Zellen, Gewebe und Organe zeigen eine enge Wechselwirkung, und ihre Entwicklung erfolgt stets in den Grenzen der in dem Genom der betreffenden Pflanze vorhandenen Möglichkeiten, im Rahmen der **genetischen Potenz**. Realisiert wird die Entwicklung im Zusammenwirken von genetischen Faktoren mit den Einflüssen der Umwelt. Der Anteil der einen oder anderen Komponente kann bei den einzelnen Entwicklungsschritten unterschiedlich sein, immer sind sie aber beide beteiligt.

8.1. Wachstum

8.1.1. Die unterschiedlichen Wachstumsprozesse

Pflanzliches Wachstum ist die irreversible Volumenzunahme von Zellen, deren Teilung bei Vielzellern sowie die damit bewirkte Vergrößerung der Organe. Grundlage dafür sind die Neubildung lebender organischer Substanz und die Wasseraufnahme. So können als Wachstum unterschieden werden:

- Vergrößerung der Zellzahl durch Teilung, die **Zellvermehrung**
- Vermehrung der lebenden Substanz, das **Plasmawachstum**

- Vergrößerung der Wand und Bildung von Zellsaftvakuolen (= Vakuolisierung), das **Streckenwachstum**.

Die zur **Kern- und Zellteilung** (s. 3.2.) führenden Regulationsprozesse sind noch wenig bekannt, fördernde und hemmende Einflüsse von Phytohormonen wurden nachgewiesen. Im Mittelpunkt des **Plasmawachstums** steht die Proteinsynthese (s. 7.14.), das Zellvolumen nimmt dabei nur gering zu. Erst das **Streckungswachstum** – meist mit Zelldifferenzierung verbunden – führt zur entscheidenden Volumenzunahme der Zelle, bei Höheren Pflanzen in der Regel um das 30- bis 50fache. Hierfür ist die Bildung von großen Zellsaftvakuolen maßgebend. Die Zelle nimmt entsprechend ihres Wasserpotentials Wasser auf, wobei durch die während dieses Vorganges erhöhte plastische Dehnbarkeit der Wand – sie ist später nur elastisch dehnbar – dieser Aufnahme kein hoher Wanddruck entgegensteht. Das osmotische Potential der Zelle (s. 3.6.1.) wird während der Wasseraufnahme durch Osmoregulation etwa konstant gehalten. Das erfolgt durch Aufnahme gelöster Substanzen oder deren Bildung, z. B. Hydrolyse von Oligo- und Polysacchariden zu Monosacchariden. Eine Zellstreckung kann nur bei Hypertonie (= höherem osmotischem Potential) des Zellsaftes gegenüber der Außenlösung erfolgen. Wegen der energieabhängigen Prozesse der Osmoregulation und des Wandwachstums bedarf auch das Streckungswachstum der Energiezufuhr, was sich in einer gesteigerten Atmung wachsender Organe zu erkennen gibt. Bei dem Vorgang der Zellstreckung bewirken **Auxine** (s. 8.3.1.), insbesondere die natürlich vorkommende β-Indolylessigsäure (IES), kurzfristig eine Erhöhung der Plastizität der Zellwand, wobei den Zellwänden der Epidermis als dem Gewebe, welches die Organausdehnung begrenzt, die entscheidende Rolle zukommt. Im Zusammenhang mit einer geförderten Protonenabgabe aus dem Cytosol in den Zellwandraum erfolgt das Wandwachstum durch Lockerung von Bindungen des Polymerengerüstes sowie verstärkte Synthese und Einbau bzw. Auflagerung (Apposition, s. S. 86) neuen Wandmaterials. Über den mittelbaren oder unmittelbaren Einfluß von Auxinen auf Protonenabgabe, Ionenaufnahme (Ca^{2+}), Enzymaktivitäten und Genexpression beim Wandwachstum sind noch Fragen offen.

8.1.2. Verlauf und Messung des Wachstums

Wachstum ist an der Zunahme der Zellzahl, des Frisch- oder Trockengewichtes, von Länge, Fläche oder Volumen der Zellen und Organe, aber auch durch den steigenden Gehalt an Proteinen und Nucleinsäuren u.a. meßbar. Jedes der Wachstumskriterien ist jedoch in seiner Aussagekraft begrenzt und muß entsprechend der Fragestellung ausgewählt werden. Organe können apikal (Sproßachsen und Wurzeln), **basal** (Grasblätter) oder **interkalar** (Internodien) wachsen. Das Wachstum kann begrenzt sein wie bei Blatt oder Frucht oder unbe-

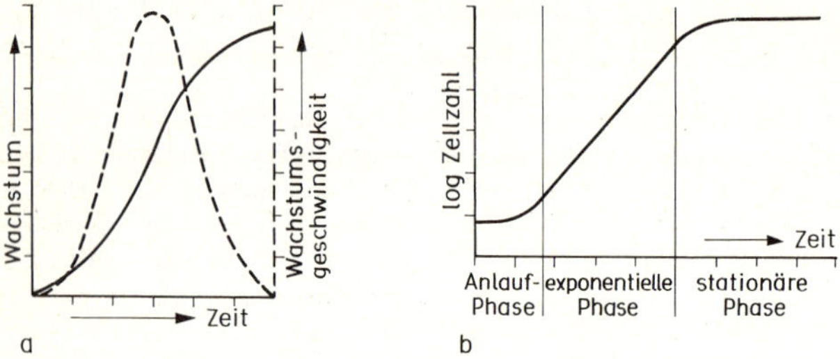

Abb. 8.1. Wachstumskurven. Erklärung im Text.

grenzt (zumindest potentiell) wie bei Pilzhyphen oder Wurzeln. Trägt man bei begrenztem Wachstum (das auch die Zellen unbegrenzt wachsender Organe zeigen) die Wachstumsgeschwindigkeit gegen die Zeit auf (Abb. 8.1.a), so ergibt sich eine glockenförmige Optimumkurve, die „**große Periode des Wachstums**". Trägt man die zunehmende Gesamtgröße des Organs gegen die Zeit auf, so ergibt sich eine sigmoide Kurve („**sigmoider Wachstumsverlauf**"). Unbegrenzt wachsende Organe zeigen hier eine lineare Beziehung zwischen Größenzunahme und Zeit. Die Wachstumsgeschwindigkeit beträgt bei Sprossen und Wurzeln etwa 1–2 cm/d, von jungen Bambussprossen (mit vielen interkalaren Wachstumszonen) sind Werte bis 50 cm/d gemessen worden. Im Gegensatz zu diesen Beispielen eines Wachstums durch Zellstreckung und -Teilung beruht das Wachstum von Haferkoleoptilen mit 3,7 cm/d ausschließlich auf Zellstreckung.

Der Verlauf des Wachstums von Einzeller-Kulturen (z. B. Bakterien, Hefen, Algen) kann mit gewissen Einschränkungen als Modell auch für das Wachstum eines vielzelligen Organes dienen (Abb. 8.1. b). Nach einer **Anlaufphase (lag-Phase)** ohne nennenswerte Zellvermehrung – diese Phase tritt auf, wenn eine „Gewöhnung" (z. B. Enzymbildung, osmotische Adaption u. a.) an das Medium erfolgen muß – folgt eine meist kurze **Beschleunigungsphase**. Sie geht in die **Hauptwachstumsphase (exponentielle Phase)** über, bei der eine geometrische Zunahme erfolgt, d. h. die Zahl der Zellen nimmt proportional mit der ständig wachsenden Menge und nicht linear mit der Zeit zu. In der **Verzögerungsphase** verringert sich das Wachstum, z. B. durch die abnehmende Verfügbarkeit von Sauerstoff bei höherer Zelldichte, wegen Erschöpfung des Nährsubstrates oder auch durch Bildung das Wachstum hemmender Stoffwechselprodukte. So wird schließlich die

stationäre Phase erreicht, bei der die Zellen zwar weiterleben können, sich aber nicht mehr teilen. In der **Absterbephase** tritt bei einer zunehmenden Zahl von Zellen der Zelltod ein.

Der aufwärtsgekrümmte Kurvenast der Hauptwachstumsphase läßt sich zumindest in guter Annäherung durch eine Exponentialfunktion beschreiben. Dabei ist die Menge an lebendem Material zu einem beliebigen Zeitpunkt $t(G_t)$ proportional dem Produkt aus der Menge lebender Substanz bei Versuchsbeginn (G_0) und der Potenz $k \cdot t$ des natürlichen Logarithmus e:

$$G_t = G_0 \cdot e^{k \cdot t}$$

(k = *Wachstumskonstante*)

Durch Logarithmieren erhält man:

$ln\, G_t = G_0 + k \cdot t$, eine Funktion, die bei der Kurvendarstellung mit logarithmischer Ordinatenteilung aus dem ansteigenden Kurvenast eine Gerade entstehen läßt. Diese Tatsache führte zur Bezeichnung „logarithmische Wachstumsphase“ (log-Phase).

Die **absolute Wachstumsrate** zur Zeit t ist $\mathrm{d}G_t/\mathrm{d}t$. Bei exponentiellem Wachstum ist sie dem Produkt aus der Gesamtmenge lebender Substanz bei Versuchsbeginn und dem Wachstumsfaktor k proportional:

$$\mathrm{d}G_t/\mathrm{d}t = G_0 \cdot k$$

Daraus folgt, daß die **Wachstumskonstante** k dem Quotienten aus der absoluten Wachstumsrate und der zur gleichen Zeit vorhandenen Menge lebender Substanz entspricht:

$$\frac{\mathrm{d}G_t/\mathrm{d}t}{G_t} = k$$

Dieser Wert wird auch als **relative Wachstumsrate** bezeichnet. Ihr Ausmaß ist abhängig von Organismus, Temperatur, Nährstoffversorgung u. a. m.

8.2. Differenzierung

Die nach einer mitotischen Kernteilung entstandenen Tochterzellen sind artgleich, alle Zellen des vegetativen Pflanzenkörpers besitzen die gleiche genetische Information. Soweit sie nicht in einem **embryonalen Differenzierungszustand** verbleiben (wie z. B. Kambiumzellen), erfahren sie – beginnend etwa mit dem Streckungswachstum – eine weitere Differenzierung zu verschiedenartigen adulten Zellen und Geweben. Dieser Differenzierungsvorgang mit seinen auslösenden Ursachen und steuernden Kräften gehört zu den zentralen, aber insgesamt nur wenig aufgeklärten pflanzenphysiologischen Prozessen.

Den Beweis für das Vorhandensein des gesamten artspezifischen Genoms in jeder Zelle (**Totipotenz**) liefert nicht nur jede Keimzelle (Zygote, Spore), sondern auch die **Regeneration ganzer Pflanzen** aus einzelnen Gewebszellen, wie z. B. aus Epidermiszellen von *Begonia*-Blättern (Abb. 8.2. a). Ausdifferenzierte Zellen können erneut teilungsfähig werden, d. h. einen Prozeß der „Rückdifferenzierung" durchlaufen. Eine solche **Remeristematisierung** oder **Reembryonalisierung** ermöglicht die Bildung sekundärer Meristeme (s. 4.1.), deren neu entstehende embryonale Zellen sich zu allen für die neue Pflanze notwendigen Zelltypen und Geweben differenzieren können. Durch **Regeneration** kann der Verlust eines Organs durch Neubildung ersetzt werden, durch **Reparation** ein Teil eines Organs (z. B. ein Stück einer jungen Blattspreite). An einem verwundeten Pflanzenkörper kommt es zum **Wundverschluß** durch ein neu gebildetes Abschlußgewebe. – Zusammenfassend werden diese Prozesse als **Restitutionen** bezeichnet.

Der Austrieb ruhender Knospen, z. B. nach einem Kahlfraß durch Raupen, beruht demgegenüber auf einer Aktivierung von vorhandenen, primären Meristemen. – Auch in Gewebekulturen können einzelne Zellen z. B. der Möhre, des Tabak oder von Orchideen vollständige Pflanzen regenerieren (s. 8.4.4.).

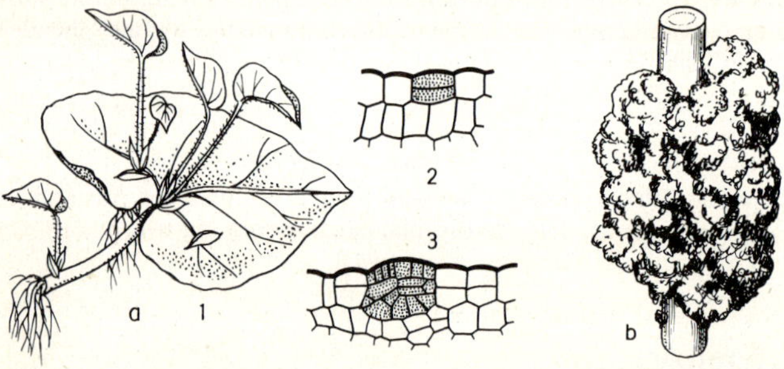

Abb. 8.2. Regeneration und Tumorbildung. a (1) Regeneration neuer Pflanzen an Schnittstellen des *Begonia*-Blattes, (2) und (3) erste Zellteilungen dazu. **b** Infektionstumor durch *Agrobacterium tumefaciens* an Sproßachse. – a nach Stoppel, Hansen, b nach Sinnott.

8.2.1. Differentielle Genexpression

Die Unterschiede in der Differenzierung von Zellen einer Pflanze gründet sich auf die Realisierung nur eines Teils der im Genom gespeicherten Informationen, jeweils die Mehrzahl der ererbten Anlagen entfaltet sich nicht. Die Ausprägung eines bestimmten, im genetischen Material verankerten Merkmalskomplexes im Verlauf der Entwicklung bezeichnet man als **differentielle Genexpression** (differentiell = Unterschiedlichkeit hervorrufend). Sie ist die Folge einer **differentiellen Genaktivierung oder** auch **-Inaktivierung**. Nur von begrenzten Abschnitten der chromosomalen DNA wird danach die **Transkription** in mRNA (s. 7.15.) erfolgen und spiegelt sich nach der **Translation** in einem zell-, organ- oder stadienspezifischen Protein- bzw. Enzymmuster wider.

Zur Regulation der Genexpression gehört bei den eukaryotischen Pflanzen das **Processing** (s. S. 463), die unter Verkürzung der Moleküle erfolgende Reifung von mRNA und Proteinen. Daneben ist eine Beteiligung von Histonen und anderer Faktoren der chromosomalen Organisation sehr wahrscheinlich.

8.2.2. Regulation von Differenzierungsprozessen

Bereits in der embryonalen Zelle führt das Zusammenspiel von Kontrollgenen und umgebenden Faktoren (Nachbarzellen, Umwelteinflüsse) dazu, daß zunächst längerfristig wirksame Strukturgene exprimiert werden, wodurch die vom Entwicklungszustand abhängige Reaktionsfähigkeit der Zelle, ihre **Kompetenz**, aufgebaut und erhalten wird. Die differentielle Genaktivierung führt zur Bildung der für die Regulation der Differenzierung erforderlichen Muster an Enzymen, weiteren Strukturproteinen und Hormonen, schafft aber auch die für diese erforderlichen reaktionsbereiten Strukturen. Die Regulatormoleküle lösen z. T. erneute Genaktivierungsprozesse aus. Zur Regulation der Differenzierung gehören außer Transkriptionsprozesse auch solche auf der Translationsebene. Bei der Aktivierung und Reprimierung von RNAs, Enzymen und Hormonen ist deren Reaktionskinetik stets als zeitabhängig erkennbar.

Aus der Tatsache, daß es bei der Ausbildung der verschiedenen Zelltypen nur wenige Übergangsformen gibt, läßt sich folgern, daß der Differenzierungsvorgang relativ früh einsetzt und die Entscheidung nur innerhalb einer begrenzten Zahl von Alternativen der Zellentwicklung erfolgt. Eine solche Festlegung wird **Determination** genannt, und sie erfolgt, bevor strukturelle oder biochemische Merkmale erkennbar sind. Bei einer **endonomen Determination** wird die Entwicklungsrichtung durch zelleigene, genetische Programmierung vorgegeben, wie z. B. bei den Trichloblasten vieler Rhizodermen.

Für **aitionome Determinationen** ist charakteristisch, daß Faktoren außerhalb der Zelle deren Differenzierungsziel bestimmen. Oft sind es Nachbarzellen, die einen förderlichen (**Induktion**) oder hemmenden Effekt (**Sperreffekt**) ausüben, darüber hinaus auch Hormone, Konzentrationsgradienten u.a. (s. 8.4.).

Über den Einfluß von Hormonen und einigen Umweltfaktoren soll später berichtet werden, hier seien einige Einflüsse von Nachbarzellen genannt. So erfolgt die Bildung neuer Siebröhren wie auch Tracheen und Tracheiden im wachsenden Sproß in der Regel im Anschluß an die vorhandenen Leitelemente, welche die in der Leitrichtung benachbarten jungen Zellen determinieren. Es ist eine **homoiogenetische Induktion**, wie sie auch in dem Kallus zwischen Unterlage und Reis bei einer Pfropfung (Abb. 8.10.) erfolgt, da gleichartige Zellen induziert werden. Bei einer **heterogenetischen Induktion** regen Zellen eines Typs die Differenzierung von Zellen eines anderen Typs an. Zum Beispiel beeinflussen entstehende Spaltöffnungen die unter ihnen sich differenzierenden Mesophyllzellen derart, daß Atemhöhlen entstehen. Die Verteilung der Spaltöffnungen erfolgt dadurch, daß die Spaltöffnungsmutterzellen auf die sie umgebenden Epidermiszellen eine Hemmwirkung, einen „Sperreffekt", gegenüber einer gleichartigen Zelldifferenzierung ausüben (**Sperreffektmuster**). Ein ähnlicher Mechanismus ist z. B. bei der Anlegung sekundärer Markstrahlen im Holz zu erkennen. Als „**Muster**" werden Anordnungen von Zellen oder Organen bezeichnet, die nicht zufällig sind, sondern auf Grund korrelativer Einflüsse eine Regelmäßigkeit erkennen lassen.

8.2.3. Acetabularia-Versuche

Bei der siphonalen Grünalge *Acetabularia* (Dasycladaceae, Abb. 6.21.c) wurde 1931 durch Hämmerling eine durch Gene des Kerns gesteuerte, artspezifische Differenzierung der Gestalt festgestellt. Auch heute stellt dieses in vielerlei Hinsicht bearbeitete Objekt ein grundlegendes Beispiel pflanzlicher Differenzierung dar.

Die Alge besteht im vegetativen Zustand aus einem haarbekränzten Stiel, der mit einigen Rhizoiden an der Unterlage befestigt ist, aber nur in einem der Rhizoide einen großen Kern besitzt. Die generative Phase wird durch die Bildung eines artspezifischen „Hutes" am apikalen Ende des Stieles eingeleitet. Im Vorgang der „Desintegration" teilt sich der Kern sowohl meiotisch als auch vielfach mitotisch in Tausende kleiner Tochterkerne, die durch Plasmaströmung in die radial angeordneten Cystenbehälter des Hutes wandern. Jede Gametocyste enthält zunächst einen Kern, dessen erneute Teilung viele Gameten entstehen läßt. Diese verlassen die Cysten schwimmend, es kommt zur Zygotenbildung und – nach deren Festsetzen – zur Bildung juveniler Pflanzen.

Entfernt man den einzigen Kern im Rhizoid, so können die Pflanzen dennoch einen Hut bilden und einige Zeit weiterleben, soweit eine ausreichende

Belichtung erfolgt. Pfropft man auf den kernhaltigen Stumpf eines Stiels von *Acetabularia mediterranea* das Stielende von *A. wettsteinii* auf, so bildet sich ein Hut mit den Merkmalen der kernhaltigen Unterlage (Abb. 8.3. a). Bei Pfropfung größerer Spitzenstücke kann der sich bildende Hut vorübergehend auch Merkmale der gepfropften Art ausbilden. Intermediäre Hutformen entstehen bei der Regeneration aus Verbindungen von zwei verschiedenartigen, kernhaltigen *Acetabularia*-Pflanzen bzw. durch Kerntransplantationen. Aus diesen Versuchen wurde auf die Existenz einer vom Kern gebildeten „**morpho-**

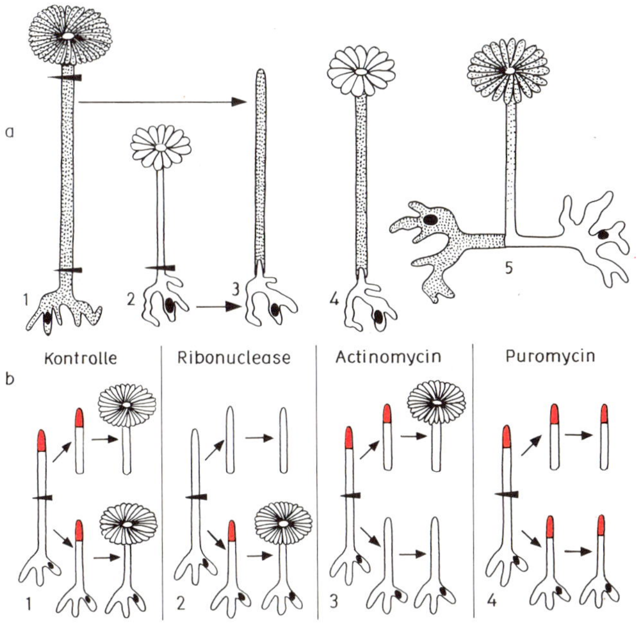

Abb. 8.3. Morphogenese von *Acetabularia.* **a** (1) *Acetabularia mediterranea*, (2) *A. wettsteinii*, (3) Stielstück von *A. medit.* auf Rhizoid von *A. wettst.* gepfropft, (4) Regeneration eines „Hutes" entsprechend der Art des kernhaltigen Rhizoids, (5) Regenerat aus Pfropfung verschiedenartiger Rhizoide ergibt intermediäre Hutform. **b** Hinweise auf die RNA-Natur der vom Kern gebildeten morphogenetischen Substanz (deren Anhäufung in Stielenden rot markiert): (1) Apikalenden eines zerteilten Stieles bilden beide Hut (Kontrolle), (2) kurzzeitige Behandlung mit Ribonuclease zerstört RNA der Spitze, Basis erhält durch Kern neue RNA und bildet Hut, (3) Actinomycin hemmt Neubildung von RNA, Hut wird nur am Spitzenteil gebildet, (4) Puromycin hemmt Proteinsynthese und verhindert Hutbildung trotz RNA-Gegenwart. – Nach Libbert.

genetischen Substanz" geschlossen. Zu deren Aufklärung als vermutlich langlebige mRNA, die – vom Kern gebildet – sich an der Stielspitze anhäufen kann, waren insbesondere Versuche mit spezifischen Inhibitoren der RNA- und Proteinsynthese von Bedeutung (Abb. 8.3. b). Die Hutbildung unterbleibt ebenso wie die Regeneration eines abgeschnittenen Hutes, wenn zuvor durch den Transkriptionshemmer Actinomycin D die Bildung von mRNA unterdrückt wurde. Auch die Ergebnisse bei Anwendung von Puromycin und von Ribonuclease sprechen für das Auftreten von mRNA. Dabei läßt die Kompliziertheit der artspezifischen Hutbildung eine Vielzahl verschiedener mRNA-Substanzen erwarten. Da deren Wirkung auf Stiel- und Hutbildung auch nach Abtrennen des Kernes erfolgt, dürfte die erforderliche Transkription bereits einige Zeit vor diesen Prozessen erfolgt sein. Die Bewahrung der Fähigkeit zur Hutbildung auch bei zeitweiliger Unterdrückung der Proteinsynthese mittels Puromycin läßt erkennen, daß die mRNA als Informationsträger die Zwischenzeit überdauert, die Translation aber zeitlich gestaffelt den Morphogeneseablauf steuert. Schließlich konnten artspezifische Unterschiede in dem Muster einzelner Isoenzyme ermittelt werden, wobei in Pfropfversuchen das Verhältnis der Isoenzym-Spezies (z. B. der Malatdehydrogenase) dem neu hinzugekommenen Kern entsprechend eine Umsteuerung erfuhr.

Ein Einfluß des Cytoplasmas auf den Kern wird erkennbar, wenn dessen Teilung durch ein wiederholtes Abschneiden des sich bildenden Hutes verhindert wird. Andererseits setzt aber sofort die Kernteilung ein, wenn auf den Stumpf eines jungen Stieles ein voll ausgebildeter Hut gepfropft wird. Die Art dieser Einflußnahme auf den Kern ist unbekannt.

8.2.4. Tumoren und Gallen

Bei den **Tumoren**, den krebsartigen Zellwucherungen, verbleiben die Zellen in einem Zustand gering ausgebildeter Differenzierung und Polarität (s. 8.4.1.). Wir unterscheiden **genetische Tumoren**, welche als Folge einer geringen Verträglichkeit von Partnern bei deren Hybriden auftreten können (z. B. von *Brassica*- und *Nicotiana*-Arten) von **Infektionstumoren**, wie sie *Agrobacterium tumefaciens* auslöst (Abb. 8.2. b). Deren Name „Wurzelhalsgalle" (engl. **Crown gall**) sollte besser „**Wurzelhalstumor**" heißen, da eine Differenzierung der beteiligten Zellen wegen der erhöhten Instabilität der Hybridpflanzen weitgehend fehlt, während Gallen zumeist hoch differenziert sind.

Der Bezug zum Wurzelhals weist auf das häufige, aber nicht alleinige Auftreten des Tumors am Wurzel-Sproß-Übergang hin, wo es leicht zur Verwundung der Pflanze und zur Bildung von Wundkallus-Zellen kommt. Dort kann das Bakterium interzellulär eindringen. Erst die Aufnahme bestimmter von den Bakterien abgegebener Plasmide, **T_i-Plasmide** (= „tumor inducing" Pl.) in die Kalluszellen führt zur Bildung von Tumoren. Dessen Zellen behalten und vermehren diese Plasmide auch dann, wenn die Bakterien durch Erhitzen der Pflanze auf ca. 46 °C abgetötet wurden. Von bakterienfreien Tumoren kann „Gewebe" durch Pfropfung übertragen oder steril auf Nährboden (ohne Hormonzusatz!) kultiviert werden (s. 8.4.4.). Die Entdeckung des T_i-Plasmids eröffnete die Möglichkeit, mit seiner Hilfe als Vektor artfremde Gene in das Genom des Wirtes einführen zu können. Die T-DNA des Plasmids wird nicht nur selbst in die Wirts-DNA inkorporiert, sondern vermag dabei auch angekoppelte Fremd-DNA (Gentransfer) mitzunehmen. Gelegentlich auftretende, durch Tumoren mißgestaltete Organe heißen **Teratome**. Ausgelöst durch die Infektion bilden Tumorzellen reichlich Auxin und Cytokinine, sowie **Opine**, die als außergewöhnliche Aminoverbindungen den Agrobakterien als Nährsubstrat dienen.

Gallen oder **Cecidien** („Cecidiologie") entstehen durch stoffliche Einflüsse von Fremdorganismen (Bakterien, Pilze, Milben, Blattläuse, Insekten u. a.). Im Gegensatz zu den Tumoren stellen Gallen differenzierte Bildungen des Pflanzenkörpers dar, in der Regel aber stark abweichend vom natürlichen Differenzierungsmuster.

Bei **Organoiden Gallen** handelt es sich um veränderte Grundorgane. So entstehen **Hexenbesen** durch Aufhebung natürlicher korrelativer Hemmungen beim Austreiben von ruhenden Knospen, häufig durch Pilze verursacht (z. B. *Taphrina*-Arten, Uredineen). Unter dem Einfluß einer Infektion durch den Rostpilz *Uromyces pisi* wird der Sproß der Zypressenwolfsmilch (*Euphorbia cyparissias*) stark verändert, vereinfacht und blütenlos.

Histoide Gallen sind Wucherungen an Organen, oft sehr speziell den Bedürfnissen der Erreger angepaßt. Einen bakteriellen Ursprung haben die durch *Rhizobium*-Arten ausgelösten **Wurzelknöllchen** (s. 7.11.2.). Hochdifferenziert sind die Gallen der Gallwespen, durch die es allein auf der Eiche schon zahlreiche artspezifische Gallenformen gibt. Für die Auslösung und Morphogenese von Gallbildungen sind die vom Erreger abgegebenen Stoffe bzw. komplexen Stoffgemische verantwortlich, zu denen die Phytohormone, aber auch Enzyme und Aminosäuren gehören. Der Bildungsprozeß der Gallen erfolgt nicht durch einen einmaligen chemischen Anstoß, sondern verlangt einen ständigen auslösenden Einfluß durch den Erreger bzw. dessen Eigelege oder Larven. Phytohormone spielen eine maßgebende Rolle bei den durch Bakterien und Pilzen verursachten Gallen, bei Milben- und Insektengallen ist die stoffliche Determination komplizierter und die Differenzierungsmuster oft von höherer Komplexität, als sie natürlicherweise zur Morphogenese der Pflanze benötigt werden. Dennoch erfolgen alle Bildungen im Rahmen der **pflanzeneigenen genetischen Potenz**. Ein Nutzen für die betroffenen Pflanzen durch die Gallen ist nicht erkennbar (evtl. Ausnahme: Wurzelknöllchen). Da keine Abwehr der Parasiten durch die Pflanze erfolgt, kann vermutet werden (Jost 1923), daß die Gallerreger pflanzeneigene Mittel der Determination in Anspruch nehmen.

8.3. Phytohormone

Sie dienen der Regulation von Wachstum und Entwicklung in der Pflanze und sind in sehr niedrigen Konzentrationen wirksam. Als Botenstoffe entfalten sie in der Regel wie tierische Hormone ihre Wirkung entfernt vom Entstehungsort im Organismus, Bildungs- und Wirkort können bei Pflanzenhormonen aber auch identisch sein. Es sind niedermolekulare Substanzen mit einem **begrenzten Informationsgehalt,**

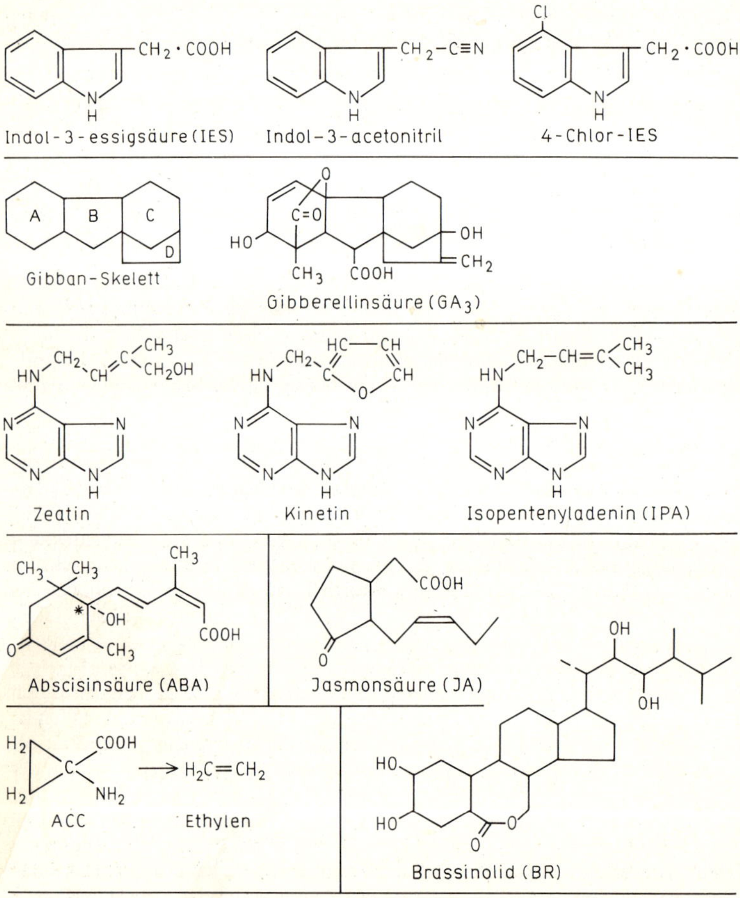

Abb. 8.4. Phytohormone.

geringer Wirkungsspezifität und mit **multipler Wirkung**, d. h. mit verschiedenen Steuerfunktionen. Voraussetzung für das Wirksamwerden ist das Vorliegen eines entwicklungsabhängigen Kompetenzmusters in den Zellen mit der Fähigkeit, **Hormon-Rezeptor-Komplexe** zu bilden. Diese sich reversibel bindenden Komplexe erfüllen die Funktion eines Signalauslösers von Entwicklungsprozessen oder sind Glieder einer Signaltransduktionskette. Diese enthalten in der Regel auch Schritte der differentiellen Genexpression, d. h. durch Phytohormone ausgelöste Bildung neuer mRNAs und Proteine.

Von den 5 bisher näher bekannten Phytohormon-Gruppen (Abb. 8.4.) sind **Auxine**, **Gibberelline** und **Cytokinine** vorwiegend an Wachstum, Aufbau und Fortpflanzung beteiligt, **Abscisinsäure** und **Ethylen** an Reifung, Abbau, Alterung. Neben den natürlichen Phytohormonen sind auch dem pflanzlichen Stoffwechsel fremde, xenobiotische Stoffe von Einfluß auf das Pflanzenwachstum. Entsprechend ihrer Ähnlichkeit in der Wirkung und oft auch ihrer chemischen Konstitution sollen sie im Zusammenhang mit den Hormonen vorgestellt werden. Viele Fragen nach den Rezeptoren, dem Hormoneinfluß auf die differentielle Genexpression und nach dem Zusammenwirken von Phytohormonen sind noch ungeklärt.

8.3.1. Auxine

Entdeckung: Charles und Francis Darwin (1880) erkannten, daß nur die oberste Spitze von Gramineen-Koleoptilen phototropisch reizbar ist, die Krümmung aber unterhalb der Spitze erfolgt (Abb. 8.5. a). Den Hinweis auf ein von der Spitze abwärts wanderndes Streckungshormon erhielt Boysen-Jensen (1910/13) durch Blockierung der Krümmung, wenn auf der lichtabgewandten Seite der Koleoptile ein Glimmerplättchen in einen Einschnitt geschoben wurde. Paal (1919) löste eine Koleoptilkrümmung durch seitliches Aufsetzen einer abgeschnittenen Spitze auf den Koleoptilstumpf aus. In gleicher Weise wird nach F. Went (1928) eine Krümmung durch seitlich aufgesetzte, auxinhaltige Agarblöckchen hervorgerufen (Abb. 8.6. a). Auxin war folglich durch Abfangen in Agarwürfel isolierbar und der Koleoptilkrümmungswinkel von der im Agarwürfel gebotenen Hormonmenge abhängig (10° Krümmung = 1 „Avena-Einheit“). Die Identifizierung der Substanz Indol-3-essigsäure gelang 1934, der Nachweis als generell verbreiteter Pflanzen-Streckungswuchsstoff erst um 1940.

Vorkommen und Wirkung: Die **Indol-3-essigsäure** (= **β-Indolylessigsäure**), abgekürzt **IES** oder engl. **IAA** (indole acetic acid), kommt als natürliches Auxin in allen Höheren Pflanzen vor und wird auch von vielen Niederen Pflanzen gebildet. Bildungsorte der ungebundenen

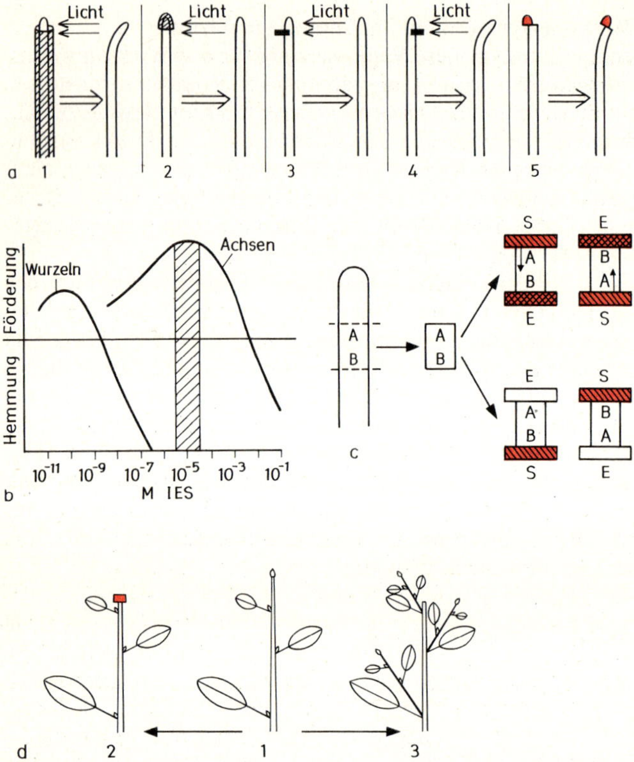

Abb. 8.5. Auxine I. a Grundversuche der Entdeckungsgeschichte: (1, 2) Koleoptilspitze als Ort phototroper Reizung, die Krümmung setzt unterhalb der Spitze ein, (3, 4) keine phototrope Krümmung, wenn Auxin-Abwärtsstrom auf lichtabgewandter Koleoptilseite unterbunden wird, (5) seitlich verschobenes Aufsetzen abgeschnittener Koleoptilspitze führt zur Koleoptilkrümmung. **b** Fördernde und hemmende Konzentrationsbereiche von IES auf das Streckungswachstum von Wurzeln und Sproßachsen (für letztere ist optimaler Bereich schraffiert). **c** Polarer Auxintransport in Koleoptilsegmenten: aus Spender-Agarblock (S) wird Auxin durch Koleoptilsegment zum Empfänger-Agarblock (E) geleitet, wenn S der physiologischen Oberseite A anliegt, unabhängig davon, ob A physikalisch oben oder unten liegt, ein Transport von B zu A erfolgt nicht oder nur wenig. **d** Apikaldominanz als Auxinwirkung: (1) Hemmung des Austriebes von Seitenknospen durch Auxinstrom von der Endknospe, (2) von einem IES-haltigen Agarwürfel, (3) Austreiben der Seitenknospen nach Aufheben der Apikaldominanz. – b nach Wareing und Phillips, c nach Galston, d nach Butterfaß.

IES sind wachsende und photosynthetisch aktive Bereich der Pflanze (Embryonen, Meristeme, Blätter, Blüten, Koleoptilspitzen u. a. Der **Transport des Auxins** findet basipetal polar in Parenchymen, in Koleoptilen bevorzugt in der Epidermis statt. Die Geschwindigkeit beträgt 5–20 mm/h. In der Wurzel bewegt sich ein geringer Auxinstrom akropetal auf die Spitze zu.

Der polare Auxintransport erfolgt vermutlich durch Aufnahme der undissoziierten Auxinmoleküle am apikalen Pol der Zelle aus dem Apoplasten (*p*H 5) durch Diffusion. Im Cytoplasma (*p*H 7) findet eine nahezu vollständige Dissoziation der Moleküle zu hydrophilen Auxin-Anionen statt, die durch Carrier am basalen Zellpol unter Beteiligung von Ca^{2+}-Ionen wieder in den Apoplasten transportiert werden. Dort findet die Umwandlung in lipophile, undissoziierte IES statt. Auxine sind als organische Säuren aber auch phloemmobil und können mit dem Assimilatstrom (s. 7.10.) transportiert werden.

Die Rolle von IES als Wachstumshormon („Wuchsstoff") beruht auf der Förderung des **Streckungswachstums der Zellen**. Die Geschwindigkeit des Wachstums und der Gehalt an freiem Auxin korrelieren, was sich sowohl bei Bestimmung des Abfangauxins (s. Testung) von Erbsen-Epikotylen zeigte, als auch bei der Streckung von Achsenabschnitten in Auxinlösungen suboptimaler Konzentrationen. Oberhalb der optimalen Konzentration kommt es zur Wachstumsverzögerung bzw. -hemmung. Daß die optimale Konzentration in der intakten Pflanze nicht immer erreicht wird, zeigen Organe, bei denen durch Applikation von Auxin eine Wachstumsförderung oder, bei einseitiger Gabe, eine Krümmung hervorgerufen werden kann. Die für die Wurzelstreckung optimalen Auxinkonzentrationen liegen 4 bis 5 Zehnerpotenzen unter denen für die Achsenstreckung (Abb. 8.5. b). – Die **Zellteilung** und die **Kallusbildung** an Wundflächen werden durch IES angeregt, bei Kambien kann deren Wirksamkeit durch gemeinsame Applikation mit Gibberellinsäure verstärkt werden. Entsprechend dem jahreszeitlichen Wechsel der Kambiumaktivität verändert sich auch der Gehalt an IES. In den Zweigen der Laubgehölze beginnt die Kambiumaktivität im Frühjahr jeweils unterhalb der austreibenden, als Auxinquelle dienenden Knospen und setzt sich entsprechend dem polaren Abwärtsstrom des Auxins nach unten fort. – Auch Differenzierungsprozesse sind IES-abhängig. In besonderem Maße gilt das für die **Determination von Leitgeweben.** Die Ausbildung von Tracheiden und Tracheen kann durch IES ausgelöst werden, für den Verholzungsprozeß bedarf es einer Stimulation durch Cytokinine. – In isolierten Blättern und Achsen führt der polare Abwärtsstrom von Auxin zu einer Anhäufung am unteren Ende (Abb. 8.9. a). In Zellen des Organinneren, bevorzugt im Perizykel, bewirkt die erhöhte Auxinkonzentration Zellteilungen, und es bilden sich Wurzelanlagen. Zu ihrem Wachstum benötigt die entstehende Adventivwurzel eine geringere Auxinkonzentration als zu ihrer Induktion. In der Praxis dienen künstliche Auxine wie **Indolbuttersäure** und **Naphthylessigsäure** (Abb. 8.6.) zur Förderung der Stecklingsbewurzelung. Die Wurzel- wie Sproßregeneration konnte in Gewebekulturen als vom Auxin/Cytokinin-Verhältnis abhängig erkannt werden (Abb. 8.13.).

Apikaldominanz. Die hemmende Wirkung, welche die Gipfelknospe eines Zweiges auf das Austreiben der darunterliegenden Seitenknospen ausübt, ist Ausdruck der Apikaldominanz und Folge eines von der Gipfelknospe basal gerichteten IES-Stromes (Abb. 8.5. d). Nach Abschneiden der Endknospe treiben die Seitenknospen aus, was jedoch nicht erfolgt, wenn auf die Schnittfläche IES appliziert wird. Eine Hemmung der Knospen durch überoptimale IES-Konzentration konnte ausgeschlossen werden. Es wird u. a. vermutet, daß durch den IES-Gradienten die zum Austreiben erforderliche Nährstoffversorgung der Seitenknospen aus den stammeigenen Bündeln behindert wird. An Seitenknospen appliziertes Kinetin (s. 8.3.3.) vermochte bei einigen Pflanzenarten die korrelative Hemmung aufzuheben und die Knospen zum Austreiben anzuregen.

An **Fruchtbildungsprozessen**, einschließlich der **Parthenokarpie** (Fruchtbildung ohne Samenentwicklung), ist IES sehr wesentlich beteiligt. Bereits Fitting (1909) stellte fest, daß ein Anschwellen des Fruchtknotens bei Orchideen durch Auftragen eines (IES-haltigen!) Pollenextraktes auf die Narbe erfolgt. Bei Paprika, Gurke, Erdbeere, Feige u. a. gelang es, durch IES-Applikation parthenokarpe Früchte zu erzeugen. In bestäubten Blüten übernimmt der sich bildende Embryo die für die Fruchtbildung notwendige IES-Synthese, und das im Blütenstiel polar abwärts strömende Auxin verhindert dessen Abscission (S. 490).

Bei parthenokarpen *Citrus*-Varietäten wurde eine stärkere IES-Bildung im Perikarp gefunden als bei samenhaltigen Formen. Auch die samenlosen Früchte der Kulturbanane besitzen IES-bildende Gewebe. Außer Auxin sind an der Fruchtbildung Gibberelline und Cytokinine beteiligt.

Testung: Die Gewinnung von Auxin aus einem Pflanzengewebe erfolgt entweder durch Auffangen des aus einer Schnittfläche herausdiffundierenden hormonhaltigen Diffusats bzw. Exudats in einem Agarblock („**Abfang-Auxin**", s. Abb. 8.5. c) oder durch Extraktion von

Auxin mit Ethylether oder anderen organischen Lösungsmitteln („**Extraktions-Auxin**"). Es ist strittig, welche der Methoden den Gehalt an „natürlichem" Auxin am besten erkennen läßt. Zur biologischen Bestimmung werden **Krümmungs- und Zuwachstests** verwendet.

Bei dem *Avena*-Krümmungstest wird auf die dekapitierte Koleoptile ein auxinhaltiger Agarblock seitlich aufgesetzt (Abb. 8.6. a). Nach $1\,^1/_2$ Stunden ist der Krümmungswinkel zu messen (Nachweisgrenze (NG) 4×10^{-8} mol/l). Als höher empfindlich erwies sich ein Krümmungstest mit etiolierten Keimlingen der Kornrade (*Agrostemma githago*) (NG 5×10^{-9} mol/l, 5 h). Zuwachstests sind in der Durchführung einfacher und besser reproduzierbar. Sie beruhen auf der Streckung von Organabschnitten, welche auf einer auxinhaltigen Lösung schwimmen. Die Versuchsdauer beträgt hier etwa 12 bis 24 Stunden. Als sehr geeignet haben sich Hypokotylabschnitte von *Agrostemma* (NG 5×10^{-8} mol/l, 24 h) und Koleoptilabschnitte von *Triticum* (NG 6×10^{-6} mol/l, 24 h) erwiesen. Neben Biotests gibt es chemische Bestimmungsmethoden, die auf quantitativ auswertbaren Farbreaktionen des Indolgrundgerüstes beruhen (Salkowski-Reagens, NG 0,5 µg). Höchste Empfindlichkeit (3 – 4 pg) und Spezifität bei der Bestimmung auch anderer Phytohormone erreichen immunologische Methoden wie der Radioimmunassay (RIA) oder Enzymimmunoassay (ELISA).

Chemie, Synthese und Abbau: Tryptophan ist vermutlich eine häufige, aber nicht die einzige Ausgangssubstanz zur Synthese von IES in der Pflanze (Abb. 8.6. b), über die Schritte der oxidativen Desaminierung zu Indolbrenztraubensäure, einer Decarboxylierung zu Indolacetaldehyd und anschließender Oxidation zu IES. Außer Tryptophan werden auch Tryptamin und Indolacetonitril als mögliche Vorstufe der IES diskutiert. Konjugate von IES mit Zuckern, Aminosäuren oder Proteinen können als inaktive und oft immobile Substanzen in bestimmten Geweben gespeichert werden. Hierzu gehört auch das **Glucobrassicin**, ein Thioglucosid des Indolacetonitrils, das u. a. in Brassicaceen auftritt. Dieses Senfölglucosid kann in der Pflanze durch Myrosinase gespalten und das entstehende **Indolacetonitril** (Abb. 8.4.) durch Nitrilase zu IES hydrolysiert werden. Zu den als Auxine vorkommenden Indolderivaten gehören auch Chlorauxine wie die **4-Chlor IES** (Abb. 8.4.).

Zur Regulation des Auxinspiegels in der Pflanze ist außer der Synthese und der reversiblen Konjugatbildung ein enzymatischer Abbau durch die **IES-Oxidase** (Oxidation mittels O_2) von großer Bedeutung. Eine von der Sproßspitze zur Basis, d. h. vom jüngeren zum älteren Gewebe zunehmende Aktivität dieses Enzyms bewirkt einen in Richtung des polaren Transportes abnehmenden Gehalt an Auxin im

Sproß. Die IES-Oxidase gehört zu den Peroxidasen und benötigt Mangan-Ionen. Monophenole fördern ihre Aktivität (= Antagonisten der IES), Diphenole hemmen sie (= Synergisten der IES), woraus ein mittelbarer Einfluß von Phenolverbindungen auf das Wachs-

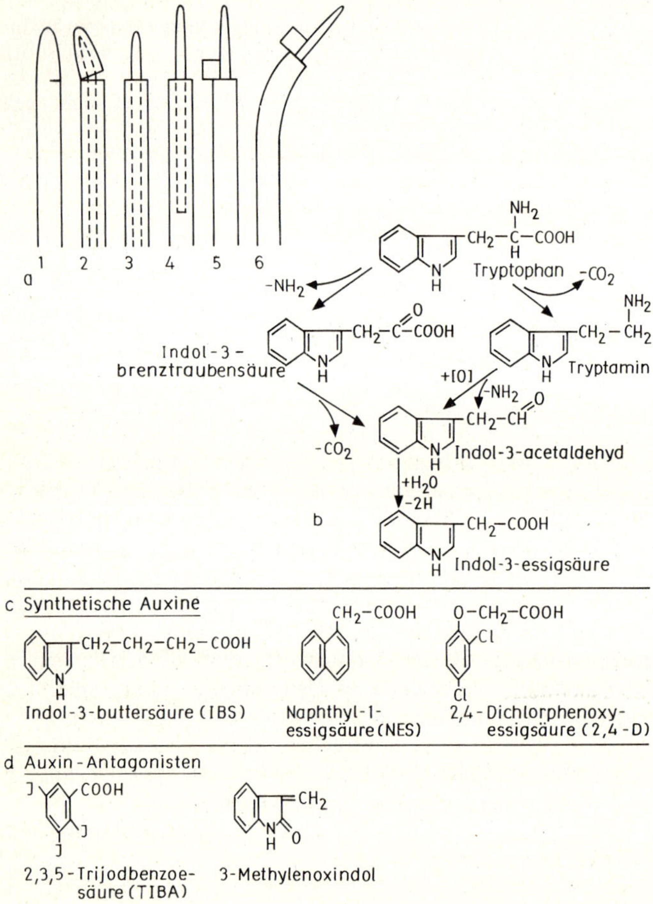

Abb. 8.6. Auxine II. a Krümmungstest mit *Avena*-Koleoptilen: (1–3) Dekapitation, (4) Abreißen des Primärblattes von der Basis, (5) einseitiges Aufsetzen des auxinhaltigen Agarblockes, (6) Krümmungsergebnis. **b** Synthese der IES aus Tryptophan. **c** Synthetische Auxine. **d** Auxin-Antagonisten. – Nach Went (a).

tum resultiert. Zu den Abbauprodukten der IES gehört das **Methylenoxindol** (Abb. 8.6.), ein Hemmstoff des Wachstums.

Zu den **synthetischen Auxinen** zählen die **Indol-3-buttersäure (IBS)**, die **α-Naphthyl-1-essigsäure (NES)** und die **2,4-Dichlorphenoxyessigsäure (2,4D)** (Abb. 8.6.). Ihre besondere Eignung für landwirtschaftlich-gärtnerische Anwendung (als Herbizid und als Auxin für Gewebekulturen) beruht u. a. auf dem geringen Abbau in der Pflanze.

Wirkungsmechanismus: Als gemeinsames, für die Wirkung wichtiges Strukturmerkmal der Auxine ergab sich das Vorkommen einer Carboxylgruppe und eine Seitenkette an einem wenigstens zum Teil ungesättigten Ringsystem. Außer der damit verbundenen Ladungsverteilung im Molekül ist dessen spezifische räumliche Struktur entscheidend, da durch sie die Bindung an einen entsprechenden wirkungsspezifischen Rezeptor der Zelle ermöglicht wird. Rezeptoren mit unterschiedlicher Bindungskinetik waren an Membranen sowie Proteinen des Cytoplasmas nachweisbar. Bei der zellstreckenden Wirkung von IES wurde wiederholt ein gleichzeitiger Efflux von Wasserstoffionen und ein Influx von Kaliumionen festgestellt (s. 8.1.1.) und mit dem Wirkungsmechanismus in Verbindung gebracht. Die kurze Latenzzeit von wenigen Minuten zwischen der IES-Applikation und der Feststellung einer Zellstreckung lassen eine durch IES ausgelöste differentielle Genaktivierung (S. 473) nicht erwarten. Bei anderen, später einsetzenden Auxinwirkungen erscheint das als möglich. Die antagonistische Wirkung der **Trijodbenzoesäure** gegenüber Auxin ist in einer Hemmung des Auxintransportes begründet.

Für alle Phytohormone gilt, daß tiefere Einblicke in die Wirkungsmechanismen fehlen. Im Gegensatz zu der gesteigerten Empfindlichkeit ihrer Nachweise sind die Schwellenwerte der physiologischen Wirksamkeit und die sie beeinflussenden Faktoren meist ungeklärt, eine Tatsache, die viele Befunde über Konzentrations-Wirkungs-Beziehungen in ihrem Wert relativiert.

8.3.2. Gibberelline

Entdeckung: Die Bakanae-Krankheit des Reises, verursacht durch den Pilz *Fusarium moniliforme* (= *Gibberella fujikuroi*), führt zur abnormen Streckung der befallenen, wenigblütigen Halme. Kurosawa konnte 1926 durch Applikation des keimfreien Kulturfiltrates dieses Pilzes an Reispflanzen eine gleichartige Streckung erreichen. Der vom Pilz gebildete Wirkstoff wurde 1938 von Yabuta und Sumiki kristallin gewonnen und Gibberellin genannt. Die chemische Struktur der Hauptkomponente des als Gemisch verwandter Substanzen erkannten Wirkstoffes konnte 1954 aufgeklärt werden. Erst in der Folge entdeckte man, daß in Struktur und Wirkung sehr ähnliche Verbindungen in allen untersuchten höheren Pflanzen als Phytohormone auftreten. Die über 80 bekannten Gibberelline, als GA 1, GA 2, GA 3 usw. bezeichnet, besitzen alle das Gibban-Skelett und eine Carboxylgruppe, es sind Gibberellinsäuren (Abb. 8.4.).

Vorkommen und Wirkung: Bildungsorte der Gibberelline in höheren Pflanzen sind wachsende Sproß- und Wurzelspitzen, Samen und Blätter. Sie werden meist apolar (Ausnahmen bei manchen Wurzeln) in Parenchymen transportiert, aber auch im Phloem wie Xylem des Leitgewebes.

Die häufigsten **Konjugate** sind Gibberellinglucoside und -Glucoseester. Sie sind inaktiv und treten vermehrt in Samen auf, der Ester auch als Transportform im Xylem-Blutungssaft. Jede Pflanze enthält mehrere Gibberelline, die sich in Art und Stärke der Wirkungen unterscheiden. Besonders häufig wird die **Achsenstreckung** gefördert („Schossen"). Dieser Vorgang kann aber z. B. bei Stücken etiolierter Erbsenachsen sowohl von Gibberellinen als von Auxinen hervorgerufen werden. Eine additive Wirkung beider Hormone ist hier möglich. Gibberelline beschleunigen die Zellstreckung von Koleoptilen nicht oder nur wenig. Ähnlich den Auxinen können Gibberelline auch die Zellteilung im Kambium fördern oder durch Applikation an Blüten (z. B. bei *Prunus*-Arten) Parthenokarpie erzeugen. – Bei intakten Pflanzen läßt eine ausreichende Versorgung mit endogenen Gibberellinen eine äußere Gabe meist unwirksam sein. Zwergmutanten mit stark gestauchten Achsen können aber durch Gibberellingabe ihre Internodien bis zum Normalwuchs strecken. – Gibberelline vermögen weiterhin die Samenruhe von Lichtkeimern (z. B. Salat) in Dunkelheit sowie von kältebedürftigen Samen (z. B. der Eiche) in Wärme aufzuheben. Bei vielen Langtagpflanzen konnte durch Gibberellinbehandlung auch im Kurztag Blühen ausgelöst werden (s. 8.4.6.).

Verschiedene synthetische Wachstumsregulatoren haben sich in ihrer Eigenschaft als Wachstumsverzögerer (**Retardantien**) als **Antagonisten der Gibberellin-Biosynthese** erwiesen. Zu ihnen gehören (Abb. 8.7.) die Trimethylammonium-Verbindungen **Chlorcholin-Chlorid (CCC)** und **Amo 1618**, die Tributylphosphonium-Verbindung **Phosphon D** und die Cyclopropylpyrimidin-Verbindung **Ancymidol**. Das Dimethylbernsteinsäurehydrazid **Alar** (= **B 9**) ist ein Retardant ohne Einfluß auf die Gibberellin-Synthese. Außer der Hemmung des Sproßwachstums hat jede der Verbindungen weitere nachteilige oder

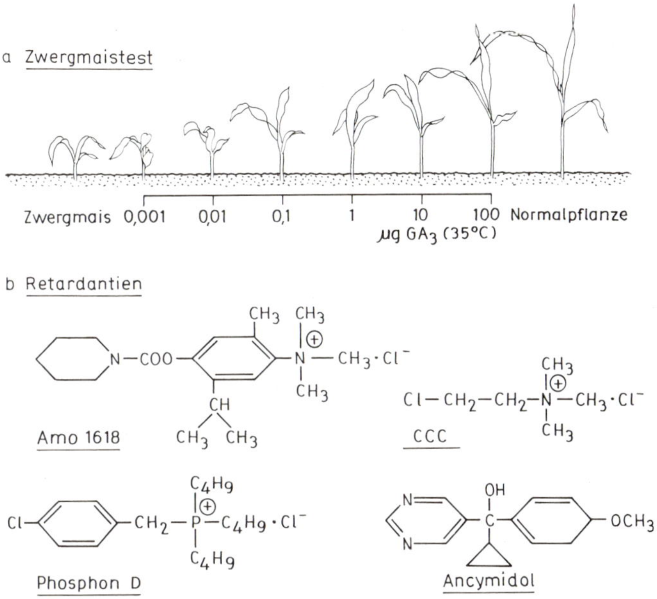

Abb. 8.7. Gibberellin. a Zwergmais-Test, **b** Retardantien.

erwünschte Wirkungen auf Wachstum und Entwicklung von Kulturpflanzen.

Testung: Als sehr empfindlich gegenüber der streckungsfördernden Wirkung vieler Gibberelline erwiesen sich die **Zwergmutanten** („dwarfs") vom Mais und von Erbse. In einem weiteren Test wird **die Streckung junger Salat-Hypokotyle** als Folge einer Gibberellinbehandlung der Keimpflanzen gemessen. Die von Gibberellin ausgelöste **Synthese von α-Amylase** in der Aleuron-Schicht von Getreidekaryopsen, bzw. die dadurch bedingte Abnahme des Stärkegehaltes, wird ebenfalls zur Testung genutzt. Dabei löst Gibberellin über einen Rezeptor durch differentielle Genaktivierung die Synthese der α-Amylase-mRNA aus, durch deren Translation das hydrolytische Enzym entsteht. Schließlich gibt es chemische und physikalische Methoden der Gibberellin-Bestimmung (Gaschromatographie, Massenspektrometrie) sowie die Radioimmuntestung.

Chemie, Synthese und Abbau: Gibberelline sind cyclische Isoprenoide, die aus dem Diterpen Geranylgeranylpyrophosphat entstehen (Abb. 7.38.).

Neben Cyclisierungsschritten führen der Ausschluß eines C-Atoms am Ring B und Oxidation zu dem Gibban-Skelett (Abb. 8.4.). Einzelne Formen der Gibberelline sind in der Pflanze offenbar ineinander umwandelbar (**Interkonversion**). Der Gibberellin-Abbau in der Zelle ist nicht näher bekannt.

Wirkungsmechanismen: Bisherige Vorstellungen gründen sich meist auf Aktivierung oder Neusynthese hydrolytischer Enzyme durch Gibberelline oder auf einen durch Gibberelline gesteigerten Auxingehalt.

8.3.3. Cytokinine

Entdeckung: Ausgangspunkt war die Suche nach einem Zellteilungsfaktor, der bei Kalluskulturen mit Zugabe von Wirkstoffkomplexen wie Kokosmilch, Malz oder Hefehydrolysat wirksam wird. Skoog und Mitarbeiter fanden 1954 das **Kinetin** (6-Furfurylaminopurin), ein Hydrolyseprodukt aus autoklaviertem, DNA-reichem Heringssperma, als sehr wirksam. Der Name der Verbindungsgruppe, Derivate des Adenins, ist von deren Wirkung auf die Zellteilung (= Cytokinese) abgeleitet. In der Folge wurden Cytokinine als generell in Höheren Pflanzen vorkommend festgestellt, verschiedentlich aber auch in Pilzen, Algen, Moosen und im Kulturfiltrat von Bakterien. Als erstes natürliches Cytokinin konnte 1964 aus unreifen Maiskörnern **Zeatin** (Abb. 8.4.) isoliert und identifiziert werden. Inzwischen fand man eine Reihe weiterer Cytokinine.

Vorkommen und Wirkung: Syntheseort der Cytokinine sind vorrangig die Wurzelspitzen, von denen aus sie die anderen Organe auf dem Xylemweg erreichen. Sie entstehen aber auch in Bildungsgeweben, so in Kambien, in keimenden Samen und in Kallusgewebe. Ein Ferntransport ist auch im Phloem möglich, in Geweben nur begrenzt und apolar. Als Transportform tritt das Ribosid des Zeatins auf. **Isopentenyladenin** (Abb. 8.4.) ist häufig in Niederen Pflanzen und Bakterien zu finden.

Cytokinine fördern die **Synthese von Nucleinsäuren und Proteinen** und können deren Abbau verzögern. Sie üben damit einen großen Einfluß auf das gesamte Wachstum aus, was sich besonders in der Förderung der **Zellteilung** und – bei Blättern – auch der Zellstreckung äußert. Sie können die Bildung von Enzymen auslösen (z. B. Nitratreduktase) und deren Aktivität beeinflussen. Weiterhin fördern sie die Chloroplastenentwicklung und hemmen den Chlorophyllabbau. Mit Cytokininen versorgte Gewebe oder Organe werden auf Grund des aktivierten Stoffwechsels zu Attraktionszentren für viele im Symplasten transportierte Substanzen (s. a. Abb. 8.17. b). Ein Mangel an diesem Hormon führt zur verringerten Retention (Stoffzurückhaltung) und fördert damit das Altern (Seneszenz, s. 8.4.7.). Cytokinine vermögen die Sproßregeneration in Gewebekulturen anzuregen, aber auch das Austreiben ruhender Knospen an intakten Pflanzen (Hexenbesen?). Weiterhin sind fördernde Einflüsse auf die Samenkeimung sowie die Blüten- und Fruchtbildung bekannt. Bei allen Wirkungen – nur die wichtigsten wurden erwähnt – ist aber die Gegenwart anderer Phytohormone, insbesondere von Auxin, eine notwendige Voraussetzung.

Testung: Der **Tabakmark-Kallustest** beruht auf dem Zuwachs einer Gewebekultur von cytokininbedürftigem Markgewebe (s. a. Abb. 8.13.). Bei dem **Chlorophyllerhaltungs-Test** wird der Gehalt des durch Cytokinine vor einem schnellen Abbau bewahrten Chlorophylls in isolierten Blattstücken (z. B. der Gerste) im Vergleich zu dem in unbehandelten, schnell vergilbenden Blattstücken bestimmt. Der **Amaranthus-Test** gründet sich auf die Ermittlung des Gehaltes an dem Farbstoff Amaranthin, dessen Bildung in Keimlingen von *Amaranthus caudatus* in Abhängigkeit von und proportional zu der applizierten Cytokininmenge erfolgt.

Chemie, Synthese und Abbau: Alle bisher in ihrer Struktur aufgeklärten, natürlichen Cytokinine sind Abkömmlinge des Purins **Adenin**, und zwar eine am N^6 mit einem Isopentenylrest substitutierte Adeninverbindung. Das **Zeatin** ist ein 6-(4-Hydroxy-3-methyl-2-enyl)-aminopurin, dessen Ribosid ist das Cytokinin in der Kokosmilch. Manche Cytokinine kommen als **Bestandteile von tRNA** vor, ein Zusammenhang mit der dort kodierten Proteinsynthese ließ sich aber nicht nachweisen. Es erfolgt kein Einbau von Cytokinin in tRNA, allenfalls die Bildung von Cytokininen aus dem tRNA-Abbau. Beim Abbau natürlicher Cytokinine werden durch die **Cytokininoxydase** zuerst die Seitenketten abgetrennt. Cytokininartige Wirkungen werden außer durch künstliche Cytokinine wie **Kinetin** und **Benzyladenin** auch von Stoffen anderer Verbindungsklassen wie z. B. **Diphenylharnstoffe** hervorgerufen.

Wirkungsmechanismus: Die Art der vielfältigen Einflüsse von Cytokininen auf die Pflanze, in deren Mittelpunkt vermutlich die Steuerung des Nucleinsäure- und Eiweißstoffwechsel steht, ist nicht bekannt.

8.3.4. Abscisinsäure

Entdeckung: Als das den Knospenaustrieb hemmende Prinzip wurde das Phytohormon 1963 in der Arbeitsgruppe von Wareing (England) aus Ahornblättern isoliert („Dormin“), als blattfallförderndes Prinzip unabhängig davon im gleichen Jahr von Addicott und Mitarb. (USA) aus jungen Baumwollfrüchten („Abscisin“). Die Aufdeckung gleicher Strukturformeln für die Substanzen führte zum jetzt gebräuchlichen Namen Abscisinsäure, abgekürzt ABA (engl. abscisic acid).

Vorkommen und Wirkung: Außer in ausgewachsenen Blättern, Wurzeln und reifenden Früchten, den Hauptbildungsorten, kann sich Abscisinsäure (Abb. 8.4.) auch in anderen Teilen der Höheren Pflanzen oft als Folge von Streßeinwirkungen, in sehr kurzer Zeit bilden. Sie wird in den Apoplasten abgegeben und im Gewebe leicht verlagert, aber auch im Phloem- wie Xylemstrom transportiert. Abscisinsäure führt **Ruhe- und Alterszustände** herbei und wirkt als **Wachstumshemmer** vielfach antagonistisch zu den bisher behandelten Phytohormonen. In Abhängigkeit von der Konzentration vermag ABA die auxininduzierte Streckung von Koleoptilen zu hemmen, das Abtrennen von Blättern, Blüten und Früchten (Abscission) zu fördern und ist offenbar maßgebend am Eintritt in die **Knospen- und Samenruhe (Dormancy**, s. 8.4.3.) beteiligt. In der letztgenannten Wirkung verhält sich Abscisinsäure antagonistisch zu Gibberellinen, wie auch bei der Unterdrückung der gibberellinabhängigen α-Amylasebildung in Karyopsen. Die Abscission erfolgt durch Anlegung eines Trennungsgewebes in der Basis von Blatt-, Blüten- oder Fruchtstielen und setzt als spezieller Entwicklungsschritt die Bildung kambialen Gewebes voraus

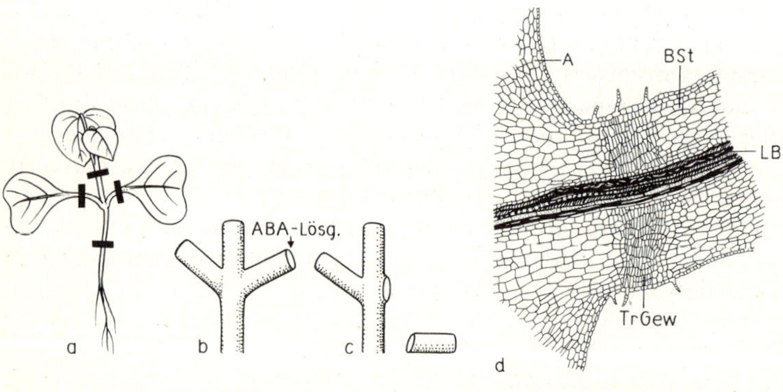

Abb. 8.8. Abscission eines Dikotyledonen-Laubblattes. Längsschnitt durch Blattstiel-Basis mit entwickeltem Trennungsgewebe. *A* Achse, *BSt* Blattstiel, *LB* Leitbündel, *TrGew* Trennungsgewebe. – Nach Torrey aus Strasburger.

(Abb. 8.8.). Der Gehalt an Abscisinsäure wie auch Ethylen steigt in den Stielen, während der an IES sinkt. Ein natürlicher wie auch künstlicher, durch Applikation verursachter Auxin-Abwärtsstrom in den Stielen hemmt die Abscission. Bei einer bestäubten Blüte geht ein solcher Strom vom wachsenden Embryo aus, eine nicht bestäubte wird abgeworfen. – Tritt durch Wassermangel eine Streßsituation ein, so wird durch den Turgorabfall in den Zellen der Blätter die Neusynthese des **Streßhormons ABA** ausgelöst mit Erhöhungen der Ausgangskonzentration auf etwa das 40fache. ABA ist sodann Anlaß zur Erhöhung des Prolingehaltes in den Zellen, einer unschädlichen, osmotisch wirksamen Substanz zur Osmoregulation. Weiterhin wird der Efflux von K^+-Ionen aus den Schließzellen gefördert, was zum Schließen der Spaltöffnungen (s. S. 554) und einer Verringerung der Transpiration führt. Entsprechende Reaktionen zur Überwindung von Streßbelastungen mit Hilfe von ABA und Ethylen erfolgen auch bei Streß durch Salz, Hitze, Kälte u. a.

Dem Spaltenschluß entgegen wirken Toxine einiger phytopathogener Pilze wie das **Fusicoccin**. Sie fördern die K^+-Ionenaufnahme der Schließzellen, und unabhängig vom Wasserzustand der Pflanze kommt es zum Öffnen der Spalten und zum Welken der Pflanze („**Welketoxine**").

Testung: Die Wirkung von Abscisinsäure kann als Hemmung des durch Auxin geförderten Wachstums von *Avena*-Koleoptilen bestimmt werden. ABA hemmt auch das gibberellinabhängige Wachstum von Maisblattabschnitten. Als physikalische Bestimmungsmethode dient die Messung der Rotationsdispersion dieser optisch aktiven Substanz, sehr empfindlich ist die immunologische Testung.

Chemie, Synthese und Abbau: Als Sesquiterpenoid entsteht Abscisinsäure wie andere Isoprenverbindungen aus **Mevalonsäure** über **Isopentenylpyrophosphat**. Von den zwei Isomeren kommt nur die S(+)-ABA natürlich vor. Die „Hormongruppe" besteht aus der ABA, einigen strukturähnlichen Verbindungen, wie **Xanthoxin** (ein Hemmstoff) und **Phaseinsäure** (ein schwächerer Wirkstoff des ABA-Abbaus), sowie einigen Konjugaten.

Wirkungsmechanismen: Bei der Abscission von Baumwollblättern konnte eine mit der Wirkstoffmenge proportional ansteigende Konzentration an gebildetem Ethylen gefunden werden. Da dieses Gas in gleicher Weise Abscission verursacht, wird die Wirkung der Abscisinsäure u. a. in einer Förderung der pflanzlichen Ethylenbildung vermutet.

8.3.5. Ethylen

Entdeckung: Durch geringe Mengen im Leuchtgas war das seinerzeit noch nicht erkannte Ethylen die Hauptursache der bereits um die Jahrhundertwende festgestellten Störung pflanzlicher Reizbewegungen in „**Laborluft**". In den Versuchen von Molisch über das „Apfelgas" wurde Ethylen bereits als „**Reifehormon**" nachgewiesen, welches als **Pheromon** von frühreifenden Äpfeln ausgeschieden, gemeinsam gelagerte, spätreifende Äpfel verfrüht zur Reife brachte. In dem Zusammenhang konnte Mitte der 30er Jahre die Ethylenbildung in Pflanzen aufgeklärt werden. Erst der Einsatz gaschromatographischer Bestimmungsmethoden ab 1960 brachte entscheidende Fortschritte bei der Charakterisierung des als ein Gas außergewöhnlichen Hormons Ethylen.

Vorkommen und Wirkung: Ethylen (Abb. 8.4.) wird in allen Pflanzengeweben und auch in Pilzen gebildet, in Früchten mit einem Anteil von etwa 0,1 bis 1 ppm der enthaltenen Luft. Bei Reifung kommt es zu einem Anstieg der Ethylenkonzentration um das 10- bis 1 000fache. Das Maximum wird kurz vor dem **Klimakterium** erreicht, einem vorübergehenden, starken Atmungsanstieg reifender Früchte, der mit einer Steigerung vieler Stoffwechselprozesse (u. a. Chlorophyll- und Säureabbau, Bildung von Farb- und Aromastoffen) verbunden ist. Das Klimakterium tritt bei Kernobst, Tomaten u. a. deutlich in Erscheinung, es fehlt z. B. bei *Citrus*-Früchten. Vorstufe und Transportform des Ethylen ist die **1-Aminocyclopropan-1-carbonsäure (ACC**, Abb. 8.4.).

Zu den Wirkungen des Ethylens gehören die Hemmung der Zellteilung und der Knospenentwicklung, auch ist es maßgebend an den Vorgängen der Abscission und Seneszenz beteiligt. Manche dieser Prozesse sind auch durch höhere IES-Konzentrationen auslösbar. Es ist ein direkter Zusammenhang zwischen hoher IES-Konzentration und Ethylensynthese nachweisbar, umgekehrt aber eine Hemmung der IES-Synthese durch Ethylen. In höheren Konzentrationen bewirkt Ethylen die Hemmung des Streckungswachstums von Achsen und Wurzeln (wie auch ABA), und es vermag epinastische Krümmungen von Blattstielen auszulösen. Das ist die Folge der Aufhebung der gravitropen Reaktionsfähigkeit durch Ethylen, z. B. bei etiolierten Erbsenhypokotylen (s. 9.2.2.2.). Im Gegensatz zu den Hemmeffekten steht die Auslösung von Blühen und Fruchten bei Ananaspflanzen durch Ethylen und die bei verschiedenen Pflanzen festgestellte Förderung von Wurzel- und Wurzelhaarbildung. Als eine synthetische Ausgangssubstanz für die Bildung von Ethylen in der Pflanze ist **Chlorethylphosphonsäure** (Ethrel, Ethephon) bekannt geworden, ein agrochemischer Wirkstoff, welcher bei geeigneten Pflanzen Verzweigungen, Fruchtreife, Halmverkürzung oder Abscission (bzw. Defoliation) induzieren kann.

Testung: Für den Nachweis von Ethylen können die Erscheinung der Achsenschwellung, die Wachstumsverringerung und das agravitrope Verhalten etiolierter Erbsenpflanzen herangezogen werden. Qualitative Nachweise sind durch epinastische Blattbewegungen z. B.

Tabelle 8.1. Beteiligung von Hormonen an physiologischen Prozessen. Generalisierende Zusammenstellung z. T. nach Hess sowie Hahn und Günther

Prozeß	Auxin	Gibberellinsäure	Cytokinin	Abscisinsäure	Ethylen
Zellteilung	+	+	++	–	
Zellstreckung	++	+	(+)	–	(–)
Internodienstreckung	+	++	○	–	(∓)
Wurzelwachstum	+	(+)	○	–	(–)
Wurzelbildung	++	–	+		+
Kambiumaktivität	+	+			
Knospenaustrieb	–	(+)	+	–	(∓)
Blühen bei LT-Pflanzen	(+)	++	○	–	(+)
Blühen bei KT-Pflanzen	–	(±)	(+)	(+)	○
Fruchtwachstum	+	+	+	–	
Parthenokarpie	(+)	(+)			(+)
Fruchtreifung			–		++
Blattabscission, Initialphase	–	–	–	+	○
Blattabscission, Sekundärphase	+	–	–	++	+
Seneszenz	–	–	–	++	+
Samenkeimung	○	+	+	–	(+)
Öffnen der Spaltöffnungen	(±)	○	(+)	–	○
Schließen der Spaltöffnungen	(±)	○	○	++	○

++ starke Förderung
+ Förderung
– Hemmung
± fördernde und hemmende Wirkungen bekannt
○ ohne Wirkung
( ) Wirkung nicht bei allen geprüften Pflanzen

bei Tomaten- und Sonnenblumenpflanzen zu erhalten. Bei quantitativen Untersuchungen wird man kaum ohne gaschromatographische Bestimmung auskommen.

Chemie, Synthese und Abbau: Fütterungen mit radioaktiven Substanzen ließen Methionin als Vorstufe des Ethylens in Pflanzen erkennen (und zwar aus den C-Atomen 3 und 4 der Verbindung). Zwischenprodukt ist die zyklische Verbindung 1-Aminocyclopropan-1-carbonsäure (ACC). Diese wird durch **ACC-Synthase** aus S-Adenylmethionin gebildet, im Xylem transportiert und zerfällt bei Sauerstoff-Gegenwart in Ethylen, CO_2, Ameisensäure und Ammoniak. Gehemmt wird der Prozeß durch geringe Sauerstoffspannung, Atmungsinhibitoren und einen hohen CO_2-Gehalt. In Obstlagerhäusern macht man davon Gebrauch, indem die Reifung außer durch niedrige Temperaturen durch CO_2-Begasung verzögert wird. Eine dem Ethylen ähnliche Wirkung ist auch mit anderen ungesättigten Kohlenwasserstoffen möglich, doch waren die Grenzkonzentrationen zur Erzielung einer Epinastie an Tomatenkeimlingen bei Acetylen über 1000fach und bei Propylen etwa 5000fach höher als beim Ethylen.

Wirkungsmechanismus: Über den Mechanismus der Ethylenwirkung, die in vielem der Wirkung von Abscisinsäure (s. 5.8.3.4.) gleicht, so auch in dessen Rolle als Streßhormon, ist nichts Näheres bekannt. Die Lipophilie des Ethylen läßt Reaktionen mit den Lipiden der Membran vermuten.

8.3.6. Weitere Phytohormone

8.3.6.1. Jasmonsäure

Entdeckung: Als Duftstoff wurde der Jasmonsäure-Methylester aus dem etherischen Öl von *Jasminum* (1961) und *Rosmarinus* (1963) isoliert; aus dem Kulturfiltrat des Pilzes *Lasiodiplodia theobromae* gewonnene Jasmonsäure erwies sich als wachstumshemmend bei Höheren Pflanzen (Aldridge et al. 1971). Seit 1980 verdichteten sich die Befunde, wonach das Cyclopentanon Jasmonsäure und seine Derivate eine neue, weitverbreitete Hormongruppe darstellen.

Vorkommen und Wirkung: Die **Jasmonsäure (JA**, engl. jasmonic acid, Abb. 8.4.) ist ubiquitär in Angiospermen, Gymnospermen, Pilzen und Algen verbreitet, bei Höheren Pflanzen in vegetativen und generativen Zellen. Eine meist hohe Konzentration in Blüten und Früchten steht eine geringe in Achsenorganen und Wurzeln gegenüber. Bei der Vielfalt der erkannten Wirkungen sind einige denen der ABA ähnlich. So führt exogene Applikation beider Phytohormone zur Förderung von Alterungsprozessen in Blättern, Abbau des Chlorophylls, Stomataschluß und Abscission, zur Hemmung des

Streckungswachstums von Keimlingsachsen und Wurzeln sowie zur Hemmung von Samenkeimung (jedoch zur Förderung der Synthese von Samen-Speicherproteinen). Für die JA spezifische Wirkungen sind die Induktion des Windens von Bryonia-Ranken und die Unterdrückung der Blütenknospenbildung bei Tabak, weiterhin die Förderung der Bildung von vegetativen Speicherproteinen in Blättern.

Testung: Die qualitative und quantitative Bestimmung der Jasmonsäure kann durch den Radioimmunoassay (RIA) erfolgen oder – neben weiteren Testen – durch Ermitteln der Wachstumshemmung von Zwergreispflanzen, die autonom wuchsen oder deren Wachstum durch GA_3-Applikation gefördert war. Auch die Messung des Chlorophyllabbaus bei abgeschnittenen Gerstenblättern kann eingesetzt werden.

Chemie, Synthese und Abbau: Ausgangspunkt der Synthese ist die Linolsäure und ihre Transformation durch die Lipoxygenase. Der weitere Weg schließt eine Cyclisierung und mehrfache β-Oxidation ein. Der Metabolismus endogener und exogen applizierter (–)JA umfaßt Hydroxylierungen, anschließende o-Glucosilierungen und Konjugation mit Aminosäuren.

Wirkungsmechanismus: Es gibt keine Befunde über die Art der Wirkung. Nach Applikation von (–)JA und (–)-JA-Methylester konnte die Induktion von spezifischen Proteinen (Jasmonsäure induzierte Proteine = JIPs) nachgewiesen werden, wie sie mit ähnlichen Eigenschaften auch durch ABA-Applikation oder osmotischen Streß hervorzurufen sind. Über Funktionen dieser Proteine ist nichts bekannt, eventuell sind sie regulatorischer Art. Ein Membrantransport der JA und ABA mit gleichen Carriern erscheint möglich.

8.3.6.2. Brassinosteroide

Entdeckung: Bei der Suche nach natürlichen, das Wachstum stimulierenden Substanzen fand I. W. Mitchell (1970) im Ethyletherextrakt des Pollens von *Brassica napus* – aber auch anderem Pollen – eine „Brassin" genannte wirksame Fraktion. Ihre Applikation führte zu einer starken Streckung der Internodien junger Gartenbohnen. Weitere Befunde ließen ein neues, bisher nicht bekanntes Hormon erwarten, das sowohl Zellteilung als auch Zellstreckung fördert. Aus 40 kg Rapspollen gelang es 4 mg des Hormons kristallin zu gewinnen und seine Struktur als die eines Steroidlactons aufzuklären. Es erhielt den Namen **Brassinolid** (Grove et al. 1979, Abb. 8.4.). Im gleichen Jahr konnte die Verbindung synthetisiert werden, was zur Bestätigung von Struktur und Wirkung führte.

Vorkommen und Wirkung: Bisherige Untersuchungen mit Nachweis von **Brassinosteroiden** in Sproßorganen von mono- und dikotyledonen Angiospermen, Gymnospermen, Farnpflanzen (*Equisetum*) und in Algen (*Hydrodictyon*) lassen ein generelles Vorkommen in Pflanzen erwarten. Sehr hohe Gehalte wurden außer im Pollen in unreifen Samen und in Insektengallen ermittelt. Entsprechend der komplexen chemischen Struktur gibt es eine Vielzahl wirksamer natürlicher und synthetischer Strukturanaloge. Brassinosteroide fördern in erster Linie das Wachstum junger Gewebe. Sie verhalten sich dabei synergistisch zu Auxin, eventuell durch eine Sensibilitätserhöhung für Auxin. In Auxin-Mangelkulturen von Karottenzellen führen Brassinosteroide zur Zellvergrößerung, nicht zur Zellteilung. Additive Wirkungen auf das Streckungswachstum junger *Pisum*-Achsen ergeben sich bei Applikation von Brassinolid und Gibberellin. Synergistisch verhielten sich Brassinolid und Auxin im Krümmungstest mit Bohneninternodien sowie bei der Auslösung der Ethylenbildung im Gewebe. Das Pollenschlauchwachstum in vitro wird durch Brassinosteroide im Vergleich zu Auxin und Gibberellin bereits bei wesentlich geringeren Konzentrationen gefördert.

Testung: Bio-Standardtest ist ein „Bohneninternodien-Streckungstest“, bei dem eine Lanolin-Wirkstoffpaste am zweiten Internodium junger *Phaseolus vulgaris*-Pflanzen aufgetragen wird. Bei dem „Reislamina-Inklinationstest“ beugt sich die Lamina des 2. Blattes einer Zwergreispflanze unter BR-Einfluß in einem Winkel von der orthotropen Pflanze ab. Weitere Teste nutzen bevorzugt die Streckung oder Krümmung von Achsenorganen.

Chemie, Synthese und Abbau: Aus dem Isoprenstoffwechsel stammend sind Brassinolide Steroidlactone mit einem 7gliedrigen Lactonring. Andere Brassinosteroide mit 6gliedrigem B-Ring erwiesen sich als weniger wirksam oder unwirksam. Ein Überblick über strukturelle Zusammenhänge bei der Entstehung dieser Stoffgruppe (wie z. B. bei Gibberellinen) ist noch nicht möglich. Über den Abbau fehlen bisher Angaben.

Wirkungsmechanismus: In ersten molekularbiologischen Studien konnte eine durch Brassinolid ausgelöste Streckung von Soja-Stengelabschnitten als Folge einer spezifischen Genexpression wahrscheinlich gemacht werden.

8.4. Korrelationen bei der Organentwicklung

Die koordinierte Leistung von Zellen und Geweben in vielzelligen Pflanzen setzt bereits vor ihrer Differenzierung eine bestehende Determination durch umgebende Zellen und Gewebe voraus (s. 8.2.2.). Derartige **Wechselwirkungen** oder **Korrelationen** steuern auch den Aufbau und die arbeitsteilige Leistung der Organe im Gesamtverband der Pflanze. In den Grenzen der genetisch festgelegten **Reaktionsnorm** (= Reaktionsbreite) entscheiden auslösende und hemmende korrelative Einflüsse sowie modifikative Wirkungen von Außenfaktoren über die Morphogenese. Die bereits bei den Wirkungen der IES vorgestellte Apikaldominanz (s. S. 482) läßt die Bedeutung von Phytohormonen für die Informationsübertragung erkennen. Hormone und ihre Rezeptoren tragen zur zellulären Kompetenz der Zellen bei und entscheiden mit über Förderung oder Hemmung von Wachstums- und Entwicklungsprozessen. Als Glieder von Signaltransduktionsketten veranlassen sie Schritte der Expression oder Repression von Genen. Die Entwicklung der Pflanze unterliegt nicht wie bei Höheren Tieren zentralen Steuerungen, sondern wird sehr wesentlich dezentral, durch Korrelationen reguliert. Die Vielzahl der hierzu beitragenden Faktoren kann an dieser Stelle nicht dargestellt werden und ist auch nur zum geringeren Teil bisher bekannt.

8.4.1. Polarität

Ein Ausdruck polaren Verhaltens ist die bei abgetrennten Weidenzweigen stets am physiologischen Unterende auftretende Wurzelbildung und der Austrieb von Knospen am physiologischen Oberende (Abb. 8.9. a). Eine umgekehrte Aufhängung des Zweiges ändert daran nichts, die Wurzeln entstehen in diesem Falle an dem (physikalisch) oben befindlichen (physiologisch) unteren Ende. So wie ein zerbrochener Stabmagnet in jedem seiner Teile einen Plus- und Minuspol besitzt, weist auch jeder Teil einer zerschnittenen Achse ein physiologisches Ober- und Unterende auf. Die **Zweipoligkeit der Organe** (Basis-Spitze, Ober- und Unterseite) ist ein Ausdruck fest verankerter polarer Eigenschaften der Zellen, die diese als Tochterzellen meist von den polaren Mutterzellen erhalten. Die Grundlage der Polarität kann in Unterschieden der ektoplasmatischen Strukturen und Membranflächen von gegenüberliegenden Zellenden vermutet werden, Unterschiede, die sich graduell von einem Pol der Zelle zum anderen ändern, zu einem polaren Auxintransport (Abb. 8.5. c) führen und zur Bildung von Konzentrationsgradienten. Häufig ist die Polarität der Zellen äußerlich nicht erkennbar und nur an spezifischen Leistungen festzustellen. So bilden die Zellen der festsitzenden Fäden der Grünalge *Cladophora* nur an ihren basalen Enden Rhizoide aus. Fädige Conjugaten sind dagegen in der Lage, an dem einen wie anderen Ende der Zellen (oder beiden) Rhizoide zu bilden und werden als **äquipolar** bezeichnet.

Junge Rhizodermiszellen von Monokotylen zeigen durch größeren Plasmareichtum des unteren, apikalen Endes bereits polare Eigenschaften an (Abb. 8.9. b). Eine Teilung dieser Zellen führt zu den plasmareichen Trichoblasten, aus denen Wurzelhaare entstehen, und den sich lang streckenden epidermalen Zellen. Die Zellpolarität ist hier an der Musterbildung von Wurzelhaaren maßgebend beteiligt.

Besonderes Interesse haben einige nach ihrer Bildung zunächst unpolare Sporen, Eizellen und Zygoten gefunden, bei denen die **Polarität induzierbar** ist. Das kann durch Licht, Schwerkraft, elektrische Felder, Hormongradienten u. a. erfolgen. Bei den Zygoten der Braun-

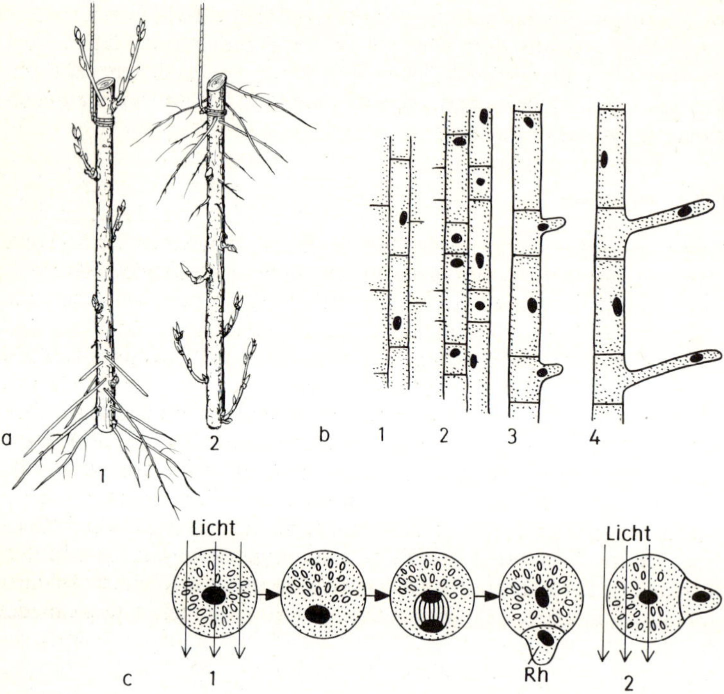

Abb. 8.9. Polarität. a Austreibende Weidenzweige im feuchten Raum (1) aufrecht und (2) invers aufgehängt. **b** Polare Bildung von Trichoblasten in der Rhizodermis von Monokotyledonen: (1) Aufsicht auf junge Rhizodermiszellen, (2) Zellteilung führte zu Trichoblasten an den unteren Zellenden, (3) und (4) Wurzelhaarbildung. **c** Induktion der Polarität bei *Equisetum*-Sporen durch Licht: (1) einseitige Belichtung läßt Rhizoidzelle (*Rh*) auf der lichtabgewandten Seite entstehen. (2) Richtung der induzierten Polarität als Folge eines Helligkeitsgradienten, nicht der Lichtrichtung. – a nach Pfeffer.

algengattungen *Fucus* und den Sporen von *Equisetum* wird durch einseitige Belichtung die Bildung des Rhizoids auf der lichtabgewandten Seite induziert (Abb. 8.9. c). Mit der ersten zwischen Licht- und Schattenflanke gebildeten Zellwand ist die Polarität aller später entstehenden Körperzellen festgelegt. Versuche erwiesen, daß bei der Induktion nicht die Lichtrichtung entscheidend ist, sondern der Helligkeitsabfall in den Zellen. Bei *Fucus* (Abb. 6.12. b) beginnt die lichtsensible Phase einige Stunden nach der Befruchtung und dauert ca. 12 Stunden. Beim Ausbleiben polarisierender Außenreize erfolgt die erste Zellteilung und damit Polarisierung in zufälliger Richtung (**autonome Stabilisierung**). Bei *Equisetum*-Sporen entsteht das erste Rhizoid bei fehlendem polarisierenden Reiz an einer bestimmten Stelle der Sporenoberfläche. – Die Polaritätsinduktion ist mit der Auslösung eines Stromes von Ca^{2+}-Ionen durch die Zellen verbunden. Einer aktiven Abgabe der Ionen an der nichtwachsenden Seite steht eine passive Aufnahme an der wachsenden Seite gegenüber. Die Ursache dafür bildet sicherlich das Vorhandensein von Ionenpumpen und -kanälen in ihrer Ungleichverteilung an der Membranoberfläche.

Die Aufhebung und Umkehr einer induzierten Polarität durch entgegengesetzte Reizung sind nur kurz nach der Induktion möglich. Störungen im polaren Verhalten konnten durch Substanzen wie Colchicin, Chloralhydrat u. a. ausgelöst werden, ein Hinweis auf die eventuell mögliche Beteiligung von Mikrotubuli an der polaren Zellstruktur. Eine wichtige Rolle spielt die Polarität bei der in der gärtnerischen und züchterischen Praxis häufig angewandten Methode der **Pfropfung** (Abb. 8.10.), welche in der Regel **heteropolar** erfolgt, d. h. Unter- auf Oberende. Die Zellen der Wundflächen bilden nach Remeristematisierung Kalluszellen (Wundkallus), deren Differenzierung durch die

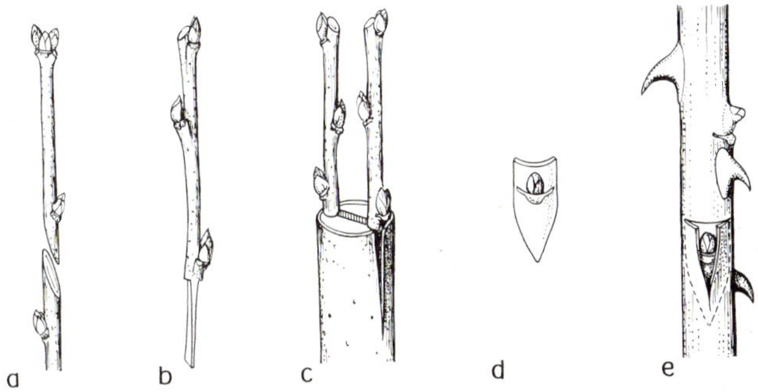

Abb. 8.10. Pfropfungen. a Kopulieren bei gleicher Stärke von Reis und Unterlage. **b** und **c** Pfropfen eines zugeschnittenen Reises auf eine stärkere Unterlage. **d** und **e** Okulieren eines schildförmigen Rindenausschnittes mit „Auge" (= Knospe) durch Einschieben in T-Schnitt an der Unterlage. – Nach Paladin.

benachbarten Dauerzellen bestimmt wird (homoiogenetische Induktion, S. 474). So determiniert das Leitgewebe des Pfropfreises mit Hilfe eines abwärts gerichteten Hormonstromes die Entwicklung der Kalluszellen zu neuen Leitgewebszellen. Es kommt zu einer Verwachsung und funktionellen Einheit von Reis und Unterlage. Die Pfropfung eines invers-polaren Reises (**homopolare Pfropfung**) gelang auch, häufig aber mit einer gestörten Verwachsung im Verlauf von Leitgeweben und Holzfasern.

8.4.2. Regulation bei der Fortpflanzung von Samenpflanzen

Die Übertragung reifer Pollenkörner auf die Narbe leitet bei Angiospermen die Fortpflanzungsprozesse ein (s. 5.6). Für einen Befruchtungserfolg ist die **Verträglichkeit** oder **Kompatibilität** zwischen weiblichen Blütenorganen und Pollen eine Voraussetzung, d. h. die ungehemmte Keimung des Pollens, das Eindringen des Pollenschlauches in das Narben- und Griffelgewebe und die doppelte Befruchtung im Embryosack. Befruchtungsbarrieren verschiedener Art sorgen aber für eine Begrenzung der Kombinationsmöglichkeiten. Besonderes Interesse verdienen die Fälle von **Inkompatibilität** (Unverträglichkeit) deshalb, weil sie Rückschlüsse auf die Voraussetzungen für eine erfolgreiche Bestäubung zulassen. Neben der **Kreuzungsinkompatibilität**, bei der Pollen und Narbe verschiedenen Pflanzentaxa angehören und auch die Verschiedenartigkeit der Genome eine Kernverschmelzung ausschließen, gibt es viele Fälle von **Selbstinkompatibilität**, d. h. die Bestäubung der Narben mit dem eigenen Pollen führt nicht zur Befruchtung. Hierbei verhindern identische S-Allele (Sterilitäts-A.) der fertilen Partner die Inzucht.

Bei der **sporophytischen Selbst-Inkompatibilität** wird die Hemmung durch den Genotyp des Pollenspenders als einem diploiden Sporophyten festgelegt, wenn dieser bereits vor der Meiose Genprodukte bildet, die mit Genprodukten von Griffel und Narbe unverträglich sind (Brassicales, Asterales). Die **gametophytische Selbst-Inkompatibilität** beruht auf Unverträglichkeitsreaktionen zwischen Genprodukten einzelner Pollenkörner (nach der Meiose!) und Genprodukten von Griffel und Narbe (die meisten anderen Pflanzen).

Die Mechanismen einer solchen Unverträglichkeit können sehr verschieden sein: eine Keimhemmung des Pollens auf der Narbe, der Pollenschlauch kann unfähig sein, die Cuticula der Narbe zu durchdringen, oder kann in seinem Wachstum im Gewebe des Griffels gestört sein. Über die Steuerung des wachsenden Pollenschlauches zum Embryosack hin wissen wir noch wenig, bei *Oenothera* und einigen anderen Gattungen wurde die Beteiligung chemotroper Reaktionen festgestellt (s. 9.2.2.3.).

Nach der doppelten Befruchtung (S. 302) beginnt zunächst der triploide Endospermkern mit Kernteilungen und Zellbildung, später folgt die Zygote, wobei deren erste Teilung – durch die Lage im Embryosack determiniert – die Richtung der Polaritätsachse der neuen Pflanze festlegt.

Die Bedeutung der Hormone (s. 8.3.) für die Entwicklung von Samen und Frucht ist noch unvollständig bekannt. In der unbestäubten Blüte sind häufig die Antheren die wichtigsten Auxinbildner. Durch den Pollen auf der Narbe und das Pollenschlauchwachstum im Griffel wird der Auxingehalt der Blüte bereits erhöht, die weitere Auxinversorgung des Blütenstieles (s. S. 482) nach dem Abwelken der Antheren als Folge der Befruchtung übernehmen das sich bildende Endosperm und der wachsende Embryo. Der basal zur Mutterpflanze gerichtete Auxinstrom führt zum Welken der Kronblätter und verhindert die Abtrennung der Blüte. Später beteiligt sich auch die Frucht an der IES-Bildung. Bei der Apfelfrucht ist das etwa von der halben Endgröße an der Fall. Außer Auxin sind wohl auch Gibberelline an der Fruchtbildung beteiligt, da parthenokarpe Früchte z. B. bei Kernobst nicht durch Auxine, sondern durch Gibberelline erzeugt werden können. Für die Speicherprozesse in Frucht und Samen dürften Cytokinine von besonderer Bedeutung sein, für die Fruchtreifung sind es Ethylen und Abscisinsäure.

Die Ansprüche wachsender Embryonen in bezug auf Wirk- und Nährstoffe sind bekannt, seitdem es gelang, **isolierte Embryonen** in geeigneten Medien mit Zusatz von Kokosmilch (s. 8.3.3.) **in Kultur** zu nehmen. Mit dieser Methode konnten auch solche Embryonen zu Pflanzen aufgezogen werden, die als Arthybriden wegen Unverträglichkeit mit dem umgebenden Gewebe in ihren eigenen Samen nicht zur Keimung und Entwicklung gelangen konnten. Aufschlüsse über die Regulation ihrer Entwicklung gaben auch solche Embryonen, die sich nicht aus einer Zygote, sondern aus Gewebszellen oder in Zellkulturen entwickelten. So können sich bei *Citrus*-Varietäten aus Zellen des Nucellus Embryonen bilden, die zu dem aus der Zygote entstandenen Embryo in den Embryosack hineinwachsen (**Polyembryonie**). Die Embryobildung ist nicht eine spezifische, auf Zygoten beschränkte Leistung, wie zahlreiche Fälle von **Apomixis** (s. S. 181) beweisen. Auf die Bildung von Embryonen in Kallus- und Zellkulturen wird in Abschn. 8.4.4. eingegangen.

8.4.3. Ruhe und Aktivität bei Samen und Knospen

Die pflanzlichen Entwicklungsprozesse weisen einen Wechsel von Ruhe und Aktivität auf und entsprechen damit häufig dem Wechsel klimatischer Bedingungen, insbesondere der Temperatur und Feuchtigkeit. Der Ruhezustand (**Dormanz**) kann durch Außenfaktoren aufgezwungen, **aitionom**, sein oder **autonom**, d. h. durch pflanzeneigene Faktoren gesteuert (s. Rhythmik, Abschn. 8.5.). Stets kennzeichnen ihn eine verminderte Stoffwechselaktivität und eine erhöhte Widerstandsfähigkeit gegenüber ungünstigen Umweltbedingungen, er ermöglicht das Überdauern von Trocken- und Kälteperioden. Die Mechanismen zur Regulation oder Kontrolle des Aktivitätswechsels besitzen demnach einen positiven Selektionswert.

Samenkeimung. Samen gelangen mit dem Reifungsprozeß in einen wasserarmen Zustand latenten Lebens, der die Keimung verhindert (als eine der Ausnahmen besitzt die Mangrovepflanze *Rhizophora* keine Samenruhe). Tritt bei sonst günstigen Voraussetzungen (Temperatur, O_2) nur durch Wasserzugabe die Keimung ein (keimbereiter Same wie *Lepidium sativum*), so lag eine erzwungene, **aitionome** Samenruhe vor, ist das nicht der Fall, so ist die Ruhe **autonom**. Als deren Ursachen kommen in Frage:

- Die **Undurchlässigkeit von Samenschale oder Fruchtwand** für Wasser bzw. Sauerstoff (z. B. bei Leguminosen, *Xanthium* u. a.).
  Aufhebung der Hemmung: Natürliche Korrosion durch klimatische und mikrobielle Faktoren; experimentell durch Anritzen oder H_2SO_4-Behandlung.
- **Keimungshemmstoffe des Samens oder der Fruchtwand** sind wirksam, darunter Zimtsäurederivate und andere Aromate sowie Abscisinsäure.
  Aufhebung der Hemmung: Beschleunigter chemischer oder enzymatischer Abbau durch Stratifikation (s. unten), Auswaschung, Entfernen von Samen-Hüllschichten, Keimung auf hemmstoffadsorbierender Unterlage.
- **Unreife von Samen oder Embryo** verhindert die Keimung. So ist bei der Esche (*Fraxinus excelsior*) der Embryo erst im folgenden Frühjahr vollständig entwickelt.
  Aufhebung der Hemmung: Nicht möglich.
- **Embryoruhe** morphologisch kompletter Samen tritt **ohne bestimmbare Gründe** auf (eventuell Genrepression oder Ausdruck innerer Rhythmik).
  Aufhebung der Hemmung: Stratifikation.

Bei allen voll entwickelten Samen wird der autonome Ruhezustand, an dessen Kontrolle mehrere Hemmechanismen beteiligt sein können, schließlich überwunden. Seine Dauer kann auch von der Witterung während der Samen entwicklung abhängig sein. Einjährige Kulturpflanzen werden seit der Frühzeit der Pflanzenkultur auf **hohe Keimbereitschaft** hin selektioniert, bei Wildpflanzen („Unkräuter") können sich Ruhezustände von Samen im Boden unsynchron über viele Jahre ausdehnen. Die **Dauer der Keimfähigkeit** von Samen kann wenige Wochen betragen, wie bei *Salix* und *Populus* oder dem Kautschukbaum *Hevea brasiliensis*, einige Jahre, wie bei Getreidearten, oder bis über 100 Jahre, wie bei einigen Leguminosen. In Seeablagerungen Ostasiens gefundene Samen der Lotosblume (*Nelumbo nucifera*) sollen bei der Keimung mehrere 100 Jahre alt gewesen sein.

Stratifikation. Niedrige Temperaturen zwischen 0° und 10°C können bei feucht gelagertem Saatgut die Nachreife beschleunigen. Diese Behandlung wird häufig bei Gehölzsamen, wie z. B. Apfel und anderen Rosaceen, angewandt und Stratifikation (stratum = Lager, facere = bereiten) genannt. Sie erfordert einige Tage bis mehrere Wochen und soll sowohl die Durchlässigkeit der Samenschale als auch den Abbau von Hemmstoffen fördern. Es gibt Befunde, nach denen die Stratifikation mit einer Erniedrigung des Abscisinsäure- und einer Erhöhung des Gibberellinspiegels verbunden ist. Anstelle von tieferen Temperaturen konnte auch ein Einquellen in Gibberellin-Lösung die Samenruhe bei verschiedenen Pflanzenarten verkürzen.

Phytochrom. Während trockene Samen lichtunempfindlich sind, kann die Keimung gequollener Samen verschiedener Pflanzenarten durch Licht gefördert oder auch gehemmt (sekundäre Dormanz) werden. So unterscheiden sich **Lichtkeimer** (z. B. *Nicotiana tabacum*, *Epilobium hirsutum*, *Lactuca sativa*-Sorten) von **Dunkelkeimern** (z. B. *Cucurbita pepo*, *Phacelia tanacetifolia*, *Nigella sativa*). Die Untersuchung der zur Keimungsförderung benötigten Lichtqualität bei Salatfrüchten führte Borthwick und Mitarbeiter (1952) zur Entdeckung des Phytochroms, des die Morphogenese aller grünen und potentiell grünen Pflanzen maßgeblich steuernden Lichtreaktionssystems. Die untersuchten Salatachänen keimten nur, wenn sie – im Dunkeln angezogen – während einer Minute oder länger mit hellrotem Licht (HR) bestrahlt wurden, dessen Wirkungsmaximum bei einer Wellenlänge von 660 nm lag. Erfolgte kurz darauf eine erneute Belichtung, jedoch mit dunkelrotem Licht (DR) von Wellenlängen um 730 nm, wurde der Induktionseffekt ausgelöscht. An Stelle von hellrotem kann auch weißes Licht eingesetzt werden. Bei wieder-

Tabelle 8.2. Photoreversible Förderung und Hemmung der Keimung von Salatachänen der Sorte „Grand Rapids“. Nach Borthwick et al. 1952

Bestrahlung	prozentuale Keimung
HR	70
HR–DR	6
HR–DR–HR	74
HR–DR–HR–DR	6
HR–DR–HR–DR–HR	76
HR–DR–HR–DR–HR–DR	7
HR–DR–HR–DR–HR–DR–HR	81
HR–DR–HR–DR–HR–DR–HR–DR	7

HR = Hellrot
DR = Dunkelrot

holtem HR-DR-Wechsel entschied immer die Art des zuletzt eingestrahlten Lichtes über Keimung oder Nichtkeimung (Tab. 8.2.).

Das Phytochromsystem wurde bei zahlreichen weiteren **Photomorphogeneseprozessen** als bestimmend oder beteiligt gefunden, wie bei der Auslösung der photoperiodischen Blühinduktion (s. 8.4.6.), bei der Ausbildung von Achsen- und Blattorganen (Etiolement u. a.) und anderen Prozessen der Zell-, Gewebs- und Organbildung. Dabei spielen durch Phytochrom ausgelöste Wirkungen auf Genexpression und Genrepression eine wesentliche Rolle. Die durch Lichteinfluß über das Phytochrom induzierte Biosynthese der Phenylalanin-Ammonium-Lyase (PAL), ein Enzym, das zur Zimtsäurebildung und damit auch zur Anthocyansynthese führt, wurde als erste derartige Enzyminduktion entdeckt. Inzwischen erwiesen sich weiter Enzyme in ihrer Bildung als abhängig vom Phytochromsystem. Der Ablauf der Signalübertragung vom Phytochrom zum Genpool des Zellkernes ist noch weitgehend unbekannt.

Über das reversible Lichtreaktionssystem Phytochrom besteht die gesicherte Vorstellung, daß es aus zwei verschiedenen, ineinander umwandelbaren Pigmenten besteht. *Das Phytochrom 660* (P_{660}, P_r oder R, von engl. red = rot) *absorbiert hellrotes Licht und geht dadurch in das Phytochrom 730* (P_{730}, P_{fr} oder F, von engl. far red = dunkelrot) *über. Dieses vermag dunkelrotes Licht* zu absorbieren und wandelt sich dabei in P_{660} zurück (Abb. 8.11.). Die physiologisch **wirksame Komponente ist stets das**

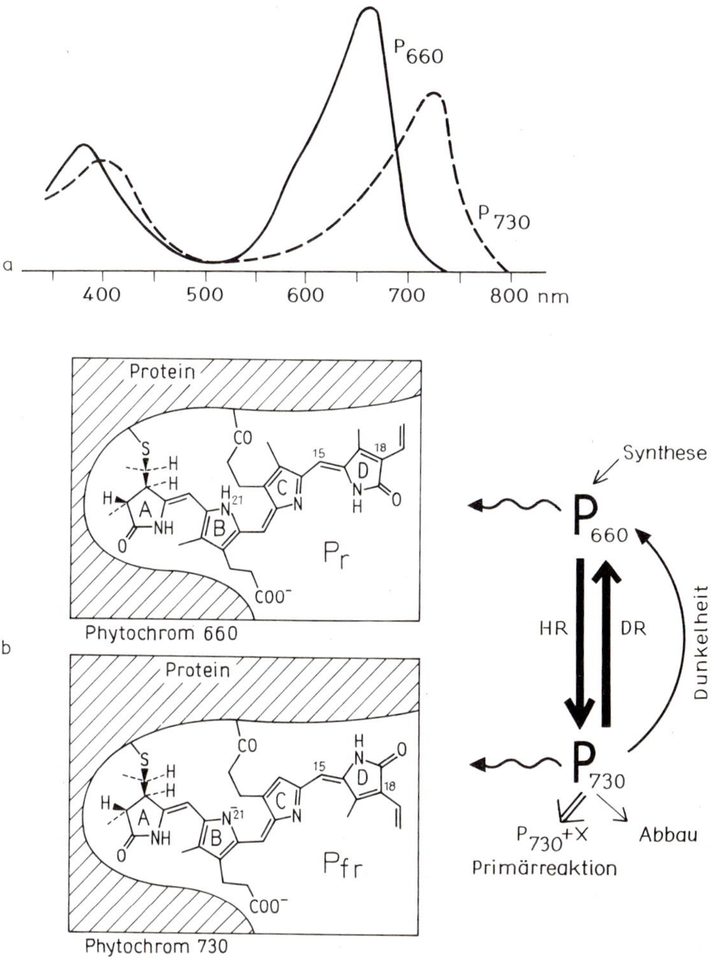

Abb. 8.11. Phytochrom. a Absorptionsspektren der Pigmente P_{660} und P_{730}, **b** Strukturformeln beider Formen sowie Einflüsse auf ihre Gleichgewichtsreaktion. *P* Phytochrom, *HR* Hellrot, *DR* Dunkelrot. – a nach Libbert, b Strukturformeln nach Rüdiger und Schramm aus Libbert 1993.

P_{730}, das P_{660} ist inaktiv. Bei Belichtung mit HR liegen 80% des Gesamtphytochroms als P_{730}-Komponente vor. In weißem Licht (etwa gleiche Anteile HR und DR) beträgt der P_{730}-Anteil 50%, bei Dunkelrot-Belichtung 2–3%. Nur bei Dunkelheit liegt alles Phytochrom als P_{660} vor. Die durch P_{730} ausgelösten, verschiedenartigen Reaktionen erfolgen entsprechend der vorhandenen Kompetenz der Zelle, d. h. ihrer Reaktionsmöglichkeiten im gegebenen Entwicklungszustand. Phytochrom ist ein wasserlösliches Chromoproteid (Abb. 8.11.) mit einem linearen Tetrapyrrol (**Phytochromobilin**) als chromophorer Gruppe. Es kommt mit offenbar gleicher chemischer Struktur in allen autotrophen Pflanzen vor, wenn auch in sehr geringer Menge. Auch nach der Isolierung des Pigments konnte in vitro seine reversible Umwandlung von P_{660} und P_{730} durch entsprechende Belichtung ausgelöst werden. In der Zelle erfolgt eine ständige Neusynthese von P_{660} und ein Verlust durch oxidativen Abbau besonders des P_{730}.

Knospenruhe. Sie kann durch **Einfluß äußerer Faktoren** wie Kälte und Trockenheit (aitionom), **korrelativ durch einen Auxinstrom** (autonom, z. B. Apikaldominanz) oder **durch innere Ursachen** in der Knospe selbst (autonom) erfolgen. Im Gegensatz zur Samenruhe ist Knospenruhe nicht mit einem wasserarmen Zustand verbunden, die Atmung bleibt relativ hoch und eine Neubildung von Blattprimordien am Vegetationskegel ist offenbar auch während der Ruhe möglich. Häufig bestehen die mit der Klimaperiodik synchronisierten Ruheperioden bei Knospen aus **aitionomen Abschnitten (Vor- und Nachruhe)** und einem **autonomen Abschnitt (Hauptruhe)** (Abb. 8.12.). Während der Vor- und Nachruhe lassen sich Knospen durch Wärme, insbesondere Warmbad, durch Gibberellin oder Kinetin meist leicht zum Treiben bringen, während der Hauptruhe nicht oder nur sehr

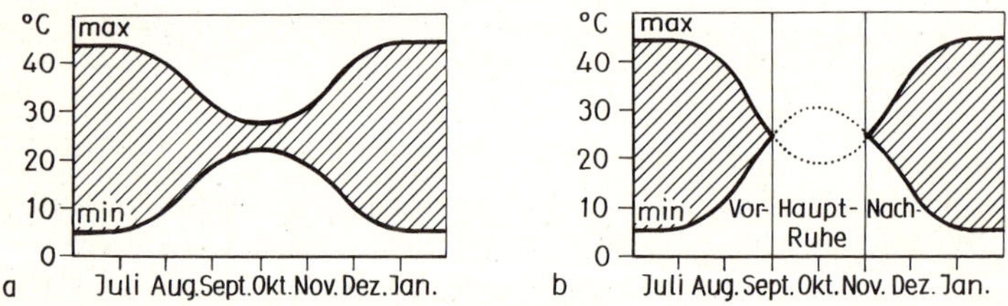

Abb. 8.12. Ruhezustände bei Knospen. Maximale (max) und minimale (min) Wachstumstemperaturen im Jahresverlauf bei wintertrockenem Klima: **a** ohne Hauptruhe, **b** mit Hauptruhe. – Nach Libbert.

schwer. Für die Zeitpunkte von Beginn und Ende einer Ruheperiode können sowohl endogen-rhythmische als auch äußere Faktoren verantwortlich sein (oft wohl beide), als äußere häufig photoperiodische Einflüsse (s. 8.4.6.) und Kälteperioden.

Bei **Gehölzen** in Mitteleuropa entstehen die Knospen für das folgende Jahr meist in der ersten Hälfte des Vorjahres, und sie treten schon ab Juli bis September in eine autonome Ruhe ein. Diese wird im Zeitraum von November bis Januar beendet, und es setzt eine oft temperaturbedingte Nachruhe ein. Der Knospenaustrieb erfolgt dann nach dem Auftreten der für jede Pflanzenart spezifischen, geeigneten Temperatur.

8.4.4. Organ-, Gewebe- und Zellkulturen

Wesentliche Erkenntnisse über die Bedingungen pflanzlicher Entwicklung aber auch interessante Anwendungsmöglichkeiten verdanken wir der Methode der **Sterilkultur** von Organen, Geweben und Zellen. Die Ansprüche an das Kulturmedium sind unterschiedlich, bei photoautotrophen Organen wie Blättern genügt eine Mineralstofflösung. Bei Blattprimordien und Vegetationspunkten ist auch Zucker als Kohlenstoffquelle erforderlich, eine Wurzelkultur benötigt darüber hinaus auch Vitamine wie Thiamin und Nicotinsäure, Monokotyledonen-Wurzeln in der Regel auch Auxin. Wurzeln lassen sich durch Übertragung der Spitzen auf ein jeweils neues Medium – ob flüssig oder durch ein Gel verfestigt – beliebig lange weiterkultivieren.

Zur **Gewebekultur** werden kleine Stücke von Meristemen oder Parenchymen nach steriler Entnahme auf einen geeigneten Nährboden übertragen. Dort bildet sich, bei Parenchymen nach Remeristematisierung, eine als **Kallus** bezeichnete Anhäufung nicht ausdifferenzierter Zellen, die als **Kalluskultur** weiter übertragen wird. Zum heterotrophen Wachstum des Kallus sind in dem Nährboden außer Mineralstoffen und Saccharose auch L-Glutamin zur Versorgung mit reduziertem Stickstoff, die Vitamine Thiamin, Nicotinsäure, Pyridoxal und der Zuckeralkohol Myoinositol erforderlich, weiterhin als Phytohormone Auxin (z. B. 2,4-D) und ein Cytokinin. Bei der Subkultur eines Kallus kann dieser spontan die Fähigkeit zur Hormonsynthese erlangen (**Auxoautotrophie**), es kann ein **habituiertes Gewebe** entstehen. Von vornherein ohne Hormonzugabe zu dem Kulturmedium wachsen in der Regel die Kalli pflanzlicher Tumorzellen (s. 8.2.4.).

Zellen von Kalluskulturen können weitere Differenzierungen erfahren und korrelative Einflüsse ausüben, wie Befunde an Kallus von Tabakmarkgewebe zeigten (Abb. 8.13). Entscheidend für die Ausbildung von Sprossen und Wurzeln ist das Verhältnis der dem Nährboden zugegebenen IES- und Kinetinmengen. Bei mittleren gleichen Hormonmengen wuchs nur der Kallus. Eine Regeneration ganzer Pflanzen kann auch erfolgen, wenn aus Einzelzellen entstandene Zellverbände embryoartige Bildungen, **Embryoide**, entstehen lassen und diese auskeimen. Dieser Vorgang erfordert komplexe Nährmedien wie Kokosmilch (= flüssiges Endosperm).

Die Pflanzenvermehrung durch Gewebekultur besitzt große Bedeutung für die gärtnerische Praxis, z. B. zur Klonierung von interessanten Orchideen-Hybriden (keine genetische Aufspaltung wie bei der Samenvermehrung) und bei der Vermehrung von virusfreien, aber virusgefährdeten Zierpflanzen. Derartige klonierte Pflanzen aus Kalluszellen sind jedoch genetisch nicht völlig homogen, sondern weisen Mutationen auf.

Zell- oder Suspensionskulturen gehen meist von einem Kallus aus, dessen Zellen in der Nährlösung suspensiert werden. Die mehr oder weniger vereinzelten Zellen zeigen im Vergleich zum Kallus eine geringere Neigung zur Zellteilung und bedürfen höherer Nährstoffkonzentrationen. Gewisse Erwartungen, die Zellen in Sterilkulturen zu spezifischen Syntheseleistungen zu nutzen und zu langzeitig exponentiellem Teilungswachstum zu befähigen, haben sich nicht erfüllt. Die Teilungsrate ist um ein Vielfaches geringer als bei Mikroorganismen. Mit unreifen Pollenkörnern gelingt es durch Methoden der Sterilkultur, **haploide Sporophyten-Pflanzen** heranzuziehen, die durch Einsatz von Colchicin zu homozygoten diploiden Pflanzen umgewandelt werden können oder auch zur Herstellung haploider Protoplasten dienen. Als **Protoplasten** bezeichnet man zellwandlose, isolierte Zellen, die aus einer Zellkultur durch

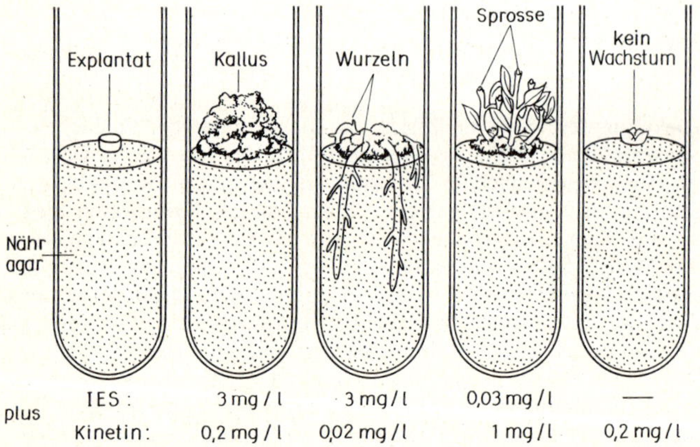

Abb. 8.13. Hormonabhängige Organdifferenzierung in Kalluskulturen vom Tabakmark. – Nach Ray aus Mohr und Sitte.

Abbau der Zellwand durch pectin- und celluloseabbauende Enzyme gewonnen werden. Verschiedenartige Protoplasten können vegetativ zu Hybridzellen fusionieren, aus denen ganze Pflanzen regenerieren können. Verschmelzen nur die Zellen, nicht aber die Zellkerne, so entsteht eine zweikernige **Heterokaryon-Zelle**, erfolgt auch Kernverschmelzung, eine einkernige **Synkaryon-Zelle**. Der wandlose Protoplast läßt aber auch große Moleküle wie DNA oder Viren in sein Inneres eindringen, was zu Transformationsversuchen nutzbar zu machen ist.

8.4.5. Blütenbildung

Die der Fortpflanzung dienende generative Phase der Entwicklung wird bei den Samen- und einigen Farnpflanzen durch die Blütenbildung eingeleitet. Erster sichtbarer Ausdruck ist eine Umsteuerung im Meristem des Vegetationspunktes, an dem stockwerkartig die Blattkreise der Blüte angelegt werden, und zwar die Frucht-, Staub-, Kron- und Kelchblätter in der jeweiligen Zahl der Glieder und der Wirtel. Der Abschluß der **Jugendphase** (= **juvenile Phase**) und der Eintritt in die **Reifephase** (= **adulte Phase**), d.h. die Erlangung der **Blühreife**, werden artspezifisch durch genetische Faktoren bestimmt, die Zeitpunkte der **Blühbereitschaft** sind aber auch von Umweltbedingungen abhängig und experimentell beeinflußbar. So dauert die juvenile Phase bei der Birke (*Betula pubescens*) 5–10 Jahre, bei der Rotbuche (*Fagus sylvatica*) 30–40 Jahre.

Treten mit der Blühreife Laubblätter veränderter Größe oder Gestalt auf, liegt eine **heteroblastische** Entwicklung vor. So zeigen blühende Efeusprosse ovale Blätter in spiraliger Anordnung an aufrechten Trieben, juvenile Sprosse hingegen gelappte Blätter an plagiotrop wachsenden Achsen (Abb. 8.14.). Auf eine hormonelle Regulation weist die Tatsache hin, daß adulte Efeuzweige durch die Gegenwart juveniler Zweige in gemeinsamem Wassergefäß wieder juvenil weiterwachsen können. Dieser Formwechsel ist auch durch Gibberelline induzierbar.

Nach ihrer Blühfähigkeit unterscheiden wir **pollakanthe, ausdauernde** Pflanzen (griech. pollakis = oft, anthos = Blüte) wie Stauden und Gehölze, die jährlich erneut zum Blühen kommen, von **hapaxanthen Pflanzen** (griech. hapax = einmal), die nach einmaliger Blüten- und Fruchtbildung absterben. **Einjährige (annuelle Pflanzen)** blühen bereits im ersten Jahr (z.B. Vogelmiere), **Zweijährige** erst im zweiten Jahr (z.B. *Beta*-Rüben) und **Mehrjährige** oft erst nach vielen Jahren (z.B. Agave, einige Palmen).

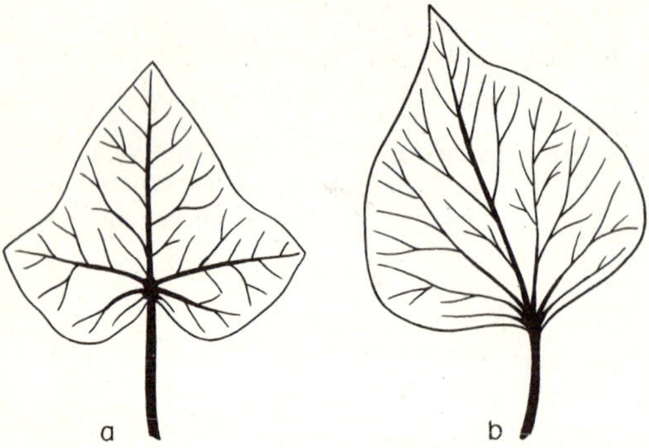

Abb. 8.14. Heteroblastischer Formwechsel des Efeublattes. a juveniles, **b** adultes Blatt. – Nach Butterfaß.

Für viele Pflanzen genügt der Zustand der Blühreife, um zum Blühen zu kommen (z.B. Tomate, *Lycopersicum esculentum*), bei anderen läßt erst ein aus den Blättern stammendes und durch steuernde Umweltfaktoren, insbesondere Licht und Temperatur, gebildetes hypothetisches Blühhormon, das **Florigen**, Blüten entstehen. (s. 8.4.6.). Die hierfür erforderlichen Bedingungen sind nicht mit den optimalen Wachstumsbedingungen identisch. Wie bei der Hemmung der Samenkeimung können vorteilhafte Anpassungen an die Klimaperiodik erkannt werden

Vernalisation (= **Jarovisation**). Die Einwirkung von Kälte führt bei vielen Pflanzen zu einem beschleunigten Eintritt in die Blühphase. So benötigt Winterroggen (nicht Sommerroggen) eine Periode tiefer Temperatur, um zeitgerecht im Sommer zu blühen und zu fruchten. Wirksam wird eine Behandlung bei wenigen Celsiusgraden während ein bis wenigen Wochen bereits dann, wenn das Saatgut nur mit 50% des zur Keimung notwendigen Wassers versorgt ist. Das vernalisierte Saatgut kann so ungekeimt gedrillt werden. Bei isolierten Embryonen aus Karyopsen konnte ein Vernalisationseffekt bereits im wenigzelligen Zustand erreicht werden. Nicht alle kältebedürftigen Pflanzen lassen sich aber als Samen vernalisieren. Bei zweijährigen Pflanzen wie Möhren, Sellerie, Kohl und Bilsenkraut ist das Rosettenstadium am Ende des ersten Jahres kältebedürftig. Manche der Pflanzen, deren Blütensproßbildung durch Kälte gefördert wird, zeigen gleichzeitig eine Abhängigkeit von photoperiodischen Einflüssen.

Über die bei der Vernalisation ablaufenden Prozesse wissen wir noch wenig, eine ungestörte Atmung ist notwendige Voraussetzung. Kurze Zeit nach der Kältebehandlung kann durch eine Wärmebehandlung (bis zu 40 °C) der Blühförderungseffekt wieder aufgehoben werden („**Devernalisation**"), späterhin ist das nicht mehr möglich.

8.4.6. Photoperiodismus

Unter Photoperiodismus wird der Einfluß wechselnder Licht- und Dunkelperioden auf die Entwicklung von Pflanzen (und Tieren) verstanden. Im Vordergrund steht dabei der Blühprozeß, wenn auch viele andere Vorgänge, wie z. B. Knollenbildung bei Wildkartoffel-Arten (im Kurztag) und die Bildung von Erdbeer-Ausläufern (im Langtag), photoperiodisch gesteuert werden. Photoperiodisch nicht beeinflußbare Pflanzen bezeichnet man als **tagneutral**. Die Entdeckung des Photoperiodismus durch Garner und Allert (1920) knüpfte sich an die Feststellung, daß eine neue Tabakvarietät, *Nicotiana tabacum* var. Maryland Mammoth, sehr spät in der Vegetationsperiode Blüten ansetzte und erst während des Winters im Gewächshaus Samen trug. Die Pflanze benötigte zur Blühinduktion die kurze Lichtdauer der Herbsttage bzw. – wie wir heute wissen – die lange Dunkelheit der Herbstnächte. Dennoch nennen wir auch heute eine Pflanze mit diesem Verhalten **Kurztagpflanze (KTP)** und stellen sie der **Langtagpflanze (LTP)** gegenüber, bei der erst von einer bestimmten Tageslänge an (entscheidend ist wieder die Dauer der Nacht) Blütenbildung einsetzt (Abb. 8.15.). Es darf zur Auslösung der Blühinduktion bei einer KTP die Dauer einer „**kritischen Dunkelperiode**" nicht unterschritten, bei der LTP nicht überschritten werden. Die erforderliche absolute Dauer der Tages- bzw. Nachtlängen kann unterschiedlich sein. So beträgt die „**kritische Tageslänge**" z. B. bei der KT-Pflanze *Xanthium pensylvanicum* (Spitzklette) $15^1/_2$ Stunden, bei der LT-Pflanze *Hyoscyamus* (Bilsenkraut) ca. 11 Stunden. Verschieden ist auch die zur Induktion benötigte Anzahl von Tagen. Während *Xanthium* und *Pharbitis nil* nur e i n e n Kurztag und *Lolium temulentum* e i n e n Langtag brauchen, benötigen andere KT- und LT-Pflanzen mehrere Tage oder auch Wochen. Anstelle vieler Kurz- oder Langtage kann bei einigen KT-Pflanzen auch e i n e längere Dunkelperiode, bei LT-Pflanzen aber generell auch Dauerlicht zum Erfolg führen. Außer Kurztag- und Langtagpflanzen gibt es auch Pflanzen, wie z. B. *Phaseolus polystachyus*, bei der die tägliche Lichtdauer zur Blühinduktion einen Grenzwert von $13^1/_2$ Stunden nicht unterschreiten und

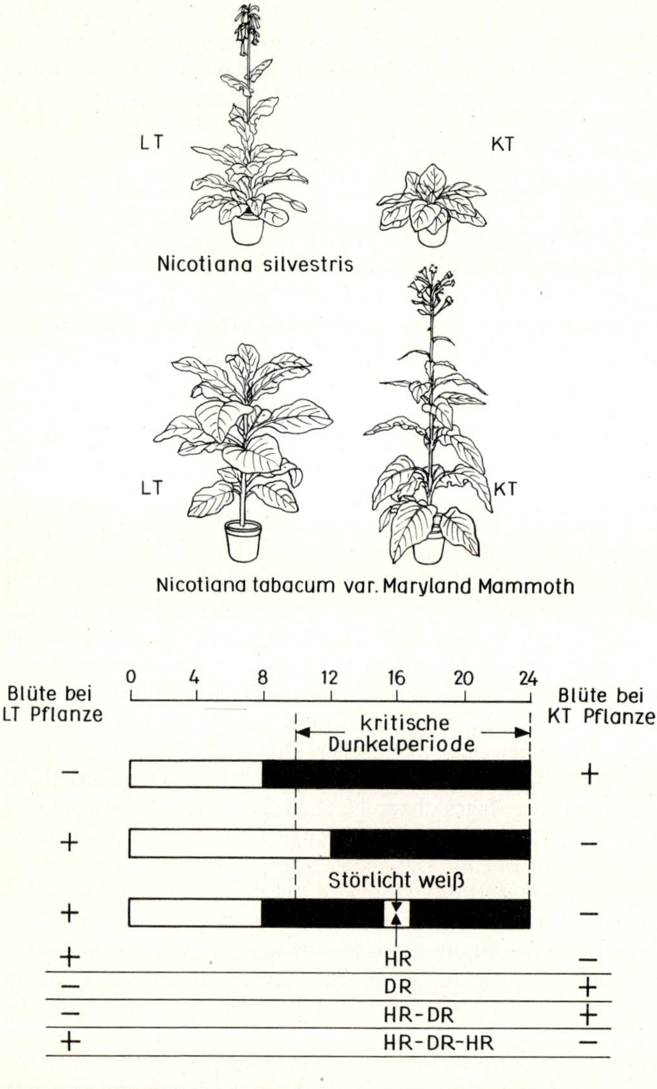

Abb. 8.15. Blühinduktion bei Kurz- und Langtagpflanzen. *KT* Kurztag, *LT* Langtag, *HR* Hellrot, *DR* Dunkelrot. – Nach Melchers und Lang, Diagramm nach Hess, verändert.

von $14^1/_2$ Stunden nicht überschreiten darf. Von *Bryophyllum crenatum* ist bekannt, daß es zum Blühen erst LT, dann aber KT braucht, es gehört zu den „**Langkurztagpflanzen**", hingegen ist *Trifolium repens* eine „**Kurzlangtagpflanze**". – Ist für Pflanzen der photoperiodische Einfluß der einzige Weg, um zur Blüte zu kommen, so gehören sie zu den **obligaten** (= **qualitativen**) KTP bzw. LTP, bei **fakultativen** (**quantitativen**) KTP bzw. LTP ist ein Blühen auch unter anderen Bedingungen möglich, z. B. durch Kälteeinfluß oder, evtl. erst in höherem Alter ohne induktive Einflüsse (Tab. 8.3.). Insgesamt gibt es eine Vielzahl unterschiedlicher Verhaltensweisen, oft auch bei nahestehenden Arten und Varietäten.

Tabelle 8.3. Beispiele für photoperiodische Blühregulation

KT-Pflanzen	**LT-Pflanzen**
a) qualitativ	a) qualitativ
Amaranthus caudatus	*Alopecurus pratensis*
Chenopodium album	*Anagallis arvensis*
Euphorbia pulcherrima	*Avena sativa*
Kalanchoe blossfeldiana	*Beta vulgaris*
Lemna perpusilla	*Hyoscyamus niger*
Nicotiana tabacum	*Lactuca sativa* (Sorten)
var. Maryland Mammoth	*Lolium temulentum*
Pharbitis nil	*Nicotiana sylvestris*
Xanthium pensylvanicum	*Spinacia oleracea*
	Triticum aestivum
b) quantitativ	b) quantitativ
Cannabis sativa	*Antirrhinum majus*
Dahlia pinnata	*Brassica rapa*
Gossypium hirsutum	*Hordeum vulgare*
Saccharum officinarum	*Petunia hybrida*
Salvia splendens	*Pisum sativum*
Tagneutrale Pflanzen	
Bellis perennis	*Lathyrus odoratus*
Cucumis sativus	*Lycopersicon esculentum*
Fagopyrum esculentum	*Poa annua*
Helianthus tuberosus	*Senecio vulgaris*
Impatiens balsamina	*Taraxacum officinale*

Bei der weiteren Aufklärung des Photoperiodismus waren **Störlichtversuche** sehr bedeutungsvoll, d. h. der Einfluß einer kurzen Lichtphase (oft nur wenige Minuten) als Unterbrechung der Dunkelphase. Kurze Dunkelphasen während der Belichtungszeit zeigten keinen Einfluß. Es ergab sich:

- Störlicht, etwa in der Mitte der Dunkelphase eines bzw. mehrerer Kurztagzyklen geboten, verhindert das Blühen der KT-Pflanzen, während LT-Pflanzen bei diesem Lichtprogramm zum Blühen kommen (Abb. 8.15.).
- Die Wirksamkeit des Störlichtes ist im Verlaufe der Dunkelphase eines Kurztages unterschiedlich, sie erreicht etwa in der Mitte ihr Maximum mit Minima am Anfang und Ende. Dieses Verhalten läßt auf eine rhythmisch wechselnde Reaktionsbereitschaft der Pflanzen gegenüber Licht schließen, auf einen Wechsel **photophiler** (durch Licht förderbarer) und **skotophiler** (durch Dunkelheit förderbarer) Phasen (Abb. 8.16. a).
- Als wirksame Lichtqualität für das Störlicht stellte sich das von Phytochrom$_{660}$ absorbierte hellrote Licht heraus, welches zur Bildung des aktiven P_{730} führt (S. 503 f.). Unmittelbar nach dem hellroten Störlicht (Maximum bei 660 nm) gebotenes dunkelrotes Licht (Maximum bei 730 nm) hebt den Effekt des Hellrot auf. Die Pflanzen verhalten sich so, als ob kein Störlicht geboten wurde (Abb. 8.15.).

Der Unterschied zwischen KT- und LT-Pflanzen ist eventuell in dem sich rhythmisch verschiedenartig verändernden Gehalt von P_{730}, wahrscheinlicher aber in einer sich circadian rhythmisch verändernden Empfindlichkeit gegenüber „aktivem" Phytochrom zu vermuten. Bei der KT-Pflanze *Xanthium* fördert das während der Belichtung gebildete P_{730} in den ersten 4 Stunden der Dunkelphase das Blühen, hemmt diesen Prozeß aber in der zweiten Hälfte der Nacht. Gleichzeitig findet in Dunkelheit die Umwandlung des P_{730} in P_{660} statt, so daß nach genügender Länge der Nacht blühhemmendes P_{730} nicht mehr vorliegt. Bei LT-Pflanzen könnte der blühfördernde Effekt des P_{730} mit dessen Abbau in einer zu langen Nacht verlorengehen.

Aufnahmeorgane für die photoperiodische Induktion sind die Blätter, in denen gleichzeitig die Bildung der auch für den Blühprozeß erforderlichen Assimilate durch die Photosynthese erfolgt. Daher benötigt jede Pflanze zumindest während eines Teils der Lichtphase eine für die Photosynthese ausreichende Beleuchtungsstärke. Das darüber hinaus zur photoperiodischen Induktion erforderliche Licht kann von wesentlich geringerer Stärke sein. In sterilen Kulturmedien mit Saccharose-Zusatz war bei KT-Pflanzen eine Blütenbildung durch mehrtägige Dauerdunkelheit auszulösen.

Die Blühreaktion an den Sproßspitzen nach photoperiodischer Induktion der Blätter läßt die Bildung und den Transport eines stofflichen Blühstimulus erwarten. Dieser Stimulus wird „**Florigen**" genannt, die Natur dieses hypothetischen Blühhormons ist unbekannt. Bei *Xanthium* hat dieses Hormon das induzierte Blatt etwa 2 bis 4 Stunden nach der Induktion verlassen, und nach 1 bis 2 Tagen ist der Vegetationskegel durch Genaktivierung zur Blütenbildung determiniert. Da die ermittelte Geschwindigkeit des Blühhormon-Transportes bei 2–4 mm/h gemessen wurde, kommt der deutlich schnellere Phloemstrom dafür kaum in Frage, eher ein Gewebstransport. Für die Existenz eines solchen Hormons (oder Hormonkomplexes) sprechen insbesondere die erfolgreichen **Übertragungen des Blühimpulses durch Pfropfung** von Sproßteilen blühinduzierter Pflanzen auf nichtinduzierte (Abb. 8.16. c). Da das Blühhormon in den Pflanzen unterschiedlicher systematischer Zugehörigkeit offenbar das gleiche ist, gelingen solche Übertragungen auch zwischen KT- und LT-Pflanzen, zwischen Pflanzen verschiedener Familien sowie bei Pfropfung blühender tagneutraler Pflanzen auf KT- und LT-Pflanzen. Begrenzend dürfte hierbei nur die Pfropfverträglichkeit der Partner sein.

Wie durch die photoperiodische Induktion wird auch durch die Pfropfübertragung des Blühstimulus die Neusynthese des Blühhormons ausgelöst.

Bei LT-Pflanzen, die unter KT-Bedingungen standen, konnte die Bildung eines blühhemmenden Prinzips (**Antiflorigen**) wahrscheinlich gemacht werden, welches wie Florigen in Blättern entsteht und zur Sproßspitze geleitet wird. Der KT – Tabak Maryland-Mammoth bildet im KT keine Blüten, wenn ihm ein Blatt des im KT angezogenen LT-Tabaks *Nicotiana silvestris* eingepfropft wurde. – Es erscheint gesichert, daß an der Regulation von Blühprozessen sowohl auslösende als auch hemmende Hormonwirkungen in artspezifischer Weise beteiligt sind.

Viele Bemühungen galten der Isolierung des vermuteten Blühhormons oder Blühhormonkomplexes, doch waren auch Teilerfolge nicht immer reproduzierbar. Versuche, durch Phytohormone Blühinduktion auszulösen, führten kaum zu verallgemeinerungsfähigen Aussagen. Eindeutig wird Blühen bei Bromeliaceen durch Ethylen ausgelöst sowie durch Gibberellinsäure bei vielen LT-Pflanzen im Kurztag. – Auf den letzteren Befund gründet sich die „**Zweiphasenhypothese**", nach der Blühauslösung durch „Florigen" auf den aufeinanderfolgenden Wirkungen von dem das Schossen auslösenden Gibberellin und von dem hypothetischen, Blütenbildung induzierenden „**Anthesin**" beruht. Bei LTP sollen Anthesine (oder spezifische Gibberelline) vorhanden sein und die im LT aktivierten (oder im KT zugegebenen) Gibberelline durch das Schossen auch das Blühen auslösen. KTP besitzen bereits die erforderlichen Gibberelline, benötigen aber den KT, um die fehlenden Anthesine zu bilden (Abb. 8.16. b).

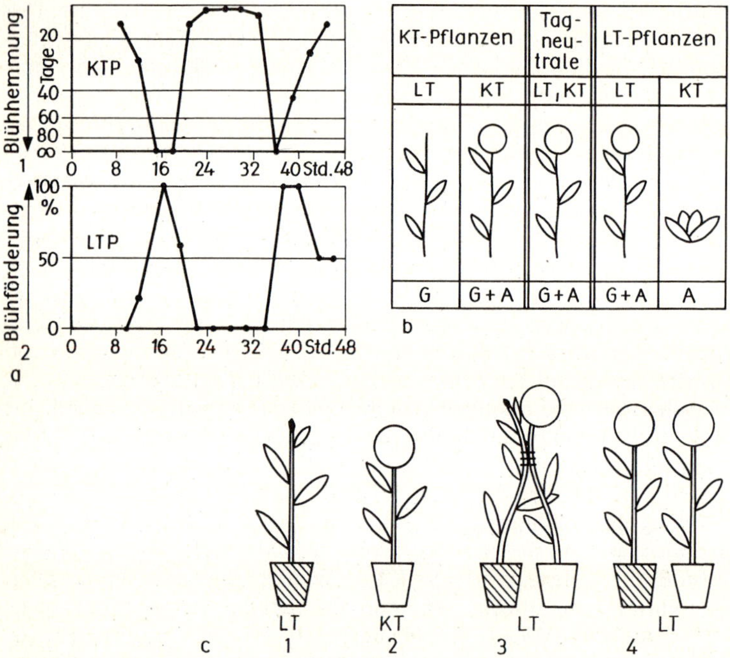

Abb. 8.16. Photoperiodische Blühinduktion. a Nachweis endogen-rhythmisch wechselnder Blühbereitschaft: nach 9 Stunden Licht wurde den Pflanzen in Dauerdunkelheit zu unterschiedlichen Zeiten ein 2stündiges Störlicht geboten. Dessen Einfluß wechselte rhythmisch und war bei (1) KT-Pflanze und (2) LT-Pflanze entgegengesetzt. **b** Hypothese über das Zusammenwirken von Gibberellin (*G*) und Anthesin (*A*) bei der Blühinduktion, s. Text. **c** Übertragung des Blühstimulus durch Pfropfung: (1) nichtblühendes und (2) blühendes Exemplar der KT-Pflanze *Xanthium* wurden (3) an Wundflächen einige Tage in Kontakt gebracht (gepfropft), (4) als Folge kommt das nichtblühende Exemplar im LT zum Blühen. – a (1) nach Bünsow, a (2) nach Clas und Lang, beide aus Libbert, b nach Chailachjan, verändert.

Die photoperiodische Blühinduktion führt dazu, daß die in höheren Breiten beheimateten LT-Pflanzen bei zunehmender Tageslänge saisongerecht zum Blühen kommen. In mittlerer geographischer Breite, wo KT- und LT-Pflanzen vorkommen, stammen die KT-Pflanzen meist aus Gebieten mit Wintertrockenheit, LT-Pflanzen aus Gebieten mit Sommertrockenheit. Jeder der beiden Typen wird so befähigt, seine Samenbildung vor der Vegetationsruhe abzuschließen. Pflanzen niederer Breiten, des Tropengürtels, können nur als KT-Pflanzen oder als Tagneutrale zum Blühen gelangen.

8.4.7. Seneszenz

Im Lebenszyklus einer höheren Pflanze folgt nach embryonaler, juveniler und adulter Phase die **Altersphase oder Seneszenz** (lat. senex = Greis), welche mit dem Tod endet. Im normalen Lebenslauf ist die Seneszenz pflanzlicher Organe nicht dauerhaft aufzuhalten. Das höchste ermittelte Alter einer Landpflanze, einem Exemplar der Borstenkiefer *Pinus longaeva* in Nordamerika, beträgt etwa 4600 Jahre. Aber auch solche ausdauernden **pollacanthen** Pflanzen sterben schließlich ab, eventuell weil sie unfähig sind, die jungen Triebe ausreichend zu versorgen oder die erforderliche hormonelle Korrelation aufrecht zu erhalten. Bei allen Pflanzen ist das erreichbare Alter auch von erblichen Faktoren abhängig. Durch fortgesetzte Stecklingsvermehrung können Pflanzen aber unbegrenzt wachsen. Bei den **hapaxanthen** Pflanzen (s. S. 509) entscheidet der Vorgang der Fruktifikation über den Eintritt der Seneszenz. Wird bei zweijährigen Pflanzen durch fehlenden Kälteeinfluß (s. 8.4.5.) oder durch wiederholtes Entfernen der Blüten bzw. jungen Früchte die Fruktifikation verhindert, so können diese im vegetativen Zustand viele Jahre alt werden. Gegen die naheliegende Annahme, daß ein hoher Nährstoffentzug zugunsten der sich bildenden Samen und Früchte die Seneszenz der Pflanzen bedingt, spricht, daß z. B. die männlichen Pflanzen des zweihäusigen Hanf (*Cannabis sativa*) trotz geringen Nährstoffverbrauchs durch die Fruktifikationsorgane nach der Entlassung des Pollens altern und absterben. – In den sich bildenden Fortpflanzungsorganen besitzt die hapaxanthe Pflanze das in diesem Stadium wichtigste Zentrum der Hormonaktivität und des Wachstums. Mit dem begrenzten Wachstum der Blütenorgane erlischt das Wachstum dieser Pflanze überhaupt, d. h. es werden alle vorhandenen Bildungsgewebe in Knospen und Wurzelspitzen der Seneszenz unterworfen. Sie wird von korrelativ wirkenden **Seneszenzfaktoren** gesteuert, zu denen vermutlich die Abscisinsäure und das Ethylen gehören. Zellen und Gewebe in Kultur unterliegen der Seneszenz nicht.

Nicht immer betrifft die Seneszenz aber die ganze Pflanze (Abb. 8.17. a). Bei ausdauernden Zwiebel-, Knollen- und Rhizompflanzen stirbt der oberirdische Sproß nach Blühen und Samenbildung jährlich ab. Das kann die Folge einer endogenen Entwicklungsrhythmik (s. 8.5.) oder der Einwirkung von Außenfaktoren wie Kälte, Trockenheit u. a. sein. Den überdauernden Organen werden die durch Abbau mobilisierten organischen Substanzen der alternden Organe –

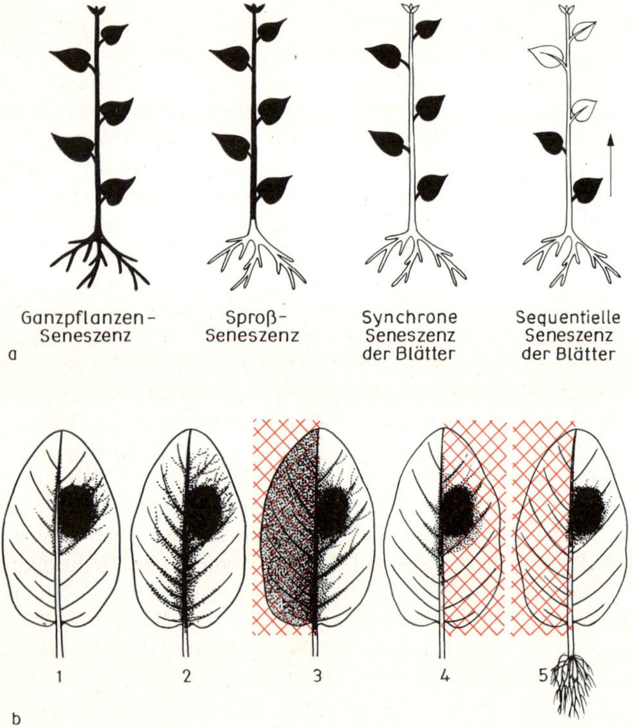

Abb. 8.17. Seneszenz. a Typen der Pflanzen- und Blattseneszenz. **b** Retention und Verteilung radioaktiver Aminosäure (^{14}C-α-Aminoisobuttersäure) in isolierten Tabakblättern: (1) Verteilungsmuster im jungen Blatt, (2) im älteren Blatt, (3) nach Besprühen der linken, (4) der rechten Blatthälfte mit Kinetin-Lösung, (5) bewurzeltes Blatt mit Kinetin-Lösung auf der linken Blatthälfte (Schwärzung zeigt die Anwesenheit der Aminosäure an, die rote Markierung die mit Kinetin besprühten Blatteile). Weitere Erklärung im Text. – Nach Mothes und Engelbrecht.

insbesondere N- und P-haltige Verbindungen – zu einem großen Teil zugeleitet.

Die **Seneszenz von Blättern** wurde eingehend untersucht. Sie kann entweder **synchron**, d.h. an der ganzen Pflanze gleichzeitig, oder **sequentiell**, d.h. nacheinander in der Reihenfolge der Blattentstehung erfolgen. **Sychrones Altern der Blätter**, wie es unsere Laubbäume im Herbst zeigen, wird häufig durch äußere Faktoren wie Licht und Temperatur gesteuert. Licht beeinflußt über das Phytochrom-System, wobei Kurztag das Altern fördert. Einen gleichen Effekt haben hohe Tages- und tiefe Nachttemperaturen. Auf Grund eines veränderten Hormonhaushaltes (Abnahme von Gibberellinen und Cytokininen, Zunahme von Abscisinsäure) sinkt in alternden Blättern die Fähigkeit, Metabolite des Stoffwechsels wie Aminosäuren, Zucker und Phosphatverbindungen zurückzuhalten, das **Retentionsvermögen** wird geringer. Das ist die Folge einer verringerten Neusynthese, insbesondere von Eiweißstoffen und Nucleinsäuren, aber auch eines verstärkten Abbaues durch Ribonucleasen und anderer, vermehrt auftretender hydrolytischer Enzyme. So kommt es zu einem verstärkten Abtransport organischer Substanzen aus den Blättern. Die Chloroplasten degenerieren zu Gerontoplasten, indem die Thylakoide zu gelb gefärbten Plastoglobuli einschmelzen, und mit dem Verlust von Chlorophyll ihre Fähigkeit zur Photosynthese verlieren. Besonders gut sind diese Veränderungen bei der **sequentiell erfolgenden Blattseneszenz** zu verfolgen, bei dem Vergilben der unteren Blätter an der Tabakpflanze oder den normalerweise nach 4 bis 6 Jahren abfallenden Nadeln der Fichte. Hierbei spielt die hormonell gesteuerte Konkurrenz zwischen alten und jungen Blättern um die Nährstoffe eine maßgebende Rolle. Die unteren, bereits gelben Tabakblätter können zum Wiederergrünen gebracht werden, wenn der oberhalb davon befindliche Sproß mit den jungen Blättern abgeschnitten und dadurch der Nährstoffentzug aus den alternden Blättern unterbunden wird.

Über die Art des hormonellen Stoffentzugs gibt es auch Hinweise durch **Versuche an isolierten Blättern** (Abb. 8.17. b). Wird eine Hälfte eines solchen, in feuchter Kammer etwas gealterten Blattes mit einer Kinetinlösung besprüht, die andere aber mit der Lösung einer radioaktiv markierten Aminosäure, so wandert diese in den mit Kinetin besprühten Blatteil ein. Dort wurde aber auch der Vorgang der Seneszenz verzögert, was an dem Grünbleiben dieser Blatthälfte erkennbar wird. Ebenfalls grün bleiben aber auch bewurzelte Blätter im Gegensatz zu unbewurzelten, da sie über die Wurzel mit Cytokininen versorgt werden. Aufgesprühtes Kinetin ist dann ohne Wirkung. Außer durch

Cytokinine kann die Seneszenz bei einigen Pflanzen auch durch Gibberelline (z.B. *Taraxacum vulgare*) und durch Auxin (einige Gehölzpflanzen) aufgehalten werden.

Unabhängig von der Gesamtpflanze, oft gut programmiert und mit schnellem Ablauf kann die **Seneszenz von Blüten** erfolgen. Ein gut untersuchtes Beispiel ist die Prachtwinde (*Ipomoea tricolor*), deren Blüten am gleichen Tage aufblühen und verblühen. Das ist mit einem steilen Anstieg der Ethylenbildung und der damit ausgelösten Förderung hydrolytischer Prozesse, insbesondere der Bildung von Nucleasen, in der zweiten Tageshälfte verbunden. Ethylen kann dabei autokatalytisch die Bildung neuen Ethylens fördern.

Der Vorgang der Seneszenz besitzt einen positiven Selektionswert, da die Nährstoffe alternder Organe vor dem Absterben den Fortpflanzungs- oder Überdauerungsorganen bzw. jungen, leistungsfähigen Pflanzenteilen zugute kommen. Die Notwendigkeit des Absterbens muß aber nicht altersbedingt sein, sondern kann z.B. bei Blättern auch durch Wassermangel ausgelöst werden. An der Steuerung dieses Vorganges, der zu einer notwendigen Transpirationseinschränkung führt, ist die in den Blättern vermehrt gebildete Abscisinsäure beteiligt (s. S. 490f.).

8.5. Rhythmik bei Pflanzen

Die pflanzlichen Stoffwechsel-, Wachstums-, Entwicklungs- und Bewegungsprozesse verlaufen in der Regel nicht gleichförmig, sondern zeigen rhythmische Veränderungen, die oft mit der Periodizität natürlicher Umweltfaktoren synchron laufen. So entstehen die Tagesrhythmen in engem Zusammenhang mit dem täglichen Licht-Dunkel-, Temperatur- oder Feuchtigkeitswechsel. Jahresrhythmen zeigen ein Angepaßtsein an die jahreszeitlich veränderten Tageslängen (s. 8.4.2.), Temperaturen und Niederschlagsmengen (s. 8.4.3. und 8.4.4.). Für Meeresorganismen können auch die Gezeitenrhythmik mit dem 6,2stündlichen Wechsel von Ebbe und Flut sowie die Lunarrhythmik, der 29,5 tägige Mondphasenwechsel, als äußere Zeitgeber einer Rhythmik wirksam sein. Kurzzeitige Rhythmen, wie die der elliptisch kreisenden Fiederblattbewegungen von *Desmodium gyrans* (Fabaceae) – die Periodendauer liegt im Minutenbereich – zeigen keinen Bezug zu einer äußeren Periodik (Abb. 8.18.a). Hier steuern allein innere Faktoren die Rhythmik.

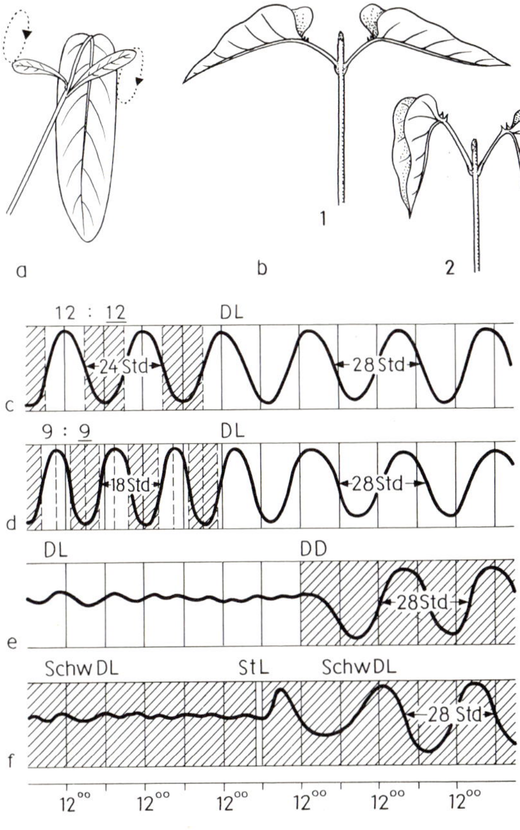

Abb. 8.18. Rhythmische Blattbewegungen. a *Desmodium gyrans*, rhythmisches Senken (schnell) und Heben (langsam) der zwei seitlichen Fiederblättchen mit Periodenlängen von wenigen Minuten, die Blattspitzen bewegen sich dabei auf ellyptischen Bahnen. **b** Blätter von *Phaseolus coccineus* in (1) Tagstellung und (2) Nachtstellung. **c–f** Versuche zum Nachweis endogen rhythmischer Komponenten bei Blattbewegungen von *Phaseolus coccineus*, **c** Übergang der 24 Std. Rhythmik im 12 : **12** LDW in endogene 28 Std. Rhythmik im DL, **d** dieser Übergang nach einer 18 Std. Rhythmik im 9 : **9** LDW, **e** Anstoß endogener Rhythmik (nach Ausklingen) durch Wechsel von DL zu DD (oder umgekehrt), **f** Anstoß endogener Rhythmik durch kurze Starklicht-Periode in schwachem Dauerlicht. *DD* Dauerdunkel, *DL* Dauerlicht, *SchwDL* schwaches Dauerlicht, *StL* Starklicht. – a nach Schumacher, b nach Libbert, c–e nach Bünning, f nach Lörcher.

Bei gegebener Synchronität von biologischer Rhythmik und periodischem Außenreiz läßt es sich erst durch Versuche entscheiden, ob es sich um eine **exogene oder endogene Rhythmik** handelt. Exogen, d. h. nur durch den periodischen Wechsel äußerer Faktoren gesteuert, erfolgt z. B. das Öffnen und Schließen vieler Blüten wie bei Krokus und Tulpe, hier als Folge des Tag-Nacht-Temperaturwechsels. Unter konstanten äußeren Bedingungen unterbleibt diese rhythmische Bewegung. Sehr häufig ist aber eine **endogene Rhythmik** die Grundlage des Tagesrhythmus, bei dem die Periodenlänge des inneren, schwingenden Systems durch die Länge der Tagesperiodik modifiziert wird.

Am Beispiel des im Tag-Nacht-Wechsel rhythmisch erfolgenden Hebens und Senkens der Blätter von der Feuerbohne („Schlafbewegung") sei dargestellt, an welchen Merkmalen die endogene Rhythmik erkennbar wird:

- an dem Weiterlaufen der rhythmischen Bewegung auch unter konstanten Außenbedingungen, mit einer über längere Zeit abklingenden Amplitude.
- am Auftreten einer von der 24-Stunden-Periodik abweichenden, artspezifischen Periodenlänge unter konstanten Außenbedingungen. Bei der Feuerbohne (*Phaseolus coccineus*) beträgt sie 28 Stunden. – Die Bezeichnung **„circadiane Rhythmik"** (lat. circa = ungefähr, dies = Tag) für endogene Tagesrhythmik nimmt darauf Bezug.
- an dem nur begrenzten Vermögen, künstlich veränderten Periodenlängen mit der Bewegungsrhythmik folgen zu können. So vermag die Blattbewegung bei *Phaseolus coccineus* einem Licht-Dunkel-Wechsel von 9 : 9 Stunden noch zu folgen, fällt aber bei 8 : 8 Stunden in die endogene Periodenlänge zurück.
- an erneut kräftigen rhythmischen Bewegungen, wenn nach Abklingen der Bewegungsrhythmik unter konstanten Bedingungen ein kurzer Reiz (Abb. 8.18. d) oder nur ein Wechsel von Dauerdunkel zu Dauerlicht (oder umgekehrt) erfolgt. – Der Lichtimpuls als Zeitgeber der rhythmischen Blattbewegungen wird über das Phytochromsystem aufgenommen (S. 503).

Circadiane Rhythmen werden außcr bci Laubblatt-, Blütenblatt- und Spaltöffnungsbewegungen auch bei der Phototaxis von *Euglena gracilis*, der Fruktifikation verschiedener Pilze und Algen, dem Wachstum von *Avena*-Koleoptilen, bei der Photosyntheseaktivität und der CO_2-Fixierung, der Häufigkeit von mitotischen Kernteilungen (mit einem nächtlichen Maximum), der Biolumineszenz des Flagellaten *Gonyaulax polyedra* (ein Erreger von Meeresleuchten) und vielen anderen Erscheinungen festgestellt.

Für das circadiane System in Pflanzen wie Tieren wird eine **„physiologische Uhr"** verantwortlich gemacht, welche als noch unbekannter **Oscillator** in einer genetisch bedingten Spontanfrequenz schwingt und Zeitabläufe zu messen vermag. Periodisch wechselnde **Umweltbedingungen** können **als äußere Zeitgeber** die endogene Periodenlänge täglich auf die Tageslänge korrigieren. Bei experimentell veränderter Phasenlage periodischer Außenbedingungen vermag sich die circadiane Rhythmik meist erst im Verlauf von mehreren Tagen durch **Übergangszyklen** dieser neuen Situation anzupassen, und zwar erfolgt das um so langsamer, je stärker der Einfluß der endogen rhythmischen Komponente ist. Durch Hemmstoffe des Stoffwechsels kann die Amplitude, d. h. die Stärke der rhythmischen Schwingungen, stark herabgesetzt werden, durch Hemmung der Transkription (z. B. durch Actinomycin) kommt die Rhythmik sogar zum Stillstand, dennoch ist eine Veränderung der Periodenlänge dadurch nicht möglich. Eine hohe Konstanz der endogenen rhythmischen Phasenlage zeigten auch die dem Photoperiodismus (S. 511 f.) zugrunde liegenden periodischen Änderungen im Verhalten gegenüber Licht. Da das Schwingen des vermuteten Oscillators mit einem **Q_{10}-Wert***) von 0,9 – 1,3 weitgehend unabhängig von der Temperatur ist, wird das Wesen der physiologischen Uhr nicht in einer biochemischen Reaktion vermutet. Kernlose Pflanzen der Alge *Acetabularia* (s. 8.2.3.) zeigten ein Weiterlaufen der Photosyntheserhythmik, doch bestimmte ein durch Pfropfung zugeführter Kern durch seine Phasenlage die Rhythmik der ganzen Pflanze. Der Sitz des circadianen Steuerungssystems ist danach sowohl im Cytoplasma als auch im Kern zu vermuten. Dabei liegt es nahe, an eine spezifische mRNA als Steuerungssubstanz zu denken. Ein Zusammenhang mit einem an Membranen gebundenes Protein aus der Chloroplastenfraktion (80S-Ribosomen) von *Acetabularia*, dessen Auf- und Abbau zyklisch erfolgt, erscheint ebenfalls als möglich.

---

*) Der Temperaturquotient Q_{10} kennzeichnet die Änderung der Reaktionsintensität bei einer Temperaturveränderung um 10 °C. Chemische Reaktionen haben einen Q_{10} von etwa 2 – 4. Bei biologischen Objekten muß der Temperaturbereich in physiologischen Grenzen liegen.

9. Bewegungsphysiologie

9.1. Bewegungsmechanismen

Das Bewegungsvermögen der Pflanzen zeichnet sich durch die Mannigfaltigkeit der mechanischen Mittel aus, darunter auch die im Tierreich vorherrschende Kontraktilität von Proteinen. So treten Krümmungsbewegungen im Zusammenhang mit Wachstum, Turgorveränderungen, Kohäsionszug und Quellungsunterschieden auf. Im folgenden soll zunächst auf die verschiedenen Bewegungsmechanismen, dann auf die Steuerung von Bewegungsabläufen durch Umweltreize („Reizbewegungen") eingegangen werden.

9.1.1. Quellungs- und Entquellungsbewegungen

Zellwände sind durch den Gehalt an Pectin und Cellulose quellungsfähig. Inkrusten der Wand wie Lignin und Cutin schränken diese Fähigkeit ein. Die Anordnung von Cellulosefibrillen in Paralleltextur (s. 3.7.3.) führt zur **anisotropen Quellung**, d. h. zu einer geringeren Ausdehnung in Faserlängsrichtung als quer dazu. Zu Krümmungsbewegungen kommt es, wenn fest verbundene Schichten eine unterschiedliche Quellung bzw. Entquellung aufweisen. Die Zell- oder Wandschicht mit der geringeren Ausdehnung wird als **Widerstandsschicht** bezeichnet, entscheidend für die Krümmung ist aber die starke Längenänderung der **Bewegungsschicht** bzw. des **Bewegungsgewebes**. Schräg zueinander verlaufende Texturen führen bei Quellungsänderung zu schraubiger Krümmung oder **Torsion**. Quellungsbewegungen (= hygroskopische Bewegungen) dienen häufig der Samen- und Sporenverbreitung. Es sind reversible Prozesse, zumeist in Wänden toter Zellen.

Beispiele:

Beugungsmechanismen. Die Öffnung der Sporenkapseln von Laubmoosen wird von zwei als inneres und äußeres **Peristom** bezeichneten Zahnkränzen umgeben, von denen der äußere die Kapsel öffnet und schließt (Abb. 9.1. a, b).

Meist besteht jeder der 16 Zähne aus zwei fest verbundenen, verdickten Tangential-Wandschichten. Ist die außen liegende Wandschicht quer, die innere längs strukturiert, so führt Trockenheit zum Auswärtskrümmen der Zähne, und damit zum Öffnen der Kapsel (**Xerochasie**, z. B. bei *Funaria*, Abb. 9.1. b). Besitzt die äußere Schicht Längs- und die innere Querstruktur, dann erfolgt

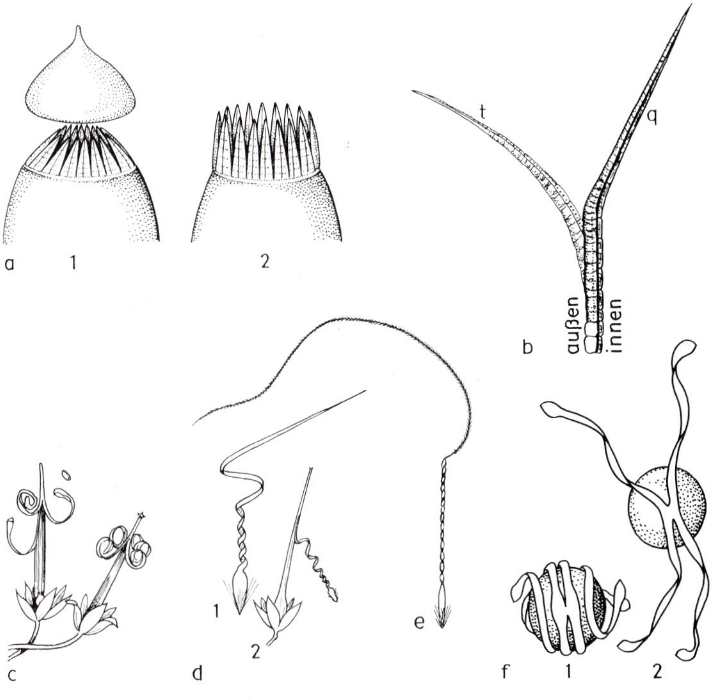

Abb. 9.1. Quellungs- und Entquellungsbewegungen. a Laubmooskapsel (1) mit freiliegendem Peristom nach Abfallen des Deckels, (2) geöffnetes Peristom. **b** Äußerer Peristomzahn eines Laubmooses (*Orthotrichum diaphanum*) im trocknen (*t*) und gequollenen (*q*) Zustand, die Außenschicht ist quer- und die Innenschicht längsstrukturiert. **c** Aufspringende Schleuderfrüchte von *Geranium palustre* (Storchschnabel). **d** *Erodium gruinum* (Reiherschnabel) (1) Teilfrucht, (2) beim Abspringen aus der Frucht. **e** Frucht von *Stipa pennata* mit tordiertem unterem Grannenteil. **f** Sporen von *Equisetum sylvaticum* mit Hapteren (1) in eingerolltem (2) in gestrecktem Zustand. – a nach Gilg-Schürhof, b nach Steinbrinck, c nach Kerner, d nach Noll, e nach Molinier und Müller, f nach Ingold.

Kapselöffnung bei Feuchtigkeit (**Hygrochasie**, z. B. bei *Tortula*). – Quellungsmechanismen ähnlicher Art richten bei Trockenheit die **Flughaare** verschiedener Samen und Früchte auf (z. B. *Clematis, Salix*), strecken die **Hüllblätter der Wetterdistel** (*Carlina*) auswärts und spreizen die **Zapfenschuppen** von *Pinus* bei Trockenheit vom Zapfen ab (Xerochasie). Beim Leinkraut (*Linaria vulgaris*) reißt die **Samenkapsel** bei Trockenheit am Scheitel auf, und es bilden sich zurückgekrümmte Zähne. – Die **Frucht des Storchschnabels** (*Geranium*) besteht aus 5 Teilfrüchten, in deren langen „Schnäbeln" die Spannung zwischen innerem Widerlager und äußerem Bewegungsgewebe solange aufgehalten wird, bis sich diese Grannen von der Mittelsäule trennen. Bei ihrem schnellen Einrollen werden die Samen weggeschleudert (Abb. 9.1. c).

Torsionsmechanismen. Bei dem **Reiherschnabel** (*Erodium*) führt Trockenheit nach der Lösung der Fruchtschnäbel von der Mittelachse zu deren schraubiger Einrollung, einer Torsion, und damit zum Abspringen der Teilfrüchte (Abb. 9.1. d). Diese Torsion hat, wie auch bei den **Grannen des Federgrases** (*Stipa*) und anderen Grannen, in schräg zueinander verlaufenden Wandtexturen von inneren und äußeren Zellschichten ihre Grundlage. – Die **Hülsen** vieler Fabaceen springen bei Reife auf und schleudern durch schnelles schraubiges Einrollen der Klappen die Samen fort. – Hygroskopisch bewegen sich die **Capillitium-Fasern** zwischen den Sporenmassen im Myxomyceten-Fruchtkörper. Jede Faser besitzt 3 bis 4 schraubenförmige Verdickungsleisten. Die Torsionsbewegung unterstützt den Sporenaustritt. – *Equisetum*-Sporen besitzen vier bandförmige **Hapteren** (Abb. 9.1. f). Deren hygroskopische Bewegungen (bei Trockenheit ausgebreitet, bei Feuchtigkeit um die Spore gerollt) dienen der Lockerung und Verbreitung der Sporen. Eine Verhakung der Sporen untereinander begünstigt insbesondere bei Eingeschlechtigkeit der entstehenden Prothallien die geschlechtliche Fortpflanzung.

9.1.2. Kohäsionsbewegungen

Sie werden durch Zellschrumpfung infolge der Verdunstung von Innenwasser verursacht, wobei Außenluft nicht in das Zellinnere eindringen kann. So entsteht ein Unterdruck, der unverdickte Wände in das Zellinnere zieht. Verdickte Wände setzen diesem Vorgang einen wachsenden Widerstand entgegen. Es kann zum Zerreißen der wäßrigen Lösung in der Zelle kommen, wobei ein mit Wasserdampf oder auch Außenluft gefüllter Raum entsteht und die einzelnen Zellen sich schlagartig entspannen können. Erfolgt dieses „Springen" im Experiment auch durch Wasserentzug in Glycerol, so enthält die Gasblase Wasserdampf und kann mit Wasser wieder aufgefüllt werden. Der Kohäsionsmechanismus ist dann zu neuer Funktion bereit. Die auftretenden Zugspannungen überwinden aber nicht die Kohäsion reinen Wassers (über –1 000 bar), sondern die Zerreißfestigkeit des wäßrigen Zellinhaltes mit gelösten und suspendierten Substanzen (etwa −300 bar).

Beispiele:

Farn-Anulus. Das Sporangium von Polypodiaceen umgibt ein medianer Ring, der Anulus, der zu etwa Zweidrittel aus Zellen mit verdickten Innen- und Radialwänden, aber unverdickten Außenwänden besteht (Abb. 9.2.). Bei Verlust von Zellwasser entsteht im Anulus ein tangentialer Zug, der das Sporangium an den unverdickten **Stomiumzellen** aufreißt. Dem stetigen Zurückkrümmen folgt das ruckartige, durch „Springen" von Zellen verursachte Vorschnellen. Ein großer Teil der Sporen wird dabei fortgeschleudert. Die **Antherenöffnung** wird durch die subepidermale Faserschicht, das **Endothecium** (S. 296), bewirkt. Membranleisten erhöhen in diesen Zellen die Festigkeit der Innen- und Radialwände, die Außenwände sind unverdickt. Wasserverlust läßt die Antheren durch den tangentialen Zug des Endotheciums aufreißen. Zum „Springen" kommt es in der Faserschicht nicht. – **Elateren** (Abb. 6.23. a) tragen in Lebermoos-Kapseln zum Ausstoß und zur Lockerung der Sporen bei (wie Capillitium-Fasern, aber nicht mit einem Quellungsmechanismus, s. oben). Es sind einzellige Schläuche mit zwei spiraligen Wandverdickungen. Ihre Wasserfüllung ermöglicht eine Kohäsions-Schrumpfung bei Wasserverlust, wobei sich die Verdickungsleisten wie Spiralfedern zusammendrücken. Es kommt auch zum „Springen". – *Utricularia*-**Fangblasen:** Der Wasserschlauch (*Utricularia*) besitzt als untergetaucht lebende, karnivore Pflanze an seinen Blattzipfeln Blasen von 1–5 mm Durchmesser mit Wänden aus zwei Zellschichten und einer Öffnungsklappe (Abb. 5.18. e, f). In den Blasen herrscht ein Unterdruck gegenüber dem Außenwasser als Folge eines aktiven Austransportes von K^+-, Na^+- und Cl^--Ionen an der Blasenwand (s. 7.2.1.). Berührt ein Klein-

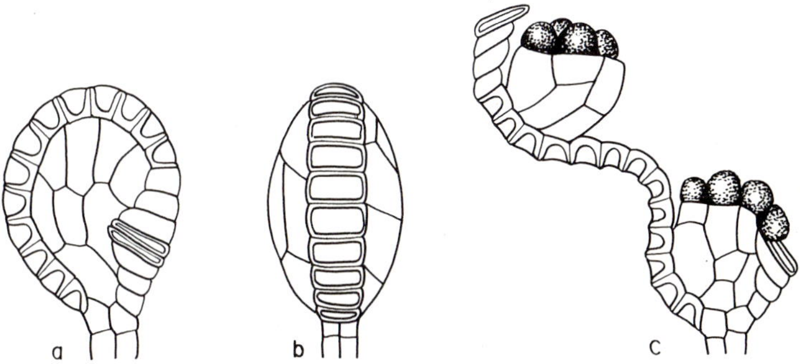

Abb. 9.2. Öffnungsmechanismus eines Sporangiums von *Polypodium* spec. **a** Sporangium geschlossen in Flächenansicht, **b** in Rückenansicht und **c** geöffnet. – Nach Guttenberg.

krebs die Borstenhaare der Klappe, so öffnet sich diese schlagartig nach innen, und mit dem Wasser wird das Beutetier eingeschluckt. Die Klappe schließt sich wieder, die Beute wird verdaut und resorbiert. Die Blase wird durch Wasserentzug erneut fangbereit.

9.1.3. Explosionsbewegungen

Ihnen liegt die **Turgeszenz** von Zellen oder eine **Gewebespannung** zugrunde. Von den reversiblen „Turgorbewegungen" (S. 530) unterscheiden sich die Explosionsbewegungen durch ihre Irreversibilität. Einmalig erfolgen aber auch die nicht explosionsartigen **„Entfaltungsbewegungen"** bei Blüten z. B. von Caryophyllaceen und Gramineen. Dabei drücken Schwellgewebe aus turgeszent werdenden Zellen an den Blattbasen die Blütenblätter auseinander. Explosionsbewegungen sind die Folge der plötzlichen Beseitigung einer Hemmung, welche dem Ausgleich einer Gewebespannung oder der Ausdehnung von Zellen entgegen stand. Die Bewegungen führen häufig zu einer Gewebs- oder Zellzerstörung und stehen im Dienste der Sporen-, Pollen- und Samenverbreitung. Sie werden durch Turgoranstieg, Reifeprozesse oder mechanischen Anstoß ausgelöst.

Beispiel:

Sporen- und Sporocystenabschuß: Die meisten Ascomyceten entlassen ihre **Ascosporen** durch einen Spritzmechanismus (Abb. 9.3. a). Dabei öffnen sich die durch Turgoranstieg elastisch gedehnten Asci an präformierter Stelle der Spitze, und mit dem Zellinhalt werden die 8 Ascosporen herausgeschossen. Die Abschußweite beträgt je nach Art etwa 0,3 mm bis 60 cm. Bei Basidiomyceten kann an der Ansatzstelle der **Basidiosporen**, am Sterigma, durch den Turgor der Basidie ein kleiner Zellsafttropfen herausgepreßt und mit der anhaftenden Spore abgeschleudert werden. Komplizierter ist der **Sporocysten**-Abschußmechanismus bei *Pilobolus* (Abb. 9.3. b). Dieser Zygomycet bildet den Oberteil des einzelligen Sporocystenstieles zu einer elastisch gespannten, „subsporangialen Blase" aus, welche bei Reife unterhalb der Sporocyste ringförmig aufreißt. Die Sporocyste wird mit dem Zellsaft der Blase, der als Tropfen an ihr hängt, bis zu 2 m weit abgeschossen. – **Spritzgurke** (*Ecballium elaterium*). Die Früchte dieses mediterranen Kürbisgewächses besitzen ein äußeres elastisches Gewebe als Widerstandsschicht und im Inneren ein dünnwandiges Schwellgewebe mit einem Gewebedruck bis zu 15 bar, in das die Samen eingebettet sind (Abb. 9.3. c). Bei Reife löst sich die abwärts gekrümmte Frucht vom Stiel, so daß ihr Inhalt, das zerreißende Schwellgewebe mit Samen, durch die entstehende Öffnung oft meterweit hinausschießt. – **Hebelschleuder** von *Impatiens*-**Früchten**. Bei den spindelförmigen Kapselfrüchten des Springkrautes sind 5 Fruchtblätter miteinander verwachsen. Deren äußere

Schichten sind als Schwellgewebe bestrebt, sich in Längsrichtung auszudehnen, was die kollenchymatische Widerstandsschicht der Innenseiten aber verhindert. Bei Reife trennen sich die Fruchtblätter, jedes rollt sich mit größter

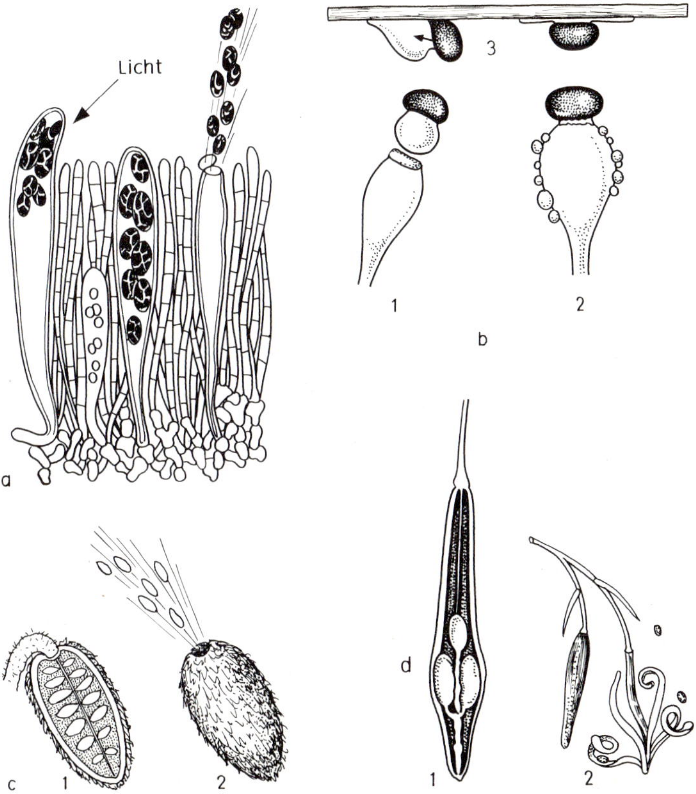

Abb. 9.3. Explosionsmechanismen. a Längsschnitt durch Apothecium von *Ascobolus stercorarius* mit Asci unterschiedlichen Reifegrades. **b** Abschußmechanismus von *Pilobolus* spec.: (1) Abschuß der Sporocyste, (2) reifer Sporocystenträger mit „subsporangialer Blase" (besetzt mit Guttationstropfen), (3) Auftreffen und Anheftung der Sporocyste an Unterlage. **c** Frucht der Spritzgurke (*Ecballium*): (1) in reifem Zustand (Längsschnitt), (2) nach Trennung vom Fruchtstiel. **d** Früchte von *Impatiens noli-tangere*: (1) Frucht im Längsschnitt, (2) Frucht im Moment des Aufspringens. – a nach Ingold, c nach Overbeck, d nach Kerner.

Kraft nach innen und schlägt dabei die an der zentralen Säule (Placenta) sitzenden Samen ab (Abb. 9.3. d). Diese werden ungerichtet verstreut.

9.1.4. Turgorbewegungen

Die Turgeszenz der Zellen führt nicht nur zu den einmalig verlaufenden Explosions- und Öffnungsbewegungen (s. 9.1.3.), sondern ist das mechanische Mittel für die reversiblen und regelbaren Turgorbewegungen (= **Variationsbewegungen**). Gemäß der Wasserpotentialgleichung (= osmotische Zustandsgleichung) der Zelle befindet sich diese bei Gleichheit von osmotischem Potential (ψ_π) und Druckpotential (ψ_P) im osmotischen Gleichgewicht mit ihrer Umgebung (S. 422). Die zumeist schnellen Turgorbewegungen sind die Folge eines durch Wasserabgabe sinkenden Turgors im Bewegungsgewebe bzw. der damit verbundenen Abnahme des Zellvolumens. Ursache dafür ist die schnell erhöhte Permeabilität des Plasmalemmas, wobei Zellsaft mit gelösten Stoffen – insbesondere Cl^-- und K^+-Ionen – in die Interzellularen austritt. Dieser Vorgang kann zur Turgorerhöhung in den Nachbarzellen durch deren erleichterte Ionen- und Wasseraufnahme beitragen. Ca^{2+}-Ionen sind an dem Prozeß regulierend beteiligt. Nach Wiederherstellung der Ausgangspermeabilität wird die ursprüngliche Turgeszenz durch aktive Ionenaufnahme in Verbindung mit osmotischer Wasseraufnahme wieder erreicht. Auch eine Turgorerhöhung durch Bildung osmotisch wirksamer Substanzen, z. B. Zucker aus Stärke, kann Bewegungsanlaß sein. Bei Turgorbewegungen vielzelliger Organe spielt die Gewebespannung der benachbarten Gewebe eine Rolle, indem deren Ausdehnung maßgebend zu dem schnellen Bewegungsverlauf beitragen kann (*Dionaea, Mimosa*). Turgorbewegungen können autonom oder durch äußere Reize induziert sein.

Beispiele:

Blatt-Turgorbewegungen erfolgen an **Gelenken**, in denen die Leitbündel zu einem biegsamen, zentralen Strang vereinigt sind. Dieser dient als Widerstandsgewebe, an dessen Ober- und/oder Unterseite sich Bewegungsgewebe befinden. *Mimosa pudica* senkt bei Reizung (S. 522) oder auch autonom am Abend (unter Phytochrombeteiligung) (s. 8.5.) die Blattstiele (primäre Gelenke) und die Blattfiedern (sekundäre Gelenke), während die Fiederblättchen (tertiäre G.) paarweise nach oben zusammenklappen (Abb. 9.4.). Am Primärgelenk erhöht sich in den Zellen der Unterhälfte die Permeabilität, das Gewebe der Gelenkoberfläche dehnt sich aus und drückt den Blattstiel nach unten. – Bei der **Venusfliegenfalle** (*Dionaea muscipula*) besitzt das Blattspreiten-Gelenk der

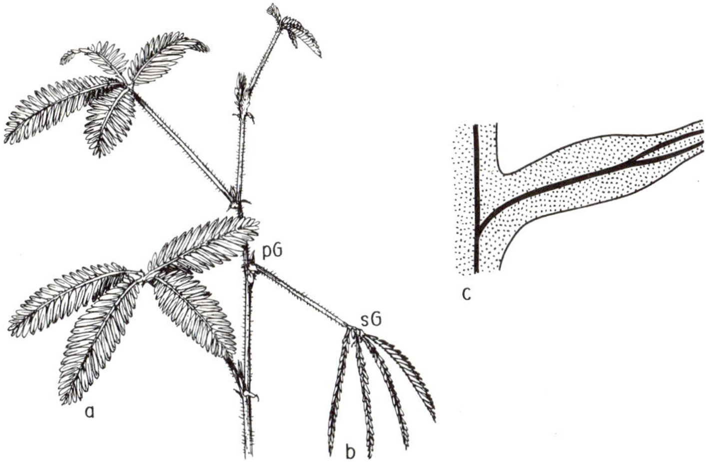

Abb. 9.4. Blattbewegung bei *Mimosa pudica.* **a** in ungereizter (= Tag-)Stellung, **b** in gereizter (= Nacht-)Stellung. **c** Leitbündelverlauf im primären Blattgelenk, schematisch. *pG* primäres Gelenk, *sG* sekundäres Gelenk. – a, b nach Pfeffer.

nach oben schlagenden Klappfalle (Abb. 5.28. c) einen ähnlichen Mechanismus (thigmonastische Reaktion, s. 9.2.3.). Auf die schnelle Turgorreaktion folgt nach Fang eines Beutetieres eine auf Wachstum beruhende Verengungsbewegung der beiden Blattspreitenabschnitte. – **Bohnenblätter** (*Phaseolus vulgaris*) zeigen langsam verlaufende, tagesperiodische Blattbewegungen (Abb. 8.18. b). Bei dem Spreitengelenk sind Ober- und Unterhälfte in etwa gleichem Umfang am Bewegungsverlauf beteiligt, auch nach Entfernen einer der Hälften erfolgen Blattbewegungen. Es ließ sich ein periodischer Wechsel der Permeabilität bzw. der Saugkraft- und Turgoränderung zwischen Oberseite (Flexor-Zellen) und Unterseite (Extensor-Zellen) nachweisen.

Filament- und Narbenbewegung. Asteraceen-Staubblätter sind mit ihren Antheren zu einer Röhre verwachsen (Abb. 6.38. d), in der sich das Griffelende befindet. Die freien Filamente verkürzen sich bei Reizung durch einen schnellen Turgorverlust und ziehen die Antheren-Röhren nach unten. Dabei wird Pollen aus dem Röhrenende ausgestoßen. – Ein Turgomechanismus bewegt die **Staubblätter** der Berberitze (*Berberis vulgaris*) bei Reizung nach innen, die der Zimmerlinde (*Sparmannia africana*) nach außen. Das Bewegungsgewebe befindet sich im ersten Fall an der Innenseite, im zweiten an der Außenseite der Filamentbasis. Ähnlich werden die auseinanderklaffenden Narbenlappen bei den Scrophulariaceen *Mimulus* und *Torenia* nach Reizung zum Zusammenklappen veranlaßt (s. 9.2.3.1.). Die Bewegungen stehen im Dienste der Pollenübertragung durch Insekten.

Spaltöffnungsbewegungen werden bei der Anatomie der Epidermis (s. 4.3., Abb. 4.3.) und unter „Nastien" (S. 554) erläutert.

9.1.5. Wachstumsbewegungen

Durch unterschiedlich starkes Streckungswachstum gegenüberliegender Flanken von Einzelzellen oder Organen kommt es zu einer **Wachstums- oder Nutationsbewegung** (lat. nutare = nicken). Eine **Circumnutation** ist die Folge eines umlaufend an den Zell- oder Organflanken erfolgenden, einseitig geförderten Wachstums, wie es bei Ranken (s. 9.2.3.1.) und Keimpflanzen auftritt. Wachstum wird folglich nur bei Richtungsänderung als Bewegung gekennzeichnet, nicht bei gradlinig gerichtetem Vordringen. Wachstumsbewegungen können autonom sein oder durch äußere Reize ausgelöst werden. Wie Wachstum selbst sind Wachstumsbewegungen irreversibel, durch Gegenkrümmung in der Richtung aber korrigierbar.

Beispiele:

Krümmung von Koleoptilen und Achsenorganen. Eine ungleiche Verteilung von Zellstreckungswachstum fördernden oder hemmenden Hormonen an den Organflanken ist die Voraussetzung für Organkrümmungen. Bei Koleoptilen bewirkt das basipetal strömende Auxin insbesondere in den Außenwänden der Epidermiszellen erhöhte Dehnbarkeit, gefördertes Wachstum und, bei asymmetrischer Auxinverteilung, eine Krümmung. Die Hauptstreckungszone befindet sich einige Millimeter unterhalb der Spitze. Bei Dikotyledonen-Keimlingen können Krümmungen ebenfalls durch Auxin-Ungleichverteilung (Epikotyl von *Pisum sativum*), aber auch durch Gibberelline (Hypokotyl von *Helianthus annuus*) veranlaßt werden. Als Krümmungsursache in jungen Achsen wird aber auch die Ungleichverteilung eines Wachstumsinhibitors wie **Xanthoxin** angenommen (s. 9.2.2. u. 9.2.3.).

Wachstumsbewegungen einzelliger Organe. Pilzhyphen und junge Sporocystenträger, z. B. von *Phycomyces*, wie auch Moosprotonemen und Zellfäden vieler Algen sowie Rhizoide besitzen ein Spitzenwachstum. Die Krümmung erfolgt, wenn sich die Zellspitze beim Weiterwachsen nicht terminal auswölbt, sondern seitlich. Nach Ausbildung einer Sporocyste an der Spitze strecken sich die einzelligen Sporocystenträger von Phycomyceten erneut, jetzt aber interkalar. Während ihres Wachstums drehen sich die Sporocystenträger um ihre Längsachse (Torsion). Diese autonome Bewegung ist Ausdruck eines schräg zur Organachse erfolgenden Einbaues neuer Wandsubstanz.

9.1.6. Bewegungen durch kontraktile Proteinkomplexe

Die Bewegungsmechanik folgt dem Prinzip der Muskelarbeit durch tierische Zellen, bei dem sich ein Komplex der Proteine Actin und Myosin (Actomyosin) unter Nutzung der Energie aus ATP zu verkürzen vermag. Das globuläre **Actin** tritt auch in Pflanzenzellen auf, wo es sich zu den fädigen **Mikrofilamenten** zusammenschließt. Diese haften an Actin-Orten der Membran, wo es auch zur Verlängerung der Filamente kommt. An ihrem freien Ende erfolgt die Bindung von **Myosin**. Diese Bindung wird durch ATP-Anlagerung aufgehoben, durch dessen Spaltung in ADP + P wiederhergestellt. Die damit verbundenen Konformationsänderungen der Proteine läßt diese sich gegeneinander verschieben und damit Bewegung hervorrufen (**Gleitfaser-Modell**). Bei den **Mikrotubuli** handelt es sich um aggregierte Heterodimere des α- und β-Tubulin, welche eine gedrehte, biegungsfähige Röhre aus 13 Längsreihen bilden. Die Bildung erfolgt an „**Mikrotubuli-organisierenden Zentren**" (MTOC), die sich am Basalkörper der Geißeln, in den Polregionen der Kernteilungsspindeln und an Membranen befinden. Eine schnelle Verlängerung oder auch Verkürzung erfolgt am freien Ende, wobei die Energie aus der Umwandlung von Guanosintriphosphat (GTP) in Guanosindiphosphat (GDP + P) stammt. Über die Beteiligung von Mikrotubuli an der Geißelfunktion siehe Abschn. 3.5.7. Bei allen an Bewegungsvorgängen beteiligten Proteinen haben sich Ca^{2+}-Ionen bzw. das Ca-Ionen bindende Protein Calmodulin als wichtige Regulatoren erwiesen.

Bei aktiven Ortsveränderungen wird (im Gegensatz zum Wachstum) auch eine Bewegung ohne Richtungsänderung als Bewegung gekennzeichnet, sei sie durch Außenreize veranlaßt oder nicht. Das Bewegungsvermögen ist meist autonom, Außenfaktoren können aber die Geschwindigkeit modifizieren. Licht führt bei photoautotrophen, freibeweglichen Organismen wie Purpurbakterien und Cyanobakterien zu beschleunigter Bewegung. Für diese positive **Photokinesis** wurde Licht der vom Chlorophyll absorbierten Spektralbereiche als wirksam festgestellt. Eine Hemmung der photosynthetischen ATP-Bildung durch geeignete Inhibitoren führte zur Bewegungshemmung. Bei der **Aerokinesis** regt der Sauerstoffgehalt im Medium die Bewegung an, und zwar auch bei nichtphotoautotrophen Bakterien.

Beispiele:

Plasmabewegung. Das Cytoplasma kann in den verschiedenen Zelltypen unterschiedlich strömen (Abb. 9.5. a), ohne Strömung bleiben z. B. Palisaden-

und Drüsenzellen. Die Bewegung kann autonom (z. B. Wurzelhaarzellen von *Hydromystria*, Abb. 9.5. a4) oder auch induzierbar sein (z. B. Mesophyllzellen von *Vallisneria*, Abb. 9.5. a3). Sie geht offenbar von actomyoisinartigen Fibrillen an der Grenze zwischen ruhendem Ecto- und strömendem Endoplasma

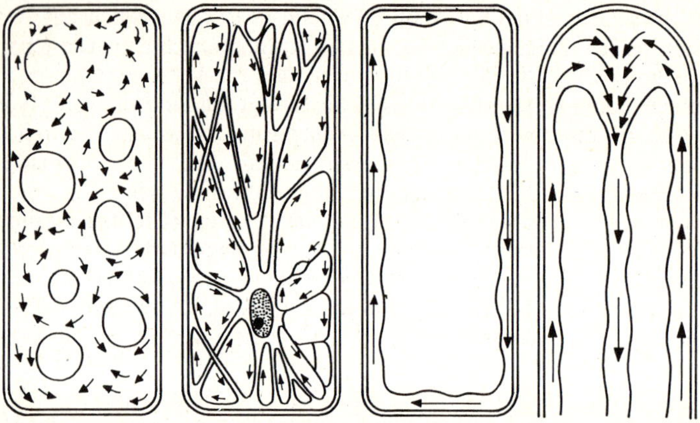

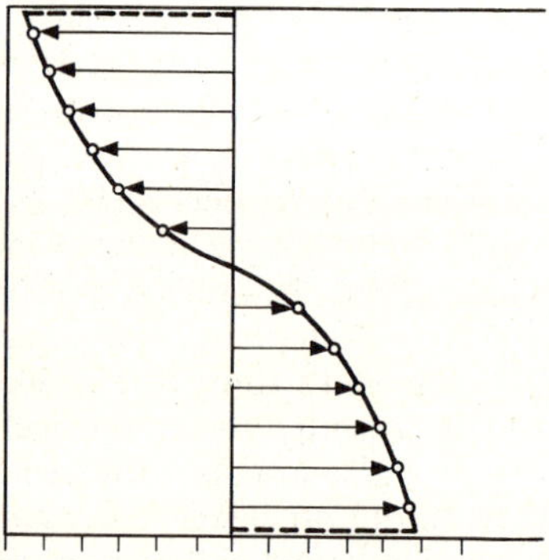

Abb. 9.5. Plasmaströmung. a Häufige Formen der Plasmaströmung: 1 Turbulenzströmung, 2 Zirkulationsströmung, 3 Rotationsströmung, 4 Springbrunnenströmung, **b** Geschwindigkeitsverteilung der Plasmaströmung in einem mit Plasma erfüllten Zellbereich von *Nitella* (s. Text). – a nach Kamiya, b nach Kamiya und Kuroda.

aus. Dafür sprechen die Hemmbarkeit der Strömung durch Cytochalasin B, ein Inhibitor der Bewegung kontraktiler Fibrillen, und die Tatsache, daß in experimentell mit Plasma vollständig erfüllten *Nitella*-Zellabschnitten nur der Grenzbereich die höchste Geschwindigkeit aufweist (Abb. 9.5. b).

Im **Plasmodium von Myxomyceten** strömt das Plasma in Strängen, wobei das Innenplasma mit geringerer Viskosität in einem Mantel aus Ectoplasma von hoher Viskosität fließt. Die Richtung des Plasmastromes wechselt hier („Weberschiffchenströmung"), dieser bewegt sich aber bevorzugt auf die Vorderfront des wandernden Plasmodiums zu. Die bewegenden Kräfte der **Myxomyosin-Fibrillen** (dem „Aktomyosin" der Plasmodien) wirken hier aber nicht an der Grenze von Ecto- und Endoplasma, sondern sie führen durch Kontraktion von vernetzten Myofilamenten in einzelnen Teilen des Plasmodiums zu Druckdifferenzen, welche Anlaß zur passiven Strömung sind. Die Umwandlung von Ecto- in Endoplasma am hinteren Ende des Plasmodiums und der umgekehrte Vorgang am Vorderende sind wichtige Elemente des Bewegungsmechanismus.

Bewegung von Kompartimenten. Der Zellkern kann seine Gestalt stark verändern und auch gerichtet wandern (z. B. im Paarkernmycel von Basidiomyceten, in *Acetabularia* u. a.). Hier wie bei der Bewegung von Chloroplasten werden actomyosinartige Proteine als Umwandler von chemischer in mechanische Energie vermutet. Bei Chloroplasten spricht das Auftreten gemeinsam bewegter Gruppen gegen ein individuelles Bewegungssystem. Licht ist der wichtigste Faktor zur Steuerung der Bewegung (S. 560).

Geißelbewegungen (vgl. 3.5.7.). Die Mannigfaltigkeit der durch Geißeln hervorgerufenen Typen der Lokomotion wird durch das Auftreten von 2, 4 oder vielen Geißeln (z. B. Farn-Spermatozoide) noch wesentlich erhöht. Außer der Erzeugung eines Vortriebes fällt den Geißeln auch die Aufgabe der Stabilisierung der Bewegungslage des Flagellaten zu. Durch äußere Reize gesteuerte Geißelbewegungen sind Taxien (s. 9.2.4.).

Gleitbewegungen. Hier werden die in ihrer Mechanik sehr unterschiedlichen Bewegungsvorgänge bei pennaten Diatomeen, bei den Oscillatoriales unter den Cyanobakterien und bei den Desmidiaceen zusammengefaßt. Vermutlich erfolgen nur die ersten zwei Typen mit Beteiligung kontraktiler Proteine. Bewegliche **Diatomeen** besitzen auf der oberen und unteren Schale einen als Raphe bezeichneten Längsspalt mit zwei Endknoten (Abb. 6.10. d). Auf einer freien Spur ausgeschiedenen Schleims vermögen sie sich – eventuell durch strömendes Plasma in der Raphe – gleitend nach vorn wie nach hinten zu bewegen. – Die Bewegung von **Cyanobakterien**-Fäden ist bei Oscillatoriaceen mit der Ausscheidung einer Schleimhülle und der gleichzeitigen Drehung um die Fadenlängsachse verbunden (kontraktile Proteine?). Die Bewegung kann vor- und rückwärts verlaufen. Bei Nostocaceen bewegen sich die Fäden nicht in der Fadenlängsrichtung, sondern U-förmig gekrümmt, mit dem gekrümmten Ende voran. – Die **Desmidiaceen** sondern aus einer Anzahl feiner Poren an einem Zellende Schleim aus, der an der Unterlage haftend durch Verquellen die Zelle vorwärts schiebt. Einige Arten wie *Closterium* können das nicht sezernierende Ende aufrichten, überschlagen lassen und dann von diesem Ende aus durch Schleimabsonderungen die Bewegung fortsetzen. Durch Reize gesteuerte Gleitbewegungen sind **Taxien** (s. 9.2.4.). Bei allen Gleitbewegungen sind Grundprobleme noch ungelöst.

9.2. Durch Außenfaktoren induzierte und gesteuerte Bewegungen

Alle im Abschnitt 9.1. vorgestellten Mechanismen führen insofern zu **aktiven Bewegungen**, als der Bewegungsvorgang durch die Pflanze hervorgerufen wird. Bei **passiven Bewegungen**, wie z. B. der Windverbreitung von Pollen oder Früchten, ist das nicht der Fall. Die Quellungs-, Kohäsions- und Explosionsbewegungen unterscheiden sich von den anderen aktiven Bewegungen aber dadurch, daß sie entwicklungsbedingt zwangsläufig auftreten und Außenfaktoren nur den Zeitpunkt und den Ablauf modifizieren können. Man faßt sie als **„mechanische Bewegungen"** zusammen. Demgegenüber können Turgor-, Wachstums- und Proteinkontraktions-Bewegungen **durch äußere Reize** (s. 9.2.1.) ausgelöst, oft auch verändert und gesteuert werden. Es wurde bereits erwähnt, daß viele der Krümmungs- und Torsionsbewegungen auch autonom, d. h. ohne die spezifische Wirkung eines Außenfaktors, ablaufen können, was bei den Ortsbewegungen z. B. von Flagellaten die Regel ist. Häufig sind innere und äußere Faktoren am Bewegungsgeschehen beteiligt, wie z. B. bei den tagesperiodischen Blattbewegungen (s. 9.1.4.). – In den folgenden Abschnitten soll die spezifische Wirkung von Außenfaktoren bei Auslösung und Steuerung von Bewegungen vorgestellt werden. Als Einteilungsprinzip dient dabei die Art der Bewegungsreaktion auf Umweltreize:

- **Tropismen** sind Krümmungsbewegungen, bei denen der Reiz die Bewegungsrichtung bestimmt. Außer Bewegungen auf die Reizquelle zu (**positiver Tropismus**) und von ihr weg (**negativer Tr.**) kann auch eine Einstellung schräg zur Reizrichtung (**Plagiotropismus**) oder senkrecht dazu (**Dia- oder Transversaltropismus**) erfolgen.
- **Nastien** sind Krümmungsbewegungen, bei denen nicht die auslösenden Reize, sondern die anatomischen Voraussetzungen die Bewegungsrichtung bestimmen. Der Reiz übt keinen orientierenden Einfluß aus.

- **Taxien** sind durch Reize beeinflußte freie Ortsbewegungen, bei denen entweder die Richtung des einwirkenden Reizes die Bewegungsrichtung steuert (= **Topotaxis**) oder eine veränderte Reizstärke als Folge der Bewegung in einem Reizgefälle als Signal erkannt wird, was zu einer Änderung in Richtung und Ablauf der Bewegung – ohne Bezug zur Reizrichtung – führt (= **Phobotaxis**, besser: **phobische Reaktion**). Beide Verhaltensweisen führen zu Ansammlungen, die topische durch gleichsinnige Bewegungsrichtung, die phobische durch gleichartige Schreck- und Umkehrbewegungen bei erhöhter oder erniedrigter Reizstärke.
- **Dinesen** sind Plasmaströmungsbewegungen, die durch äußere Reize ausgelöst oder in ihrer Geschwindigkeit verändert werden.

9.2.1. Reizvorgänge

Einflüsse der Umwelt werden als Reize bezeichnet, wenn sie – von lebenden Zellen als Signal aufgenommen – zu Reaktionen des Wachstums, der Entwicklung, des Stoffwechsels oder der Bewegung führen. Die dazu erforderliche Energie stammt aus dem Organismus. Soweit bei einer Reizung Energie zugeführt wird – auch die Unterbrechung einer Energiezufuhr wie z. B. Verdunklung stellt einen Reiz dar – dient diese nur der Auslösung der Reaktion. Eine **Reizbarkeit** (Irritabilität) von Zellen kann für physikalische Einflüsse wie Licht, Temperatur, Schwerkraft, Erschütterung, Berührung oder für chemische Einflüsse wie organische Nährstoffe, Hormone, Salzionen, Sauerstoff und flüchtige organische Stoffe bestehen. Jede **Reizaufnahme** oder **Perzeption** setzt das Vorhandensein eines geeigneten **Perzeptionssystems** (= **Rezeptors**) in der Zelle voraus, so z. B. für Lichtreize eines geeigneten Photorezeptors und, in unmittelbarer Nachbarschaft, die zur Fortführung des Reizprozesses geeigneten plasmatischen Strukturen. Die bei Reizaufnahme und unmittelbar danach ablaufenden Prozesse sind bei Pflanzen noch wenig bekannt. Bei verschiedenen Reizbewegungen ist eine **Erregung** ähnlich der tierischer Nervenzellen die Grundlage der Reizbarkeit. Das Studium der im Mittelpunkt dieser Prozesse stehenden elektrischen Potentialdifferenzen am Plasmalemma (Membranpotential) erfolgte bevorzugt an den großen Internodialzellen von *Nitella* und *Chara*, welche jedoch keine Bewegungsreaktionen ausführen. Die ungereizte Zelle besitzt durch die aktive Aufnahme von Cl^--Ionen und K^+-Ionen trotz ständigem Efflux einen Überschuß an Cl^--Ionen und dadurch ein negatives elektrisches **Ruhepotential** von -50 bis -200 mV gegenüber der

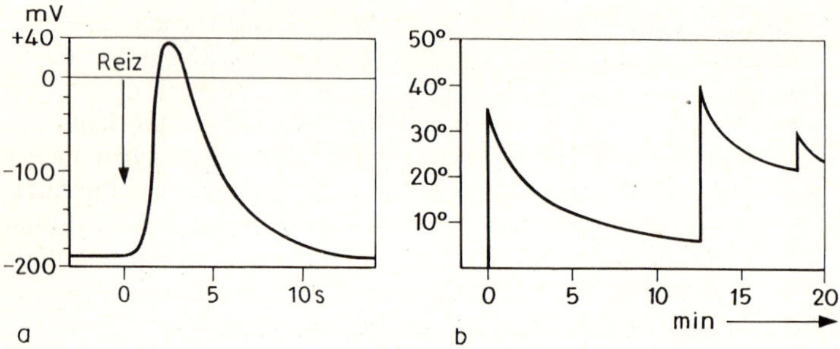

Abb. 9.6. Aktionspotential und Refraktärstadium. a Aktionspotential einer gereizten Internodialzelle von *Chara*, ausgehend vom Ruhepotential – 190 mV. Das Aktionspotential beträgt 228 mV, das Refraktärstadium dauert etwa 15 s. **b** Refraktärstadium bei der Rückkrümmung eines mechanisch gereizten Staubfadens von *Berberis*. Während der zweite Reiz nach 12 1/2 min (nach Ablauf des absoluten Refraktärstadiums) zu etwa voller Krümmungsstärke führt, verursacht der dritte Reiz innerhalb des relativen Refraktärstadiums nur eine schwache Reaktion. – a nach Nultsch, b nach Bünning.

Außenlösung. Das nach einer Reizung als Zeichen einer Erregung auftretende **Aktionspotential** (Abb. 9.6. a) ist die Folge einer schnellen Permeationserhöhung der Membran und des Efflux insbesondere von Cl^--Ionen bei gleichzeitigem Influx von Ca^{2+}-Ionen. Die Positivierung im Zellinnern (Depolarisierung der Membran) kann über den Neutralpunkt hinaus bis zu einem schwach positiven Biopotential führen, die jedoch unmittelbar folgende Erhöhung des K^+-Ionen Efflux läßt das Potential wieder negativ werden. Mit dem Wiederauftreten der ursprünglichen Membranpermeabilität und durch den aktiven Cl^- und K^+-Influx sowie Ca^{2+}-Efflux stellt sich unter Energieverbrauch das Ionenverhältnis des Ruhepotentials in der **Restitutionsphase** wieder her. Die Gegenwart von Ca^{2+}-Ionen ist für das Auftreten von Aktionspotentialen unentbehrlich.

Derartige Erregungsprozesse sind **Alles-oder-Nichts-Reaktionen.** Der Reiz muß einen bestimmten **Schwellenwert** überschreiten, die Größe des auftretenden Aktionspotentials ist dann weitgehend unabhängig von der Reizstärke. Die Zeit von Erregungsbeginn bis zur Wiederherstellung der vollen Erregbarkeit wird **Refraktärstadium** genannt (Abb. 9.6.). In seinem ersten Teil, dem **absoluten R.**, erfolgt auf einen zweiten Reiz hin keine neue Erregung (bzw. erneute Bewegung). Im anschließenden **relativen R.** führt eine erneute Reizung gleicher Stärke im Zeitverlauf zunehmend wieder zur vollen Reaktion.

Nicht bei allen an Pflanzen induzierten Reizbewegungen war es bisher möglich, Erregungsvorgänge nachzuweisen, doch läßt das Auftreten eines Refraktärstadiums bei Lichtreaktionen von Rhodospirillen derartige Prozesse selbst bei Bakterien vermuten. Ist die Reaktionsstärke von der Reizstärke abhängig, so kann das bei vielzelligen Organen die Beteiligung unterschiedlich vieler Zellen als Ursache haben. Eine **Erregungsleitung** („Reizleitung") als fortlaufende Auslösung von Aktionspotentialen bei den Nachbarzellen findet z. B. in den Bewegungsgeweben der Mimose statt, aber auch in Parenchymzellen des Leitgewebes von Blattstielen und Achsen. In Mimosen kann der Signaltransport weiterhin durch **Erregungssubstanzen** erfolgen, die andere Blattgelenke erreichen und zur Turgorreaktion veranlassen. Es konnte eine Gruppe von Stoffen, die zu sehr spezifischer chemischer Reizleitung befähigt sind, die **Turgorine**, isoliert und in ihrer Struktur aufgeklärt werden. Dazu gehört u.a. die 4-0-(β-D-Glucopyranosyl-6'-sulfat)-Gallussäure. Turgorine erwiesen sich bei Arten unterschiedlicher Gattungen als wirksam und stellen vermutlich auch die natürlichen Blattbewegung steuernden Substanzen dar. Bei Wachstumsbewegungen erfolgt ein Signaltransport in Form eines polaren Auxintransportes; an der Bewegungssteuerung sind vermutlich auch Hemmstoffe des Auxin-Längs- und Quertransportes beteiligt.

Die Zeit vom Reizbeginn bis zum Beginn der Reaktion wird als **Reaktionszeit** bezeichnet, die vom Reizende bis Reaktionsbeginn als **Latenzzeit** und die Mindestdauer einer zur Reaktion führenden Reizung als **Präsentationszeit**. Die Mindestdauer ist natürlich von der Stärke des Reizes abhängig, und oft ist zur Charakterisierung eines Reizvorganges das Produkt aus Reizstärke (i) und Zeitdauer (t), die **Reizmenge**, geeigneter. Gleiche Reizmengen erzeugen innerhalb bestimmter Grenzen gleiche Wirkungen, unabhängig von dem Verhältnis von Intensität und Zeit ($i \cdot t = k$, **Reizmengengesetz** oder Produktregel). Die minimale Reizmenge ist die **Reizschwelle (= Schwellenwert)**, darunter liegende Werte sind **unterschwellig**. Auch sie können z. B. bei Lichtreizung als schnell aufeinanderfolgende, **intermittierende Reize** durch Summation zur Reaktion führen (**Talbotsche Regel**). Bei Dauereinwirkung kommt es nur auf die Reizstärke an, deren minimale zur Reaktion führende Größe dann als **Absolutschwelle** bezeichnet wird. Die **Unterschiedsschwelle** ist die geringste Differenz in der Stärke zweier gleichartiger Reize, durch welche eine Reaktion ausgelöst wird. Bei allen Bestimmungen solcher Grenzwerte ist aber zu beachten, daß die Reizempfindlichkeit der Zellen und Organe, der **Tonus**, durch äußere, sogenannte tonische Einflüsse veränderbar ist, auch durch länger andauernde Reize selbst. Die Einstellung des Tonus auf einen als Reiz wirkenden Außenfaktor wird **Adaptation** genannt.

9.2.2. Tropismen

9.2.2.1. Phototropismus

Vorkommen: Phototrope, d. h. auf die Lichtrichtung bezogene Krümmungen sind in der Regel Wachstumsbewegungen. **Positiv phototrop** reagieren Keimlingsachsen, Koleoptilen, Protonemata von Farnen, junge Fruchtkörper von einigen Basidiomyceten (z. B. *Coprinus*), Sporocystenträger von *Phycomyces* und anderen Mucoraceen. **Negativ phototrop** krümmen sich z. B. Wurzeln von *Sinapis alba* (Erdwurzeln sind meist nicht phototrop) und die Haftwurzeln des Efeus, Rhizoide von Lebermoosen und Keimhyphen verschiedener Rostpilze. **Transversal phototrop**, d. h. senkrecht zum Lichteinfall, orientieren sich viele Laubblätter sowie Thalli von Lebermoosen. Die Blätter vieler Pflanzenarten können einer partiellen Beschattung durch die **Schattenfluchtreaktion** ausweichen.

Perzeption: Die **Wirkungsspektren (= Aktionsspektren)** der phototropen Reaktionen von Dikotyledonen-Keimlingsachsen, Gramineen-Koleoptilen, Phycomyceten-Sporocystenträgern und anderen Objekten weisen einheitlich nur kurzwelliges Licht bis etwa 530 nm als wirksam aus (Abb. 9.7.), doch wurden häufig tonische, desensibilisierende Einflüsse durch vorhergehende Rotlichtbestrahlung festgestellt. Der Kurvenverlauf mit zwei Gipfeln und einer Schulter im blauen Bereich entspricht stärker dem Absorptionsspektrum von Carotinoiden, der Gipfel im nahen UV-Licht weist aber auf Flavine als Photorezeptoren hin. Gestützt auf eine Reihe von Befunden, so auch auf das Auftreten zusätzlicher Gipfel zwischen 400 und 500 nm, wird heute ein noch nicht identifiziertes Flavin, das Cryptochrom, als Blaulichtrezeptor angenommen.

Ein Wirkungsspektrum wird aber nicht nur von der Absorption des Photorezeptors in seinem spezifischen Lösungszustand, sondern auch vom Absorptionsverhalten inaktiver, als Filter wirkender Pigmente geprägt.

Für den Phototropismus von fadenförmig wachsenden Vorkeimen (Protonemata) einiger leptosporangiater Farne wie *Dryopteris filix mas* konnte das Phytochrom (s. S. 503) als Photorezeptor des hier wirksamen hellroten Lichtes nachgewiesen werden. Reagieren diese Organe auch im blauen Licht phototrop, wird bei ihnen ein Zwei-Pigment-Photosystem angenommen.

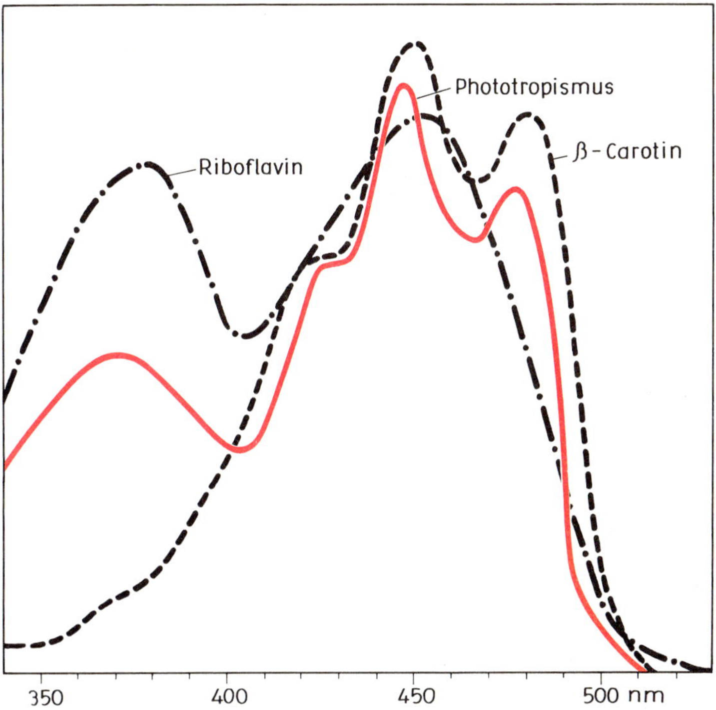

Abb. 9.7. Wirkungsspektrum des Phototropismus, Absorptionsspektren von β-Carotin und Riboflavin. Das Wirkungsspektrum bezieht sich auf die erste positive Krümmung von *Avena*-Koleoptilen. – Nach Libbert.

Bei der phototropen Krümmung von Zellen mit Spitzenwachstum führt eine zur belichteten Seite hin verlagerte Auswölbung der Spitze zur Orientierung des Wachstums auf die Lichtquelle zu. Beim **Polarotropismus**, der phototropen Reaktion von Zellspitzen als Antwort auf Bestrahlung mit polarisiertem Licht, führte das zu dem Schluß, daß die Rezeptormoleküle eine feste Anordnung parallel zur Zelloberfläche besitzen. Die Reaktion erfolgt nicht entsprechend der Richtung, sondern der Schwingungsebene des eingestrahlten Lichtes. So wachsen die Chloronemen der Sporenkeimlinge des Farnes *Dryopteris* oder des Lebermooses *Sphaerocarpus* im polarisierten Licht stets senkrecht zur Schwingungsebene, im ersten Fall im Rotlichtbereich des Phytochrom, im zweiten im Blaulichtbereich des Cryptochrom. Ein maxi-

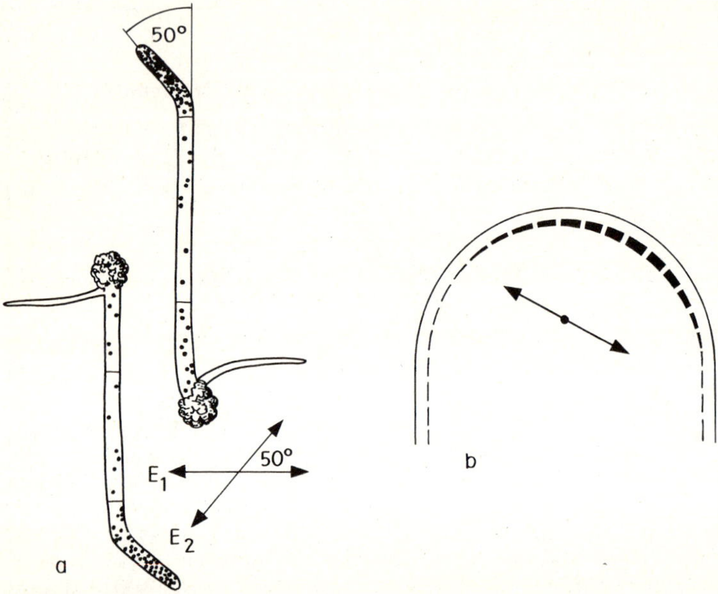

Abb. 9.8. Polarotropismus des Protonemas von *Dryopteris*. **a** Vorkeim wird senkrecht zur Papierebene mit polarisiertem Licht bestrahlt, der elektrische Vektor ist zunächst nach E_1, dann um 50° verändert nach E_2 orientiert. **b** Schema der Protonemaspitze mit oberflächenparallelen Photorezeptor-Molekülen. Die Strichdicke weist die Stärke der Absorption des nach dem Pfeil orientierten, polarisierten Lichtes aus. – Nach Haupt.

maler Effekt bei einer Richtung der Schwingungsebene, die mit der Längsachse des Rezeptormoleküls übereinstimmt, wechselt mit einem minimalen Effekt bei einer um 90° davon abweichenden Richtung. Auch bei anderen phototropen Lichtreaktionen von Einzelzellen konnte auf Grund eines solchen Wirkungsdichroismus auf eine feste Orientierung der Rezeptormoleküle, vermutlich im Ectoplasma, geschlossen werden.

Reaktion: Die phototrope Reaktion von Organen höherer Pflanzen nimmt zunächst mit der wachsenden Stärke des Lichtreizes (ausgedrückt als Lichtmenge = Beleuchtungsstärke × Belichtungszeit) zu. Die **Dosis-Wirkungs-Kurve** weist aber nach Erreichen eines Maximums (1. positive Krümmung) bei weiterem Anstieg der Lichtmenge eine schwächer werdende Reaktion aus, die bei *Avena*-Koleoptilen so-

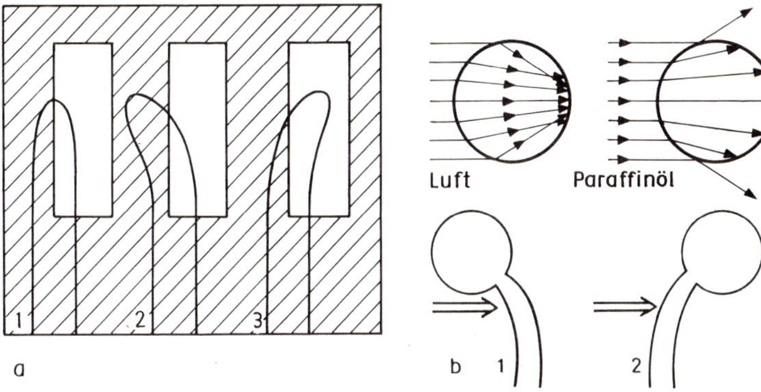

Abb. 9.9. Lichtwachstumsreaktion und Linseneffekt. a Feststellung des Lichteinflusses auf das Wachstum einzelliger Organe durch Halbseitenbelichtung: (1) Ausgangslage, (2) Nachweis einer Lichtförderung, (3) einer Lichthemmung. **b** Nachweis des Linseneffektes in einzelligen Organen durch Inversion der phototropischen Reaktion in Paraffinöl als Außenmedium: (1) positiver Phototropismus eines *Phycomyces*-Sporocystenträgers in Luft (wirksamere Belichtung der Hinterflanke), (2) negativer Phototropismus dieses Trägers in Paraffinöl (wirksamere Belichtung der Vorderflanke). – b nach Haupt.

gar bis zur negativ phototropen Krümmung führen kann. Eine weiter erhöhte Dosis hat eine zunehmend positive Krümmungsreaktion zur Folge (2. positive Kr.), und nach einem 2. Maximum kann – getrennt durch einen Lichtmengenbereich abnehmender Wirksamkeit – evtl. ein drittes Maximum auftreten (3. positive Kr.). Die Ursache dieses Verhaltens liegt in der nicht aufgeklärten Komplexität des Bewegungsgeschehens. Nur im Bereich der 1. positiven Krümmung – sie beginnt nach einer Reaktionszeit von etwa 30 min – gilt das Reizmengengesetz, unter den Beleuchtungsstärken des Tageslichtes tritt die 2. positive Krümmung auf (Abb. 9.10.).

Bei der **Avena-Koleoptile** befindet sich die Zone der höchsten Lichtempfindlichkeit als alleinige Perzeptionszone für die 1. positive Krümmung in den obersten 0,3 mm der Spitze. Die Streckungs- und damit Krümmungszone beginnt einige Millimeter darunter, erfaßt im Verlauf der Krümmung aber auch zunehmend basalere Bereiche (**Spitzenreaktion**). Die Lichtperzeption zur 2. positiven Krümmung erfolgt auch unterhalb der äußersten Spitze, und die Reaktion beginnt bereits im basalen Bereich der Koleoptile (**Basisreaktion**). Die Lichtdurchlässigkeit der Koleoptile ist gering, die Stärke der Reaktion hängt mit von der Steilheit des Lichtabfalls im Organ ab.

Die phototrope Krümmung von Koleoptilen (nicht dikotyler Sprosse!) ist Folge einer durch Helligkeitsunterschiede im Organ verursachten Ungleichverteilung des polar abwärts transportierten Auxins (Cholodny-Went-Hypothese). Dieses wird vorrangig in der Spitze durch Quertransport auf die Schattenseite gelenkt (Abb. 9.10. a), wobei jedoch Auxin-Abfangexperimente erwiesen, daß die Gesamtmenge an Auxin in Licht- und Schattenflanke gegenüber Dunkelkontrollen nicht wesentlich verändert wird. Als Ursache für den Quertransport wird eine lichtbedingte Querpolarisierung sowie das Gefälle zwischen dem auf der Lichtseite gehemmten Auxin-Abwärtsstrom und dem gleichzeitig erhöhten Auxintransport auf der Schattenflanke angenommen. Bei *Helianthus*-Keimlingsachsen bewirkt aber nicht eine Auxin-Asymmetrie die Reaktion. Hier verursacht entweder eine Gibberellin-Ungleichverteilung oder die Bildung eines Wachstumshemmstoffes (Xanthoxin) in der belichteten Flanke die Achsenkrümmung, indem die durch Gibberellin verursachte Achsenstreckung einseitig gebremst wird.

Die einzelligen Sporocystenträger von *Phycomyces* wachsen mit einer subapikalen Wachstumszone, bei ihnen wird aber im Gegensatz zu den Koleoptilen die stärker belichtete Flanke im Wachstum gefördert. Im Ergebnis einer Halbseitenbelichtung krümmt sich der Träger aus dem Lichtfeld heraus (Abb. 9.9. a2). Die positiv phototrope Krümmung im kurzwelligen Licht ist die Folge eines **Linseneffektes** in den transparenten Sporocystenträgern, d. h. der gegenüber der Vorderflanke auf der lichtabgewandten Hinterflanke als Brennstreifen erkennbare, erhöhten Beleuchtungsstärke (Abb. 9.9. b). Einen Beweis erbrachte der Inversionsversuch: in Paraffinöl wachsende Sporocystenträger wirken wie Streuungslinsen, seitliche Belichtung führt zu negativ phototroper Reaktion. – Negativ phototrop reagieren die Träger schließlich gegenüber UV-Licht mit einem Maximum bei 280 nm. Die starke Absorption des UV-Lichtes im Trägerinhalt führt zu einer wirksameren Bestrahlung der Vorderflanke.

Eine mehrseitig symmetrische Lichtreizung führt bei *Phycomyces*-Sporocystenträgern nicht zur Krümmung, sondern zu einer **vorübergehenden Wachstumsförderung**, einer positiven **Lichtwachstumsreaktion** (LWR, Abb. 9.10. b). Unter gleichen Versuchsbedingungen erfolgt bei *Avena*-Koleoptilen ein vorübergehend verringertes Wachstum, eine negative LWR. Auf enge Beziehungen zwischen LWR und phototroper Reaktion weist die Gleichheit ihrer Wirkungsspektren bei den genannten und anderen Beispielen hin, was weiterhin auf gleiche Photorezeptoren schließen läßt. Die LWR führt aber auch bei Dauerlicht nur zu einer vorübergehenden Änderung des Wachstums, d. h. nicht zu

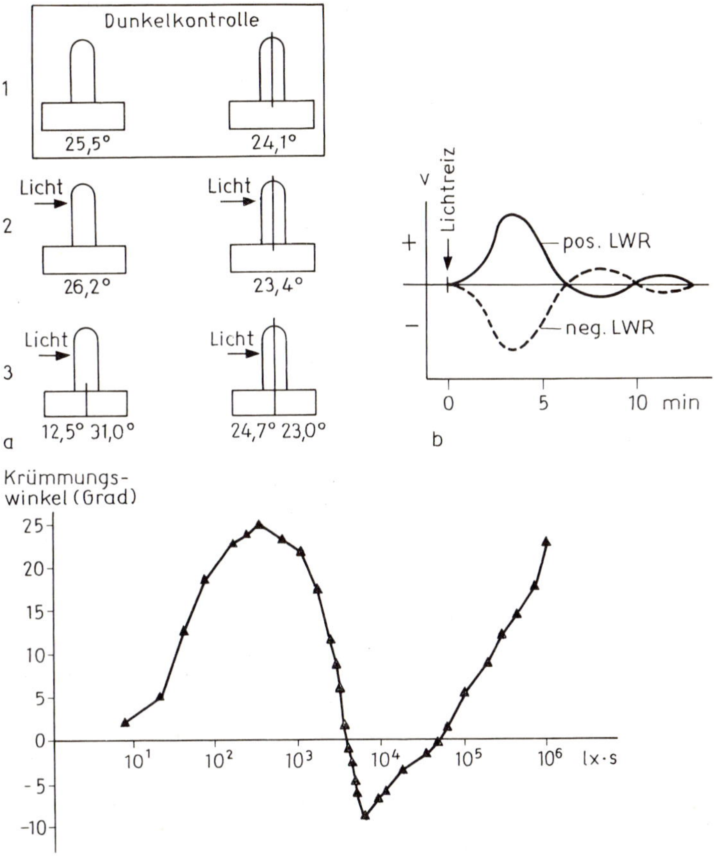

Abb. 9.10. Phototropismus von *Avena*-Koleoptilen. a Nachweis eines Auxinquertransportes in der Koleoptilspitze bei seitlicher Belichtung: (1) in Dunkelkontrolle werden aus längsgeteilter wie ungeteilter Koleoptilspitze gleiche Auxinmengen (ausgedrückt in Grad der Krümmung im Koleoptil-Krümmungstest) in Agarblöcken aufgefangen. (2) Belichtung ändert an der Gesamtmenge des Auxins in beiden Fällen nichts. (3) Durch zwei getrennte Agar-Auffangblöcke wird die Zunahme des Auxin-Abwärtsstromes auf der Schattenflanke, etwa in der Größe der Abnahme auf der Vorderflanke, erkennbar. Wird ein Quertransport durch vollständige Längsspaltung der Koleoptile verhindert, so unterbleibt die Ungleichverteilung in den Agarblöcken. **b** Wachstumsverlauf bei positiver und negativer Lichtwachstumsreaktion, *v* Wachstumsgeschwindigkeit. **c** Phototrope Krümmung der *Avena*-Koleoptile in Abhängigkeit von der Stärke des Lichtreizes (Lichtmenge in Lux · sec): Dosiswirkungs-Kurve. Erläuterung im Text. – a nach Briggs und Mitarb., c nach Steyer aus Libbert.

einem nennenswerten Vorsprung einer Seite, wie er zur Krümmung erforderlich ist. Bei *Phycomyces* konnte der Zusammenhang zwischen LWR und Phototropismus erkannt werden: Der ständige Drehwuchs der Sporocystenträger läßt immer neue Bereiche der wachsenden Zone in das Licht des Brennstreifens gelangen und führt sie vor dem Ausschwingen des geförderten Wachstums wieder heraus. So summieren sich an der für die Krümmung günstigsten, hinteren Flanke die Wachstumsschübe.

9.2.2.2. Gravitropismus (= Geotropismus)

Vorkommen: Positiv gravitrop, d.h. in Richtung der Schwerkraft, wachsen Keim- und Hauptwurzeln sowie viele der Rhizoide an Moosen und Farnprothallien, **negativ gravitrop** die aufrechten Hauptsprosse, Pilzfruchtkörper und Sporocystenträger. Beide Reaktionsweisen erfolgen parallel zur Schwerkraftrichtung, sie werden als **Orthogravitropismus** (= Orthotropismus) zusammengefaßt und der Einstellung schräg zur Schwerkraftrichtung, dem **Plagiogravitropismus** – z.B. bei Seitenwurzeln erster Ordnung – gegenübergestellt. Seitenwurzeln höherer Ordnung sind meist **agravitrop**. Ein **Dia- oder Transversalgravitropismus** zeigt sich beim Wachstum vieler Rhizome und Ausläufer, Seitensprosse und Blätter. **Gravitrope Umstimmungen** während der Entwicklung treten z.B. bei *Lilium martagon* auf, bei der die Blütenknospen schräg aufwärts gerichtet sind, die Blüten sich positiv gravitrop nach unten und die Früchte dann negativ gravitrop nach oben wenden.

Perzeption: Für die Aufnahme des Schwerereizes dürfte der Druck von Zellinhaltspartikeln des Cytoplasmas, der **Statolithen**, auf Endomembranen (bei Wurzeln ein Stapel von ER-Membranen) der physikalischen Unterseite der Zellen verantwortlich sein, evtl. aber auch deren Verteilung oder Verlagerungsbewegung. Haberlandt und Němec, die Begründer dieser Theorie, wiesen diese Rolle den großen Amyloplasten („**Statolithenstärke**") in Wurzelhauben und Stärkescheiden von Achsen und Koleoptilen zu. Diese Stärkekörner sind in den **Statocyten** genannten Zellen wegen des gering viskosen Cytoplasmas leicht zu verlagern (Abb. 9.11.a, b). Bei Wurzeln perzipiert nur die Wurzelhaube den Schwerereiz (Abb. 9.11.d). Entfernt man diese, so erfolgt trotz Wachstums solange keine Reaktion, bis sich neue Amyloplasten gebildet haben. Ob außer Stärke auch andere Partikel wie Plastiden oder Dictyosomen als Statolithen in Betracht kommen, ist ungeklärt. Eine Beteiligung von Ca^{2+}-Ionen an der Geoperzeption erscheint gesichert. Die Sporocystenträger von *Phycomyces* reagieren gravitrop ohne bisher nachweisbare Statolithen. – **Rhizoide von Characeen** be-

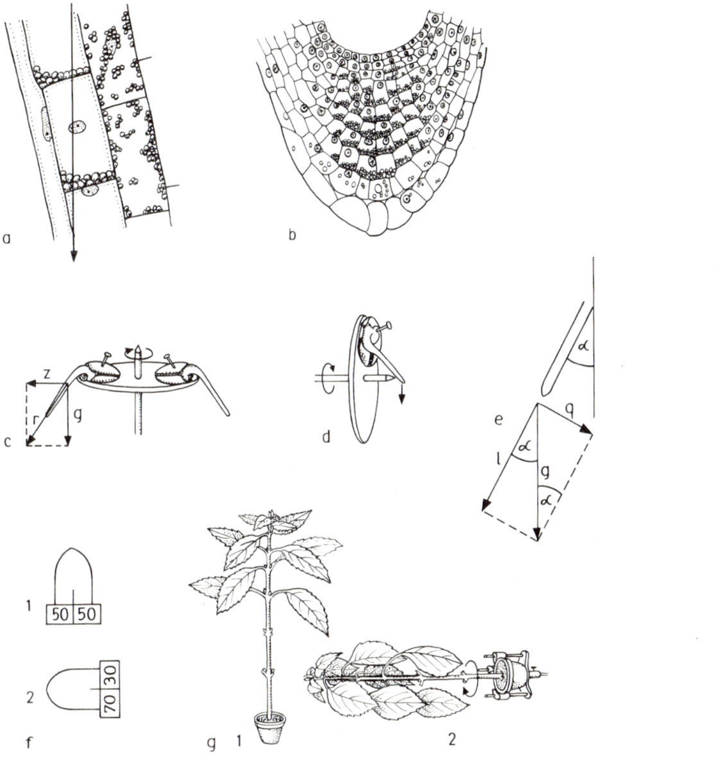

Abb. 9.11. Gravitropismus. **a** Verlagerung der Statolithenstärke in Zellen eines schräggestellten Stengelknotens von *Tradescantia.* **b** Statolithenstärke in den Zellen der Wurzelhaube von *Rorippa.* **c** Wurzelwachstum auf rotierender Kreisscheibe zeigt Gültigkeit des Resultantengesetzes (z Zentrifugalbeschleunigung, g Erdbeschleunigung, r Resultante). **d** Nachweis der Wurzelspitze als Perzeptionsort des Fliehkraft-Reizes. Die Rotationsachse der Kreisscheibe teilt die Wurzel in zwei Bereiche entgegengesetzter Zentrifugalbeschleunigung, die Wurzelkrümmung erfolgt entsprechend der Reizung der Spitzenzone. **e** Zerlegung der Erdbeschleunigung g in die wirksame Querkraft q und die tonische Längskraft l am Beispiel einer Wurzel, α Ablenkungswinkel ($q = g \cdot \sin \alpha$). **f** Auxinverteilung in Koleoptilspitze (1) in Normallage, (2) bei geoinduzierter Asymmetrie (Agarblock-Abfangmethode, Zahlen: relativer Auxingehalt). **g** *Coleus*-Pflanze (1) in Normallage, (2) horizontal, langsam am Klinostaten rotierend: keine geotrope Aufrichtung der Achse, Blätter epinastisch gekrümmt. – a nach Haberlandt, b nach Němec, c, e u. f nach Libbert, d nach Guttenberg, g nach Pfeffer.

sitzen in ihren wachsenden Spitzen als Statolithen körnige Einschlüsse aus Bariumsulfat, die sogenannten **Glanzkörper.** Werden sie durch Zentrifugation aus der Spitze zurückverlagert, so verliert das Rhizoid seine gravitrope Reaktionsfähigkeit solange, bis sich wieder Glanzkörper in der Spitze befinden. Ihre Wirkung besteht vermutlich darin, daß sie den für das Wandwachstum der Zellspitze erforderlichen Golgivesikeln den Weg zur Spitzenunterseite versperren („Positionseffekt"). Das Wachstum der Spitzenoberseite führt zur Krümmung des Rhizoids nach unten. Aber auch der Druck der Glanzkörper auf ihre Unterlage spielt bei dem Reizvorgang wohl eine Rolle.

Reaktion: Bei **Koleoptilen** wird durch Querlage der Auxin-Längstransport an der physikalischen Oberseite verringert, an der Unterseite aber erhöht. Gleichzeitig findet ein Quertransport von der Oberseite zur Unterseite statt (Abb. 9.11. f). Wie bei der phototropen Reizung bleibt die Gesamtmenge an Auxin in der Koleoptile gleich. Es wird vermutet, daß ein erhöhter Auxintransport durch solche Membranflächen erfolgt, auf die die Statolithen einen Druck ausüben. Das könnte mit einer Aktivierung der Permeasen des Auxintransportes im Zusammenhang stehen. – Bei gravitroper Reizung von **Keimlingsachsen** wurde keine oder eine nur geringe Ungleichverteilung von Auxin gefunden, wohl aber eine Gibberellin-Ungleichverteilung. Etiolierte Hypokotyle von *Helianthus* besitzen in waagerechter Lage vermehrt Gibberellin in der unteren und Ca^{2+}-Ionen in der oberen Flanke. – Die gravitrope Reaktion von **Wurzeln** folgt einem anderen hormonellen Mechanismus. In waagerechter Lage verringert sich das Wachstum der Unterseite gegenüber dem der Oberseite. Das wird durch einen Hemmstoffstrom bewirkt, der in dem Perzeptionsort Wurzelhaube zur Unterseite fließt und an der Wurzelunterseite basipetal („wurzelaufwärts") wandert. Eine Ablenkung des (schwachen) akropetalen Auxinstromes erfolgt nicht.

Die Richtung von Keimlingswurzeln, die aus Samen auf einer rotierenden Kreisscheibe wachsen, entspricht der Resultante aus den beiden Vektoren der Erdbeschleunigung und der Zentrifugalbeschleunigung (**Resultantengesetz**) (Abb. 9.11. c). Mit diesem Befund wurde ein Beweis für die Schwerkraft als Ursache gravitroper Reaktionen erbracht und die Möglichkeit eröffnet, größere Kräfte als die Erdbeschleunigung anzuwenden. Das Reizmengengesetz (S. 539) konnte im Bereich der Reizschwelle für Schwerkraft-Reize als gültig erkannt werden. Eine senkrecht nach unten wachsende Wurzel befindet sich in s t a b i l e r reizfreier Lage, senkrecht nach oben gerichtet (invers) in l a b i l e r reizfreier Lage. Maximale Reizung ist bei waagerechter Lage zu erwarten, wo der als **Querkraft** bezeichnete Vektor (senkrecht zur Organlängsachse) die Größe der Erdbeschleunigung erreicht. Hier wie in allen Schräglagen entspricht die Stärke der Reizung dem Sinus des Ablenkungswinkels aus der Lotrechten, eine Beziehung, die als **Sinusgesetz** bekannt wurde (Abb. 9.11.e). Abweichungen stellten sich bei längerer Versuchsdauer ein, da die in Organrichtung wirkende **Längskraft** die Empfindlichkeit des Organs, ihren Tonus, verändert. So erfolgt die stärkste Reizung nicht bei 90° Abweichung von der Lotrechten, sondern bei einem Winkel bis zu 130°. Für die Untersuchung einseitiger Schwerkraftreizung begrenzter Dauer hat sich der **Klinostat** bewährt. Durch waagerechtes, langsames Drehen um ihre Achse (etwa so schnell wie ein Sekundenzeiger) werden orthotrope Organe einer einseitigen Reizung entzogen. Die Blätter einer Sproßachse krümmen sich dabei zur Basis der Pflanze, sie zeigen **Epinastie** als eine Form autonomer Bewegungen (Abb. 9.11.g). Der Plagiogravitropismus von Blättern setzt sich danach aus einer epinastischen und einer negativ gravitropen Reaktion der Blattstiele zusammen. Am Klinostat wird nur die erste Komponente wirksam. Gravitrope Versuche in Satelliten im schwerelosen Raum (Microgravity-Bedingungen, $<10^{-4}$g) ergaben qualitative Übereinstimmung mit Klinostaten-Versuchen auf der Erde.

9.2.2.3. Chemotropismus und andere Tropismen

Vorkommen: Chemotrope Krümmungen sind von wachsenden Organen bekannt wie Wurzeln, Pollenschläuchen, *Cuscuta*-Sprossen und Pilzhyphen. Die Reizrichtung wird durch den Gradienten eines Konzentrationsgefälles chemotrop wirkender Substanzen bestimmt. Ein Wachstum in Richtung ansteigender Konzentration wird als positiv chemotrop, zur geringeren hin als negativ chemotrop bezeichnet. Biologisch bedeutsam sind positive Reaktionen, die zur Orientierung auf Nährstoffquellen oder Sexualpartner führen. Jedoch können Wurzeln z. B. auch auf Schwermetallionen (Pb, Cu) positiv chemotrop reagieren, wo ein solcher Bezug nicht erkennbar ist.

Perzeption: Für die Aufnahme chemischer Reize werden Rezeptoren an der Organoberfläche angenommen. Ungeklärt ist, wie bei positiven chemotropen Reaktionen, z. B. von Pilzhyphen gegenüber Zucker, das förderliche Agens die stärker gereizte Flanke im Wachstum hemmt bzw. die abseitige fördert. (Zur Chemoperzeption s. a. „Chemotaxis“, 9.2.4.2.) – Von chemotropen Reizbewegungen sind Erscheinungen der **Anisotrophie** (trophe = Ernährung) zu unterscheiden, bei der es durch bevorzugte Anlegung von Seitenwurzeln oder

Seitenhyphen im Bereich günstiger Ernährungsbedingungen lokal zu vermehrter Organbildung kommt.

Reaktion: Die Bedeutung chemotroper Reaktionen für die Ernährung C-heterotropher Pilze kommt z. B. bei *Mucor* in dem niedrigen Schwellenwert für Glucose von 0,01% zum Ausdruck. Die Hyphen des meist tote Insekten besiedelnden Wasserpilzes *Saprolegnia* reagieren aber gegenüber Aminosäuren wesentlich empfindlicher als gegenüber Zuckern. Sehr spezifisch veranlassen die Pilzgamone (z. B. bei *Achyla*) die Ausbildung und das Zusammentreffen der Sexualhyphen zweier Partnermycelien. – Für das Wachstum von Pollenschläuchen im Gewebe des Griffels und Nucellus haben chemotrope Steuermechanismen offenbar nur im Bereich des Embryosackes eine generelle Bedeutung (S. 500 f.). Die beteiligten Substanzen sind noch unbekannt. Chemotrope Krümmungen von Wurzeln erfolgen zu Orten guter Nährstoffversorgung. Dabei kann die Perzeption auch außerhalb des Krümmungsbereiches stattfinden. *Cuscuta*-Keimsprosse können sich durch ein Konzentrationsgefälle gasförmiger Stoffe, z. B. etherischer Öle, orientieren und noch aus 10 cm Entfernung auf Wirtspflanzen zuwachsen, die solche Stoffe ausscheiden. – Beim **Hydrotropismus** übt ein Gradient im Feuchtigkeitsgehalt der Luft die richtende Wirkung aus, wie an Hyphen, Sporocystenträgern, Pollenschläuchen, Lebermoosthalli, Wurzeln (Abb. 9.12.) und *Cuscuta*-Sprossen festgestellt wurde. Die unbekannten Rezeptoren zeigen im Gegensatz zum Chemotropismus keine chemische Spezifität. Während Wurzeln und Pilzhyphen positiv hydrotrop reagieren und manche pilzlichen Para-

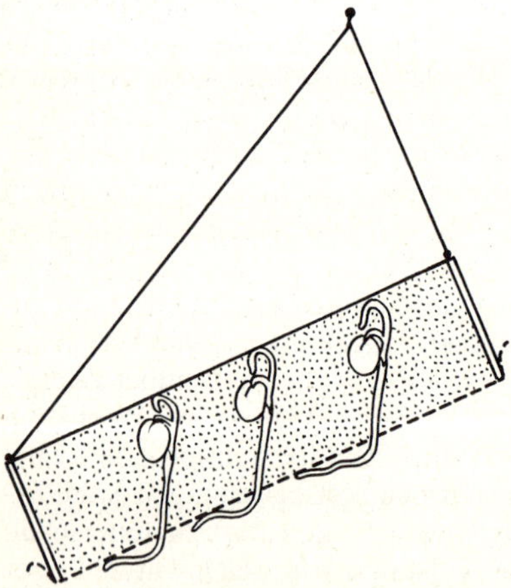

Abb. 9.12. Nachweis hydrotroper Wurzelkrümmungen. Die zunächst positiv gravitrop wachsenden Wurzeln krümmen sich nach Verlassen des Substrates zur feuchten Substratoberfläche. – Nach Sachs.

siten auf diesem Wege den Eingang in das Blatt durch die Spaltöffnungen finden, krümmen sich *Phycomyces*-Sporocystenträger negativ hydrotrop. Transversal hydrotrop, aber auch gravitrop legen sich Lebermoosthalli der feuchten Unterlage an. – Ein **Thermotropismus** konnte bei *Avena*-Koleoptilen als Krümmung auf eine Wärmequelle zu (positiver Th.) und bei *Phycomyces*-Sporocystenträgern von dieser weg (negativer Th.) festgestellt werden. Mit dem Temperaturgefälle ist aber in der Regel ein Feuchtigkeitsgefälle verbunden, so daß thermotrope Reaktionen von hydrotropen, bei höheren Temperaturen auch von traumatotropen Reizen, nicht immer klar trennbar sind. – Als **Traumatotropismus** wird eine durch Verwundung oder andere schädigende Reize verursachte Krümmung bezeichnet. – Der **Thigmotropismus** ist eine gerichtete Krümmungsbewegung auf Grund von Berührungsreizen, wie sie bei Ranken, Koleoptilen, Keimlingsachsen, Wurzeln und *Phycomyces*-Sporocystenträgern zu finden ist. Wegen seiner engen Beziehung zur Thigmonastie wird dort auf ihn eingegangen.

9.2.3. Nastien

9.2.3.1. Seismonastie und Thigmonastie

Vorkommen: Seismonastisch (griech. seismós = Erschütterung) und thigmonastisch (griech. thigma = Berührung) reagieren die Blattgelenke bei *Mimosa*, die Klappfalle von *Dionaea* sowie Staubblätter und Narben verschiedener Pflanzen (s. 9.1.4.), alles Beispiele von schnellen Turgorbewegungen. An den thigmonastisch und thigmotropisch erfolgenden Rankenbewegungen sind sowohl Turgoränderungen als auch Wachstumsprozesse beteiligt. Während seismonastische Bewegungen auch durch Berührungsreize auslösbar sind, reagieren thigmonastisch sensible Organe meist nicht auf Erschütterungsreize.

Perzeption: Beide Nastien sind die Folge mechanischer Reizung des Protoplasten, wodurch bei den Zellen ein Erregungszustand ausgelöst wird, verbunden mit K^+-Efflux, einem Aktionspotential und anschließendem Wiederaufbau des Ruhepotentials unter ATP-Verbrauch. Berührungsempfindlich sind bei der Mimose die Zellen der Blattgelenkunterseite sowie die dort ausgebildeten Borstenhaare (Abb. 9.13.). Diese Haare drücken bei Verbiegung auf ein Gelenkpolster aus sensorischen Zellen. Die Venusfliegenfalle (*Dionaea muscipula*) besitzt auf jedem der beiden zur Klappfalle gewordenen Spreitenabschnitte drei solcher Fühlborsten (Abb. 5.28. c), die den Reiz aufnehmen und als Erregung zum Spreitengelenk der Falle leiten. – Bei

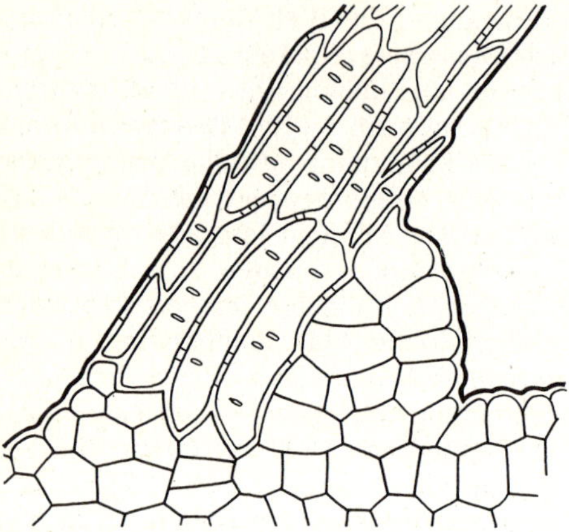

Abb. 9.13. Fühlborste von *Mimosa pudica*, unterer Teil. – Nach Haberlandt.

der thigmonastischen Reizung von **Ranken** kommt es auf Druckunterschiede in dicht benachbarten Rezeptorzellen an. Eine thigmonastische Reizung durch einen Wasserstrahl erfolgt erst dann, wenn in dem Wasser feste Partikel suspendiert sind. Die Reizaufnahme kann bei solchen Zellen durch unverdickte Stellen der Außenwand, die **Fühltüpfel**, oder aufgelagerte dünnwandige Zellen, die **Fühlpapillen**, vermutlich erleichtert werden. Bei den sehr empfindlichen Ranken des Kürbisgewächses *Sicyos angulatus* löst ein über dem Rankenende hängender, durch Luft bewegter Faden von 0,25 μg bereits eine Krümmung aus.

Reaktion: Auf den Mechanismus der **Blattbewegung** von *Mimosa* wurde bereits eingegangen (s. 9.1.4.). Die Bewegung setzt bei hohem Tonus in Sekundenbruchteilen ein und ist in wenigen Sekunden innerhalb des Blattes abgeschlossen. Auch chemische und elektrische Reize, Hitze, Druck oder Verwundung können bei *Mimosa* Blattbewegungen auslösen (s. a. 9.2.1., weitere Beispiele seismonastischer Reaktionen s. 9.1.4.). – **Ranken** können physiologisch dorsiventral oder radiär sein. So ergeben sich verschiedene Reaktionstypen (Abb. 9.14.). (a) Eine Reizung von Ventral- oder Dorsalseite führt stets zur ventralen Einkrümmung; z. B. bei Kürbisranken (*Cucurbita pepo*, s. a. Abb. 5.24. c). (b) Nach Reizung der Ventralseite, nicht der Dorsalseite, kommt es zur ventralen Einkrümmung, bei gleichzeitiger Reizung beider Seiten erfolgt aber keine Krümmung; z. B. bei den Blattranken der

Erbse (*Pisum sativum*, Abb. 5.24. d). (c) Jede Seite ist reizbar und vermag mit Einkrümmung zu reagieren (Thigmotropismus); z. B. bei *Cissus*-Arten. Die Wachstumszone der Ranken befindet sich nicht in den berührungsempfindlichen Enden, sondern an der Basis. Sie vollbringt durch **Circumnutation** (S. 532) die kreisende Bewegung der freien Enden. Es kommt zur Berührung einer festen Stütze, zu einem durch die Reizung erfolgenden Turgorverlust der Zellen auf der berührten Ventralseite und zum schnellen Einkrümmen der Ranke. Gleichzeitig nimmt der Turgor der Zellen auf der Dorsalseite zu, und es beginnt dort ein Wachstum, das auch auf die Ventralseite übergreift. Das Umschlingen der Stütze führt zu immer erneuten Reizungs- und Einkrümmungsprozessen. Bei nur vorübergehender Reizung streckt sich die Ranke wieder (**Autotropismus**, Bewegung ohne äußeren Reizanlaß). Nach Umwinden einer Stütze erfährt der freie Mittelteil der Ranke eine schraubige Einrollung, in deren Verlauf Umkehrpunkte gegenläufig schraubige Abschnitte trennen, ein Schutz vor Verdrehung bei hohen Zugkräften. Durch Verholzen wird die federnde Befestigung der Ranken weiter stabilisiert. – Ein positiver Thigmotropismus tritt bei *Phycomyces*-Sporocystenträgern und Keimsprossen auf.

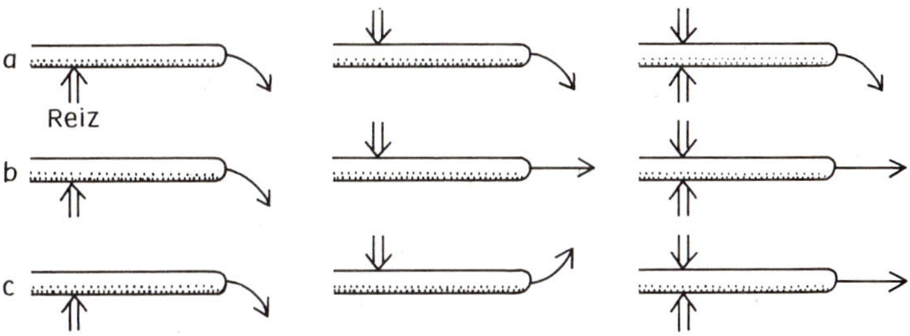

Abb. 9.14. Reaktionsverhalten verschiedener Rankentypen, Erläuterung im Text. – Nach Haupt.

9.2.3.2. Weitere Nastien

Als **Chemonastie** erweisen sich Bewegungsreaktionen einiger zoophager Pflanzen. So reagieren die Tentakel von *Drosera*-Blättern (Sonnentau, Abb. 5.28. c, d) auf chemische Reize, und zwar die Randtentakel mit Einwärtskrümmung zur Blattmitte (Chemonastie), die Flächententakel mit Krümmung zur Reizquelle hin (Chemotropismus). Perzeptionsorte sind die Köpfchen der Tentakel, Reaktionsorte die

Basen der Tentakelstiele, wobei die Reizung eines Köpfchens mehrere Tentakel reagieren läßt. Unter den als wirksam erkannten Substanzen waren viele N-Verbindungen, aber auch Na-Salze und Phosphate. *Drosera*-Tentakel reagieren auch auf Berührungsreize. Bei *Pinguicula*-Arten (Fettkraut) kommt es nach dem Tierfang auf der klebenden Blattfläche zu chemonastischen Einrollungsbewegungen des Blattrandes. – Eine **Photonastie** zeigt sich bei den lichtabhängigen Öffnungs- und Schließbewegungen von Blüten, so bei *Gentiana*, *Nymphaea*, dem Blütenstand von *Taraxacum* u. a. Photonastisch sind auch die tagesperiodischen Laubblattbewegungen (S. 522, 530). – Die **Thermonastie** wird durch Temperaturwechsel verursacht. Blüten von *Crocus, Tulipa* und *Portulaca* öffnen sich bei Temperaturanstieg, der bei *Crocus* nur 0,2 °C zu betragen braucht. Diese Bewegung beruht auf verstärktem Wachstum der Innenseite der Blütenblattbasis, bei Temperaturabfall wächst die Außenseite stärker. Thermonastische Turgorbewegungen treten bei den Blättern des Sauerklees (*Oxalis acetosella*) und der Mimose auf. –

Spaltöffnungsbewegungen sind nastische Turgorbewegungen mit einer sehr komplexen Steuerung durch Außenfaktoren wie Licht; CO_2-Gehalt im Blattinnern, Temperatur und Wasserpotential im Blattgewebe. Auch eine circadiane (autonome) Bewegungsrhythmik wurde festgestellt (s. 8.5.). Ausgangspunkt für die Bewegungsmechanik ist ein ATP-getriebener Protonentransport aus den Schließzellen in den Apoplasten mit Hilfe von Protonenpumpen des Plasmalemmas. Ein (sekundär-aktiver?) Einstrom von K^+-Ionen durch selektive Ionenkanäle sorgt für Ladungsausgleich, gleichzeitig erfolgt aber auch ein Anstieg des Anionen-Potentials durch Einstrom von Cl^--Ionen und Bildung von Malationen. Das entstandene osmotische Wasserpotential sorgt für Wasseraufnahme, Turgoranstieg und Spaltenöffnung. Im gleichen Sinne wirkt eine Abnahme des CO_2-Gehaltes in den Schließzellen und Interzellularen, verursacht durch die Photosynthese bei Belichtung. Dabei sind weder die anzunehmenden CO_2-Sensoren noch die Art der Einflußnahme des CO_2 auf das Bewegungsgeschehen bekannt. Mit Hilfe der Chloroplasten in den Schließzellen werden Reduktionsäquivalente zur Bildung von Malationen und ATP für die Tätigkeit der Protonenpumpen bereitgestellt. Die Öffnungsbewegung wird aber auch ohne gleichzeitige Photosynthese durch Blaulicht gefördert. Hydronastisch schließen sich die Spaltöffnungen bei geringem Wasserpotential des Blattes als Folge sinkenden Turgors. Dieser Regelung ist die Einflußnahme durch Belichtung oder geringe CO_2-Spannung untergeordnet. Da Wassermangel in der Pflanze zur Abscisinsäure-Bildung führt (s. 8.3.4.), und dieses Hormon vermutlich durch Steigerung des K^+-Efflux Spaltenschluß bewirkt, ist hierin ein zweiter, indirekter Regelmechanismus durch den Wasserhaushalt erkennbar.

9.2.4. Taxien

9.2.4.1. Phototaxis

Vorkommen: Bei der **Phototopotaxis** wird die Bewegungsrichtung durch die Lichtrichtung gesteuert, bei positiver Reaktion auf die Lichtquelle zu, bei negativer von ihr weg. Derart reagieren *Euglena* (Abb. 6.9. c), *Chlamydomonas* (Abb. 6.7. a) und andere Flagellaten, Oscillatoriaceen unter den Cyanophyten, verschiedene pennate Diatomeen (Abb. 6.10. d) und Myxomyceten-Plasmodien. Als **photophobische Reaktion** (Photophobotaxis) wird ein Wechsel der Bewegungsrichtung („Schreckreaktion") bezeichnet, der als Folge einer plötzlichen Helligkeitsänderung auftritt und sich als völlig unbeeinflußt von der Lichtrichtung erweist. Die Reaktion kann bei Erhöhung („step up response") oder bei Erniedrigung („step down response") der Beleuchtungsstärke erfolgen. Photophobisch reagieren Rhodobakterien wie *Rhodospirillum, Thiospirillum* und *Chromatium*, aber auch (neben phototopotaktischer Reaktion) *Euglena* und *Chlamydomonas*, Oscillatorien und Diatomeen.

Perzeption: Die Bewegungssteuerung erfolgt bei *Euglena*, die sich rotierend mit einer Zuggeißel bewegt, und den anderen Flagellaten in dem **Basalkörper** der Geißel (Abb. 3.12.). Seitlich davon befindet sich der aus carotinreichen Lipidglobuli bestehende Augenfleck, das **Stigma**. Durch dieses wird bei seitlichem Lichteinfall mit der Drehung ein Rhodopsin enthaltender Photorezeptor in unmittelbarer Nähe des Basalkörpers rhythmisch beschattet. Diese Impulse verändern den Geißelschlag und führen die Bewegungsrichtung schließlich parallel zur Lichtrichtung, wo keine Beschattung mehr auftritt. Auch bei den zur phobischen Lichtreaktion befähigten, begeißelten Eukaryoten-Zellen befindet sich in der Nähe des Basalkörpers der Photorezeptor, dessen Wirkungsspektrum ebenso wie bei der Phototopotaxis im Bereich unterhalb von 550 nm liegt, ähnlich dem vieler phototropischer Reaktionen. – Für die photophobischen Reaktionen von Rhodobakterien ist die Geißelbasis ebenfalls der Perzeptionsort, bei *Thiospirillum* nur an dem e i n e n von zwei begeißelten Zellpolen, bei *Rhodospirillum* an den Geißeln beider Pole (Abb. 6.4.). Das Wirkungsspektrum entspricht hier etwa dem der Photosynthese dieser Bakterien, mit weit in den roten Spektralbereich reichender Lichtwirksamkeit. – Die fädige Cyanophycee *Phormidium* reagiert auf Licht sowohl phobisch als auch topisch, der Perzeptionsort liegt wahrscheinlich im Bereich der

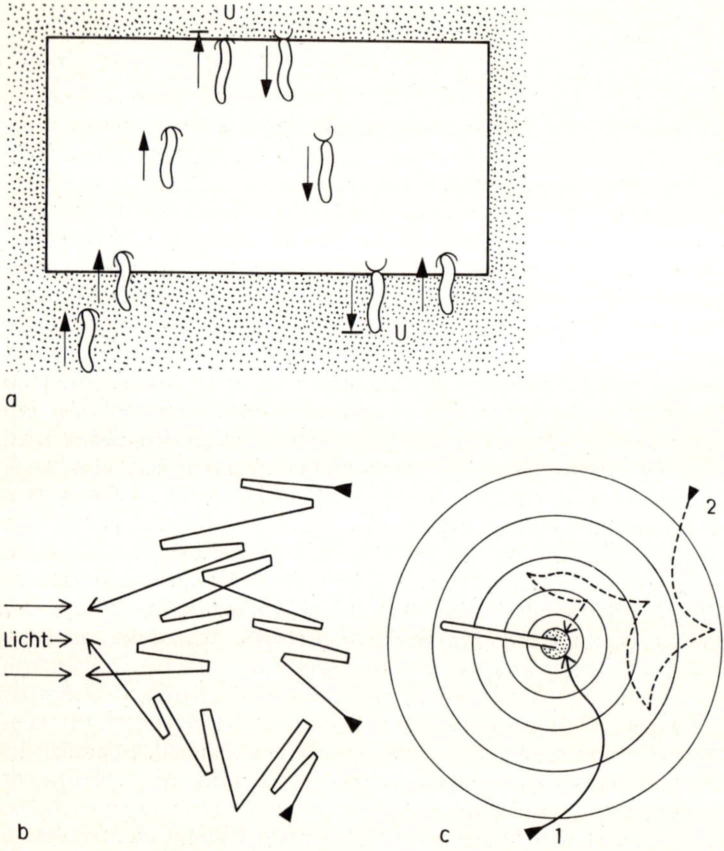

Abb. 9.15. Zu Ansammlungen führende Reizbewegungen. a Photophobische Reaktion von *Thiospirillum U* Umkehrreaktion, weitere Erläuterung im Text. **b** Phototopotaktische Ansammlung als Folge von Rangierbewegungen, schematisch. **c** Schema der (1) Chemotopotaxis und (2) Chemophobotaxis, ausgelöst durch das Konzentrationsgefälle einer in der Kapillare gebotenen Substanz. – c nach Nultsch.

äußeren Zellmembran. Während das Wirkungsspektrum der photophobischen Reaktion dem der Photosynthese weitgehend gleicht – der Reiz wird, wie bei Rhodobakterien, in einer verringerten Elektronenzuführung aus der Lichtreaktion der Photosynthese vermutet –, weist die topotaktische Wirksamkeit des Lichtes im Blaubereich auf Flavine oder Carotinoide als Rezeptoren hin, evtl. unter Beteiligung von Phycobilinen.

Reaktion: Die Unterscheidung von topischer und phobischer Lichtreaktion ist durch Analyse des individuellen Bewegungsverhaltens möglich. Im ersten Falle führt die Bewegung nahezu direkt auf die Lichtquelle zu oder von ihr weg. Den Nachweis einer photophobischen Reaktion ermöglicht ein mikroskopisches Präparat, in das ein Lichtfeld höherer (oder geringerer) Helligkeit hineinprojiziert wird. Wie die Abb. 9.15. a zeigt, wird die Grenze von Dunkel zu Hell von *Thiospirillum* ohne Reaktion durchschwommen (negative photophobe Reaktion). Beim Eintritt in das Feld geringerer Helligkeit erfolgt nach kurzem Halt die Umkehr, d. h. eine positive photophobe Reaktion. Diese dann wiederholte Umkehr, bzw. bei anderen Organismen ungerichtete „Schreckbewegung", führt zum Verbleib im Lichtfeld (**„Lichtfalle"**). Bei photophobischen Reaktionen wird der zeitliche Wechsel der Beleuchtungsstärke meist durch Ortswechsel hervorgerufen. – Positiv phototaktisch reagierende Cyanobakterien und Diatomeen vermögen sich an Orten zusagender Helligkeit vielfach auch durch **Rangierbewegungen** anzusammeln (Abb. 9.15. b). Sie gleiten ohne Steuerungsprozesse vor und zurück, wobei die zum zusagenden Lichtmilieu hinführende Bewegung aber länger andauert. Zufällige Richtungsänderungen lassen auch die zunächst quer zur Lichtrichtung orientierten Individuen Orte optimaler Helligkeit erreichen.

9.2.4.2. Chemotaxis

Vorkommen: Die **Chemotopotaxis** ist die Fähigkeit freibeweglicher Organismen, dem Konzentrationsgradienten eines Chemotaktikums folgend, auf etwa direktem Wege zum Ort höherer Konzentration (positive Reaktion, **Attractant**) oder geringerer Konzentration (negative R., **Repellent**) zu gelangen. Eine **chemophobische Reaktion** (Chemophobotaxis) kennzeichnet ein Verhalten, bei dem die Organismen nach wiederholter Umkehr beim Eindringen in nicht zusagende Konzentrationsbereiche („Versuch und Irrtum") zur Ansammlung im zusagenden chemischen Milieu kommen. Die Unterscheidung positiver und negativer chemophober Reaktion entspricht der bei photophobem Verhalten (s. 9.2.4.1.). Chemotaktisch reagieren Bakterien, Myxomyceten, bewegliche Stadien und Formen von Algen und Pilzen, Spermatozoiden von Moosen, Farnen und Blütenpflanzen.

Perzeption: Die molekularen Grundlagen pflanzlicher, insbesondere aber bakterieller Chemoperzeption sind nun z. T. bekannt. Die rotierende Bewegung der Flagellaten und Bakterien schließt bei einer Chemotopotaxis eine ungleiche Reizung der **Chemorezeptoren** an der äußeren Membran aus. Der richtende Einfluß ergibt sich aus dem zeitlichen Konzentrationsvergleich auf einer zurückgelegten Strecke in einem Gradienten. Die **chemophobe Reaktion** wurde eingehend an *Escherichia coli* untersucht, deren Schwimmbewegung auch in homogener Lösung durch **„Taumeln"** mit danach unbestimmter, neuer Richtung unterbrochen wird. In dem Gradienten eines Attractants wird das Taumeln in Richtung auf die höhere Konzentration seltener, in Richtung abnehmender Konzentration häufiger erfolgen. Umgekehrt verhält sich das Bakterium in einem Konzentrationsgradienten eines Repellents. Als Rezeptoren (etwa 50000 je Zelle) befinden sich Proteine auf der Zelloberfläche, die aber auf eine nur begrenzte Zahl spezifischer chemischer Reize als Chemosensoren reagieren (bisher sind 20 Lock- und 10 Schreckstoffe bekannt). Ein langandauernder Einfluß chemischer Reize führt zur Abnahme der Empfindlichkeit, zur Abstumpfung. Erfolgt das in gleicher Weise für mehrere Substanzen, so kann für diese auf ein gemeinsames Perzeptionssystem (gleiche Sensoren) geschlossen werden. Für verschiedene Zucker waren induzierbare Chemorezeptoren festzustellen. Eine erneute Reizung mit der gleichen Substanz erfordert eine im bestimmten Verhältnis zur Ausgangskonzentration erhöhte Konzentration (unabhängig von der Absolutgröße, **Weber-Fechnersches Gesetz**). Die von Chemorezeptoren perzipierten Reize in einem Gradienten werden durch **Transducer-Proteine** in entsprechende Geißelreaktionen umgesetzt.

Reaktion: Der Nachweis der Chemotaxis erfolgt durch die Feststellung von Ansammlungen der zu prüfenden Organismen in einer Lösung oder auf einem festen Substrat mit einem Konzentrationsgefälle des gewählten Chemotaktikums (Abb. 9.15. c). Über die Art der chemotaktischen Reaktion gibt aber erst das Studium des Bewegungsverlaufs Auskunft. Chemotaxis ermöglicht den Organismen, optimale Ernährungs- und Lebensbedingungen aufzusuchen, schädlichen Stoffen und unverträglichen Konzentrationen auszuweichen, sowie die Myxamöben zu Plasmodien und die Gameten zu Zygoten zusammenzuführen. Nicht bei allen als Chemotaktika ermittelten Substanzen ist aber ein biologischer Bezug erkennbar. – Die Spezifität chemischer

Reizbarkeit ist im Zusammenhang mit Entwicklungs- und Fortpflanzungsprozessen in der Regel höher als bei ernährungsphysiologischem Bezug. Als Lockstoffe im Dienste der Entwicklung (im weiteren Sinn als **„Pheromone“** bezeichnet), oft speziell für die sexuelle Fortpflanzung (**Gamone**), sind bei Pflanzen eine Reihe chemisch sehr unterschiedlicher Substanzen bekannt (Tab. 9.1.), bei Pilzen vorwiegend chemotrop wirkend.

Tabelle 9.1. Lockstoffe bei Pflanzen

Bewegliche Stadien	Biologische Funktion	Chemotaktikum
Myxoflagellaten und Myxamöben von *Aethalium*	Plasmodienbildung	anorganische und organische Säuren
Amöben von *Dictyostelium*	Amöbenaggregation	cAMP (=„Acrasin“)
Gameten von *Allomyces*	Kopulation	Sirenin
Gameten von *Chlamydomonas*	Kopulation	Glycoproteide
Gameten von *Ectocarpus*	Kopulation	Ectocarpen
Gameten von *Cutleria*	Kopulation	Multifiden
Gameten von *Dictyota*	Kopulation	Dictyopteren C′
Gameten von *Homosira*	Kopulation	Homosiren
Gameten von *Desmarestia*	Kopulation	Desmaresten, Ectocarpen, Viridien
Gameten von *Fucus*	Kopulation	Fucoserraten
Spermatozoide einiger Laubmoose	Kopulation	Saccharose
Spermatozoide von *Lycopodium*	Kopulation	Citronensäure
Spermatozoide von Farnen	Kopulation	Äpfelsäure und Ca-Ionen

Von **Osmotaxis** spricht man, wenn die Konzentration allein, nicht aber die chemische Qualität einer Substanz als wirksam erkannt wurde, von **Aerotaxis**, wenn Sauerstoff oder, im weiteren Sinne, gasförmige Stoffe der Reizanlaß sind.

Eine **Thermotaxis**, d. h. die Orientierung im Temperaturgefälle, konnte bei kriechenden Pseudoplasmodien von *Dictyostelium* als positive Reaktion noch bei einem Gradienten von 0,05 °C je cm festgestellt werden.

Als **Magnetotaxis** wird die Bewegungssteuerung bei einigen Bakterienformen bezeichnet, die mit eisenhaltigen „Magnetosomen“ versehen sind und sich mit Hilfe des Erd-Magnetfeldes orientieren. Auf der Nordhemisphäre wandern sie in nördlicher Richtung abwärts in den Bodenschlamm von Gewässern, auf der Südhemisphäre in südlicher Richtung. Im Experiment kann die Bewegung durch ein Magnetfeld entsprechend verändert werden.

9.2.5. Reizbewegungen in Zellen

Dinesen sind durch äußere Faktoren induzierte oder verstärkte Plasmaströmungen. In den Mesophyllzellen von *Vallisneria* löst Belichtung eine starke Strömung des Plasmas aus. Diese **Photodinese** wird vorrangig durch kurzwelliges Licht, jedoch auch durch Rotlicht ausgelöst, ein Hinweis auf die mögliche Beteiligung zweier Photorezeptoren. In den Wurzelhaaren von *Hordeum* ist nur kurzwelliges Licht für die Plasmaströmung fördernd. Belichtung vermag sowohl den Zellmetabolismus als auch die Plasmaviskosität zu beeinflussen. – **Chemodinese**, durch chemische Reize induzierte Plasmaströmung, wird von *Vallisneria*-Blattzellen durch α-Aminosäuren insbesondere durch Histidin und Methylhistidin, ausgelöst. Für eine Wirksamkeit von Aminosäuren bei **Traumatodinesen** (Plasmaströmung infolge Wundeinfluß) spricht, daß nach einer durch Blattextrakte erfolgten Abstumpfung der Reizbarkeit diese sich auch gegenüber Histidin als abgestumpft zeigt (s. S. 558). – Die **Chloroplastenbewegung** ist wie die Photodinese lichtabhängig (Abb. 9.16.). In Schwachlicht wandern

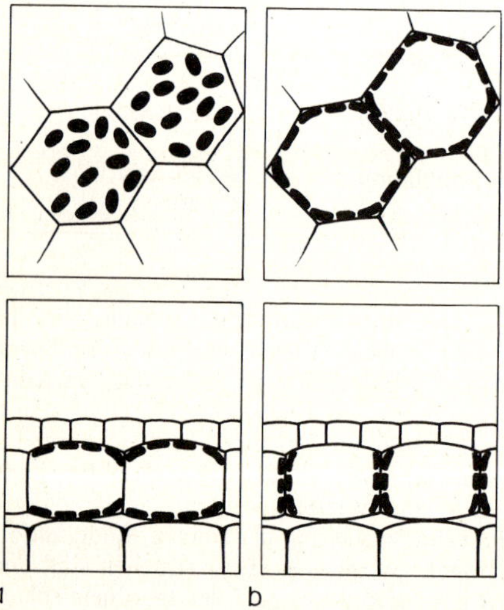

a b

Abb. 9.16. Chloroplastenbewegung. Verteilung der Chloroplasten in Zellen von *Lemna*: **a** in Schwachlichtstellung, **b** in Starklichtstellung; Zellen oben in Aufsicht, unten im Querschnitt. – Nach Haupt.

Chloroplasten zu den Zellwänden, die parallel zur Blattoberfläche liegen, („**Schwachlichtbewegung**"), was diesen einen vollen Lichtgenuß ermöglicht. Starklicht führt zur Verlagerung an die senkrecht stehenden Zellwände („**Starklichtbewegung**"), offenbar um Lichtschäden zu vermeiden. Beispiele finden sich bei Algen, Moosen und Farn-Prothallien, aber auch in den Mesophyllzellen vieler höherer Pflanzen (außer Palisadenzellen). Für beide Reaktionen ist zumeist kurzwelliges Licht bis etwa 500 nm wirksam, bei der Schwachlichtdrehbewegung der plattenförmigen Chloroplasten von *Mougeotia* und *Mesotaenium* (Conjugaten) wirkt das vom Phytochrom (S. 503 f.) absorbierte, hellrote Licht. Im Gegensatz zur Blaulicht-Reaktion läuft hier der Bewegungsvorgang auch nach nur kurzem Lichtreiz weiter. Ein Wirkungsdichroismus (S. 542) gegenüber polarisiertem Licht läßt bei der Chloroplastenbewegung auf fest orientierte Photorezeptoren im Ectoplasma schließen. Die Mechanik der Bewegung ist unbekannt.

Weiterführende Literatur

Ainsworth and Bisby's Dictionary of the Fungi. (Eds.: Hawksworth, D. L. et al.) Commonwealth Mycol. Inst., 1993.

Alberts, B., Bray, D., Lewis, J., Raff, M., Roberts, K. and Watson, J. D.: Molekularbiologie der Zelle. 2. Aufl. VCH Verlagsgesellschaft, Weinheim 1990.

Beck, C. B. (ed.): Origin and Evolution of Gymnosperms. Columbia Univ. Press, New York 1988.

Bielka, H. (Hrsg.): Molekularbiologie. Fischer, Jena 1985.

Braune, W., Leman, A., u. Taubert, H.: Pflanzenanatomisches Praktikum I. 7. Aufl. 1994. – Pflanzenanatomisches Praktikum II. 3. Aufl. 1989, Fischer, Jena.

Cronquist, A.: An Integrated System of Classification of Flowering Plants. Columbia Univ. Press, New York 1981.

Czihak, G., Langer, H., u. Ziegler, H.: Biologie. 4. Aufl. Springer, Berlin-Heidelberg-New York 1990.

Dahlgren, R., Clifford, H. T., and Yeo, P. F.: The Families of the Monocotyledons. Springer, Berlin-Heidelberg-New York-Tokyo 1985.

Davies, P. J.: Plant Hormones. Kluver Academic Publ., Dordrecht-Boston-London 1988.

Dörfelt, H.: BI-Lexikon Mykologie Pilzkunde. Bibliogr. Inst., Leipzig 1988.

Engler, A., u. Prantl, K. (Hrsg.): Die natürlichen Pflanzenfamilien. 1. Aufl. 1887–1915, 2. Aufl. 1923 ff., Engelmann, Leipzig.

Esau, K.: Pflanzenanatomie. Fischer, Stuttgart 1969.

Frahm, H. P., u. Frey, W.: Moosflora. 2. Aufl. Ulmer, Stuttgart 1987.

Frohne, D., u. Jensen, U.: Systematik des Pflanzenreiches unter besonderer Berücksichtigung chemischer Merkmale und pflanzlicher Drogen. 4. Aufl. Fischer, Stuttgart-Jena-New York 1992.

Gams, H. (Hrsg.): Kleine Kryptogamenflora. Bd. Ia Makroskopische Süßwasser- und Luftalgen 1969, Bd. Ib Makroskopische Meeresalgen 1974, Bd. IIa Ascomyceten 1963, Bd. IIb/1 Nichtblätterpilze 1984, Bd. IIb/2 Röhrlinge und Blätterpilze 1978, Bd. III Flechten 1967, Bd. IV Moos- und Farnpflanzen 1973. Fischer, Stuttgart.

Hagemann, R. (Hrsg.): Allgemeine Genetik. 3. Aufl. Fischer, Jena 1991.

Haupt, W.: Bewegungsphysiologie der Pflanzen. Thieme, Stuttgart 1977.

Hegi, G.: Illustrierte Flora von Mitteleuropa. 7 Bde. 1906 ff. (2. Aufl. ab 1936, 3. Aufl. ab 1966). Hanser, München; ab 1966 Parey, Berlin-Hamburg.

Henssen, A., u. Jahns, H. H.: Lichenes. Thieme, Stuttgart 1974.
Hemleben, V.: Molekularbiologie der Pflanzen. Fischer, Stuttgart-New York 1990.
Heß, D.: Biotechnologie der Pflanzen. Ulmer, Stuttgart 1992.
Hoek, C. van den: Algen. Einführung in die Phykologie. 3. Aufl. Thieme, Stuttgart 1993.
Huber, H.: Angiospermen. Leitfaden durch die Ordnung und Familien der Bedecktsamer. Fischer, Stuttgart-New York 1991.
Jülich, W.: Higher Taxa of Basidiomycetes. Cramer, Vaduz 1981.
Jurzitza, G.: Anatomie der Samenpflanzen. Thieme, Stuttgart 1987.
Kindl, H.: Biochemie der Pflanzen. 3. Aufl. Springer, Berlin-Heidelberg-New York 1991.
Kinzel, H.: Stoffwechsel der Zelle. 2. Aufl. Ulmer, Stuttgart 1989.
Kleinig, H., u. Sitte, P.: Zellbiologie. 3. Aufl. Fischer, Stuttgart-Jena-New York 1992.
Kubitzki, K. (ed.): The Families and Genera of Vascular Plants. Vol. 1: Pteridophytes and Gymnosperms. Vol. 2: Dicotyledons. Springer, Berlin-Heidelberg-New York 1983, 1993.
Larcher, W.: Ökologie der Pflanzen. 4. Aufl. Ulmer, Stuttgart 1984.
Lawlor, D. W.: Photosynthese. Stoffwechsel-Kontrolle-Physiologie. Thieme, Stuttgart 1990.
Libbert, E.: Lehrbuch der Pflanzenphysiologie. 5. Aufl. Fischer, Jena-Stuttgart 1993.
Libbert, E. (Hrsg.): Allgemeine Biologie. 7. Aufl. Fischer, Jena 1991.
Luckner, M.: Secondary Metabolism in Microorganisms, Plants, and Animals, 3. ed. Fischer, Jena 1990.
Lüttge, U., Kluge, M., u. Bauer, G.: Botanik. Verlagsgesellschaft, Weinheim 1989.
Melchior, H., u. Werdermann, E. (Hrsg.): A. Engler's Syllabus der Pflanzenfamilien. 12. Aufl. 1954, 1964; 13. Aufl. 1983 ff. Bornträger, Berlin-Stuttgart.
Mengel, K.: Ernährung und Stoffwechsel der Pflanzen. 7. Aufl. Fischer, Jena-Stuttgart-New York 1991.
Mohr, H., u. Schopfer, P.: Lehrbuch der Pflanzenphysiologie. 4. Aufl. Springer, Berlin-Heidelberg-New York 1992.
Nultsch, W.: Allgemeine Botanik. 9. Aufl. Thieme, Stuttgart 1991.
Oberwinkler, F.: Anmerkungen zur Evolution und Systematik der Basidiomyceten. Bot. Jb. Syst. 107 (1985): 541–580.
Pirson, A., and Zimmermann, M. H. (Eds.): Encyclopedia of Plant Physiology. Springer, Berlin-Heidelberg-New York ab 1975.
Poelt, J.: Bestimmungsschlüssel europäischer Flechten. Cramer, Lehre 1969 (Ergänzungsheft Vaduz 1977/1981).
Probst, W.: Biologie der Moose und Farnpflanzen. Quelle & Meyer, Wiesbaden 1986.

Rabenhorst, L.: Kryptogamenflora von Deutschland, Österreich und der Schweiz. 45 Bde. 2. Aufl. Engelmann, Leipzig 1884 – 1968.
Raven, P. H., Evert, R. F., u. Curtis, H.: Biologie der Pflanzen. 2. Aufl. De Gruyter, Berlin-New York 1988.
Richter, G.: Stoffwechselphysiologie der Pflanzen. 5. Aufl. Thieme, Stuttgart 1988.
Rohweder, O., u. Endress, P. K.: Samenpflanzen. Thieme, Stuttgart-New York 1983.
Rothmaler, W. (Begründer): Exkursionsflora. Meusel, H., Schubert, R., Vent, W., Werner, K., u. Jäger, E. (Hrsg.): Bd. 1 Niedere Pflanzen, 3. Aufl. 1990, Bd. 2 Gefäßpflanzen: Grundband, 15. Aufl. 1994, Bd. 3 Gefäßpflanzen: Atlasband, 8. Aufl. 1994, Bd. 4 Gefäßpflanzen: Kritischer Band, 8. Aufl. 1990. Volk u. Wissen, Berlin (ab 1994 Fischer, Jena).
Ruhland, W. (Hrsg.): Handbuch der Pflanzenphysiologie. Springer, Berlin-Göttingen-Heidelberg 1955 – 1967.
Schlee, D.: Ökologische Biochemie. 2. Aufl. Fischer, Jena-Stuttgart-New York 1992.
Schlegel, H. G.: Allgemeine Mikrobiologie. 7. Aufl. Thieme, Stuttgart 1992.
Schmeil, O., u. Fitschen, J.: Flora von Deutschland und angrenzender Länder. 88. Aufl. Quelle & Meyer, Heidelberg 1993.
Schuster, R. M.: New Manual of Bryology. Vol. 1 – 2. Hattori Bot. Lab., Nichinan 1983 – 84.
Sembdner, G., Schneider, G., u. Schreiber, K. (Hrsg.): Methoden zur Pflanzenhormonanalyse. Fischer, Jena 1988.
Sengbusch, P. v.: Botanik. McGraw-Hill Book Company, Hamburg 1989.
Strasburger, E. (Begründer): Lehrbuch der Botanik. 33. Aufl. Fischer, Stuttgart-Jena-New York 1991.
Takhtajan, A.: Systema Magnoliophytorum. Nauka, Leningrad 1987.
Thorne, R. F.: Classification and geography of flowering plants. Bot. Rev. 58 (1992): 225 – 348.
Urania Pflanzenreich. Bd. 1 Viren – Bakterien – Algen – Pilze 1991. Bd. 2 Moose – Farne – Nacktsamer 1992. Bd. 3 Bedecktsamer I 1993. Bd. 4 Bedecktsamer II im Druck. (2. Aufl. 1975, 1976). Urania-Verlagsgesellschaft, Leipzig-Jena-Berlin.
Weberling, F.: Morphologie der Blüten und Blütenstände. Ulmer, Stuttgart 1981.
Weberling, F., u. Schwantes, H. O.: Pflanzensystematik. 6. Aufl. Ulmer, Stuttgart 1992.
Weberling, F., u. Stützel, T.: Biologische Systematik. Grundlagen und Methoden. Wiss. Buchges., Darmstadt 1993.
Webster, J.: Pilze, eine Einführung. Springer, Berlin-Heidelberg-New York 1983.
Wirth, V.: Flechtenflora. Ulmer, Stuttgart 1980

Sachregister

Halbfette Seitenzahlen verweisen auf die wichtigsten Angaben zum Stichwort,
kursive auf Abbildungen.